Web 开发经典丛书

PHP 7开发宝典

(第4版)

[英] 戴维·帕瓦斯(David Powers) 著
张琦 张楚雄 译

清华大学出版社
北 京

北京市版权局著作权合同登记号　图字：01-2020-2052

David Powers
PHP 7 Solutions: Dynamic Web Design Made Easy
EISBN: 978-1-4842-4337-4

图书在版编目(CIP)数据

PHP 7 开发宝典：第 4 版 / (英)戴维 • 帕瓦斯(David Powers)著；张琦，张楚雄译. —北京：清华大学出版社，2021.1
(Web 开发经典丛书)
书名原文：PHP 7 Solutions: Dynamic Web Design Made Easy
ISBN 978-7-302-56628-1

Ⅰ. ①P…　Ⅱ. ①戴…　②张…　③张…　Ⅲ. ①PHP 语言—程序设计　Ⅳ. ①TP312.8

中国版本图书馆 CIP 数据核字(2020)第 192743 号

责任编辑： 王　军
装帧设计： 孔祥峰
责任校对： 成凤进
责任印制： 杨　艳

出版发行： 清华大学出版社
网　　址：http://www.tup.com.cn，http://www.wqbook.com
地　　址：北京清华大学学研大厦 A 座　　邮　　编：100084
社 总 机：010-62770175　　邮　　购：010-62786544
投稿与读者服务：010-62776969，c-service@tup.tsinghua.edu.cn
质 量 反 馈：010-62772015，zhiliang@tup.tsinghua.edu.cn
印 装 者： 三河市宏图印务有限公司
经　　销： 全国新华书店
开　　本： 170mm×240mm　　印　　张：36　　字　　数：832 千字
版　　次： 2021 年 1 月第 1 版　　印　　次：2021 年 1 月第 1 次印刷
定　　价： 128.00 元

产品编号：086010-01

作 者 简 介

David Powers 已经累计发布了三十多个关于 PHP 的视频培训课程和书籍。这些课程和书籍都非常成功。他以前是 BBC 电台和电视台的记者，在任职记者期间，花费了很大一部分时间在日本报道泡沫经济的兴衰。他擅长用简单且通俗易懂的语言分析复杂的问题。这种能力也体现在他的关于 PHP 和 Web 开发的文章中。

David 最初是在 20 世纪 90 年代初作为 BBC 日本电视台的编辑参与网络开发。由于没有营销预算，他开发了一个双语网站来推广这个渠道。离开 BBC 以后，他继续为一家国际咨询公司开发双语在线数据库，并在英国两所大学讲授网络开发课程。除了写作和制作视频培训课程外，他还是北伦敦一家慈善机构的受托人。该慈善机构为退休人员和不再全职工作的人员提供教育设施。

技术审校者简介

Rob Aley 自 1999 年从英国利兹大学计算机科学专业毕业以来，一直使用各种编程语言进行商业和学术编程，拥有超过 10 年的 PHP 经验。

Rob 曾从事自由软件开发，现在是英国牛津大学的数据库程序员，从事与医疗保健相关的数据分析。他现在几乎只使用 PHP 进行开发。

当他不工作或不写书的时候，会花时间陪伴妻子和 3 个孩子。

Massimo Nardone 在安全、Web 和移动开发以及云和 IT 架构方面拥有超过 24 年的经验。他钻研最深入的 IT 领域是安全和 Android。

他拥有超过 20 年使用 Android、Perl、PHP、Java、VB、Python、C/C++和 MySQL 编程和教学的经验。

他拥有意大利萨雷勒诺大学计算机科学硕士学位。

多年来，他一直担任项目经理、软件工程师、研究工程师、首席安全架构师、信息安全经理、PCI/SCADA 审计员和高级 IT 安全/云/SCADA 架构师。

他的技术技能包括安全、Android、云、Java、MySQL、Drupal、COBOL、Perl、Web 和移动开发、MongoDB、D3、Joomla、Couchbase、C/C++、WebGL、Python、Pro Rails、Django CMS、Jekyll、Scratch 等。

他曾在芬兰赫尔辛基理工大学(阿尔托大学)网络实验室担任客座讲师和练习教导员。他拥有 4 项国际专利（PKI、SIP、SAML 和代理领域）。

他目前在 Cargotec Oyj 公司担任首席信息安全官(CISO)，同时是 ISACA 芬兰分会董事会成员。

Massimo 已经为不同的出版商审阅了 45 本以上的 IT 书籍，与他人合著的图书包括 *Pro JPA in Java EE 8* (Apress, 2018)、*Beginning EJB in Java EE 8* (Apress, 2018)和 *Pro Android Games* (Apress, 2015)。

致　谢

很多人对本书做出了贡献——帮助改进书中的内容。本书现在已是第 4 版。我特别感谢第 1 版的编辑 Chris Mills，他的想法是不要使用孤立的解决方案作为示例，因为这会让读者对技术的实际应用几乎一无所知。Chris 的继任者，Ben Renow-Clarke(第 2 版和第 3 版)和 Mark Powers(这个版本)都给了我一种轻松的感觉，把我引向正确的方向，并原谅了我的延期交稿。

非常感谢本版的技术审查专家 Rob Aley 和 Massimo Nardone。当一本书编辑到第 4 版时，任何作者都会希望不要再进行第 5 次编辑，希望所有问题都能在以前的版本中得到解决。幸运的是，两位评审专家对书中的代码和文本进行了详尽的分析，提出了非常有用的建议。因此，这本书有了很大的改进。任何遗留的错误或不一致的地方都是我的责任。

感谢所有参与 Apress 出版工作的人。没有他们在幕后辛勤的工作，任何图书的出版都永远看不到曙光。

前　言

PHP 并不难，但也不像速溶蛋糕那样：只需加水搅拌即可。每个网站都是不同的，因此不可能抓取一个脚本，粘贴到一个网页上，然后就期望它能正常工作。笔者的目标是帮助对编程知之甚少或一无所知的网页设计师获得深入研究代码并根据自己的需求调整代码的信心。

你不需要任何 PHP 或其他编程语言的经验就可以使用本书；但编程技术确实在快速发展。在前几章之后，你将开始使用相对高级的语言特性。别为理解这些语言特性花费太多时间，把它们视为一个挑战。本书被称为 PHP 解决方案，其目的是为实际问题提供解决方案，而不是提供一系列毫无价值的练习。

你如何使用《PHP 7 开发宝典(第 4 版)》将取决于你的经验水平。如果你对 PHP 和编程还不熟悉，请从头开始，并逐步阅读本书。本书按照一个逻辑顺序进行组织，每一章都建立在前面章节的知识和技能的基础上。在描述代码时，笔者试图用简单的语言解释它的功能。笔者避免使用行话，但使用了一些技术术语(每个新术语在第一次出现时都会进行简要描述)。如果你对 PHP 有更多的经验，可以直接跳转到感兴趣的领域。虽然在没有笔者的解释的情况下你也能理解代码的意义，但笔者希望呈现自己在使用 PHP 解决问题时理清思路的过程。

细小而重大的变化

这个版本的标题有一点细微的差别。我们在标题里面特意指明是 PHP 7。以前的版本简单地称为 PHP 解决方案；但是本书的编辑和笔者决定明确地表明，这个版本只关注 PHP 7，这是目前唯一受支持的 PHP 版本。除了大大提高了速度之外，PHP 7 的一大优点是，它几乎完全向后兼容 PHP 5；换句话说，实际上所有在 PHP 5 上运行的代码都可以无缝地切换到 PHP 7 的环境中。然而，反过来却不行。本书使用了许多 PHP 7 的新特性。因此，如果尝试在仍然运行 PHP 5 的旧服务器上运行 PHP 7 解决方案中的代码，你很快就会遇到问题。

由于托管公司通常升级他们提供的 PHP 版本的速度很慢，因此本书的前几个版本为较旧版本的 PHP 提供了解决方法。这一次，本书没有这样做。对一些读者来说，这意味着在本地测试环境中完美工作的代码在上传到远程服务器上后可能会崩溃。截至 2019 年中期，每 3 台运行 PHP 的 Web 服务器中就有两台以上仍在使用 PHP 5，尽管所有对 PHP 5 的官方支持都已在 2018 年 12 月结束。甚至连 PHP 7(7.0)的原始版本都不再受支持。本书中的代码是在 PHP 7.3 上开发的，尽管在第 10 章中有一个小的例外(本书提供了解决方法)，所有代码都将在 PHP 7.2 或更高版本上运行。

PHP 不像你开了多年的旧车，只要给它足够的爱和油，就不需要更换。PHP 不断更新，不仅要添加新功能，还要修复 bug 和安全问题。即使你对新特性不感兴趣，也应该对安全修复感兴趣。互联网可能是一个疯狂的地方，许多讨厌的角色试图在网站上找到可利用的漏洞。本书包含了很多关于安全性的建议，但是它不能保护你免受 PHP 核心中发现的安全问题的影响。确保你的远程服务器保持最新状态是将风险降至最低所需的保障。因为 PHP 是免费的(尽管托管公司对他们的服务收费)，所以不会额外增加费用。

这个版本的其他新特点

这个版本仍然沿用以前版本的结构，继续使用相同的 Japan Journey 网站案例作为主线，因此乍一看，似乎没有什么变化。不过，每一页都做了修订，目的是使描述更清楚。更重要的是，对代码进行了广泛的审查和更新。第 9 章和第 10 章中的 Upload 和 ThumbnailUpload 类已经被彻底重写，使它们更简单、更健壮。关于使用数组有一个全新的章节；关于编写 PHP 脚本的章节被分成两部分。第 3 章现在是对新用户的 PHP 快速介绍，而第 4 章则是对初学者和更有经验的读者的 PHP 快速参考。第 4 章已经扩展了内容以介绍 PHP 7 中的新特性。

有关使用 MySQL 或 MariaDB 数据库的章节已经过修订，以使代码更加安全。本书还添加了一个 PHP 解决方案，特别说明了使用超级全局变量 $_SERVER['PHP_SELF']可能出现的问题，并提供了一个健壮的解决方案。

使用示例文件

可扫描封底二维码获取本书示例文件。

设置一个 PHP 开发环境，如第 2 章所述。解压缩文件并将 phpsols-4e 文件夹及其所有内容复制到 Web 服务器的文档根目录中。每章的代码都位于以该章的编号命名的文件夹(如 ch01、ch02 等)中。按照每个 PHP 解决方案中的说明进行操作，并将相关文件复制到网站根目录或指定的工作文件夹中。

如果在一章中对一个页面进行多次修改，本书会对文件的不同版本进行编号，比如 index_01.php、index_02.php 等。复制带有数字的文件时，请从文件名中删除下画线和数字，这样 index_01.php 就变成了 index.php。如果你使用的程序在将文件从一个文件夹移动到另一个文件夹时提示你更新链接，请不要更新它们。文件中的链接设计用于在目标文件夹中获取正确的图像和样式表。本书已经这样做了，因此你可以使用文件比较工具检查你的文件与笔者的文件。

如果你没有文件比较工具，笔者强烈建议你安装一个。当你试图找出你的版本和笔者的版本之间的差异时，这将节省大量时间。在几十行代码中，很难找到缺少分号或类型错误的变量。Windows 用户可从 http://WinMerge.org/免费下载 WinMerge。笔者使用 Beyond Compare(www.scootersoftware.com)，它现在提供 Windows、macOS 和 Linux 版本。这个工具不是免费的，但功能很强大，而且价格合理。Mac 上的 BBEdit 包含一个文件比较工具。如果你愿意在 Mac 上使用终端程序，那么默认情况下会安装 diff 实用程序。

目　　录

第 1 章

PHP 介绍和 PHP 使用对象

PHP 经常被批评它的人描述为最差的编程语言之一，然而它也是最流行的语言之一。谷歌、雅虎、维基百科等网站的服务器端都是使用 PHP 实现的。根据 Web Technology Surveys 的调查，在使用服务器端语言的网站中，每 5 个网站就有 4 个使用了 PHP。很明显，PHP 具有一定优势。确实如此，PHP 是专为构建动态网站而设计的。它是免费的，它的学习曲线比较平缓。本书将介绍如何使用 PHP 开发网站。

大多数针对 PHP 的批评都可以忽略不计。由于早期的语言演变方式，部分函数的名称和参数的顺序有时会出现不一致的情况。但只要选择一个好代码编辑器，就可以轻松地解决这个问题。PHP 的一些特性会导致没有经验的程序员使用 PHP 编写代码时可能存在一定的安全风险；但是这些特性中的大多数已经从 PHP 7 中删除了，而 PHP 7 正是本书所基于的版本。

PHP 是一种成熟、强大的语言，已经成为创建动态网站最广泛使用的技术。它通过以下方式让网站变得生动。

- 直接将来自网站的反馈发送到邮箱
- 在网页上上传文件
- 根据大图片生成缩略图
- 读写文件
- 动态显示和更新信息
- 使用数据库显示和存储信息
- 对网站进行搜索
- 其他特性

通过阅读本书，你将能使用上述特性。PHP 不仅易于学习，而且是平台无关的，因此相同的代码可在 Windows、macOS 和 Linux 上运行。使用 PHP 开发需要的所有软件都是开源和免费的。

本章内容：

- PHP 如何发展成为开发动态网站所使用的最广泛的技术？
- PHP 如何使网页动态化？
- 学习 PHP 有多难，或者有多容易？
- PHP 是否安全？
- 编写 PHP 代码需要什么软件？

1.1 PHP 的演进

PHP 的第一个版本出现于 1995 年，当时的目标并不算大。它最初被称为个人主页工具(Personal Home Page Tools，PHP Tools)。PHP 的主要目标之一是通过从线上表格收集信息并在网页上显示来创建一个留言簿。在三年内，人们决定将 Personal Home Page 从名称中删除，因为它听起来像是给业余爱好者准备的东西，并没有正确地反映出后来添加的一系列复杂特性。这就留下了缩写 PHP 应该代表什么的问题。最后决定将其命名为 PHP 超文本预处理器(PHP Hypertext Preprocessor)——一个相当蹩脚的选择，这就是大多数人简单地称之为 PHP 的原因。

PHP 多年来一直在发展，不断地添加新特性。除了用于构建一些大型网站外，它也是实现非常流行的框架和内容管理系统(Content Management System，CMS)的语言，如 Laravel、Drupal 和 WordPress。

PHP 作为一种编程语言的魅力之一就是它始终忠实于它的根源。尽管它支持复杂的面向对象编程理念，但是你可以将其抛开直接使用 PHP 编写代码，而不必钻研任何复杂的理论。PHP 最初的创建者 Rasmus Lerdorf 曾经这样描述：“这是一种对程序员非常友好的脚本语言，适合缺乏或只有很少编程经验的人，也适合需要快速完成工作的经验丰富的 Web 开发人员”。你可以立即开始编写具体的脚本，但对你正在使用的技术要有信心——PHP 具有开发工业级强度的应用程序的能力。

▩ **注意：**

尽管PHP 7 的大部分内容能向后兼容PHP 5，但本书中的大部分代码使用了PHP 7 的新特性。PHP6 从未正式发布。

1.2 使用 PHP 实现页面动态效果

PHP 最初被设计成嵌入到网页的 HTML 中，这也是经常使用 PHP 的方式。例如，要在版权信息中显示当前年份，可将如下代码放入页脚。

```
<p>&copy; <?php echo date('Y'); ?> PHP 7 Solutions</p>
```

在安装了 PHP 引擎的 Web 服务器上，<?php 和?>标记会被自动处理，并显示如下所示的年份。

这只是一个非常简单的示例，但它说明了使用 PHP 的一些优点。

- 新年午夜过后访问网站的人看到的是正确的年份信息；
- 年份信息由 Web 服务器计算，因此，即使用户计算机中的时钟设置不正确，页面的显示也不会受到影响。

虽然像这样将 PHP 代码嵌入到 HTML 中是很方便的，但这种方式会导致重复编写相同功能的代码，从而产生一些不必要的错误。它还会使得网页难以维护，特别是在开始编写更复杂的 PHP 代码之后。因此，通常的做法是将大量动态代码保存在不同的文件中，然后根据需要使用不同的文件构建网页。这些单独的文件——或者通常所说的包含文件——只能包含 PHP 或 HTML，或者两者兼而有之。

作为一个简单的示例，你可以将网站的导航菜单放在一个包含文件中，并编写 PHP 代码将其包含在每个页面中。每当需要更改导航菜单时，只需要编辑这个包含文件，所做的更改将自动反映在包含该导航菜单的每个页面中。想象一下，如果一个网站有几十个页面包含了导航菜单，使用这种方式维护导航菜单能节省多少时间！

在静态的 HTML 网页中，页面的内容在设计时由 Web 开发人员确定，并上载到 Web 服务器。当浏览器访问网页时，Web 服务器只是发送 HTML 和其他数据，如图像和样式表。这是一个简单的处理过程——浏览器发起访问请求，服务器返回固定的内容。当使用 PHP 构建网页时，处理过程包含了更多事项。图 1-1 显示了处理过程。

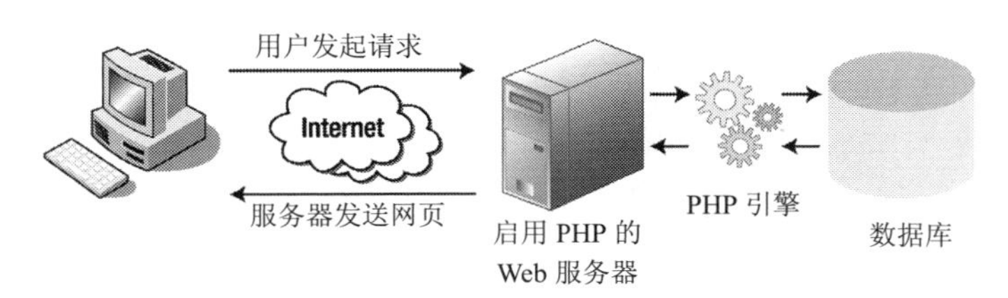

图 1-1　Web 服务器动态构建每个 PHP 页面以响应请求

访问 PHP 驱动的网站时，会启动以下一系列事件。

(1) 浏览器向 Web 服务器发送一个请求；

(2) Web 服务器将请求交给 PHP 引擎，该引擎嵌入服务器中；

(3) PHP 引擎处理代码。在许多情况下，它还可以在生成页面之前查询数据库。

(4) 服务器将动态生成的页面发送回浏览器。

这个过程通常只需要数百毫秒，因此 PHP 网站的访问者不可能注意到任何延迟。由于每个页面都是单独构建的，PHP 网站可以动态响应用户输入，当不同用户登录时显示不同的内容，或者根据登录的用户不同显示不同的数据库搜索结果。

创建包含处理逻辑的页面

PHP 是一种服务器端语言。PHP 代码保留在 Web 服务器上。服务器处理后，只发送 PHP 脚本的输出。通常，输出是 HTML，但是 PHP 也可以用来生成其他网络语言，比如 JSON(JavaScript Object Notation)或 XML(可扩展标记语言)。

PHP 使你能够将逻辑嵌入网页中，根据不同的情况生成不同的 HTML。有些判断是根据 PHP 从服务器上收集的信息做出的：日期、时间、星期几、页面 URL 中的信息等。例如，如果是星期三，页面将显示星期三的电视时间表。在其他情况下，决策基于用户输入进行，PHP 从在线表单中提取用户的输入。如果你已经注册了一个站点，它将显示个性化信息——诸如此类。

1.3 学习和使用 PHP 的难易程度

PHP 不是火箭科学，你不要指望在 5 分钟内就能成为专家。对于新手来说，最大的冲击可能是 PHP 对错误的容忍度远远低于浏览器对 HTML 错误的容忍度。如果在 HTML 中省略了结束标记，大多数浏览器仍会呈现该页面。如果遗漏了 PHP 中的结束引号、分号或大括号，就会看到如图 1-2 所示的、一定会出现的错误消息。用任何语言编写代码，如 JavaScript 和 C#，对代码的严谨性要求都是很高的，不仅仅是 PHP。

图 1-2　服务器端语言(如 PHP)不允许出现大多数编码错误

如果你是那种使用诸如 Adobe Dreamweaver 的视觉设计工具，但从不查看底层代码的网页设计师或开发人员，那么是时候重新考虑你的方法了。将 PHP 与结构不清晰的 HTML 混在一起可能会导致问题。PHP 使用循环执行重复的任务，例如显示数据库搜索的结果。循环重复相同的代码部分——通常混合了 PHP 和 HTML——

直到显示所有结果。如果你将循环放在错误的位置，或者 HTML 的结构不正确，你的页面很可能会像洒满纸牌的房间一样混乱不堪。

如果不能确保编写的 HTML 代码的结构是正确的，最好使用万维网联盟(World Wide Web Consortium， W3C)提供的标记验证服务检查你的页面。

▒ 注意：

W3C是为确保Web的长期发展而开发了诸如HTML和CSS等标准的国际机构。它由万维网(World Wide Web)的发明者Tim Berners-Lee领导。

1.3.1 复制和粘贴本书的 PHP 代码

你完全可以复制和粘贴本书的代码。这就是它们存在的意义。笔者把这本书组织成一系列的实际项目。书中解释了代码的用途，以及它存在的原因。即使你并不完全理解它是如何工作的，这也应该使你有足够的信心知道代码的哪些部分适合你自己的需要，哪些部分最好不需要。但是为了充分利用本书，你需要尝试使用这些示例代码中提到的工具，然后提出你自己的解决方案。

PHP 是一个功能强大的工具箱，提供各种功能。它包含了数以千计的内置函数来执行各种任务，例如将文本转换成大写字母，从全尺寸的图片生成缩略图，或者连接到数据库。真正的强大来自于把这些功能以不同的方式结合在一起，并加入你自己的条件逻辑。

1.3.2 PHP 的安全性

PHP 就像你家的电路和厨房的菜刀一样：处理得当，非常安全；不负责任地处理，它会造成很大的损害。本书第 1 版的灵感之一是利用电子邮件脚本中的漏洞发起一系列攻击，把网站变成垃圾邮件的中继。解决方案非常简单，你将在第 6 章中了解。但即使在许多年后，笔者仍然会看到人们使用相同的不安全技术，从而使他们的站点受到攻击。

PHP 不是不安全的，也不需要每个人都成为使用它的安全专家。重要的是理解 PHP 安全的基本原则：在处理用户输入之前一定要对其进行检查。你会发现在本书中，这始终是一个永恒的主题。大多数安全风险几乎不费吹灰之力就能消除。

保护自己的最好方法是理解你正在使用的代码。

1.4 编写 PHP 代码需要使用的软件

严格地说，你不需要任何专门的软件用来编写 PHP 脚本。PHP 代码是纯文本，可以在任何文本编辑器中创建，比如 Windows 上的记事本或 macOS 上的 TextEdit。话虽如此，但如果你使用的编辑工具具有某些特性能够加速开发过程，你的生活将会轻松很多。有许多免费的和需要付费的编辑工具。

选择 PHP 代码编辑器

如果代码中有错误，你的页面可能永远不会送达浏览器，而所看到的只是一条错误消息。你应该选择具有下列功能的脚本编辑器。

- PHP 语法检查：这个特性以前只有昂贵的专用编辑器提供，但现在多个免费编辑器也提供此特性。语法检查器在程序员输入代码时检查代码并突出显示其中的语法错误，节省了大量时间，避免了很多无谓的挫折。
- PHP 语法着色：根据代码扮演的角色，代码以不同颜色突出显示。如果你的代码是意料之外的颜色，肯定是你犯了一个错误。
- PHP 代码提示：PHP 有很多内置的函数，即使对有经验的开发人员，也很难记住如何使用它们。许多脚本编辑器会自动显示工具提示，并提示特定代码是如何工作的。
- 代码行编号：快速查找特定行使故障排除变得更加简单。
- “平衡括号”特性：圆括号()、方括号[ ]和花括号{ }必须成对匹配。编写代码的过程中，很容易忘记输入一对括号的后半部分。所有优秀的脚本编辑器都可以帮助查找匹配的圆括号、方括号或花括号。

你正在使用的用于构建网页的开发工具可能已经具备了这些特性的一部分或全部。即使你不打算进行大量的 PHP 开发，如果你的 Web 开发工具不支持语法检查，也应该考虑使用专用的脚本编辑器。下列专用脚本编辑器是根据笔者个人的经验提供的一份不算详尽的工具清单，这些工具具有所有基本功能，如语法检查和代码提示。

- PhpStorm：尽管这是一个专用的 PHP 编辑工具，但它对 HTML、CSS 和 JavaScript 也提供了很好的支持。这是笔者目前最喜欢的用于开发 PHP 程序的编辑工具。它是按年付费使用的。如果你付费使用的时间不少于一年，将获得一个稍旧版本的永久许可证。
- Visual Studio Code：一个优秀的微软代码编辑器，不仅在 Windows 上运行，而且在 macOS 和 Linux 上运行。它是免费的，并内置对 PHP 的支持。
- Sublime Text：如果你是 Sublime Text 的粉丝，应该知道该工具有一些插件可以用于 PHP 语法着色、语法检查和文档归档。该工具有试用版，试用期之后如果需要继续使用，则需付费。
- Zend Studio：如果你对 PHP 开发是认真的，那么必须了解 Zend Studio，它是针对 PHP 的功能最完整的集成开发环境(IDE)。该工具是由名为 Zend 的公司开发的，该公司由 PHP 开发的主要贡献者经营。Zend Studio 在 Windows、macOS 和 Linux 上运行。个人版本和商用版本售价不同。
- PHP Development Tools：PDT 是 Zend Studio 的精简版，具有免费的优点。它运行在 Eclipse 上，这是一个支持多种计算机语言的开源 IDE。如果你在

Eclipse 上使用过其他编程语言，应该会发现它使用起来相对容易。PDT 运行在 Windows、macOS 和 Linux 上，可以作为 Eclipse 插件，也可以作为自动安装 Eclipse 和 PDT 插件的完整安装包使用。

1.5 本章小结

本章仅简述了 PHP 在向网站添加动态功能时可以做些什么，以及你需要具有什么特性的开发工具。使用 PHP 的第一步是建立一个测试环境。第 2 章将介绍在 Windows 和 macOS 上搭建测试环境所需的工具和操作。

第 2 章

准备使用 PHP

既然你已经决定使用 PHP 设计网页，接下来就需要确保安装好开发测试环境，以便充分学习本书后续的内容。虽然可以在远程服务器上测试所有内容，但在本地计算机上测试 PHP 页面通常更为方便。所有你需要安装的东西都是免费的。在本章中，笔者将解释 Windows 和 macOS 的各种选项。在 Linux 上，通常默认安装多个必要组件。

本章内容：

- 检测网站是否支持 PHP
- 理解不能继续使用 PHP 5 的原因
- 决策是否创建本地测试设置
- 在 Windows 和 macOS 中使用现成的软件包
- 决定在何处保存 PHP 文件
- 查看本地和远程服务器上的 PHP 配置

2.1 检测网站是否支持 PHP

查看网站是否支持 PHP 的最简单方法是询问你的托管公司。另一种方法是将一个 PHP 页面上传到网站，看看它是否工作。即使知道你的网站支持 PHP，也要进行以下测试以确认哪个版本正在运行。

(1) 打开脚本编辑器，并在空白页中输入以下代码。

```
<?php echo phpversion();
```

(2) 将该文件保存为 phpversion.php。确保你的操作系统不会在.php 之后添加.txt 文件扩展名是很重要的。如果你在 Mac 系统上使用 TextEdit，需要确保它没有以 RTF 格式保存文件。如果你完全不能确定，可以使用本书所附代码 ch02 文件夹中的 phpversion.php 文件。

(3) 将 phpversion.php 文件上传到网站，方法与上传 HTML 页面相同，然后在浏览器的地址栏输入访问页面的 URL。假设将文件上传到网站的顶层，URL 将类似于 www.example.com/phpversion.php。

如果看到屏幕上显示的是像 7.2.0 这样的三部分数字，就可以使用 PHP。该数字告诉你服务器上运行的 PHP 的版本。本书假设你运行的是 PHP7.2.0 或更高版本。

(4) 如果你收到一条消息，上面写着 Parse error，这意味着支持 PHP，但是你在输入文件中的代码时犯了一个错误。可以改用 ch02 文件夹中的版本。

(5) 如果你只看到原始代码，就意味着不支持 PHP。

如果服务器运行的是 7.2.0 之前的 PHP 版本，请与你的主机托管公司联系，告诉他们你想要最新的稳定版本的 PHP。如果你的主机托管公司拒绝，可以考虑选择其他主机托管公司。

不能继续使用 PHP 5 的原因

PHP 版本包含 3 个用点号分隔的数字。第一个数字是主要版本；第二个是分支；最后一个是点发行版。主要版本引入了可能会破坏现有网站的重大更改，包括删除过时的功能。分支引入了新特性；但是很少有分支会破坏与同一主版本的兼容性。点发布包含 bug 和安全问题的修复。

当 PHP 5 在 2004 年发布时，开发团队继续发布 PHP 4 的安全更新。这不仅迟滞了 PHP 5 的应用，也减慢了对新主要版本的重要改进。原则的改变导致 PHP 每年发布一次新分支。每个分支在错误和安全修复方面得到开发团队持续两年的积极支持，紧接着的第三年提供关键安全问题的修复支持。之后开发团队就不再支持这个分支版本了。

PHP 5 的最终版本(5.6 版本)得到了近两年半的额外支持，但自 2018 年 12 月 31 日起所有支持已停止。使用 PHP 5 会使你的网站和有价值的数据面临风险，因为安全漏洞不会再被修复。此外，你不会从 PHP 7 的新特性中获益，更不用说它的速度是 PHP 5 的两倍。对 PHP 7.0 的所有支持和对 PHP 7.1 的积极支持在本书出版之前就已经结束了。这就是为什么这本书至少需要 PHP 7.2 版本。尽管本书中的大部分代码在旧版本的 PHP 上也能运行，但其中一些代码则不能。

决定测试网页的位置

与普通的网页不同，你不能在 Windows 的文件夹或 Mac 的 Finder 窗口中直接双击某个 PHP 页面，从而在浏览器中查看它。包含了 PHP 脚本的页面需要通过支持 PHP 的 Web 服务器进行解析或处理。如果你的托管公司支持 PHP，可以将文件上传到你的网站并在那里进行测试。但是，每次进行更改时都需要上传文件。在早期，你可能会发现由于代码中的一些小错误必须经常这样做。随着你的经验越来越丰富，你仍然需要经常上传文件，因为需要尝试不同的想法。

如果你希望直接使用 PHP，请务必使用你自己的网站作为测试平台。但是，你很快就会发现需要一个本地 PHP 测试环境。本章其余部分将向你展示如何做到这一点，并提供 Windows 和 macOS 系统上的说明。

2.2 安装本地测试环境

要在本地计算机上测试 PHP 页面，需要安装以下软件。

- Web 服务器，这是一个显示网页的软件，而不是一台单独的计算机
- PHP 引擎
- MySQL 或 MariaDB 数据库，以及用于管理数据库的 phpMyAdmin，这是一个基于 Web 的前端工具

▒ **提示：**

MariaDB是社区开发的用于替代MySQL的插件。本书中的代码与MySQL和MariaDB都完全兼容。

所需要的软件都是免费的。对你来说，唯一的代价就是下载必要的文件所需的时间，当然，还要确保一切设置正确的时间。大多数情况下，应该在一小时甚至是更短的时间内完成下载和安装相关软件，并启动这些软件。只要你有至少 1GB 的可用磁盘空间，就应该能在计算机上安装所有软件——即使对这些软件进行适当的自定义安装也没问题。

▒ **提示：**

如果本地计算机上已经有一个PHP 7 测试环境，就没有必要重新安装。只要阅读本章的 2.6 节“查看PHP设置”即可。

逐个安装软件或安装一体化软件安装包

多年来，笔者一直主张将 PHP 测试环境的每个组件分别安装，而不是使用一体化软件安装包安装 Apache、PHP、MySQL 和 phpMyAdmin。笔者的建议是基于一些早期的一体化软件安装包的质量不可靠，安装容易，但几乎不可能卸载或升级。然而，现在一体化软件安装包是非常可靠的，笔者现在毫不犹豫地推荐它们。

在笔者的计算机上，在 Windows 系统上使用 XAMPP，在 macOS 系统上使用 MAMP。还可以选择其他软件安装包，选择哪一个并不是很重要。

2.3 在 Windows 上设置 PHP 开发测试环境

在继续之前，请确保以管理员身份登录计算机。

2.3.1 设置 Windows 以显示文件扩展名

默认情况下，大多数 Windows 计算机都会隐藏文件的扩展名，扩展名一般由 3 到 4 个字符组成，例如.doc 或.html；因此在对话框和 Windows 文件资源管理器中看到的文件名都类似于 thisfile，而不是 thisfile.doc 或 thisfile.html。

根据如下指令可以在 Windows 10 和 Windows 8 中显示文件扩展名。

(1) 打开文件资源管理器。

(2) 选择“视图”以展开“文件资源管理器”窗口顶部的功能区。

(3) 选中“文件扩展名”复选框。

在系统中显示文件扩展名更有利于安全控制——可以根据扩展名判断病毒作者是否将.exe 或.scr 可执行文件附加到看起来无害的文档上。

2.3.2 选择 Web 服务器

大多数情况下 PHP 引擎都安装在 Apache Web 服务器上。两者都是开源的，并且可以很好地一起工作。然而，Windows 有自己的 Web 服务器，即 Internet 信息服务(Internet Information Services，IIS)，它也支持 PHP。微软与 PHP 开发团队紧密合作，将 IIS 上的 PHP 性能提高到与 Apache 相当的水平。那么，应该选择哪一个呢？

除非 ASP 或 ASP.NET 需要 IIS，否则笔者建议使用 XAMPP 或其他某个一体化软件包来安装 Apache，下一节将对此进行介绍。如果需要使用 IIS，安装 PHP 最方便的方法是使用微软的 Web 平台安装包(Web Platform Installer，Web PI)，可以从 www.microsoft.com/web/downloads/platform.aspx 下载该安装包。

2.3.3 在 Windows 上安装一体化软件安装包

有 3 个常用的 Windows 一体化软件安装包，分别安装 Apache、PHP、MySQL 或 MariaDB、phpMyAdmin 和其他一些工具。这 3 个安装包是 XAMPP、WampServer 和 EasyPHP。安装过程通常只需要几分钟。一旦安装了某个安装包，可能需要改变一些设置，这将在本章后面介绍。

由于在本书的生命周期中，安装包的版本有可能改变，因此笔者不会描述安装过程。每个包的网站上都有说明。

2.4 在 macOS 上设置 PHP 开发测试环境

macOS 系统预装了 Apache Web 服务器和 PHP 引擎，但默认情况下不启用。笔者建议使用 MAMP，而不是使用预装版本；MAMP 将安装 Apache、PHP、MySQL、phpMyAdmin 和其他几个工具。

为了避免与预装的 Apache 和 PHP 版本发生冲突，MAMP 将所有应用程序放在硬盘上的专用文件夹中。如果你决定不再需要使用 MAMP，只需要将 MAMP 文件夹拖到回收站中，就可以轻松地卸载所有内容。

2.4.1 安装 MAMP

在开始安装之前，请确保以管理员身份登录计算机。

(1) 在浏览器上打开网页 www.mamp.info/en/downloads/并选择 MAMP & MAMP PRO 的链接。这将下载一个包含免费和付费版本的 MAMP 磁盘映像。

(2) 下载完成后，启动磁盘映像。你会收到许可协议。必须单击 Agree 按钮继续安装磁盘映像。

(3) 按照屏幕上的说明操作。

(4) 确认 MAMP 是否已安装在 Applications 文件夹中。

▒ **注意：**

MAMP自动将免费版本和付费版本分别安装在名为MAMP和MAMP PRO的两个不同文件夹中。付费版本使得配置PHP和使用虚拟主机更容易，但是免费版本是完全足够的，特别是对于初学者。如果想删除MAMP PRO文件夹，不要将它拖动到回收站。打开文件夹并双击MAMP PRO卸载图标。付费版本需要同时保留这两个文件夹。

2.4.2 测试和配置 MAMP

默认情况下，MAMP 为 Apache 和 MySQL 使用非标准端口。除非使用了多个 Apache 和 MySQL 安装，否则请按照以下步骤更改端口设置。

(1) 双击 Applications/MAMP 文件夹中的 MAMP 图标。如果系统弹出窗口提示你通过多个 Mac 使用 MAMP Cloud Function 访问数据，请单击左上角的关闭按钮取消弹窗。MAMP Cloud Function 是一个付费服务，这不是本书所要求的。你可以单击 Learn More 按钮获得详细信息。还有一个复选框可防止每次启动 MAMP 时都显示该弹窗。

(2) 在 MAMP 控制面板中单击 Start Servers(见图 2-1)。Apache Server 和 MySQL Server 右侧的圆圈应该显示为绿色，表明它们正在运行。Mac 系统会启动默认浏览器并显示 MAMP 的欢迎页面。

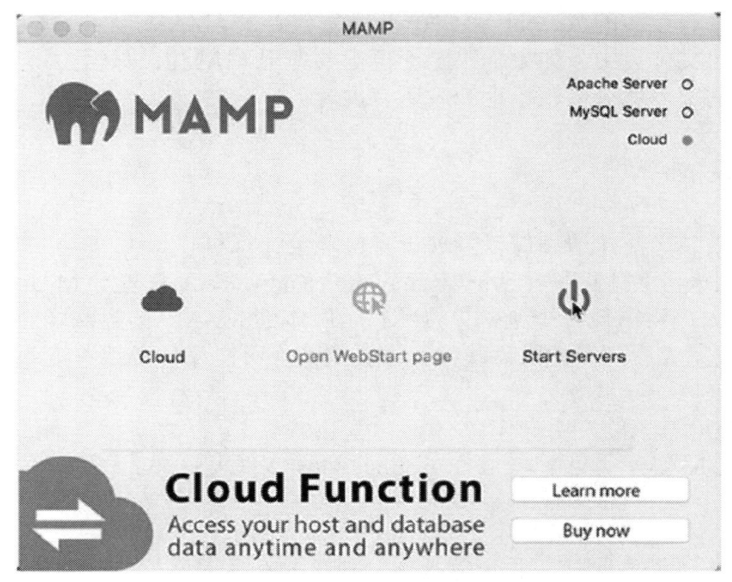

图 2-1　在 MAMP 控制面板上启动服务器

(3) 如果浏览器没有自动启动，请单击 MAMP 控制面板中的 Open WebStart page。

(4) 检查浏览器地址栏中的 URL。它从 localhost:8888 开始。:8888 表示 Apache 正在监听非标准端口 8888 上的请求。

(5) 最小化浏览器，单击 MAMP 控制面板中的任何地方，使之成为当前活跃的应用程序。

(6) 转到屏幕顶部的主 MAMP 菜单并选择 Preferences(或者使用键盘快捷键 Cmd+，)。

(7) 在打开的面板顶部选择 Ports。它显示了 Apache 和 MySQL 在端口 8888 和 8889 上运行(见图 2-2)。

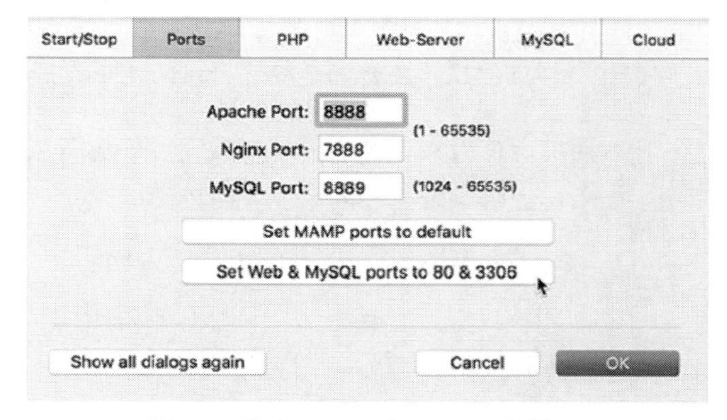

图 2-2　修改 Apache 和 MySQL 的端口

(8) 单击图 2-2 上的 Set Web & MySQL ports to 80 & 3306，两个服务器的端口将更改为标准端口：Apache 的端口修改为 80，MySQL 的端口修改为 3306。

▒ **注意：**

MAMP现在支持将Nginx作为替代Web服务器。当单击Set Web & MySQL ports to 80 & 3306 时，Apache Port和Nginx Port的值都改为 80，这使得设置无法被接受。如果发生这种情况，手动将Nginx端口重置为 7888。

---

(9) 单击 OK 按钮并在出现提示时输入 Mac 密码。MAMP 将重新启动两个服务器。

▒ **提示：**

如果任何其他程序正在使用端口 80，Apache就不会重新启动。如果找不到阻止Apache使用端口 80 的程序，请打开MAMP首选项面板并单击Set MAMP ports to default按钮。

---

(10) 当两个灯都再次为绿色时，MAMP 欢迎页面将重新加载到浏览器中。这一次，URL 中在 localhost 之后不应该再跟着冒号和数字，因为 Apache 现在正在监听默认端口。

2.5 PHP 文件在 Windows 和 Mac 上的存放位置

只能在 Web 服务器可以处理文件的位置上创建文件。通常，这意味着文件应该在服务器的文档根目录或其子目录中。最常见的设置中，不同安装包配置的文档根目录的默认位置如下。

- XAMPP：C:\xampp\htdocs
- WampServer：C:\wamp\www
- EasyPHP：C:\EasyPHP\www
- IIS：C:\inetpub\wwwroot
- MAMP：/Applications/MAMP/htdocs

要查看 PHP 页面，需要使用 URL 在浏览器中加载它。本地测试环境中 Web 服务器文档根的 URL 是 http://localhost/。

▒ **警告：**

如果需要将MAMP重置回其默认端口，文档根URL将变成http://localhost:8888而不再是http://localhost。

如果将本书的示例代码保存在文档根目录下名为 phpsols-4e 的文件夹中，文档

的根 URL 将变成 http://localhost/phpsols-4e/，后面跟着文件夹的名称(如果有的话)和文件名称。

■ 提示：

如果在使用 http://localhost/.127.0.0.1 时遇到问题，请使用 http://127.0.0.1。127.0.0.1 是所有计算机用来引用本地计算机的回送IP地址。

使用虚拟主机

在 Web 服务器的文档根目录中存储 PHP 文件的另一种方法是使用虚拟主机。虚拟主机为每个网站创建一个唯一的地址，这也是主机托管公司管理共享主机的方式。MAMP PRO 通过控制面板简化了设置虚拟主机的过程。EasyPHP 也提供了一个用于管理虚拟主机的插件模块。

手动设置虚拟主机涉及编辑计算机的一个系统文件，以便在本地计算机上注册虚拟主机名。你还需要告诉本地测试环境中的 Web 服务器存放 PHP 文件的位置。这个过程并不难，但是每次设置一个新虚拟主机时都需要进行相应的配置。

在虚拟主机中设置每个网站的好处是，它可以更准确地匹配实时网站的结构。但是，在学习 PHP 时，使用测试服务器文档根目录的子文件夹可能更方便。一旦你有了使用 PHP 的经验，就可以开始使用虚拟主机。在 Apache 中手动设置虚拟主机的说明在笔者的网站上，地址如下。

- Windows: http://foundationphp.com/tutorials/apache_vhosts.php
- MAMP: http://foundationphp.com/tutorials/vhosts_mamp.php

■ 提示：

记住需要在测试环境中启动Web服务器才能查看PHP页面。

2.6 查看 PHP 设置

安装 PHP 后，最好检查其配置的设置情况。除了核心特性之外，PHP 还有大量的可选扩展。一体化安装包和 Microsoft Web PI 都安装了本书所需的所有扩展。但是，一些基本配置的设置可能略有不同。若要避免出现意外问题，请根据本书下面的推荐来调整 PHP 的配置。

2.6.1 使用 phpinfo()命令显示服务器配置

PHP 有一个内置命令 phpinfo()，该命令能显示在服务器上配置 PHP 的详细信息。phpinfo()命令生成的大量细节感觉上是巨大的信息过载，但当网站在本地计算机上能够完美运行，而在公网服务器上却出问题时，这些信息对于解决这样的问题基本上没用。问题通常在于远程服务器禁用了某个功能，或者没有安装可选的扩展。

一体化安装包使得运行 phpinfo()命令变得很容易。

- XAMPP：单击 XAMPP 欢迎窗口顶部菜单中的 phpinfo 链接。
- MAMP：在 MAMP 欢迎窗口顶部的主菜单中单击 phpinfo 菜单。
- WampServer：打开 WampServer 菜单，单击 Localhost 菜单项。phpinfo()的链接位于 Tools 选项卡上。

或者，创建一个简单的测试文件，并按照以下操作将其加载到浏览器中。

(1) 确保 Apache 或 IIS 正在本地计算机上运行。

(2) 在脚本编辑器中输入下列内容：

```
<?php phpinfo();
```

文件中不要再包含其他任何内容。

(3) 在服务器的文档根目录中将文件保存为 phpinfo.php。

■ **警告：**

确保编辑器没有在.php之后添加.txt或.rtf扩展名。

---

(4) 在浏览器地址栏中输入 http://localhost/phpinfo.php 并按下回车键。

(5) 你应该会看到一个类似图 2-3 所示的页面，该页面的顶部显示了 PHP 版本，接下来是关于 PHP 配置的详细信息。

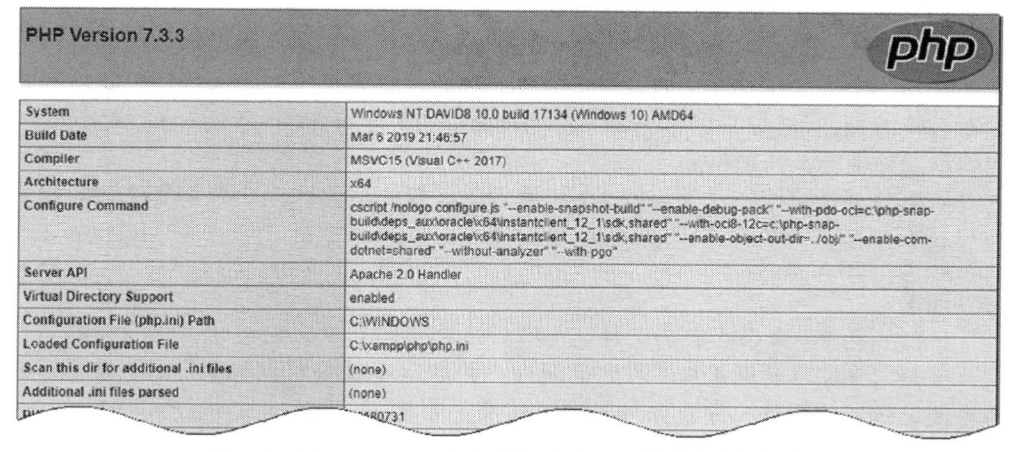

System	Windows NT DAVID8 10.0 build 17134 (Windows 10) AMD64
Build Date	Mar 6 2019 21:46:57
Compiler	MSVC15 (Visual C++ 2017)
Architecture	x64
Configure Command	cscript /nologo configure.js "--enable-snapshot-build" "--enable-debug-pack" "--with-pdo-oci=c:\php-snap-build\deps_aux\oracle\x64\instantclient_12_1\sdk,shared" "--with-oci8-12c=c:\php-snap-build\deps_aux\oracle\x64\instantclient_12_1\sdk,shared" "--enable-object-out-dir=../obj/" "--enable-com-dotnet=shared" "--without-analyzer" "--with-pgo"
Server API	Apache 2.0 Handler
Virtual Directory Support	enabled
Configuration File (php.ini) Path	C:\WINDOWS
Loaded Configuration File	C:\xampp\php\php.ini
Scan this dir for additional .ini files	(none)
Additional .ini files parsed	(none)

图 2-3 运行 phpinfo()命令可以显示 PHP 配置的全部细节

(6) 记下 Loaded Configuration File 项的值。该值指示可以在哪里找到 php.ini 文件；可以编辑该文件以修改 PHP 中的大多数设置。

(7) 向下滚动到标记为 Core 的部分，并将设置与表 2-1 中推荐的设置进行比较。

记下所有不同的内容，这样你就可以按照本章后面所描述的方式修改它们。

表 2-1　推荐的 PHP 配置项设置

配置项	取值	说明
display_errors	On	调试脚本中的错误的关键信息。如果设置为 Off，脚本发生错误时会导致屏幕完全空白，使你对可能的原因一无所知
error_reporting	32767	这将错误报告设置为最高级别
file_uploads	On	允许你使用 PHP 将文件上载到网站
log_errors	Off	如果将 display_errors 设置为 on，就不需要在硬盘中记录错误日志

(8) 配置页面的其余部分显示了哪些 PHP 扩展已启用。页面内容似乎无限长，但是可以按照字母的顺序寻找关注的扩展项。要使用本书，请确保启用了下列扩展项。

- gd：使 PHP 生成和修改图像和字体。
- mysqli：连接到 MySQL/MariaDB(注意 i，它表示 improved。PHP 7 不支持老版本的 mysql，开发中不应该再使用这些老版本)。
- PDO：为数据库提供软件中立的支持(可选)。
- pdo_mysql：连接到 MySQL/MariaDB 的备选方法(可选)。
- session：会话维护与用户有关的信息，其作用之一是用于用户认证。

还应该在远程服务器上运行 phpinfo()命令来检查启用了哪些功能。如果不支持上面列出的扩展项，则当你将本书的 PHP 文件上载到网站时，其中的一些代码将无法工作。在共享主机上 PDO 和 pdo_mysql 扩展特性并不总是启用的，但是可以改用 mysqli。PDO 的优点是它是软件中立的，因此你可以只更改一两行代码就能调整脚本以使用 MySQL 以外的数据库。使用 mysqli 将你与 MySQL / MariaDB 绑定起来，代码不能移植到其他数据库。

如果服务器的核心设置与表 2-1 中推荐的设置都不同，则需要编辑 PHP 配置文件 php.ini，如下一节所述。

■ **警告：**

执行phpinfo()命令生成的文件包含了许多可被恶意黑客用来攻击你的网站的信息。检查完服务器的配置后，一定要把该文件从远程服务器上删除。不要为了将来的方便而保留该文件。方便你的同时对坏人更方便。

2.6.2　编辑 php.ini 文件

PHP 配置文件 php.ini 是一个很长的文件，它往往会使新手对编程感到不安，但是没有什么好担心的。它用纯文本的形式写成，它的长度有一个原因是它包含了大量注释来解释各种选项。也就是说，在编辑 php.ini 之前做备份是个好主意，出错之后便于恢复。

如何打开 php.ini 取决于操作系统以及 PHP 的安装方式。

- 如果在 Windows 系统上使用了一体化的安装包，如 XAMPP，则可以在 Windows 资源管理器中双击 php.ini。该文件将在记事本中自动打开。
- 如果使用 Microsoft Web PI 安装 PHP，那么 php.ini 文件通常位于 Program Files 文件夹的子文件夹中。虽然你可以通过双击 php.ini 打开它，但是你无法保存所做的任何更改。相反，右击 Notepad 菜单项并选择“以管理员身份运行”。在记事本内选择 File | Open 菜单项并设置显示 All Files(*.*)的选项。导航到 php.ini 所在的文件夹，选择该文件，然后单击 Open 按钮。
- 在 macOS 系统上，使用纯文本编辑器打开 php.ini。如果你使用的是 TextEdit，请确保它将文件保存为纯文本，而不是 RTF(Rich Text Format，富文本格式)。

以分号(;)开头的行是注释。你需要编辑的行并不以分号开始。

使用文本编辑器的查找功能定位你需要更改的配置项，根据表 2-1 中的推荐修改这些配置项的值。大多数配置项的前面都有一个或多个如何设置它们的示例。确保不要错误地编辑注释的示例。

对于取值为 On 或 Off 的配置项，只需要将配置项的值修改为建议的值即可。例如，如果需要打开错误信息的显示，请编辑以下行。

```
display_errors = Off
```

将其修改为：

```
display_errors = On
```

要设置错误报告的级别，需要使用 PHP 常量，这些常量是大写的，并且区分大小写。配置项应该按如下所示设置。

```
error_reporting = E_ALL
```

编辑 php.ini 之后，保存文件，然后重新启动 Apache 或 IIS，以使更改生效。如果 Web 服务器无法启动，请检查服务器的错误日志文件。根据不同的安装方式，可以在以下位置找到错误日志文件。

- XAMPP：在 XAMPP 控制面板中，单击 Apache 旁边的 Logs 按钮，然后选择 Apache(error.log)。
- MAMP：在/Applications/MAMP/logs 文件夹中，双击 apache_error.log 在控制台中打开它。
- WampServer：在 WampServer 菜单中，选择 Apache | Apache error log。
- EasyPHP：右击系统托盘中的 EasyPHP 图标并选择 Log Files | Apache。
- IIS：日志文件的默认位置为 C:\inetpub\logs。

错误日志中的最新条目应指示是什么阻止服务器重新启动。使用该信息更正对

php.ini 所做的更改。如果这样做不起作用，那应该庆幸在编辑 php.ini 之前备份了该文件。根据备份复制一个新文件，然后重新开始仔细编辑。

2.7 后续学习内容

现在已经安装和配置好了 PHP 开发测试平台，你肯定希望立刻开始编写代码并测试。在使用 PHP 开发网站之前，你应该先学习这种编程语言的基本规则。因此，在学习开发实际的网站之前，请阅读第 3 章，它将解释如何编写 PHP 脚本。不要跳过它，即使你已经编写过简单的 PHP 脚本——了解基本规则很重要。

第 3 章

编写 PHP 脚本

本章简要介绍 PHP 的工作原理，并说明一些基本规则。本章主要针对那些没有 PHP 编码经验的读者。即使你以前用过 PHP，也要查看本章主要章节的标题，了解各章节介绍的内容，并复习你掌握得不是很清晰的任何知识。

本章内容：

- 了解 PHP 代码的结构
- 将 PHP 代码嵌入网页
- 在变量和数组中存储数据
- 让 PHP 做出决策
- 使用循环执行重复性任务
- 使用函数执行预设任务
- 显示 PHP 的输出
- 理解 PHP 错误消息

3.1 PHP 概况

初看起来，PHP 代码相当令人生畏，但是一旦你了解了基础知识，则将发现代码的结构非常简单。如果你使用过任何其他计算机语言，例如 JavaScript 或 jQuery，你会发现它们有很多共同点。

每个 PHP 页面都必须具有以下特性。

- 正确的文件扩展名(通常是.php)
- 包围每段 PHP 代码的 PHP 标记(如果文件只包含 PHP 代码，则可以省略 PHP 结束标记)

一个典型的 PHP 页面将使用以下所示的部分或所有元素。

- 变量，作为未知值或变化值的占位符
- 保存多个值的数组
- 进行决策的条件语句
- 执行重复任务的循环
- 执行预设任务的函数或对象

让我们依次快速地介绍每个元素，从文件名和开始、结束标记开始。

3.1.1　告诉服务器处理 PHP 页面

PHP 是一种服务器端语言。Web 服务器(通常是 Apache)处理 PHP 代码，只将结果(通常为 HTML)发送给浏览器。因为所有操作都在服务器上进行，所以需要告诉服务器页面包含了 PHP 代码。这包括两个简单的步骤。

- 给每个页面一个 PHP 文件扩展名，默认为.php。只有在托管公司明确要求使用不同的扩展名时才使用。
- 用 PHP 标记标识所有 PHP 代码。

PHP 代码的开始标记是<?php，结束标记是?>。如果将标记放在与代码相同的行上，则在开始标记之前或结束标记之后不需要有空格，但在开始标记中的 php 之后必须有空格，如下所示。

```
<p>This is HTML with embedded PHP<?php //some PHP code ?>.</p>
```

插入多行 PHP 代码时，为了清晰起见，最好将开始标记和结束标记作为单独的行。

```
<?php
// some PHP code
// more PHP code
?>
```

你可能会遇到开始标记的另一个简化版本<? 。然而，并非所有服务器上都启用了<?标记。始终使用<?php，以保证能正常工作。

当文件只包含 PHP 代码时，强烈建议省略 PHP 结束标记。这避免了在处理包含文件时可能出现的问题(参见第 5 章)。

▩ **注意：**

为了节省空间，本书中的大多数示例省略了PHP标记。在编写自己的脚本或将PHP代码嵌入到网页中时，必须始终使用它们。

3.1.2　将 PHP 代码嵌入网页

PHP 是一种嵌入式语言。这意味着你可以在普通网页中插入 PHP 代码块。当有人访问你的站点并请求 PHP 页面时，服务器会将其发送给 PHP 引擎，该引擎从上到下读取页面以查找 PHP 标记。PHP 引擎不会处理 HTML 和 JavaScript 代码，但是每当遇到 <?php 标记时，它就开始处理代码并继续，直到接近结束标记?>(或者直到脚本结束，如果 PHP 代码后面没有其他内容)。如果 PHP 代码产生任何输出，它将产生的代码插入 PHP 代码原来所在的位置。

■ **提示：**

一个页面可以包含多个PHP代码块，但这些代码块不能相互嵌套。

图 3-1 显示了嵌入在一个普通网页中的一段 PHP 代码，以及它在浏览器和页面源视图中经过 PHP 引擎处理之后的样子。代码计算当前年份，检查它是否与固定年份(在图左侧代码的第 26 行用$startYear 变量表示)不同，并在版权声明中显示适当的年份范围。从图的右下角的页面源视图中可以看到，在发送到浏览器的内容中没有 PHP 的痕迹。

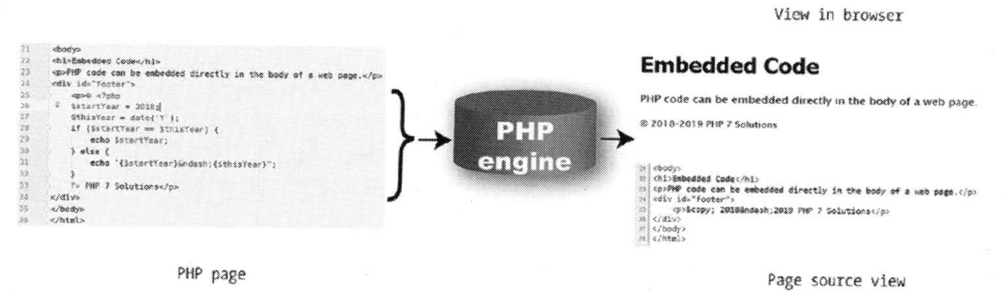

图 3-1　PHP 代码保留在服务器上；只有代码的输出被发送到浏览器

■ **提示：**

PHP并不总是为浏览器生成直接输出。例如，在发送电子邮件或将信息插入数据库之前，它可以检查表单输入的内容。因此，一些代码块被放置在主HTML代码之上或之下，或者放在外部文件中。但是，生成直接输出的代码会转到希望显示输出的位置。

3.1.3　将 PHP 代码保存在外部文件中

除了在 HTML 中嵌入 PHP 之外，将常用代码存储在单独文件中也是一种常见做法。当文件只包含 PHP 代码时，开始标记<?php 是必需的，但结束标记?>是可选的。实际上，推荐的做法是省略结束标记。但是，如果外部文件的 PHP 代码之后包含有 HTML 代码，则必须使用结束标记?>。

3.1.4　使用变量表示变化的值

图 3-1 中的代码看起来使用了一种非常冗长的方式显示一系列年份。但从长远看，PHP 提供的这个解决方案节省了你的时间。以后不需要每年更新版权声明，PHP

代码会实现自动更新。这段代码编写好之后就不再需要任何维护。此外，正如你将在第 5 章中看到的，如果将这段代码存储在外部文件中，则对外部文件的任何更改都将反映在站点内包含此外部文件的所有页面上。

这种自动显示年份的能力依赖于 PHP 的两个关键特性：变量和函数。顾名思义，函数会处理一些事情，执行预设的任务，例如获取当前日期并将其转换为人类可读的形式。本书稍后将介绍函数，现在先研究变量。图 3-1 中的脚本包含两个变量：$startYear 和$thisYear。

■ **提示：**

变量只是一个名字，用来代表某样事物；它可能会改变，事先无法确定。PHP 中的变量总是以$(美元符号)开头。

我们在日常生活中总是使用变量却没有考虑变量存在的意义。当你第一次遇见某人时，你可能会问 What's your name?不管这个人叫 Tom、Dick 还是 Harriet，name 这个词始终不变。类似地，在你的银行账户里，钱总是有进有出(虽然基本上是进少出多)，但如图 3-2 所示，不管你是穷困潦倒还是富可敌国，账户中可用的金额总是被称为余额(balance)。

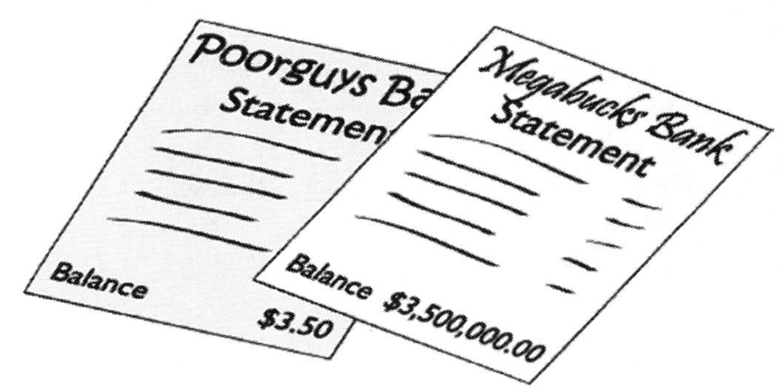

图 3-2　银行账户上的余额是一个日常生活中可以观察到的变量——名称保持不变，即使其值可能每天都在变化

因此，name 和 balance 都是常见的变量。只要在它们前面放一个美元符号，就可以将它们变成两个现成的 PHP 变量，如下代码所示。

```
$name
$balance
```

就是这么简单。

1. 变量命名

只要记住以下规则，你可以随意命名变量。

- 变量总是以美元符号($)开头；
- 有效字符是字母、数字和下画线；
- 美元符号后的第一个字符必须是字母或下画线(_)；
- 除下画线外，不允许有空格或标点符号；
- 变量名区分大小写：$startYear 和$startyear 不一样。

在命名变量时，选择一些可以表示其含义或用途的词汇。到目前为止你看到的变量——$startYear、$thisYear、$name 和$balance 都是很好的示范。在组合第二个或后续单词时，最好将它们的第一个字母大写。或者，也可以使用下画线连接多个单词($start_year、$this_year 等)。

▒ **提示：**

西欧语言中常用的重音字符在变量中也是有效的。例如，$prénom和$förnamn是可以接受的。实际上，你还可以在PHP7 中的变量名中使用其他字母，如西里尔字母和非字母脚本，如日语汉字。但是在编写本书时，这种使用方式是没有文档记录的，因此笔者建议遵循前面的规则。

不要试图通过使用非常短的变量来节省时间。使用$sy、$ty、$n 和$b 而不是更具描述性的词汇会使代码更难理解，也会使代码更难编写。更重要的是，它使错误更难发现。和往常一样，规则也有例外。按照惯例，$i、$j 和$k 经常用于计算循环运行的次数，而$e 和$t 则用于错误检查。你将在本章后面看到这些变量在代码中的示例。

▒ **警告：**

尽管编写代码时在选择变量名方面有相当大的自由度，但不能使用$this，因为它在PHP面向对象编程中有特殊的意义。另外，最好不要使用https://secure.php.net/manual/en/reserved.php中列出的任何关键字。

---

2. 给变量赋值

变量的值有多种来源，包括：

- 用户通过在线表单输入
- 数据库
- 外部源，如新闻源或 XML 文件
- 计算结果
- 直接包含在 PHP 代码中

无论值来自何处，总是用等号(=)将其赋予变量，如下所示。

```
$variable = value;
```

变量在等号的左边，值在右边。因为等号为变量赋值，所以等号被称为赋值运算符。

■ 警告：

由于我们从小就熟悉等号，因此很难摆脱认为等号的意思是“等于”的习惯。然而，PHP使用双等号(==)表示相等。这是造成初学者犯错的一个主要原因，有时也会让有经验的开发人员犯错。=和==之间的区别将在本章后面更详细地介绍。

3.1.5 用分号结束语句

PHP 代码包含一系列命令或语句。每条语句通常告诉 PHP 引擎执行一个操作，并且必须始终以分号作为结束，如下所示。

```
<?php
do this;
now do something else;
?>
```

与所有规则一样，这里也有一个例外：可以在代码块中的最后一条语句之后省略分号。但是，不要这样做，除非使用本章后面介绍的短标记 echo。与 JavaScript 不同的是，如果不使用分号，PHP 不会假定行的末尾应该有分号。这有一个很好的副作用：可以将过长的语句分散为多行，以便于阅读。PHP 和 HTML 一样，忽略代码中的空格。相反，它依赖分号来指示一条语句的结束位置和下一条语句的开始位置。

■ 提示：

缺少分号将使脚本无法执行。

3.1.6 注释脚本

PHP 将所有内容都视为要执行的语句，除非将一段代码标记为注释。以下 3 个理由可以解释为什么要将一段代码标记为注释。

- 插入脚本功能的提示
- 为以后要添加的代码先插入占位符
- 暂时禁用一段代码

当你的脑海中清晰地记得一段脚本时，似乎没有必要在代码中插入任何不需要处理的东西。但是，如果几个月后需要修改脚本，你会发现阅读注释比试图理解纯粹的代码要容易得多。当你在团队中工作时，注释也很重要。良好的注释有助于团队成员迅速理解一段代码的目的。

在测试过程中，排查问题时阻止一行代码甚至整个代码段运行通常很有用。PHP 忽略任何标记为注释的内容，因此通过注释打开和关闭代码非常有用。

有 3 种方法添加注释：两种用于单行注释，一种用于多行注释。

1. 单行注释

最常见的单行注释类型以两个正斜杠开头，如下所示。

```
// this is a comment and will be ignored by the PHP engine
```

PHP 忽略从双斜杠到行尾的所有内容，因此你还可以将注释放在代码旁边(但只能放在右侧)。例如：

```
$startYear = 2018; // this is a valid comment
```

注释不是 PHP 语句，因此不要求以分号结尾。但不要忘记 PHP 语句结尾的分号，该语句与注释位于同一行。

另一种样式使用哈希或磅符号(#)，如下所示。

```
# this is another type of comment that will be ignored by the PHP engine
$startYear = 2018; # this also works as a comment
```

这种注释风格通常意味着注释之后是比较长段的脚本，如下所示。

```
##################
## Menu section ##
##################
```

2. 多行注释

要一次性注释多行，可以使用与级联样式表(CSS)和 JavaScript 中相同的注释样式。任何介于 /*和*/之间的内容都被视为注释，如下所示。

```
/* This is a comment that stretches
  over several lines. It uses the same
  beginning and end markers as in CSS. */
```

多行注释在测试或故障定位时特别有用，因为它可以禁用整段脚本，而不需要删除任何代码。

▒ **提示：**
好注释和精心选择的变量名使代码更易于理解和维护。

3.1.7 使用数组存储多个变量

PHP 允许在一种称为数组的特殊变量类型中存储多个值。认识数组的一个简单方法是，将其看成一个购物清单。尽管清单上的每一项内容可能不同，但都可以通过购物清单加上特定的序号来指示每一项内容。图 3-3 展示了这个概念：变量$shoppingList 表示总购物清单，加上特定的序号就可以分别指示葡萄酒、鱼、面包、葡萄和奶酪这 5 种商品。

图 3-3　数组是存储多个项目的变量，就像购物列表一样

单个项或数组元素通过紧接变量名称后面的方括号中的数字来标识。PHP 自动分配数字，但需要注意的是，编号总是从 0 开始。因此数组中的第一项，在我们的示例中，wine 被称为$shoppingList[0]，而不是$shoppingList[1]。尽管有 5 种商品，但最后一个(奶酪)是 $shoppingList[4]。该数字称为数组键或索引，这种类型的数组称为索引数组。

PHP 还使用另一种类型的数组，其中键是单词(或字母和数字的任意组合)。例如，包含本书详细信息的数组可能如下所示。

```
$book['title']='PHP 7 Solutions:Dynamic Web Design Made Easy,Fourth Edition';
$book['author'] = 'David Powers';
$book['publisher'] = 'Apress';
```

这种类型的数组称为关联数组。请注意，数组键是用引号括起来的(单引号或双引号都可以)。

数组是 PHP 语言的一个重要而有用的部分。从第 5 章开始，你将大量使用数组，例如在数组中存储图像的详细信息，以便在网页上显示随机图像。在数据库中按一定的条件获取一系列数据时，也广泛使用数组来保存搜索结果。

提示：

第 4 章将介绍创建数组的各种方法。

3.1.8 PHP 内置的超级全局数组

PHP 有几个内置数组，这些数组自动填充有用的信息。它们被称为超级全局数组，通常以美元符号和下画线开头。唯一的例外是$GLOBALS，它包含对脚本全局作用域中所有变量的引用。

你将经常看到的两个超级全局数组是$_POST 和$_GET。它们分别包含通过超文本传输协议(HTTP)的 post 和 get 方法从表单传递的信息。超级全局数组都是关联数组，$_POST 和$_GET 的键将自动从表单元素的名称或 URL 末尾的查询字符串中的变量派生出来。

假设表单中有一个名为 address 的文本输入字段；当通过 post 方法提交表单时，PHP 会自动创建一个名为$_POST['address']的数组元素；如果使用 get 方法，则会自动创建$_GET['address']的数组元素。如图 3-4 所示，$_POST['address']包含访问者在文本字段中输入的任何值，可以在屏幕上显示，将其插入数据库，将其发送到你的电子邮件收件箱或对其执行任何操作。

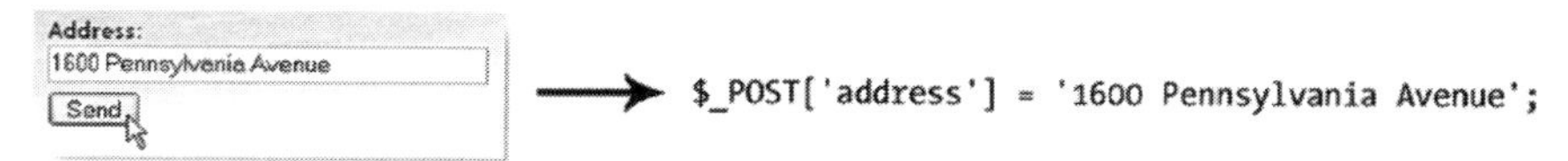

图 3-4　可通过$_POST 数组检索用户输入的值，该数组是在使用 post 方法提交表单时自动创建的

本书第 6 章介绍通过电子邮件发送在线反馈表单的内容到收件箱时，将用到$_POST 数组。此外，本书中将要使用的其他超全局数组包括，在第 5、第 14 和第 15 章中用于从 Web 服务器获取信息的$_SERVER 数组，在第 8 章中用于将文件上载到网站的$_ FILES 数组，在第 11 和第 19 章中用于创建简单登录系统的$_SESSION 数组。

■ **警告：**

不要忘记PHP中的变量名是区分大小写的。所有超级全局数组名称都用大写字母表示。例如$_Post或$_Get这样的变量名是无法让代码正确工作的。

3.1.9 理解引号的使用

如果仔细观察图 3-1 中的 PHP 代码块，你会发现赋值给第一个变量的值并没有用引号括起来。代码如下所示。

```
$startYear = 2018;
```

但是 3.1.6 节“使用数组存储多个变量”中的所有示例都使用了引号，如下所示。

```
$book['title'] = 'PHP 7 Solutions: Dynamic Web Design Made Easy, Fourth Edition';
```

是否使用引号的简单规则如下。

- 数字：不使用引号
- 文本：使用引号

作为一般原则，在文本(text)或字符串(string)周围使用单引号或双引号并不重要；在 PHP 和其他计算机语言中，文本和字符串两者是通用的。正如第 4 章所解释的，PHP 引擎处理单引号和双引号的方式存在细微的差异，具体情况有些复杂。

注意：

string一词是从计算机和数学科学中借用来的，表示一系列简单的对象；在此处表示文本中的字符。

引号必须总是成对出现，因此需要注意在单引号的字符串中包含撇号或者在双引号字符串中包含双撇号。查看以下代码行：

```
$book['description'] = 'This is David's latest book on PHP.';
```

一眼看过去似乎没有什么问题。然而，PHP 引擎所看到的东西与人眼不同，如图 3-5 所示。

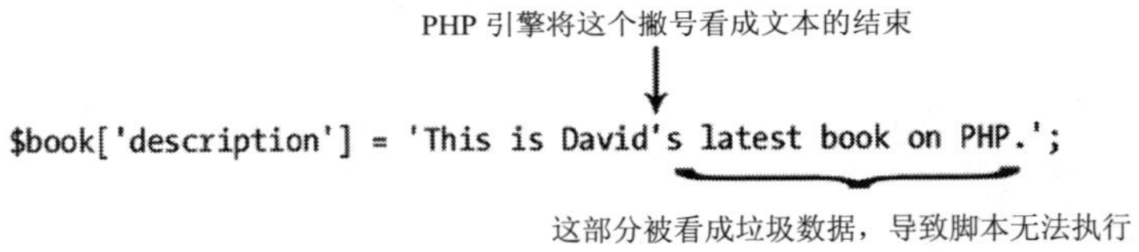

PHP 引擎将这个撇号看成文本的结束

```
$book['description'] = 'This is David's latest book on PHP.';
```

这部分被看成垃圾数据，导致脚本无法执行

图 3-5 单引号字符串中的撇号会使 PHP 引擎感到困惑

有两个方法可以避免这种问题。

- 对于包含了撇号的文本，使用双引号代替单引号；
- 或者在撇号前面加上反斜杠(这称为转义)。

分别按照上述两种方法修改代码，如下所示。

```
$book['description'] = "This is David's latest book on PHP.";
$book['description'] = 'This is David\'s latest book on PHP.';
```

对于包含双引号的字符串，上述规则同样适用(只是将单引号和双引号的作用颠倒)。以下代码会出现问题：

```
$play = "Shakespeare's "Macbeth"";
```

在这个示例中，撇号不会导致问题，因为它与双引号不会产生冲突；但 Macbeth

前面的引号对让 PHP 引擎认为字符串结束了。为了解决这个问题，以下两种处理方式中的任何一种都可以。

```
$play = 'Shakespeare\'s "Macbeth"';
$play = "Shakespeare's \"Macbeth\"";
```

在第一个示例中，整个字符串用单引号括起来。这就避开了包围着 Macbeth 的双引号的问题，但同时需要对 Shakespeare's 中的撇号进行转义。撇号在双引号字符串中没有问题，但是 Macbeth 前后的双引号都需要转义。因此，总结如下：

- 单引号和撇号出现在双引号字符串中不会产生问题。
- 双引号出现在单引号字符串内不会产生问题。
- 双引号对或单引号对以外的任何引号或撇号都需要用反斜杠进行转义。

▒ **提示：**

如第 4 章所述，使用PHP编写代码时大多数情况下都使用单引号，对于具有特殊含义的双引号通过转义进行处理。

特殊情况：true、false 和 null

虽然文本应该用引号括起来，但是 3 个关键字(true、false 和 null)不能这样处理，除非你想将它们当作字符串。前两个关键字就是其字面的意思；null 表示“不存在的值”。

▒ **注意：**

true和false称为布尔值。布尔值是以十九世纪数学家George Boole的名字命名的，他提出的逻辑运算系统成为许多现代计算的基础。

正如下一节将解释的，PHP 根据逻辑判断是等于 true 还是 false 来做决定。用引号将 false 括起来会产生令人吃惊的结果。请看以下代码。

```
$OK = 'false';
```

这与你的预期正好相反：它使$OK 的逻辑值变为 true！为什么？因为 false 周围的引号将其转换为字符串，而 PHP 将字符串视为 true。

关键字 true、false 和 null 不区分大小写。以下示例都有效。

```
$OK = TRUE;
$OK = tRuE;
$OK = true;
```

因此，简要地说，PHP 将 true、false 和 null 视为特殊情况。

- 不要把它们放在引号中。

- 不区分大小写。

3.1.10 根据条件语句做出决策

决策、决策、决策……生活中充满了决策。PHP 也是。根据具体的环境，不同的决策将使 PHP 改变代码的输出。在 PHP 中使用条件语句做出决策。最常见的条件语句是在 if 之后紧跟着进行逻辑判断的条件语句。例如，在现实生活中，你可能要面对以下决策：如果天气炎热，我就去海滩。

在 PHP 伪代码中，做出上述决策的过程如下。

```
if (the weather's hot) {
   I'll go to the beach;
}
```

被测试的条件在圆括号内，产生的动作在花括号之间。这就是基本的决策模式：

```
if (condition is true) {
// code to be executed if condition is true
}
```

提示：

条件语句是控制结构，后面没有分号。大括号将一个或多个单独的语句封装在一起，作为一个代码块执行。

大括号内的代码只有在条件为 true 时才执行。如果条件是 false，PHP 将忽略大括号之间的所有内容，然后转到下一节代码。PHP 如何确定一个条件是 true 还是 false 将在下一节中描述。

有时，只需要使用 if 语句即可；但通常在不满足条件时需要执行默认操作。为此，可以使用 else 分支，如下所示。

```
if (condition is true) {
   // code to be executed if condition is true
} else {
   // default code to run if condition is false
}
```

如果需要在代码中进行更多的选择，可以添加更多这样的条件语句。

```
if (condition is true) {
    // code to be executed if condition is true
} else {
```

```
    // default code to run if condition is false
}
if (second condition is true) {
    // code to be executed if second condition is true
} else {
    // default code to run if second condition is false
}
```

在上述示例中，两个条件语句都将运行。如果只希望执行一个代码块，可以使用 elseif 分支，如下代码所示。

```
if (condition is true) {
    // code to be executed if first condition is true
} elseif (second condition is true) {
    // code to be executed if first condition fails
    // but second condition is true
} else {
    // default code if both conditions are false
}
```

可以在条件语句中使用任意多个 elseif 分支。只有逻辑值为 true 的第一个条件后的代码块才会被执行；所有其他条件都将被忽略，即使它们也是正确的。这意味着你需要按照希望计算条件语句的优先级顺序构建条件语句。严格来说，它是一种先到先得的等级制度。

▒ **注意：**

尽管在代码中通常将elseif作为一个单词编写，但是也可以将其分开为else if，作为两个单词编写。

3.1.11 比较运算符

条件语句只关心一件事：正在测试的条件是否等于 true。如果不是 true，则必须为 false。没有半点折中的余地。条件通常取决于两个值的比较。这个值比那个值大吗？它们相等吗？等等。

为了测试相等性，PHP 使用两个等号(==)，如下所示。

```
if ($status == 'administrator') {
    // send to admin page
} else {
    // refuse entry to admin area
}
```

■ **警告：**

不要在上述代码的第一行使用单个等号($status='administrator')。这样做会向所有人开放网站的管理区域。为什么？因为这会自动将$status的值设置为administrator；它不会比较这两个值。要比较值，必须使用两个等号。这是一个常见的错误，但可能带来灾难性的后果。

使用小于(<)和大于(>)数学符号进行大小比较。假设在允许将文件上传到服务器之前，需要检查文件的大小。可以像这样设置最大大小为 50 KB(1KB＝1024B)。

```
if ($bytes > 51200) {
// display error message and abandon upload
} else {
// continue upload
}
```

■ **注意：**

第 4 章描述如何同时测试多个条件。

3.1.12 使用缩进和空格提高代码可读性

缩进代码有助于将语句保持在逻辑组中，从而更容易理解脚本的流程。PHP 忽略代码中的任何空格，因此可以采用任何你喜欢的样式。保持一致的样式，这样你就能发现任何看起来不符合代码逻辑的地方。

大多数人发现缩进四个或五个空格会使代码更具可读性。也许缩进风格的最大不同在于大括号的位置。起始大括号通常与前面的代码放在同一行，在代码块后面的新行上加一个结束大括号，如下所示。

```
if ($bytes > 51200) {
    // display error message and abandon upload
} else {
   // continue upload
}
```

不过，也有人更喜欢下面的风格。

```
if ($bytes > 51200)
{
    // display error message and abandon upload
}
```

```
else
{
   // continue upload
}
```

使用什么风格并不重要，重要的是代码保持一致的样式并且容易阅读。

3.1.13 对重复性任务使用循环

循环能节约大量的时间，因为它们一次又一次地执行相同的任务，但是只涉及很少的代码。循环经常用于处理数组和数据库的结果。你可以一次一个地遍历每个条目，查找匹配项或执行特定任务。循环与条件语句结合使用时特别强大，允许你在一次扫描中有选择地对大量数据执行特定的操作。通过在真实环境中使用循环，可以更好地理解循环。第 4 章将介绍所有循环结构的细节和示例。

3.1.14 使用函数执行预设的任务

函数可以做很多事情，在 PHP 中更是如此。按常规设置安装的 PHP 允许你访问几千个内置函数。通常只需要使用其中很少的一部分，但是知道 PHP 是一种功能齐全的语言，作为编程人员也会更有信心。

本书介绍的函数可以做一些真正有用的事情，比如获取一幅图像的高度和宽度，从现有图像创建缩略图，查询数据库，发送电子邮件等。你可以在 PHP 代码中识别出函数，因为它们的后面总是跟着一对括号。有时括号是空的，例如第 2 章中在 phpversion.php 中使用的 phpversion()函数。但是，圆括号内通常包含变量、数字或字符串，例如图 3-1 中包含了如下代码。

```
$thisYear = date('Y');
```

这行代码计算当前年份并将其存储在变量$thisYear 中。它的工作原理是将字符串'Y'传入内置的 PHP 函数 date()中。在圆括号之间放置一个值，就称为向函数传递参数。函数获取参数中的值，并处理它以生成(或返回)结果。例如，如果将字符串'M'而不是'Y'作为参数传递给 date()函数，它将以 3 个字母的缩写返回当前月份(例如，Mar、April、May)。如下示例所示，通过将函数赋值给适当命名的变量，可以获取函数的结果。

```
$thisMonth = date('M');
```

注意：

第 16 章将详细介绍PHP如何处理日期和时间。

有些函数接收多个参数。使用这种函数时，需要在括号内用逗号分隔参数，如下所示。

```
$mailSent = mail($to, $subject, $message);
```

这行代码会向存储在第一个参数中的地址发送电子邮件，邮件主题行存储在第二个参数中，消息存储在第三个参数中。你将在第 6 章中看到这个函数是如何工作的。

提示：

你经常会碰到“形参(parameter)”和“实参(argument)”，从技术上讲，形参指的是函数定义中使用的变量，而实参指的是传递给函数的实际值。本书后面的叙述中不会刻意区分形参和实参。

如果内置函数都不能满足需求，PHP 允许构建自己的自定义函数，如下一章所述。即使你不喜欢创建自己的函数，在本书中你也会用到笔者编写的一些函数。你可以像使用内置函数一样使用它们。

3.1.15 显示 PHP 输出

除非能在网页上显示结果，否则在幕后进行的所有这些工作都没有意义。在 PHP 中有两种实现方法：使用 echo 或 print 命令。两者有一些细微的区别，但它们是如此微妙，以至于你可以把 echo 和 print 视为相同。笔者喜欢使用 echo 命令，原因很简单，因为它需要输入的字母比较少。

可以对变量、数字和字符串使用 echo 命令；只需要将其放在希望显示的任何内容前面，如下所示。

```
$name = 'David';
echo $name;     // displays David
echo 5;         // displays 5
echo 'David';   // displays David
```

对变量使用 echo 或 print 命令时，该变量只能包含一个值。不能使用它们来显示数组或数据库查询结果的内容。这就是循环非常有用的地方：在循环中使用 echo 或 print 命令分别显示每个元素的值。在本书的其余部分中，你会看到很多这样的例子。

你可能会看到一些脚本，它们使用带有圆括号的 echo 和 print 命令，如下所示。

```
echo('David'); // displays David
```

括号并不会产生区别。除非你喜欢打字，否则就把它们删掉。

1. 使用 Echo 短标记

当你要显示单个变量或表达式的值时(不包含其他内容)，可以使用 echo 短标记；它由一个左尖括号、一个问号和一个等号组成，如下所示。

```
<p>My name is <?= $name ?>.</p>
```

这行代码的输出和下面代码的输出一致。

```
<p>My name is <?php echo $name ?>.</p>
```

因为它是 echo 的简写形式，所以不能将其他代码放在同一个 PHP 块中，但是在将数据库结果嵌入 Web 页面中时这种简写形式尤其有用。毫无疑问，在使用此短标记之前，必须在前面的 PHP 代码中设置相应变量的值。

▩ **提示：**

因为没有其他代码可以在同一个PHP块中，所以使用echo短标记时，通常在PHP结束标记之前省略分号。

---

2. 连接字符串

尽管许多其他计算机语言使用加号(+)连接文本(字符串)，但 PHP 使用英文的句点、点或句号(.)连接，如下所示。

```
$firstName = 'David';
$lastName = 'Powers';
echo $firstName.$lastName; // displays DavidPowers
```

正如代码最后一行中的注释所指出的，当两个字符串像这样连接时，PHP 在它们之间没有留下空格。不要以为在句点之后再加一个空格就能解决问题了。这样做是没有用的。无论在句点的任一侧放置多少个空格，结果总是一样的，因为 PHP 会忽略代码中的空格。实际上，为便于阅读，建议在句点两边各留出一个空格。

要在最终输出中显示空格，必须在一个字符串中包含空格，或将空格作为单独的字符串插入，如下所示。

```
echo $firstName . ' ' . $lastName; // displays David Powers
```

▩ **提示：**

句点(或正式的名称——连接运算符)，在其他代码中是很难找到的。为此，需要确保编辑器中的字体大小足够大，可以轻易区分句点和逗号。

---

3. 处理数字

PHP 可以对数字做很多事情，从简单的加减法到复杂的数学运算。下一章将详细介绍可以在 PHP 中使用的算术运算符。现在你只需要记住，数字不能包含小数点以外的任何标点符号。如果将逗号(或任何其他形式的内容)作为数字的千位分隔符，PHP 就会阻塞。

3.1.16 理解 PHP 错误消息

调试代码的过程中遇到错误消息会让人沮丧，因此需要理解错误消息试图表达的信息。图 3-6 显示了一个典型的错误消息。

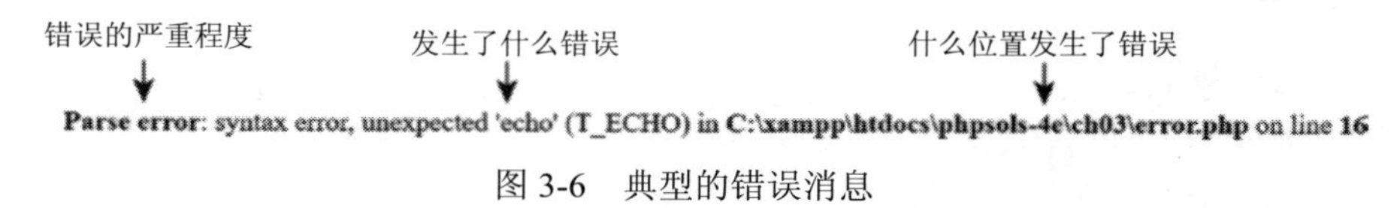

图 3-6 典型的错误消息

PHP 错误消息报告 PHP 发现问题所在的行。大多数新手很自然地认为这就是他们排查错误的地方，这样做是不对的。

大多数情况下，PHP 只是告诉你已经发生了一些预期之外的事情。换句话说，错误发生在 PHP 指出的代码行之前。上图中的错误消息表示 PHP 发现了一个不应该出现的 echo 命令(在错误消息中，PHP 元素之前会加上 T_，表示 token)。

不要担心 echo 命令有什么问题(很可能不是 echo 命令行有问题)，而应该向后寻找，查找缺少的内容，可能是一个分号或前一行的结束引号。

有时，错误消息会报告错误在脚本的最后一行。这通常意味着从这一行开始前面的代码中的某个位置上遗漏了结束花括号。

以下是主要的错误类别，按严重性由高向低排列。

- 致命错误(Fatal error)：错误之前的任何 HTML 输出都将显示出来，但是一旦遇到这类错误——顾名思义——其他所有内容都将终止处理。致命错误通常是因为引用一个不存在的文件或函数而引起的。
- 解析错误(Parse error)：这意味着在代码语法中有一个错误，比如不匹配的引号或缺少分号或结束大括号。发生这种错误时，PHP 立即停止处理脚本，甚至不允许显示任何 HTML 输出。
- 警告(Warning)：警告表明存在严重问题，例如缺少包含文件。(包含文件是第 5 章的主题)但是，错误通常不够严重，无法阻止脚本的其余部分继续执行。
- 已弃用(Deprecated)：这警告你计划从未来版本的 PHP 中删除的功能。如果看到此类错误消息，应认真考虑更新脚本，因为，如果升级服务器，脚本可能会突然停止工作。
- 严格要求(Strict)：这类错误消息警告你使用了不被视为良好实践的技术。

- 注意(Notice)：这将为你提供关于较小问题的建议，例如使用非声明变量。尽管这种类型的错误不会阻止页面显示(可以关闭显示这类通知信息)，但是应该始终尝试消除它们。任何错误都是对输出的威胁。

页面出现空白的原因

许多初学者在将 PHP 页面加载到浏览器中时，都会感觉沮丧，因为什么也看不到。没有错误信息，只有一个空白页。当出现解析错误(即代码中出现错误)，而且 php.ini 文件中的 display_errors 指令被设置为 off 时，就会发生这种情况。

如果你遵循了第 2 章中的建议，则应该在本地测试环境中启用 display_errors 指令。然而，大多数托管公司都会关闭 display_errors 指令。这对安全性有好处，但可能会使你难以解决远程服务器上的问题。与解析错误一样，缺少包含文件通常会导致空白页。

通过在页面顶部添加以下代码，可以打开单个脚本的错误显示。

```
ini_set('display_errors', '1');
```

将这段代码放在 PHP 开始标记后面的第一行；如果 PHP 代码之前有其他代码(例如 HTML、JavaScript)，则在文件的顶部添加一个单独的 PHP 代码块包含此代码。上传页面并刷新浏览器时，你会看到 PHP 生成的任何错误信息。

如果在添加这行代码后仍然看到一个空白页，则表示语法中有错误。请在打开 display_errors 指令的情况下在本地测试该页面，以找出导致问题的原因。

▒ **警告：**

更正错误后，删除打开显示错误的代码。如果在后续更新代码时，脚本中出现了其他错误，就可以避免部署在公网上的网站暴露潜在的漏洞。

3.2 本章小结

本章介绍了很多内容，希望你阅读本章后能了解 PHP 工作原理的基本情况。以下是一些要点。

- 始终为 PHP 页面提供正确的文件扩展名，通常为.php。
- 将 PHP 代码放在正确的标记之间：<?php 和?>。
- 避免使用开始标记的缩写形式：<?。使用<?php 更可靠。
- 在只包含 PHP 代码的文件中省略 PHP 结束标记。
- PHP 变量以$开头，后跟字母或下画线字符。
- 选择有意义的变量名，并记住它们区分大小写。
- 使用注释说明脚本的功能。
- 数字不需要引号，但字符串(文本)需要引号。
- 小数点是数字中唯一允许使用的标点符号。

- 可以在字符串周围使用单引号或双引号，但必须匹配使用，成对出现。
- 在字符串中使用反斜杠转义相同类型的引号。
- 要将相关的数据项存储在一起，需要使用数组。
- 使用条件语句，如 if 和 if…else 进行决策。
- 循环简化了重复性任务。
- 函数执行预设的任务。
- 使用 echo 或 print 命令显示 PHP 输出。
- 对于大多数错误信息，从指示的位置向后查找问题的原因。
- 保持微笑，记住 PHP 并不难。

第 4 章将介绍具体的技术细节，你可以在阅读本书的过程中返回来参考这些细节。

第 4 章

PHP：快速参考

第 3 章为初学者提供了 PHP 的鸟瞰图，本章将详细介绍相关内容。笔者建议你不要计划一次性读完本章，而是当你需要了解相关技术的特定细节，例如构建数组或使用循环来重复一个动作时，再来参考本章的相关内容。以下几个章节并不试图涵盖 PHP 的各个方面，但它们将有助于扩展你对本书其余部分的理解。

本章内容：

- 理解 PHP 中的数据类型
- 使用算术运算符进行计算
- 了解 PHP 如何处理字符串中的变量
- 创建索引数组和关联数组
- 理解 PHP 所认为的 true 和 false
- 利用比较做出决策
- 在循环中重复执行相同的代码
- 用函数模块化代码
- 使用生成器生成一系列值
- 理解类和对象
- 动态创建新变量

4.1 在已有的网站中使用 PHP

PHP 引擎通常只在使用.php 文件扩展名的页面中处理 PHP 代码。虽然可以在同一网站中包含.html 和.php 页面，但最好只使用.php 页面，即使不是每个页面都包含动态特性。这使你可以灵活地将 PHP 脚本添加到页面中，而不会破坏现有链接或丢失搜索引擎排名。

4.2 PHP 中的数据类型

PHP 是所谓的弱类型语言。实际上，这意味着，与其他一些计算机语言(如 Java 或 C#)不同，PHP 并不关心在变量中存储哪种类型的数据。

大多数情况下，这是非常方便的，虽然你需要小心处理用户输入。你可能期望用户在表单中输入一个数字，但是 PHP 在遇到单词时也不会报错，除非你检查它。仔细检查用户输入是后面章节的主题之一。

- 整数：不包含小数点的数字，例如 1、25、42 或 2006。整数不能包含任何逗号或其他标点符号，如千位分隔符。
- 浮点数：包含小数点的数字，如 9.99、98.6 或 2.1。PHP 不支持使用逗号作为小数点，这在许多欧洲国家很常见。必须用点号。与整数一样，浮点数不能包含千位分隔符(这种类型也称为 float 或 double)。

■ **警告：**

以前导零开头的整数被视为八进制数。例如，08 将生成一个解析错误，因为它不是有效的八进制数。另一方面，在浮点数中使用前导零没有问题，例如 0.8。

- 字符串：字符串是任何长度的文本。它可以短到零个字符(空字符串)，在 64 位的环境中 PHP 7 的字符串长度没有上限。实际上，其他因素会成为限制，如可用内存或通过表单传递值。
- 布尔值：这个类型只有两个值，true 或 false。但是，PHP 将其他值视为隐式 true 或 false。
- 数组：数组是一个可以存储多个值的变量，尽管它可能根本不包含任何值(空数组)。数组可以保存任何数据类型，包括其他数组。数组的数组称为多维数组。
- 对象：对象是一种复杂的数据类型，能够存储和操作值。在第 7 章中，你将了解更多关于对象的内容。
- 资源：当 PHP 连接到外部数据源(如文件或数据库)时，它会将对外部数据源的引用存储为资源。
- Null：这是一种特殊的数据类型，指示变量的值不存在。

■ **提示：**

PHP联机文档列出了另外两种类型，它们描述的是结构的行为，而不是数据的类型。iterable是一种结构，例如数组，可在循环中使用，通常在循环每次运行时提取或生成序列中的下一个值。callable是由另一个函数调用的函数。

PHP 弱数据类型的一个必须注意的副作用是，如果在引号中包含整数或浮点数，PHP 会自动将其从字符串转换为数字，从而不必进行任何特殊处理就可以执行计算。这可能会产生意想不到的后果。当 PHP 看到加号(+)时，它假设你希望执行加法操作，因此尝试将字符串转换为整数或浮点数，如下例所示(代码位于 ch04 文件夹中的 data_conversion_01.php 文件中)。

```
$fruit = '2 apples ';
```

```
$veg = '2 carrots';
echo $fruit + $veg; // displays 4
```

PHP 看到$fruit 和 $veg 都以数字开始，因此它提取这两个数字而忽略其余部分。但是，如果字符串不是以数字开始的，PHP 会将其转换成 0，如本例所示(代码位于 data_conversion_02.php 文件中)。

```
$fruit = '2 apples ';
$veg = 'and 2 carrots';
echo $fruit + $veg; // displays 2
```

▒ **注意：**

从PHP 7.1 开始，前面两个例子就会触发关于a non well formed numeric value或a non-numeric value的错误信息。尽管自动转换仍然有效，但错误消息的目的是阻止此类代码。数字本身在引号中没有问题。

4.2.1 检查变量的数据类型

在测试脚本时，检查变量的数据类型通常很有用。这有助于解释为什么脚本会产生意外的结果。要检查变量的数据类型和内容，只需要将它传递给 var_dump()函数，如下所示。

```
var_dump($variable_to_test);
```

可以使用本章附带的文件 data_tests.php 来查看 var_dump()为不同类型的数据生成的输出。只需要在最后一行代码的圆括号之间更改变量的名称即可。

4.2.2 显式更改变量的数据类型

大多数时候，PHP 会自动将变量的数据类型转换为适合当前上下文的数据类型。这就是所谓的类型变换(type juggling)。但有时需要使用强制转换操作符显式地更改数据类型。表 4-1 列出了 PHP 中最常用的强制转换操作符。

表 4-1 常用的 PHP 强制转换操作符

强制转换操作符	可替换的强制转换操作符	操作说明
(array)		转换为数组
(bool)	(boolean)	转换为布尔值
(float)	(double), (real)	转换为浮点数
(int)	(integer)	转换为整数
(string)		转换为字符串

要转换变量的数据类型，只需要在它前面放置适当的强制转换操作符，如下所示。

```
$input = 'coffee';
$drinks = (array) $input;
```

这将为$drinks变量分配一个字符串数组，该数组仅包含字符串coffee一个元素。当函数需要数组而不是字符串作为参数时，将一个字符串强制转换为数组是非常有用的。在本例中，$input 变量的数据类型仍然是字符串。要使强制转换永久化，需要将强制转换的值重新分配给原始变量，如下所示。

```
$input = (array) $input;
```

4.2.3 检查变量是否已定义

条件语句中最常用的测试之一是检查是否定义了某个变量。只需要将变量传递给 isset()函数，如下所示。

```
if (isset($name)) {
    //do something if $name has been defined
} else {
    //do something else, such as give $name a default value
}
```

4.3 使用 PHP 进行计算

PHP 可以执行各种各样的计算，从简单的算术计算到复杂的数学处理。本章只涉及标准算术运算符。关于 PHP 支持的数学函数和常量的详细信息，请参见 www.php.net/manual/en/book.math.php。

注意：

常量表示无法更改的固定值。所有PHP预定义的常量都是大写的。与变量不同的是，它们不是以美元符号开始的。例如，π(pi)的常量是M_PI。可以在 www.php.net/manual/en/reserved.constants.php上找到完整的常量清单。

4.3.1 算术运算符

标准算术运算符的工作方式与我们知晓的完全一样，尽管其中一些与你在学校所学的稍有不同。例如，星号(*)用作乘法符号，正斜杠(/)用于指示除法。表 4-2 展示了标准算术运算符的计算示例。为了演示方便，将变量$x 设置为 20。

表 4-2 PHP 中的算术运算符

运算名称	运算符	示例	结果
加法	+	$x + 10	30
减法	-	$x - 10	10
乘法	*	$x * 10	200
除法	/	$x / 10	2
模	%	$x % 3	2
递增(加 1)	++	$x++	21
递减(减 1)	--	$x--	19
幂	**	$x**3	8000

模运算符在计算前会将两个数字的小数部分剥离，转换为整数后再计算，并返回除法的剩余部分，如下所示。

```
5 % 2.5    //result is 1, not 0 (the decimal fraction is stripped from 2.5)
10 % 2    //result is 0
```

模运算对于计算一个数字是奇数还是偶数很有用。$number % 2 总是产生 0 或 1。如果结果是 0，则没有余数，那么这个数字是偶数。

4.3.2 使用递增和递减运算符

递增(++)和递减(--)运算符可以出现在变量之前，也可以在变量后面。它们的位置对计算有重要影响。

当运算符位于变量之前时，会在进行任何进一步计算之前增加 1 或减去 1，如下例所示。

```
$x = 5;
$y = 6;
--$x * ++$y // result is 28 (4 * 7)
```

如果位于变量之后，则先进行主计算，然后再对变量的值增加 1 或减去 1，如下所示。

```
$x = 5;
$y = 6;
$x-- * $y++ // result is 30 (5 * 6), but $x is now 4, and $y is 7
```

4.3.3 运算符的优先级

PHP 中的计算遵循与标准算术相同的优先级规则。表 4-3 按优先级顺序列出算术运算符，最高优先级在顶部。

表 4-3 算术运算的优先级

分组	运算符	规则说明
括号	()	首先计算圆括号内包含的操作。如果有嵌套的圆括号，那么最里面的表达式将首先被求值
幂	**	
递增/递减	++ --	
乘法和除法	* / %	如果一个表达式包含两个或多个这样的运算符，则从左到右计算它们
加法和减法	+ -	如果一个表达式包含两个或多个这样的运算符，则从左到右计算它们

4.3.4 组合计算和赋值运算符

PHP 提供了一种对变量执行计算并通过组合赋值运算符将结果重新分配给变量的简写方法。表 4-4 列出了这类运算符的主要成员。

表 4-4 组合计算和赋值运算符

运算符	示例	等同于
+=	$a += $b	$a = $a + $b
-=	$a -= $b	$a = $a - $b
*=	$a *= $b	$a = $a * $b
/=	$a /= $b	$a = $a / $b
%=	$a %= $b	$a = $a % $b
**=	$a **= $b	$a = $a ** $b

4.4 字符串连接

在一个字符串的后面追加字符串也有类似的组合运算符，点号和等号，如下代码所示。

```
$hamlet = 'To be';
```

```
$hamlet .= ' or not to be';
```

注意，需要在待追加字符串的开头保留一个空格，除非你希望两个字符串连接起来后没有任何间隔。这种简写操作符称为组合连接操作符，在组合多个字符串时非常有用，例如在构建电子邮件的内容或循环访问数据库搜索结果并构建字符串时。

▩ **提示：**

在复制代码时，等号前面的点号很容易被忽略。当你在一系列语句的开头看到相同的变量重复出现时，通常意味着需要使用的是.=而不是=运算符。

4.5 你想知道的关于引号的一切

在任何计算机语言(不仅是 PHP)中处理引号都会遇到困难，因为计算机总是将第一个匹配的引号作为字符串的结尾。由于字符串可能包含撇号，单引号和双引号的组合是不够的。此外，PHP 在双引号内对变量和转义序列(前面有反斜杠的某些字符)进行了特殊处理。在接下来的介绍中，笔者将针对引号进行详细的解释。

4.5.1 PHP 处理字符串中的变量的方式

选择使用双引号还是单引号可能看起来像是个人偏好的问题，但是 PHP 处理它们的方式存在如下重要区别。

- 单引号之间的任何内容均按字面意思处理。
- 双引号用作处理变量和特殊字符(称为转义序列)的信号。

在下面的示例中，将为$name 变量分配一个值，然后将其作为单引号字符串的一部分。可以看到$name 被当作普通文本(相关代码在 quotes_01.php 文件中)。

```
$name = 'Dolly';
echo 'Hello, $name'; // Hello, $name
```

如果将第二行代码中的单引号替换为双引号(参见 quotes_02.php 文件)，PHP 将处理$name 变量并在页面上显示其值。

```
$name = 'Dolly';
echo "Hello, $name"; // Hello, Dolly
```

▩ **注意：**

在这两个示例中，第一行中的字符串都是单引号。导致变量被处理的原因是它在一个双引号字符串中，而不是它最初是如何被赋值的。

4.5.2 在双引号内使用转义序列

双引号还有一个重要的作用：它们以一种特殊方式处理转义序列。所有转义序列都是通过在字符前面放置反斜杠形成的。表 4-5 列出了 PHP 支持的主要转义序列。

表 4-5 PHP 支持的主要转义序列

转义序列	在双引号字符串中表示的字符
\"	双引号
\n	换行
\r	回车
\t	制表符
\\	反斜杠
\$	美元符号

■ **警告：**

除了\\外，表 4-4 中列出的转义序列只在双引号字符串中处理。在单引号字符串中，它们被视为普通的反斜杠，后跟第二个字符。如果字符串的末尾有反斜杠，则必须进行转义处理。否则，它将被解释为转义其后的引号。

4.5.3 在字符串中嵌入关联数组元素

在双引号字符串中使用关联数组元素的代码有些烦琐。下面这行代码尝试从名为 $book 的关联数组中读取两个元素。

```
echo "$book['title'] was written by $book['author'].";
```

看起来没问题。数组元素的键使用单引号，因此没有引号不匹配的问题。但是，如果将 quotes_03.php 文件加载到浏览器中，就会看到如图 4-1 所示的令人费解的错误消息。

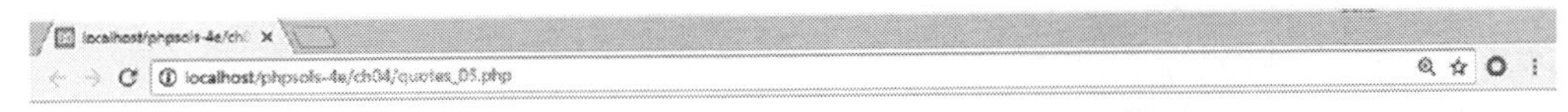

图 4-1 令人费解的错误消息

解决办法很简单。只需要将关联数组变量包含在大括号中，如下所示(见 quotes_04.php 文件)。

```
echo "{$book['title']} was written by {$book['author']}.";
```

页面现在能正确地显示这些值，如图 4-2 所示。

图 4-2 正确地显示值

以数字为索引的数组元素，如$shoppingList[2]不需要这种特殊处理，因为数组的索引是一个数字，不必用引号括起来。

4.5.4 使用 heredoc 语法避免转义引号

使用反斜杠转义一两个引号并不是一个很大的负担，但是笔者经常看到一些代码因为大量使用反斜杠而使得代码无法正常运行。PHP heredoc 语法提供了一种相对简单的方法，用于将文本分配给变量，而不需要对引号进行任何特殊处理。

■ **注意：**

名称heredoc来源于here-document，这是一种在UNIX和Perl编程中使用的将大量文本传递给命令的技术。

使用 heredoc 语法将字符串分配给变量涉及以下步骤。

(1) 输入赋值运算符，后跟 <<和标识符。标识符可以是字母、数字和下画线的任意组合，但不能以数字开头。稍后将使用相同的组合来标识 heredoc 的结尾。

(2) 在新行上开始输入字符串。它可以包括单引号和双引号。任何变量的处理方式与双引号字符串中的相同。

(3) 将标识符放在字符串结束后的新行上。为了确保此文档适用于 PHP 的所有版本，标识符必须位于行的开头；不能缩进。此外，除最后一个分号外，其他任何内容都不能在同一行上。

看一下具体的示例就容易理解了。在本章附带的文件 heredoc.php 中可以找到以下简单示例。

```
$fish = 'whiting';
$book['title'] = 'Alice in Wonderland';
$mockTurtle = <<< Gryphon
"Will you walk a little faster?" said a $fish to a snail.
"There's a porpoise close behind us, and he's treading on my tail."
(from {$book['title']})
Gryphon;
echo $mockTurtle;
```

在这个例子中，Gryphon 是标识符。字符串从下一行开始，双引号作为字符串的一部分处理。在到达以标识符为开头的新行之前的所有文本都是字符串的内容。

■ **警告：**

尽管heredoc语法避免了对引号进行转义的需要，但是关联数组元素$book ['title']仍然需要包含在大括号中，如上一节所述。或者，将其分配给一个更简单的变量，然后再在双引号字符串中使用它。

如图 4-3 所示，heredoc 语法显示了双引号并处理了$fish 和$book['title']变量。

"Will you walk a little faster?" said a whiting to a snail. "There's a porpoise close behind us, and he's treading on my tail." (from Alice in Wonderland)

图 4-3　heredoc 语法显示了双引号并处理了$fish 和$book['title']变量

要在不使用 heredoc 语法的情况下获得相同的效果，需要添加双引号并像下面这样转义它们。

```
$mockTurtle="\"Will you walk a little faster?\" said a $fish to a snail.
\"There's a porpoise close behind us,and he's treading on my tail.\"(from
{$book['title']})";
```

heredoc 语法的主要价值在于处理很长的字符串，不需要转义字符串中的大量引号。如果你想将 XML 文档或一段比较长的 HTML 代码赋值给变量，也可以使用该语法。

■ **注意：**

PHP 7.3 放宽了对结束标识符的一些限制。它可以缩进到与heredoc文本正文相同的级别(但不能进一步缩进)。也可以省略最后的分号，并在结束标识符后添加更多代码。

4.6　创建数组

有两种类型的数组：索引数组(使用数字标识元素)和关联数组(使用字符串标识元素)。可以通过直接为每个元素指定一个值来构建这两种类型的数组。例如，可以这样定义$book 关联数组。

```
$book['title'] = 'PHP 7 Solutions: Dynamic Web Design Made Easy, Fourth
Edition';
$book['author'] = 'David Powers';
$book['publisher'] = 'Apress';
```

若要以直接的方式生成索引数组，需要使用数字而不是字符串作为数组键。索引数组从 0 开始编号，因此要构建第 3 章中图 3-3 所示的$shoppingList 数组，可以如下声明。

```
$shoppingList[0] = 'wine';
$shoppingList[1] = 'fish';
$shoppingList[2] = 'bread';
$shoppingList[3] = 'grapes';
$shoppingList[4] = 'cheese';
```

尽管这两种方法都是创建数组的非常有效的方法，但还有更快捷的方法。

4.6.1 创建索引数组

快速的方法是使用简写语法，这与 JavaScript 中的数组语法相同。通过在一对方括号中包含逗号分隔的值列表创建数组，如下所示。

```
$shoppingList = ['wine', 'fish', 'bread', 'grapes', 'cheese'];
```

警告：

逗号必须在引号之外。为了便于阅读，上述示例在每个逗号后面插入了一个空格，但不是必须这么做。

另一种方法是将逗号分隔的列表传递给 array()函数，如下所示。

```
$shoppingList = array('wine', 'fish', 'bread', 'grapes', 'cheese');
```

PHP 自动为每个数组元素编号，从 0 开始，因此这两个方法创建的数组完全相同，而且就像你分别为每个元素进行了编号一样。

要在数组的末尾添加新元素，可以使用一对空的方括号，如下所示。

```
$shoppingList[] = 'coffee';
```

PHP 使用了下一个可用的索引，因此数组将新增一个元素，即$shoppingList[5]。

4.6.2 创建关联数组

关联数组使用=>操作符(等号后跟大于号)为每个数组键进行赋值。使用方括号的简写语法，结构如下所示。

```
$arrayName = ['key1' => 'element1', 'key2' => 'element2'];
```

使用 array()函数可以生成相同的数组。

```
$arrayName = array('key1' => 'element1', 'key2' => 'element2');
```

因此，构建 $book 数组可以使用如下简写语法。

```
$book = [
      'title'     => 'PHP 7 Solutions: Dynamic Web Design Made Easy,
  Fourth Edition',
      'author'    => 'David Powers',
      'publisher' => 'Apress'
];
```

将开始和结束括号放在单独的行上并不是必需的，也不必像上述示例一样对齐=>操作符，但是这种格式使代码更易于阅读和维护。

提示：
简写语法和array()函数都允许在最后一个数组元素后面使用一个逗号。这同样适用于索引数组和关联数组。

4.6.3 创建空数组

创建空数组有两个原因，如下所示。

- 创建(或初始化)数组，以便在循环中给数组添加元素
- 清空现有数组中的所有元素

要创建空数组，只需要使用一对空的方括号。

```
$shoppingList = [];
```

或者，使用圆括号内不带任何内容的 array()函数，如下所示。

```
$shoppingList = array();
```

$shoppingList 数组现在不包含元素。如果向$shoppingList[]添加一个新值，它将自动从 0 开始编号。

4.6.4 多维数组

数组元素可以存储任何数据类型，包括其他数组。可以创建一个数组的数组——换句话说，一个多维数组；这个多维数组包含几本书的详细信息，如下所示(使用简写语法)。

```
$books = [
    [
        'title' => 'PHP 7 Solutions: Dynamic Web Design Made Easy, Fourth
```

```
  Edition',
    'author' => 'David Powers'
  ],
  [
    'title'  => 'Learn PHP 7',
    'author' => 'Steve Prettyman'
  ]
];
```

此示例显示嵌套在索引数组中的关联数组，但多维数组可以嵌套这两种类型。若要引用特定元素，需要使用两个数组的键，如下所示。

```
$books[1]['author'] // value is 'Steve Prettyman'
```

使用多维数组并不像最初看起来那么困难。秘诀是使用循环来获取嵌套数组，然后可以使用和对待普通数组一样的方法处理它。处理数据库搜索结果可以采用这种方式，因为通常需要使用多维数组来包含数据库搜索的结果。

4.6.5 使用 print_r()函数检查数组

在测试时，为了查看数组的内容，可以将数组传递给 print_r()函数(参见 inspect_array.php 文件)，如下所示。

```
print_r($books);
```

通常，切换到源代码视图来查看元素的内容会比较清晰，因为浏览器会忽略 print_r()函数输出的结果中包含的缩进格式，见图 4-4。

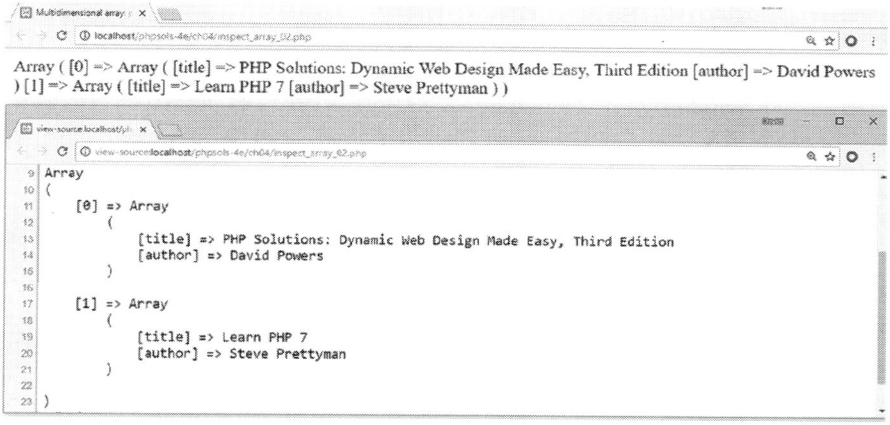

```
Array ( [0] => Array ( [title] => PHP Solutions: Dynamic Web Design Made Easy, Third Edition [author] => David Powers ) [1] => Array ( [title] => Learn PHP 7 [author] => Steve Prettyman ) )
```

```
Array
(
    [0] => Array
        (
            [title] => PHP Solutions: Dynamic Web Design Made Easy, Third Edition
            [author] => David Powers
        )

    [1] => Array
        (
            [title] => Learn PHP 7
            [author] => Steve Prettyman
        )

)
```

图 4-4　源代码视图

■ 提示：

始终使用print_r()函数检查数组。echo和print指令无法显示数组的内容。要在网页中显示数组的内容，请使用foreach循环，如本章后面所述。

4.7 PHP 中的逻辑运算

PHP 条件语句中的决策是基于布尔值 true 和 false 做出的。如果条件等于 true，则执行条件块中的代码；如果为 false，则忽略它。一个条件是真是假，取决于以下方式中的某一种。

- 显式设置为布尔值之一的变量
- 被 PHP 隐式地解释为 true 或 false 的值
- 两个非布尔值的比较结果

4.7.1 显式布尔值

如果为变量赋值 true 或 false，并在条件语句中使用，则决策将基于该值。关键字 true 和 false 不区分大小写，不能用引号引起来。例如：

```
$ok = false;
if ($ok) {
  // do something
}
```

条件语句中的代码不会执行，因为$ok 变量的值为 false。

4.7.2 隐式布尔值

使用隐式布尔值提供了一种方便的简写方式，尽管它的缺点是表达方式不是很清楚——至少对初学者来说是这样。隐式布尔值依赖于 PHP 对 false 的相对狭义的定义，即：

- 不区分大小写的关键字 false 和 null
- 整数(0)、浮点数(0.0)或字符串('0'或"0")
- 空字符串(单引号或双引号之间没有空格)
- 空数组
- 空标签创建的 SimpleXML 对象

除此以外，所有情况都视为 true。

▩ **提示：**

根据上述对false的定义，PHP将"false" (包含在引号中)解释为true。这是一个字符串，除了空字符串以外的所有字符串都是ture。还要注意–1 与任何其他非零数字一样均被认为是true。

4.7.3 根据两个值的比较结果做决策

许多情况下，true/false 决策都是基于使用比较运算符对两个值进行比较的结果。表 4-6 列出了 PHP 中使用的比较运算符。

表 4-6 用于决策的 PHP 比较运算符

符号	名称	示例	结果说明
==	等于	$a==$b	如果$a 和$b 的值相等，则返回 true；否则，返回 false
!=	不等于	$a != $b	如果$a 和$b 的值不相等，则返回 true；否则，返回 false
===	相同	$a === $b	判断$a 和$b 是否相同。它们不仅必须具有相同的值，还必须具有相同的数据类型(例如，都是整数类型)
!==	不相同	$a !== $b	判断$a 和$b 是否不相同(与前一个运算符的判断标准相同)
>	大于	$a > $b	如果$a 大于$b，则返回 true
>=	大于或等于	$a >= $b	如果$a 大于等于$b，则返回 true
<	小于	$a < $b	如果$a 小于$b，则返回 true
<=	小于或等于	$a <= $b	如果$a 小于等于$b，则返回 true
<=>	太空船运算符	$a <=> $b	如果$a 小于$b，则返回小于零的整数；如果$a 大于$b，则返回大于零的整数；如果$a 和$b 相等，则返回零

正如你将在第 9 章中看到的，太空船运算符对自定义排序很有用。

▩ **警告：**

单个等号不执行比较；它是赋值运算符。比较两个值时，总是使用相等运算符(==)、相同运算符(===)或它们的反运算符(!=和!==)。

4.7.4 复合条件

比较两个值通常是不够的。PHP 允许使用逻辑运算符设置一系列条件，以指定是否需要满足全部或某些要求。

PHP 中最重要的逻辑运算符见表 4-7。逻辑 Not 运算符适用于单个而不是多个条件。

表 4-7 PHP 中用于决策的主要逻辑运算符

运算符	逻辑含义	示例	结果
&&	与运算	$a && $b	如果$a 和$b 都为 true，则等于 true
||	或运算	$a || $b	如果$a 或$b 为 true，则等于 true；否则为 false
!	非运算	!$a	如果$a 不是 true，则等于 true

从技术上讲，可以测试的条件数量是没有限制的。多个条件依次从左到右进行计算，一旦能确定最终的逻辑结果，就不再测试后续的条件。当使用&&逻辑运算时，每个条件都必须为 true 最后的结果才能为 true，因此一旦发现某个条件的结果为 false，条件测试就会立刻停止。类似地，使用||逻辑运算时，只需要一个条件结果为 true 最终结果就为 true，因此一旦一个条件被证明为 true，条件测试就会立即停止。

```
$a = 10;
$b = 25;
if ($a > 5 && $b > 20) // returns true
if ($a > 5 || $b > 30) // returns true, $b never tested
```

依据上述规则，在测试多个条件时，可以通过排列条件的顺序从而以最快的速度得到最终的结果。如果必须满足所有条件，首先评估最有可能失败的条件。如果只需要满足一个条件，首先评估最有可能成功的条件。如果需要将多个条件视为一组，请将它们括在括号中，如下所示。

```
if (($a > 5 && $a < 8) || ($b > 20 && $b < 40))
```

■ 提示：

在PHP中，可以使用AND代替&&，使用OR代替||。但是，AND和OR的优先级要低得多，这会导致意外结果。若要避免问题，建议始终使用&&和||。

4.7.5 对决策链使用 switch 语句

switch 语句提供了一种选择，可以代替 if...else 进行决策。基本结构如下：

```
switch(variable being tested) {
    case value1:
        statements to be executed
        break;
    case value2:
        statements to be executed
        break;
    default:
       statements to be executed
}
```

关键字 case 指示传递给 switch()的变量可能匹配的值。每个可能匹配的值必须以 case 关键字开头，后跟冒号。当遇到匹配的值时，冒号后面的代码会逐行执行，直到遇到 break 或 return 关键字，此时 switch 语句结束。下面是一个简单的示例：

```
switch($myVar) {
    case 1:
        echo '$myVar is 1';
        break;
    case 'apple':
    case 'orange':
        echo '$myVar is a fruit';
        break;
    default:
        echo '$myVar is neither 1 nor a fruit';
}
```

关于 switch 语句，需要注意以下要点。

- case 关键字后面的表达式通常是数字或字符串。不能使用数组或对象等复杂数据类型。
- 要在 case 关键字之后使用比较运算符判断 switch 语句中的变量，必须编写完整的表达式，不能省略变量名。例如，case >100:，语法错误；修改为 case $myVar >100:，代码将正常运行。
- 如果不使用 break 或 return 关键字结束 switch 语句，在条件匹配的 case 关键字之后的所有代码都会被执行。
- 可以将多个 case 关键字的匹配条件看成一个组合，只要其中一个条件实现匹配，都会执行相同的代码块。因此，在前面的示例中，当$myVar 变量等于"apple"或"orange"时，都会执行相同的代码。

- 如果未找到匹配的值，则执行 default 关键字后面的任何语句。如果没有 default 代码块，switch 语句将默认退出；PHP 引擎会继续执行后面的代码。

4.7.6 使用三元运算符

三元运算符(? ：)是表示条件语句的一种简写方式。它的名称来源于它通常使用三个操作数。基本语法如下：

```
condition ? value if true : value if false;
```

如下代码是一个使用三元运算符的示例。

```
$age = 17;
$fareType = $age >= 16 ? 'adult' : 'child';
```

第二行代码测试变量$age 的值。如果大于或等于 16，则将变量$fareType 设置为 adult，否则将变量$fareType 设置为 child。使用 if...else 语句的等效代码如下：

```
if ($age >= 16) {
    $fareType = 'adult';
} else {
    $fareType = 'child';
}
```

if...else 语句更容易阅读，但三元运算符更紧凑。大多数初学者会讨厌这种简写方式，但是一旦了解它，就会意识到它有多方便。

可以省略问号和冒号之间的值。这样做的效果是，如果条件为 true，则将条件的值赋给变量。前面的示例可以这样重写：

```
$age = 17;
$adult = $age >= 16 ?: false; // $adult is true
```

上述代码中，问号前面的表达式是比较运算，因此它的值只能是 true 或 false。但如果问号前的表达式的值是一个不符合 false 狭义定义的值，则返回表达式的值本身。例如：

```
$age = 17;
$years = $age ?: 'unknown'; // $years is 17
```

上述示例的问题是，如果作为条件使用的变量还未定义，就会产生一个错误。更好的解决方案是使用空合并运算符，如下一节所述。

4.7.7 使用空合并运算符设置默认值

PHP 7.0 引入了空合并运算符，以便在使用一个变量为另一个变量赋值时，如果赋值运算符右侧的变量未定义，则为赋值运算符左侧的变量分配默认值。该运算符由两个问号(??)组成，其用法如下所示。

```
$greeting = $_GET['name'] ?? 'guest';
```

上述代码尝试将存储在变量$_GET['name']中的值赋值给变量$greeting。但是当$_GET['name']变量未定义，或者说$_GET['name']的值为 null 时，PHP 引擎会将??('guest')之后的值赋值给$greeting 变量。可以串连使用多个空合并运算符，如下所示。

```
$greeting = $_GET['name'] ?? $nonexistent ?? $undefined ?? 'guest';
```

PHP 引擎从左到右依次测试每个变量，并将第一个非 null 值赋值给变量$greeting。

▒ **警告：**

空合并运算符只拒绝null值，即不存在的变量或被显式设置为null的变量。在前面的示例中，如果变量$GET['name']被设置为空字符串，那么变量$greeting将被赋值为空字符串。尽管PHP将空字符串视为false，但它并不是null。

4.8 使用循环重复执行代码

循环是一个代码片段，在满足某个条件之前，该代码片段将会重复执行。循环通常通过设置一个变量来控制，该变量计算迭代次数。通过每次递增变量，循环在变量达到预设值时停止。循环还可以通过遍历数组的每个元素来控制。当没有其他元素需要处理时，循环停止。循环经常包含条件语句，因此，尽管它们的结构非常简单，但可以编写代码实现对数据的复杂处理。

4.8.1 while 循环和 do...while 循环

最简单的循环类型是 while 循环，其基本结构如下所示。

```
while (condition is true) {
  do something
}
```

下面的代码在浏览器中显示从 1 到 100 的每个数字(详见本章附带代码文件

while.php)。代码首先将变量$i 设置为 1，然后使用变量作为计数器来控制循环，并在屏幕上显示当前数字。

```
$i = 1; // set counter
while ($i <= 100) {
  echo "$i<br>";
  $i++; // increase counter by 1
}
```

■ **提示：**

在第 3 章中，笔者警告不要使用含义模糊的变量。但是，使用 $i作为循环计数器是常见的约定。如果$i已被使用，通常的做法是使用 $j或 $k作为循环计数器。

---

while 循环的一个变体是 do…while 循环，基本结构如下所示。

```
do {
   code to be executed
} while (condition to be tested);
```

while 循环和 do…while 循环之间的区别在于 do 之后的代码段至少会执行一次，即使条件从不为 true。下面的代码(详见 dowhile.php 文件)显示一次变量$i 的值，即使 while 语句中的条件结果为 false。

```
$i = 1000;
do {
  echo "$i<br>";
  $i++; // increase counter by 1
} while ($i <= 100);
```

当循环忘记设置使循环结束的条件或设置了不可能满足的条件时，while 循环和 do…while 循环就会出现风险。这就是所谓的无限循环，它要么导致计算机死机，要么导致浏览器崩溃。

4.8.2 用途多样的 for 循环

for 循环不太可能产生无限循环，因为循环的所有条件都在第一行代码中声明。for 循环使用以下基本模式：

```
for (initialize loop; condition; code to run after each iteration) {
   code to be executed
}
```

下面代码的输出与前面的 while 循环相同，显示从 1 到 100 的每个数字(参见文件 forloop.php)。

```
for ($i = 1; $i <= 100; $i++) {
    echo "$i<br>";
}
```

圆括号中的三个表达式控制循环的操作(注意，它们由分号而不是逗号分隔)。

- 第一个表达式在循环开始之前执行。在本例中，它将计数器变量 $i 的初始值设置为 1。
- 第二个表达式设置条件，该条件确定循环应继续运行多少次。它可以是固定的数字、变量或计算值的表达式。
- 第三个表达式在循环的每个迭代结束时执行。在上述示例中，它将变量$i 递增 1，但是完全可以递增其他数字。例如，在本例中用 $i+=10 替换$i++，则代码将显示 1、11、21、31 等。

▒ **提示：**

for循环开始处的圆括号内的第一个和第三个表达式可以包含由逗号分隔的多条语句。例如，循环可能使用两个独立的递增或递减的计数器。

4.8.3 使用 foreach 循环遍历数组和对象

PHP 中的最后一种循环用于处理数组、对象和生成器(请参阅本章后面的 4.9.5 节)。它有两种形式，都使用临时变量来处理每个元素。如果只需要对元素的值执行某些操作，foreach 循环将采用以下形式。

```
foreach (variable_name as element) {
    do something with element
}
```

下面的示例循环访问 $shoppingList 数组并显示每个元素的值(代码详见文件 foreach_01.php)。

```
$shoppingList = ['wine', 'fish', 'bread', 'grapes', 'cheese'];
foreach ($shoppingList as $item) {
    echo $item.'<br>';
}
```

■ **警告：**

foreach关键字是一个单词。在for和each之间插入一个空格将导致语法错误。

虽然前面的示例中使用了索引数组，但也可以将 foreach 循环的基本形式用于关联数组。

foreach 循环的另一种形式提供了对每个元素的键和值的访问。它采用的形式略有不同：

```
foreach (variable_name as key => value) {
   do something with key and value
}
```

下一个示例使用本章前面 4.6 节中创建的 $book 关联数组，并将每个元素的键和值合并到一个简单字符串中，循环代码片段如下所示(详见文件 foreach_02.php)。

```
foreach ($book as $key => $value) {
   echo "$key: $value<br>";
}
```

■ **注意：**

除了数组外，foreach循环的主要用途是处理迭代器和生成器，相关内容将分别在第 8 章和第 9 章介绍。

4.8.4 中断循环

要使循环在满足某个条件时提前结束，需要在条件语句中插入 break 关键字。脚本一旦遇到 break 关键字就退出循环。

若要在满足某个条件时跳过循环中的代码，需要使用 continue 关键字。它不会退出，而是立即返回到循环的顶部(忽略循环体中接下来的代码)并处理下一个元素。例如，下面的循环以一个条件开始：如果变量$photo 没有值，则跳过当前元素(如果变量不存在或为 false，则 empty()函数返回 true)。

```
foreach ($photos as $photo) {
    if (empty($photo)) continue;
    // code to display a photo
}
```

4.9 使用函数模块化代码

函数提供了一种方便的方式来运行频繁执行的操作。除了大量内置函数外，PHP 还允许你创建自己的函数。使用函数的优点是只需要编写一次代码，而不用在任何需要的地方重复录入相同的代码。这不仅加快了开发速度，而且使代码更易于阅读和维护。如果函数中的代码有问题，可以在一个地方更新它，而不是搜索整个站点。

用 PHP 构建自己的函数非常简单。只需要将代码块包装在一对花括号中，并使用 function 关键字命名新函数。函数名后面总是跟一对括号。下面这个非常简单的示例演示了自行编写函数的基本结构(请参阅本章的 functions_01.php 文件)。

```
function sayHi() {
   echo 'Hi!';
}
```

只需要在 PHP 代码块中输入 sayHi();代码，当页面加载到浏览器时就可以在屏幕上看到代码输出 Hi!。上面的示例说明，函数总是执行相同的操作。要使函数对环境做出响应，需要将值作为参数传递给它们。

4.9.1 向函数传递值

假设希望调整 sayHi()函数以显示某人的姓名。通过在函数声明的括号之间插入一个变量(技术上，这称为在函数签名中插入一个参数)来实现，然后在函数内部使用相同的变量来存储传递给函数的任何值。functions_02.php 文件中的修改后的函数版本如下所示。

```
function sayHi($name) {
    echo "Hi, $name!";
}
```

现在可以在页面内使用此函数来显示传递给 sayHi()函数的任何变量或文字字符串的值。例如，如果你有一个在线表单，该表单将某人的姓名保存在一个名为 $visitor 的变量中，并且 Mark 访问了你的站点，那么你可以将 sayhi($visitor);放在页面中，向 Mark 显示如图 4-5 所示的个人问候。

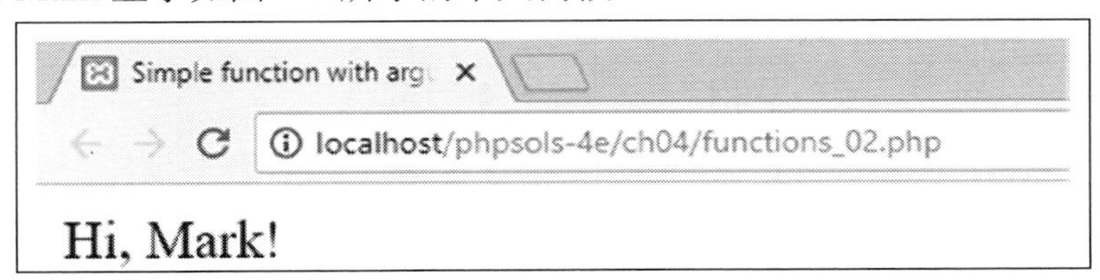

图 4-5　个人问候

PHP 弱类型的一个缺点是，如果 Mark 不合作，他可能会在表单中输入 5 而不是他的名字，而这并不是你所期望的类型的数据，见图 4-6。

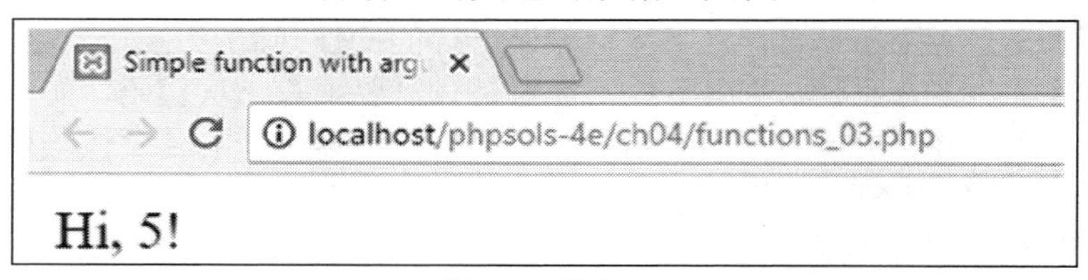

图 4-6 输入 5

■ **提示：**
在任何关键的情况下使用用户输入的数据之前都要对其进行检查。随着继续阅读本书，你将学会如何做到这一点。

要将多个参数传递给函数，需要在函数签名中用逗号分隔变量(参数)。

4.9.2 为参数设置默认值

要为传递给函数的参数设置默认值，需要为函数签名中的变量赋一个值，如下所示(参见文件 functions_04.php)。

```
function sayHi($name = 'bashful') {
   echo "Hi, $name!";
}
```

这使参数成为可选的，允许按如下方式调用这个函数。

```
sayHi();
```

图 4-7 显示了此次调用的结果。

图 4-7 显示此次调用的结果

但是，仍然可以向函数传递一个不同的值代替默认值。

■ **提示：**
如果函数有多个参数，那么可选参数必须总是出现在非默认参数之后。

4.9.3 变量的作用域

函数创建一个独立的环境，它很像一个黑匣子。通常，函数内部发生的事情不会影响脚本的其余部分，除非它返回一个值，如下一节所述。函数中的变量只能在函数内部使用。如下示例应该说明这一点(请参阅 functions_05.php 文件)。

```
function doubleIt($number) {
    $number *= 2;
    echo 'Inside the function, $number is ' . $number . '<br>';
    // number is doubled
}
$number = 4;
doubleIt($number);
echo 'Outside the function $number is still ' . $number;
// not doubled
```

前 4 行定义了一个名为 doubleIt()的函数，该函数接收一个数字，将其加倍并显示在页面上。脚本的其余部分将值 4 赋给变量$number，然后它将变量$number 作为参数传递给函数 doubleIt()。函数处理变量$number 并显示 8。函数结束后，变量$number 将通过 echo 显示在屏幕上。这次是 4 而不是 8，如图 4-8 所示。

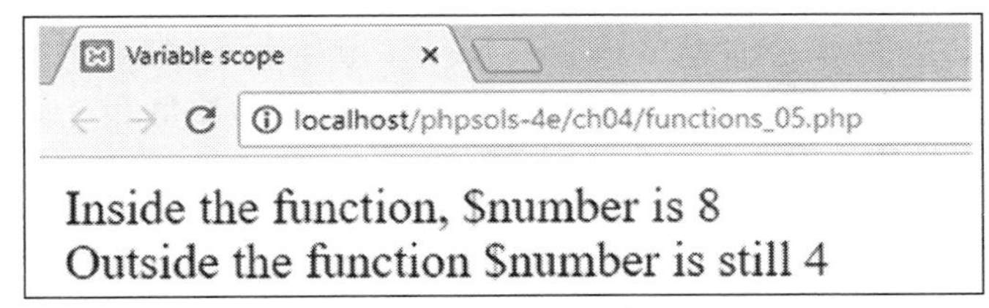

图 4-8 是 4 而不是 8

这表明主脚本中的变量$number 与函数中同名的变量完全无关。这就是变量的作用域。即使变量的值在函数内部发生变化，外部同名的变量也不受影响，除非该变量通过引用的方式传递给函数，如本章后面所述。

▒ **提示：**

尽量避免在脚本的其余部分中使用与函数内部相同的变量名，这种方式使你的代码更易于理解和调试。

PHP 超级全局变量(详见 www.php.net/manual/en/language.variables.superglobals.php)，如$_POST 和$_ GET，不受变量作用域的影响。它们的值在脚本的任何位置发生改变都会保留变化，这就是它们被称为超全局变量的原因。

4.9.4 从函数返回值

有多种方法可以使函数更改作为参数传递给它的变量的值，但最重要的方法是使用 return 关键字并将结果赋给同一个变量或另一个变量。下面的代码修改 doubleIt()函数来演示函数返回值(代码在文件 functions_06.php 中)，见图 4-9。

```
function doubleIt($number) {
    return $number *= 2;
}
$num = 4;
$doubled = doubleIt($num);
echo '$num is: ' . $num . '<br>'; // remains unchanged
echo '$doubled is: ' . $doubled; // original number doubled
```

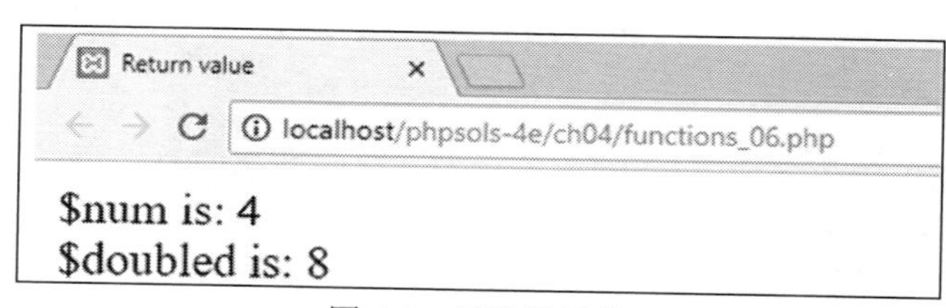

图 4-9　函数返回值

这一次，笔者对变量使用了不同的名称，以避免混淆它们。笔者还将函数 doubleIt($num)的结果赋给一个新变量。这样做的好处是原值和计算结果现在都可用。我们并不会总是希望作为参数的变量保留原值，但有时需要保留。

函数并不总是需要有返回值。return 关键字可以单独使用以停止任何进一步的处理。

4.9.5 生成器——一种不断产生输出的特殊类型的函数

当函数遇到 return 时，它会立即终止并返回一个值或不返回任何值。生成器是 PHP 5.5 中引入的特殊函数，它创建简单的迭代器，可以在循环中使用这些迭代器生成一系列值。生成器函数不使用 return 关键字，而使用 yield 关键字。这使生成器能够一次生成一个值，并跟踪序列中的下一个值，直到再次调用或值用完为止。

生成器可以使用内部循环生成其输出的值，也可以使用一系列 yield 语句。文件 generator.php 中的简单示例使用了上述两种技术，如下所示。

```
function counter($num) {
    $i = 1;
    while ($i < $num) {
        yield $i++;
```

```
        }
        yield $i;
        yield $i + 10;
        yield $i + 20;
    }
```

counter()生成器接收一个参数$num。它将计数器$i 初始化为 1，然后使用一个在变量$i 的值小于变量$num 的值时继续运行的循环。该循环生成$i 并将其递增 1。循环结束后，一系列 yield 语句产生另外 3 个值。

通过将生成器赋给变量来初始化生成器之后，可以在 foreach 循环中使用它，如下所示。

```
$numbers = counter(5);
foreach ($numbers as $number) {
    echo $number . ' ';
}
```

这将生成图 4-10 显示的一系列数字。

图 4-10　生成一系列数字

对于这个简单的示例，创建一个数组来保存这些值并在循环中直接使用数组会更简单。生成器的主要优点是：对于数量很多的值序列，生成器使用的内存比数组少得多。本书第 9 章将提供一个具体示例，演示使用生成器处理文件的内容。

4.9.6　通过引用传递参数

尽管函数通常不会更改作为参数传递给它们的变量的值，但有时确实希望更改原始值而不是捕获函数的返回值。为此，在定义函数时，可以在要更改的参数前面加上符号&，如下所示。

```
function doubleIt(&$number) {
   $number *= 2;
}
```

请注意，此版本的 doubleIt()函数不显示变量$number 的值，也不返回内部计算后的值。由于括号之间的参数以符号&作为前缀，因此作为参数传递给函数的变量的原始值将被改变。这就是所谓的通过引用传递。

下面的代码(详见文件 functions_07.php)演示了这种效果，见图 4-11。

```
$num = 4;
echo '$num is: ' . $num . '<br>';
doubleIt($num);
echo '$num is now: ' . $num;
```

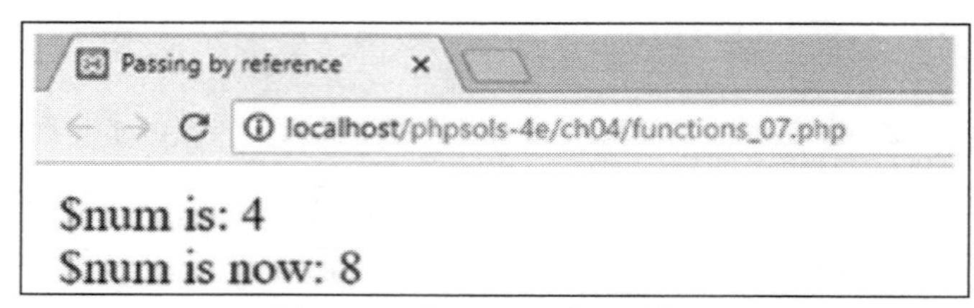

图 4-11　演示了通过引用传递

符号&只在函数定义中使用，而不在调用函数时使用。

一般来说，使用函数更改作为参数传递给它的变量的原始值不是一个好主意，因为，如果在脚本的其他地方也使用了该变量，则可能会产生意外的后果。然而，在某些情况下，这样做很有意义。例如，内置的数组排序函数使用按引用传递以便修改原始数组。

■ 提示：

对象总是通过引用传递的，即使函数的定义中没有在参数前面加上符号&。这也适用于PHP内置的迭代器类和生成器类。

4.9.7　接收可变数量参数的函数

PHP 5.6 引入扩张操作符(...)定义一个接收任意数量参数的函数。它由函数签名中最后一个(或唯一的)参数前面的 3 个点或句点组成。扩张操作符将传递给函数的值转换为数组，然后可以在函数内部使用该数组。functions_08.php 文件中的代码包含以下简单示例。

```
function addEm(...$nums) {
     return array_sum($nums);
}
$total = addEm(1, 2, 3, 4, 5);
echo '$total is ' . $total;
```

传递给函数的逗号分隔的数字被转换为数组，然后传递给内置的 array_sum()函数，该函数将数组中的所有值相加。图 4-12 显示输出。

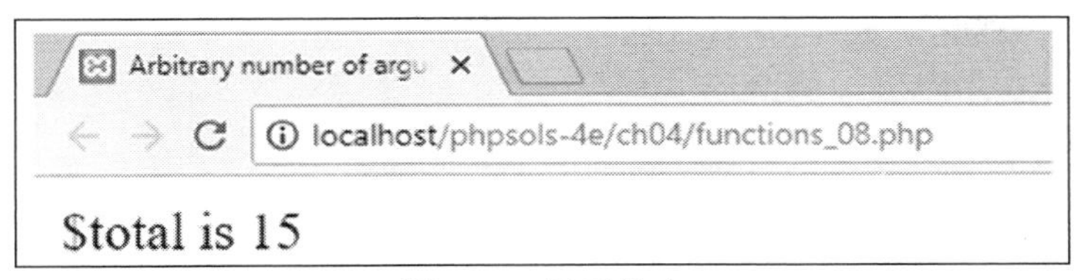

图 4-12　显示输出

4.9.8　自定义函数的位置

如果在使用自定义函数的同一个页面上找到该函数的定义，则声明该函数的位置无关紧要；它可以是在使用之前或使用之后。不过，建议将函数存放在一起，可以放在页面的顶部或底部。这样更容易查找和维护函数代码。

在多个页面中使用的函数最好存储在外部文件中，每个使用这些函数的页面包含相应的外部文件即可。第 5 章将详细介绍通过 include 和 require 关键字包含外部文件的方法。当函数位于外部文件中时，必须在调用其中的任何函数之前完成包含外部文件的操作。

4.10　理解 PHP 类和对象

类是面向对象编程(Object-Oriented Programming，OOP)的基本组成部分，面向对象编程是一种旨在使代码可重用和易于维护的编程方法。PHP 广泛支持 OOP 的各种特性，新特性通常以面向对象的方式实现。

对象是一种复杂的数据类型，可以存储和操作值。类是定义对象特性的代码，可以看作生成对象的蓝图。在 PHP 的许多内置类中，有两个特别有趣的类，DateTime 和 DateTimeZone，它们处理日期和时区。

要创建对象，需要使用 new 关键字，其后跟类名，如下所示。

```
$now = new DateTime();
```

这将创建 DateTime 类的实例并将其存储在名为$now 的 DateTime 对象中，该对象不仅知道创建该类的日期和时间，而且还知道 Web 服务器使用的时区。大多数类都会定义属性和方法，它们类似于变量和函数，只是类的实例(而不是类本身)才能调用，或者说操作这些属性和方法。例如，DateTime 类的对象可以使用 DateTime 类的方法更改某些值，例如月份、年份或时区。DateTime 对象还能够执行日期计算，而使用普通函数则要复杂得多。

使用->运算符访问对象的属性和方法。要重置 DateTime 对象的时区，需要将 DateTimeZone 对象作为参数传递给 setTimeZone()方法，如下所示。

```
$westcoast = new DateTimeZone('America/Los_Angeles');
$now->setTimezone($westcoast);
```

这会将对象$now 重置为洛杉矶的当前日期和时间，而不管 Web 服务器位于何处，并自动对夏令时进行调整。

使用->运算符访问对象属性的方式相同。

```
$someObject->propertyName
```

提示：

对象、属性和方法的概念可能很难理解。你只需要知道如何使用new关键字实例化对象，以及如何用->运算符访问属性和方法即可。

4.11 为类和函数指定数据类型(可选)

随着 PHP 的成熟，许多开发人员都在寻求对类和函数使用和返回的数据类型进行更多控制。这在 PHP 开发群体中引发了激烈的争论，因为 PHP 的弱数据类型是其成功的主要原因之一，不必担心数据类型使该语言对初学者来说更容易学习。折中的方案是引入可选的类型声明(在 PHP 5 中称为类型提示)。

要指定参数必须是特定的数据类型，需要在函数签名中的参数前面加上表 4-8 中列出的类型之一。

表 4-8 类型声明

类型	说明	最低 PHP 版本
类/接口名称	必须是指定类或接口的实例	5.0
self	必须是同一个类的实例	5.0
array	必须是数组	5.1
callable	必须是有效的可调用函数	5.4
bool	必须是布尔值	7.0
float	必须是浮点数	7.0
int	必须是整数	7.0
string	必须是字符串	7.0
iterable	必须是数组或实现了 Traversable 接口	7.1
object	必须是对象	7.2

注意：

接口指定类必须实现的方法。

类、接口、数组、回调函数和对象的类型声明通过在使用其他类型时引发错误来强制使用正确的数据类型。但是，bool、float、int 和 string 类型声明的行为不同。

它们不会抛出错误，而是静默地将参数转换为指定的数据类型。文件 functions_09.php 中的代码通过添加如下类型声明，修改了本章 4.9.4 节中的 doubleIt()函数。

```
function doubleIt(int $number) {
    return $number *= 2;
}
```

图 4-13 显示传递给函数的值为 4.9 时会发生什么情况。

图 4-13　传递给函数的值为 4.9

该数字在处理前被转换为整数，它甚至没有四舍五入到最接近的整数，小数部分被简单地丢弃。

■ **提示：**

通过在每个脚本中启用严格类型限制，可以更改bool、float、int和string类型声明的行为。但是，严格类型的实现可能会令人困惑。笔者个人的建议是只对类、接口和数组使用类型声明。可以在www.php.net/manual/en/functions.arguments.php上学习如何在PHP文档中启用严格类型限制。

PHP 7 还引入了返回类型声明来指定函数返回的数据类型。可用类型与表 4-8 中列出的相同，在 PHP 7.1 中添加了 void 关键字。声明函数的返回类型需要在函数签名之后、包含代码块的左大括号之前使用冒号后跟数据类型表示。functions_10.php 文件中的示例对 doubleIt()函数进行了如下调整。

```
function doubleIt(int $number) : float {
    return $number *= 2;
}
```

笔者特意选择了这个会产生类型转换的例子，演示将 float 设置为返回类型从而将函数返回的值无声地转换为浮点数。但上述示例没有修改参数的类型声明。将 4.9 作为参数传递给函数仍然返回 8；但是 var_dump()函数的结果显示 PHP 将其视为浮点数，如图 4-14 所示。

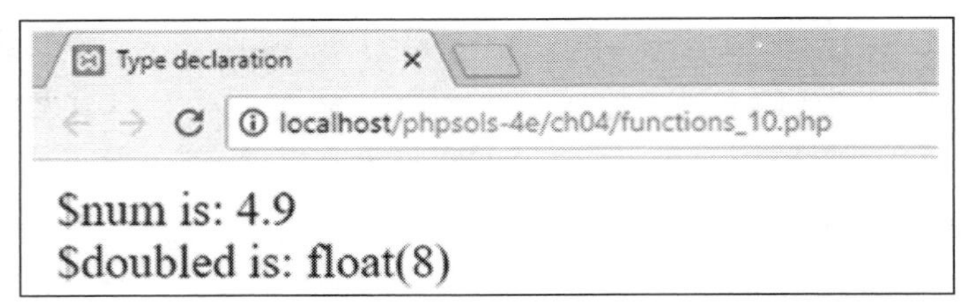

图 4-14　PHP 将 4.9 视为浮点数

使用 bool、int 和 string 作为返回类型声明也可以执行静默数据类型转换，除非启用了严格类型限制。如果函数返回错误的数据类型，则其他返回类型声明将引发错误。

■ **注意：**

为了保持代码简洁易读，本书中的代码使用类型声明非常谨慎，并且仅在这样做确实有好处的情况下使用。例如，检查是否已将正确的数据类型传递给函数。

4.12　处理错误和异常

PHP 7 改变了报告大多数错误的方式，通常会抛出一个异常或生成一个特殊类型的对象。该对象包含导致错误的原因和错误发生的位置的详细信息。如果使用过 PHP 5，你可能会注意到的唯一区别是错误消息的措辞或错误类型发生了变化。但是，由内部错误(如语法解析错误或缺少包含文件)引发的异常与脚本引发的异常之间存在细微的区别。

当 PHP 由于内部错误引发异常时，它会立即使脚本停止执行。如果按照测试环境中的建议打开了显示错误消息的功能，PHP 将显示一条消息，指示发生了什么。有时这些消息可能很难理解，因此通常需要捕获异常。为此，可以将主脚本包装在 try 代码块中，并将错误处理代码放入 catch 代码块中，如下所示。

```
try {
    // main script goes here
} catch (Throwable $t) {
  echo $t->getMessage();
}
```

■ **提示：**

catch块中的Throwable类型声明是PHP 7 的新特性，它包括内部错误和脚本引发的异常(用户异常)。PHP 5 中的Exception类型声明只包含用户异常。

上述示例在代码发生异常时会生成一条错误消息，通常比某些错误生成的冗长

消息更容易理解。

可以抛出自定义异常，按如下方式使用 throw 关键字。

```
if (error occurs) {
   throw new Exception('Houston, we have a problem.');
}
```

括号内的字符串用作错误消息，可以在 catch 块中捕获。

▩ **警告：**

错误消息在开发过程中至关重要，它们能够帮助你解决问题。但是，当你将脚本部署到公网上时，如果代码产生错误消息，这些错误消息不仅看起来毫无美感，而且还可能泄露对恶意攻击者有用的信息。因此，当你将脚本部署到公网时，用中性的消息替换catch块中显示的错误消息。或者，使用catch块将访问者重定向到某个错误页。

4.13 动态创建新变量

PHP 支持创建变量的变量(variable variable)。简单地说，变量的变量是从现有的变量派生出一个新的变量名从而创建一个新变量。下面的示例演示了它的工作原理(请参见 variable_variables.php 文件)。

```
$location = 'city';
```

上述语句将字符串 city 赋值给一个名为$location 的变量。可以使用该变量创建一个变量的变量，方法是使用两个美元符号，如下所示。

```
$$location = 'London';
```

变量的变量将原始变量的值作为其名称。换句话说，变量$$location 和变量$city 是相同的。

```
echo $city; // London
```

你将在第 6 章的邮件处理脚本中看到这种技术的具体示例。

▩ **提示：**

为了表示两个美元符号是刻意输入的，可以用大括号将初始变量括起来：${$location}。大括号是可选的，但使代码更易于阅读。

4.14 后续内容

前 4 章的内容都是基础知识，重要却不有趣。本书的其余部分将讨论用 PHP 解决实际问题，或者说使用 PHP 提供解决方案。

第 5 章

使用包含文件

在一个文件中包含另一个文件的内容是 PHP 最强大的特性之一，也是最容易实现的方法之一。这意味着同一段代码可以整合到多个页面中，例如，一些通用的元素，包括页眉、页脚或导航菜单等。PHP 将包含文件的内容合并到服务器上的每个页面中，如此即可通过编辑和上传一个文件来更新菜单或其他公共元素，这样可以节约大量时间。

通过本章的学习，你将了解如何在 PHP 中引入包含文件，PHP 在何处查找包含文件，以及在找不到包含文件时如何防止页面显示错误消息。你还将学习使用 PHP 实现一些很酷的技巧，例如创建随机图像生成器。

本章内容：

- 了解不同的包含命令
- 告诉 PHP 在何处可以找到包含文件
- 将通用页面元素封装在包含文件中
- 保护包含文件中的敏感信息
- 自动生成当前位置菜单链接
- 从文件名生成页面标题
- 自动更新版权声明
- 显示带有标题的随机图像
- 处理包含文件的错误
- 更改 Web 服务器的 include_path 设置

5.1 包含来自外部文件的代码

包含来自其他文件的代码是 PHP 的核心能力之一。编写代码时，只需要使用 PHP 的包含命令之一并告诉服务器在哪里找到文件。

5.1.1 PHP 包含命令

PHP 有 4 个命令可用来包含外部文件中的代码，如下所示。

- include
- include_once
- require
- require_once

上述命令的作用基本上相同，为什么有 4 个呢？根本的区别在于，include 命令会继续尝试处理脚本，即使它找不到外部文件，而 require 命令具有强制意义：如果找不到包含文件，PHP 引擎将停止处理并抛出致命错误。实际上，这意味着你应该使用 include 命令，前提是即使没有外部文件的内容，页面仍然可用。如果页面依赖于外部文件，则必须使用 require 命令。

另外两个命令，include_once 和 require_once，防止同一个文件在一个页面中包含多次。尝试在脚本中多次定义函数或类会触发致命错误。因此，include_once 或 require_once 命令可确保函数和类仅定义一次，即使脚本尝试多次包含外部文件——如果在条件语句中使用这些命令，则可能会发生这种情况。

提示：

如果不是很确定，可以始终使用require命令，但是对定义函数和类的文件除外，此时应该使用require_once命令。假设找不到外部文件的时候脚本依然能够执行会使网站面临安全风险。

5.1.2 PHP 查找包含文件的位置

要包含外部文件，可以使用 4 个包含命令中的一个，后跟文件路径(单引号或双引号)。文件路径可以是绝对路径，也可以是相对于当前文档的路径。例如，以下任何命令都可以(只要目标文件存在)。

```
require 'includes/menu.php';
require 'C:/xampp/htdocs/phpsols-4e/includes/menu.php';
require '/Applications/MAMP/htdocs/phpsols-4e/includes/menu.php';
```

注意：

PHP的包含命令使用Windows文件系统中的正斜杠表示文件的目录层级。

可以选择将括号与 include 命令一起使用，因此以下命令也是正确的。

```
require('includes/menu.php');
require('C:/xampp/htdocs/phpsols-4e/includes/menu.php');
require('/Applications/MAMP/htdocs/phpsols-4e/includes/menu.php');
```

使用相对文件路径时，建议使用./指示路径从当前文件夹开始。因此，按照如下方式重写第一个示例后代码的执行效率会更高。

```
require './includes/menu.php'; // path begins in current folder
```

使用相对于网站根目录的文件路径指定包含路径是错误的，如下所示。

```
require '/includes/menu.php'; // THIS WILL NOT WORK
```

PHP 无法通过这样的路径找到包含文件，由于 include 命令将最前面的正斜杠理解为硬盘的根目录。换句话说，PHP 将此视为绝对路径，而不是相对于网站根目录的路径。PHP 还会查看配置信息中定义的 include_path 的值。笔者将在本章稍后再讨论这个问题。在此之前，让我们使用 PHP 包含文件解决实际问题。

PHP 解决方案 5-1：将菜单和页脚转移到包含文件中

图 5-1 显示了一个页面的 4 个元素来自包含文件的情形，稍后将说明这样做的好处。

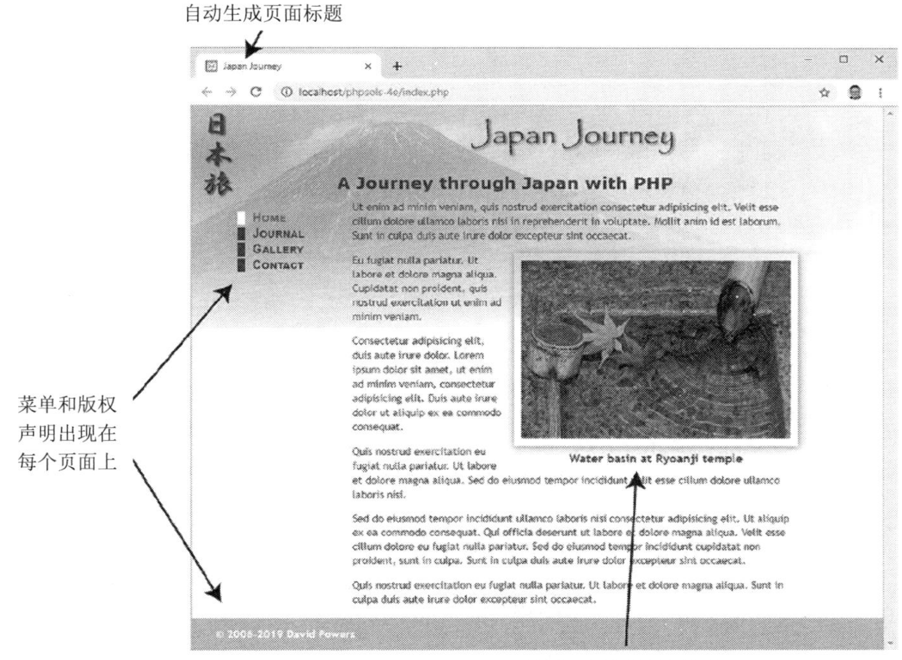

图 5-1　静态页面中的部分元素可以放置在 PHP 的包含文件中

菜单和页脚出现在 Japan Journey 网站的每个页面上，因此它们是包含文件的主要候选项。代码清单 5-1 显示了页面主体的代码，菜单和页脚以粗体突出显示。

代码清单 5-1　index.php 页面的静态版本

```
<header>
  <h1>Japan Journey</h1>
</header>
<div id="wrapper">
  <nav>
    <ul id="nav">
        <li><a href="index.php" id="here">Home</a></li>
        <li><a href="blog.php">Journal</a></li>
        <li><a href="gallery.php">Gallery</a></li>
        <li><a href="contact.php">Contact</a></li>
    </ul>
  </nav>
<main>
  <h2>A journey through Japan with PHP</h2>
  <p>One of the benefits of using PHP . . .</p>
  <figure>
        <img src="images/water_basin.jpg" alt="Water basin at Ryoanji
        temple"width="350" height="237" class="picBorder">
        <figcaption>Water basin at Ryoanji temple</figcaption>
  </figure>
  <p>Ut enim ad minim veniam, quis nostrud . . .</p>
  <p>Eu fugiat nulla pariatur. Ut labore et dolore . . .</p>
  <p>Sed do eiusmod tempor incididunt ullamco . . .</p>
 </main>
 <footer>
   <p>© 2006&ndash;2019 David Powers</p>
 </footer>
</div>
```

(1) 将 index_01.php 文件从 ch05 文件夹复制到 phpsols-4e 网站根目录，并将其重命名为 index.php。如果你正在使用 Dreamweaver 这样的程序来更新页面链接，请不要更新它们。下载文件中的相对链接是正确的。将 index.php 文件加载到浏览器中，检查 CSS 和图像是否正确显示。它应该与图 5-1 相同。

(2) 将 blog.php、gallery.php 和 contact.php 文件从 ch05 文件夹复制到网站根目录。这些页面在浏览器中还不能正确显示，因为尚未创建必要的包含文件。我们随后将创建这些包含文件。

(3) 在 index.php 文件中，选中<nav>元素，即代码清单 5-1 中的第一段粗体显示的代码，然后将其剪切(Ctrl+X/Cmd+X)到计算机的剪贴板上。

(4) 在网站根目录中创建一个名为 includes 的新文件夹，然后在刚才创建的文件夹中创建一个名为 menu.php 的文件。删除编辑器插入的任何代码；该文件必须完全为空。

(5) 将剪贴板中的代码粘贴(Ctrl+V/Cmd+V)保存到 menu.php 文件中，并保存该文件。menu.php 文件的内容应该如下：

```
<nav>
    <ul id="nav">
        <li><a href="index.php" id="here">Home</a></li>
        <li><a href="blog.php">Journal</a></li>
        <li><a href="gallery.php">Gallery</a></li>
        <li><a href="contact.php">Contact</a></li>
    </ul>
</nav>
```

不要担心新文件没有 DOCTYPE 声明或任何 <html>、<head>或<body>标记。包含此文件的其他页面将提供这些元素。

(6) 打开 index.php 文件并在剪切<nav>标记后留下的空白处插入以下内容。

```
<?php require './includes/menu.php'; ?>
```

这将使用相对于 menu.php 文件的相对路径。在路径的开头使用./更有效，因为它显式地指示路径从当前文件夹开始。

▨ **提示：**

笔者使用require命令是因为导航菜单是关键任务。没有它，就无法在网站上导航。

---

(7) 保存 index.php 文件并将页面加载到浏览器中。它看起来应该和以前一模一样。尽管菜单和页面的其余部分来自不同的文件，但 PHP 在将任何输出发送到浏览器之前首先会将它们整合起来。

▨ **注意：**

不要忘记，PHP代码需要由Web服务器处理之后才会加载到浏览器。如果已经将文件存储在服务器根目录下名为phpsols-4e的子文件夹中，那么应该使用URL http://localhost/phpsols-4e/index.php访问index.php页面。如果需要了解服务器上文档根目录的更多信息，请参阅第 2 章中的 2.5 节“PHP文件在Windows和Mac上的存放位置”。

---

(8) 对页脚执行相同操作。剪切代码清单 5-1 中以粗体突出显示的行，并将它们粘贴到 includes 文件夹中名为 footer.php 的空白文件中。然后插入命令，将新文件包括在 <footer>留下的空白中。

```
<?php include './includes/footer.php'; ?>
```

这次，笔者使用了 include 命令而不是 require 命令。<footer>是页面的一个重要部分，但如果找不到包含文件，则该网站仍然可用。

警告：

如果缺少了某个包含文件，例如，意外删除了该文件，则应该创建一个替代文件或删除相应的包含命令。不能认为即使include指令找不到外部文件PHP也会试图处理页面的其余部分，我们就可以缺失包含文件。总要在意识到问题存在的时候立刻解决问题。

---

(9) 保存所有页面并在浏览器中重新加载 index.php 页面。同样，它应该看起来与原始页面相同。如果导航到网站中的其他页面，菜单和页脚也应该出现在每个页面上。包含文件中的代码现在服务于所有页面。

(10) 为了证明菜单是从单个文件绘制的，可以修改 menu.php 文件中的 Journal 链接中的文本，如下所示。

```
<li><a href="blog.php">Blog</a></li>
```

(11) 保存 menu.php 文件并重新加载网站。这一变化将反映在所有页面上。可以对照 ch05 文件夹中的 index_02.php、menu_01.php 和 footer_01.php 文件来查看代码。

如图 5-2 所示，存在一个问题。导航菜单没能正确指示当前页面(需要将对应的 <a>标记的 id 属性设置为 here)。

图 5-2　当前页面仍然显示为 Home 页

用 PHP 的条件逻辑很容易解决这个问题。在此之前，让我们了解一下 Web 服务器和 PHP 引擎是如何处理包含文件的。

5.1.3 为包含文件选择正确的文件扩展名

当 PHP 引擎遇到 include 命令时，它会在外部文件的起始处停止处理 PHP，并在结束时继续。这就是为什么在前面的示例中包含文件只包含原始 HTML 的原因。如果希望外部文件使用 PHP 代码，则代码必须包含在 PHP 标记中。因为外部文件是作为包含它的 PHP 文件的一部分来处理的，所以包含文件的扩展名可以任意选择。

一些开发人员使用.inc 作为文件扩展名，以明确该文件将包含在另一个文件中。但是，大多数服务器将.inc 文件视为纯文本。如果文件包含敏感信息(如数据库的用户名和密码)，则会带来安全风险。如果文件存储在网站的根文件夹中，任何发现文件名的人都可以在浏览器地址栏中输入 URL，浏览器将强制显示你的所有秘密信息！

另一方面，任何扩展名为.php 的文件，在发送到浏览器之前都会自动发送到 PHP 引擎进行解析。只要你的机密信息位于 PHP 代码块中，并且文件扩展名为.php，它就不会被公开。这就是为什么有些开发人员使用.inc.php 作为 PHP 包含文件的双扩展名。.inc 部分提醒你它是一个包含文件，但是服务器只会根据最后的.php 判断文件类型，这可以确保所有 PHP 代码都被正确解析。

长期以来，笔者遵循使用.inc.php 作为包含文件扩展名的惯例。但由于笔者将所有包含文件存储在一个单独的名为 includes 的文件夹中，因此笔者决定不再使用双重扩展名，只使用.php 作为扩展名。

选择哪个命名约定由你自己决定，但是仅仅使用.inc 是很不安全的。

1. PHP 解决方案 5-2：测试包含文件的安全性

此解决方案演示使用.inc 和.php(或.inc.php)作为包含文件的扩展名之间的区别。示例中将使用上一节中的 index.php 和 menu.php 文件。或者，也可以复制 ch05 文件夹中的 index_02.php 和 menu_01.php 文件。如果使用这两个文件，请在使用前从文件名中删除_02 和_01。

(1) 将 menu.php 文件重命名为 menu.inc，并相应地编辑 index.php 文件以包含 menu.inc 文件。

```
<?php require './includes/menu.inc'; ?>
```

(2) 将 index.php 文件加载到浏览器中。你应该看不出有什么变化。

(3) 修改 menu.inc 文件中的代码，将一个密码存储在一个 PHP 变量中，如下所示。

```
<ul id="nav">
    <li><a href="index.php" id="here">Home</a></li>
    <?php $password = 'topSecret'; ?>
    <li><a href="blog.php">Blog</a></li>
```

```
        <li><a href="gallery.php">Gallery</a></li>
        <li><a href="contact.php">Contact</a></li>
    </ul>
```

(4) 重新加载页面。如图 5-3 所示，密码仍隐藏在源代码中。尽管包含文件没有.php 文件扩展名，但其内容已与 index.php 页面合并，因此将处理其中的 PHP 代码。

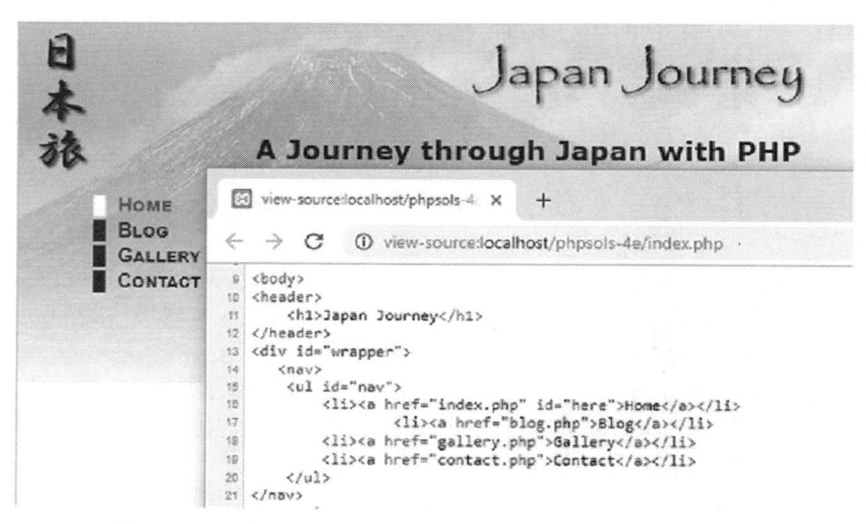

图 5-3　PHP 代码没有输出，因此只有 HTML 被发送到浏览器

(5) 现在直接在浏览器中加载 menu.inc。图 5-4 显示了发生的情况。

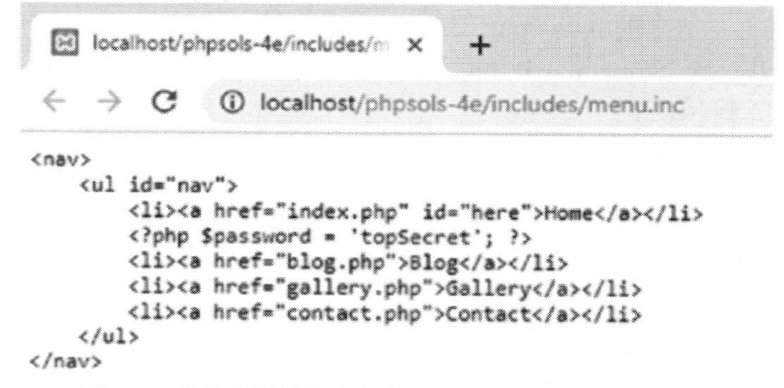

图 5-4　直接在浏览器中加载 menu.inc 会公开 PHP 代码

服务器和浏览器都不知道如何处理.inc 文件，因此整个内容都显示在屏幕上：原始 HTML、密码，任何秘密都藏不住。

(6) 将包含文件的名称更改为 menu.inc.php，并在第(5)步中使用的 URL 的末尾添加.php，将该文件直接加载到浏览器中。这次，你应该看到一个无序的链接列表。

查看浏览器的源代码视图，可以看到 PHP 代码没有公开。

(7) 将文件名改回 menu.php，通过直接在浏览器中加载该包含文件并再次查看源代码来测试该文件的安全性。

(8) 删除在步骤(3)中添加到 menu.php 文件的设置密码的 PHP 代码，并将 index.php 文件中的 include 命令更改回其原始设置，如下所示。

```
<?php require './includes/menu.php'; ?>
```

2. PHP 解决方案 5-3：自动指示当前页

让我们解决菜单没有指示当前页的问题。解决方案包括使用 PHP 找出当前页面的文件名，然后使用条件语句在相应的<a>标记中插入 id 属性，并设置该属性的值为 here。

继续使用相同的文件。或者，可以从 ch05 文件夹中复制 index_02.php、contact.php、gallery.php、blog.php、menu_01.php 和 footer_01.php 文件，并将所有文件名中的_01 和_02 删除。

(1) 打开 menu.php 文件。其当前的代码如下所示：

```
<nav>
    <ul id="nav">
        <li><a href="index.php" id="here">Home</a></li>
        <li><a href="blog.php">Blog</a></li>
        <li><a href="gallery.php">Gallery</a></li>
        <li><a href="contact.php">Contact</a></li>
    </ul>
</nav>
```

指示当前页的样式由第 2 行中粗体显示的 id="here"控制。如果当前页面是 blog.php，则需要 PHP 将 id="here"插入 blog.php 所在的<a>标记；如果页面是 gallery.php，则需要 PHP 将 id="here"插入 gallery.php 所在的<a>标记；如果页面是 contact.php，则需要 PHP 将 id="here"插入 contact.php 所在的<a>标记。

根据上述提示，需要在每个<a>标记中使用 if 语句。需要将第 2 行修改为：

```
<li><a href="index.php" <?php if ($currentPage == 'index.php') {
  echo 'id="here"'; } ?>>Home</a></li>
```

其他链接也应该以类似方式进行修改。但是$currentPage 变量如何获取它的值呢？你需要找到当前页的文件名。

(2) 暂时将 menu.php 文件放在一边，创建一个名为 get_filename.php 的新 PHP 页面。插入以下代码(或者，从 ch05 文件夹中复制 get_filename.php 文件)。

```
<? php echo $_SERVER['SCRIPT_FILENAME'];
```

(3) 保存 get_filename.php 文件并在浏览器中查看该文件。在 Windows 系统上，你应该看到如图 5-5 所示的截图(ch05 文件夹中的 get_filename.php 文件版本包含此步骤和第(4)步的代码，以及在每个步骤中添加的是哪段代码的文本说明)。

图 5-5　Windows 系统上的截图

在 macOS 系统上，结果应该与图 5-6 类似。

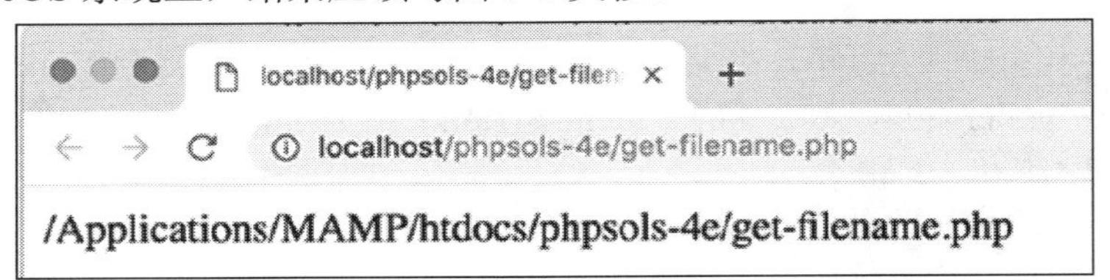

图 5-6　macOS 系统上的截屏

$_SERVER['SCRIPT_FILENAME']是 PHP 的一个内置超级全局数组的元素，它总是提供当前页的绝对文件路径。现在只需要提取文件名即可。

(4) 将第(2)步中的代码修改为：

```
<?php echo basename($_SERVER['SCRIPT_FILENAME']);
```

(5) 保存 get_filename.php 文件并单击浏览器中的 Reload 按钮。现在应该只看到文件名，即：get_filename.php。

内置的 PHP 函数 basename()以文件路径作为参数并提取文件名。这就是提取当前页面文件名的方法。

(6) 按如下内容修改 menu.php 文件中的代码(修改内容以粗体突出显示)。

```
<?php $currentPage = basename($_SERVER['SCRIPT_FILENAME']); ?>
<nav>
    <ul>
        <li><a href="index.php" <?php if ($currentPage == 'index.php') {
            echo 'id="here"';} ?>>Home</a></li>
        <li><a href="blog.php" <?php if ($currentPage == 'blog.php') {
            echo 'id="here"';} ?>>Blog</a></li>
        <li><a href="gallery.php"<?php if($currentPage == 'gallery.php') {
            echo 'id="here"';} ?>>Gallery</a></li>
        <li><a href="contact.php" <?php if($currentPage =='contact.php') {
            echo 'id="here"';} ?>>Contact</a></li>
    </ul>
</nav>
```

■ 提示：

笔者使用双引号包含here，因此使用单引号包含字符串'id="here"'。这比"id=\"here\""更容易阅读。

(7) 保存 menu.php 文件并将 index.php 文件加载到浏览器中。菜单看起来和以前没什么不同。使用菜单导航到其他页面。这次，如图 5-7 所示，当前页面旁边的边框应该是白色的，表示你在网站中的位置。如果在浏览器中查看页面的源代码视图，你将看到相应的<a>标记的 id 属性被设置为 here。

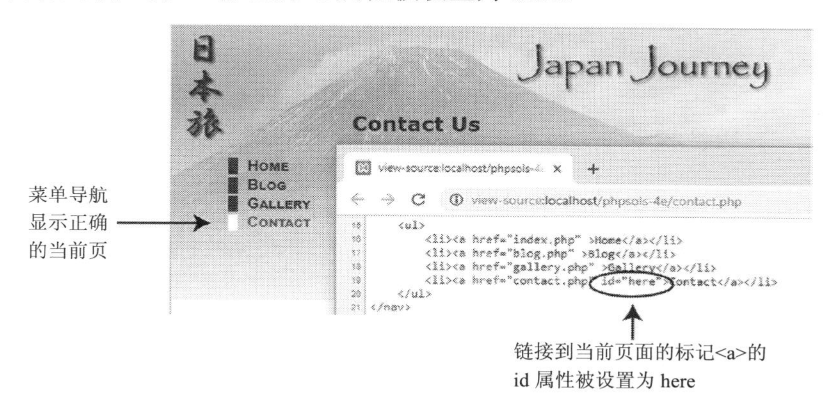

图 5-7　包含文件中的条件代码为每个页面产生不同的输出

(8) 如有必要，将代码与 ch05 文件夹中的 menu_02.php 文件进行比较。

3. PHP 解决方案 5-4：从文件名自动生成页面标题

此解决方案使用 basename()函数提取文件名，然后使用 PHP 字符串函数格式化文件名，以便插入<title>标记中。当文件名能够表明页面内容的主要信息时，将文件名作为页面的标题是可行的。

(1) 在 includes 文件夹中创建一个名为 title.php 的新 PHP 文件，并保存该文件。

(2) 删除脚本编辑器插入的任何代码，然后输入以下代码。

```
<?php $title = basename($_SERVER['SCRIPT_FILENAME'], '.php');
```

■ 提示：

不要在包含文件的末尾添加PHP结束标记。当同一个文件中的PHP代码后面没有其他内容时，结束标记是可选的。省略结束标记有助于避免包含文件的一个常见错误，该错误称为headers already sent。PHP解决方案 5-9 中将介绍更多关于此错误的信息。

PHP 解决方案 5-3 中使用的 basename()函数接收可选的第二个参数：一个包含文件扩展名的字符串，扩展名前面有一个前导句点。添加第二个参数将从文件名中删除扩展名。因此，这段代码提取文件名，去掉.php 扩展名，并将结果赋给一个名为$title 的变量。

(3) 打开 contact.php 文件并通过在 DOCTYPE 之前输入以下代码以包含 title.php 文件。

```
<?php include './includes/title.php'; ?>
```

注意：

通常，网页中的DOCTYPE声明前不应该有任何内容。但是，如果PHP代码没有向浏览器输出任何内容，则可以这样做。title.php文件中的代码只为$title赋值，因此DOCTYPE声明仍然是浏览器看到的第一行HTML代码。

---

(4) 按如下内容修改<title>标记。

```
<title>Japan Journey <?= $title ?></title>
```

注意，在简写的 PHP 开始标记之前有一个空格。没有该空格，$title 变量的值将与 Journey 直接连接在一起。

(5) 保存两个页面并将 contact.php 页面加载到浏览器中。没有.php 扩展名的文件名已经成为浏览器选项卡标题的一部分，如图 5-8 所示。

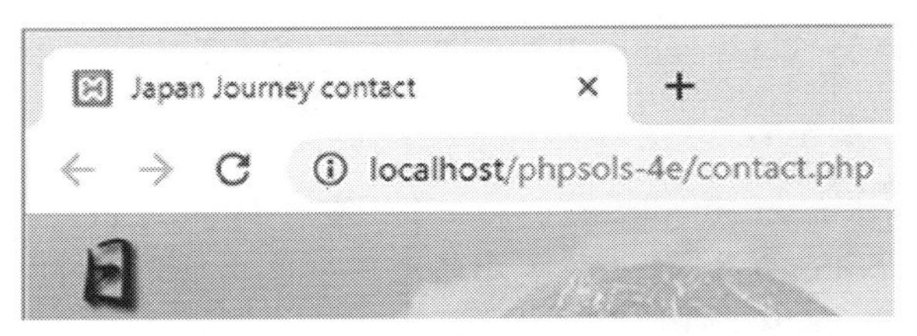

图 5-8　提取文件名后，可以动态生成页面标题

(6) 如果希望将从文件名中截取出的标题部分的首字母变成大写，该如何编写代码？PHP 有一个简洁的小函数 ucfirst()，该函数正好可以实现这样的功能(uc 代表 uppercase)。在步骤(2)中添加的代码之后再添加一行代码，如下所示。

```
<?php
$title = basename($_SERVER['SCRIPT_FILENAME'], '.php');
$title = ucfirst($title);
```

如果你才接触编程，这可能会让你感到困惑，因此让我们看看这里发生了什么。PHP 标记之后的第一行代码获取文件名，去掉末尾的.php，并将其存储在$title 变量中。下一行代码将$title 变量的值传递给 ucfirst()函数，使第一个字母变成大写，并将结果存储回$title 变量。因此，如果文件名是 contact.php，那么第一行代码执行结束时$title 变量的值是 contact，第二行代码执行结束时，该变量的值就变成 Contact。

■ 提示：

可以通过将两行合并为一行来缩短代码，如下所示。

```
$title=ucfirst(basename($_SERVER['SCRIPT_FILENAME'], '.php'));
```

当通过上述方式嵌套函数时，PHP首先处理最里面的函数并将结果传递给外部函数。这种编程方式使得代码更简短，但不容易阅读。

---

(7) 这种技术的一个缺点是，文件名只能由一个单词组成。URL 中不允许使用空格，这就是为什么某些 Web 设计软件或浏览器将空格替换为%20 的原因，而这使得 URL 看起来既难看又不专业。可以用下画线解决这个问题。

将 contact.php 的文件名更改为 contact_us.php。

(8) 按如下内容修改 title.php 文件中的代码。

```
<?php
$title = basename($_SERVER['SCRIPT_FILENAME'], '.php');
$title = str_replace('_', ' ', $title);
$title = ucwords($title);
```

中间一行代码使用一个名为 str_replace()的函数来查找每个下画线并用空格替换它。该函数接收三个参数：要替换的字符、用于替换的字符和要更改的字符串。

■ 提示：

还可以使用str_replace()函数删除字符，方法是使用空字符串(一对引号，之间没有任何内容)作为第二个参数。这会将第一个参数中的字符串替换为空，从而有效地删除它。

最后一行代码使用的不是函数 ucfirst()，而是该函数的相关函数 ucwords()，该函数将每个单词的首字母修改为大写。

(9) 保存 title.php 文件并将重命名的 contact_us.php 文件加载到浏览器中。图 5-9 显示了结果。

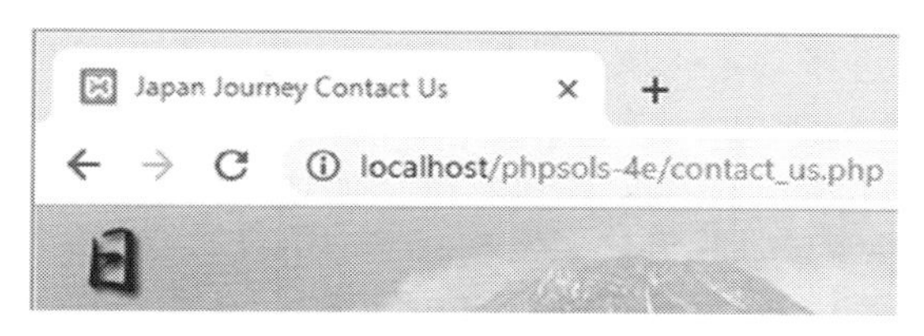

图 5-9 下画线已被删除，并且文件名中的两个单词的首字母都是大写

(10) 将文件名改回 contact.php，并将文件重新加载到浏览器中。title.php 文件中的脚本仍然有效。没有要替换的下画线，因此 str_replace()函数没有修改$title 变量的值，ucwords()函数将第一个字母转换为大写，即使只有一个单词。

(11) 针对 index.php、blog.php 和 gallery.php 文件重复步骤(3)和步骤(4)的操作。

(12) Japan Journey 网站的主页名为 index.php。如图 5-10 所示，将当前的解决方案应用于此页面似乎不太合理。

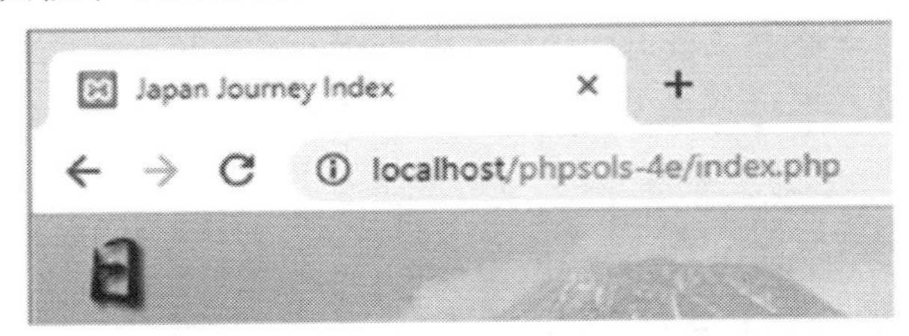

图 5-10　从 index.php 文件名生成的页面标题不是很让人满意

有两种解决方案：要么不将此技术应用于此类页面，要么使用条件语句(if 语句)处理特殊情况。例如，显示 Home 而不是 Index，修改 title.php 文件中的代码，如下所示。

```
<?php
$title = basename($_SERVER['SCRIPT_FILENAME'], '.php');
$title = str_replace('_', ' ', $title);
if ($title == 'index') {
    $title = 'home';
}
$title = ucwords($title);
```

条件语句的第一行使用两个等号检查$title 变量的值。下一行使用一个等号将新值赋给$title 变量。如果网站显示的是 index.php 页面以外的任何内容，大括号内的代码将被忽略，$title 变量将保留其原始值。

提示：

PHP是区分大小写的，因此这个解决方案只有在index都是小写的情况下才能工作。要进行不区分大小写的比较，需要修改前面代码的第四行，如下所示。

```
if (strtolower($title) == 'index') {
```

函数strtolower()将字符串转换为小写形式，从函数名就可以看出该函数的作用，通常用于进行不区分大小写的比较。转换为小写不是永久的，因为strtolower($title)函数的返回值没有赋值给变量；返回值只用于进行比较。如果要保留函数对字符串的修改，需要将返回值重新赋值给变量，就像步骤(12)中的最后一行代码那样，把函数ucwords($title)的返回值重新赋值给$title变量。

要将字符串转换为大写，需要使用函数strtoupper()。

---

(13) 保存 title.php 文件并将 index.php 文件重新加载到浏览器中。页面标题现在看起来更自然，如图 5-11 所示。

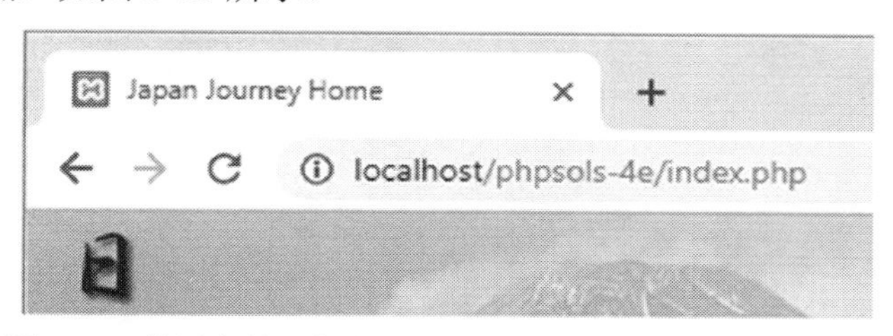

图 5-11 使用条件语句将 index.php 页面的标题更改为 Home

(14) 导航回 contact.php 页面，你将看到页面标题仍然正确地派生自页面名称。

可以将上述步骤中输入的代码与 title.php 页面以及 ch05 文件夹中升级过的 index_03.php、blog_02.php、gallery_02.php 和 contact_02.php 页面中的代码进行对比。

■ **警告：**

大多数PHP网站都托管在Linux服务器上，这些服务器区分文件和目录(文件夹)名称的大小写。但是，在Windows或macOS上进行本地开发时，文件名和文件夹名称是以不区分大小写的方式处理的。为了避免在公网服务器上部署文件时路径出现问题，笔者建议在命名文件和文件夹时仅使用小写。如果想混合使用大小写，请确保拼写的一致性。

---

4. PHP 解决方案 5-5：处理丢失的变量

很多时候，我们会遇到缺少预期值的情况。例如，拼错了变量名，表单没有提交某个值，或者缺少某个包含文件。因此，在尝试使用外部源传入的值之前，需要对这个值进行必要的检查。在这个解决方案中，你将使用两种不同的方法来解决这个问题。

(1) 继续使用与上一个解决方案中相同的文件。或者，从 ch05 文件夹将 index_03.php、blog_02.php、gallery_02.php 和 contact_02.php 这几个文件复制到网站根目录。还要确保 title.php、menu_02.php 和 footer_01.php 这 3 个文件位于 includes 文件夹中。如果使用 ch05 文件夹中的文件，请从每个文件名中删除下画线和数字。

(2) 在 index.php 文件中，将<title>标记中变量的第一个字母修改为大写，即把$title 修改为$Title。PHP 变量区分大小写，因此其他代码无法再引用 title.php 文件生成的值。

(3) 保存文件，并将 index.php 文件加载到浏览器中。右击浏览器窗口可查看源代码。如果已将 error_reporting 配置项设置为第 2 章中建议的级别，则应看到图 5-12 所示的结果。浏览器选项卡包含了一段原始 HTML，该 HTML 是一个 PHP 错误通知，说明存在未定义的变量。

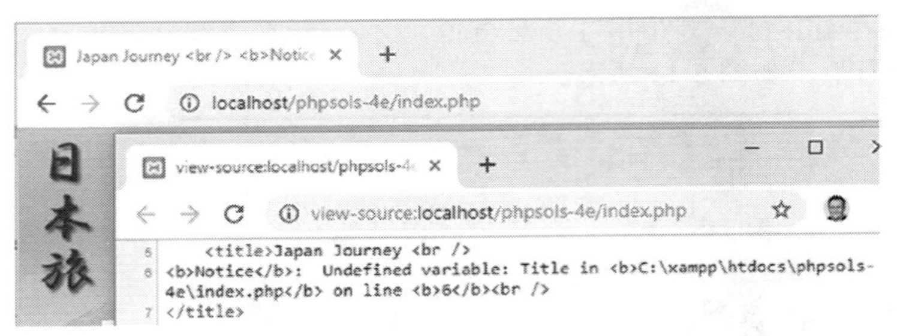

图 5-12　变量拼写错误会生成一个错误通知，显示在浏览器选项卡中

(4) PHP 7 中的空合并运算符可以完美地处理这种情况。修改<title>标记中的 PHP 代码块，如下所示。

```
<?= $Title ?? 'default' ?>
```

(5) 保存并重新加载该页面。浏览器选项卡现在应该如图 5-13 所示。

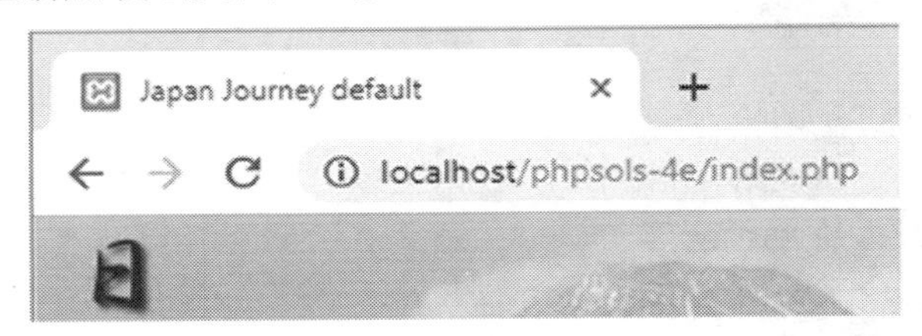

图 5-13　浏览器选项卡

未定义的变量被忽略，并在不生成错误通知的情况下显示空合并运算符后面的值。

(6) 删除引号之间的文本以保留空字符串，如下所示。

```
<?= $Title ?? '' ?>
```

(7) 再次保存并重新加载该页面。这次，浏览器选项卡只显示 HTML 中的文本。空字符串只是抑制错误通知。

(8) 通过使第一个字母小写来更正变量名，然后再次测试该页。它现在看起来与前一个 PHP 解决方案结束时的效果相同(见图 5-11)。

(9) 当不存在变量时，可以使用空合并运算符设置默认值，但如果希望修改变量，则不能使用它。在这种情况下，需要使用 isset()函数来测试变量是否存在。打开 blog.php 文件并修改<title>标记的代码，如下所示。

```
<title>Japan Journey<?php if (isset($title)) {echo "&mdash;{$title}";}
    ?></title>
```

注意，HTML 文本和 PHP 开始标记之间的空格已经被删除。此外，PHP 开始标记不再是简写形式，因为 PHP 代码块包含一个条件语句，而不仅仅显示一个值。

如果变量存在，isset()函数返回 true。因此，如果定义了$title 变量，echo 语句将显示包含在双引号中的字符串，其中包含一个破折号(—是 HTML 字符实体)，后跟$title 变量的值。笔者将变量括在大括号中，因为实体字符和$title 变量之间没有空格。这是可选的，但它使代码更易于阅读。

■ **提示：**

如果isset()函数的参数值是空字符串，该函数返回true。它检查变量是否已定义且不为null。使用empty()函数检查空字符串或零值。

---

(10) 保存 blog.php 文件并在浏览器中测试它。浏览器选项卡应如图 5-14 所示。

图 5-14 浏览器选项卡

由于$title 变量有值，因此 isset()函数返回 true 并显示一个破折号，后跟$title 变量的值。

(11) 尝试使用未定义的变量，如$Title。条件语句中的代码将被忽略，而且不会触发错误通知。

(12) 使用 isset()函数或空合并运算符保护 gallery.php 和 contact.php 文件，以防止在<title>标记中使用未定义的变量。

可以对照 ch05 文件夹中的 index_04.php、blog_03.php、gallery_03.php 和 contact_03.php 文件检查代码。

5.1.4 创建内容会发生变化的页面

到目前为止，你已经使用 PHP 根据页面的文件名生成了不同的输出。接下来的两个解决方案生成的内容与文件名无关：每年的 1 月 1 日自动更新版权声明中的年份和随机图像生成器。

1. PHP 解决方案 5-6：自动更新版权声明

footer.php 文件中的版权声明仅包含静态 HTML。这个 PHP 解决方案展示如何使用 date()函数自动生成当前年份。代码还指定了版权的起始年份，并使用条件语句确定该年份是否与当前年份不同。如果不同，则显示这两个年份。

继续使用 PHP 解决方案 5-5 中的文件。或者，复制 ch05 文件夹中的 index_04.php 和 footer_01.php 文件，并从文件名中删除下画线和数字。如果使用 ch05 文件夹中的文件，请确保在 includes 文件夹中包含了 title.php 和 menu.php 文件的副本。

(1) 打开 footer.php 文件，它包含以下 HTML 代码。

```
<footer>
   <p>© 2006&ndash;2019 David Powers</p>
</footer>
```

使用包含文件的好处是，可以通过修改此文件来更新整个网站的版权声明。然而，通过代码自动增加年份的效率会更高。

(2) PHP date()函数巧妙地处理了这个问题。修改<P>标记中的代码，如下所示。

```
<p>© 2006&ndash;<?php echo date('Y'); ?> David Powers</p>
```

这将替换第二个日期，并使用四位数字显示当前年份。确保将大写的 Y 作为参数传递给 date()函数。

注意：

第 16 章中的表 16-4 列出了可以传递给date()函数的最常用字符，不同的参数可以显示日期的不同部分，如月、星期几等。

---

(3) 保存 footer.php 文件并将 index.php 页面加载到浏览器中。页面底部的版权声明看起来应该和以前一样，除非你在 2020 年或更晚的时间查看 index.php 页面，在这种情况下将显示当前年份。

(4) 与大多数版权声明一样，声明中会涉及年份的范围，表明网站首次推出的时间。因为第一个日期是以前的，所以可以硬编码。但如果你要创建一个新网站，只需要显示当前年份。下一年的 1 月 1 日之前不需要显示年份范围。

要显示年份范围，需要知道起始年份和当前年份。如果两个年份都相同，则仅显示当前年份；如果不同，则在起始年份和当前年份之间用短划线连接两者。这是一个简单的 if...else 情形。更改 footer.php 文件中<P>标记内的代码，如下所示。

```
<p>©
<?php
$startYear = 2006;
$thisYear = date('Y');
if ($startYear == $thisYear) {
  echo $startYear;
} else {
  echo "{$startYear}&ndash;{$thisYear}";
}
?>
David Powers</p>
```

与 PHP 解决方案 5-5 一样，笔者在 else 子句中的变量周围使用了大括号，因为它们在不包含空格的双引号字符串中。

(5) 保存 footer.php 文件，并在浏览器中重新加载 index.php 页面。版权声明应该和以前一样。

(6) 将传递给 date()函数的参数更改为小写 y，如下所示。

```
$thisYear = date('y');
```

(7) 保存 footer.php 文件，并单击浏览器中的 Reload 按钮。第二个年份仅使用最后两位数字显示，如图 5-15 所示。

图 5-15　第二个年份使用最后两位数字显示

■ 提示：

上面的代码说明注意PHP中区分大小写的重要性。大写的Y和小写的y使date()函数产生不同的结果。忘记区分大小写是PHP中最常见的错误原因之一。

(8) 将传递给 date()函数的参数改回大写 Y。将$startYear 变量的值设置为当前年份并重新加载页面。这次，你应该看到只显示当前年份。

你现在有一个完全自动化的版权声明。ch05 文件夹的 footer_02.php 文件包含了完整的代码。

2. PHP 解决方案 5-7：显示随机图片

显示随机图片所需的只是存储在索引数组中的可用图片列表。由于索引数组是从 0 开始编号的，因此可以通过生成 0 到数组长度 - 1 之间的随机数来选择其中一幅图片。所有这些都只需要几行代码就能完成。

继续使用相同的文件。或者，复制 ch05 文件夹中的 index_04.php 文件并将其重命名为 index.php。由于 index_04.php 文件使用了 title.php、menu.php 和 footer.php 3 个文件，需要确保这 3 个文件都在 includes 文件夹中。图片文件已存放在 images 文件夹中。

(1) 在 includes 文件夹中创建一个空白的 PHP 页面，并将其命名为 random_image.php。插入以下代码(可以在 ch05 文件夹的 random_image_01.php 文件中找到以下代码)。

```
<?php
$images = ['kinkakuji', 'maiko', 'maiko_phone', 'monk', 'fountains',
```

```
    'ryoanji', 'menu', 'basin'];
$i = random_int(0, count($images)-1);
$selectedImage = "images/{$images[$i]}.jpg";
```

这是完整的脚本：一个不包含.jpg 扩展名的图片名称数组(不需要重复相同的信息，它们都是 jpeg 文件)、一个随机数生成器和一个为所选文件生成正确路径名的字符串。

若要在一个范围内生成一个随机数，将范围的最小值和最大值作为参数传递给 random_int()函数。因为数组中有 8 幅图片，所以需要一个 0~7 的数字。可以直接使用 random_int(0，7)——简单，但效率低下。每次修改$image 数组时，需要计算它包含多少个元素，并修改传递给 random_int()函数的最大值。

使用 PHP 的 count()函数计算数组的长度要容易得多，该函数计算数组中元素的数量。你需要的最大值是数组的元素数量 - 1，因此传递给 random_int()函数的第二个参数变成 count($images)-1，随机数存储在$i 变量中。

最后一行代码使用随机数为所选文件生成正确的路径名。变量$images[$i]嵌入双引号字符串中，没有空格将其与周围字符分隔开，因此它被括在大括号中。数组从 0 开始，因此，如果随机数是 1，$selectedImage 变量的值就是 images/maiko.jpg。

如果你是 PHP 新手，可能会发现很难理解这样的代码。

```
$i = random_int(0, count($images)-1);
```

所发生的一切是，传递给 random_int()函数的第二个参数是一个表达式，而不是一个数字。按如下格式重写代码可以增加代码的可读性。

```
$numImages = count($images); // $numImages is 8
$max = $numImages - 1;       // $max is 7
$i = random_int(0, $max);    // $i = random_int(0, 7)
```

(2) 打开 index.php 文件并使用 include 命令包含 random_image.php 文件，与包含 title.php 文件的代码相似，如下所示。

```
<?php include './includes/title.php';
include './includes/random_image.php'; ?>
```

由于 random_image.php 文件不直接向浏览器发送任何输出，因此将其置于 DOCTYPE 之上是安全的。

(3) 在 index.php 文件中向下滚动，找到在 figure 元素中显示图片的代码，如下所示。

```
<figure>
  <img src="images/basin.jpg" alt="Water basin at Ryoanji temple"
     width="350" height="237" class="picBorder">
```

```
  <figcaption>Water basin at Ryoanji temple</figcaption>
</figure>
```

(4) 修改代码，不要将 images/basin.jpg 用作固定图像，而是将其替换为 $selectedImage 变量。所有图像都有不同的尺寸，因此删除 width 和 height 属性，并使用通用的 alt 属性。同时删除 figcaption 元素中的文本。步骤(3)中的代码现在应该如下所示。

```
<figure>
  <img src="<?= $selectedImage ?>"alt="Random image"class="picBorder">
  <figcaption></figcaption>
</figure>
```

■ **注意：**
PHP代码块只显示一个值，因此可以使用echo命令的简写形式<?=。

---

(5) 保存 random_image.php 和 index.php 文件，然后将 index.php 文件加载到浏览器中。现在应该随机选择图像。单击浏览器中的 Reload 按钮，你将看到各种图像，如图 5-16 所示。

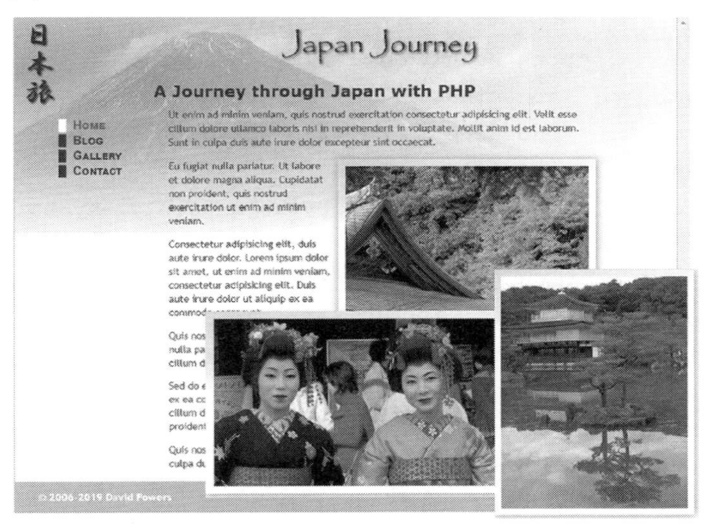

图 5-16　将图像文件名存储在索引数组中，可以方便地显示随机图像

可以对照 ch05 文件夹中的 index_05.php 和 random_image_01.php 文件检查代码。

这是一种简单有效的显示随机图像的方法，但如果可以动态地为不同大小的图像设置宽度和高度，并添加一个描述图像的标题，则效果会更好。

3. PHP 解决方案 5-8：为随机图像添加标题

此解决方案使用多维数组，也可称为数组的数组，来存储每幅图像的文件名和标题。如果你发现多维数组的概念很难用抽象的术语来理解，可以把它想象成一个大盒子，里面有很多信封，每个信封里面都有一张照片及其标题。盒子是顶层数组，里面的信封是子数组。

图像大小不同，但 PHP 提供了一个名为 getimagesize()的函数。从函数名称就可以猜出该函数的功能。

这个 PHP 解决方案建立在前一个解决方案的基础上，因此继续使用相同的文件。

(1) 打开 random_image.php 文件，并按如下所示更改代码。

```
<?php
$images = [
  ['file'    => 'kinkakuji',
  'caption' => 'The Golden Pavilion in Kyoto'],
  ['file'    => 'maiko',
  'caption' => 'Maiko&mdash;trainee geishas in Kyoto'],
  ['file'    => 'maiko_phone',
  'caption' => 'Every maiko should have one&mdash;a mobile, of course'],
  ['file'    => 'monk',
  'caption' => 'Monk begging for alms in Kyoto'],
  ['file'    => 'fountains',
  'caption' => 'Fountains in central Tokyo'],
  ['file'    => 'ryoanji',
  'caption' => 'Autumn leaves at Ryoanji temple, Kyoto'],
  ['file'    => 'menu',
  'caption' => 'Menu outside restaurant in Pontocho, Kyoto'],
  ['file'    => 'basin',
  'caption' => 'Water basin at Ryoanji temple, Kyoto']
];
$i = random_int(0, count($images)-1);
$selectedImage = "images/{$images[$i]['file']}.jpg";
$caption = $images[$i]['caption'];
```

警告：

输入代码时必须仔细。每个子数组都包含在一对方括号中，后面跟着一个逗号，逗号将其与下一个子数组分隔开。如果按照上述代码的形式将数组的键和值对齐，则可以更容易地构建和维护多维数组。

尽管代码看起来很复杂，但顶层数组是一个普通的索引数组，包含 8 个元素，每个元素都是一个关联数组，包含 file 和 caption 的定义。多维数组的定义形成一条语句，因此在代码第 19 行之前没有分号。该行上的右括号与第 2 行上的左括号匹配。

用于选择图像的变量也需要更改，因为$images[$i]元素包含的不再是字符串，而是一个数组。要获得图像的正确文件名，需要使用$images[$i]['file']元素。选定图像的标题包含在$images[$i]['caption']元素中，并存储在$caption 变量中。

(2) 现在需要修改 index.php 文件中的代码以显示标题，如下所示。

```
<figure>
  <img src="<?= $selectedImage ?>" alt="Random image"
class="picBorder">
  <figcaption><?= $caption ?></figcaption>
</figure>
```

(3) 保存 index.php 和 random_image.php 文件，并将 index.php 文件加载到浏览器中。大多数图像看起来都很好，但在拿着手机的艺妓图像右侧存在空白区域，影响页面的美观，如图 5-17 所示。

图 5-17 图像标题的长度大于图像的宽度，使得图像右侧存在空白区域

(4) 在 random_image.php 文件的末尾添加以下代码。

```
if (file_exists($selectedImage) && is_readable($selectedImage)) {
    $imageSize = getimagesize($selectedImage);
}
```

if 语句使用了 file_exists()和 is_readable()两个函数，以确保$selectedImage 变量指示的图片不仅存在，而且可以进行读操作(图片可能会被损坏或设置了错误的权限)。这些函数返回布尔值(true 或 false)，因此它们可以直接用于条件判断。

if 语句中的单行代码使用函数 getimagesize()返回一个数组，该数组包含了图像的信息，存储在$imageSize 变量中。你将在第 10 章中了解有关 getimagesize()函数的更多信息。目前，我们只使用返回数组中的两个元素。

- $imageSize[0]：图像的宽度(像素)。
- $imageSize [3]：包含图像高度和宽度的格式化字符串，以便作为<img>标记的属性设置。

(5) 首先，让我们修改<img>标记中的代码，如下所示。

```
<img src="<?= $selectedImage ?>" alt="Random image" class="picBorder"
   <?= $imageSize[3] ?>>
```

这将在<img>标记中插入正确的宽度和高度属性。

(6) 虽然上述代码会设置图像的尺寸，但仍需要控制标题的宽度。虽然不能在外部样式表中使用 PHP 代码，但是可以在 index.php 文件的<head>标记中创建<style>块。在</head>结束标记之前插入以下代码。

```
<?php if (isset($imageSize)) { ?>
<style>
figcaption {
   width: <?= $imageSize[0] ?>px;
}
</style>
<?php } ?>
```

这段代码只有 7 行，但它同时包含了 PHP 和 HTML 代码，看起来有些奇怪。让我们从第一行和最后一行开始。如果去掉 PHP 标记，并用注释替换 HTML 中的<style>块，代码将变为如下所示。

```
if (isset($imageSize)) {
   // do something if $imageSize has been set
}
```

换句话说，如果没有设置(或定义)变量$imageSize，PHP 引擎将忽略大括号之间的所有内容。大括号之间的大部分代码是 HTML 和 CSS 并不重要。如果未设置$imageSize 变量，则 PHP 引擎将直接忽略大括号中的内容，中间的代码不会发送到浏览器。

▩ **提示：**

许多没有经验的PHP程序员错误地认为需要使用echo或print命令在条件语句中创建HTML输出。只要左大括号和右大括号匹配，就可以使用PHP隐藏或显示类似这样的HTML部分。这种编码方式比一直使用echo要整洁得多，敲击键盘的次数也要少得多。

如果设置了$imageSize 变量，则创建<style>块，并使用$imageSize[0]变量的值为包含标题的段落设置正确的宽度。

(7) 保存 random_image.php 和 index.php 文件，然后将 index.php 文件重新加载到浏览器中。单击 Reload 按钮，直到出现拿手机的艺妓图像。这次，页面显示应该如图 5-18 所示。如果查看浏览器的源代码，可以看到<style>标记中使用了恰当的值设置图像的宽度。

图 5-18　通过创建与图像大小直接相关的样式规则，可以消除图片右侧的空白

■ **注意：**

如果标题仍然过长，请确保PHP结束标记与<style>块中的px之间没有空格。CSS不允许在值和度量单位之间存在空格。

---

(8) 如果找不到所选图像，random_image.php 文件中的代码和刚刚插入的代码可以防止错误，但是显示图像的代码没有类似的检查。在 random_image.php 文件或 images 文件夹中临时更改其中一幅图像的名称。多次重新加载 index.php 页面。最后，应该会看到一条错误消息，如图 5-19 所示。出现这种情况是很不专业的。

Random image **Notice:** Undefined variable: imageSize in **C:\xampp\htdocs\phpsols-4e\index.php** on line **28**
>
Water basin at Ryoanji temple, Kyoto

图 5-19　包含文件中的错误可能会破坏页面的展示效果

(9) random_image.php 文件中结尾处的代码通过条件语句仅在选定的图像既存在又可读的情况下设置$imageSize 变量，因此，如果设置了$imageSize 变量，则可以确定不会出现图片丢失或图片名称错误等问题。在 index.php 文件中显示图像的 figure 元素的前后添加 PHP 语句的开始和结束标记，使用条件语句对是否显示图像进行处理，如下所示。

```
<?php if (isset($imageSize)) { ?>
<figure>
    <img src="<?= $selectedImage ?>" alt="Random image"
class="picBorder"
        <?= $imageSize[3] ?>>
    <figcaption><?= $caption ?></figcaption>
</figure>
<?php } ?>
```

存在的图像将正常显示，但在丢失或损坏文件的情况下，新增的条件语句可以避免任何尴尬的错误消息——这样的处理更专业。不要忘记还原在上一步中更改的图像的名称。

可以对照 ch05 文件夹中的 index_06.php 和 random_image_02.php 文件检查代码。

5.1.5 防止包含文件出错

许多托管公司关闭了错误报告功能，因此，如果在远程服务器上进行了所有测试，你可能不会意识到图 5-19 所示的问题。但是，在 Internet 上部署 PHP 页面之前，必须消除所有错误。仅仅因为你看不到错误信息并不意味着你的页面没有问题。

使用服务器端技术(如 PHP)的页面会处理许多未知的信息，因此明智的做法是进行防御性编码，在使用某个值之前先对其进行检查。本节介绍可以采取的措施，以防止和排除包含文件的错误。

1. 检验变量是否存在

可以从 PHP 解决方案 5-5 和 5-8 中汲取的教训是，应该总是使用空合并运算符给变量设置默认值，或者使用 isset()函数检查来自包含文件的变量是否存在，并将所有依赖于变量的语句包装在条件语句中。还可以使用 isset()函数和逻辑 Not 运算符为变量设置默认值，如下所示。

```
if (!isset($someVariable)) {
    $someVariable = default value;
}
```

在许多脚本中，你可能会遇到这种设置默认值的结构，因为只有在 2015 年 12 月 PHP 7.0 发布之后，空合并运算符才可用。两种方式的作用相同，但是空合并运算符使代码更简洁。

2. 检查函数或类是否已定义

包含文件通常用于定义自定义函数或类。尝试使用尚未定义的函数或类会触发致命错误。要检查函数是否已定义，将函数的名称作为字符串传递给函数

function_exists()。在将函数的名称传递给函数 function_exists()时，省略函数名末尾的圆括号。例如，检查是否定义了一个名为 doubleIt()的函数，如下所示。

```
if (function_exists('doubleIt')) {
   // use doubleIt()
}
```

要检查类是否已定义，以相同的方式使用函数 class_exists()，将类名作为字符串传递该函数。

```
if (class_exists('MyClass')) {
   // use MyClass
}
```

假设希望使用某个函数或类，一种更可行的方法是，如果代码中还没有定义这个函数或类，则使用条件语句来引入定义了该函数或类的包含文件。例如，如果 doubleIt()函数的定义位于名为 utilities.php 的文件中。

```
if (!function_exists('doubleIt')) {
   require_once './includes/utilities.php';
}
```

5.1.6 抑制已部署网站的错误消息

假设包含文件在远程服务器上正常工作，那么只需要使用前面几节介绍的各种技术进行错误检查即可。但是，如果远程服务器显示错误消息，则应采取措施抑制它们。以下技术隐藏所有错误消息，而不仅仅是与包含文件相关的错误消息。

1. 使用错误控制运算符

一种相当粗糙但有效的技术是使用 PHP 错误控制运算符(@)，它抑制与使用它的代码行相关联的错误消息。可以将@运算符放在代码行的开头，或者直接放在你认为可能会产生错误的函数或命令的前面，如下所示。

```
@ include './includes/random_image.php';
```

错误控制运算符的问题是它隐藏错误，而不是绕过错误。它只有一个字符，所以很容易忘记已经使用了它。因此，你可能会浪费大量时间在脚本的错误部分查找错误。如果使用错误控制运算符，则在排除故障时，首先应删除@标记。

另一个缺点是，你需要在可能生成错误消息的每一行代码上使用错误控制运算符，因为它只影响当前行。

2. 关闭 PHP 配置项中的 display_errors 指令

抑制已部署的网站显示错误消息的更好方法是关闭 Web 服务器配置中的 display_errors 指令。如果托管公司允许你控制其设置，最有效的方法是编辑服务器上的 php.ini 文件。找到 display_errors 指令并将其设置由 on 更改为 off。

如果不能直接修改 php.ini 文件，许多托管公司允许你使用名为.htaccess 或.user.ini 的文件修改少数配置项的设置。选择使用哪个文件取决于 PHP 是如何安装在服务器上的，因此请与托管公司联系，以确定要使用哪个文件。

如果服务器支持.htaccess 文件，请将以下命令添加到服务器根文件夹下的.htaccess 文件中。

```
php_flag display_errors Off
```

在.user.ini 文件中，命令如下。

```
display_errors Off
```

.htaccess 和.user.ini 文件都是纯文本文件。与 php.ini 文件一样，每个命令都应该单独占一行。如果文件在远程服务器上还不存在，可以直接在文本编辑器中创建它。请确保编辑器不会在文件名的末尾自动添加.txt 扩展名，然后将文件上传到网站的服务器根文件夹下。

提示：

默认情况下，macOS会隐藏文件名以点号开头的文件。在macOS Sierra和更高版本中，使用快捷键Cmd+Shift+.(点号)显示或隐藏此类文件。

---

3. 在单个文件中关闭 display_errors 指令

如果无法控制服务器配置，可以通过在任何脚本顶部添加以下代码行来防止显示错误消息。

```
<?php ini_set('display_errors', '0'); ?>
```

4. PHP 解决方案 5-9：在找不到包含文件时重定向

到目前为止，前面介绍的技术都是在找不到包含文件时抑制错误消息。如果一个页面因为包含文件不存在将变得毫无意义，那么应该在缺少包含文件时将用户重定向到某个错误页面。

一种方法是抛出异常，如下所示。

```
$file = './includes/menu.php';
if (file_exists($file) && is_readable($file)) {
  include $file;
} else {
```

```
  throw new Exception("$file can't be found");
}
```

如果你已经设计并详细测试了网站，那么在大多数使用包含文件的页面上不需要采用这种防范性的技术。然而，下面的 PHP 解决方案不是一个毫无意义的练习。该方案演示 PHP 的几个重要特性：如何抛出和捕获异常以及如何重定向到另一个页面。正如你将在下面的介绍中看到的，重定向并不总是简单明了的事情。这个 PHP 解决方案展示如何解决最常见的问题。

继续使用 PHP 解决方案 5-8 中的 index.php 文件，或者复制 ch05 文件夹中的 index_06.php 文件。

(1) 将 error.php 文件从 ch05 文件夹复制到网站根目录。如果编辑程序提示你更新页面中的链接，请不要更新。这是一个包含一般性错误消息的静态页面，同时还包含返回其他页面的链接。

(2) 在编辑程序中打开 index.php 文件。导航菜单是最不可或缺的包含文件，因此在 index.php 文件中按如下代码编辑 require 命令。

```
$file = './includes/menu.php';
if (file_exists($file) && is_readable($file)) {
require $file;
} else {
throw new Exception("$file can't be found");
}
```

▒ 提示：

将包含文件的路径保存在变量中可以避免反复 4 次输入相同的文件路径，从而减少拼写错误的可能性。

---

(3) 要将用户重定向到另一个页面，需要使用 header()函数。除非出现语法错误，否则 PHP 引擎通常会从页面的顶部开始处理，输出 HTML 代码直到出现问题。这意味着当 PHP 引擎到达这段代码时，输出已经开始了。要防止这种情况发生，需要将生成任何输出的代码都封装在 try 块中。(这样做在很多安装版本上并不能保证会缓存输出，但请耐心等待，后面的步骤将演示如何确保实现缓存输出这一重要的功能。)

滚动到页面顶部并编辑已打开的 PHP 代码块，如下所示。

```
<?php try {
    include './includes/title.php';
    include './includes/random_image.php'; ?>
```

这样就将代码封装到 try 块中。

(4) 向下滚动到页面底部，并在</html>结束标记后添加以下代码。

```
<?php } catch (Exception $e) {
  header('Location: http://localhost/phpsols-4e/error.php');
} ?>
```

这将作为 try 块的结束并创建一个 catch 块来处理异常。catch 块中的代码使用 header()函数将用户重定向到 error.php 页面。

header()函数向浏览器发送一个 HTTP 头消息。它接收一个字符串作为参数，该字符串包含 HTTP 头字段及其由冒号分隔的值。在这里，它使用 Location 头将浏览器重定向到冒号后面的 URL 指定的页面。如有必要，请调整 URL 以匹配你自己的设置。

(5) 保存 index.php 文件并在浏览器中测试页面。它应该正常显示。

(6) 修改$file 变量的值，即在步骤(2)中创建的变量，使其指向一个不存在的包含文件，例如 men.php。

(7) 保存 index.php 文件并将其重新加载到浏览器中。如果你在测试环境中使用的是 XAMPP 安装包或最新版本的 MAMP 安装包，那么可能会正确地重定向到 error.php 页面。不过，在一些设置中，你可能会看到图 5-20 中的消息。

图 5-20 如果输出已发送到浏览器，则 header()函数不起作用

图 5-20 中的错误信息很可能会让许多程序员郁闷得用头磕键盘。笔者也这么干过。如前所述，如果 PHP 已经向浏览器发送了输出，则不能使用 header()函数。那应该怎么办呢？

答案在错误消息中，但不是很明显。错误消息显示错误发生在第 52 行，这是调用 header()函数的地方。你真正需要知道的是输出是在哪里产生的。这些信息埋藏在这里：

```
(output started at C:\xampp\htdocs\phpsols-4e\index.php:4)
```

冒号后面的数字 4 表示行号，那么 index.php 文件的第 4 行是什么内容？从图 5-21 可以看到，第 4 行代码输出 HTML DOCTYPE 声明。

```
1  <?php try {
2  include './includes/title.php';
3  include './includes/random_image.php'; ?>
4  <!DOCTYPE HTML>
5  <html>
```

图 5-21　第 4 行代码输出 HTML DOCTYPE 声明

因为到目前为止代码中没有错误，所以 PHP 引擎已经输出了 HTML。一旦发生这种情况，header()函数就无法重定向页面，除非先将输出存储在缓冲区(Web 服务器的内存)中。

▩ **注意：**

在XAMPP和其他一些安装版本中没有看到此错误消息的原因是输出缓冲通常设置为 4096，这意味着在将HTTP头发送到浏览器之前，输出将存储在 4KB的缓冲区中。虽然这种处理方式很有用，但会给你一种错误的安全感，因为在你的远程服务器上可能无法启用输出缓冲。因此，即使现在页面能正确地重定向，也要继续阅读后面的内容。

---

(8) 编辑 index.php 文件顶部的代码块，如下所示。

```
<?php ob_start();
try {
    include './includes/title.php';
    include './includes/random_image.php'; ?>
```

ob_start()函数打开输出缓冲，防止在调用 header()函数之前将任何输出发送到浏览器。

(9) PHP 引擎会在脚本结束时自动刷新缓冲区，但最好通过代码显式地刷新缓冲区。编辑页面底部的 PHP 代码块，如下所示。

```
<?php } catch (Exception $e) {
    ob_end_clean();
    header('Location: http://localhost/phpsols-4e/error.php');
}
ob_end_flush();
?>
```

这里增加了两个不同的函数。当重定向到另一个页面时，你不会希望 HTML 存储在缓冲区中。因此，在 catch 块中调用了 ob_end_clean()函数，该函数关闭缓冲区并丢弃其中的内容。

但是，如果没有引发异常，而又希望显示缓冲区的内容，则除了在 catch 块结束之前调用 ob_end_flush()函数以外，还需要在页面的末尾也调用 ob_end_flush()函数。无论代码是否会引发异常，都将刷新缓冲区的内容并将其发送到浏览器。

(10) 保存 index.php 文件并将其重新加载到浏览器中。这一次，应该被重定向到错误页面，如图 5-22 所示，无论服务器的配置是否启用了缓冲。

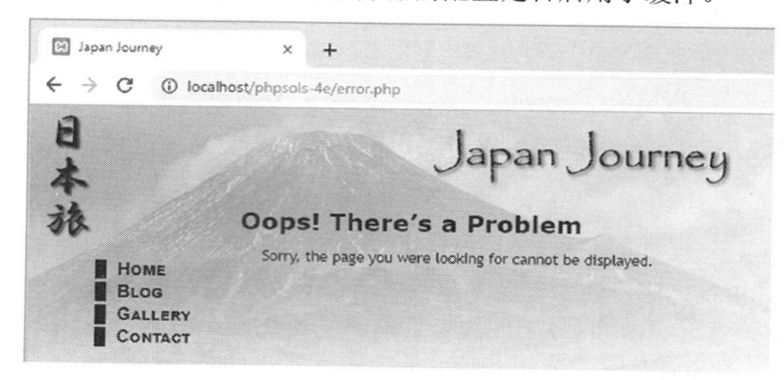

图 5-22　缓冲输出使浏览器能够重定向到错误页面

(11) 将$file 变量的值改回./includes/menu.php 并保存 index.php 文件。单击错误页上的主页链接时，index.php 页面应正常显示。

可以将代码与 ch05 文件夹中的 index_07.php 文件进行比较。

5.1.7　不能在 PHP 包含文件中使用网站根相对链接

好吧，你可以也不可以在 PHP 包含文件中使用网站根相对链接。为了清楚起见，笔者将首先解释文档和网站根目录相对链接之间的区别。

1. 文档相对链接

大多数 Web 开发工具指定相对于当前文档的其他文件(如样式表、图像和其他网页)的路径。目标页面如果位于同一文件夹中，则仅使用文件名；如果位于上一级文件夹中，则文件名前面会加../。这称为文档相对路径或链接。如果你有一个网站有很多层级的文件夹，这种类型的链接可能很难理解，至少对人类来说是这样。

2. 网站根相对链接

网页中使用的另一种链接总是以正斜杠开头，这是网站根的简写。网站根相对路径的优点是，不管当前页面在网站文件夹的哪一个层级，开头的正斜杠保证浏览器将从网站的顶层目录开始查看。尽管网站根相对链接更容易阅读，但 PHP 的 include 命令无法处理它们。必须使用文档相对路径、绝对路径或在 include_path 指令中指定 includes 文件夹。

■ 注意：
只有当前导斜杠表示网站根时，PHP include命令才不能定位外部文件。Linux和macOS上的绝对路径也以正斜杠开头。绝对路径是明确的，因此它们不存在问题。

通过将超级全局变量$_SERVER['DOCUMENT_ROOT']连接到路径的开头，可以将网站根相对路径转换为绝对路径，如下所示。

```
require $_SERVER['DOCUMENT_ROOT'] . '/includes/filename.php';
```

大多数服务器支持$_SERVER['DOCUMENT_ROOT']变量，但安全起见，在使用该变量之前，需要使用 phpinfo()函数查看远程服务器配置详细信息的变量中是否包含该变量。

3. 包含文件内部的链接

这一点往往会使许多人感到困惑。PHP 和浏览器对以正斜杠开头的路径的解释不同。因此，虽然不能使用网站根相对链接来包含某个文件，但包含文件中的链接通常应相对于网站根目录。这是由于可以在网站层次结构的任何层级中引入包含文件，因此当文件包含在不同层级的文件夹中时，文档相对链接将无法使用。

■ 注意：
menu.php文件中的导航菜单使用的是文档相对链接，而不是网站根目录相对链接。这是在代码中刻意安排的，因为除非创建了虚拟主机，否则网站根目录是localhost，而不是phpsols-4e。这是在Web服务器根目录的子文件夹中测试网站时存在的一个缺点。在本书中使用的Japan Journey网站只有一个目录层次，因此文档相对链接是有效的。当开发一个使用多个层次文件夹的网站时，在包含文件中需要使用网站根相对链接，并考虑建立一个虚拟主机进行测试(详见第 2 章)。

5.1.8 选择获取包含文件的位置

PHP 包含文件的一个有用的特性是，只要带有 include 命令的页面知道在哪里可以找到它们，它们就可以位于任何位置。包含文件甚至不需要在 Web 服务器的根目录中。这意味着可以在无法通过浏览器访问的私人目录(文件夹)中保护包含敏感信息(如密码)的包含文件。

■ 提示：
如果托管公司在服务器根目录之外提供存储区域，则应认真考虑将一些(如果不是全部)包含文件存放在这些区域。

5.1.9 包含文件的安全注意事项

包含文件是 PHP 的一个非常强大的特性，伴随着这个强大特性而来的是安全隐患。只要外部文件是可访问的，PHP 就可以包含指定的文件并将其中的所有代码均合并到主脚本中。从技术上说，包含文件甚至可以位于不同的服务器上。但是，这被认为是一种安全风险，因此默认情况下 allow_url_include 指令是关闭的；除非完全控制服务器的配置，否则不可能包含来自其他服务器的文件。与 include_path 指令不同，除了服务器管理员之外，其他人不能修改 allow_url_include 指令。

即使你自己控制这两个服务器，也不应该包含来自不同服务器的文件。攻击者有可能伪造地址并试图在你的网站上执行恶意脚本。

此外，千万不要包含公众可以上传或覆盖的文件。

■ 注意：

本章的其余部分技术性比较强。这部分内容主要作为参考。你可以跳过它们，有需要时再回头查看。

5.1.10 修改 include_path 指令

include 命令需要相对路径或绝对路径。如果两者都没有提供，PHP 引擎会自动查找 PHP 配置中 include_path 的设置。根据 Web 服务器的 include_path 设置指定的文件夹定位包含文件的好处是，不必担心是否获得正确的相对路径或绝对路径；只需要文件名即可。如果你使用了很多包含文件，或者网站的目录层次非常多的情况下，使用 include_path 设置是非常有用的。有三种方法可以修改 include_path 指令。

- 编辑 php.ini 文件中的值：如果托管公司允许修改 php.ini 文件，这是添加自定义包含文件夹的最佳方式。
- 使用.htaccess 或.user.ini 文件：如果托管公司允许使用.htaccess 或.user.ini 文件更改配置，则这是一个很好的替代方法。
- 使用 set_include_path()函数：仅当前面的选项不可用时才使用此选项，因为它只影响当前文件的 include_path 设置。

运行 phpinfo()函数，可以在 Web 服务器配置详情的核心部分看到 include_patch 配置的当前值。它通常以句点开头，句点表示当前文件夹，后跟要搜索的每个文件夹的绝对路径。在 Linux 和 macOS 上，路径之间用冒号分隔。在 Windows 上，分隔符是分号。在 Linux 或 Mac 服务器上，现有的 include_path 指令可能如下所示。

```
.:/php/PEAR
```

在 Windows 服务器上，等效的配置如下所示。

```
.;C:\php\PEAR
```

1. 在 php.ini 或.user.ini 文件中编辑 include_path 指令

在 php.ini 文件中找到 include_path 指令。若要在自己的网站中添加一个名为 includes 的文件夹，则根据服务器的操作系统添加冒号或分号，然后添加 includes 文件夹的绝对路径。

在 Linux 或 Mac 服务器上，使用冒号分隔符，如下所示。

```
include_path=".:/php/PEAR:/home/mysite/includes"
```

在 Windows 服务器上，使用分号分隔符，如下所示。

```
include_path=".;C:\php\PEAR;C:\sites\mysite\includes"
```

.user.ini 文件的命令相同。.user.ini 文件中的值会覆盖服务器现有的默认值，因此请确保从 phpinfo()函数的输出中复制现有值，并在现有值之后再添加新路径。

2. 使用.htaccess 文件修改 include_path 指令

.htaccess 文件中的值将覆盖默认值，因此从 phpinfo()函数的结果中复制现有值并将新路径添加到该值之后。在 Linux 或 Mac 服务器上，该值应类似于：

```
php_value include_path ".:/php/PEAR:/home/mysite/includes"
```

此命令在 Windows 服务器上相同，只是用分号分隔路径。

```
php_value include_path ".;C:\php\PEAR;C:\sites\mysite\includes"
```

▒ 警告：

在.htaccess文件中，不要在include_path指令和路径名列表之间插入等号。

---

3. 使用 set_include_path()函数

尽管 set_include_path()函数仅影响当前页面，但你可以轻松创建代码段并将其粘贴到要使用它的页中。PHP 还可以很容易地获得 include_path 指令的现有值，并以平台中立的方式将新路径与该值结合起来。

将新路径存储在变量中，然后将其与现有值结合起来，如下所示。

```
$includes_folder = '/home/mysite/includes';
set_include_path(get_include_path() . PATH_SEPARATOR .
  $includes_folder);
```

看起来好像有 3 个参数被传递给 set_include_path()函数，但其实只有一个；这 3 个元素由连接运算符(句点)而不是逗号连接。

- get_include_path()函数获取 include_path 指令的现有值。
- PATH_SEPARATOR 是一个 PHP 常量，根据操作系统自动插入冒号或分号。

- $includes_folder 变量是要添加的新路径。

这种方法的问题是，新指定的包含文件的文件夹路径在远程和本地测试服务器上不相同。可以用条件语句解决这个问题。超级全局变量$_SERVER['HTTP_HOST']包含网站的域名。如果网站的域是 www.example.com，可以按如下方式为每个服务器设置正确的路径。

```
if ($_SERVER['HTTP_HOST'] == 'www.example.com') {
  $includes_folder = '/home/example/includes';
} else {
  $includes_folder = 'C:/xampp/htdocs/phpsols-4e/includes';
}
set_include_path(get_include_path() . PATH_SEPARATOR .
 $includes_folder);
```

对于包含文件不多的小型网站，使用 set_include_path()函数设置包含文件的路径可能不值得。但是，对更复杂的项目，这种方法很有用。

4. 嵌套包含文件

当一个文件包含在另一个文件中时，将从父文件而不是被包含的文件计算相对路径。这就给需要包含另一个外部文件的外部文件中的函数或类的定义带来了问题。

如果两个外部文件都在同一个文件夹中，则只需要文件名就可以包含一个嵌套文件，如下所示。

```
require_once 'Thumbnail.php';
```

在这种情况下，相对路径不应以./开头，因为./表示“从此文件夹开始”。对于包含文件，“此文件夹”表示父文件的文件夹，而不是包含文件的文件夹，从而导致嵌套文件的路径不正确。

当包含文件位于不同的文件夹中时，可以使用 PHP 常量__DIR__构建目标文件的绝对路径。此常量返回包含文件的目录(文件夹)的绝对路径，不带斜杠。将__DIR__常量的值、正斜杠和文档相对路径连接起来，可以将相对路径转换为绝对路径。例如，假设这是从一个包含文件到另一个包含文件的相对路径。

```
'../File/Upload.php'
```

按如下方式将其转换为绝对路径。

```
__DIR__ . '/../File/Upload.php'
```

将正斜杠添加到文档相对路径的开头可以找到包含文件的父文件夹，然后向上一级查找正确的路径。

你将在第 10 章中看到一个使用这种方法的示例，其中一个包含文件需要包含另一个位于不同文件夹中的文件。

5.2 本章回顾

本章介绍了包含文件、数组和多维数组，让你更深入地了解 PHP 的特性。本章展示了提取当前页面的名称、显示随机图像以及获取图像的尺寸的解决方案。你还学习了如何抛出和捕获异常以及重定向到其他页面。有很多内容要吸收，需要反复阅读。使用 PHP 越多，对基本技术就越熟悉。第 6 章将介绍 PHP 如何处理来自在线表单的输入，并使用这些技术将 Web 网站的反馈发送到你的电子邮箱。

第6章

在线表单

表单是使用 PHP 实现各种功能的核心。可以使用表单登录到受限页面，注册新用户，向在线商店下订单，在数据库中输入和更新信息，发送反馈等。所有这些功能的背后都涉及表单的使用，因此本章介绍的内容能应用到大多数 PHP 应用程序中。为了演示如何处理表单中的信息，笔者将向你展示如何收集网站访问者的反馈并将其发送到邮箱。

遗憾的是，接收用户输入会使你的网站暴露在恶意攻击的风险中。在接收表单之前检查表单中提交的数据是很重要的。虽然 HTML 5 表单元素可以在浏览器中验证用户输入，但仍然需要在服务器上对数据进行检查。HTML 5 验证有助于合法用户避免提交有错误的表单，但恶意用户可以轻松避开在浏览器中执行的检查。服务器端验证不是可选的，而是必需的。本章中的 PHP 解决方案将向你展示如何过滤或阻止任何可疑或危险的内容。没有一个在线应用程序能够防御黑客的所有攻击，但只需要不算太多的努力，就可以让攻击最坚决的少数黑客以外的所有人无法对网站构成威胁。如果表单不完整或存在错误，最好保留用户已输入的内容并重新显示在页面上，允许用户进行修改或补充。

本章中的解决方案构建了一个完整的邮件处理脚本，可以不同的形式重用，因此按顺序学习这些方案很重要。

本章内容：

- 了解用户输入如何通过在线表单传递
- 在不丢失用户输入的情况下显示错误信息
- 验证用户输入
- 通过电子邮件发送用户输入

6.1 PHP 从表单收集信息的方式

尽管 HTML 包含构造表单所需的所有标记，但它在提交表单时不提供任何处理表单的方法。为此，需要一个服务器端解决方案，如 PHP。

Japan Journey 网站包含一个简单的反馈表单(见图 6-1)。稍后将添加其他元素，如单选按钮、复选框和下拉列表框等。

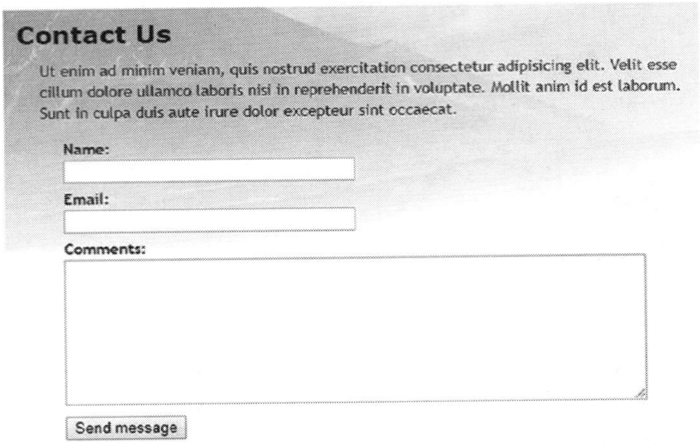

图 6-1　处理反馈表单是 PHP 最常用的功能之一

首先，让我们看看表单的 HTML 代码(代码位于 ch06 文件夹的 contact_01.php 文件中)。

```
<form method="post" action="">
    <p>
        <label for="name">Name:</label>
        <input name="name" id="name" type="text">
    </p>
    <p>
        <label for="email">Email:</label>
        <input name="email" id="email" type="text">
    </p>
    <p>
        <label for="comments">Comments:</label>
        <textarea name="comments" id="comments"></textarea>
    </p>
    <p>
       <input name="send" type="submit" value="Send message">
    </p>
</form>
```

前两个<input>标记和后面的<textarea>标记都包含了 name 和 id 属性，而且每个标记的这两个属性设置的值均相同。这样设置的原因是便于访问关联的元素。HTML 使用 id 属性将<label>元素与对应的<input>元素相关联。但是，表单处理脚本依赖于元素的 name 属性。因此，尽管 id 属性在 submit 按钮中是可选的，但必须对要处理的每个表单元素使用 name 属性。

▒ **注意：**

表单输入元素的name属性通常不应包含空格。如果要组合多个单词，请使用下画线将它们连接起来(如果留有空格，PHP将自动执行此操作)。由于本章后面开发的脚本将name属性转换为PHP变量，因此不要使用连字符或PHP变量名中无效的任何其他字符。

另外需要注意的两件事是<form>元素的开始标记中的 method 和 action 属性。method 属性决定表单如何发送数据。它可以设置为 post 或 get。action 属性告诉浏览器单击 Submit 按钮时将待处理的数据发送到何处。如果该值保留为空，与上述代码中的情况一样，则当前页面将尝试对表单进行处理。但是，空的 action 属性在 HTML5 中是无效的，因此需要修复。

▒ **注意：**

笔者刻意避免使用任何新的HTML 5 表单特性，比如type="email"和required属性。这使得测试PHP服务器端验证脚本更加容易。测试完成后，你可以更新表单以使用HTML 5 验证功能。浏览器中的验证主要是出于对用户的礼貌，以防止提交不完整的信息，因此它是可选的。而服务器端验证是必须进行的。

6.1.1 理解 post 和 get 的区别

演示 post 和 get 方法之间的区别的最好方法是使用真实的表单。如果你已经学习了上一章，那么可以继续使用相同的文件。

另一方面，ch06 文件夹包含 Japan Journey 网站的一整套文件，其中包含第 5 章中的所有代码。将 contact_01.php 文件复制到网站根目录，并重命名为 contact.php。还可以将 ch06/includes 文件夹的 footer.php、menu.php 和 title.php 文件复制到网站根目录中的 includes 文件夹。

(1) 找到 contact.php 文件中<form>元素的开始标记，并将 method 属性的值从 post 修改为 get，如下所示。

```
<form method="get" action="">
```

(2) 保存 contact.php 文件并在浏览器中加载该页面。在表单中输入你的姓名、电子邮件地址和一条简短的消息，然后单击 Send message 按钮，见图 6-2。

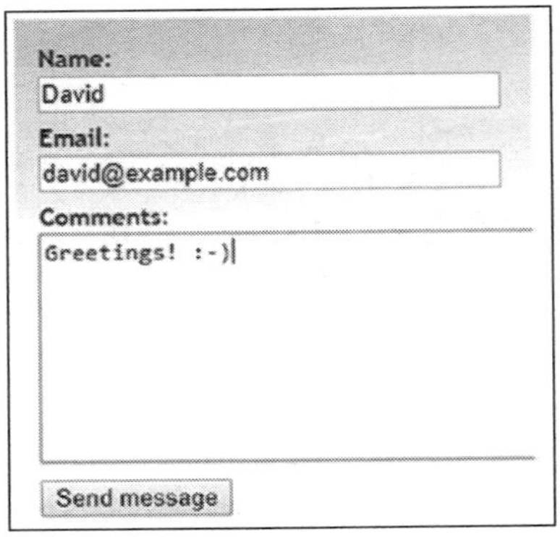

图 6-2　单击 Send message 按钮

(3) 查看浏览器地址栏。你应该会看到附在 URL 末尾的表单内容，如图 6-3 所示。

图 6-3　附在 URL 末尾的表单内容

如果分割 URL，它看起来如以下代码所示。

```
http://localhost/phpsols-4e/contact.php
?name=David
&email=david%40example.com
&comments=Greetings%21+%3A-%29
&send=Send+message
```

表单提交的数据作为查询字符串添加到基本 URL 中，并以问号开头。每个字段和提交按钮都由表单中各元素的 name 属性标识，后面是等号和提交的数据。多个元素输入的数据由与号(&)分隔。URL 不能包含空格或某些字符(如感叹号或笑脸符号)，因此浏览器用+号替换空格，并将其他字符编码为十六进制值，这个过程称为 URL 编码(完整的编码值列表参见链接 www.degraeve.com/reference/ulencoding.php)。

(4) 回到 contact.php 文件的代码中，并将方法更改为 post，如下所示。

```
<form method="post" action="">
```

(5) 保存 contact.php 文件并在浏览器中重新加载该页面。输入另一条消息并单击 Send message 按钮。输入的信息应该会消失，但其他什么都不会发生。这些数据还没有丢失，但是你还没有编写任何代码来处理它。

(6) 在 contact.php 文件中，在</form>结束标记下面添加以下代码。

```
<pre>
```

```
<?php if ($_POST) { print_r($_POST); } ?>
</pre>
```

如果使用 post 发送了任何数据，则显示超级全局数组 $_POST 的内容。正如在第 4 章中所解释的，print_r()函数允许你检查数组的内容；<pre>标记只是让输出更容易阅读。

(7) 保存页面并单击浏览器中的 Refresh 按钮。你可能会看到类似图 6-4 所示的警告消息。警告说明数据将被重新发送，这正是你想要的。确认要再次发送信息。

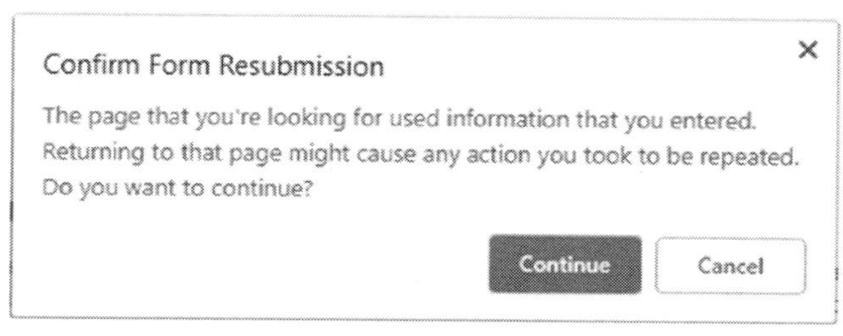

图 6-4　警告消息

(8) 步骤(6)中的代码现在应该在表单下面显示消息的内容，如图 6-5 所示。所有内容都存储在 PHP 的超级全局数组$_POST 中，它包含使用 post 方法发送的数据。每个表单元素的 name 属性用作数组键，使检索内容更容易。

```
Send message

Array
(
    [name] => David
    [email] => david@example.com
    [comments] => Hi!
    [send] => Send message
)
```

图 6-5　$_POST 数组使用表单元素的 name 属性来标识每个元素的数据

正如你刚才看到的，get 方法将数据附加到 URL，而 post 方法将数据与 HTTP 头一起发送，这样数据就被隐藏了起来。有些浏览器将 URL 的最大长度限制为大约 2000 个字符，因此 get 方法只能用于发送少量数据。post 方法可以用于发送大量数据。默认情况下，PHP 允许多达 8MB 的 post 数据，尽管托管公司可能会设置不同的限制。

然而，这两种方法之间最重要的区别在于它们的预期用途。get 方法的主要设计用途是向服务器请求数据，不管请求发生了多少次，服务器上的数据不会发生变化。因此，它主要用于数据库搜索；指定搜索结果的范围非常有必要，因为所有搜索条件都在 URL 中。另一方面，post 方法的主要设计用途是发起修改服务器数据的请求。因此，它用于插入、更新或删除数据库中的记录，上传文件或发送电子邮件。

我们将在本书后面继续介绍 get 方法。本章集中讨论 post 方法及其关联的超级全局数组$_POST。

6.1.2 使用 PHP 超级全局数组获取表单数据

$_POST 超级全局数组包含使用 post 方法发送的数据。由 get 方法发送的数据位于$_GET 超级全局数组中，这并不奇怪。

要访问表单提交的值，只需要根据表单的 method 属性，将表单元素的 name 属性放在$_POST 或$_GET 数组后面的方括号之间的引号中。因此，如果通过 post 方法发送数据，email 元素包含的数据将包含在$_POST['email']元素中；如果通过 get 方法发送数据，email 元素包含的数据将包含在$_GET['email']元素中。如你所见，获取表单提交的数据非常简单。

你可能会遇到使用$_REQUEST 超级全局数组的脚本，这避免了区分应该从$_POST 还是$_GET 数组获取数据。但使用这个超级全局数组的安全性要差一些。你应该始终明确用户信息的来源。$_REQUEST 超级全局数组还包括 cookie 的值，因此你无法知道处理的是 post 方法提交的值，还是通过 URL 传输的值，或是由 cookie 注入的值。编写代码时，务必使用$_POST 或$_GET 超级全局数组来获取数据。

旧版本的脚本可以使用$HTTP_POST_VARS 或$HTTP_GET_VARS 超级全局数组，其含义与$_POST 和$_GET 超级全局数组相同。这两个旧版本中的超级全局数组已被删除，请使用$_POST 和$_GET 超级全局数组代替。

6.2 处理和验证用户输入

本章的最终目的是通过电子邮件将 contact.php 文件中的表单输入的数据发送到你的收件箱。PHP mail()函数的使用相对简单。它至少需要 3 个参数：接收电子邮件的地址、包含邮件主题的字符串和包含邮件正文的字符串。通过将输入字段的内容连接成一个字符串，构建电子邮件的正文。

大多数 Internet 服务提供商(ISP)实施的安全措施使在本地测试环境中测试 mail()函数变得很困难，甚至不可能。PHP 解决方案 6-2~6-5 没有直接使用 mail()函数，而专注于验证用户输入，以确保用户在提交表单之前填写了所需字段，并在有字段为空时显示错误消息。实施这些措施可以使你的在线表单对用户更加友好，也更加安全。

使用 JavaScript 或 HTML5 表单元素以及属性检查用户输入称为客户端验证，因为它发生在用户的计算机(或客户端)上。客户端数据验证很有用，因为它几乎是即时的，可以提醒用户注意存在的问题，而不必将有问题的数据提交到服务器再接收服务器返回的错误提示。然而，客户端验证很容易规避。恶意用户只需要提交来自自定义脚本的数据，你的检查将变得毫无用处。因此，在服务端使用 PHP 检查用户输入也很重要。

▩ **提示：**

客户端验证本身的安全性不足。始终使用PHP服务器端验证对来自外部源的数据进行检查。

6.2.1 创建可重用的脚本

在多个网站中重用同一段脚本(可能需要进行少量修改)的能力可以为开发人员节约大量时间。但是，将输入数据发送到一个单独的文件进行处理会使得在不丢失输入数据的情况下很难向用户发出错误警报。为了解决这个问题，本章采用的方法是使用所谓的自处理表单(self-processing form)。

提交表单时，页面将重新加载，条件语句将运行处理脚本。如果服务器端验证检测到错误，则页面重新显示表单时显示错误消息，同时保留用户的输入。特定于表单的脚本部分将嵌入 DOCTYPE 声明的上方。通用的、可重用的部分将存放在一个单独的文件中，该文件可以包含在任何需要电子邮件处理脚本的页面中。

1. PHP 解决方案 6-1：在自处理表单中防止跨网站脚本

将表单开始标记中的 action 属性保留为空，或者忽略该属性，那么在提交表单数据时将重新加载表单。但是，空的 action 属性在 HTML 5 中是无效的。PHP 有一个非常方便的超级全局变量($_SERVER['PHP_SELF'])，它包含当前文件的网站根相对路径。如果将其设置为 action 属性的值，则页面重新加载时会自动插入自处理表单各字段的正确值，但单独使用该超级全局变量会使网站暴露于被称为跨网站脚本(XSS)的恶意攻击之下。这个 PHP 解决方案介绍了该风险，并展示如何安全地使用超级全局变量$_SERVER['PHP_SELF']。

(1) 将 ch06 文件夹中的 bad_link.php 文件加载到浏览器中。它包含一个指向同一文件夹中的 form.php 文件的链接；但是底层 HTML 中的链接故意包含格式错误，以模拟 XSS 攻击。

(2) 单击该链接。根据你使用的浏览器，应该看到目标页面已被阻止(如图 6-6 所示)，或者看到如图 6-7 所示的 JavaScript 警告对话框。

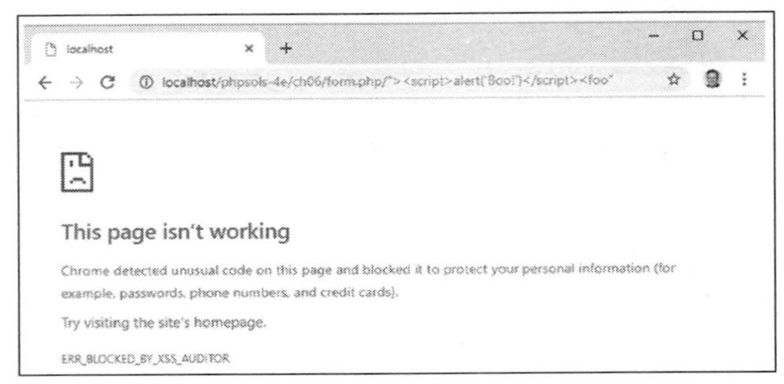

图 6-6　Google Chrome 自动阻止可疑的 XSS 攻击

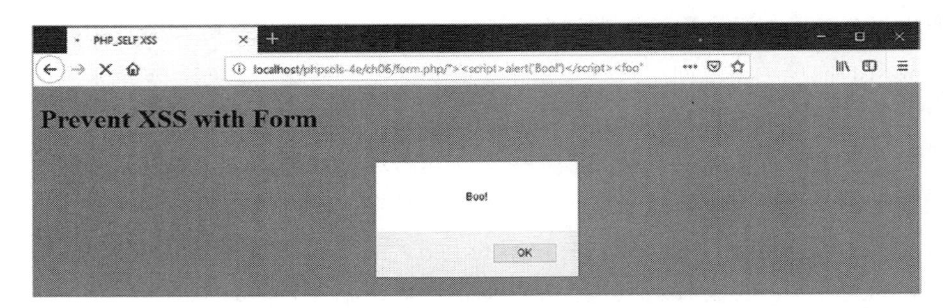

图 6-7　并非所有浏览器都能阻止 XSS 攻击

■ 注意：

这个PHP解决方案的练习文件中的链接假定它们位于本地主机服务器根目录中名为phpsols-4e/ch06 的文件夹中。必要时调整它们以匹配测试设置。

---

(3) 如果需要查看源代码，先关闭 JavaScript 警报，然后右击以查看页面源代码。第 10 行应该类似于：

```
<form method="post"  action="/phpsols-4e/ch06/form.php/"><script>alert('Boo!')</script><foo"">
```

bad_link.php 文件中格式错误的链接在<form>开始标记后立即将一段 JavaScript 注入页面。在本例中，这是一个无害的 JavaScript 警告；但在真正的 XSS 攻击中，它可能会试图窃取 cookie 或其他个人信息。这样的攻击是无声的，除非用户注意到浏览器地址栏中的脚本，否则用户不会知道发生了什么。

这是因为 form.php 文件使用$_SERVER['PHP_SELF']超级全局变量的值生成 action 属性的值。格式错误的链接在 action 属性中插入页面地址，关闭表单的开始标记，然后插入<script>标记，该标记在页面加载时立即执行。

(4) 消除此类 XSS 攻击的一个简单但有效的方法是将$_SERVER['PHP_SELF']超级全局变量传递给 htmlentities()函数，如下所示。

```
<form method="post"  action="<?=htmlentities($_SERVER['PHP_SELF'])?>">
```

这会将<script>标记的尖括号转换为相应的 HTML 字符实体，从而防止执行脚本。虽然这种方法可以避免 XSS 攻击，但它会在浏览器地址栏中留下格式错误的 URL，这可能会导致用户质疑你网站的安全性。笔者认为更好的解决方案是在检测到 XSS 时将用户重定向到错误页面。

(5) 在 form.php 文件中，在 DOCTYPE 声明上方创建一个 PHP 块，并使用指向当前文件的网站根相对路径定义一个变量，如下所示。

```
<?php
$currentPage = '/phpsols-4e/ch06/form.php';
?>
<!doctype html>
```

(6) 现在将$currentPage 变量的值与$_SERVER['PHP_SELF']变量的值进行比较。如果它们不相同，则使用 header()函数将用户重定向到错误页面并立即退出脚本。

```
if ($currentPage !== $_SERVER['PHP_SELF']) {
  header('Location:http://localhost/phpsols-4e/ch06/missing.php');
  exit;
}
```

▒ **警告：**

传递给header()函数的地址必须是完全限定的URL。如果使用文档相对链接，则目标地址将附加到格式错误的链接之后，从而阻止页面成功重定向。

---

(7) 使用$currentPage 变量作为表单打开标记中 action 属性的值。

```
<form method="post"  action="<?= $currentPage ?>">
```

(8) 保存 form.php 文件，返回 bad_link.php 页面，然后再次单击该链接。这次应该直接跳转到 missing.php 页面。

(9) 直接在浏览器中加载 form.php 页面。它应该按预期的方式加载和工作。

完整版本的 form_end.php 文件位于 ch06 文件夹中。如果你只想测试脚本，名为 bad_link_end.php 的文件中的链接指向上述完整的版本。

这种技术涉及的代码比简单地将$_SERVER['PHP_SELF']变量的值传递给 htmlenties()函数要多；但它的优点是，如果用户跟随恶意的链接来访问表单，可以无缝地引导用户进入错误页面。显然，错误页面应该链接回网站的主菜单页面。

2. PHP 解决方案 6-2：确保必填字段不为空

当表单中的必填字段为空时，服务器无法从表单获得所需的信息，并且用户可能永远无法获取服务器的响应，特别是在联系人详细信息被省略的情况下。

本方案可以继续使用本章 6.1.1 小节中使用的文件，或者使用 ch06 文件夹中的

contact_02.php 文件，从文件名中删除_02 即可。

(1) 在脚本中使用两个名为$errors 和$missing 的数组来存储错误的详细信息和尚未填写的必填字段。这些数组将用于控制在表单字段的标签旁边显示错误消息。第一次加载页面时不会出现任何错误，因此在 contact.php 文件顶部的 PHP 代码块中将$errors 和$missing 初始化为空数组，如下所示。

```
<?php
include './includes/title.php';
$errors = [];
$missing = [];
?>
```

(2) 电子邮件处理脚本应仅在表单已提交时运行。使用条件语句检查超级全局变量$_SERVER['REQUEST_METHOD']的值。如果是 POST(全部大写)，你就知道表单是使用 POST 方法提交的。将粗体突出显示的代码添加到页面顶部的 PHP 块中。

```
<?php
include './includes/title.php';
$errors = [];
$missing = [];
// check if the form has been submitted
if ($_SERVER['REQUEST_METHOD'] == 'POST') {
   // email processing script
}
?>
```

提示：

检查$_SERVER['REQUEST_METHOD']变量的值是否为POST是一个通用条件，可以与任何表单一起使用，而不管Submit按钮的名称是什么。

---

(3) 虽然还没有发送电子邮件，但是先定义两个变量来存储电子邮件的目标地址和主题行。以下代码位于上一步中创建的条件语句内：

```
if ( $_SERVER['REQUEST_METHOD'] == 'POST') {
    // email processing script
    $to = 'david@example.com'; // use your own email address
    $subject = 'Feedback from Japan Journey';
}
```

(4) 接下来，创建两个数组：一个列出表单中每个字段的 name 属性，另一个列出所有必填字段。为了进行演示，将 email 字段设置为可选，将 name 和 comments

字段设置为必填。在定义主题行的代码后面的条件块中添加以下代码：

```
    $subject = 'Feedback from Japan Journey';
    // list expected fields
    $expected = ['name', 'email', 'comments'];
    // set required fields
    $required = ['name', 'comments'];
}
```

▒ **提示：**

为什么需要$expected数组？这是为了防止攻击者将其他变量注入$_POST数组以试图覆盖默认值。通过只处理你期望的变量，表单更加安全。任何虚假的值都会被忽略。

---

(5) 下一段代码并不特定于此表单，因此它应该放在外部文件中，再由任何需要电子邮件处理脚本的文件包含此外部文件。在 includes 文件夹中创建一个名为 processmail.php 的新 PHP 文件。然后在上一步输入的代码之后立即将其包含在 contact.php 文件中，如下所示。

```
    $required = ['name', 'comments'];
    require './includes/processmail.php';
}
```

(6) processmail.php 文件中的代码首先检查$_POST 变量中没有值的必填字段。去掉编辑器插入的任何默认代码，并将以下代码添加到 processmail.php 文件中。

```
<?php
foreach ($_POST as $key => $value) {
    // strip whitespace from $value if not an array
    if (!is_array($value)) {
        $value = trim($value);
    }
    if (!in_array($key, $expected)) {
        // ignore the value, it's not in $expected
        continue;
    }
    if (in_array($key, $required) && empty($value)) {
        // required value is missing
        $missing[] = $key;
```

```
            $$key = "";
            continue;
        }
        $$key = $value;
    }
```

foreach 循环将字段的值分配给简化名称的变量，然后去掉前导和尾随空格。原来需要使用$_POST['email']元素获取邮件地址，现在只需要使用$email 变量，以此类推。循环接着检查必填字段是否为空，并将没有值的必填字段添加到$missing 数组中，将相关变量设置为空字符串。

$_POST 数组是一个关联数组，因此循环将当前元素的键和值分别分配给$key 和$value 变量。循环首先使用带逻辑 Not 运算符(!)的 is_array()函数检查当前值是不是数组。如果不是，则 trim()函数将删除前导空格和尾随空格，并将其重新赋值给$value 变量。删除前导空格和尾随空格可防止用户通过多次按空格键的方式填写必填字段。

注意：

表单当前只有文本输入字段，但稍后将展开介绍<select>和复选框元素，这些元素以数组形式提交数据。有必要检查当前元素的值是否是数组，因为将数组传递给 trim()函数会触发错误。

下一个条件语句检查当前键是否不在$expected 数组中。如果不是，continue 关键字将强制循环停止处理当前元素并转到下一个元素。因此，$expected 数组中没有的任何内容都将被忽略。

接下来，我们检查当前数组键是否在$required 数组中，以及它是否没有值。如果条件返回 true，则将键添加到$missing 数组中，并动态创建基于键名称的变量，将其值设置为空字符串。请注意，$$key 在以下行中以两个美元符号开头。

```
$$key = "";
```

这意味着它是一个变量的变量。因此，如果$key 变量的值是 name，那么$$key 将变成$name 变量。

再次通过 continue 语句将循环移动到下一个元素上。

但是，如果代码一直执行到循环的最后一行，表示遇到一个需要处理的元素，因此基于键名的变量是动态创建的，当前值被分配给新变量。

(7) 保存 processmail.php 文件。稍后将向其中添加更多代码，但现在让我们转到 contact.php 文件的主体部分。表单打开标记中的 action 属性为空。为了进行本地测试，只需要将其值设置为当前页面的名称。

```
<form method="post" action="contact.php">
```

(8) 如果缺少任何内容，则需要显示警告。在页面内容顶部的<h2>标题和第一个<p>标记之间添加一个条件语句，如下所示。

```
<h2>Contact us</h2>
<?php if ($missing || $errors) { ?>
<p class="warning">Please fix the item(s) indicated.</p>
<?php } ?>
<p>Ut enim ad minim veniam . . . </p>
```

这将检查$missing 和$errors 数组，在步骤(1)中已将它们初始化为空数组，空数组被视为 false。因此当页面首次加载时，条件语句中的段落不会显示。但是，如果提交表单时未填写必填字段，则将其 name 属性的值添加到$missing 数组中。至少有一个元素的数组被视为 true。符号||表示逻辑或，因此，如果必填字段为空或发现错误，则将显示此警告段落。(在 PHP 解决方案 6-4 中，$errors 数组将发挥作用。)

(9) 要确认到目前为止代码仍能正确执行，请保存 contact.php 文件并在浏览器中正常加载(不要单击 Refresh 按钮)。页面没有显示警告消息。不填写任何字段，单击 Send message 按钮，现在你应该看到关于缺失字段的消息，如图 6-8 所示。

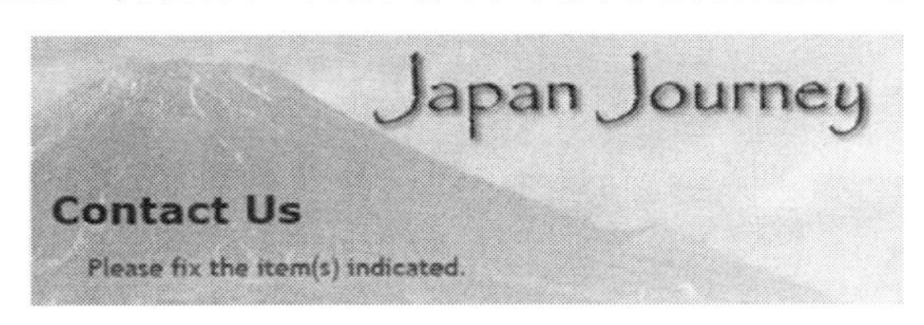

图 6-8　缺失字段的消息

(10) 要在每个未填写的必填字段旁边显示适当的消息，需要使用 PHP 条件语句在<label>标记中插入<span>标记，如下所示。

```
<label for="name">Name:
<?php if (in_array('name', $missing)) { ?>
   <span class="warning">Please enter your name</span>
<?php } ?>
</label>
```

条件语句使用 in_array()函数检查$missing 数组是否包含值为 name 的元素。如果是，则显示<span>标记。$missing 变量在脚本顶部被定义为一个空数组，因此在第一次加载页面时不会显示<span>标记。

(11) 为 email 和 comments 字段插入类似的警告消息，如下所示。

```
<label for="email">Email:
<?php if (in_array('email', $missing)) { ?>
   <span class="warning">Please enter your email address</span>
```

```
    <?php } ?>
    </label>
    <input name="email" id="email" type="text">
  </p>
  <p>
    <label for="comments">Comments:
    <?php if (in_array('comments', $missing)) { ?>
      <span class="warning">Please enter your comments</span>
    <?php } ?>
    </label>
```

除了在$missing 数组中查找的值外，PHP 代码是相同的。要查找的值与表单元素的 name 属性的值相同。

(12) 保存 contact.php 文件并再次测试页面，首先不要在任何字段中输入任何内容。表单标签应该如图 6-9 所示。

图 6-9 通过验证用户输入，可以显示有关必填字段的警告

尽管在 email 字段的<label>中添加了警告信息，但由于 email 字段没有添加到$required 数组中，因此不会显示警告信息。它不会被 processmail.php 文件中的代码添加到$missing 数组中。

(13) 将 email 字段添加到 comments.php 文件顶部代码块的$required 数组中，如下所示。

```
$required = ['name', 'comments','email'];
```

(14) 再次不填写任何字段，直接单击 Send message 按钮。这次，你将在每个标签旁边看到一条警告消息。

(15) 在 Name 字段中输入你的姓名。在 Email 和 Comments 字段中，只需要按几次空格键，然后单击 Send message 按钮。Name 字段旁边的警告消息将消失，但其余两条警告消息将保留。processmail.php 文件中的代码会将字段值中的空白去除，因此它拒绝通过输入一系列空格来绕过必填字段的尝试。

如果有任何问题，请将代码与 ch06 文件夹中的 contact_03.php 和 includes/processmail_01.php 文件进行比较。

要将某个字段设置为必填字段，只需要在$required 数组添加字段对应的表单元素的 name 属性值，并在表单中相应输入元素的<label>标记中添加适当的警报消息。这非常容易，因为我们总是使用表单输入元素的 name 属性。

6.2.2 在表单不完整时保留用户输入

想象一下你花了 10 分钟填写表格。单击 Submit 按钮，服务器返回缺少某个必填字段。如果不得不重新填写每一个字段，那真是令人恼火。由于每个字段的内容都保存在$_POST 数组中，因此在发生错误时很容易重新显示这些内容。

PHP 解决方案 6-3：创建黏性表单字段

这个 PHP 解决方案展示如何使用条件语句从$_POST 数组中提取用户输入，并在相应的文本输入字段和文本区域中重新显示用户输入。

继续使用与以前相同的文件。或者，使用 ch06 文件夹中的 contact_03.php 和 includes/processmail_01.php 文件。

(1) 第一次加载页面时，不希望在输入字段中显示任何内容，但如果缺少必填字段或出现错误，则确实希望重新显示内容。实现的关键点在于：如果$missing 或$errors 数组包含任何值，则应重新显示每个字段的内容。使用<input>标记的 value 属性为文本输入字段设置默认文本，因此按如下代码修改 name 字段的<input>标记。

```
<input name="name" id="name" type="text"
<?php if ($missing || $errors) {
    echo 'value="' . htmlentities($name) . '"';
} ?>>
```

大括号内的代码行包含引号和句点的组合，这可能会使你感到困惑。首先要认识到的是，末尾只有一个分号，因此 echo 命令应用于整行。如第 3 章所述，句点被称为连接运算符，它连接字符串和变量。可以将这行代码的其余部分分解为三个部分，如下所示。

- 'value="' .
- htmlentities($name)
- . '"'

第一部分将 value="作为文本输出，并使用连接运算符将其连接到下一部分，该部分将$name 变量传递给一个名为 htmlentities()的函数。笔者将马上解释为什么必须这样做，但是第三部分再次使用连接运算符连接最终输出，它仅由双引号组成。

因此，如果$missing 或$errors 数组包含任何值，并且$_POST['name']元素包含 Joe，那么你将在<input>标记中得到如下结果。

```
<input name="name" id="name" type="text" value="Joe">
```

$name 变量包含用户原始输入，该输入通过$_POST 数组传入。在 PHP 解决方案 6-2 的 processmail.php 文件中创建的 foreach 循环处理$_POST 数组，并将每个元素分配给一个同名的变量。这允许你直接通过$name 变量获取$_POST['name']数组元素的值。

那么，我们为什么需要 htmlentities()函数呢？正如函数名所示，它将某些字符转换为其等效的 HTML 字符实体。这里需要关注的是双引号。假设名为 Eric "Slowhand"Clapton 的用户决定通过表单发送反馈。如果直接使用$name 变量而没有使用 htmlentities()函数，那么当缺失某个必填字段时将出现图 6-10 所示的情况。

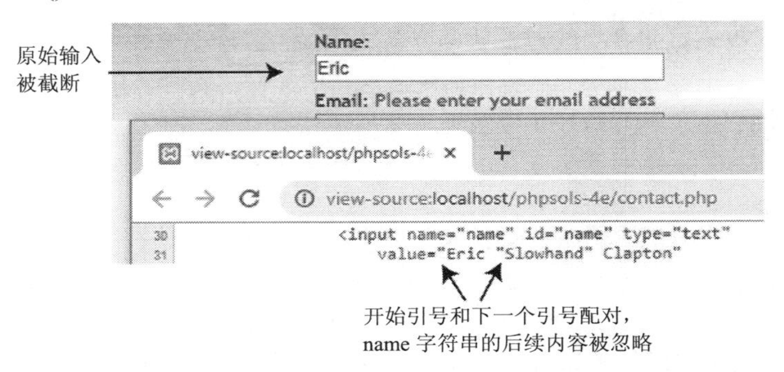

图 6-10　在重新显示表单字段之前，需要对引号进行特殊处理

但是，将$_POST 数组元素的内容传递给 htmlentities()函数，会将字符串中间的双引号转换为"。而且，如图 6-11 所示，内容不再被截断。

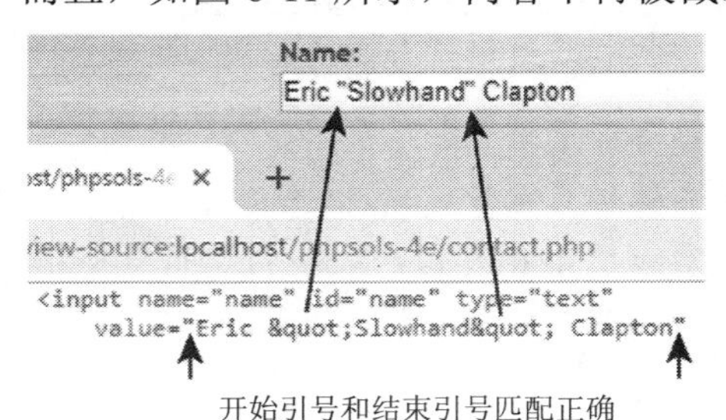

图 6-11　在显示之前将值传递给 htmlentities()函数可以解决问题

很酷的是，在重新提交表单时，字符实体"将转换回双引号。因此，在发送电子邮件之前不需要进一步转换。

■ **注意：**

如果htmlentities()函数破坏了文本，可以通过将第二个和第三个可选参数传递给函数来直接在脚本中设置编码。例如，要将编码设置为简体中文(Simplified Chinese)，请使用htmlentities($name,ENT_COMPAT,'GB2312')。关于编码的详细内容请参考www.php.net/manual/en/function.htmlentities.php。

(2) 对 email 字段使用相同的处理方式，在编写代码时记得使用的变量是$email 而不是$name。

(3) comments 字段是一个文本区域，需要稍微不同的处理，因为<textarea>标记没有 value 属性。必须将 PHP 块放置在文本区域的开始标记和结束标记之间，如下所示(新代码以粗体显示)。

```
<textarea name="comments" id="comments"><?php
  if ($missing || $errors) {
      echo htmlentities($comments);
  } ?></textarea>
```

PHP 开始标记和结束标记的位置必须紧接着<textarea>开始标记和结束标记。如果不这样做，就会在文本区域内插入不需要的空白。

(4) 保存 contact.php 文件并在浏览器中测试该页面。如果省略了任何必填的字段，则表单将显示原始内容以及所有错误消息。

可以将上述代码与 ch06 文件夹中的 contact_04.php 文件进行对比检查。

■ **警告：**

使用此技术可以防止表单的reset按钮重置PHP脚本修改过的任何字段，因为它显式地设置每个字段的value属性。

6.2.3 过滤潜在攻击

一个被称为电子邮件头注入的特别恶劣的漏洞试图将在线表单转换为垃圾邮件中继器。攻击者试图欺骗脚本向许多人发送带有副本的 HTML 电子邮件。如果将未筛选的用户输入合并到附加的头中，并将其作为第四个参数传递给 mail()函数，就可能会被攻击。通常将用户的电子邮件地址保存在 Reply-to 头部字段中。如果检测到 email 字段提交值中包含空格、新行、回车符或“Content-type:”、“Cc:”和“Bcc:”三个字符串中的任何一个，那么你就是攻击目标，因此应阻止该消息。

PHP 解决方案 6-4：阻止包含可疑内容的电子邮件地址

这个 PHP 解决方案检查用户的电子邮件地址输入是否有可疑内容。如果检测到，则将一个布尔变量设置为 true。这将在后面用于阻止发送电子邮件。

继续使用与以前相同的页面。或者，使用 ch06 文件夹中的 contact_04.php 和 includes/processmail_01.php 文件。

(1) 要检测可疑内容，我们将使用搜索模式或正则表达式。在 processmail.php 文件的顶部、现有的 foreach 循环之前添加以下代码。

```
// pattern to locate suspect phrases
$pattern = '/[\s\r\n]|Content-Type:|Bcc:|Cc:/i';
foreach ($_POST as $key => $value) {
```

赋值给$pattern 变量的字符串将用于对以下任何内容执行不区分大小写的搜索：空格、回车、换行符、“Content-Type:”、“Bcc:” 或 “Cc:”。它是以一种称为 Perl 兼容正则表达式(PCRE)的格式编写的。搜索模式包含在一对正斜杠中，最后面的斜杠之后的 i 使模式不区分大小写。

提示：

正则表达式是一个非常强大的文本模式匹配工具。诚然，掌握正则表达式不容易；但如果你认真对待PHP和JavaScript等编程语言，这将是一项必须掌握的基本技能。如果要学习正则表达式，可以阅读Jörg Krause编写的*Introducing Regular Expressions*(Apress，2017，ISBN 978-1-4842-2508-0)。该书主要针对JavaScript开发人员，但是JavaScript和PHP之间的实现只有很小的差别，基本的语法是相同的。

---

(2) 现在，可以使用存储在$pattern 变量中的 PCRE 来检测提交的电子邮件地址中任何可疑的用户输入。在步骤(1)中加入的$pattern 变量之后立即添加以下代码。

```
// check the submitted email address
$suspect = preg_match($pattern, $_POST['email']);
```

函数 preg_match()将作为第一个参数传递的正则表达式与作为第二个参数传递的值进行比较，这里是与 email 字段的值进行比较。如果找到匹配项，则返回 true。如果发现任何可疑内容，$suspect 变量将被设置为 true。但如果没有找到匹配项，该变量将被设置为 false。

(3) 如果在电子邮件地址中检测到可疑内容，则不必进一步处理$_POST 数组。将处理$_POST 数组变量的代码封装在如下条件语句中。

```
if (!$suspect) {
    foreach ($_POST as $key => $value) {
        // strip whitespace from $value if not an array
        if (!is_array($value)) {
            $value = trim($value);
        }
```

```
        if (!in_array($key, $expected)) {
            // ignore the value, it's not in $expected
            continue;
        }
        if (in_array($key, $required) && empty($value)) {
            // required value is missing
            $missing[] = $key;
            $$key = "";
            continue;
        }
    $$key = $value;
    }
}
```

仅当$suspect 变量不为 true 时，代码才会继续处理$_POST 数组中的变量。

不要忘记使用额外的大括号来关闭条件语句。

(4) 编辑 contact.php 文件中<h2>标题后的 PHP 块，在表单上方添加新警告消息，如下所示。

```
<h2>Contact Us</h2>
<?php if ($_POST && $suspect) { ?>
  <p class="warning">Sorry, your mail could not be sent.
  Please try later.</p>
<?php } elseif ($missing || $errors) { ?>
 <p class="warning">Please fix the item(s) indicated.</p>
<?php } ?>
```

这将设置一个新条件，该条件在原始警告消息条件之前执行。它检查$_POST 数组是否包含任何元素，换句话说，表单是否已提交，以及$suspect 变量是否为 true。这个警告的语气刻意设置为中性的。对袭击者进行挑衅是没有意义的。

(5) 保存 contact.php 文件并通过在 email 字段中输入任何可疑的内容来测试表单。你应该会看到新警告消息，但输入不会被保留。

可以对照 ch06 文件夹中的 contact_05.php 文件和 includes/processmail_02.php 文件来检查代码。

6.3 发送电子邮件

在继续介绍其他内容之前，有必要解释一下 PHP mail()函数是如何工作的，因为它将帮助你理解用于处理用户反馈的脚本的其余部分。

PHP mail()函数最多包含五个参数，它们都是字符串，如下所示。

- 收件人地址
- 主题行
- 消息正文
- 其他电子邮件头部字段列表(可选)
- 附加参数(可选)

第一个参数中的电子邮件地址可以采用以下任何一种格式。

```
'user@example.com'
'Some Guy <user2@example.com>'
```

要向多个地址发送邮件，需要使用逗号分隔不同的邮件地址，如下所示。

```
'user@example.com,another@example.com,Some Guy<user2@example.com>'
```

消息体必须作为单个字符串。这意味着需要从$_POST 数组中提取输入数据并格式化消息，添加标签来标识每个字段。默认情况下，mail()函数只支持纯文本。新行必须同时使用回车符和换行符。另外建议将行的长度限制为不超过 78 个字符。尽管听起来很复杂，但是可以使用大约 20 行 PHP 代码自动构建消息体，如你在 PHP 解决方案 6-6 中看到的那样。下一节将详细介绍如何添加其他电子邮件头部字段。

许多托管公司现在要求发送电子邮件时需要使用第五个参数。它确保电子邮件是由受信任的用户发送的，通常由你自己的电子邮件地址组成，前缀为-f(中间没有空格)，都用引号括起来。检查你的托管公司的指示，看看这是否是必要的，以及它应该采取的确切格式。

警告：

不要将用户输入合并到mail()函数的第五个参数中，因为它可以用于在Web服务器上执行任意脚本。

安全使用其他电子邮件头

可以在 www.faqs.org/rfcs/rfc2076 上找到完整的电子邮件头列表，其中一些最著名和最有用的电子邮件头允许你将电子邮件副本发送到其他地址(Cc 和 Bcc)或改变邮件内容的编码。除最后一个邮件头以外，每个新添加的邮件头都必须位于以回车符和换行符结尾的单独行上。这意味着需要在双引号字符串中使用\r 和\n 的转义序列。

提示：

一种格式化附加头字段的简便方法是：将每个头字段定义为单独的数组元素，然后使用implode()函数将它们与"\r\n"字符串连接。

默认情况下，mail()函数使用 Latin1(ISO-8859-1)编码，该编码不支持重音字符。现在的网页编辑器通常使用 Unicode(UTF-8)编码，它支持大多数书面语言，包括欧洲语言中常用的重音，以及中文和日语等非字母脚本。要确保电子邮件不出现乱码，请使用 Content- Type 头将编码设置为 UTF-8，如下所示。

```
$headers[] = "Content-Type: text/plain; charset=utf-8";
```

还需要将 UTF-8 添加为网页<head>中<meta>标记中的 charset 属性，如下所示。

```
<meta charset="utf-8">
```

假设希望将副本发送到其他部门，再将副本发送到另一个不希望其他收件人看到的地址。通过 mail() 函数发送的电子邮件通常被标识为来自 nobody@yourdomain(或任何分配给 Web 服务器的用户名)，因此更友好的方式是添加一个 From 地址。以上就是要构建的其他邮件头，最后用 implode()函数将它们连接起来。

```
$headers[] = 'From: Japan Journey<feedback@example.com>';
$headers[] = 'Cc: sales@example.com, finance@example.com';
$headers[] = 'Bcc: secretplanning@example.com';
$headers = implode("\r\n", $headers);
```

implode()函数通过将每个数组元素的值与作为第一个参数提供的字符串相连接，将数组转换为字符串。因此，该函数的返回值是$headers 数组各元素的值，每个值之间有一个回车和一个换行符。

在构建了要使用的头部字段之后，将包含这些头的变量作为第四个参数传递给 mail()函数，如下所示(假设目标地址、主题和消息正文已存储在相关的变量中)。

```
$mailSent = mail($to, $subject, $message, $headers);
```

像这样硬编码的附加头字段不存在安全风险，但是来自用户输入的任何内容在使用之前都必须经过过滤。最大的危险来自接收用户电子邮件地址的文本字段。一种广泛使用的技术是将用户的电子邮件地址整合到 From 或 Reply-To 头中，这使你能够通过单击电子邮件程序中的 Reply 按钮直接回复收到的邮件。这非常方便，但是攻击者经常试图用大量伪造的头来包装 email 字段的输入。先前的 PHP 解决方案消除了攻击者最常用的邮件头，但在将其合并到其他邮件头之前，我们需要进一步检查电子邮件地址。

▒ **注意：**

虽然email字段是攻击者的主要目标，但如果允许用户更改字段的值，那么目标地址和主题行都很容易受到攻击。用户输入应始终被视为可疑的内容。建议对目标地址和主题行始终采用硬编码。或者，列出可接收值的清单，并对照这个清单检查提交的值。

---

1. PHP 解决方案 6-5：添加头字段和自动回复地址

这个 PHP 解决方案向电子邮件添加了 3 个头字段：From、Content-Type(将编码设置为 UTF-8)和 Reply-To。在将用户的电子邮件地址赋值给最后一个头字段的值之前，代码使用一个内置的 PHP 过滤器来验证提交的值是否是有效的电子邮件地址。

继续使用与以前相同的页面。或者，使用 ch06 文件夹中的 contact_05.php 和 includes/processmail_02.php 文件。

(1) 不同的网站或页面通常只使用特定的头字段，因此 From 和 Content-Type 两个头字段将添加到 contact.php 页面的脚本中。在包含 processmail.php 文件之前，将以下代码添加到页面顶部的 PHP 块中。

```
$required = ['name', 'comments', 'email'];
// create additional headers
$headers[] = 'From: Japan Journey<feedback@example.com>';
$headers[] = 'Content-Type: text/plain; charset=utf-8';
require './includes/processmail.php';
```

(2) 验证电子邮件地址的目的是确保其格式有效，但该字段可能为空，因为你决定不将其设为必填字段，或者用户只是忽略了它。如果该字段是必填的，但值为空，则它将被添加到$missing 数组中，并显示在 PHP 解决方案 6-2 中添加的警告。如果字段不为空，但输入无效，则需要显示其他消息。

切换到 processmail.php 文件并在脚本底部添加以下代码。

```
// validate the user's email
if (!$suspect && !empty($email)) {
  $validemail=filter_input(INPUT_POST,'email',FILTER_VALIDATE_EMAIL);
  if ($validemail) {
     $headers[] = "Reply-To: $validemail";
  } else {
     $errors['email'] = true;
  }
}
```

代码首先检查没有发现可疑内容，并且电子邮件字段不为空。这两个条件前面都有逻辑 Not 运算符，因此，如果$suspect 和 empty($email)都为 false，则返回 true。在 PHP 解决方案 6-2 中添加的 foreach 循环将$_POST 数组中的所有预期存在的元素分配给更简单的变量，因此$email 变量包含与$_POST['email']数组元素相同的值。

下一行代码使用 filter_input()函数验证电子邮件地址。第一个参数是 PHP 常量 INPUT_POST，它指示值必须在$_POST 数组中。第二个参数是要测试的元素的名称。最后一个参数是另一个 PHP 常量，指定要检查元素是否符合电子邮件的有效格式。

如果被验证的值有效，则 filter_input()函数返回正在验证的值；否则，返回 false。因此，如果用户提交的值看起来像一个有效的电子邮件地址，$validemail 变量将包含该地址；如果是无效的格式，$validemail 变量的值为 false。FILTER_VALIDATE_EMAIL 常量只能用于检测单个电子邮件地址，因此尝试插入多个电子邮件地址的任何操作都将被拒绝。

■ 注意：

FILTER_VALIDATE_EMAIL常量只能对电子邮件地址的格式进行检查，但不能判断地址是否真实。

如果$validemail变量的值不是false，那么可以安全地合并到Reply-To头字段中。但如果$validemail 变量的值为 false，则将$errors['email']元素添加到$errors 数组中。

(3) 现在需要修改 contact.php 文件中用于显示 email 字段的<label>标记，如下所示。

```
<label for="email">Email:
<?php if (in_array('email', $missing)) { ?>
  <span class="warning">Please enter your email address</span>
<?php } elseif (isset($errors['email'])) { ?>
  <span class="warning">Invalid email address</span>
<?php } ?>
</label>
```

上述代码将 elseif 子句添加到第一个条件语句中，并在电子邮件地址验证失败时显示不同的警告。

(4) 保存 contact.php 文件，将所有字段保留为空白并单击 Send message 按钮以测试表单。你将看到原来的错误消息。通过在 Email 字段中输入不是电子邮件地址的值或输入两个电子邮件地址来再次测试表单，应该看到说明地址无效的消息。

可以对照 ch06 文件夹中的 contact_06.php 和 includes/processmail_03.php 文件来检查代码。

2. PHP 解决方案 6-6：构建消息体并发送邮件

许多 PHP 教程按如下方式展示如何手动构建消息体。

```
$message = "Name: $name\r\n\r\n";
$message .= "Email: $email\r\n\r\n";
$message .= "Comments: $comments";
```

这将添加标签以标识输入来自哪个字段，并在每个字段之间插入两个回车和换行符。这对于处理少量字段来说是很好的方式，但对于处理更多的字段来说很快就会变得单调而呆板。只要给表单字段的 name 属性赋予有意义的值，就可以使用 foreach 循环自动构建消息体，这是 PHP 解决方案 6-6 中采用的方法。

继续使用与以前相同的文件。或者，使用 ch06 文件夹中的 contact_06.php 和 includes/processmail_03.php 文件。

(1) 在 processmail.php 文件中的脚本底部添加以下代码。

```
$mailSent = false;
```

这将初始化一个变量，以便在邮件发送后重定向到感谢页面。在确定 mail()函数成功之前，需要将其设置为 false。

(2) 现在紧接着上述代码添加生成消息的代码。

```
// go ahead only if not suspect, all required fields OK, and no errors
if (!$suspect && !$missing && !$errors) {
    // initialize the $message variable
    $message = '';
    // loop through the $expected array
    foreach($expected as $item) {
        // assign the value of the current item to $val
        if (isset($$item) && !empty($$item)) {
            $val = $$item;
        } else {
            // if it has no value, assign 'Not selected'
            $val = 'Not selected';
        }
        // if an array, expand as comma-separated string
        if (is_array($val)) {
            $val = implode(', ', $val);
        }
        // replace underscores in the label with spaces
        $item = str_replace('_', ' ', $item);
        // add label and value to the message body
        $message .= ucfirst($item).": $val\r\n\r\n";
    }
    // limit line length to 70 characters
    $message = wordwrap($message, 70);
    // format headers as a single string
    $headers = implode("\r\n", $headers);
```

```
        $mailSent = true;
    }
```

这段代码首先检查$suspect、$missing 和$errors 变量是否都是 false。如果是，则通过循环$expected 数组来构建消息体，将结果作为一系列标签/值对存储在$message 变量中。

上述代码的关键在于以下条件语句。

```
if (isset($$item) && !empty($$item)) {
    $val = $$item;
}
```

这是使用变量的变量的另一个例子(参见第 4 章中的 4.13 节“动态创建新变量”)。每次循环运行时，$item 变量都包含$expected 数组中当前元素的值。第一个元素是 name，因此$$item 动态创建一个名为$name 的变量。实际上，条件语句变成：

```
if (isset($name) && !empty($name)) {
    $val = $name;
}
```

在下一次循环中，$$item 创建一个名为$email 的变量，以此类推。

▩ **警告：**

此脚本仅从$expected数组中的元素生成消息正文。必须指定$expected数组包含的所有表单字段的名称，上述代码才能正确地工作。

如果未指定为必填的字段值为空，则其值设置为 Not selected。上述代码还处理带有多个选项的字段值，例如复选框组和下拉列表框，这些值作为$_POST 数组的子数组发送。implode()函数将子数组多个元素的值转换成逗号分隔的字符串。

每个变量名都与$expected 数组的当前元素对应的输入字段的 name 属性值相同。str_replace()函数的第一个参数是下画线。如果在 name 属性的值中发现下画线，则它将被第二个参数(由单个空格组成的字符串)替换。然后，ucfirst()函数将传入参数的第一个字母设置为大写。注意 str_replace()函数的第三个参数是$item(带 1 个美元符号)，所以这次是普通变量，而不是变量的变量。它包含$expected 数组当前元素的值。

将消息正文组合成单个字符串后，wordwrap()函数将行长度限制为 70 个字符。使用 implode()函数将多个头字段格式化为单个字符串，每个头字段之间有一个回车和换行符。

此时仍然需要添加发送电子邮件的代码，但出于测试目的，将$mailSent 变量设置为 true。

(3) 保存 processmail.php 文件。在 contact.php 文件的底部找到如下代码块。

```
<pre>
<?php if ($_POST) {print_r($_POST);} ?>
</pre>
```

将其修改为：

```
<pre>
<?php if ($_POST && $mailSent) {
    echo "Message body\n\n";
    echo htmlentities($message) . "\n";
    echo 'Headers: '. htmlentities($headers);
} ?>
</pre>
```

这将检查表单是否已提交，邮件是否已准备好发送。然后显示$message 和$headers 变量中的值。这两个值都传递给 htmlentities()函数，以确保它们在浏览器中正确地显示。

(4) 保存 contact.php 文件，输入姓名、电子邮件地址和简短的评论来测试表单。当单击 Send message 按钮时，你应该会看到页面底部显示的邮件正文和 3 个头字段，如图 6-12 所示。

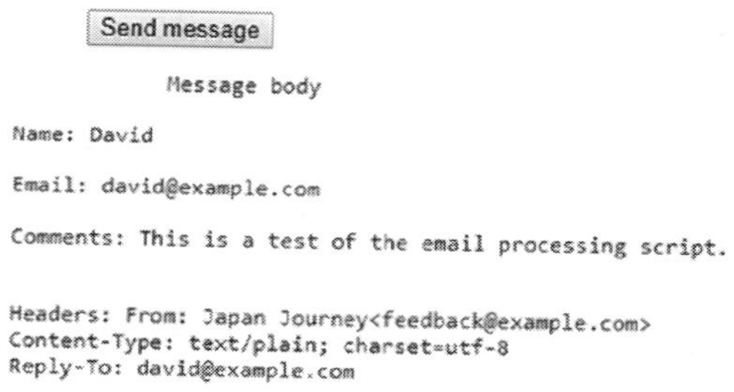

```
Send message

Message body

Name: David

Email: david@example.com

Comments: This is a test of the email processing script.


Headers: From: Japan Journey<feedback@example.com>
Content-Type: text/plain; charset=utf-8
Reply-To: david@example.com
```

图 6-12　验证邮件正文和邮件头的格式是否正确

假设邮件正文和头字段在页面的底部正确显示，那么现在可以准备添加发送电子邮件的代码。如果有必要，可以对照 ch06 文件夹中的 contact_07.php 和 includes/processmail_04.php 文件来检查代码。

(5) 在 processmail.php 文件中，添加发送邮件的代码。首先定位以下代码：

```
$mailSent = true;
```

将代码修改为：

```
$mailSent = mail($to, $subject, $message, $headers);
if (!$mailSent) {
  $errors['mailfail'] = true;
}
```

上述代码将目标地址、主题行、邮件正文和邮件头传递给 mail()函数，如果该函数成功地将电子邮件传递给 Web 服务器的邮件传输代理(Mail Transport Agent，MTA)，则返回 true。如果失败，$mailSent 变量被设置为 false，条件语句将向$errors 数组添加一个元素，允许你在重新显示表单时保留用户的输入。

(6) 在 contact.php 文件顶部的 PHP 块中，在包含 processmail.php 文件的命令之后立即添加以下条件语句。

```
    require './includes/processmail.php';
    if ($mailSent) {
        header('Location: http://www.example.com/thank_you.php');
        exit;
    }
}
?>
```

需要在远程服务器上对此进行测试，因此请用你自己的域名替换 www.example.com。这将检查$mailSent 变量是否为真。如果是，header()函数将重定向到 thank_you.php 页面，这是一个确认邮件已发送的页面。下一行的 exit 命令确保脚本在重定向页面后终止执行。

在 ch06 文件夹中保存了 thank_you.php 文件的副本。

(7) 如果$mailSent 变量为 false，则浏览器会重新显示 contact.php 页面；你需要警告用户邮件无法发送。编辑<h2>标题后面的条件语句，如下所示。

```
<h2>Contact Us </h2>
<?php if(($_POST && $suspect)||($_POST && isset($errors['mailfail']))){?>
  <p class="warning">Sorry, your mail could not be sent. . . .
```

原来的条件和新增的条件都用括号括起来了，所以每一对都要单独考虑。如果表单已提交并找到可疑内容，或者表单已提交且设置了$errors['mailfail']数组元素，则显示有关未发送邮件的警告。

(8) 删除 contact.php 文件底部显示邮件正文和头字段的代码块(包括<pre>标记)。

(9) 在本地测试可能会显示感谢页面，但电子邮件永远不会送达目的地。这是由于大多数测试环境没有 MTA。即使设置了一个，大多数邮件服务器也会拒绝无法识别来源的邮件。将 contact.php 文件和所有相关文件(包括 processmail.php 和 thank_you.php 文件)上载到远程服务器并在那里测试表单。不要忘记 processmail.php 文件需要保存在名为 includes 的子文件夹中。

可以对照 ch06 文件夹中的 contact_08.php 和 includes/processmail_05.php 文件来检查代码。

3. 解决 mail()函数出现的问题

理解 mail()函数不是电子邮件程序是很重要的。当 PHP 将邮件地址、主题、邮件正文和头字段传递给 MTA 时，它的责任就结束了。它无法知道电子邮件是否已送达其预定目的地。通常情况下，电子邮件是即时到达的，但因网络堵塞可能会延迟数小时甚至数天。

如果在从 contact.php 文件发送邮件之后重定向到感谢页面，但收件箱中没有收到任何邮件，请检查以下事项。

- 邮件是否被归类为垃圾邮件？
- 检查$to 变量中存储的目的地地址；尝试其他电子邮件地址，看看它是否有区别。
- From 头字段是否使用过真实的邮件地址？使用假地址或无效地址可能会导致邮件被拒收。使用与 Web 服务器属于同一个域名的有效地址可以避免邮件被拒收。
- 请与托管公司联系，查看是否需要 mail()函数的第五个参数。如果是，它通常应该是一个由-f 连接你的电子邮件地址组成的字符串。例如，david@example.com 变成'-fdavid@example.com'。

如果仍然没有接收到从 contact.php 页面发出的邮件，请使用以下脚本创建一个文件。

```
<?php
ini_set('display_errors', '1');
$mailSent=mail('you@example.com','PHP mail test','This is a test email');
if ($mailSent) {
  echo 'Mail sent';
} else {
  echo 'Failed';
}
```

将上述代码中的 you@example.com 替换为你自己的电子邮件地址。将文件上载到网站并将页面加载到浏览器中。

如果看到提示没有 From 头字段的错误消息，则需要为 mail()函数添加第四个参数，该参数包含 From 头字段，如下所示。

```
$mailSent=mail('you@example.com','PHP mail test','This is a test email',
'From: me@example.com');
```

最好不要在第一个参数中使用与目标地址相同的地址。

如果托管公司要求传递第五个参数，请按如下方式调整代码。

```
$mailSent = mail('you@example.com', 'PHP mail test', 'This is a test
email', null,'-fme@example.com');
```

使用第五个参数通常表示不需要通过第四个参数传递 From 头字段，因此使用 null(不带引号)作为第四个参数表示它没有值。

如果页面显示 Mail sent 而没有收到邮件，或者在尝试了所有 5 个参数后仍然看到页面显示的是 Failed，请咨询你的托管公司以获取建议。

如果你从该脚本而不是 contact.php 页面收到测试电子邮件，则表示你的代码中存在错误或者忘了上载 processmail.php 页面。按照第 3 章 3.1.15 节中“页面出现空白的原因”的描述，暂时打开错误显示功能以便检查 contact.php 页面是否能够找到 processmail.php 页面。

■ **提示：**

笔者在英国的一所大学任教，虽然学生的代码很完美，但笔者还是搞不懂为什么他们的邮件没能成功发送。原来IT部门已经禁用了邮件功能(即MTA)，以防止服务器被用来发送垃圾邮件！

6.4 处理多项选择表单元素

contact.php 文件中的表单只使用了文本输入字段和文本区域。要充分使用表单，还需要知道如何处理多项选择元素，即：

- 单选按钮
- 复选框
- 下拉列表框
- 多选列表框

使用这些元素背后的原理与前面使用的文本输入框相同：表单元素的 name 属性用作$_POST 数组元素的键。但是，存在以下重要的差别。

- 复选框组和多选列表框将多个备选值存储为数组，因此需要在这类输入元素的 name 属性值之后添加一对空方括号。例如，对于名为 interests 的复选框组，每个<input>标记中的 name 属性应为 name="interests[]"。如果省略方括号，那么$_POST 数组只会传输最后一个被选中的数据项。
- 复选框组或多选列表框中选定的数据项的值作为$_POST 数组的子数组发送。PHP 解决方案 6-6 中的代码自动将这些子数组转换为逗号分隔的字符串。但是，当将表单用于其他目的时，需要从子数组中提取值。你将在后面的章节中学习如何做到这一点。
- 如果未选择任何值，$_POST 数组不会传递单选按钮、复选框或多选列表框的任何选项。因此，处理表单时，在尝试访问这类元素的值之前必须使用 isset()函数来检查它们是否存在。

本章后面的 PHP 解决方案展示了如何处理多选表单元素；笔者将着重介绍技术要点，而不是逐步详细介绍。在学习本章余下内容时，请记住以下几点。

- 处理这些元素依赖于 processmail.php 文件中的代码。
- 必须将每个元素的 name 属性添加到$expected 数组中，才能将其添加到消息正文中。
- 要使字段成为必填字段，请将其 name 属性添加到$required 数组中。
- 如果不必填的字段没有值，processmail.php 文件中的代码会将其值设置为 Not selected。

图 6-13 显示了 contact.php 页面，其中包含在原有界面上添加的每种输入类型的元素。

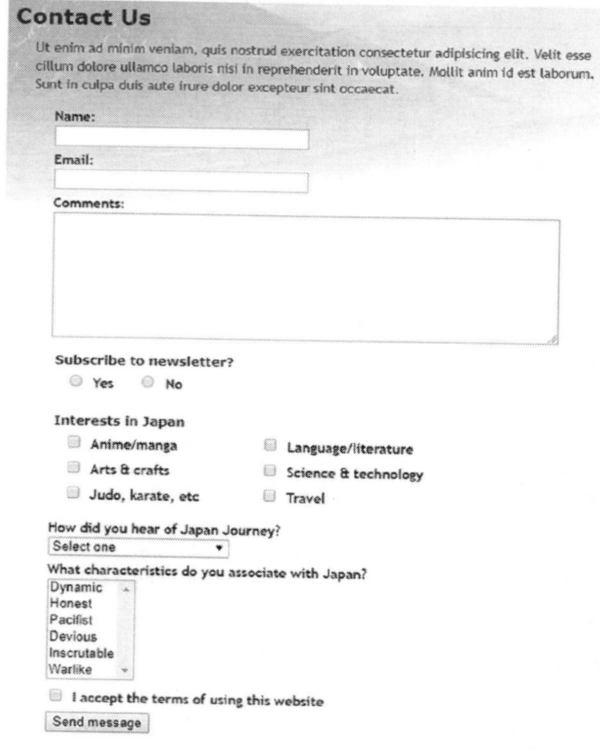

图 6-13　带有多选数据项元素示例的用户反馈表单

■ **提示：**

HTML5 表单输入元素都使用name属性，并将值作为文本或子数组通过$_POST数组发送，因此你应该能够根据实际需要相应地调整代码。

PHP 解决方案 6-7：处理单选按钮组

单选按钮组只允许你选择一个值。虽然在 HTML 标记中设置默认值是很常见的，但不是必须这样做。这个 PHP 解决方案展示了如何处理这两个场景。

(1) 处理单选按钮组的简单方法是将其中一个设为默认值。由于始终选择一个值，因此单选按钮组始终包含在$_POST 数组中。

具有默认值的单选按钮组的代码如下所示(name 属性和 PHP 代码以粗体突出显示)。

```
<fieldset id="subscribe">
  <h2>Subscribe to newsletter?</h2>
  <p>
  <input name="subscribe" type="radio" value="Yes" id="subscribe-yes"
  <?php
  if ($_POST && $_POST['subscribe'] == 'Yes') {
      echo 'checked';
  } ?>>
  <label for="subscribe-yes">Yes</label>
  <input name="subscribe" type="radio" value="No" id="subscribe-no"
  <?php
  if (!$_POST || $_POST['subscribe'] == 'No') {
       echo 'checked';
  } ?>>
  <label for="subscribe-no">No</label>
  </p>
</fieldset>
```

单选按钮组的所有成员 name 属性的值相同。因为只能选择一个值，所以 name 属性的值不需要在结尾处添加一对空的方括号。

与 Yes 按钮相关的条件语句检查$_POST 数组以查看表单是否已提交。如果已提交并且$_POST['subscribe']数组元素的值为 Yes，则在<input>标记中添加 checked 属性。

在 No 按钮中，条件语句使用| |(或)逻辑运算。第一个条件是!$_POST，当表单尚未提交时其值为 true。如果为 true，则在页面首次加载时，在该按钮的属性中添加 checked 属性，使得该按钮成为默认值。如果为 false，则表示表单已提交，需要检查$_POST['subscribe']数据元素的值。

(2) 当单选按钮没有默认值时，它不会包含在$_POST 数组中，因此 processmail.php 文件中构建$missing 数组的循环不会检测到它。为了确保单选按钮元素包含在$_POST 数组中，需要在提交表单之后测试它是否存在。如果不存在，则需要将其值设置为空字符串，如下所示。

```
$required = ['name', 'comments', 'email', 'subscribe'];
// set default values for variables that might not exist
if (!isset($_POST['subscribe'])) {
    $_POST['subscribe'] = '';
}
```

(3) 如果单选按钮组是必填的但没有值被选中，则在重新加载表单时需要显示错误消息。你还需要更改<input>标记中的条件语句，以反映不同的行为。

下面的代码显示 contact_09.php 文件中的 subscribe 单选按钮组，所有 PHP 代码都以粗体突出显示。

```
<fieldset id="subscribe">
  <h2>Subscribe to newsletter?
  <?php if (in_array('subscribe', $missing)) { ?>
  <span class="warning">Please make a selection</span>
  <?php } ?>
  </h2>
  <p>
  <input name="subscribe" type="radio" value="Yes" id="subscribe-yes"
  <?php
  if ($_POST && $_POST['subscribe'] == 'Yes') {
    echo 'checked';
  } ?>>
  <label for="subscribe-yes">Yes</label>
  <input name="subscribe" type="radio" value="No" id="subscribe-no"
  <?php
  if ($_POST && $_POST['subscribe'] == 'No') {
    echo 'checked';
  } ?>>
  <label for="subscribe-no">No</label>
  </p>
</fieldset>
```

控制<h2>标记中警告消息的条件语句使用与文本输入字段相同的技术。如果单选按钮组是必填项并且位于$missing 数组中，则会显示此消息。

在两个单选按钮中，判断是否添加 checked 属性的条件语句是相同的。它检查表单是否已提交，并且仅当与$_POST['subscribe']数组元素中的值匹配时才添加 checked 属性。

1. PHP 解决方案 6-8：处理复选框组

复选框可以单独使用，也可以分组使用。处理它们的方法略有不同。这个 PHP 解决方案展示如何处理一个名为 interests 的复选框组。PHP 解决方案 6-11 将解释如何处理单个复选框。

当用作组时，组中所有复选框的 name 属性值是相同的；该属性值需要以一对空方括号结尾，以便 PHP 将多个选定的值作为数组传输。要标识选中了哪些复选框，每个复选框都需要同一个唯一的 value 属性。

如果未选择任何选项，则复选框组不会包含在$_POST 数组中。提交表单后，需要检查$_POST 数组，查看它是否包含复选框组的子数组。如果没有包含，则需要在 processmail.php 文件中创建一个空子数组作为该复选框的默认值。

(1) 为了少查看一些代码，只显示复选框组的前两个元素。复选框的 name 属性和 PHP 脚本部分以粗体突出显示，如下所示。

```
<fieldset id="interests">
<h2>Interests in Japan</h2>
<div>
  <p>
      <input type="checkbox" name="interests[]" value="Anime/manga"
      id="anime"
      <?php
      if ($_POST && in_array('Anime/manga', $_POST['interests'])) {
      echo 'checked';
      } ?>>
      <label for="anime">Anime/manga</label>
  </p>
  <p>
    <input type="checkbox" name="interests[]" value="Arts & crafts"
    id="art"
    <?php
    if ($_POST && in_array('Arts & crafts', $_POST['interests'])) {
    echo 'checked';
    } ?>>
    <label for="art">Arts & crafts</label>
  </p>
. . .
</div>
</fieldset>
```

每个复选框的 name 属性的值是相同的，该值以一对空方括号结尾，因此复选框组的数据被视为一个数组。如果省略方括号，$_POST['interests']数组元素只会包含第一个被选中的复选框的值。此外，如果没有选中任何复选框，$_POST['interests']数组元素将不存在。下一步将处理这种情况。

注意：

虽然在复选框组中必须为name属性的值添加空方括号，但所选值的子数组位于$_POST['interests']数组元素而不是$_POST['interests[]']数组元素中。

每个复选框元素中的 PHP 代码执行与单选按钮组中相同的功能，通过条件语句判断是否为复选框添加 checked 属性。第一个条件检查表单是否已提交。第二个条件使用 in_array()函数检查与该复选框关联的值是否包含在$_POST['interests']子数组中。如果包含，则表示选中了该复选框。

(2) 在表单提交后，需要检查$_POST['interests']数组元素是否存在。如果不存在，则必须创建一个空数组作为脚本其余部分处理的默认值。代码遵循与单选按钮组相同的处理模式。

```
$required = ['name', 'comments', 'email', 'subscribe', 'interests'];
// set default values for variables that might not exist
if (!isset($_POST['subscribe'])) {
$_POST['subscribe'] = '';
}
if (!isset($_POST['interests'])) {
    $_POST['interests'] = [];
}
```

(3) 如果需要设置复选框组中被选中的复选框的最少数量，可以使用 count()函数判断$_POST['interests']元素中子数组的元素数量。如果少于所需的数量，需要将复选框组添加到$errors 数组中，如下所示。

```
if (!isset($_POST['interests'])) {
$_POST['interests'] = [];
}
// minimum number of required check boxes
$minCheckboxes = 2;
if (count($_POST['interests']) < $minCheckboxes) {
    $errors['interests'] = true;
}
```

count()函数返回数组中元素的个数，如果选中的复选框少于两个，则会将$errors['interests']数组元素设置为 true。你可能想知道为什么笔者使用变量而不是数字，如下所示。

```
if (count($_POST['interests']) < 2) {
```

这样写代码当然没问题，而且只需要较少的输入，但变量$minCheckboxes 可以在错误消息中重用。将数字存储在变量中意味着这个条件设置和错误消息始终保持同步。

(4) 表单正文中的错误消息如下所示。

```
<h2>Interests in Japan
<?php if (isset($errors['interests'])) { ?>
  <span class="warning">Please select at least <?=
$minCheckboxes ?></span>
<?php } ?>
</h2>
```

2. PHP 解决方案 6-9：使用下拉列表框

使用<select>标记创建的下拉列表框类似于单选按钮组，因为它们通常只允许用户从多个选项中选择一个选项。它们的不同之处在于，下拉列表框始终会被选择一个选项，即便该选项只是作为第一个选项提示用户选择其他选项。因此，$_POST 数组始终包含表示<select>选项的元素，而单选按钮组除非预设了默认值，否则将被忽略。

(1) 下面的代码显示 contact_09.php 页面下拉列表框的前两项，PHP 代码以粗体突出显示。与所有的多项选择元素一样，PHP 代码封装了指示选择了哪个选项的属性。尽管此属性在单选按钮和复选框中都称为 checked，但在<select>列表框中称为 selected。如果表单提交时缺少某个必填项，则必须使用正确的属性重新显示已经选择的选项。当页面首次加载时，$_POST 数组不包含任何元素，因此你可以通过测试$_POST 数组来选择第一个<option>。一旦提交表单，$_POST 数组总是包含下拉列表框中的元素，因此不需要测试其是否存在。

```
<p>
  <label for="howhear">How did you hear of Japan Journey?</label>
  <select name="howhear" id="howhear">
    <option value="No reply"
    <?php
    if (!$_POST || $_POST['howhear'] == 'No reply') {
       echo 'selected';
    } ?>>Select one</option>
    <option value="Apress"
    <?php
    if (isset($_POST && $_POST['howhear'] == 'Apress') {
       echo 'selected';
    } ?>>Apress</option>
  . . .
  </select>
</p>
```

(2) 即使用户总会在下拉列表框中选择某个选项，但我们可能希望强制用户选择默认选项以外的选项。为此，将<select>标记的 name 属性值添加到$required 数组中，然后将默认选项的 value 属性和$_POST 数组中对应的元素设置为空字符串，如下所示。

```
<option value=""
<?php
if (!$_POST || $_POST['howhear'] == '') {
  echo 'selected';
} ?>>Select one</option>
```

value 属性在<option>标记中不是必需的，但如果不使用它，则表单将使用开始标记和结束标记之间的文本作为选定值。因此，有必要将 value 属性显式设置为空字符串。否则，Select one 将作为所选值发送。

(3) 如果未进行任何选择，则显示警告消息的代码遵循前面已介绍过的模式。

```
<label for="select">How did you hear of Japan Journey?
<?php if (in_array('howhear', $missing)) { ?>
  <span class="warning">Please make a selection</span>
<?php } ?>
</label>
```

3. PHP 解决方案 6-10：处理多选列表框

多选列表框类似于复选框组：它们允许用户选择零个或多个项，因此结果存储在数组中。如果未选择任何选项，则$_POST 数组中不会包含与多选列表框对应的数组元素，因此需要使用与复选框组相同的方式添加空子数组。

(1) 下面的代码显示 contact_09.php 页面上的多选列表框中的前两项，name 属性和 PHP 代码以粗体突出显示。附加到 name 属性值之后的方括号确保将结果存储为数组。代码的工作方式与 PHP 6-8 解决方案中的复选框组相同。

```
<p>
  <label for="characteristics">What characteristics do you associate with
  Japan?</label>
  <select name="characteristics[]" size="6" multiple="multiple"
  id="characteristics">
    <option value="Dynamic"
    <?php
    if ($_POST && in_array('Dynamic', $_POST['characteristics'])) {
      echo 'selected';
    } ?>>Dynamic</option>
```

```
    <option value="Honest"
    <?php
    if ($_POST && in_array('Honest', $_POST['characteristics'])) {
      echo 'selected';
    } ?>>Honest</option>
. . .
  </select>
</p>
```

(2) 在处理邮件的代码中，以与复选框数组相同的方式为多选列表框设置默认值。

```
if (!isset($_POST['interests'])) {
  $_POST['interests'] = [];
}
if (!isset($_POST['characteristics'])) {
  $_POST['characteristics'] = [];
}
```

(3) 要将多选列表框设置为必填项并设置最少选中项的数量，请使用与 PHP 解决方案 6-8 中处理复选框组相同的技术。

4. PHP 解决方案 6-11：处理单个复选框

处理单个复选框的方式与复选框组略有不同。对于单个复选框，不需要将方括号追加到 name 属性值之后，因为它不需要作为数组处理。此外，value 属性是可选的。如果不设置 value 属性，那么在选中该复选框时，value 属性默认设置为 On。但是，如果没有选中复选框，它的 name 属性值就不会包含在$_POST 数组中，因此需要测试其是否存在。

这个 PHP 解决方案展示了如何添加一个复选框来确认网站的条款已经被接受。它假设必须选中复选框以表示接受条款。

(1) 如下代码显示了单个复选框，name 属性和 PHP 代码以粗体突出显示。

```
<p>
  <input type="checkbox" name="terms" value="accepted" id="terms"
  <?php
  if ($_POST && !isset($errors['terms'])) {
    echo 'checked';
  } ?>>
  <label for="terms">I accept the terms of using this website
  <?php if (isset($errors['terms'])) { ?>
    <span class="warning">Please select the check box</span>
```

```
    <?php } ?></label>
</p>
```

<input>元素中的 PHP 代码块仅在$_POST 数组不为空且未设置$errors['terms']数组元素时插入 checked 属性。这可确保在首次加载页面时未选中复选框。如果用户未确认接受条款就提交了表单，它也将保持未选中状态。

如果设置了$errors['terms']数组元素，第二个 PHP 代码块会在标签旁边显示一条错误消息。

(2) 除了向$expected 和$required 数组中添加复选框对应的数组元素之外，还需要为$_POST['terms'] 数组元素设置默认值，然后在提交表单时处理数据的代码中设置$errors['terms'] 数组元素。

```
if (!isset($_POST['characteristics'])) {
   $_POST['characteristics'] = [];
}
if (!isset($_POST['terms'])) {
  $_POST['terms'] = '';
  $errors['terms'] = true;
}
```

仅当复选框是必填项时，才需要创建$errors['terms']数组元素。对于可选复选框，如果$_POST 数组中没有包含对应的数组元素，只要将该数组元素设置为空值即可。

6.5 本章回顾

本章在构建 processmail.php 页面方面已经做了很多工作，但是这个脚本的优点是它可以与任何表单一起工作。唯一需要更改的部分是$expected 和$required 数组以及特定于表单的具体信息，例如目标地址、头字段和多选元素的默认值。如果未选择任何值，这些元素将不会包含在$_POST 数组中。

笔者一直避免谈论 HTML 电子邮件，因为 mail()函数处理电子邮件的能力很差。位于 www.php.net/manual/en/book.mail.php 的 PHP 联机手册显示了通过添加额外的头字段发送 HTML 邮件的方法。但人们普遍认为，对于不接收 HTML 的电子邮件程序，HTML 邮件应该始终包含一个可供选择的文本版本。如果要发送 HTML 邮件或附件，请尝试 PHPMailer(详细内容请参考 https://github.com/PHPMailer/PHPMailer/)。

正如将在后面的章节中所见，在线表单几乎是你使用 PHP 完成所有工作的核心。它可以看为浏览器和 Web 服务器之间的网关。你会多次使用到在本章学到的技巧。

第 7 章

使用 PHP 管理文件

PHP 提供了大量函数用来处理服务器的文件系统，但是找到合适的函数并不容易。本章将深入介绍这些函数的一些实际用途，例如读取和写入文本文件，以便在没有数据库的情况下存储少量信息。循环在检查文件系统的内容方面起着重要作用，因此你还将探索一些标准的 PHP 库(Standard PHP Library，SPL)迭代器，这些迭代器旨在使循环更有效。

除了打开本地文件，PHP 还可以读取其他服务器上的公共文件，如新闻源。新闻源通常格式化为 XML(Extensible Markup Language，可扩展标记语言)。在过去，从 XML 文件中提取信息是一个曲折的过程，但是 SimpleXML 工具(如其名称所示)使得 PHP 能轻松地实现数据提取。在本章中，你将看到如何创建列出文件夹中所有图像的下拉列表框，如何创建从文件夹中选择特定类型文件的函数，如何从另一台服务器中拉入实时新闻源，以及如何提示访问者下载图像或 PDF 文件而不是在浏览器中打开它们。作为奖励，你将学习如何修改从其他网站获取的日期的时区。

本章内容：

- 读写文件
- 列出文件夹的内容
- 使用 SplFileInfo 类检查文件
- 使用 SPL 迭代器控制循环
- 使用 SimpleXML 从 XML 文件中提取信息
- 使用 RSS 源
- 创建下载链接

7.1 检查 PHP 是否能打开文件

本章中的许多 PHP 解决方案都涉及打开文件进行读写，因此确保在本地测试环境和远程服务器上设置了正确的权限非常重要。PHP 能够读写任何位置的文件，只要它拥有正确的权限并知道在哪里可以找到文件。因此，为了安全起见，应该将计划读取或写入的文件存储在 Web 服务器根目录之外(通常称为 htdocs、public_html 或 www)。这可以防止未经授权的人读取你的文件，或更糟地，修改其内容。

大多数托管公司使用 Linux 或 UNIX 服务器，这对文件和目录的所有权施加了严格的规则。检查在 Web 服务器根目录之外存储文件的目录上的权限是否已设置为 644(这允许所有者读取和写入该目录，所有其他用户都只能读该目录)。如果仍然收到有关权限被拒绝的警告，请咨询你的托管公司。如果要求你将某项设置提升到 7，请注意，这会授予执行脚本的权限，恶意攻击者可能会利用该权限进行攻击。

■ **提示：**

如果不能访问网站根目录以外的目录，笔者建议你转到另一家托管公司。在将任何由网站维护人员以外的人上传的文件包含在网页中之前，必须首先检查这些文件。将这些文件存放在非公开的目录中可以降低所有安全风险。

7.1.1 在 Windows 服务器根目录外创建文件夹以便进行本地测试

对于以下练习，笔者建议在 C 驱动器的顶层创建一个名为 private 的文件夹。在 Windows 上没有权限问题，因此只需要创建文件夹即可。

在服务器根目录外创建用于在 macOS 上进行本地测试的文件夹

Mac 用户可能需要做更多的准备，因为文件权限与 Linux 类似。在主文件夹中创建一个名为 private 的文件夹，并按照 PHP 解决方案 7-1 中的说明进行操作。

如果一切顺利，则不需要做任何额外的事情。但是，如果收到 PHP 的 failed to open stream 的警告，则需要更改私有文件夹的权限，如图 7-1 所示。

(1) 在 Mac Finder 中选择 private 文件夹并选择 File | Get Info 菜单(或使用快捷键 Cmd+I)打开其信息面板。

(2) 在 Sharing & Permissions 区域中单击右下角的挂锁图标以解锁设置，然后将每个人的设置从只读更改为读写，如图 7-1 所示。

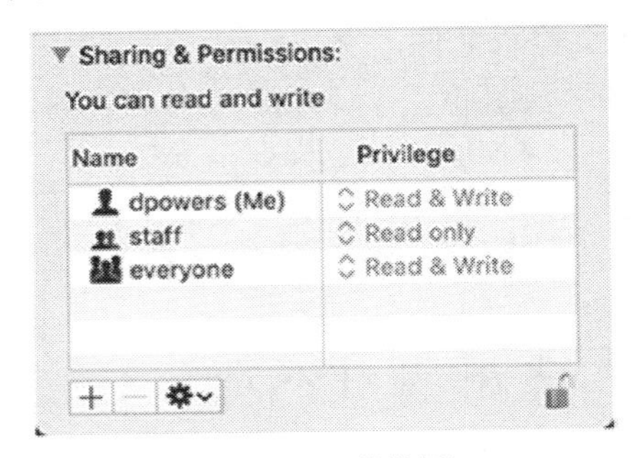

图 7-1 屏幕截图

(3) 再次单击挂锁图标以保留新设置并关闭设置面板。现在你应该可以使用 private 文件夹继续本章的其余部分。

7.1.2 影响文件访问的配置设置

托管公司可以通过 php.ini 配置文件进一步限制访问文件。要了解施加了哪些限制，请在网站上运行 phpinfo()函数，并检查 Core 部分中的设置。表 7-1 列出了需要检查的设置。除非你运行自己的服务器，否则通常无法控制这些设置。

表 7-1 影响文件访问的 PHP 配置设置

指令	默认值	说明
allow_url_fopen	On	允许 PHP 脚本在 Internet 上打开公共文件
allow_url_include	Off	控制包含远程文件的能力

表 7-1 中的设置都控制通过 URL(而不是本地文件系统)访问文件。第一个设置，allow_url_fopen 指令，允许你读取远程文件，但不能包含在脚本中。这通常是安全的，因此默认设置是启用它。

另一方面，allow_url_include 指令允许你直接在脚本中包含远程文件。这是一个主要的安全风险，因此默认设置禁用该指令。

■ **提示：**

如果你的托管公司禁用了allow_url_fopen指令，需要请求其启用该指令。否则，你将无法使用PHP解决方案 7-5 中介绍的技术。但不要混淆两个指令的名称：在托管环境中，应始终禁用allow_url_include指令。即使运行网站的服务器禁用了allow_url_fopen指令，仍然可以使用Client URL Library(cURL)访问有用的外部数据源，如新闻源和公共XML文档。有关更多信息，请参见www.php.net/manual/en/book.curl.php。

7.2 读写文件

读写文件的能力有着广泛的应用。例如，可以打开另一个网站上的某个文件，将内容读入服务器内存，使用字符串和 XML 操作函数提取信息，然后将结果写入本地文件。还可以在自己的服务器上查询数据库，并将数据输出为文本或 CSV(Comma-Separated Values，逗号分隔值)文件，甚至可以生成 Open Document Format 格式或 Microsoft Excel 电子表格格式的文件。但首先，让我们看看基本操作。

■ **提示：**

如果订阅了LinkedIn Learning或Lynda.com，你可以在笔者的PHP:Exporting Data to Files课程中学习如何将数据从数据库导出为各种格式，如Microsoft Excel和Word。

7.2.1 在单个操作中读取文件

PHP 有 3 个函数，可以在单个操作中读取文本文件的内容。

- readfile()函数打开文件并直接输出其内容。
- file_get_contents()函数将文件的全部内容读入单个字符串，但不生成直接输出。
- file()函数将文件内容按行读入一个数组。

PHP 解决方案 7-1：获取文本文件的内容

这个 PHP 解决方案演示使用 readfile()、file_get_contents()和 file()函数访问文件内容之间的区别。

(1) 将 sonnet.txt 文件复制到 private 文件夹中。这是一个包含莎士比亚的 Sonnet 116 诗歌的文本文件。

(2) 在 phpsols-4e 站点根目录中创建一个名为 filesystem 的新文件夹，然后在新文件夹中创建一个名为 get_contents.php 的 PHP 文件。在一个 PHP 代码块中插入以下代码(ch07 文件夹中的 get_contents_01. php 文件显示了嵌在网页中的代码，但你可以只使用这些 PHP 代码进行测试)。

```
readfile('C:/private/sonnet.txt');
```

如果使用的是 Mac，请使用自己的 Mac 用户名修改路径名，如下所示。

```
readfile('/Users/username/private/sonnet.txt');
```

如果在 Linux 或远程服务器上进行测试，请相应地修改路径名。

■ **注意：**
为简洁起见，本章中的其余示例仅显示Windows路径名。

---

(3) 保存 get_contents.php 文件并在浏览器中查看。你应该会看到类似于图 7-2 所示的内容。浏览器忽略原始文本中的换行符，并将莎士比亚的十四行诗显示为一个文本块。

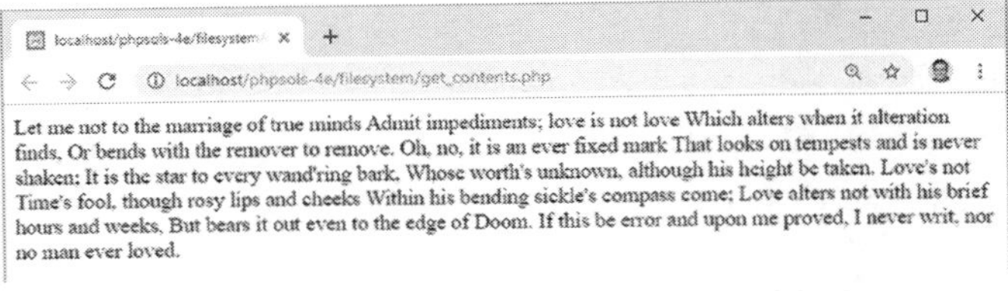

图 7-2 十四行诗显示为一个文本块

■ **注意：**

如果看到错误消息，请检查你输入的代码是否正确，以及是否在Mac或Linux上设置了正确的文件和文件夹权限。

(4) PHP 有一个名为 nl2br()的函数，它将换行符转换为
标记(尾随斜线是为了与 XHTML 兼容，在 HTML 5 中也是合法的)。按如下所示修改 get_contents.php 文件中的代码(这些代码在 get_contents_02.php 文件中)。

```
nl2br(readfile('C:/private/sonnet.txt'));
```

(5) 保存 get_contents.php 文件并重新在浏览器中加载该文件。输出仍然是一个连续的文本块。当你像这样将一个函数作为参数传递给另一个函数时，内部函数的结果通常传递给外部函数，在一个表达式中执行两个操作。因此，你希望将文件的内容在浏览器中显示之前先传递给 nl2br()函数。但是，readfile()函数会立即输出文件的内容。当该函数执行完成时，nl2br()函数没有任何内容可以插入
标记。文本直接被加载到浏览器中。

■ **注意：**

当两个函数这样嵌套时，首先执行内部函数，然后外部函数处理内部函数的返回结果。但是内部函数的返回值需要能作为外部函数的有意义的参数。readfile()函数读取文件的返回值是从文件中读取的字节数。即使在代码的开始处添加echo指令，也只能将文本的字节数(即 594)添加在输出的末尾。嵌套函数在这种情况下不起作用，但它通常是一种非常有用的技术，避免了在用另一个函数处理内部函数的返回值之前将其结果存储在变量中的必要。

(6) 这里不能使用 readfile()函数，而要使用 file_get_contents()函数将换行符转换为
标记。readfile()函数直接输出文件的内容，而 file_get_contents()函数则将文件的内容作为单个字符串返回。你必须根据自己的需要决定使用什么函数。按如下方式修改代码(或使用 get_contents_03.php 文件)。

```
echo nl2br(file_get_contents('C:/private/sonnet.txt'));
```

(7) 在浏览器中重新加载页面。十四行诗的每一行现在都会换行显示，见图 7-3。

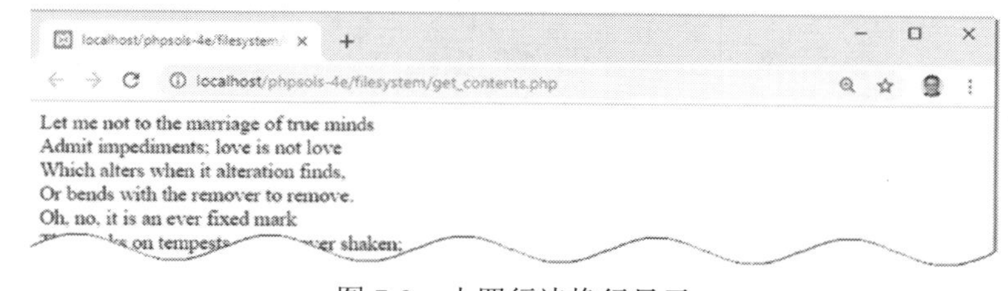

图 7-3　十四行诗换行显示

(8) file_get_contents()函数的优点是，可以将文件内容分配给变量，并在决定如何处理该变量之前以某种方式对其进行处理。按如下方式修改 get_contents.php 文件中的代码(或使用 get_contents_04.php 文件)并将页面加载到浏览器中。

```
$sonnet = file_get_contents('C:/private/sonnet.txt');
// replace new lines with spaces
$words = str_replace("\r\n", ' ', $sonnet);
// split into an array of words
$words = explode(' ', $words);
// extract the first nine array elements
$first_line = array_slice($words, 0, 9);
// join the first nine elements and display
echo implode(' ', $first_line);
```

这会将 sonnet.txt 文件的内容存储在一个名为$sonnet 的变量中，该变量将传递给 str_replace()函数，然后 str_replace()函数用空格替换回车和换行符，并将结果存储在$words 变量中。

■ 注意：

第 4 章的 4.5.2 节“在双引号内使用转义序列”解释了"\r\n"的含义。文本文件在Windows中创建，因此换行符由回车符和新行符表示。在macOS和Linux上创建的文件只使用新行符("\n")。

然后将$words 变量传递给 explode()函数。这个函数分解一个字符串并将其转换成数组，使用第一个参数确定断开字符串的位置。在这里使用的是空格，因此文本文件的内容被拆分为一个单词数组。

单词数组随后传递给 array_slice()函数，该函数从第二个参数中指定的位置开始从数组中提取一个片段。第三个参数指定片段的长度。PHP 数组元素的索引从 0 开始，因此代码提取前 9 个单词。

最后，implode()函数与 explode()函数相反，它将数组的元素连接起来，并在每个元素之间插入第一个参数。结果由 echo 显示，产生图 7-4 所示的结果。

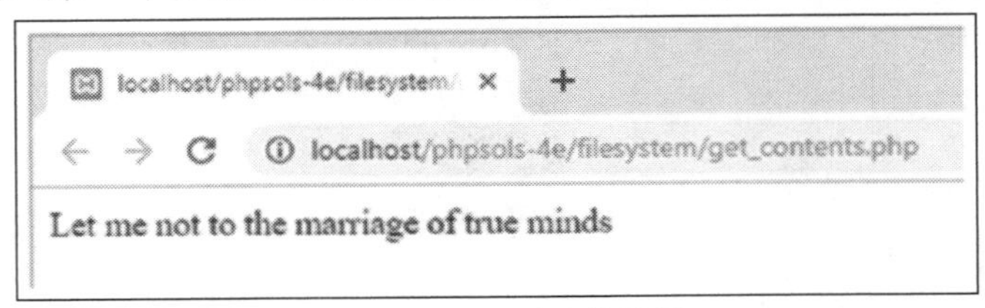

图 7-4　echo 显示的结果

脚本现在只显示文本文件的第一行，而不是显示全部内容。完整的字符串仍存储在$sonnet 变量中。

(9) 但是，如果要单独处理每一行，则使用 file()函数更简单，它将文件按行读入一个数组。要显示 sonnet.txt 文件的第一行，可以将前面的代码简化为以下代码(请参见 get_contents_05.php 文件中的代码)。

```
$sonnet = file('C:/private/sonnet.txt');
echo $sonnet[0];
```

(10) 事实上，如果不需要完整的数组，可以使用一种称为数组解引用(array dereference)的技术直接访问单行文本，方法是在调用函数的代码之后添加方括号，并将相应的索引号放置在方括号中。图 7-5 所示的代码显示了十四行诗的第 11 行(请参见 get_contents_06.php 文件中的代码)。

```
echo file('C:/private/sonnet.txt')[10];
```

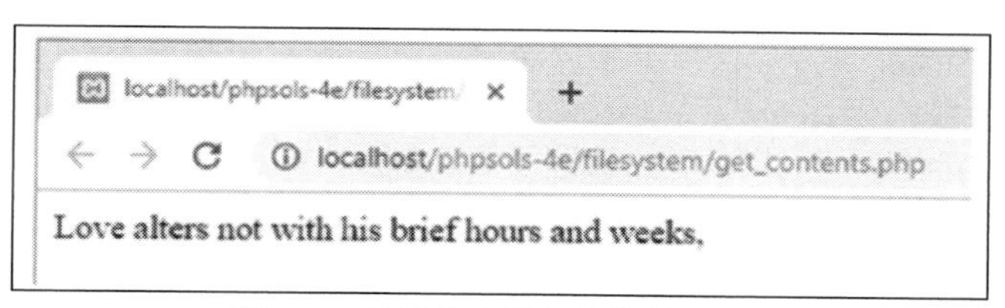

图 7-5　显示第十四行诗的第 11 行

在我们刚刚研究的三个函数中，readfile()函数可能是最不常用的。它只是读取文件的内容并将其直接输出，我们不能操作文件内容或从中提取信息。但是，readfile()函数的一个实际用途是强制下载一个文件，你将在本章后面看到。

另外两个函数 file_get_contents()和 file()更有用，因为你可以通过变量获取文件的内容，且可以对变量进行重新格式化或按希望提取所需的信息。唯一的区别是 file_get_contents()函数将内容读入单个字符串，而 file()函数生成一个数组，其中每个元素对应于文件中的一行。

■ 提示：

file()函数在每个数组元素的末尾保留换行符。如果要删除换行符，请将常量 FILE_IGNORE_NEW_LINES 作为第二个参数传递给函数。也可以使用常量 FILE_SKIP_EMPTY_LINES作为第二个参数跳过空行。要删除换行符并跳过空行，请使用垂直管道将两个常量分开，即：FILE_IGNORE_NEW_LINES | FILE_SKIP_EMPTY_LINES。

虽然我们只使用本地文本文件测试了 file_get_contents()函数和 file()函数，但它们也可以从其他域上的公共文件中检索内容。这使得它们对于访问其他 Web 页面上的信息非常有用，尽管提取信息通常需要对字符串函数和文档对象模型(DOM)所描述的文档逻辑结构有很好的理解。

file_get_contents()函数和 file()函数的缺点是它们将整个文件读入内存。对于非常大的文件，最好使用一次只处理文件一部分的函数。我们稍后再介绍。

7.2.2 打开和关闭用于读/写操作的文件

到目前为止，我们所研究的函数都是在一行代码中完成的。但是，PHP 还有一组函数，允许你打开文件、读取和/或写入文件，然后关闭文件。该文件可以位于本地文件系统上，也可以是其他域上的公共可用文件。

以下是执行此类操作的最重要的函数。

- fopen()函数：打开文件；
- fgets()函数：读取文件内容，通常一次读取一行；
- fgetcsv()函数：从 CSV 文件获取当前行并将其转换为数组；
- fread()函数：读取文件中指定数量的内容；
- fwrite()函数：写入文件；
- feof()函数：确定是否已到达文件结尾；
- rewind()函数：将内部指针移回文件顶部；
- fseek()函数：将内部指针移动到文件中的特定位置；
- fclose()函数：关闭文件。

其中第一个函数是 fopen()，它提供了一组令人困惑的选项，用于选择文件打开后如何使用文件：fopen()函数有 1 个只读模式、4 个只写模式和 5 个读/写模式。有这么多选项，在打开文件时就能控制是否重写现有内容或追加新内容。在其他时候，如果要打开的文件不存在，你可能希望 PHP 创建一个文件。

每种模式决定打开文件时内部指针的放置位置。内部指针就像字处理器中的光标：当调用 fread()函数或 fwrite()函数时，PHP 从内部指针所在的位置开始读或写。

表 7-2 列出了所有可用的选项。

表 7-2 与 fopen()函数一起使用的读/写模式

类型	模式	描述
只读	r	内部指针放置在文件的开头
只写	w	写入之前删除现有数据。如果文件不存在，则创建文件
	a	追加模式。在末尾添加了新数据。如果文件不存在，则创建文件
	c	现有的内容被保留，但内部指针放置在文件的开头。如果文件不存在，则创建文件
	x	仅当文件不存在时才创建文件。如果已经存在同名文件，则失败
读/写	r+	读/写操作可以按任意顺序进行，并从当时内部指针所在的位置开始。指针最初放置在文件的开头。文件必须已经存在才能使读写操作成功进行

(续表)

类型	模式	描述
读/写	w+	删除现有数据。数据可以在写入后读回。如果文件不存在，则创建文件
	a+	打开一个文件，准备在文件末尾添加新数据。还允许在移动内部指针后读取数据。如果文件不存在，则创建文件
	c+	保存现有的内容，并将内部指针放置在文件的开头。如果新文件不存在，则创建新文件
	x+	创建新文件，但如果同名文件已经存在，则失败。数据可以在写入后读回

选择错误的模式，最终可能会删除有价值的数据。你还需要小心内部指针的位置。如果指针位于文件的末尾，并且试图读取内容，则最终将一无所获。另一方面，如果指针位于文件的开头，并且开始写入，则会覆盖相同数量的现有数据。

使用 fopen()函数时，需要传递以下两个参数。

- 要打开的文件的路径，如果文件位于其他域中，则提供该文件的 URL；
- 表 7-2 所列模式之一的字符串。

fopen()函数返回对打开文件的引用，然后与其他读/写函数一起使用该引用来访问文件。以下代码以只读模式打开指定文件：

```
$file = fopen('C:/private/sonnet.txt', 'r');
```

此后，将$file 变量作为参数传递给其他函数，如 fgets()和 fclose()函数。通过一些实际的演示，相关技术的应用应该会变得更清楚。比起自己构建文件，你可能会发现使用 ch07 文件夹中的文件更容易。笔者将快速介绍每种模式。

▒ **注意：**
Mac和Linux用户需要调整示例文件中private文件夹的路径，以匹配其设置。

1. 使用 fopen()函数读取文件

fopen_read.php 文件包含以下代码：

```
// store the pathname of the file
$filename = 'C:/private/sonnet.txt';
// open the file in read-only mode
$file = fopen($filename, 'r');
// read the file and store its contents
$contents = fread($file, filesize($filename));
// close the file
fclose($file);
// display the contents with <br/> tags
```

```
echo nl2br($contents);
```

如果将该文件加载到浏览器中，则应看到图 7-6 所示的输出。

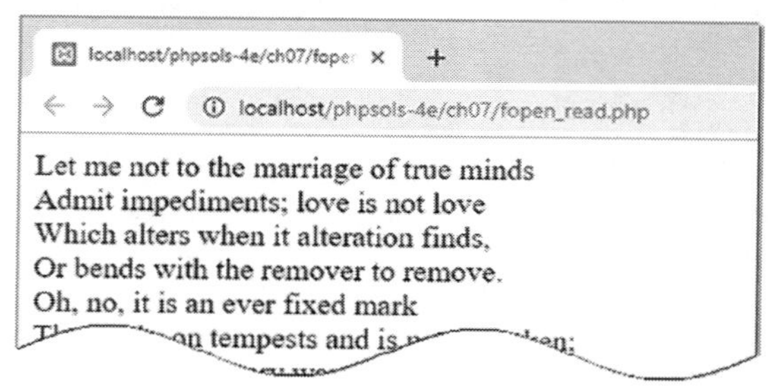

图 7-6　文件加载到浏览器中产生的输出

结果与在 get_contents_03.php 文件中使用 file_get_contents()函数的效果相同。与 file_get_contents()函数不同的是，fread()函数需要知道要读取文件的多少内容。为此，需要提供第二个参数来指示字节数。例如，要从一个非常大的文件中读取前 100 个左右的字符，这个函数是非常有用的。但是，如果需要读取整个文件，则需要将文件的路径名传递给 filesize()函数以获得准确的文件大小。

通过 fopen()函数返回的文件引用读取文件内容的另一种方法是使用 fgets()函数，它一次读取一行。这意味着你需要结合使用 while 循环和 feof()函数直到读取到文件的末尾。fopen_readloop.php 文件中的代码如下所示：

```
$filename = 'C:/private/sonnet.txt';
// open the file in read-only mode
$file = fopen($filename, 'r');
// create variable to store the contents
$contents = '';
// loop through each line until end of file
while (!feof($file)) {
    // retrieve next line, and add to $contents
    $contents .= fgets($file);
}
// close the file
fclose($file);
// display the contents
echo nl2br($contents);
```

while 循环使用 fgets()函数一次读取文件一行的内容——逻辑条件!feof($file)的含义是“直到$file 变量引用的文件的结尾”，并将读取的内容存储在$contents 变量中。

使用 fgets()函数与使用 file()函数非常相似，因为它一次也只处理一行。不同之处在于，一旦找到要查找的信息，就可以跳出 fgets()函数的循环。如果使用非常大的文件，这是一个显著的优势。file()函数的作用是将整个文件加载到一个数组中，消耗的内存与文件的大小直接相关。

2. PHP 解决方案 7-2：从 CSV 文件提取数据

文本文件可以用作平面文件数据库，其中每个记录存储在一行中，每个字段之间有逗号、制表符或其他分隔符。这种类型的文件称为 CSV 文件。通常，CSV 代表逗号分隔的多个值，但当使用制表符或其他分隔符时，它也可以表示字符分隔的多个值。此 PHP 解决方案演示如何使用 fopen()和 fgetcsv()函数将 CSV 文件中的值提取到多维关联数组中。

(1) 将 weather.csv 文件从 ch07 文件夹复制到你的 private 文件夹。文件包含以下数据(以逗号分隔的值)：

```
city,temp
London,11
Paris,10
Rome,12
Berlin,8
Athens,19
```

第一行包含文件其余部分中数据的标题。有 5 行数据，每行都包含 1 个城市的名称和温度。

■ **警告：**
以逗号分隔值存储数据时，逗号后不应有空格。如果添加空格，它将被视为数据字段的第一个字符。CSV文件中的每一行必须具有相同数量的数据项。

---

(2) 在 filesystem 文件夹中创建一个名为 getcsv.php 的文件，并使用 fopen()函数以只读模式打开 weather.csv 文件。

```
$file = fopen('C:/private/weather.csv', 'r');
```

(3) 使用 fgetcsv()函数将文件的第一行提取为数组，然后将其分配给名为$titles 的变量。

```
$titles = fgetcsv($file);
```

这将创建$titles 数组，该数组包含 weather.csv 文件第一行的两个值，即 city 和 temp。

fgetcsv()函数需要一个参数，即对已打开文件的引用。它还接收多达四个可选参数。

- 行的最大长度：默认值是 0，这意味着没有限制。
- 字段之间的分隔符：默认为逗号。
- 外壳字符：如果字段包含分隔符作为数据的一部分，则必须用引号括起来。默认为双引号。

- 转义字符：默认为反斜杠。

我们使用的 CSV 文件不需要设置任何可选参数。

(4) 在下一行，为从 CSV 数据提取的值初始化一个空数组。

```
$cities = [];
```

(5) 从行中提取值后，fgetcsv()函数将移到下一行。要从文件中获取剩余的数据，需要创建一个循环。添加以下代码：

```
while (!(feof($file)) {
  $data = fgetcsv($file);
  $cities[] = array_combine($titles, $data);
}
```

循环内的代码将 CSV 文件的当前行作为数组分配给$data 变量，然后使用 array_combine()函数生成关联数组，该数组将添加到$cities 数组中。此函数需要两个参数，这两个参数必须是具有相同元素数量的数组。这两个数组合并时，从第一个参数中为生成的关联数组获取键，从第二个参数中获取值。

(6) 关闭 CSV 文件：

```
fclose($file);
```

(7) 要检查结果，请使用 print_r()函数。用<pre>标记包围文本内容，使输出更易于阅读。

```
echo '<pre>';
print_r($cities);
echo '</pre>';
```

(8) 保存 getcsv.php 文件并将其加载到浏览器中。结果如图 7-7 所示。

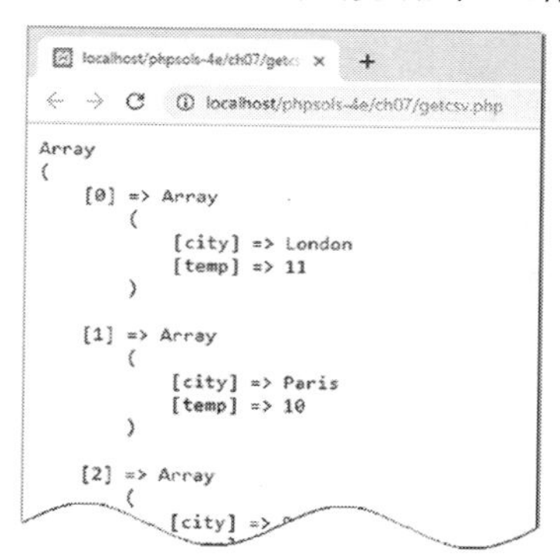

图 7-7　CSV 数据已转换为多维关联数组

(9) 上述代码读取 weather.csv 文件非常顺利，但是脚本可以变得更加健壮。如果 fgetcsv()函数遇到空行，则返回一个包含单个空元素的数组，该数组在作为参数传递给 array_combine()函数时会生成错误。通过添加以下粗体突出显示的条件语句来修改 while 循环。

```
while (!feof($file)) {
  $data = fgetcsv($file);
  if (empty($data)) {
    continue;
  }
  $cities[] = array_combine($titles, $data);
}
```

条件语句使用 empty()函数，如果变量不存在或等于 false，则返回 true。如果有空行，continue 关键字将返回到循环的顶部，而不会执行紧接在后面的代码。

可以对照 ch07 文件夹中的 getcsv.php 文件来检查代码。

在 macOS 上创建 CSV 文件

PHP 经常难以检测 Mac 操作系统上创建的 CSV 文件的行尾。如果 fgetcsv()函数无法从 CSV 文件中正确提取数据，请在脚本顶部添加以下代码行。

```
ini_set('auto_detect_line_endings', true);
```

这对性能的影响很小，因此只有在 Mac 系统上处理 CSV 文件的行结尾出现问题时才应使用它。

3. 用 fopen()函数替换文件内容

第一种只写模式(w)删除文件中的任何现有内容，因此对于需要频繁更新的文件进行处理是有用的。可以使用 fopen_write.php 文件测试 w 模式，它在 DOCTYPE 声明上方有以下 PHP 代码。

```
<?php
// if the form has been submitted, process the input text
if (isset($_POST['putContents'])) {
    // open the file in write-only mode
    $file = fopen('C:/private/write.txt', 'w');
    // write the contents
    fwrite($file, $_POST['contents']);
    // close the file
    fclose($file);
}
?>
```

提交页面中的表单时，上述代码将$_POST['contents']数组元素的值写入名为write.txt 的文件。fwrite()函数接收两个参数：对文件的引用和待写入的任何内容。

注意：

你可能会遇到fputs()函数而不是fwrite()函数。这两个函数是相同的：fputs()是fwrite()的同义词。

如果将 fopen_write.php 页面加载到浏览器中，在文本区域中输入内容，然后单击 Write to file 按钮，PHP 将创建 write.txt 文件并将在文本区域中输入的任何内容插入文件中。因为这只是一个演示，所以笔者省略了确保文件成功写入的任何检查。打开 write.txt 文件以验证文本是否已插入。现在，在文本区域中输入不同的内容，然后再次提交表单。原始内容将从 write.txt 中删除并替换为新文本。删除的文本将永远消失。

4. 使用 fopen()函数追加内容

追加模式不仅在文件结尾添加新内容，保留所有现有内容，而且如果文件不存在，它也可以创建新文件。fopen_append.php 文件中的代码如下所示：

```
// open the file in append mode
$file = fopen('C:/private/append.txt', 'a');
// write the contents followed by a new line
fwrite($file, $_POST['contents'] . PHP_EOL);
// close the file
fclose($file);
```

注意，笔者在$_POST['contents']元素之后连接了 PHP_EOL。这是一个 PHP 常量，表示根据操作系统使用正确字符表示新的一行。在 Windows 上，它插入回车和新行符，但在 Mac 和 Linux 上只插入新行符。

如果将 fopen_append.php 页面加载到浏览器中，输入一些文本，然后提交表单，它会在 private 文件夹中创建一个名为 append.txt 的文件，并插入在页面中输入的文本。输入其他内容并再次提交表单；新文本应添加到前一次输入的文本的末尾，如图 7-8 所示。

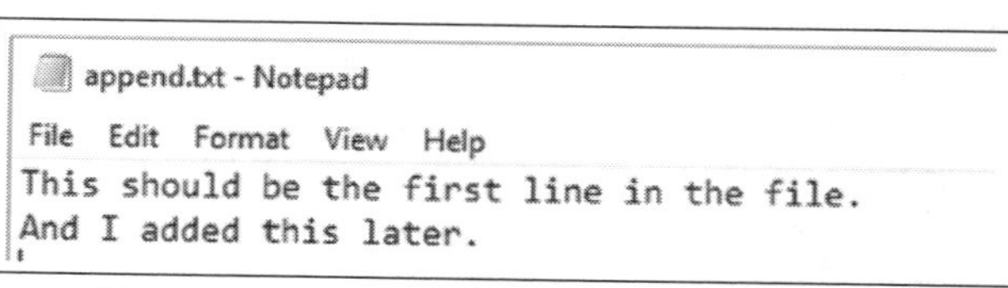

图 7-8 新文件添加到前一次输入的文本的末尾

我们将在第 11 章继续讨论附加模式。

5. 写入前锁定文件

在 c 模式下使用 fopen()函数的目的是让你有机会在修改文件之前使用 flock()函数锁定文件。

flock()函数接收两个参数：文件引用和指定文件锁应如何操作的一个常量。有 3 种类型的操作：

- LOCK_SH 获取一个用于读取的共享锁。
- LOCK_EX 获取用于写入的独占锁。
- LOCK_UN 释放锁。

要在写入文件之前锁定该文件，请在 c 模式下打开该文件，然后立即调用 flock()函数，如下所示。

```
// open the file in c mode
$file = fopen('C:/private/lock.txt', 'c');
// acquire an exclusive lock
flock($file, LOCK_EX);
```

这会打开文件，或者如果文件不存在，则创建文件，并将内部指针放在文件的开头。这意味着你需要先将指针移到文件的末尾或删除现有的内容，然后才能开始使用 fwrite()函数向文件写入内容。

要将指针移动到文件的末尾，请使用 fseek()函数，如下所示。

```
// move to end of file
fseek($file, 0, SEEK_END);
```

或者，通过调用 ftruncate()函数删除现有内容。

```
// delete the existing contents
ftruncate($file, 0);
```

在完成对文件的写入之后，必须在调用 fclose()函数之前手动解除锁定。

```
// unlock the file before closing
flock($file, LOCK_UN);
fclose($file);
```

▒ **警告：**

如果在关闭文件之前忘记解锁，则它仍会对其他用户和进程锁定，即使你可以自己打开它。

---

6. 防止覆盖现有文件

与其他写入模式不同，x 模式不会打开现有文件。它只创建一个准备写入的新文件。如果一个同名文件已经存在，那么 fopen()函数会返回 false，防止你覆盖该文件。fopen_exclusive.php 文件中的处理代码如下所示：

```
// create a file ready for writing only if it doesn't already exist
// error control operator prevents error message from being displayed
if ($file = @ fopen('C:/private/once_only.txt', 'x')) {
  // write the contents
  fwrite($file, $_POST['contents']);
  // close the file
  fclose($file);
} else {
  $error = 'File already exists, and cannot be overwritten.';
}
```

在 x 模式下尝试写入已经存在的文件会生成一系列 PHP 错误消息。将写文件和关闭文件的操作包装在条件语句中可以避免大多数错误消息，但 fopen()函数仍会生成警告。fopen()函数前面的错误控制运算符(@)将取消警告。

将 fopen_exclusive.php 页面加载到浏览器中，输入一些文本，然后单击 Write to file 按钮。输入的内容将写入目标文件夹中的 once_only.txt 文件内。

如果再次单击 Write to file 按钮，则存储在$error 变量中的消息将显示在表单上方。

7. 将读/写操作与 fopen()结合起来

通过在前面的任何一种模式之后添加一个加号(+)，可以打开文件进行读写操作。在关闭文件之前，可以按任意顺序执行任意数量的读或写操作。组合模式之间的差异如下。

- r+：文件必须已经存在；不会自动创建新文件。内部指针放置在文件的开头，准备读取现有内容。
- w+：现有内容被删除，因此在文件首次打开时没有任何内容可读取。
- a+：文件打开时内部指针位于文件结尾，准备追加新内容，因此在读取任何内容之前需要将指针移回。
- c+：文件打开时内部指针位于文件开头。
- x+：总是创建一个新文件，因此第一次打开文件时没有可读取的内容。

读取是用 fread()或 fgets()函数完成的，而写入是用 fwrite()函数完成的，与之前完全相同。重要的是了解内部指针的位置。

8. 移动内部指针

读写操作总是从内部指针所在的任何位置开始，因此通常希望进行读操作时它位于文件的开始处，而进行写操作时它位于文件的结尾处。

要将指针移到文件的开头，请将文件引用传递给 rewind()函数，如下所示。

```
rewind($file);
```

要将指针移动到文件的末尾，请按如下方式使用 fseek()函数。

```
fseek($file, 0, SEEK_END);
```

也可以使用 fseek()函数将内部指针移动到特定位置或相对于其当前位置的某个位置。有关详细信息，请参阅 https://secure.php.net/manual/en/function.fseek.php。

■ **提示：**
在追加模式(a或a+)中，无论指针的当前位置如何，内容始终写入文件末尾。

7.3 探索文件系统

PHP 的文件系统功能还可以打开目录(文件夹)并检查其内容。从 Web 开发人员的角度来看，文件系统功能的实际用途包括构建显示文件夹内容的下拉列表框和创建提示用户下载文件(如图像或 PDF 文档)的脚本。

7.3.1 使用 scandir()函数检查文件夹

scandir()函数返回一个由指定文件夹中的文件和文件夹组成的数组。只需要将文件夹(目录)的路径名作为字符串传递给 scandir()函数并将结果存储在变量中，如下所示。

```
$files = scandir('../images');
```

可以使用 print_r()函数显示数组的内容来检查结果，如图 7-9 所示(代码位于 ch07 文件夹的 scandir.php 文件中)。

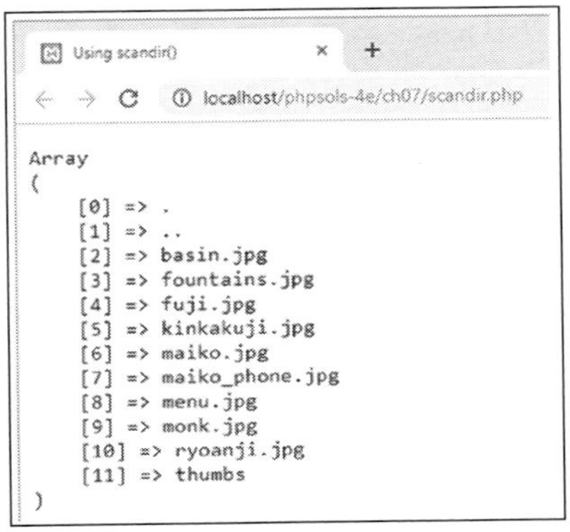

```
Using scandir()
localhost/phpsols-4e/ch07/scandir.php

Array
(
    [0] => .
    [1] => ..
    [2] => basin.jpg
    [3] => fountains.jpg
    [4] => fuji.jpg
    [5] => kinkakuji.jpg
    [6] => maiko.jpg
    [7] => maiko_phone.jpg
    [8] => menu.jpg
    [9] => monk.jpg
    [10] => ryoanji.jpg
    [11] => thumbs
)
```

图 7-9 检查结果

scandir()函数返回的数组不仅包含文件。前两项称为点文件，表示当前文件夹和父文件夹。最后一项是一个名为 thumbs 的文件夹。

数组只包含每个项的名称。如果想了解有关文件夹内容的更多信息，最好使用 FilesystemIterator 类。

7.3.2 使用 FilesystemIterator 类检查文件夹的内容

FilesystemIterator 类允许你循环浏览目录或文件夹的内容。它是标准 PHP 库(SPL)的一部分，是 PHP 的核心部分。SPL 的主要特性之一是提供一组专门的迭代器，它们用很少的代码创建复杂的循环。

因为它是一个类，所以用 new 关键字实例化一个 FilesystemIterator 对象，并将要检查的文件夹的路径传递给构造函数，如下所示。

```
$files = new FilesystemIterator('../images');
```

与 scandir()函数不同，它不返回文件名数组，因此不能使用 print_r()函数显示其内容。相反，它会创建一个对象，让你可以访问文件夹中的所有内容。要显示文件名，请按如下方式使用 foreach 循环(代码位于 ch07 文件夹中的 iterator_01.php 文件中)。

```
$files = new FilesystemIterator('../images');
foreach ($files as $file) {
   echo $file . '<br>';
}
```

这将输出图 7-10 所示的结果。

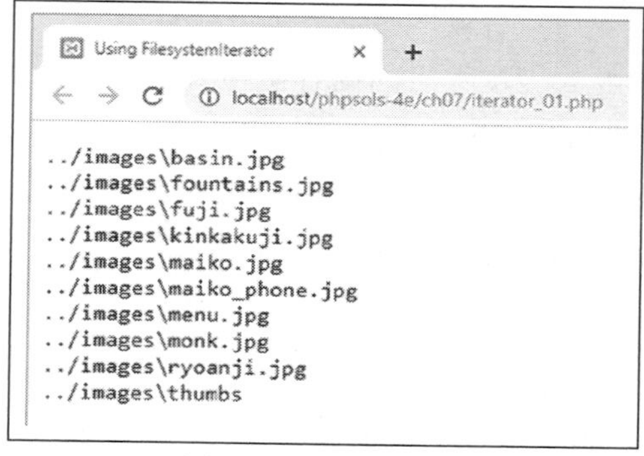

图 7-10　输出的结果

对以上输出进行观察可以看到：

- 省略了代表当前文件夹和父文件夹的点文件。
- 显示的值表示文件的相对路径，而不仅仅是文件名。
- 由于截图来自 Windows 系统，因此在相对路径中使用反斜杠。

在大多数情况下，反斜杠并不重要，因为 PHP 在 Windows 路径中接收正斜杠或反斜杠。但是，如果要从 FilesystemIterator 对象的输出生成 URL，可以选择使用 UNIX 样式的路径。设置该选项的一种方法是将表示相关设置的常量作为第二个参数传递给 FilesystemIterator()构造函数，如下所示(请参见 iterator_02.php)。

```
$files = new FilesystemIterator('../images',FilesystemIterator::UNIX_PATHS);
```

或者，可以对 FilesystemIterator 对象调用 setFlags()方法，如下所示(请参见 iterator_03.php 文件)。

```
$files = new FilesystemIterator('../images');
$files->setFlags(FilesystemIterator::UNIX_PATHS);
```

两种方法都产生如图 7-11 所示的输出。

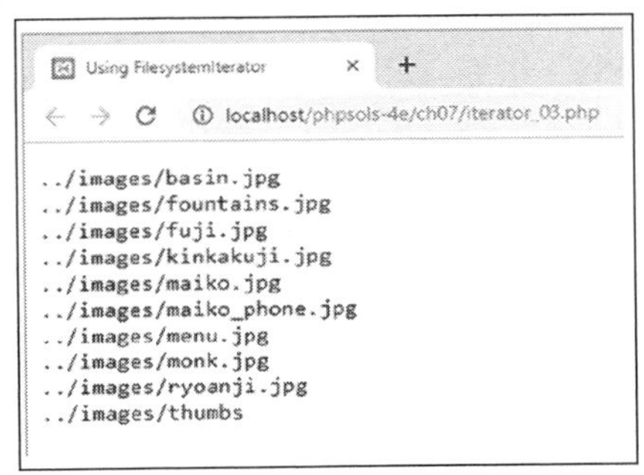

图 7-11　产生截图所示的输出

当然，这在 macOS 或 Linux 系统上不会有任何区别，但是设置此选项会使代码更具可移植性。

■ **提示：**

SPL类使用的常量都是类常量。它们总是以类名和作用域解析运算符(两个冒号)作为前缀。像这样冗长的名字使得有必要使用带有PHP代码提示和快捷输入的编辑程序。

虽然能够显示文件夹内容的相对路径很有用，但使用 FilesystemIterator 类的真正价值在于，每次运行循环时，它都允许你访问 SplFileInfo 对象。SplFileInfo 类有近 30 个方法可用于提取有关文件和文件夹的有用信息。表 7-3 列出了一些 SplFileInfo 类的最有用方法。

表 7-3　可通过 SplFileInfo 类的方法访问到的文件信息

方法	返回内容
getFilename()	文件名
getPath()	当前对象的相对路径减去文件名，如果当前对象是文件夹，则减去文件夹名
getPathName()	当前对象的相对路径，包括文件名或文件夹名，具体取决于当前对象的类型
getRealPath()	当前对象的完整路径，包括文件名(如果合适)

(续表)

方法	返回内容
getSize()	文件或文件夹的大小(字节)
isDir()	如果当前对象是文件夹(目录)，则为 True
isFile()	如果当前对象是文件，则为 True
isReadable()	如果当前对象是可读的，则为 True
isWritable()	如果当前对象是可写的，则为 True

要访问子文件夹的内容，需要使用 RecursiveDirectoryIterator 类。这个类将深入研究文件夹层级的每一层，但需要将其与命名奇怪的 RecursiveIteratorIterator 类结合使用，如下所示(代码位于 iterator_04.php 文件中)。

```
$files = new RecursiveDirectoryIterator('../images');
$files->setFlags(RecursiveDirectoryIterator::SKIP_DOTS);
$files = new RecursiveIteratorIterator($files);
foreach ($files as $file) {
  echo $file->getRealPath() . '<br>';
}
```

注意：

默认情况下，RecursiveDirectoryIterator对象包含了代表当前文件夹和父文件夹的点文件。要排除它们，需要将类的SKIP_DOTS常量作为第二个参数传递给构造函数方法或使用setFlags()方法。

如图 7-12 所示，RecursiveDirectoryIterator 对象在单个操作中检查所有子文件夹的内容，包括显示 thumbs 文件夹的内容。

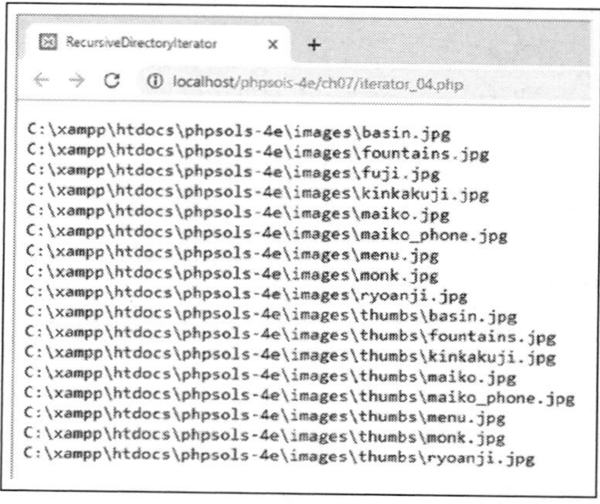

图 7-12　屏幕截图

如果你只想找到某些类型的文件呢？这需要使用另一个迭代器。

7.3.3 使用 RegexIterator 限制文件类型

RegexIterator 类充当另一个迭代器的包装器，使用正则表达式(regex)作为搜索模式过滤其内容。假设你想在 ch07 文件夹中找到文本文件和 CSV 文件。用于搜索.txt 和.csv 文件扩展名的正则表达式如下所示。

```
'/\.(?:txt|csv)$/i'
```

此正则表达式以不区分大小写的方式匹配这两个文件扩展名。iterator_05.php 中的代码如下所示。

```
$files = new FilesystemIterator('.');
$files = new RegexIterator($files, '/\.(?:txt|csv)$/i');
foreach ($files as $file) {
   echo $file->getFilename() . '<br>';
}
```

传递给 FilesystemIterator 构造函数的点号告诉它检查当前文件夹。然后，将原始的$files 对象作为第一个参数传递给 RegexIterator 构造函数，正则表达式作为第二个参数，并将筛选集重新分配给$files 对象。在 foreach 循环中，getFilename()方法返回文件名。输出结果如图 7-13 所示。

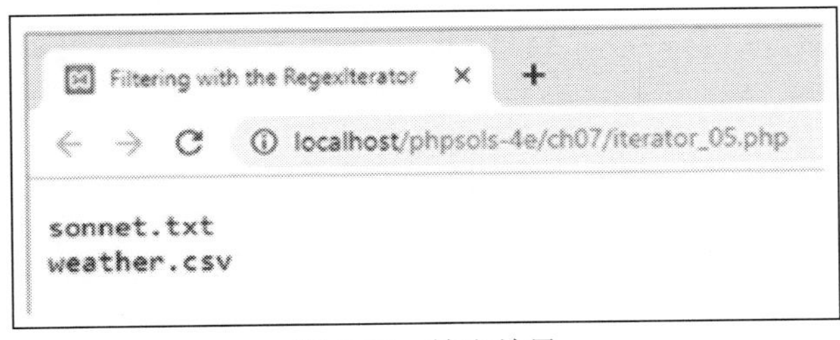

图 7-13　输出结果

现在只列出文本文件和 CSV 文件。所有的 PHP 文件都被忽略了。

接下来使用前面介绍的技术完成一项实际的功能，根据一个文件夹中的图片构建一个图像下拉列表框。

1. PHP 解决方案 7-3：根据文件清单构建下拉列表框

使用数据库时，通常需要特定文件夹中的图像或其他文件的清单。例如，你可能希望将图片与产品详细信息页相关联。尽管可以在文本字段中输入图像的名称，但你需要确保图像存在并且正确地拼写了其名称。让 PHP 通过自动构建下拉列表框来完成这项艰巨的工作。它总能获取最新的文件清单，而且不会有拼写发生错误的危险。

(1) 在 filesystem 文件夹中创建一个名为 imagelist.php 的 PHP 页面。或者，使用 ch07 文件夹中的 imagelist_01.php 文件。

(2) 在 imagelist.php 文件中创建一个表单，并插入一个只有一个<option>标记的<select>元素，如下所示(代码已经在 imagelist_01.php 文件中)。

```
<form method="post">
  <select name="pix" id="pix">
     <option value="">Select an image</option>
  </select>
</form>
```

这个<option>标记是下拉列表框中唯一的静态元素。

(3) 修改表单中的<select>元素，如下所示。

```
<select name="pix" id="pix">
  <option value="">Select an image</option>
  <?php
  $files = new FilesystemIterator('../images');
  $images = new RegexIterator($files, '/\.(?:jpg|png|gif|webp)$/i');
  foreach ($images as $image) {
     $filename = $image->getFilename();
  ?>
     <option value="<?= $filename ?>"><?= $filename ?></option>
  <?php } ?>
</select>
```

请确保指向 images 文件夹的路径与网站的文件夹结构相匹配。用作 RegexIterator 构造函数第二个参数的正则表达式可以不区分大小写地与文件扩展名为.jpg、.png、.gif 和.webp 的文件匹配。

foreach 循环只获取当前图像的文件名，并将其插入<option>元素。

保存 imagelist.php 文件并将其加载到浏览器中。你应该会看到一个下拉菜单，其中列出了 images 文件夹中的所有图像，如图 7-14 所示。

当合并到在线表单中时，所选图像的文件名将出现在$_POST 数组中，并由<select>元素的 name 属性标识，在本例中为$_POST['pix']。就是这样简单！

可以将代码与 ch07 文件夹中的 imagelist_02.php 文件进行比较。

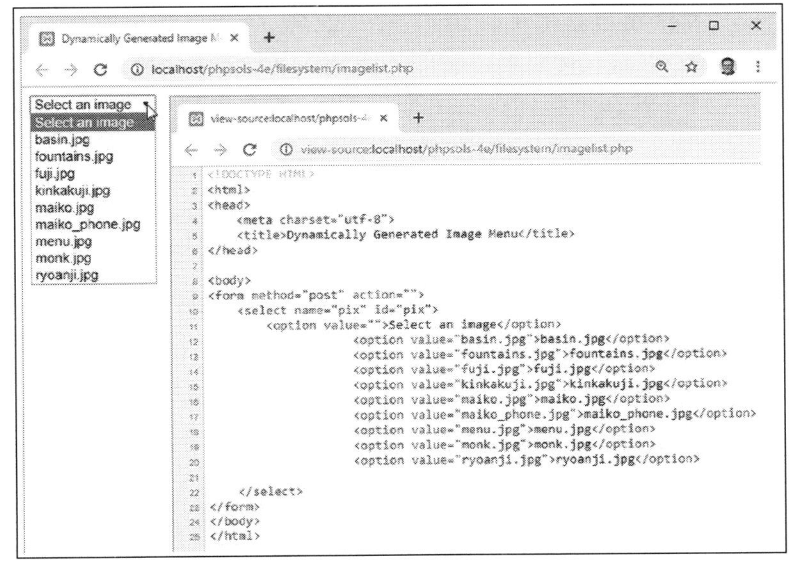

图 7-14　PHP 可以轻松地以指定文件夹中所有图像文件的名称作为数据项来创建下拉列表框

2. PHP 解决方案 7-4：创建通用文件选择器

前面的 PHP 解决方案依赖于对正则表达式的理解。修改它以使用其他文件扩展名并不困难，但你需要小心，以免意外删除重要字符。除非正则表达式是你的专长，否则将相关代码包装在一个函数中，并使用该函数检查特定文件夹以创建特定类型的文件名数组会更简单一些。例如，你可能希望创建一个 PDF 文档的文件名数组，或者创建一个同时包含 PDF 和 Word 文档的文件名数组。如下是具体的实现方法。

(1) 在 filesystem 文件夹中创建一个名为 buildlist.php 的新文件。该文件将只包含 PHP 代码，因此删除编辑程序插入的任何 HTML 代码。

(2) 向该文件中添加以下代码：

```
function buildFileList($dir, $extensions) {
  if (!is_dir($dir) && !is_readable($dir)) {
     return false;
  } else {
      if (is_array($extensions)) {
         $extensions = implode('|', $extensions);
      }
  }
}
```

这将定义一个名为 buildFileList()的函数，该函数接收两个参数。

- $dir：要从中获取文件名列表的文件夹的路径。

- $extensions：可以是包含单个文件扩展名的字符串，也可以是文件扩展名的数组。为了保持代码简单，文件扩展名不应包含前导句点。

函数首先检查$dir 变量是否为文件夹且可读。如果不是，则函数返回 false，不再执行任何代码。

如果$dir 变量是文件夹且可读，则执行 else 块。else 块以检查$extensions 变量是否是数组的条件语句作为开始。如果是，则传递给 implode()函数，它将每个数组元素的值通过垂直管道(|)连接起来。在正则表达式中使用垂直管道指示可选值。假设以下数组作为第二个参数传递给函数。

```
['jpg', 'png', 'gif']
```

条件语句将其转换为 jpg | png | gif。因此，这会查找扩展名为 jpg、png 或 gif 的文件名。但是，如果参数是字符串，它将保持不变。

(3) 现在可以构建正则表达式搜索模式，并将两个参数传递给 FilesystemIterator 类和 RegexIterator 类的构造函数，如下所示。

```
function buildFileList($dir, $extensions) {
    if (!is_dir($dir) && !is_readable($dir)) {
        return false;
    } else {
        if (is_array($extensions)) {
           $extensions = implode('|', $extensions);
        }
        $pattern = "/\.(?:{$extensions})$/i";
        $folder = new FilesystemIterator($dir);
        $files = new RegexIterator($folder, $pattern);
    }
}
```

正则表达式模式使用双引号中的字符串构建，并将$extensions 变量括在大括号中，以确保 PHP 引擎正确地解析它。复制代码时要小心，它并不容易阅读。

(4) 代码的最后一部分提取文件名以构建一个数组，然后对其进行排序并返回。完整的函数定义如下：

```
function buildFileList($dir, $extensions) {
    if (!is_dir($dir) && !is_readable($dir)) {
        return false;
    } else {
        if (is_array($extensions)) {
           $extensions = implode('|', $extensions);
        }
```

```
        $pattern = "/\.(?:{$extensions})$/i";
        $folder = new FilesystemIterator($dir);
        $files = new RegexIterator($folder, $pattern);
        $filenames = [];
        foreach ($files as $file) {
            $filenames[] = $file->getFilename();
        }
        natcasesort($filenames);
        return $filenames;
    }
}
```

这将初始化一个数组，并使用 foreach 循环通过 getFilename()方法为其分配文件名。最后，数组被传递给 natcasesort()函数，后者按照自然的、不区分大小写的顺序对其进行排序。“自然的顺序”的意思是，包含数字的字符串的排序方式与人的排序方式相同。例如，计算机通常将 img2.jpg 排在 img12.jpg 之后，因为文件名中的 12 中的 1 小于 2。使用 natcasesort()函数会将 img2.jpg 排在 img12.jpg 之前。

(5) 使用该函数时，将文件夹的路径和要查找的文件的扩展名作为参数传递给函数。例如，可以使用如下代码从某个文件夹获取所有 Word 和 PDF 文档。

```
$docs = buildFileList('folder_name', ['doc', 'docx', 'pdf']);
```

buildFileList()函数的代码位于 ch07 文件夹的 buildlist.php 文件中。

7.4 访问远程文件

读取、写入和检查本地计算机或你自己网站上的文件是非常有用的功能。但是 allow_url_fopen 指令还允许你访问 Internet 上任何地方的公开文档。在将文档的内容合并到自己的页面或将信息保存到数据库之前，可以先读取文档的内容，将其保存到变量中，并使用 PHP 函数对其进行操作。

需要注意的一点是：当从远程资源中提取要包含在自己页面中的材料时，存在安全风险。例如，远程页面可能包含嵌在<script>标记或超链接中的恶意脚本。即使远程页面以已知格式提供来自可信来源的数据，例如来自 Amazon.com 数据库的产品详细信息、来自政府气象办公室的天气信息或来自报纸或广播公司的新闻源，你也应该始终通过将内容传递给 htmlentities()函数来清理内容(请参阅 PHP 解决方案 6-3)。除了将双引号转换为"，htmlentities()函数还将<转换为<，将>转换为>。这将以纯文本显示标记，而不是将其视为 HTML。

如果希望保留某些 HTML 标记，请改用 strip_tags()函数。如果将字符串传递给 strip_tags()函数，它将返回剔除所有 HTML 标记和注释的字符串。该函数还会剔除

PHP 标记。第二个可选参数是要保留的标记列表。例如，下面的代码将删除除了<p>、<h1>和<h2>之外的所有标记。

```
$stripped = strip_tags($original, '<p><h1><h2>');
```

7.4.1 使用新闻源和其他 RSS 源

你可能希望将一些最有用的远程信息源整合进自己的网站中，例如 RSS 源。RSS 是 Really Simple Syndication 的缩写，是 XML 的一种具体应用。XML 与 HTML 的相似之处在于都使用标记来标识内容。XML 标记不是定义段落、标题和图像，而是用于在可预测的层次结构中组织数据。XML 是用纯文本编写的，因此它经常用于在可能运行了不同操作系统的计算机之间共享信息。

图 7-15 显示了 RSS 2.0 源的典型结构。整个文档包装在一对<rss>标记中。这是根元素，类似于网页的<html>标记。文档的其余部分包装在多个成对的<channel>标记中，这些标记始终包含以下 3 个元素，它们描述 RSS 源的内容：<title>、<description>和<link>标记。

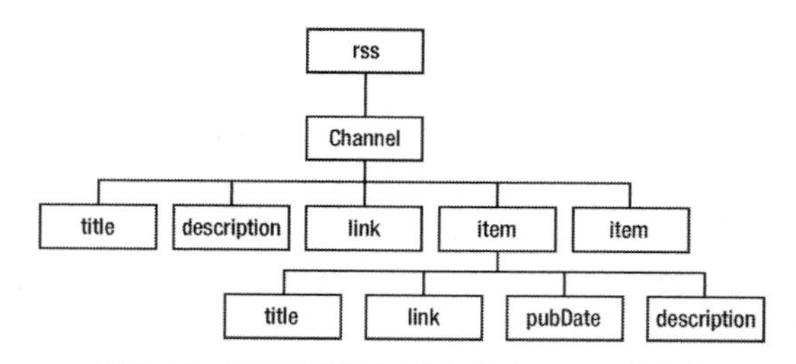

图 7-15　RSS 源的主要内容在 item 元素中

除了 3 个必需的元素之外，<channel>还可以包含许多其他元素，但是有价值的内容应该保存在<item>元素中。对于新闻源，<item>元素保存可以找到单个新闻项的位置。如果你正在查看来自博客的 RSS 源，<item>元素通常包含博客文章的摘要。

每个<item>元素可以包含多个元素，但图 7-15 中所示的元素是最常见的，通常也是最有价值的。

- <title>：数据项的标题
- <link>：数据项的 URL
- <pubDate>：发布日期
- <description>：数据项摘要

这种可预测的格式使得通过 SimpleXML 提取信息变得很容易。

注意：

可以在www.rssboard.org/RSS-specification上找到完整的RSS规范。与大多数技术规范不同，它的语言通俗易懂，易于阅读。

7.4.2 使用 SimpleXML

只要知道 XML 文档的结构，SimpleXML 就会使得从 XML 中提取信息变得简单。第一步是将 XML 文档的 URL 传递给 simplexml_load_file()函数。还可以通过将路径作为参数传递来加载本地 XML 文件。例如，下面的代码从 BBC 获取世界新闻源。

```
$feed=simplexml_load_file('http://feeds.bbci.co.uk/news/world/rss
.xml');
```

这将创建 SimpleXMLElement 类的一个实例。RSS 源中的所有元素均作为$feed 对象的属性，通过元素的名称即可访问对象中的这些元素。例如，对一个 RSS 源，可以通过$feed->channel->item 访问<item>元素。

要显示每个<item>元素的子元素<title>的值，需要创建如下 foreach 循环。

```
foreach ($feed->channel->item as $item) {
   echo $item->title . '<br>';
}
```

如果将这种访问形式与图 7-3 进行比较，可以看到通过使用->操作符链接元素名称来访问元素，直到到达目标。由于存在多个<item>元素，因此需要使用循环来读取不同的<item>元素。或者，使用数组表示法，如下所示。

```
$feed->channel->item[2]->title
```

这将获得第三个<item>元素的<title>元素的值。除非只需要特定的值，否则使用循环更简单。

介绍了上述背景内容后，让我们使用 SimpleXML 显示新闻源的内容。

PHP 解决方案 7-5：使用 RSS 新闻源

这个 PHP 解决方案展示如何使用 SimpleXML 从实时新闻源中提取信息，然后将其显示在 Web 页面中。它还展示如何将<pubDate>元素格式化为用户更方便阅读的格式，以及如何使用 LimitIterator 类限制显示的条目数。

(1) 在 filesystem 文件夹中创建一个名为 newsfeed.php 的新页面。这个页面将包含 PHP 和 HTML 的混合脚本。

(2) 为这个 PHP 解决方案选择的新闻源是 BBC World News。使用大多数新闻源的一个条件是你认可这个源。因此，在页面顶部添加格式为<h1>的 The Latest from BBC News 标题。

> ■ 注意：
>
> 有关在自己的网站上使用BBC新闻源的条款和条件，请参见www.bbc.co.uk/news/10628494#mysite和www.bbc.co.uk/usingtebbc/terms/can-i- share-things-from-BBC/。

(3) 在标题下面创建一个 PHP 块，并添加以下代码以加载 RSS 源。

```
$url = 'http://feeds.bbci.co.uk/news/world/rss.xml';
$feed = simplexml_load_file($url);
```

(4) 使用 foreach 循环访问<item>元素并显示每个元素的<title>。

```
foreach ($feed->channel->item as $item) {
   echo htmlentities($item->title) . '<br>';
}
```

(5) 保存 newsfeed.php 文件并在浏览器中加载页面。你应该会看到一长串类似于图 7-16 所示的新闻条目。

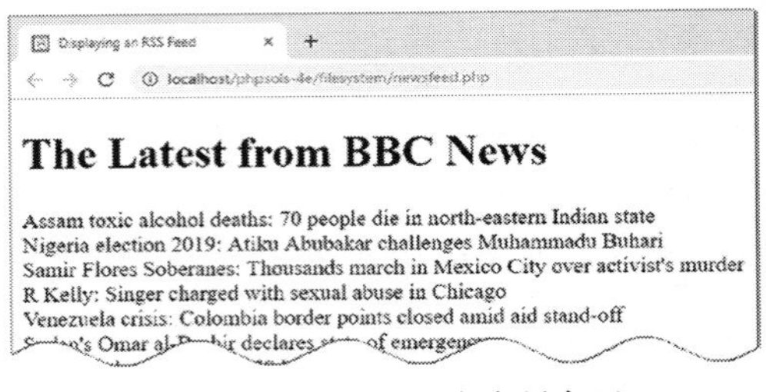

图 7-16 新闻源包含大量条目

(6) 正常的 RSS 源通常包含 30 个或更多数据项。对于一个新闻网站来说这很好，但是你可能希望在自己的网站上只展示更少的数据项。使用另一个 SPL 迭代器选择特定范围的数据项。按如下内容修改代码。

```
$url = 'http://feeds.bbci.co.uk/news/world/rss.xml';
$feed = simplexml_load_file($url, 'SimpleXMLIterator');
$filtered = new LimitIterator($feed->channel->item, 0 , 4);
foreach ($filtered as $item) {
    echo htmlentities($item->title) . '<br>';
}
```

要将 SimpleXML 与 SPL 迭代器一起使用，需要提供 SimpleXMLIterator 类的名称作为 simplexml_load_file()函数的第二个参数。然后将希望改变的 SimpleXML 元素传递给迭代器的构造函数。

在这个解决方案中，将$feed->channel->item 元素传递给 LimitIterator 类的构造函数。LimitIterator 构造函数有 3 个参数：要限制的对象、起点(从 0 开始计算)和要运行循环的次数。此代码从第一个数据项开始，并将数据项的数量限制为 4。

foreach 循环现在循环处理$filtered 对象。如果你再次测试页面，将只看到 4 个标题，如图 7-17 所示。如果标题的选择与以前不同，不要惊讶。BBC 新闻网站每分钟都会更新一次。

图 7-17　LimitIterator 限制显示的数据条目数量

(7) 既然已经限制了条目的数量，那么修改 foreach 循环，将<title>元素封装到原始文章的链接中，然后显示<pubDate>和<description>两个元素的内容。循环代码如下所示：

```
foreach ($filtered as $item) { ?>
    <h2><a href="<?= htmlentities($item->link) ?>">
        <?= htmlentities($item->title)?></a></h2>
    <p class="datetime"><?= htmlentities($item->pubDate) ?></p>
    <p><?= htmlentities($item->description) ?></p>
<?php } ?>
```

(8) 保存页面并再次测试。这些链接直接为你打开 BBC 网站上的相关新闻报道。新闻源现在可以使用了，但是<pubDate>格式遵循 RSS 规范中规定的格式，如图 7-18 所示。

Assam toxic alcohol deaths: 70 people die in north-eastern Indian state

Sat, 23 Feb 2019 10:30:20 GMT

图 7-18　<pubDate>格式遵循 RSS 规范中规定的格式

(9) 要以更易于用户阅读的方式格式化日期和时间，需要将$item->pubDate 元素传递给 DateTime 类的构造函数，然后使用 DateTime 类的 format()方法显示它。修改 foreach 循环中的代码，如下所示。

```
<p class="datetime"><?php $date = new DateTime($item->pubDate);
echo $date->format('M j, Y, g:ia'); ?></p>
```

这将重新格式化日期，如下所示。

Feb 23, 2019, 10:30 am

第 16 章将解释格式化日期的神秘 PHP 字符串。

(10) 日期现在看起来友好了很多，但是时间还是用 GMT(伦敦时间)格式。如果网站的大部分访问者都住在美国东海岸，你可能想显示当地时间。DateTime 对象可以实现这个功能。使用 setTimezone()方法修改为纽约时间。你甚至可以根据当前是否处于夏时制来自动显示 EDT(东部夏时制)或 EST(东部标准时间)。按如下内容修改代码。

```
<p class="datetime"><?php $date = new DateTime($item->pubDate);
$date->setTimezone(new DateTimeZone('America/New_York'));
$offset = $date->getOffset();
$timezone = ($offset == -14400) ? ' EDT' : ' EST';
echo $date->format('M j, Y, g:ia') .$timezone; ?></p>
```

要创建 DateTimeZone 对象，请将 www.php.net/manual/en/timezones.php 页面中列出的时区之一作为参数传递给它。这是唯一需要 DateTimeZone 对象的地方，因此它是作为 setTimezone()方法的参数直接创建的。

没有专用的方法告诉你当前是否处于夏令时，但是 getOffset()方法返回本地时间相对于协调世界时(Coordinated Universal Time，UTC)偏移的秒数。以下代码决定是显示 EDT 还是显示 EST。

```
$timezone = ($offset == -14400) ? ' EDT' : ' EST';
```

上述代码在三元运算符中使用$offset 变量的值。夏季，纽约比 UTC 晚 4 小时(－14440 秒)。因此，如果$offset 变量是－14400，则条件等于 true，将 EDT 分配给$timezone 变量。否则，将 EST 分配给$timezone 变量。

最后，$timezone 变量的值被连接到格式化的时间之后。分配给$timezone 的字符串有一个前导空格来分隔时区和时间。加载页面时，时间将调整为美国东海岸，如下所示。

Feb 23, 2019, 5:30 am EST

(11) 现在需要使用 CSS 对所有网页设置样式。图 7-19 显示使用 styles 文件夹中的 newsfeed.css 文件设置样式的最终新闻源。

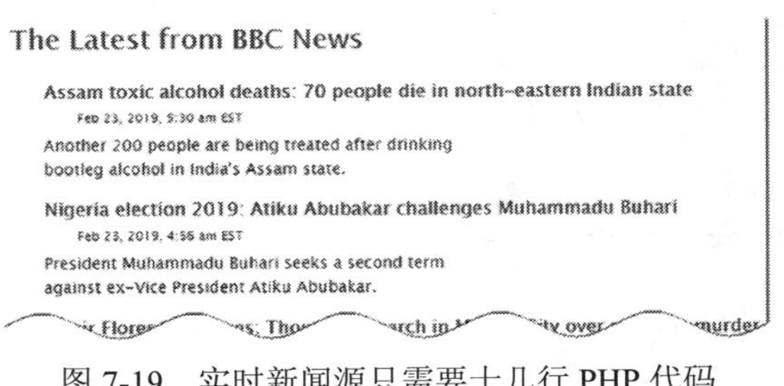

图 7-19　实时新闻源只需要十几行 PHP 代码

▩ **提示：**

如果你订阅了LinkedIn Learning或Lynda.com，可以在笔者的课程*Learning the Standard PHP Library*和*Learning PHP SimpleXML*中学习SPL和SimpleXML的有关内容。

虽然笔者在这个PHP解决方案中使用了BBC新闻源，但它应该可以与任何RSS 2.0 数据源一起使用。例如，可以在本地测试环境中使用 http://rss.cnn.com/rss/edition.rss 进行尝试。在公共网站上使用 CNN 新闻源需要获得 CNN 的许可。在将提要合并到网站之前，请始终与版权所有者联系以了解许可条款和条件。

7.5 创建下载链接

一个经常出现在在线论坛上的问题是“我如何创建一个指向图片(或 PDF 文件)的链接，提示用户下载它？”。快速的解决方案是将文件转换为某种压缩格式，如ZIP。这通常会导致较小的下载量，但缺点是经验不足的用户可能不知道如何解压缩文件，或者他们可能正在使用不包括解压提取功能的旧版操作系统。使用 PHP 文件系统函数，很容易创建一个链接，自动提示用户下载原始格式的文件。

PHP 解决方案 7-6：提示用户下载图像

这个 PHP 解决方案发送几个必要的 HTTP 头字段并使用 readfile()函数将文件的内容输出为二进制流，迫使浏览器下载它。

(1) 在 filesystem 文件夹中创建一个名为 download.php 的 PHP 文件。下一步将给出完整的头字段列表，也可以在 ch07 文件夹的 download.php 文件中找到这些头字段。

(2) 删除脚本编辑器创建的任何默认代码并插入以下代码。

```
<?php
// define error page
$error = 'http://localhost/phpsols-4e/error.php';
// define the path to the download folder
$filepath = 'C:/xampp/htdocs/phpsols-4e/images/';
$getfile = NULL;
// block any attempt to explore the filesystem
if (isset($_GET['file']) && basename($_GET['file']) == $_GET['file']) {
    $getfile = $_GET['file'];
} else {
    header("Location: $error");
  exit;
```

```
}

if ($getfile) {
  $path = $filepath . $getfile;
  // check that it exists and is readable
  if (file_exists($path) && is_readable($path)) {
    // send the appropriate headers
    header('Content-Type: application/octet-stream');
    header('Content-Length: '. filesize($path));
    header('Content-Disposition: attachment; filename=' . $getfile);
    header('Content-Transfer-Encoding: binary');
    // output the file content
    readfile($path);
  } else {
    header("Location: $error");
  }
}
```

在此脚本中，只需要更改两行代码，以粗体突出显示。第一行定义了$error 变量，包含错误页面的 URL。第二行定义了存储下载文件的文件夹的路径。

脚本从附加到 URL 的查询字符串中获取要下载的文件的名称，并将其保存到$getfile 变量中。因为查询字符串很容易被篡改，所以$getfile 变量最初设置为空。如果不这样做，则可能会让恶意用户访问服务器上的任何文件。

第一个条件语句使用 basename()函数确保攻击者无法从文件目录结构的其他部分请求其他文件，例如存储密码的文件。如第 5 章所述，basename()函数提取路径的文件名组件，因此，如果 basename($_GET['file'])的返回值与$_GET['file']数组元素的值不同，就知道有人试图探测你的服务器。然后，可以使用 header()函数将用户重定向到错误页，从而停止脚本的进一步操作。

在检查所请求的文件存在并可读之后，脚本发送适当的 HTTP 报头，并使用 readfile()函数将文件发送到输出缓冲区。如果找不到文件，则会将用户重定向到错误页面。

(3) 通过创建另一个页面来测试脚本；在 download.php 页面中添加几个链接。在每个链接的末尾添加一个查询字符串，其中 file=后跟要下载的文件的名称。你将在 ch07 文件夹中找到一个名为 getdownloads.php 的页面，其中包含以下两个链接。

```
<p><a href="download.php?file=fountains.jpg">Download fountains
image</a></p>
<p><a href="download.php?file=monk.jpg">Download monk image</a></p>
```

(4) 单击其中一个链接。根据你的浏览器设置，该文件将被下载到默认的下载文件夹，或者你将看到一个对话框，询问如何处理该文件。

笔者已经使用图像文件演示了 download.php 文件的编写过程，但是它可以用于任何类型的文件，因为头字段使得文件作为二进制流发送。

▒ **注意：**

该脚本依赖header()函数将适当的HTTP头字段发送到浏览器。确保在PHP开始标记之前没有新行或空白是非常重要的。如果删除了所有空白，但仍收到错误消息显示headers already sent，则编辑器可能在文件开头插入了不可见的控制字符。一些编辑程序会插入字节顺序标记(Byte Order Mark，BOM)，这会导致header()函数出现问题。检查编辑程序首选项以确保取消选择插入BOM的选项。

7.6 本章回顾

文件系统相关的函数并不是特别难使用，但有许多微妙之处可以将看似简单的任务变得复杂。检查你是否拥有正确的权限很重要。即使在处理你自己网站中的文件时，PHP 也需要权限才能访问你要读取或写入的文件所在的任何文件夹。

SPL 中的 FilesystemIterator 和 RecursiveDirectoryIterator 类使检查文件夹的内容变得简单。将 SplFileInfo 类的方法和 RegexIterator 类结合使用，可以在文件夹或文件夹层次结构中快速查找特定类型的文件。

在处理远程数据源时，需要检查 allow_url_fopen 指令是否未被禁用。远程数据源最常见的用途之一是从 RSS 新闻源或 XML 文档中提取信息，由于 SimpleXML 的强大功能，这种任务只需要几行代码。

在本书的后续内容中，我们将使用本章介绍的一些 PHP 解决方案完成更具有实际意义的工作，例如使用图像构建一个简单的用户身份验证系统。

第 8 章

使 用 数 组

数组是 PHP 中最通用的数据类型之一。它的重要性体现在有 80 多个核心函数专门处理存储在数组中的数据。这些函数通常可以归类为修改、排序、比较数组的内容以及从数组中提取信息。本章并不是要涵盖所有内容，仅关注一些更有趣和实用的操作数组的技术。

本章内容：

- 了解修改数组内容的各种方法
- 合并数组
- 将数组转换为语法字符串
- 查找数组的所有组合
- 数组排序
- 从多维数组自动生成嵌套的 HTML 列表
- 从 JSON 中提取数据
- 将数组元素分配给变量
- 使用扩张操作符解压缩数组

8.1 修改数组元素

PHP 新手在尝试修改数组中的每个元素时，常常会感到头疼。例如，希望对数字数组中的每个元素执行计算。这样做的简单方法似乎是使用循环，在循环内执行计算，然后将结果重新分配给当前元素，如下所示。

```
$numbers = [2, 4, 7];
foreach ($numbers as $number) {
   $number *= 2;
}
```

它看起来应该可以工作，但实际上不行。$numbers 数组中的值保持不变，这是因为 PHP 在循环中处理的是数组的副本。循环结束时将丢弃副本，并随之丢弃计算结果。要更改原始数组，需要通过引用将每个元素的值传递到循环中。

8.1.1 PHP 解决方案 8-1：使用循环修改数组元素

这个 PHP 解决方案展示了如何使用 foreach 循环修改数组中的每个元素。这种技术对于索引数组和关联数组是类似的。

(1) 打开 ch08 文件夹中的 modify_01.php 文件。它包含前一节中的代码，后跟 print_r($numbers)语句；该语句在一对<pre>标记之间。

(2) 将页面加载到浏览器中，以验证$numbers 数组中的值是否保持不变，如图 8-1 所示。

```
localhost/phpsols-4e/ch08/modify_01.php

Array
(
    [0] => 2
    [1] => 4
    [2] => 7
)
```

图 8-1 验证$numbers 数组中的值

(3) 通过在循环中的临时变量之前添加符号&，将每个数组元素的值通过引用传递给循环。

```
foreach ($numbers as &$number) {
```

(4) 循环结束时，临时变量仍将包含最后一个数组元素重新计算后的值。为了避免后续代码意外地修改该值，建议在循环之后释放临时变量，如下所示。

```
foreach ($numbers as &$number) {
$number *= 2;
}
unset($number);
```

(5) 保存文件并将其加载到浏览器中以测试修改后的代码(上述代码位于 modify_02.php 文件中)。数组中的每个数字都应该加倍，如图 8-2 所示。

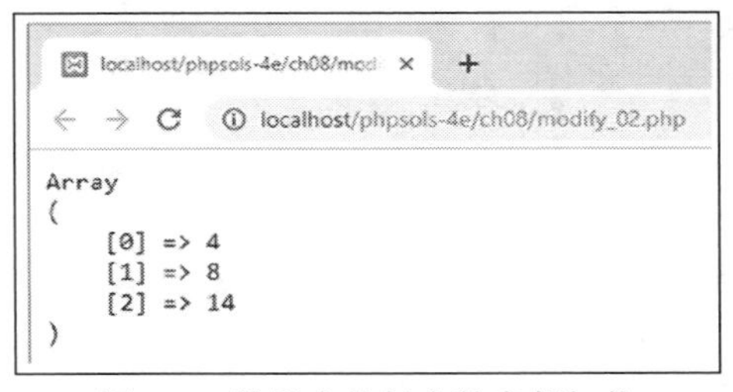

图 8-2 数组中的每个数字都加倍

(6) 若要修改关联数组的值，需要为键和值声明临时变量；但只需要通过引用传递值。modify_03.php 文件中包含以下代码。

```
$book = [
    'author' => 'David Powers',
    'title' => 'PHP 7 Solutions'
];
foreach ($book as $key => &$value) {
    $book[$key] = strtoupper($value);
}
unset($value);
```

这将产生图 8-3 所示的输出。

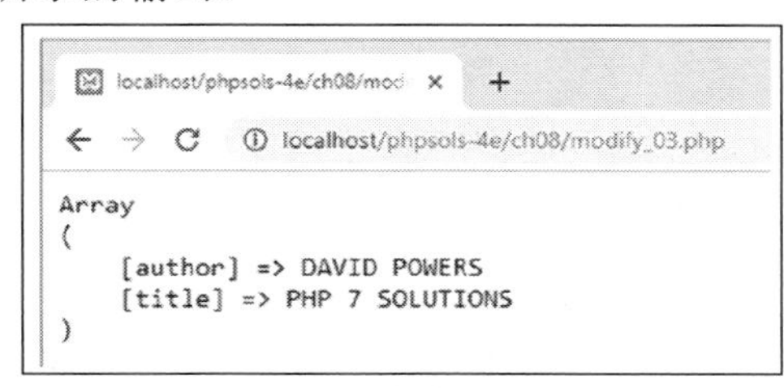

图 8-3　产生的输出

(7) 但是，假设要修改数组的键。逻辑上的方法是在键前面加上一个和号，然后通过如下引用传递。

```
foreach ($book as &$key => $value) {
```

但是，如果尝试执行此操作，则会触发致命错误。数组键不能通过引用传递，只有数组值可以。

(8) 若要修改关联数组的每个键，只需要在循环内以与循环外完全相同的方式对其进行修改。modify_04.php 文件中包含以下代码。

```
foreach ($book as $key => $value) {
   $book[ucfirst($key)] = $value;
}
```

输出如图 8-4 所示。

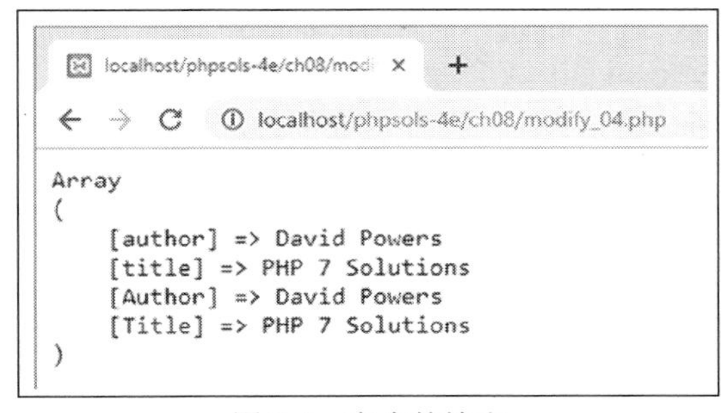

图 8-4　产生的输出

(9) 如图 8-4 所示，原始键与修改后的键一起保留。如果只需要保留修改后的键，则需要像这样在循环中释放原始键(代码在 modify_05.php 文件中)。

```
foreach ($book as $key => $value) {
      $book[ucfirst($key)] = $value;
      unset($book[$key]);
}
```

这只保留每个键的修改版本。

提示：

如果想将数组键转换为大写或小写，简单的方法是使用array_change_key_case()函数，如PHP解决方案 8-2 所述。

8.1.2 PHP 解决方案 8-2：使用 array_walk()函数修改数组元素

使用循环修改数组元素的另一种方法是使用 array_walk()函数，该函数将回调函数应用于数组的每个元素。回调函数可以是匿名函数，也可以是已定义了名称的函数。默认情况下，array_walk()函数将两个参数传递给回调函数：元素的值和键。也可以使用可选的第三个参数。这个 PHP 解决方案探索了 array_walk()函数的各种使用方法。

(1) ch08 文件夹中 array_walk_01.php 文件的主要代码如下所示。

```
$numbers = [2, 4, 7];
array_walk($numbers, function (&$val) {
    return $val *= 2;
});
```

array_walk()函数的第一个参数是将应用于回调函数的数组。第二个参数是回调函数，在本例中是一个匿名函数。与 foreach 循环一样，数组值需要通过引用传递，因此回调函数的第一个参数前面是一个与号。

此示例修改索引数组，因此不必将数组键作为第二个参数传递给回调函数。

像这样应用 array_walk()函数会产生与前一个 PHP 解决方案中 modify_02.php 页面相同的结果：$numbers 数组中的每个值都会加倍。

(2) 对关联数组使用 array_walk()函数时，如果只想修改值，则不需要将数组键作为参数传递给回调函数。array_walk_02.php 文件中的代码使用匿名函数将每个数组元素的值转换为大写字符串，如下所示。

```
$book = [
    'author' => 'David Powers',
    'title' => 'PHP 7 Solutions'
```

```
];
array_walk($book, function (&$val) {
   return $val = strtoupper($val);
});
```

这将产生与前面 PHP 解决方案中 modify_03.php 页面相同的输出。

(3) 与将匿名函数作为第二个参数传递给 array_walk()函数不同，你可以将已定义函数的名称作为字符串进行传递(代码位于 array_walk_03.php 中)。

```
array_walk($book, 'output');
function output (&$val) {
return $val = strtoupper($val);
}
```

这将产生与前面示例相同的输出。如果函数定义在同一个文件中，那么函数是位于调用 array_walk()函数之前还是之后并不重要。但是，如果定义在外部文件中，则必须在调用 array_walk()之前包含该文件。

(4) 传递给 array_walk()函数的回调函数最多可以包含三个参数。第二个参数必须是数组键，而最后一个参数可以是你要使用的任何其他值。当使用第三个参数时，它也作为第三个参数传递给 array_walk()函数。array_walk_04.php 文件中的以下示例演示了这种用法。

```
array_walk($book, 'output', 'is');
function output (&$val, $key, $verb) {
   return $val = "The $key of this book $verb $val.";
}
```

产生的输出如图 8-5 所示。

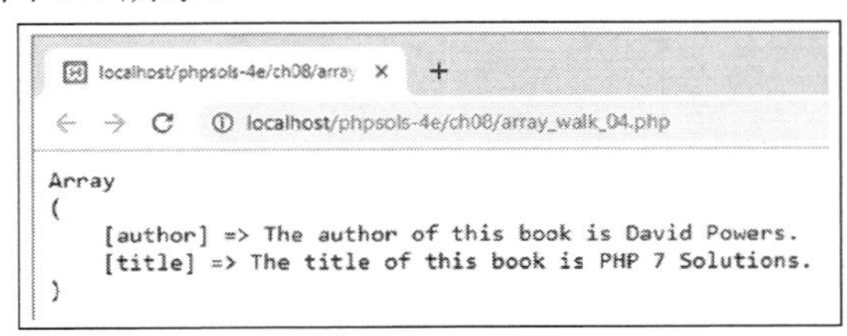

图 8-5　产生的输出

(5) 使用 array_walk()函数不能修改数组键。如果只想将所有键更改为大写或小写，请使用 array_change_key_case()函数。默认情况下，它将键转换为小写。与 array_walk()函数不同，它不修改原始数组。它返回一个带有修改键的新数组，因此需要将返回结果赋给一个变量。在 array_change_key_case_01.php 文件中，数组键的第一个字母是大写的。以下代码将数组键转换为全小写字母并将结果重新赋值给 $book 变量。

```
$book = [
    'Author' => 'David Powers',
    'Title' => 'PHP 7 Solutions'
];
$book = array_change_key_case($book);
```

(6) 要将数组键转换为大写，需要将 PHP 常量 CASE_UPPER 作为第二个参数传递给 array_change_key_case()函数(代码位于 array_change_key_case_02.php 文件中)。

```
$book = array_change_key_case($book, CASE_UPPER);
```

8.1.3 PHP 解决方案 8-3：使用 array_map()函数修改数组元素

通过引用将数组值传递给 foreach 循环或 array_walk()函数将修改原始数组。通常，这正是你希望实现的功能。但是，如果要保留原始数组，请考虑使用 array_map()函数。这将对每个数组元素调用回调函数，并返回一个包含已修改元素的新数组。array_map()函数的第一个参数是回调函数，可以是匿名函数，也可以是已定义函数的名称。第二个参数是要修改其元素的数组。

如果回调接收多个参数，则每个参数的值必须作为数组传递给 array_map()函数，其顺序与回调函数所需的顺序相同。即使每次要对后续参数使用相同的值，也必须将其作为数组传递给 array_map()函数，该数组的元素数量与要修改的数组的元素数量相同。

对于关联数组，array_map()函数仅在回调函数接收单个参数时保留数组的键。如果向回调传递了多个参数，array_map()函数将返回一个索引数组。

(1) array_map_01.php 文件中的代码显示了通过使用 array_map()函数调用匿名回调函数来将数组中的数字加倍的简单示例。代码如下所示：

```
$numbers = [2, 4, 7];
$doubled = array_map(function ($num) {
   return $num * 2;
}, $numbers);
echo '<pre>';
print_r($numbers);
print_r($doubled);
echo '</pre>';
```

如图 8-6 所示，原始$numbers 数组中的值保持不变。$doubled 数组包含回调函数返回的结果。

```
localhost/phpsols-4e/ch08/array_map_01.php
Array
(
    [0] => 2
    [1] => 4
    [2] => 7
)
Array
(
    [0] => 4
    [1] => 8
    [2] => 14
)
```

图 8-6　$numbers 数组和$doubled 数组的值

(2) 下一个示例是 array_map_02.php 文件中的代码使用定义的回调函数修改关联数组。

```
$book = [
    'author' => 'David Powers',
    'title' => 'PHP 7 Solutions'
];
$modified = array_map('modify', $book);
function modify($val) {
    return strtoupper($val);
}
echo '<pre>';
print_r($book);
print_r($modified);
echo '</pre>';
```

如图 8-7 所示，修改后的数组保留了原始数组的键。

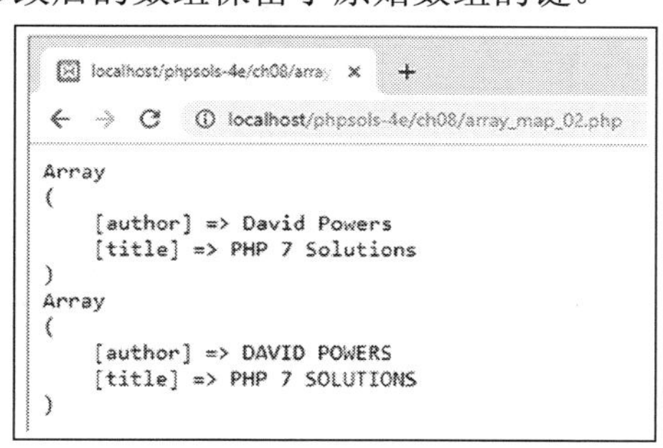

图 8-7　修改后的数组

(3) 如下代码修改 array_map_03.php 文件中的代码，以演示如何向回调函数传递多个参数。

```
$descriptions = ['British', 'the fourth edition'];
$modified = array_map('modify', $book, $descriptions);
function modify($val, $description) {
return "$val is $description.";
}
```

modify()函数添加了第二个参数，$description 数组。要作为参数传递给回调函数的值存储在名为$descriptions 的数组中，该数组作为第三个参数传递给 array_map()函数。这将产生如图 8-8 所示的结果。

```
localhost/phpsols-4e/ch08/array_map_03.php
Array
(
    [author] => David Powers
    [title] => PHP 7 Solutions
)
Array
(
    [0] => David Powers is British.
    [1] => PHP 7 Solutions is the fourth edition.
)
```

图 8-8　产生的结果

请注意，修改后的数组中没有保留原始数组的键。向回调函数传递多个参数将导致返回的是索引数组。

(4) 传递给 array_map()函数的第三个参数和随后的参数必须包含与要修改的数组相同数量的元素。array_map_04.php 文件中的代码显示了如果参数包含的元素太少会发生什么情况。代码如下所示：

```
$descriptions = ['British', 'the fourth edition'];
$label = ['Description'];
$modified = array_map('modify', $book, $descriptions, $label);
function modify($val, $description, $label) {
   return "$label: $val is $description.";
}
```

$label 数组中只有一个元素；但是正如图 8-9 所示，这不会导致重复使用相同值。

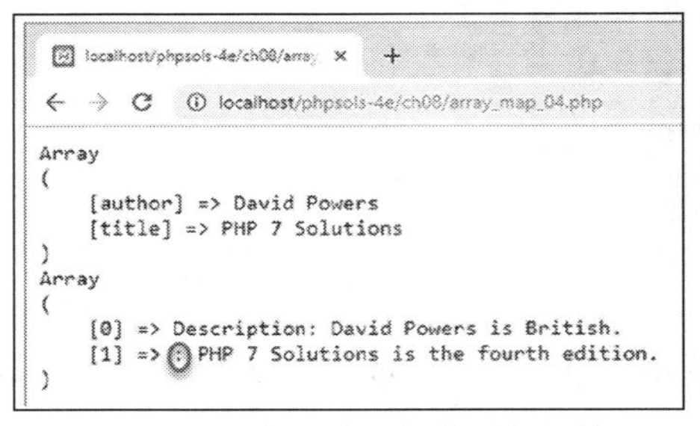

图 8-9　不会导致重复使用相同值

当作为参数传递给 array_map()函数的数组的元素少于第一个数组(待修改的数组)时，较短的数组将填充空元素。因此，修改后的数组中的第二个元素省略了标签；但是 PHP 不会触发错误。

8.2 合并数组

PHP 提供了几种不同的方法来组合两个或多个数组的元素；但是它们并不总是产生相同的结果。了解每种方法的工作原理将避免错误和混乱。

8.2.1 使用数组并集操作符

合并数组的最简单方法是使用数组并集操作符，即加号(+)。然而，结果可能并不是你所期望的。ch08 文件夹中 merge_01.php 文件内的代码演示了在两个索引数组上使用数组并集操作符时的情况。

```
$first = ['PHP', 'JavaScript'];
$second = ['Java', 'R', 'Python'];
$languages = $first + $second;
echo '<pre>';
print_r($languages);
echo '</pre>';
```

运行上述脚本产生的输出如图 8-10 所示。

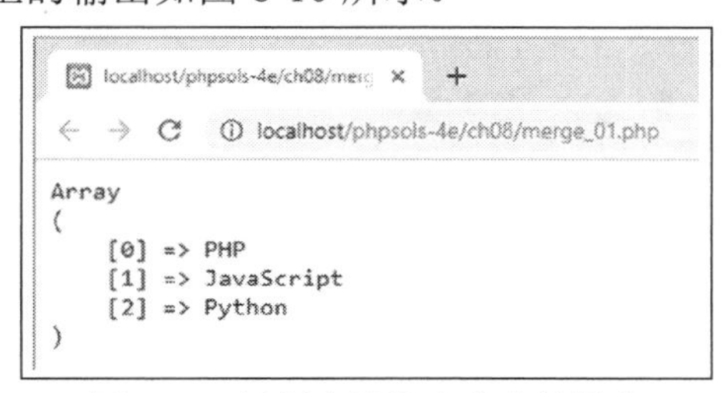

图 8-10 运行上述脚本产生的输出

结果数组只包含三个元素，而不是五个元素。这是因为数组并集操作符没有将第二个数组连接到第一个数组的末尾。对于索引数组，它忽略第二个数组中与第一个数组中的元素具有相同索引的元素。在本例中，第二个数组中的 Java 和 R 与第一个数组中的 PHP 和 JavaScript 具有相同的索引(0 和 1)，因此它们被忽略。只有 Python 的索引是 2，它不存在于第一个数组中，因此被添加到合并的数组中。

数组并集操作符以同样的方式处理关联数组。merge_02.php 文件中的代码演示通过数组并集操作符合并两个关联数组，如下所示。

```
$first = ['PHP' => 'Rasmus Lerdorf', 'JavaScript' => 'Brendan Eich'];
```

```
$second = ['Java' => 'James Gosling', 'R' => 'Ross Ihaka', 'Python'
=> 'Guido van Rossum'];
$lead_developers = $first + $second;
```

两个数组都包含一组唯一的键，因此生成的数组包含每个元素及其关联键，如图 8-11 所示。

```
localhost/phpsols-4e/ch08/merge_02.php
Array
(
    [PHP] => Rasmus Lerdorf
    [JavaScript] => Brendan Eich
    [Java] => James Gosling
    [R] => Ross Ihaka
    [Python] => Guido van Rossum
)
```

图 8-11　生成的数组包含每个元素及其关联键

但是，当存在重复的键时，数组合并操作符会忽略第二个数组中的元素，如 merge_03.php 文件中的代码所示。

```
$first = ['PHP' => 'Rasmus Lerdorf', 'JavaScript' => 'Brendan Eich',
'R' => 'Robert Gentleman'];
$second = ['Java' => 'James Gosling', 'R' => 'Ross Ihaka', 'Python'
=> 'Guido van Rossum'];
$lead_developers = $first + $second;
```

如图 8-12 所示，只有 Robert Gentleman 被认为是主要开发人员，第二个数组中的 R.Ross Ihaka 被忽略，因为它的键重复了。

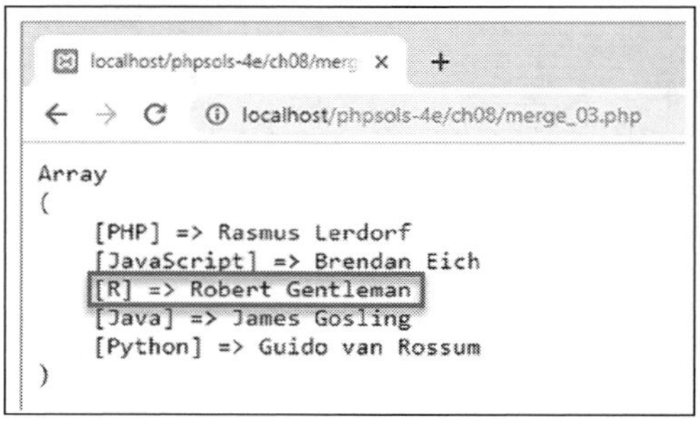

```
localhost/phpsols-4e/ch08/merge_03.php
Array
(
    [PHP] => Rasmus Lerdorf
    [JavaScript] => Brendan Eich
    [R] => Robert Gentleman
    [Java] => James Gosling
    [Python] => Guido van Rossum
)
```

图 8-12　Robert Gentleman 被认为是主要开发人员

忽略重复的索引或键并不总是你想要的，因此 PHP 提供了两个函数，用于生成一个完全合并所有元素的数组。

8.2.2 使用 array_merge()和 array_merge_recursive()函数

函数 array_merge()和 array_merge_recursive()连接两个或多个数组以创建新数组。它们之间的区别在于它们处理关联数组中重复值的方式。

处理索引数组时，array_merge()函数会自动对每个元素的索引重新编号，并包含每个值，包括重复项。merge_04.php 文件中的以下代码演示了这一点。

```
$first = ['PHP', 'JavaScript', 'R'];
$second = ['Java', 'R', 'Python', 'PHP'];
$languages = array_merge($first, $second);
```

如图 8-13 所示，索引是连续编号的，重复值(PHP 和 R)保留在结果数组中。

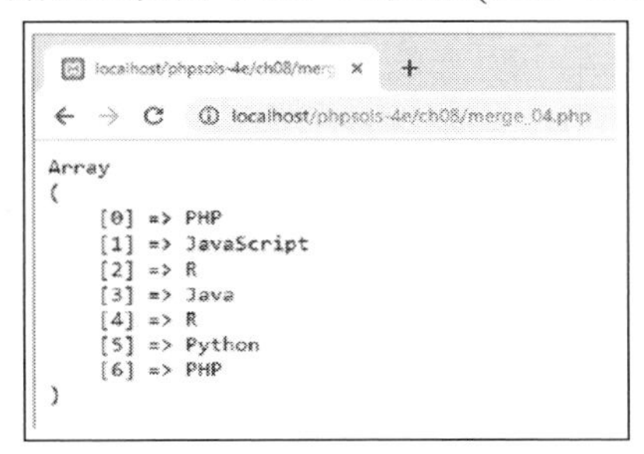

图 8-13　索引是连续编号的

处理关联数组时，array_merge()函数的行为依赖于是否存在重复的数组键。当没有重复项时，array_merge()函数以与数组合并操作符完全相同的方式连接关联数组。可以通过运行 merge_05.php 页面中的代码来验证这一点。

但是，存在重复的数组键时会导致只保留最后一个重复的值。merge_06.php 文件中的以下代码演示了这一点。

```
$first = ['PHP' => 'Rasmus Lerdorf', 'JavaScript' => 'Brendan Eich',
'R' => 'Robert Gentleman'];
$second = ['Java' => 'James Gosling', 'R' => 'Ross Ihaka', 'Python'
=> 'Guido van Rossum'];
$lead_developers = array_merge($first, $second);
```

如图 8-14 所示，第二个数组中 R 键对应的值(Ross Ihaka)覆盖了第一个数组中 R 键对应的值(Robert Gentleman)。

```
localhost/phpsols-4e/ch08/merg ×  +
localhost/phpsols-4e/ch08/merge_06.php
Array
(
    [PHP] => Rasmus Lerdorf
    [JavaScript] => Brendan Eich
    [R] => Ross Ihaka
    [Java] => James Gosling
    [Python] => Guido van Rossum
)
```

图 8-14　Ross Ihaka 覆盖了 Robert Gentleman

■ **警告：**

数组的合并顺序不同于数组合并操作符。数组合并操作符保留第一个重复值，而array_merge()函数保留最后一个重复值。

要保留重复键的值，需要使用 array_merge_recursive()函数。merge_07.php 中的代码合并相同的数组，如下所示。

```
$lead_developers = array_merge_recursive($first, $second);
```

如图 8-15 所示，重复键的值将合并到索引子数组中。

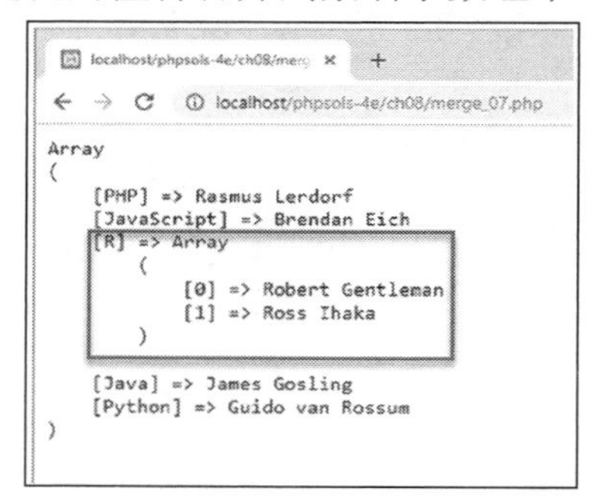

图 8-15　重复键的值合并到索引子数组中

Robert Gentleman 的名字作为$lead_developers['R'][0]存储在新数组中。

■ **注意：**

数组合并操作符、array_merge()函数和array_merge_recursive()函数可处理两个以上的数组。关于重复键和值的规则是相同的。对于array_merge()函数，它始终是保留最后一个重复的值。

8.2.3 将两个索引数组合并为关联数组

array_combine()函数将两个索引数组合并为一个关联数组，第一个数组用作键，第二个数组用作值。两个数组的元素数量必须相同。否则，函数返回 false 并触发警告。

以下代码是 array_combine.php 文件中的简单示例，演示了该函数的工作原理。

```
$colors = ['red', 'amber', 'green'];
$actions = ['stop', 'caution', 'go'];
$signals = array_combine($colors, $actions);
// $signals is ['red' => 'stop', 'amber' => 'caution', 'green' => 'go']
```

▩ **提示：**
PHP解决方案 7-2 中给出了实际使用array_combine()函数的示例。

8.2.4 比较数组

表 8-1 列出了可用于查找数组的差异或交集的 PHP 核心函数。表中的所有函数都接收两个或多个数组作为参数。在使用回调函数执行比较的函数中，回调函数应该是传递给函数的最后一个参数。

表 8-1 用于比较数组的 PHP 函数

函数	说明
array_diff()	将第一个数组与一个或多个其他数组进行比较。返回第一个数组中在其他数组内不存在的值的数组
array_diff_assoc()	类似于 array_diff()，但在比较中同时使用数组键和值
array_diff_key()	类似于 array_diff()，但对键而不是值进行比较
array_diff_uassoc()	与 array_diff_assoc()相同，但使用用户提供的回调函数来比较键
array_diff_ukey()	与 array_diff_key()相同，但使用用户提供的回调函数来比较键
array_intersect()	比较两个或多个数组。返回一个数组，该数组包含第一个数组中所有其他数组都包含的值。数组键被保留
array_intersect_assoc()	类似于 array_intersect()，但在比较中同时使用数组键和值
array_intersect_key()	返回一个数组，该数组包含数组键存在于第一个数组中、且同时存在于所有其他数组中的数组元素
array_intersect_uassoc()	与 array_intersect_assoc()相同，但使用用户提供的回调函数来比较键
array_intersect_ukey()	与 array_intersect_key()相同，但使用用户提供的回调函数来比较键

本书不会详细介绍每个函数，但让我们分别使用 array_diff_assoc()和 array_diff_key()函数对以下两个数组进行比较并查看返回的不同结果。

```
$first = [
  'PHP' => 'Rasmus Lerdorf',
  'JavaScript' => 'Brendan Eich',
  'R' => 'Robert Gentleman'];
$second = [
  'Java' => 'James Gosling',
  'R' => 'Ross Ihaka',
  'Python' => 'Guido van Rossum'];
$diff = array_diff_assoc($first, $second); // $diff is the same as $first
```

array_diff_assoc()函数检查两个数组的键和值，返回存在于第一个数组中的、符合条件的元素数组，而不是返回其他数组中的元素。在本例中，返回第一个数组中的所有三个元素，即使两个数组都包含 R 作为键，但是分配给 R 的值不同。

```
$diff = array_diff_key($first, $second);
// $diff is ['PHP' => 'Rasmus Lerdorf','JavaScript' => 'Brendan Eich']
```

但是，array_diff_key()函数只检查键，不对值进行比较。因此，它返回第一个数组的前两个元素，不包含第三个，因为 R 键也包含在第二个数组中。至于两个数组中 R 键的值是否相同不是比较的范围。

ch08 文件夹包含表 8-1 中其他函数的简单示例，并附有简要说明。函数*_uassoc()和*_ukey()需要一个回调函数作为最后一个参数来比较每个元素的键。如果第一个参数分别小于、等于或大于第二个参数，则回调函数必须接收两个参数并返回小于、等于或大于零的整数。ch08 文件夹中的示例使用内置的 PHP strcasecmp()函数执行不区分大小写的比较，如果认为两个字符串相等，则返回 0。

提示：

比较两个值的最有效方法是使用宇宙飞船操作符，这是PHP 7 的新特性。

8.2.5 PHP 解决方案 8-4：用逗号连接数组

PHP 内置的 implode()函数使用用户提供的字符串连接数组的所有元素。这个 PHP 解决方案通过在最后一个元素前插入 and 来增强输出。它提供了限制元素数量的选项，用 and one other 或 and others 替换超出限制的值。

(1) 打开 ch08 文件夹中的 commas_01.php 文件。它包含一系列索引数组，其中包含 0 到 5 个 20 世纪 60 年代和 70 年代艺术家的姓名。代码最后一行使用 implode()函数将最后一个数组的元素用逗号连接。

```
$too_many = ['Dave Dee', 'Dozy', 'Beaky', 'Mick', 'Tich'];
echo implode(', ', $too_many);
```

(2) 将该脚本加载到浏览器中。如图 8-16 所示，如果在最后一个姓名之前没有 and，则输出看起来不符合日常语言的表达习惯。

图 8-16　输出不符合日常表达习惯

(3) 删除最后一行代码，然后开始定义如下函数。

```
function with_commas(array $array, $max = 4) { }
```

函数签名有两个参数：$array 和$max。$array 前面有一个数组的类型声明，因此，如果向函数传递任何其他类型的数据，函数将触发错误。$max 设置要加入的元素的最大数目。它的默认值是 4，因此它是一个可选参数。

(4) 在函数内部，可以使用 switch 语句来确定如何根据数组中的元素数量处理输出。

```
switch (count($array)) {
  case 0:
      return '';
  case 1:
      return array_pop($array);
  case 2:
      return implode(' and ', $array);
  default:
      $last = array_pop($array);
      return implode(', ', $array) . " and $last";
}
```

传递给 switch 语句的参数是 count($array)，换句话说，是数组中元素的数量。

如果数组不包含元素，则返回空字符串。如果只有一个元素，则在返回结果之前将数组传递给 array_pop()函数。我们需要这样做，因为函数应该返回一个字符串以备显示。如果直接返回$array 变量，它仍然是一个不能使用 echo 或 print 指令显示的数组。array_pop()函数删除数组中的最后一个元素并返回该元素的值。

如果数组中有两个元素，switch 语句将数组传递给 implode()函数，字符串 and 的前后都添加了空格，并返回结果。

默认操作使用 array_pop()函数从数组中删除最后一个元素，然后将数组传递给

implode()函数，第一个参数是逗号后跟空格。最后一个元素的值在返回结果之前连接到逗号分隔的字符串之后，并在该元素的值前面加上 and，然后返回处理结果。

■ **提示：**

这里不需要在每个case语句之后使用break语句，因为return关键字会立即从函数返回结果，函数内不会再进行任何进一步的处理。

---

(5) 保存脚本，然后依次使用不同元素数量的数组对函数进行测试。例如：

```
echo with_commas($threesome);
```

(6) 这会以符合语法的形式将数组元素与逗号连接起来，见图 8-17。

图 8-17　将数组元素与逗号连接

(7) 让我们修复数组元素的数量超过$max 的情况，从超过一个的情况开始。在默认值之前插入以下代码。

```
case $max + 1:
 return implode(', ', array_slice($array, 0, $max)) . ' and one other';
```

这会将 array-slice($array，0，$max)作为第二个参数传递给 implode()函数。array_slice()函数接收 3 个参数：要从中提取元素的数组、开始提取的元素的索引以及要提取的元素数量。数组从零开始计数，因此上述代码从数组的开头开始，提取$max 个元素。然后在返回结果之前，将字符串 and one other 连接在结果之后。

(8) 保存脚本并再次测试。如果使用$threesome 数组进行测试，将得到与图 8-17所示相同的结果。$fab_four 数组的处理结果也与前面的相同。使用$too_many 数组进行测试，输出图 8-18 所示的结果。

图 8-18　使用$too_many 数组测试的结果

(9) 如果数组元素的数量超过$max 变量的值大于等于 2 或更多，处理方式类似。但是，case 语句不能以比较运算符开头。它必须是一个完整的表达式。在步骤(7)中的代码之后立即插入以下代码。

```
case count($array) > $max + 1:
  return implode(', ', array_slice($array, 0, $max)) . ' and others';
```

重点是，需要再次将$array 数组传递给 count()函数，以获取数组中的元素数量。不能使用以下命令。

```
// This triggers a parse error
case > $max + 1:
```

(10) 保存脚本并再次运行。使用$too_many 数组进行测试，结果不变。但是，将 with_commas()函数的第二个参数修改为较小的数字，如下所示。

```
echo with_commas($too_many, 3);
```

这将按如图 8-19 所示的方式改变输出。

图 8-19　改变输出

(11) 可以使用 ch08 文件夹中的 commas_02.php 文件检查完成的代码。

8.3 数组排序

表 8-2 列出了许多用于排序数组的内置 PHP 函数。

表 8-2　数组排序函数

函数	说明
sort()	按升序(从低到高)排序数组元素
rsort()	按降序(从高到低)排序数组元素
asort()	按值升序排序数组元素，保持键对值关系
arsort()	按值降序排序数组元素，保持键对值关系
ksort()	按键升序排序数组元素，保持键对值关系
krsort()	按键降序排序数组元素，保持键对值关系
natsort()	按值按“自然顺序”排序数组元素，保持键对值关系
natcasesort()	以不区分大小写的“自然顺序”按值排序数组元素，保持键对值关系
usort()	使用回调比较函数按值排序数组元素
uasort()	使用回调比较函数按值排序数组元素，保持键对值关系
uksort()	使用回调比较函数按键排序数组元素，保持键对值关系
array_multisort()	对多个或多维数组排序数组元素

表 8-2 中的所有函数都会影响原始数组，并根据操作是否成功而仅返回 true 或 false。前 6 个函数(直到并包括 krsort()函数)可以选择表 8-3 中列出的 PHP 常量作为可选的第二参数指定数组排序的方式。

表 8-3　修改排序顺序的常量

常量	说明
SORT_REGULAR	比较元素而不修改其类型(默认)
SORT_NUMERIC	将元素作为数字进行比较
SORT_STRING	将元素作为字符串进行比较
SORT_LOCALE_STRING	根据当前区域设置比较元素
SORT_NATURAL	按自然顺序比较项目
SORT_FLAG_CASE	可以通过垂直管道(|)与 SORT_STRING 或 SORT_NATURAL 结合，对字符串不区分大小写进行排序

有两个函数(natsort()和 natcasesort())和一个常量(SORT_NATURAL)以自然顺序对值进行排序，对于包含数字的字符串，其排序方式与人类相同。在 ch08 文件夹中的 natsort.php 文件中有一个示例，它使用 sort()函数和 natsort()函数对以下数组进行排序。

```
$images = ['image10.jpg', 'image9.jpg', 'image2.jpg'];
```

图 8-20 显示了不同的结果。

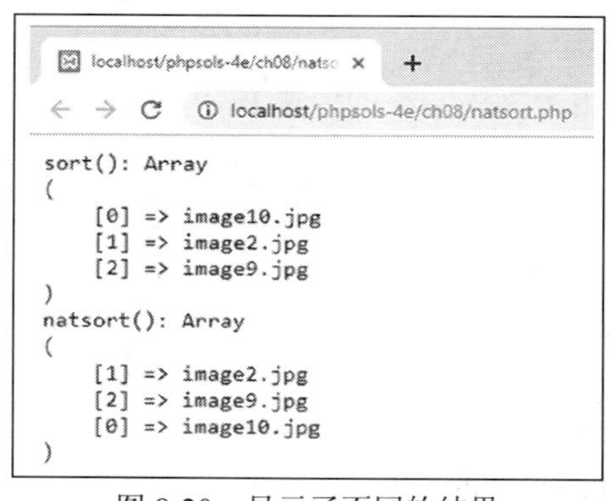

图 8-20　显示了不同的结果

使用 sort()函数时，排序结果不仅违反了人的直觉，而且索引已经重新编号。使用 natsort()函数时，排序结果更加人性化，并且保留了原始索引。

▒ **提示：**

natsort()和natcasesort()函数没有对等的逆向排序函数，但可以将结果传递给内置的array_reverse()函数。这将返回一个新数组，其中的元素按相反的顺序排列。与表 8-2 中的函数不同，这个函数不会改变原始数组。关联数组的键将保留，但索引数组将重新编号。要防止索引数组重新编号，需要将布尔值true作为第二个(可选)参数传递该函数。

usort()、uasort()和 uksort()函数中使用的回调比较函数必须有两个参数，如果第一个参数分别小于、等于或大于第二个参数，则返回小于、等于或大于零的整数。PHP 解决方案 8-5 展示如何使用 PHP 7 宇宙飞船操作符来实现这一点。

8.3.1 PHP 解决方案 8-5：使用宇宙飞船操作符进行自定义排序

表 8-2 中的前 8 个排序函数在处理大多数排序操作方面做得很好。但是，它们不能涵盖所有场景。这时自定义排序函数就派上了用场。这个 PHP 解决方案展示 PHP 7 宇宙飞船操作符如何简化自定义排序。

(1) 打开 ch08 文件夹中的 spaceship_01.php 文件。它包含如下以多维数组形式保存的音乐播放列表和一个循环，该循环直接显示多维数组的内容，不进行任何排序操作。

```
$playlist = [
  ['artist' => 'Jethro Tull', 'track' => 'Locomotive Breath'],
  ['artist' => 'Dire Straits', 'track' => 'Telegraph Road'],
  ['artist' => 'Mumford and Sons', 'track' => 'Broad-Shouldered
               Beasts'],
  ['artist' => 'Ed Sheeran', 'track' => 'Nancy Mulligan'],
  ['artist' => 'Dire Straits', 'track' => 'Sultans of Swing'],
  ['artist' => 'Jethro Tull', 'track' => 'Aqualung'],
  ['artist' => 'Mumford and Sons', 'track' => 'Thistles and Weeds'],
  ['artist' => 'Ed Sheeran', 'track' => 'Eraser']
 ];
 echo '<ul>';
 foreach ($playlist as $item) {
 echo "<li>{$item['artist']}: {$item['track']}</li>";
}
echo '</ul>';
```

(2) 在循环之前插入一行代码，使用 asort()函数对数组进行排序。

```
asort($playlist);
```

(3) 保存文件，并将其加载到浏览器中。如图 8-21 所示，asort()函数不仅按字母顺序对艺术家进行排序；与每个艺术家关联的曲目也按字母顺序排列。

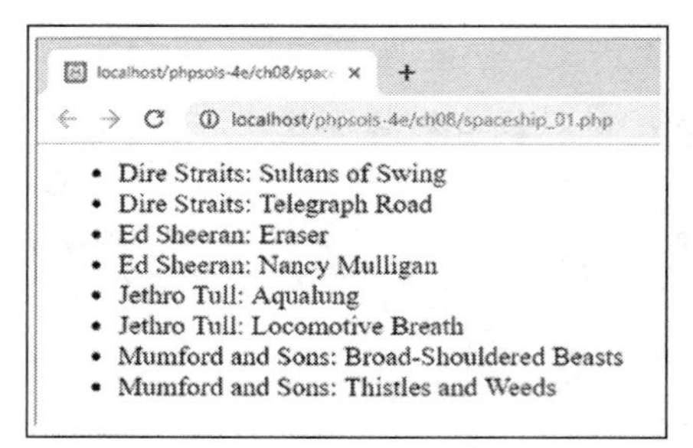

图 8-21　asort()函数对多维关联数组中的值进行排序

(4) 但是，假设希望按曲目名称的字母顺序排列播放列表。为此，需要自定义排序。将在步骤(2)中插入的代码行替换为以下内容。

```
usort($playlist, function ($a, $b) {
  return $a['track'] <=> $b['track'];
});
```

这将 usort()函数与匿名回调函数一起使用。回调函数的两个参数($a 和$b)表示要比较的两个数组元素。在函数体内部，使用 PHP 7 宇宙飞船操作符比较当前 track 元素的值，该操作符分别返回一个小于、等于或大于零的整数，具体取决于左侧的操作数是否小于、等于或大于右侧的操作数。回调函数返回比较结果。

(5) 为了使自定义排序的结果更清晰，将每个列表项中显示艺术家和曲目的顺序交换一下。

```
echo "<li>{$item['track']}: {$item['artist']}</li>";
```

(6) 保存文件并将其重新加载到浏览器中。曲目现在按字母顺序列出(见图 8-22)。

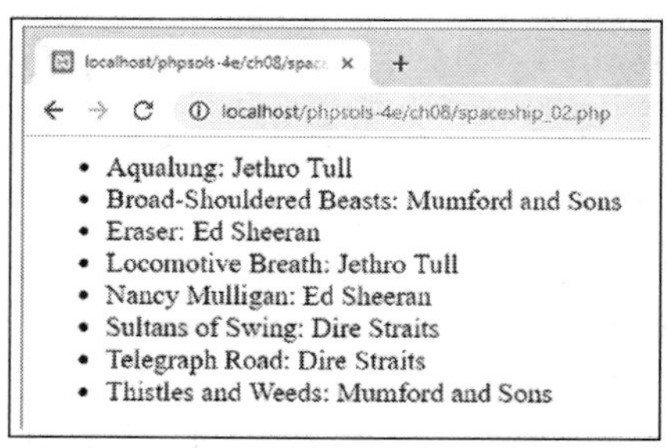

图 8-22　播放列表现在已根据曲目名称按字母顺序排序

(7) 要反转自定义排序的顺序，将宇宙飞船操作符两边的操作数相互交换即可。

```
usort($playlist, function ($a, $b) {
  return $b['track'] <=> $a['track'];
});
```

(8) 可以对照 ch08 文件夹中的 spaceship_02.php 文件检查代码。

8.3.2 使用 array_multisort()函数进行复杂排序

array_multisort()函数的作用有两个，即：

- 对要保持同步的多个数组进行排序；
- 按一个或多个维度对多维数组排序。

multisort_01.php 文件中的代码包含一个示例，多个数组在重新排序时需要保持同步。$states 数组按字母顺序列出州的名称，$population 数组包含按相同顺序列出的每个州的人口数量。

```
    $states = ['Arizona', 'California', 'Colorado', 'Florida', 'Maryland',
'New York', 'Vermont'];
    $population = [7171646, 39557045, 5695564, 21299325, 6042718, 19542209,
626299];
```

接下来，一个循环显示每个州的名称及其人口。

```
echo '<ul>';
for ($i = 0, $len = count($states); $i < $len; $i++) {
    echo "<li>$states[$i]: $population[$i]</li>";
}
echo '</ul>';
```

图 8-23 显示了输出。

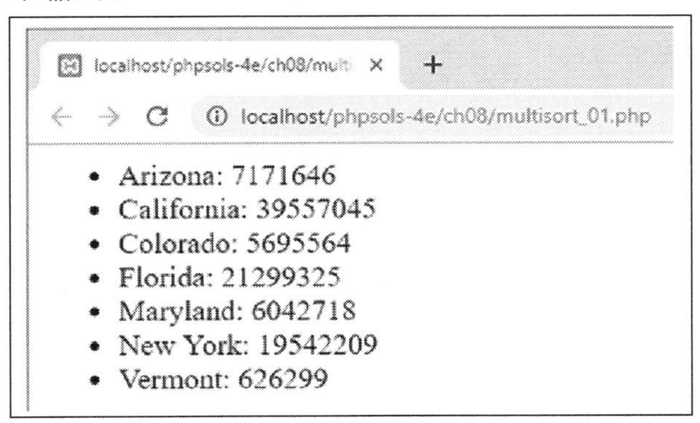

图 8-23　虽然州和人口数量位于不同的数组中，但它们的顺序是对应的

但是，如果要按升序或降序重新排列人口数据，则两个数组都需要保持同步。multisort_02.php 文件中的代码显示了如何使用 array_multisort()函数完成此操作。

```
array_multisort($population, SORT_ASC, $states);
```

array_multisort()函数的第一个参数是要首先排序的数组。后面可以跟两个可选参数：使用常量 SORT_ASC 或 SORT_DESC 分别表示升序排序和降序排序，以及使用表 8-3 中列出的常量指示排序类型。其余参数是要与第一个数组同步排序的其他数组。每个后续数组的后面还可以用可选参数指示排序方向和排序类型。

在本例中，$population 数组按升序排序，$states 数组与之同步重新排序。如图 8-24 所示，人口数据和州名之间保持正确的对应关系。

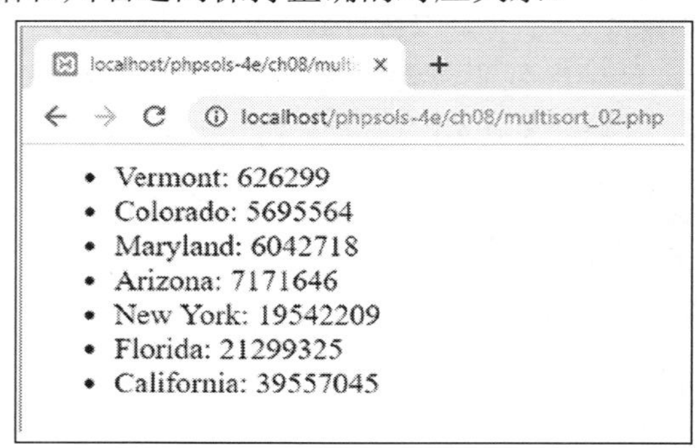

图 8-24　人口数字现在是按升序排列的，并保持对应的州名

PHP 解决方案 8-6 展示了使用 array_multisort()函数按多个维度重新排序多维数组的示例。

8.3.3　PHP 解决方案 8-6：使用 array_multisort()函数对多维数组排序

在前面的 PHP 解决方案中，我们使用宇宙飞船操作符通过比较分配给每个键的值来定制多维数组的排序。在这个解决方案中，我们将使用 array_multisort()函数来执行更复杂的排序操作。

(1) multisort_03.php 文件中的代码包含 PHP 解决方案 8-5 中$playlist 多维数组的更新版本。每个子数组都添加了一个 rating 键，如下所示。

```
$playlist = [
    ['artist'=>'Jethro Tull','track'=>'Locomotive Breath','rating'=>8],
    ['artist'=>'Dire Straits','track'=>'Telegraph Road','rating'=>7],
    ['artist'=>'Mumford and Sons','track'=>'Broad-Shouldered
Beasts','rating'=>9],
    ['artist'=>'Ed Sheeran','track'=>'Nancy Mulligan', 'rating' => 10],
    ['artist'=>'Dire Straits','track'=>'Sultans of Swing','rating'=>9],
    ['artist'=>'Jethro Tull', 'track' => 'Aqualung','rating'=>10],
    ['artist'=>'Mumford and Sons','track'=>'Thistles and Weeds',
'rating'=>6],
    ['artist'=>'Ed Sheeran','track'=>'Eraser','rating'=>8]
```

```
];
```

(2) 如 PHP 解决方案 8-5 所示，使用 usort()函数和宇宙飞船操作符可以很容易地按 track 键的值以字母顺序对数组排序。我们也可以按 rating 键的值对数组进行排序；但是按 rating 键和 track 键进行排序需要不同的方法。

按多个规则对多维数组排序的第一步是将要排序的值提取到单独的数组中。这很容易通过 array_column()函数完成，该函数接收两个参数：顶层数组和要从每个子数组中提取的键。在$playlist 数组后面添加以下代码(代码位于 multisort_04.php 文件中)：

```
$tracks = array_column($playlist, 'track');
$ratings = array_column($playlist, 'rating');
print_r($tracks);
print_r($ratings);
```

(3) 保存文件并在浏览器中进行测试。如图 8-25 所示，多维数组的值被提取到两个索引数组中。

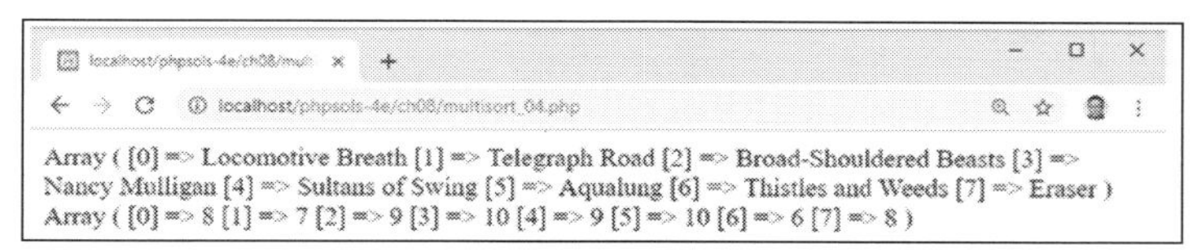

图 8-25　将需要排序的值提取到单独的索引数组中

(4) 我们不再需要检查$tracks 和$ratings 数组的内容，因此将调用 print_r()函数打印数组内容的语句删除或注释掉。

(5) 我们现在可以使用 array_multisort()函数对多维数组进行排序。传递给函数的参数的顺序决定了最终排序的优先级。笔者希望播放列表按 rating 键降序排列，然后按 track 键的字母顺序排列。因此，需要将$ratings 数组作为第一个参数，后跟排序方向；然后是$tracks 数组，后跟排序方向；最后是$playlist，多维数组。

在脚本底部添加以下代码：

```
array_multisort($ratings, SORT_DESC, $tracks, SORT_ASC, $playlist);
```

(6) 多维数组现在已经按 rating 键从高到低重新排序，按 track 键以字母顺序排列。可以通过如下方式循环$playlist 数组(代码在 multisort_05.php 文件中)来验证排序结果。

```
echo '<ul>';
foreach ($playlist as $item) {
  echo"<li>{$item['rating']}{$item['track']}by{$item['artist']}</li>";
}
echo '</ul>';
```

图 8-26 显示了排序的结果，表明结果正如预期的那样。

图 8-26　多维数组已按多个条件排序

■ **注意：**

在PHP解决方案 8-6 中，array_column()函数与关联子数组一起使用，因此第二个参数是键的字符串，其对应的所有值都会被提取到单独的数组中。该函数还可以从索引子数组中提取值，只需要在第二个参数中传递索引值，该索引对应的所有值都会被提取到单独的数组中。

8.3.4　PHP 解决方案 8-7：查找数组的所有排列

PHP 解决方案 8-7 改编自 Python。它在递归生成器(请参阅第 4 章的 4.9.5 节“生成器——一种不断产生输出的特殊类型的函数”)中使用 array_slice()和 array_merge()函数将数组分开并按不同的顺序将元素合并。之所以认为生成器是递归的，是因为它会反复调用自身，直到到达要处理的元素的末尾。

(1) 生成器的定义如下所示(代码位于 ch08 文件夹的 permutations.php 文件内)。

```
function permutations(array $elements) {
    $len = count($elements);
    if ($len <= 1) {
      yield $elements;
    } else {
       foreach(permutations(array_slice($elements, 1)) as
  $permutation) {
        foreach(range(0, $len - 1) as $i) {
           yield array_merge(
             array_slice($permutation, 0, $i),
             [$elements[0]],
             array_slice($permutation, $i)
          );
```

```
            }
        }
    }
}
```

从第 7 行开始的 foreach 循环以递归的方式调用生成器，使用 array_slice()函数提取传递给它的数组的第一个元素以外的所有元素。当我们在 8.2.5 节“PHP 解决方案 8-4：用逗号连接数组”中使用 array_slice()函数时，我们向它传递了三个参数：数组、要开始提取的元素的索引和要提取的元素数量。在本例中，只使用前两个参数。当 array_slice()函数的最后一个参数被省略时，它将返回从数组开始到结束的所有元素。因此，如果将字母 ABC 作为一个数组传递给该函数时，array_slice($elements，1)函数返回 BC，在循环中用$permutation 变量表示。

嵌套的 foreach 循环使用 range()函数创建一个从 0 到$elements 数组长度减去 1 的数字数组。每次循环运行时，生成器都会使用 array_merge()和 array_slice()函数的组合生成一个重新排序的数组。循环第一次运行时，计数器$i 为 0，因此 array_slice($permutation，0，0)不会从 BC 中提取任何内容。$elements[0]元素是 A，array_slice($permutation，0)的结果是 BC。结果，产生了原始数组 ABC。

下一次循环运行时，变量$i 的值变成 1，因此 B 是从$permutation 变量中提取的，$elements[0]元素仍然是 A，array_slice($permutation，1)的结果是 C，产生 BAC，以此类推。

(2) 要使用 permutations()生成器，请将索引数组作为参数传递给它，并将生成器分配给如下所示的变量。

```
$perms = permutations(['A', 'B', 'C']);
```

(3) 然后可以使用 foreach 循环和生成器来获取数组的所有组合(代码位于 permutations.php 文件中)。

```
foreach ($perms as $perm) {
   echo implode(' ', $perm) . '<br>';
}
```

图 8-27 显示 ABC 的所有组合。

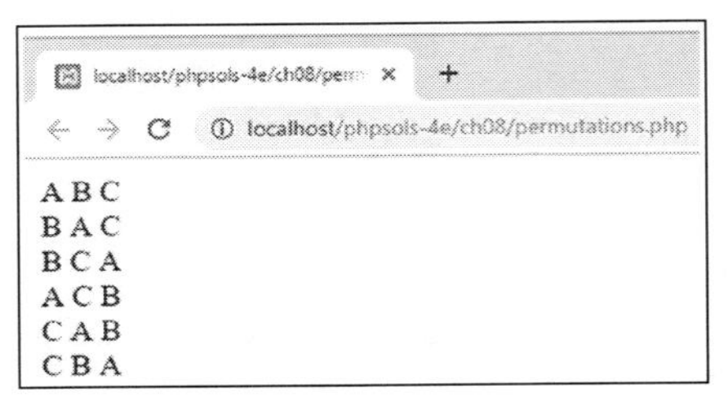

图 8-27　ABC 的所有组合

8.4　处理数组数据

在本节中，我们将介绍两种用于处理存储在数组中的数据的 PHP 解决方案：从多维关联数组自动构建 HTML 嵌套列表和从 JSON 摘要中提取数据。

8.4.1　PHP 解决方案 8-8：自动构建嵌套列表

PHP 解决方案 8-8 重新使用标准 PHP 库(SPL)中的 RecursiveIteratorIterator 类，以便探索文件系统。类(如 RecursiveIteratorItarator)的一个有用特性是，可以通过扩展它们来适应自己的需要。扩展类时，子类将继承其父类的所有公共的和受保护的方法及属性。可以在子类中添加新方法和属性，也可以通过重写父类的方法来改变其工作方式。RecursiveIteratorIterator 类公开了几个公共方法，可以重写这些方法以便在通过循环处理多维数组时在数组键和值之间插入 HTML 标记。

注意：

类可以将方法和属性声明为公共的(public)、受保护的(protected)或私有的(private)。public意味着可以在类定义之外访问它们，protected意味着只能在类定义或子类中访问它们，private意味着它们只能在类定义中访问，而不能在子类中访问。

在构建 PHP 脚本之前，让我们先查看一下 HTML 中嵌套列表的结构。图 8-28 显示了一个简单的嵌套列表。

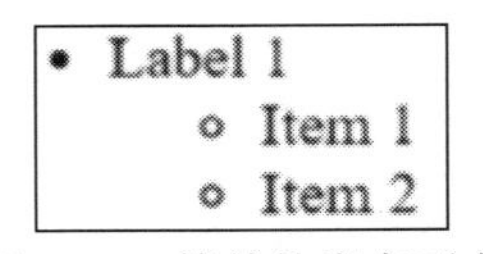

图 8-28　简单的嵌套列表

对应的 HTML 代码如下所示。

```
<ul>
  <li>Label 1
    <ul>
```

```
        <li>Item 1</li>
        <li>Item 2</li>
      </ul>
    </li>
</ul>
```

需要注意的一点是，缩进列表嵌套在顶级列表项中。Label1 的结束标记</li>在嵌套列表的结束标记</ul>之后。手动编写 HTML 嵌套列表容易出错，因为很难跟踪列表项的开始和结束位置。在用 PHP 自动化制作嵌套列表时，我们需要记住这个结构。

(1) 在 ch08 文件夹中创建一个名为 ListBuilder.php 的文件。如果只想研究完整的代码，可以在 ListBuilder_end.php 中找到全套代码以及相应的注释。

(2) 定义一个名为 ListBuilder 的类来扩展 RecursiveIteratorIterator 类，并为要处理的数组和输出的 HTML 创建两个受保护的属性。

```
class ListBuilder extends RecursiveIteratorIterator
{
    protected $array;
    protected $output = '';
}
```

$output 属性初始化为空字符串。

(3) 大多数类都有一个构造函数方法来完成初始化并可以接收任何参数。ListBuilder 类的构造函数需要接收一个数组作为参数并准备好处理该数组。将以下代码添加到类定义中[ListBuilder 类定义的所有代码都需要放在步骤(2)中的右大括号之前]。

```
public function __construct(array $array) {
  $this->array = new RecursiveArrayIterator($array);
  // Call the RecursiveIteratorIterator parent constructor
  parent::__construct($this->array, parent::SELF_FIRST);
}
```

构造函数方法的名称对于所有类都是相同的，并且以两个下画线开头。上述构造函数接收一个参数：将要转换为未排序的嵌套列表的数组。

若要将数组与 SPL 迭代器一起使用，必须首先将该数组转换为迭代器，因此构造函数中的第一行代码创建一个 RecursiveArrayIterator 类的新实例，并将其赋值给 ListBuilder 类的$array 属性。

因为我们要重写 RecursiveIteratorIterator 类的构造函数，所以需要调用父类的构造函数，并将$array 属性作为第一个参数传递给它。将 parent::SELF_FIRST 作为第二个参数调用，以便访问正在处理的数组的键和值。如果没有第二个参数，我们就无法访问数组的键。

■ **提示：**
你将在第 9 章和第 10 章学习更多关于类和对类进行扩展的知识。

---

(4) HTML 无序列表以<ul>标记表示。RecursiveIteratorIterator 类有多个公共方法会在循环开始和结束时被自动调用，因此我们可以重写这些方法，以便使用组合的连接运算符将必要的标记添加到$output 属性中，如下所示。

```
public function beginIteration() {
   $this->output .= '<ul>';
}
public function endIteration() {
   $this->output .= '</ul>';
}
```

(5) 在处理每个子数组的开始和结束时刻，有两个公共方法也会被自动调用。我们可以使用这两个方法来插入嵌套列表的开始标记<ul>，并添加嵌套列表及其上层列表的结束标记。

```
public function beginChildren() {
   $this->output .= '<ul>';
}
public function endChildren() {
   $this->output .= '</ul></li>';
}
```

(6) 为了处理每个数组元素，我们可以重写会被自动调用的 nextElement()公共方法。是的，你已经猜到了，这稍微有些复杂，因为我们需要检查当前元素是否有子数组。如果有，我们需要添加一个<li>开始标记和子数组的键。否则，我们需要在一对<li>标记之间添加当前元素的值，如下所示。

```
public function nextElement() {
  // Check whether there's a subarray
  if (parent::callHasChildren()) {
    // Display the subarray's key
    $this->output .= '<li>' . self::key();
  } else {
    // Display the current array element
    $this->output .= '<li>' . self::current() . '</li>';
```

```
    }
}
```

大部分代码的目的都非常明确。条件语句调用父类的 callHasChildren()方法，即 RecursiveIteratorIterator 类的 callHasChildren()方法。如果当前元素有子元素，即子数组，则返回 true。如果有，则将一个<li>开始标记连接到$output 属性，后跟 self::key()方法。这将调用 ListBuilder 类从 RecursiveIteratorIterator 类继承的 key()方法来获取当前数组元素的键的值。没有添加结束标记，因为在处理完子数组之前不会添加该标记。

如果当前元素没有任何子元素，则执行 else 子句。它调用 current()方法来获取当前元素的值，该值出现在一对<li>标记之间。

(7) 要显示嵌套列表，需要遍历数组并返回$output 属性。我们可以使用__toString()方法。该方法定义如下：

```
public function __toString() {
    // Generate the list
    $this->run();
    return $this->output;
}
```

(8) 要完成 ListBuilder 类，需要定义 run()方法，如下所示。

```
protected function run() {
    self::beginIteration();
    while (self::valid()) {
       self::next();
    }
    self::endIteration();
}
```

该方法仅调用从RecursiveIteratorIterator类继承的4个方法。首先调用beginIteration()方法，然后通过 while 循环访问数组，并调用 endIteration()方法作为结束。

(9) 要测试 ListBuilder 类，请打开 ch08 文件夹中的 multidimensional_01.php 文件。它包含一个名为$wines 的多维关联数组。添加以下代码引入 ListBuilder 类的定义，然后生成输出在页面上显示出来(完整的代码在 multidimensional_02.php 文件中)。

```
require './ListBuilder.php';
echo new ListBuilder($wines);
```

图 8-29 显示了结果。

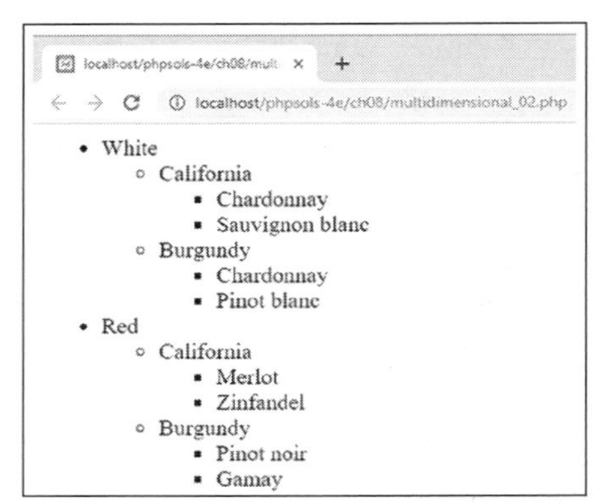

图 8-29　ListBuilder 类扩展了 RecursiveIteratorIterator 类，以自动从多维关联数组生成嵌套列表

8.4.2　PHP 解决方案 8-9：从 JSON 中提取数据

在第 7 章中，我们使用 SimpleXML 处理 RSS 新闻源。通过 RSS 或其他形式的 XML 发布数据的缺点是，用于包装数据的标记使数据变得冗长。在线分发数据越来越多地使用 JSON(JavaScript Object Notation，JavaScript 对象表示法)，因为它更加简洁。虽然简洁的格式使 JSON 下载速度更快，占用的带宽更少，但缺点是它的可读性比较差。

这个 PHP 解决方案访问来自 San Francisco Open Data(https://datasf.org/opendata/)的 JSON 数据源，将其转换为数组，构建数据的多维关联数组，然后对其进行筛选以提取所需信息。听起来需要做的工作很多，但代码相对较少。

(1) PHP 解决方案 8-9 要使用的 JSON 数据源位于 ch08/data 文件夹中的 film_locations.json 文件内。或者，可以从 https://data.sfgov.org/api/views/yitu-d5am/rows.json?accessType=DOWNLOAD 获取最新版本。如果访问联机版本，请将其在本地硬盘上保存为.json 文件，以避免持续访问远程源。

(2) 这个数据源由 San Francisco Film Commission 收集的数据组成，这些数据记录电影是在 San Francisco 周边的哪个城市或地区拍摄的。使用 JSON 的一个挑战是定位所需的信息，因为没有通用的命名约定。尽管这个 JSON 文件的每行数据都是在单独的行上格式化并缩进的，但是 JSON 通常没有空格，这样可以使它更紧凑。将其转换为多维关联数组简化了识别过程。在 ch08 文件夹中创建一个名为 json.php 的 PHP 文件，并添加以下代码(这些代码位于 json_01.php 文件中)。

```
$json = file_get_contents('./data/film_locations.json');
$data = json_decode($json, true);
echo '<pre>';
print_r($data);
echo '</pre>';
```

上述代码使用 file_get_contents()函数从数据文件中获取原始 JSON 数据，将其转换为多维关联数组，然后显示它。将 true 作为第二个参数传递给 json_decode()函数会将 JSON 对象转换为 PHP 关联数组。

(3) 保存文件并在浏览器中运行脚本。$data 数组很大，它包含了 1600 多部电影的详细信息。将 print_r()函数的输出封装在一对<pre>标记中可以方便地查看数据的结构，从而确定感兴趣的数据所在的位置。如图 8-30 所示，顶级数组称为 meta。嵌套在内部的是名为 view 的子数组，该子数组包含名为 columns 的子数组。

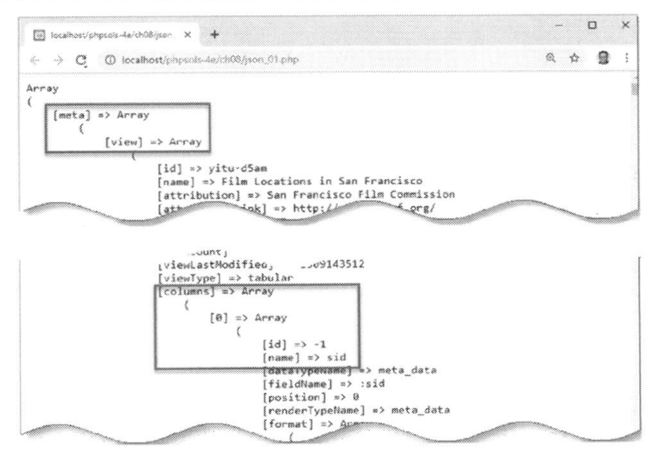

图 8-30　将 JSON 数据源转换为关联数组简化了识别数据位置的过程

columns 子数组包含一个索引数组；该数组的第一个元素中还有一个子数组，其中一个键的名称是 name。当你进一步向下滚动以找到一个名为 data 的数组时，这一点的重要性就变得很明显(见图 8-31)。

图 8-31　为了紧凑，电影数据存储在索引数组中

我们感兴趣的所有数据都存储在这里。它包含一个超过 1600 个元素的索引子数组，而每个元素又都包含一个拥有 19 个元素的索引数组。19 个元素的数据映射到图 8-30 中标识的名称数组，从而不需要重复数千次列出名称。要提取所需的信息，必须为此数据数组中的每部电影构建一个关联数组。

(4) 我们可以使用 array_column()函数来获取列名。但是，name 元素被深埋在顶层数组下，该数组在步骤(2)中存储为$data 变量。图 8-30 中的缩进有助于找到作为第一个参数传递的正确子数组。在脚本中添加以下代码(代码在 json_02.php 文件中)。

```
$col_names = array_column($data['meta']['view']['columns'],
'name');
```

(5) 使用 print_r()函数检查提取的值是否正确，如图 8-32 所示。

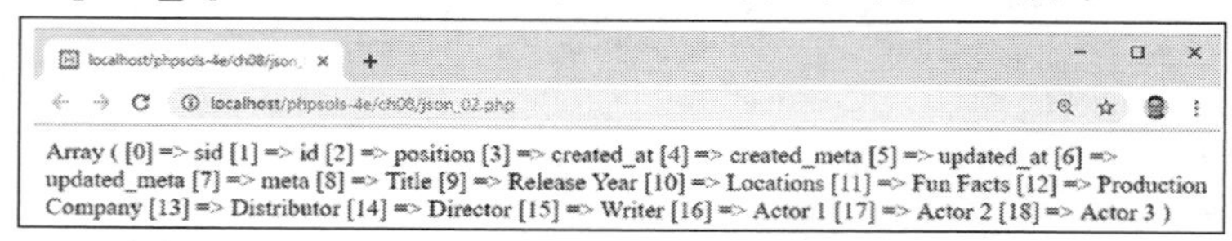

图 8-32　列的名称标识了每个位置存储了电影的什么信息

(6) 现在有了列的名称，我们就可以循环遍历 data 子数组，使用 array_combine()函数将每个元素转换为关联数组。将以下代码添加到脚本中：

```
$locations = [];
foreach ($data['data'] as $datum) {
   $locations[] = array_combine($col_names, $datum);
}
```

上述代码将$locations 变量初始化为空数组，然后循环遍历 data 子数组，将$col_names 变量和当前数组值传递给 array_combine()函数。这将导致相关列名被指定为每个值的键。数据缩进的层级(见图 8-31)说明 data 子数组与 meta 子数组位于相同的层级(见图 8-30)。

(7) $locations 变量现在是一个包含关联子数组的数组，每个元素的索引值表示对应电影的详细信息所在的位置，而元素中的关联子数组则包含了从 JSON 数据源中提取出的电影的详细信息；$locations 数组的元素数量超过 1600 个。要定位特定电影的详细信息，可以使用 array_filter()函数，该函数以数组和回调函数作为参数，并返回一个包含筛选结果的新数组。

回调函数接收一个参数，即过滤器正在检查的当前元素。这意味着过滤条件需要在回调函数中硬编码。为了使回调函数更具普遍性，笔者将使用一个能够从全局范围继承变量的匿名函数。现在定义搜索条件和回调函数，如下所示。

```
$search = 'Alcatraz';
```

```
$getLocation = function ($location) use ($search) {
  return (stripos($location['Locations'], $search) !== false);
};
```

匿名函数的返回值被分配给一个变量。它只接收一个参数，但通过 use 关键字可以访问$search 变量的值。在函数内部，stripos()函数对当前数组的 Locations 元素中的搜索项执行不区分大小写的搜索。因为 stripos()返回找到搜索项的位置，如果搜索项在数组开始处(位置 0)，则返回结果将为 false，因此我们需要确保返回值不是布尔值 false。

(8) 我们现在可以过滤$locations 数组并显示结果(完整的代码在 json_03.php 文件中)，如下所示。

```
$filtered = array_filter($locations, $getLocation);
echo '<ul>';
foreach ($filtered as $item) {
  echo "<li>{$item['Title']} ({$item['Release Year']}) filmed at
  {$item['Locations']}</li>";
}
echo '</ul>';
```

(9) 保存脚本并在浏览器中测试它，你将看到如图 8-33 所示的结果。

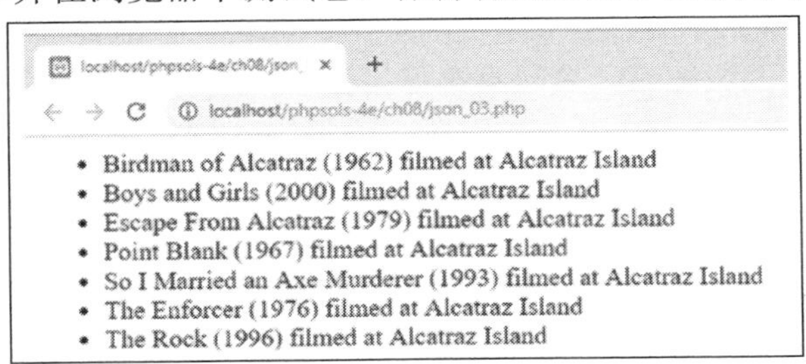

图 8-33　从 JSON 数据源的 1600 多个条目中筛选出来的信息

(10) 将$search 变量的值更改为 San Francisco 其他地点的名称，例如 Presidio 或 Embarcadero，以查看在这些地点拍摄的电影的名称。

8.5　自动将数组元素分配给变量

毫无疑问，关联数组非常有用，但它的缺点是输入带有引号的数组键字符串，通常很不便捷。因此，通常会将关联数组元素分配给简单变量。例如：

```
$name = $_POST['name'];
$email = $_POST['email'];
$message = $_POST['message'];
```

但是，有一些方法可以简化此过程，如下节所述。

8.5.1 使用 extract()函数

在最基本的形式中，extract()函数根据参数中元素的关联键的名称自动将关联数组的值赋给对应的变量。换句话说，只需要执行以下操作，就可以获得与前面三行代码相同的结果。

```
extract($_POST);
```

警告：

使用extract()函数处理来自用户输入的未经过滤的数据(如$_POST或$_GET数组)被认为是一个重大的安全风险。恶意攻击者可以尝试注入变量，这些变量的值会覆盖已定义变量的值。

---

extract()函数以最简单的形式使用时，会给代码带来潜在的危险。除非确切地知道关联数组中有哪些键，否则存在覆盖现有变量的风险。为了解决这个问题，可以为该函数传递两个可选参数：一个是决定在变量命名冲突时如何处理的 PHP 常量，这样的常量有 8 个；另一个是可以用来作为变量名前缀的字符串。可以查阅在线文档 www.php.net/manual/en/function.extract.php 找到这些常量的详细信息。

尽管可选参数优化了 extract()函数的行为，但它的使用并没有体现出函数提供的便利性。extract()函数还有一个缺点：如果键中的字符作为变量名是无效字符时，它无法做出正确的处理。例如，以下是完全有效的关联数组。

```
$author = ['first name' => 'David', 'last name' => 'Powers'];
```

即使键包含空格，$author['first name']和$author['last name']元素都是有效的。但是，将$author 数组传递给 extract()函数将不会创建任何变量。

这些限制极大地降低了 extract()函数的价值。

8.5.2 使用 list()

虽然圆括号使 list()看起来像一个函数，但从技术上讲，它并不是函数；它是一个 PHP 语言构造，在单个操作中将数组内的值序列分配给一系列变量。它从 PHP 4 开始就可用了，但在 PHP 7.1 及更新的版本中得到了显著的增强。

在 PHP 7.1 之前，list()只适用于索引数组。在圆括号中列出要接收数组元素值的多个变量，其顺序与要接收的数组元素值的顺序相同。list_01.php 文件中的以下示例显示了它的工作原理。

```
$person = ['David', 'Powers', 'London'];
list($first_name, $last_name, $city) = $person;
// Displays "David Powers lives in London."
echo "$first_name $last_name lives in $city.";
```

在 PHP 7.1 及更新的版本中，list()也可以用于关联数组。语法与创建普通关联数组的语法类似。使用双箭头运算符将关联数组键指定给变量。由于每个数组键都标识其关联的值，因此它们不需要按照与数组中相同的顺序列出，也不必使用所有键，如 list_02.php 文件中的以下示例所示。

```
$person = [
    'first name' => 'David',
    'last name' => 'Powers',
    'city' => 'London',
    'country' => 'the UK'];
list('country' => $country,
    'last name' => $surname,
    'first name' => $name) = $person;
// Displays "David Powers lives in the UK."
echo "$name $surname lives in $country.";
```

8.5.3 使用 list()的数组快捷语法

PHP 7.1 中的另一个增强是对 list()提供了数组快捷语法。前面两个例子中的变量赋值可以这样简化(完整代码在 list_03.php 文件和 list_04.php 文件中)。

```
[$first_name, $last_name, $city] = $person;
['country' => $country, 'last name' => $surname, 'first name' => $name]
= $person;
```

8.5.4 PHP 解决方案 8-10：使用生成器处理 CSV 文件

PHP 解决方案 8-10 修改 PHP 解决方案 7-2：从 CSV 文件中提取数据中的脚本，使用生成器处理 CSV 文件，通过 list()数组快捷语法将每行文本生成的数组中的值赋给变量。

(1) 打开 ch08 文件夹中的 csv_processor.php 文件。它包含以下代码，这些代码定义了一个名为 csv_processor()的生成器。

```
// generator that yields each line of a CSV file as an array
function csv_processor($csv_file) {
    if (@!$file = fopen($csv_file, 'r')) {
        echo "Can't open $csv_file.";
        return;
    }
    while (($data = fgetcsv($file)) !== false) {
       yield $data;
    }
    fclose($file);
}
```

生成器接收一个参数，即 CSV 文件的名称。它使用第 7 章中描述的文件操作函数以只读模式打开文件。如果无法打开文件，错误控制运算符(@)将禁止显示任何 PHP 错误消息，而显示自定义消息并返回，从而防止进一步尝试处理该文件。

假设文件打开成功，while 循环一次将一行文本传递给 fgetcsv()函数，该函数将数据作为生成器生成的数组返回。循环结束时，文件将关闭。

这是一个方便的实用函数，可以用来处理任何 CSV 文件。

(2) 在 ch08 文件夹中创建一个名为 csv_list.php 的文件，并包含 csv_processor.php 文件。

```
require_once './csv_processor.php';
```

(3) ch08/data 文件夹中的 scores.csv 文件包含以下以逗号分隔的值存储的数据。

```
Home team,Home score,Away team,Away score
Arsenal,2,Newcastle United,0
Tottenham Hotspur,2,Crystal Palace,0
Watford,4,Fulham,1
Manchester City,2,Cardiff City,0
Southampton,1,Liverpool,3
Wolverhampton Wanderers,2,Manchester United,1
```

(4) 通过创建 csv_processor()生成器的实例来加载 CSV 文件中的数据，如下所示。

```
$scores = csv_processor('./data/scores.csv');
```

(5) 使用生成器的最简单方法是与 foreach 循环一起使用。每次循环运行时，生成器都会使用 CSV 文件的当前行生成一个索引数组。使用 list()数组快捷语法将数组值赋给一组变量，然后使用 echo 显示它们，如下所示。

```
foreach ($scores as $score) {
[$home, $hscore, $away, $ascore] = $score;
echo "$home $hscore:$ascore $away<br>";
}
```

(6) 保存文件并将其加载到浏览器中运行脚本，或者使用 ch08 文件夹中的 csv_list_01.php 文件。如图 8-34 所示，输出包括 CSV 文件中的列标题行。

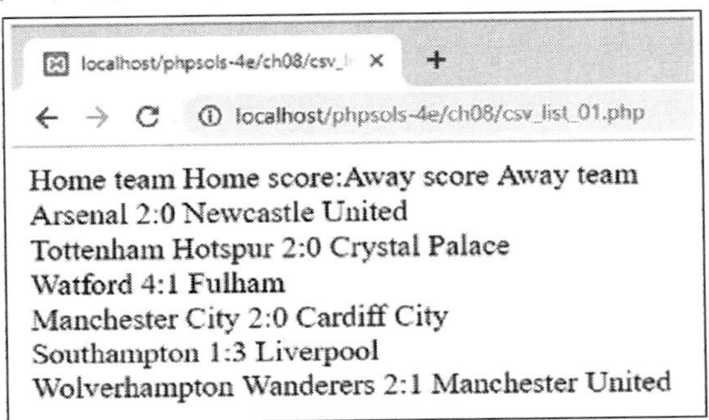

图 8-34　生成器处理 CSV 文件的每一行，包括列标题

(7) 使用 foreach 循环的问题是它会处理 CSV 文件中的每一行。每次循环运行时，我们都可以增加一个计数器值，并使用它跳过带有 continue 关键字的第一行。但是，生成器有内置的方法，允许我们遍历要生成的值以及获取当前值。按如下方式编辑步骤(5)中的代码(更改以粗体突出显示)。

```
$scores->next();
    while ($scores->valid()) {
    [$home, $hscore, $away, $ascore] = $scores->current();
    echo "$home $hscore:$ascore $away<br>";
    $scores->next();
}
```

修改后的代码使用 while 循环而不是 foreach 循环来调用生成器的 valid()方法。如果还存在生成器能处理的值，那么 valid()方法返回 true。因此，这就产生了循环处理 CSV 文件中每一行文本的效果。

要跳过第一行，在循环开始之前调用 next()方法。顾名思义，这会将生成器移动到下一个可用值。在循环中，current()方法返回当前值，next()方法移动到下一个值，以便循环再次运行。

(8) 保存文件并再次运行脚本(代码在 csv_list_02.php 文件中)。这次只显示分数，如图 8-35 所示。

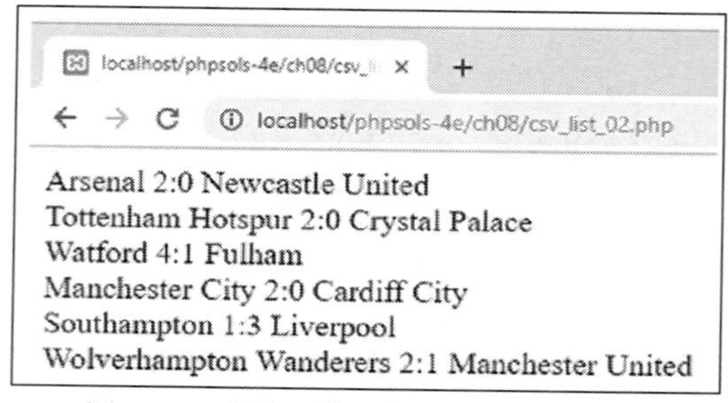

图 8-35　在遍历其余值之前跳过第一行

8.6　使用扩张操作符从数组中解包参数

第 4 章简要介绍的扩张操作符(...)有两个作用，即：

- 当在函数定义中使用时，它将多个参数转换为可在函数内部使用的数组。
- 当调用一个函数时，它会解包一个参数数组，并将它们作为函数的参数。

第 4 章中的示例演示了扩张操作符的第一种使用方法。以下函数定义允许将任意数量的参数传递给函数，并在函数内部作为数组进行处理。

```
function addEm(...$nums) {
    return array_sum($nums);
}
```

扩张操作符的第二种工作方式与此相反。它不会将任意数量的参数转换为数组，而是将数组的元素逐个传递给函数。PHP 解决方案 8-11 展示了一个简单的例子，说明这一点如何具有实际价值。

PHP 解决方案 8-11：使用扩张操作符处理 CSV 文件

fgetcsv()函数将 CSV 文件中的数据作为索引数组返回。这个 PHP 解决方案展示了如何使用扩张操作符将数组直接传递给需要多个参数的函数，而不必分离单个元素。它还使用 PHP 解决方案 8-10 中描述的 csv_processor()生成器。

(1) 在 ch08 文件夹中创建一个名为 csv_splat.php 的文件，并包括 csv_processor.php 文件。

```
require_once './csv_processor.php';
```

(2) ch08/data 文件夹中的 weather.csv 文件包含以下数据。

```
City,temp
London,11
Paris,10
```

```
Rome,12
Berlin,8
Athens,19
```

温度以摄氏度为单位。为了让使用华氏度为温度单位的人方便阅读这些数据，我们需要对这些数据进行转换处理。

(3) 在 csv_splat.php 文件中，添加以下函数定义(代码位于 csv_splat_01.php 文件中)。

```
function display_temp($city, $temp) {
  $tempF = round($temp/5*9+32);
  return "$city: $temp&deg;C ($tempF&deg;F)";
}
```

这个函数有两个参数：城市名和温度。使用标准公式(除以 5，乘 9，加 32)将温度转换为华氏温度，并四舍五入为最接近的整数。

然后，该函数返回一个字符串，该字符串由城市名称和温度(以摄氏度为单位)以及括号中的等效华氏度组成。

(4) 包含数据的 CSV 文件以一行列标题开始，因此我们需要使用与上一个解决方案中相同的技术跳过第一行。将数据加载到 csv_processor()生成器中，并跳过第一行，如下所示。

```
$cities = csv_processor('./data/weather.csv');
$cities->next();
```

(5) 在 while 循环中使用 display_temp()函数和扩张操作符处理剩余的数据行，如下所示。

```
while ($cities->valid()) {
    echo display_temp(...$cities->current()) . '<br>';
    $cities->next();
}
```

与前面的解决方案一样，生成器的 current()方法将当前数据行作为数组返回。但是，这一次我们没有将每个数组元素分配给变量，而是使用扩张操作符将数组解包并将元素值作为参数传递，元素值传递的顺序与在数组中显示的顺序相同。

如果觉得这段代码难以理解，请首先将 current()方法的返回值赋给如下所示的变量。

```
$data = $cities->current();
echo display_temp(...$data) . '<br>';
```

在作为参数传递给函数的数组之前加上扩张操作符，其效果与如下代码的作用相同(代码位于 csv-splat-02.php 文件中)。

```
[$city, $temp] = $cities->current();
echo display_temp($city, $temp) . '<br>';
```

图 8-36 显示了使用这两种技术中任意一种的结果。

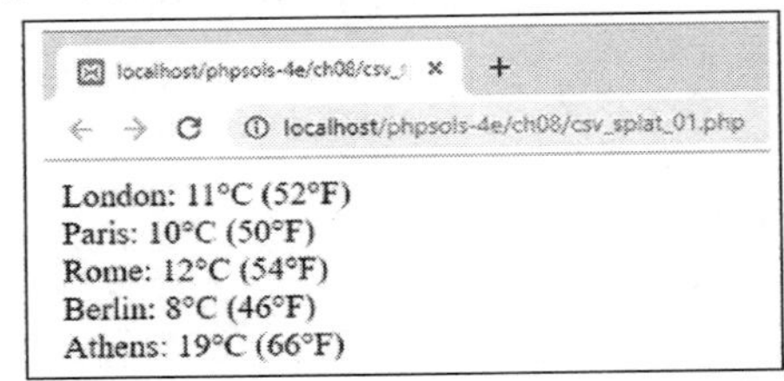

图 8-36　通过使用扩张操作符将每个数据数组直接传递给函数来处理

使用扩张操作符解压参数数组具有简洁的优点，但较短的代码并不总是最容易阅读的，这会使你在无法获得预期结果时难以进行调试。笔者个人认为，将数组元素分配给变量，然后作为参数显式地传递它们是一种更安全的方法。但即使你不使用某种特定的技术，如果遇到其他人的代码，理解这些代码是如何工作的也是很有用的。

8.7　本章回顾

使用数组是 PHP 中最常见的任务之一，特别是在使用数据库时。几乎所有数据库查询的结果都作为关联数组返回，因此了解如何处理它们很重要。在本章中，我们讨论了修改数组、合并数组、数组排序和提取数据。在循环中使用数组要记住的要点是，除非通过引用将值传递到循环中，否则 PHP 总是处理数组的副本。相反，对数组进行排序的函数会改变原始数组。

可以在 PHP 联机文档 www.php.net/manual/en/ref.array.php 中找到所有与数组相关的函数的详细信息。本章展示了其中大约一半函数的示例，为你能够成为 PHP 中处理数组的专家打下良好的基础。

第9章

上传文件

PHP 处理表单的能力并不局限于文本，它还可用于将文件上传到服务器。例如，你可以建立一个房地产网站，让客户上传他们的房产图片，或者建立一个网站，让你的所有亲朋好友上传他们的度假照片。然而，仅仅因为能这样做，并不一定意味着你应该这样做。允许他人将资料上传到网站可能会使你面临各种各样的问题。你需要确保图片大小合适，质量合适，不含任何非法材料。你还需要确保上传的材料中不包含恶意脚本。换句话说，你需要像保护自己的计算机一样小心地保护你的网站。

PHP 使得限制所接受的文件类型和大小变得相对简单。它不能做的是检查内容的适用性。请仔细考虑必要的安全措施，例如通过将上传表单放置在密码保护区域，将上传操作限制为只能由已注册且受信任的用户进行。

在第 11 章和第 19 章中学习如何限制使用 PHP 访问页面之前，如果部署了一个公共网站，请仅在受密码保护的目录中使用本章中的 PHP 解决方案。大多数托管公司通过网站的控制面板提供简单的密码保护。

本章的第一部分致力于理解文件上传的机制，这将使你更容易理解后面的代码。这是一个相当有难度的章节，不仅仅是简单地介绍几个快速解决方案。在本章结束时，你将构建一个能够处理单个和多个文件上传的 PHP 类。然后只需要编写几行代码，就可以任何形式使用该类。

本章内容：

- 理解$_FILES 数组
- 限制上传文件的大小和类型
- 防止文件被覆盖
- 处理上传多个文件

9.1 PHP 处理文件上传的方式

术语“上传”意味着将一个文件从一台计算机移动到另一台计算机，但就 PHP 而言，所发生的一切都是将文件从一个位置移动到另一个位置。这意味着你可以在本地计算机上测试本章中的所有脚本，而不必将文件上传到远程服务器。

默认情况下，PHP 支持文件上传，但托管公司可以限制上传文件的大小或完全禁用上传特性。在继续后面的学习之前，最好检查远程服务器上的设置。

9.1.1 检查服务器是否支持上传

你需要的所有信息都显示在 PHP 主配置页中，可以在远程服务器上运行 phpinfo()函数来显示这些信息，如第 2 章所述，向下滚动页面直到在 Core 部分找到 file_uploads 指令。

如果该指令的 Local Value 为 On，那么可以继续，但还是应该检查表 9-1 中列出的其他配置项。

表 9-1 影响文件上传的 PHP 配置项

指令	默认值	说明
max_execution_time	30	PHP 脚本可以运行的最大秒数。如果脚本需要更长的时间，PHP 将生成一个致命错误
max_file_uploads	20	可以同时上传的最大文件数量，多余的文件会被忽略
max_input_time	60	PHP 脚本允许解析$_POST、$_GET 数组和上传文件的最大秒数。非常大的上传文件可能会超时
post_max_size	8MB	所允许的$_POST 数据大小的最大值，包括上传的文件。尽管默认值是 800 万字节(8MB)，但托管公司可能会施加较小的限制
upload_tmp_dir		这是 PHP 临时存储上传文件的地方，应该编写脚本将它们移动到永久存储位置。如果 php.ini 文件中未定义任何值，则 PHP 使用系统默认的临时目录(C:\Windows\Temp 或 Mac/Linux 系统上的/tmp 目录)
upload_max_filesize	2MB	单个上传文件的大小所允许的最大值。默认值是 200 万字节(2MB)，但托管公司可能会施加较小的限制。整数表示字节数。K 表示千字节，M 表示兆字节，G 表示千兆字节

PHP7 可以处理大于 2GB 的单个文件的上传，但实际限制由表 9-1 中的设置决定。post_max_size 的默认值 8 MB 包括$_POST 数组的内容，因此可以在典型服务器上同时上传的文件的总大小不足 8 MB，单个文件大小不足 2 MB。服务器管理员可以更改这些默认值，因此检查托管公司设置的限制很重要。如果超过这些限制，一个原本完美的脚本将失败。

如果 file_uploads 指令的 Local Value 设置为 off，则上传特性已被禁用。除了询问托管公司是否能提供文件上传服务以外，你对此无能为力。你唯一的选择是转移到不同的主机或使用不同的解决方案，例如通过 FTP 上传文件。

■ **提示：**

在使用phpinfo()函数检查远程服务器的设置之后，请删除该函数生成的脚本或将其放在受密码保护的目录中。

9.1.2 向表单添加文件上传字段

将文件上传字段添加到 HTML 表单很容易。只需要将 enctype="multipart/form-data"作为属性添加到表单的开始标记中，并将表单内<input>元素的 type 属性设置为 file。以下代码是上传表单的一个简单示例(位于 ch09 文件夹中的 file_upload_01.php 文件内)。

```
<form action="file_upload.php"method="post"enctype="multipart/form-data">
  <p>
    <label for="image">Upload image:</label>
    <input type="file" name="image" id="image">
  </p>
  <p>
    <input type="submit" name="upload" value="Upload">
  </p>
</form>
```

虽然这是标准的 HTML，但是它在网页中的呈现方式取决于浏览器(见图 9-1)。许多浏览器都会显示一个 Choose File 或 Browse 按钮，并在右侧显示状态消息或选定文件的名称。Microsoft Edge 浏览器显示一个只读文本输入字段，右侧有一个 Browse 按钮。在字段中单击鼠标后，Edge 浏览器将立即启动文件选择面板。这些差异不会影响上传表单的操作，但在设计布局时需要考虑这些差异。

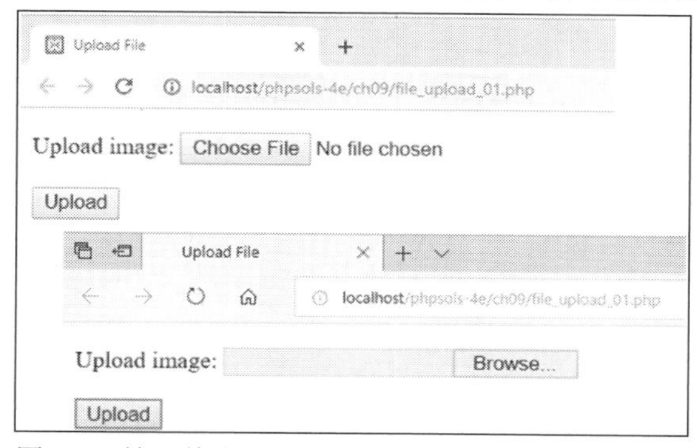

图 9-1 输入待上传文件的字段的外观取决于浏览器

9.1.3 理解$_FILES 数组

令许多人困惑的是，他们的文件在上传后似乎消失了。这是因为你不能以与文本输入相同的方式引用$_POST 数组中已上传的文件。PHP 将上传文件的详细信息传输到一个单独的超级全局数组中，该数组称为$_FILES，这并非不合理。此外，文件将上传到临时文件夹并被删除，除非你明确地将其移动到所需的位置。这允许你在接收上传文件之前对其进行各种必要的安全检查。

检查$_FILES 数组

理解$_FILES 数组工作原理的最佳方法是查看它的实际工作情况。你可以在计算机上的本地测试环境中测试所有内容，它的工作方式与将文件上传到远程服务器的方式相同。

(1) 在 phpsols-4e 网站根目录中创建一个名为 uploads 的文件夹。在 uploads 文件夹中创建一个名为 file_upload.php 的文件，并插入上一节中的代码。或者，从 ch09 文件夹复制 file_upload_01.php 文件并重命名为 file_upload.php。

(2) 在</form>结束标记之后插入以下代码(这些代码也在 file_upload_02.php 文件中)。

```
</form>
<pre>
<?php
if (isset($_POST['upload'])) {
   print_r($_FILES);
}
?>
</pre>
</body>
```

这将使用 isset()函数检查$_POST 数组是否包含 upload 元素，即 name 属性为 Submit 的按钮。如果是，则说明表单已提交，因此可以使用 print_r()函数检查$_FILES 数组。<pre>标记使输出更易于阅读。

(3) 保存 file_upload.php 文件并将其加载到浏览器中。

(4) 单击 Browse(或 Choose File)按钮并选择本地文件。单击 Open 按钮(或 Mac 系统上的 Choose 按钮)来关闭选择对话框，然后单击 Upload 按钮。应该看到类似于图 9-2 的内容。

$_FILES 是一个多维数组，即数组的数组。顶层包含一个元素，该元素从文件输入字段的 name 属性(在本例中为 image)获取其键(或索引)。

Upload image: Choose File No file chosen

Upload

```
Array
(
    [image] => Array
        (
            [name] => fountains.jpg
            [type] => image/jpeg
            [tmp_name] => C:\xampp\tmp\phpFF01.tmp
            [error] => 0
            [size] => 9603
        )

)
```

图 9-2　$_FILES 数组包含上传文件的详细信息

顶层 image 数组包含由 5 个元素组成的子数组，如下所示。

- name：上传文件的原始名称
- type：上传文件的 MIME 类型
- tmp_name：上传文件的位置
- error：表示上传状态的整数
- size：上传文件的大小(字节)

不要浪费时间搜索 tmp_name 指示的临时文件，上传的文件只是非常短暂地保存在这里。如果不立即将文件移动到其他位置，PHP 会将其丢弃。

■ 注意：

MIME类型是浏览器用来确定文件格式和如何处理文件的标准化信息。有关MIME类型的详细信息，请参见https://developer.mozilla.org/en-US/docs/Web/HTTP/Basics_of_HTTP/MIME_types。

---

(5) 未选择文件，直接单击 Upload 按钮，$_FILES 数组的内容应该如图 9-3 所示。

Upload image: Choose File No file chosen

Upload

```
Array
(
    [image] => Array
        (
            [name] =>
            [type] =>
            [tmp_name] =>
            [error] => 4
            [size] => 0
        )

)
```

图 9-3　当没有文件上传时，$_FILES 文件数组仍然存在

错误级别 4 表示没有上传文件；0 表示上传成功。本章后面的表 9-2 列出了所有错误代码。

(6) 选择一个代码文件并单击 Upload 按钮。在许多情况下，表单会直接尝试上

传文件，并将其类型显示为 application/zip、application/octet-stream 或类似的内容。类型信息可以看成一个重要的警告，可以通过该信息检查什么类型的文件正在上传。

9.1.4 建立上传目录

为了安全起见，通过在线表单上传的文件不应通过浏览器就能公开地访问。换句话说，它们不应该保存在网站根目录中(通常是 htdocs、public_html 或 www 目录)。在远程服务器上，为上传文件在网站根目录之外创建一个目录，并将权限设置为644(所有者可以读写；其他人只读)。

1. 在 Windows 上创建用于进行本地测试的上传文件夹

对于以下练习，笔者建议你在 C 驱动器的顶层创建一个名为 upload_test 的文件夹。在 Windows 上没有权限问题，只需要创建文件夹即可。

2. 在 macOS 上创建用于进行本地测试的上传文件夹

Mac 用户可能需要做更多的准备，因为文件权限与 Linux 类似。在主文件夹中创建一个名为 upload_test 的文件夹，并按照 PHP 解决方案 9-1 中的说明进行操作。

如果一切顺利，则不需要做任何额外的事情。但是，如果收到 PHP 警告 failed to open stream，则需要修改 upload_test 文件夹的权限，如下所示。

(1) 在 Mac Finder 中选中 upload_test 文件夹并选择 File|Get Info(Cmd+I)菜单，打开其信息面板。

(2) 在 Sharing & Permissions 区域中，单击右下角的挂锁图标以解锁设置，然后将 everyone 的设置从只读更改为读写，如图 9-4 所示。

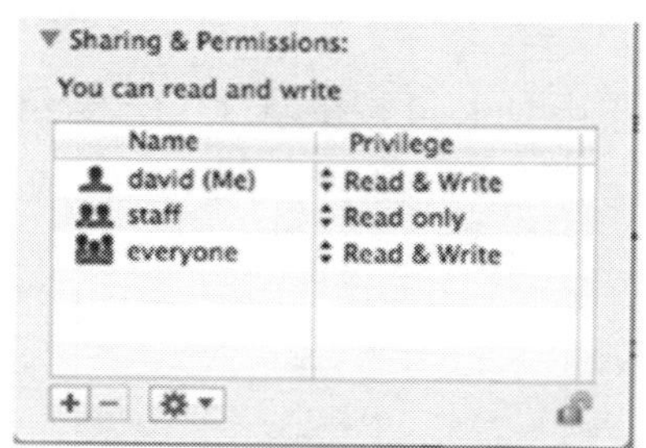

图 9-4 Sharing & Permissions 区域

(3) 再次单击挂锁图标以保留新设置并关闭信息面板。现在应该可以使用 upload_test 文件夹继续本章的其余练习。

9.2 上传文件

在构建文件上传类之前，最好创建一个简单的文件上传脚本，以确保系统正确处理上传的文件。

9.2.1 将临时文件转移到上传文件夹

上传文件的临时版本只会短暂地保存在临时目录中。如果不处理这个文件，它会被立即丢弃。你需要告诉 PHP 将其移动到何处以及如何命名。使用 move_uploaded_file()函数执行此操作，该函数接受以下两个参数。

- 临时文件的名称
- 文件新位置的完整路径名，包括文件名本身

获取临时文件本身的名称很容易：它作为 tmp_name 元素的值存储在$_FILES 数组中。因为第二个参数需要完整的路径名，所以它为你提供了重命名文件的机会。现在，为了简单起见，使用原始文件名，它作为 name 元素的值存储在$_FILES 数组中。

9.2.2 PHP 解决方案 9-1：创建基本的文件上传脚本

继续使用与上一练习中相同的文件，或者使用 ch09 文件夹中的 file_upload_03.php 文件。PHP 解决方案 9-1 的最终脚本位于 file_upload_04.php 文件中。

(1) 如果使用的是上一练习中的文件，需要删除在</form>和</body>结束标记之间以粗体突出显示的代码，如下所示。

```
</form>
<pre>
<?php
if (isset($_POST['upload'])) {
   print_r($_FILES);
}
?>
</pre>
</body>
```

(2) 除了 PHP 配置中设置的自动限制(见表 9-1)之外，还可以为 HTML 表单中的上传文件的大小指定最大值。在类型为 file 的输入字段前添加以下粗体突出显示的脚本行。

```
<label for="image">Upload image:</label>
<input type="hidden" name="MAX_FILE_SIZE" value="<?= $max ?>">
<input type="file" name="image" id="image">
```

这是一个隐藏的表单字段，因此不会显示在屏幕上。但是，必须将它放在类型为 file 的输入字段之前，否则它不起作用。name 属性的值 MAX_FILE_SIZE 是固定值，该常量区分大小写。value 属性将上传文件的最大大小以字节为单位进行设置。

代码没有指定一个数值，而是使用了一个名为$max 的变量。这个值也将用于文件上传的服务器端验证，因此定义变量是有意义的，这样可以避免在一个地方修改它，但忘记在其他地方修改它。

使用 MAX_FILE_SIZE 的优点是，如果文件大于规定值，PHP 将放弃上传，避免因文件太大而造成的不必要的延迟。但是，用户可以通过伪造隐藏字段提交的值来绕过这个限制，因此本章剩余部分中开发的脚本也将在服务器端检查上传文件的大小。

(3) 在 DOCTYPE 声明上方的 PHP 块中定义$max 变量的值，如下所示。

```
<?php
// set the maximum upload size in bytes
$max = 51200;
?>
<!DOCTYPE HTML>
```

这将最大上传文件的大小设置为 50 KB(51 200B)。

(4) 将上传的文件从临时目录转移到永久位置的代码需要在表单提交后运行。在页面顶部刚刚创建的 PHP 块中插入以下代码：

```
$max = 51200;
if (isset($_POST['upload'])) {
  // define the path to the upload folder
  $destination = '/path/to/upload_test/';
  // move the file to the upload folder and rename it
  move_uploaded_file($_FILES['image']['tmp_name'],
     $destination . $_FILES['image']['name']);
}
?>
```

虽然代码很短，但要完成的任务很多。条件语句仅在检查 Upload 按钮对应的键存在于$_POST 数组中从而判断单击了该按钮时执行代码。

$destination 变量的值取决于你的操作系统和 upload_test 文件夹的位置。

- 如果你使用的是 Windows 系统，并且在 C 驱动器的顶层创建了 upload_test 文件夹，则应该如下所示。

```
$destination = 'C:/upload_test/';
```

请注意，笔者使用了正斜杠，而不是 Windows 惯例使用的反斜杠。两者都可以使用，但如果使用反斜杠，则最后一个反斜杠需要用另一个反斜杠转义，如下所示(否则反斜杠将转义引号)。

```
$destination = 'C:\upload_test\\';
```

- 在 Mac 系统上，如果你在主文件夹中创建了 upload_test 文件夹，那么 $destination 变量的取值应该如下所示(将 username 替换为 Mac 用户名)。

```
$destination = '/Users/username/upload_test/';
```

- 在远程服务器上，需要使用完全限定的文件路径作为第二个参数。在 Linux 上，可能如下所示。

```
$destination = '/home/user/private/upload_test/';
```

if 语句中的最后一行代码使用 move_uploaded_file()函数移动文件。该函数有两个参数：临时文件的名称和保存文件的完整路径。

$_FILES 是一个多维数组，其名称取自文件输入字段。$_FILES['image'] ['tmp_name']表示临时文件，$_FILES['image']['name']包含原始文件的名称。第二个参数，$destination . $_FILES['image']['name']，将上传的文件以其原始名称存储在上传文件夹中。

▒ **警告：**

可能会遇到使用copy()函数而不是move_uploaded_file()函数的脚本。如果没有其他检查，copy()可能会使你的网站面临严重的安全风险。例如，恶意用户可能会试图诱使脚本复制它不应访问的文件，如密码文件。务必使用move_uploaded_ file()；它更安全。

---

(5) 保存 file_upload.php 文件，并将其加载到浏览器中。单击 Browse 或 Choose File 按钮，从 phpsols-4e 网站的 images 文件夹中选择一个文件。如果从其他地方选择文件，请确保它小于 50 KB。单击 Open 按钮(在 Mac 系统上是 Choose 按钮)以在表单中显示文件名。在显示文件输入字段的浏览器中，你可能无法看到完整的路径。这是一个界面显示的问题，笔者将让你自己通过 CSS 处理。单击 Upload 按钮。如果在本地测试，表单输入字段应该会立即清空。

(6) 导航到 upload_test 文件夹并确认所选图像文件的副本存在。如果不存在，请对照 file_upload_04.php 文件检查代码。如有必要，还要检查是否已对上传文件夹设置了正确的权限。

▒ **注意：**

上传的文件保存在C:/upload_test/文件夹。将此设置调整为你自己的设置。

如果没有错误消息，并且找不到文件，请确保图像没有超过 upload_max_filesize(请参阅表 9-1)指定的大小。还要检查是否没有在$destination 变量的末尾保留斜杠。如果没有，你可能会在磁盘结构的更高一层级上发现 upload_testmyfile.jpg 文件，而不是在 upload_test 文件夹中找到 myfile.jpg 文件。

(7) 将$max 变量的值修改为 3000，保存 file_upload.php 文件，然后选择一个大于 2.9KB 的文件进行上传(images 文件夹中的任何文件都可以)。单击 Upload 按钮并检查 upload_test 文件夹。文件应该不会上传到该文件夹。

(8) 如果希望进行实验，请将 MAX_FILE_SIZE 隐藏字段移到类型为 file 的字段下面，然后重试。请确保选择与步骤(6)中所选文件不同的文件，因为 move_uploaded_file()函数会覆盖名称相同的现有文件。稍后你将学习如何为文件指定唯一的名称。

这次应该将文件复制到上传文件夹中。隐藏字段必须位于类型为 file 的输入字段之前，才能使 MAX_FILE_SIZE 限制生效。继续之前，请将隐藏字段移回其原始位置。

9.3 创建 PHP 文件上传类

正如你刚才看到的，上传文件只需要几行代码，但这还不足以说明工作已经完成了。你需要通过执行以下步骤来提高上传文件的安全性。

- 检查错误级别。
- 在服务器上验证文件的大小未超过最大允许值。
- 检查文件类型是否可接受。
- 从文件名中删除空格。
- 重命名与现有名称相同的文件，以防止覆盖。
- 自动处理多个文件上传。
- 告知用户上传结果。

每次需要上传文件时都需要实现这些步骤，因此有必要构建一个易于重用的脚本。这就是笔者选择使用自定义类的原因。构建 PHP 类通常被视为一个高级主题，但不能因此而耽误了学习本章的内容。

类(class)是一组函数和变量的集合，这些函数和变量协同工作以完成特定的功能。这是一个过于简单化的说法，但它足够准确，可以给你一个基本的认识。类中的每个函数通常都应该专注于单个任务，因此你将针对前面列出的每个步骤构建一个单独的函数来实现对应的功能。代码也应该是通用的，这样就不会绑定到特定的 Web 页面。一旦构建了类，就可以任何形式重用它。尽管类的定义很长，但是使用类只需要编写几行代码。类的另一个优点是，你可以通过创建子类来添加或修改它们的功能。你将在第 10 章中看到一个例子，它建立在本章开发的类的基础上。

要使用类，可以调用其构造函数方法来创建类的实例(也称为对象)。对象可以访问类的所有特性，换句话说，访问它的函数(或方法)和变量(或属性)。创建一个类的多个实例来处理不同的情况是很常见的。例如，你可能希望创建两个独立的对象，分别用于将图像和文本文件上传到不同的位置。当你学习本章的其余内容时，这些概念应该会变得更加清晰。

如果你赶时间，可以在 ch09/PhpSolutions 文件夹中找到已经编写完成的类。即使不自己构建脚本，也要通读代码中的描述信息，这样你就能清楚地理解它是如何工作的。

9.3.1 定义 PHP 类

定义 PHP 类非常简单。使用 class 关键字后跟类名，然后将类的所有代码放在一对大括号之间。按照惯例，类名以大写字母开头，并存储在与类同名的单独文件中。

1. 使用命名空间避免命名冲突

如果你正在编写自己的脚本，则基本不需要担心命名冲突。我们将创建一个类来上传文件，因此 Upload 或 FileUpload 似乎都是合乎逻辑的名称。一旦开始使用其他人创建的脚本和类(包括本书中的脚本和类)，就存在多个同名类的危险。PHP 通过使用命名空间将相关的类、函数和常量进行分组从而解决这个问题。

一种常见的策略是将类定义存储在描述其功能的文件夹结构中，并基于域或公司名称为顶层文件夹指定唯一的名称。命名空间可以有子级，因此可以将文件夹结构复制为由反斜杠分隔的子命名空间。也可以单独声明命名空间，允许使用简单的类名。

我们要构建的类称为 Upload，但为了避免命名冲突，它将在名为 PhpSolutions\File 的命名空间中创建。

在文件顶部声明命名空间，使用 namespace 关键字后跟命名空间，如下所示。

```
namespace PhpSolutions\File;
```

▒ **警告：**

PHP在所有操作系统上都使用反斜杠作为命名空间分隔符。不要试图在Linux或macOS上将其更改为正斜杠。

因此，如果我们在此命名空间中创建一个名为 Upload 的类，那么它的完全限定名是 PhpSolutions\File\Upload。

2. 导入其他命名空间的类

为了避免每次引用带命名空间的类时都必须使用完全限定名，可以在脚本的开头使用 use 关键字导入该类，如下所示。

```
use PhpSolutions\File\Upload;
```

导入类之后，可以使用 Upload 表示该类，而不必使用完全限定名。导入带命名空间的类与包含该类不同。这只是一个声明，你希望使用名称较短的类。实际上，可以使用 as 关键字为导入的类指定别名，如下所示。

```
use PhpSolutions\File\Upload as FileUploader;
```

这个类现在可以使用 FileUploader 表示。在大型应用程序中，当来自不同框架的两个类具有相同的名称时，使用别名非常有用。

■ **警告：**

除了导入类之外，仍然需要包含定义类的文件。use关键字只能出现在最顶层的脚本中，并且不能嵌套在条件语句中。

---

3. PHP 解决方案 9-2：创建基本的文件上传类

在 PHP 解决方案 9-2 中，你将为一个名为 Upload 的类创建基本定义来处理文件上传。你还将创建类的实例(Upload 类的对象)并使用它上传图像。给自己足够的时间完成以下步骤。它们并不难，但是它们引入了一些概念，如果你从未使用过 PHP 类，那么这些概念可能会很陌生。

(1) 在 phpsols-4e 网站根文件夹中创建名为 PhpSolutions 的子文件夹。注意，文件夹名称与 PhpSolutions 中的大小写字母相同。

(2) 在 PhpSolutions 文件夹中创建一个名为 File(首字母 F 大写)的子文件夹。

(3) 在新创建的 PhpSolutions/File 文件夹中，创建一个名为 Upload.php 的文件。文件名请注意大小写。然后插入以下代码：

```
<?php
namespace PhpSolutions\File;
class Upload {
}
```

剩下的所有代码都在大括号之间。这个文件只包含 PHP 代码，因此不需要 PHP 结束标签。

(4) PHP 类通过将一些变量和函数声明为受保护的来隐藏其内部的实现方式。如果在变量或函数前面加上关键字 protected，则只能在类或子类内部访问它。这样可以防止意外修改值。

Upload 类需要以下受保护的变量：

- 上传文件夹的路径
- 文件大小的最大值
- 报告上传状态的消息
- 允许的 MIME 类型

通过将变量添加到大括号中来创建变量，如下所示。

```
class Upload {

    protected $destination;
    protected $max = 51200;
    protected $messages = [];
    protected $permitted = [
        'image/gif',
        'image/jpeg',
        'image/pjpeg',
        'image/png',
        'image/webp'
    ];
}
```

这些属性可以在类中的其他地方使用$this->进行访问，它引用当前对象。例如，在类定义中，可以通过$this->destination 对类属性$destination 进行访问。

▒ **注意：**

当你第一次在类中声明一个属性时，它像其他变量一样以一个美元符号开始。但是，在->运算符后面的属性名中省略了美元符号。

除了$destination 属性之外，每个受保护的属性都有一个默认值。

- $max 将最大文件大小设置为 50 KB(51 200B)。
- $messages 是一个空数组。
- $permitted 是一个数组，包含允许的图像 MIME 类型。

创建类的实例时将设置$destination 属性的值。其他值将由类内部控制，但你还将创建其他函数(在类中称为方法)来修改$max 属性和$permitted 属性的值。

(5) 创建对象时，类定义文件会自动调用类的构造函数方法，该方法会初始化对象。所有类的构造函数方法都称为__construct()(带有两条下画线)。与在上一步中定义的属性不同，构造函数需要在类外部可访问，因此在其定义之前使用 public 关键字。

▒ **注意：**

关键字public和protected控制着属性和方法的可见性。公共属性和方法可以在任何地方访问。试图在类或子类的外部直接访问受保护属性或方法会触发致命错误。

Upload 类的构造函数将要上传文件的文件夹路径作为参数，并将其分配给$destination 属性。在受保护属性列表之后添加以下代码，确保它位于类定义的右大括号之前。

```
public function __construct($path) {
  if (is_dir($path) && is_writable($path)) {
    $this->destination = rtrim($path, '/\\') . DIRECTORY_SEPARATOR;
  } else {
    throw new \Exception("$path must be a valid,writable directory.");
  }
}
```

构造函数中的条件语句将$path 变量传递给 is_dir()和 is_writable()函数，这些函数检查提交的值是否是可写的有效目录(文件夹)。如果是，rtrim()函数将删除$path 变量中的任何空格和结尾的斜杠，然后根据操作系统选择正确的目录分隔符。这可以确保路径以斜杠结尾，而不管用户在创建 Upload 对象时是否添加了斜杠。当只有一个参数传递给 rtrim()函数时，它只删除空格。第二个可选参数是一个字符串，包含所有其他要删除的字符。需要两个反斜杠以避免对结束引号进行转义。如果传递给构造函数的值不是有效的可写目录，则构造函数将引发异常。

注意：

类可以定义它们自己的异常，并且由于Upload类是在命名空间中定义的，因此构造函数应该使用自定义异常还是PHP核心部分的Exception类并没有明确的要求。要访问一个命名空间中的核心命令，需要在它们前面加上反斜杠。这就是为什么在Exception前面有一个反斜杠的原因。我们使用的是核心Exception类，而不是自定义类。

---

(6) 接下来，创建一个名为 upload()的公共方法。该方法将在文件上传之前对其启动一系列检查。在上一步中定义的构造函数方法之后立即插入如下代码：

```
public function upload($fieldname) {
  $uploaded = $_FILES[$fieldname];
  if ($this->checkFile($uploaded)) {
    $this->moveFile($uploaded);
  }
}
```

upload()方法接受一个参数，即文件输入字段的 name 数组值，并使用它为$uploaded 变量分配适当的$_FILES 子数组，然后传递给我们接下来将定义的两个方法。

提示：

$_FILES数组是PHP的超级全局数组之一，因此它在脚本的所有部分都可用。这就是为什么不需要将它作为参数传递给类构造函数方法的原因。

---

(7) upload()方法中的条件语句使用$this 关键字调用 checkFile()函数。$this 关键字还用于调用类中定义的函数(方法)。目前，我们假设文件是正常的，因此 checkFile()函数将简单地返回 true。将以下代码添加到类定义中。

```
protected function checkFile($file) {
   return true;
}
```

在定义前面加上 protected 关键字意味着只能在类内部访问此方法。我们将在 PHP 解决方案 9-3 中回到 checkFile()函数，以便在上传文件之前添加一系列测试。

■ **提示：**

只要函数(方法)定义位于类的大括号内，类内函数(方法)定义的顺序就无关紧要。但是，笔者倾向于将所有公共方法放在顶部，将受保护的方法放在底部。

---

(8) 如果文件通过了一系列测试，upload()方法中的条件语句会将文件传递给另一个名为 moveFile()的内部方法，该方法基本上是我们在 PHP 解决方案 9-1 中使用的 move_uploaded_file()函数的包装器。代码如下所示：

```
protected function moveFile($file) {
  $success = move_uploaded_file($file['tmp_name'],
     $this->destination . $file['name']);
  if ($success) {
      $result = $file['name'] . ' was uploaded successfully';
      $this->messages[] = $result;
  } else {
     $this->messages[] = 'Could not upload ' . $file['name'];
  }
}
```

如果上传成功，move_uploaded_file()函数返回 true；否则，返回 false。将返回值保存在$success 变量中，然后根据$success 变量中的值将适当的消息存储在$messages 数组中。如果$success 变量的值为 true，那么消息首先分配给$result 变量；否则直接分配给$messages 数组。这是因为若需要重命名文件，则稍后将在上传成功的消息中添加更多信息。

(9) 由于$messages 是受保护的属性，因此需要创建一个公共方法来检索数组的内容。

```
public function getMessages() {
   return $this->messages;
}
```

该方法仅返回$messages 数组的内容。既然这样，为什么不直接将这个数组声明为公开属性呢？因为公共属性可以在类定义之外访问和更改。保护$messages 属性可以确保数组的内容不会被更改，因此可以确定该消息是由类生成的。对于这样的消息，这种处理方式看起来并没有什么大不了，但是当你开始使用更复杂的脚本或在团队中工作时，这一点将变得非常重要。

(10) 保存 Upload.php 文件并切换到 file_upload.php 文件。

(11) 在 file_upload.php 文件的顶部，通过在 PHP 开始标记后立即添加以下代码导入 Upload 类。

```
use PhpSolutions\File\Upload;
```

警告：

即使稍后加载类定义，也必须在脚本的顶部导入命名空间类。在条件语句中使用use关键字将产生解析错误。

---

(12) 在条件语句中，删除调用 move_uploaded_file()函数的代码，然后使用 require_once 指令包含 Upload 类的定义。

```
if (isset($_POST['upload'])) {
    // define the path to the upload folder
    $destination = 'C:/upload_test/';
    require_once '../PhpSolutions/File/Upload.php';
}
```

(13) 我们现在可以创建 Upload 类的实例，但由于它可能抛出异常，最好创建一个 try/catch 块。在上一步插入的代码之后立即添加以下代码：

```
try {
   $loader = new Upload($destination);
   $loader->upload('image');
   $result = $loader->getMessages();
} catch (Throwable $t) {
   echo $t->getMessage();
}
```

上述代码通过将 upload_test 文件夹的路径传递给 Upload 类的构造函数来创建一个名为$loader 的实例。然后调用$loader 对象的 upload()方法，将文件输入字段的 name 属性值传递给它。然后，它调用 getMessages()方法，将结果存储在$result 变量中。

catch 块将同时捕获内部错误和异常，因此类型声明是 Throwable 而不是 Exception。不需要在 Throwable 前面加反斜杠，因为 upload.php 文件中的脚本不在命名空间中，只有类定义在命名空间中。

■ **注意：**

Upload类有一个getMessages()方法，而异常使用getMessage()方法。多出来的s是两者的区别。

---

(14) 在表单上方添加以下 PHP 代码块以显示$loader 对象返回的任何消息。

```
<body>
<?php
if (isset($result)) {
    echo '<ul>';
    foreach ($result as $message) {
       echo "<li>$message</li>";
    }
echo '</ul>';
}
?>
<form action="file_upload.php" method="post"
enctype="multipart/form-data">
```

这是一个简单的 foreach 循环，它将$result 的内容显示为无序列表。当页面首次加载时，$result 变量还未设置，因此此代码仅在表单提交后运行。

(15) 保存 file_upload.php 文件并在浏览器中进行测试。只要选择小于 50KB 的图像，就会看到文件上传成功的确认信息，如图 9-5 所示。

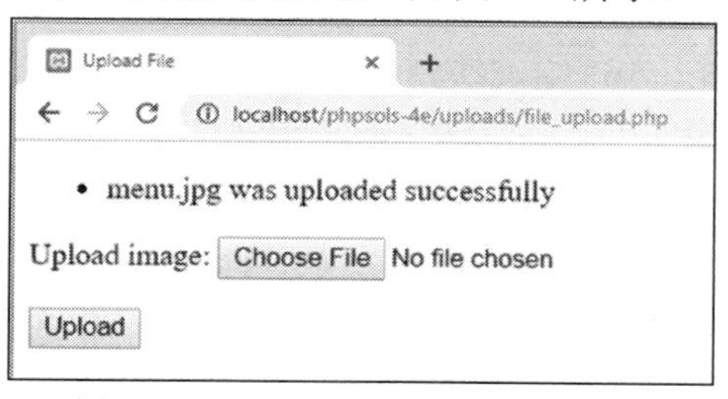

图 9-5　Upload 类报告成功上传文件

可以将上述代码与 ch09 文件夹中的 file_upload_05.php 文件和 PhpSolutions/File/Upload_01.php 文件进行比较。

这个类的功能与 PHP 解决方案 9-1 中的代码的功能完全相同：上传一个文件，但需要更多的代码来完成。然而，你已经为一个类准备了基础功能，该类将对上传的文件执行一系列安全检查。你只需要编写一次这些代码。在使用该类时，不必再次编写相同的代码。

如果你以前没有使用过对象和类，有些概念可能看起来很奇怪。可以将$loader对象简单地看成访问 Upload 类中定义的函数(方法)的一种方法。在编写 PHP 代码时经常创建单独的对象来存储不同的值，例如，使用 DateTime 对象。在这里，单个对象足以处理文件上传。

9.3.2 检查上传文件的错误

目前，Upload 类不加选择地上传任何类型的文件。即使是 50KB 的限制也可以规避，因为这唯一的检查是在浏览器中进行的。在将文件交给 moveFile()方法之前，checkFile()方法需要执行一系列测试。其中最重要的一点是检查$_FILES 数组中报告的错误级别。表 9-2 显示了错误级别的完整列表。

表 9-2 $_FILES 数组中不同错误级别的含义

错误级别	说明
0	上传成功
1	文件大小超过 php.ini 文件中指定的最大值(默认 2 MB)
2	文件大小超出 MAX_FILE_SIZE 指定的值(请参阅 PHP 解决方案 9-1)
3	文件仅部分上传
4	表单提交时未指定文件
6	没有临时文件夹
7	无法将文件写入磁盘
8	文件上传被未指定的 PHP 扩展程序中断

当前未定义错误级别 5。

PHP 解决方案 9-3：测试错误级别、文件大小和 MIME 类型

此 PHP 解决方案修改 checkFile()方法以调用一系列内部(受保护)的方法来检查文件是否可以接受。如果文件因任何原因失败，则会显示一条错误消息报告原因。继续使用 Upload.php 文件。或者，使用 ch09/PhpSolutions/File 文件夹中的 Upload_01.php 文件，将其复制到 phpsols-4e 网站顶层的 PhpSolutions/File 文件夹中，并重命名为 Upload.php。(从文件名中删除下画线和数字即变成练习中使用的文件)

(1) checkFile()方法需要执行 3 个测试：错误级别、文件大小和文件的 MIME 类型。按如下代码修改方法的定义：

```
protected function checkFile($file) {
    $accept = $this->getErrorLevel($file);
    $accept = $this->checkSize($file);
    $accept = $this->checkType($file);
    return $accept;
}
```

传递给 checkFile()方法的参数是$_FILES 数组中的顶层元素。我们使用的是表单中的上传字段，名称为 image，因此$file 变量相当于$_FILES['image']元素。

最初，checkFile()方法只返回 true。现在，它调用一系列内部方法，稍后将定义这些方法，并将返回值分配给一个名为$accept 的变量。每个方法都将返回 true 或 false，然后由 checkFile()返回。这样就可以生成错误消息，详细说明文件的所有问题，从而避免了这样一种让人烦恼的情况：在解决了一个首次出现的问题之后，上传又会因为其他问题第一次出现而再次被拒绝。

(2) getErrorLevel()方法使用 switch 语句检查表 9-2 中列出的错误级别。如果错误级别为 0，则表示文件已成功上传，因此立即返回 true。否则，它会将适当的消息添加到$messages 数组并返回 false。代码如下所示：

```
protected function getErrorLevel($file) {
  switch($file['error']) {
      case 0:
         return true;
      case 1:
      case 2:
         $this->messages[] = $file['name'] . ' is too big: (max: ' .
            $this->getMaxSize() . ').';
         break;
      case 3:
         $this->messages[] = $file['name'] . ' was only partially
            uploaded.';
         break;
      case 4:
         $this->messages[] = 'No file submitted.';
         break;
      default:
        $this->messages[] = 'Sorry, there was a problem uploading ' .
          $file['name'];
  }
  return false;
}
```

错误级别 1 和 2 的消息的一部分是由名为 getMaxSize()的方法创建的，该方法将$max 变量的值从字节转换为千字节。稍后将定义 getMaxSize()方法。

只有前 4 个错误级别具有描述性消息。default 关键字捕获其他错误级别，包括将来可能添加的任何错误级别，并添加通用的原因。

(3) checkSize()方法如下所示。

```
protected function checkSize($file) {
  if ($file['error'] == 1 || $file['error'] == 2 ) {
      return false;
  } elseif ($file['size'] == 0) {
      $this->messages[] = $file['name'] . ' is an empty file.';
      return false;
  } elseif ($file['size'] > $this->max) {
      $this->messages[] = $file['name'] . ' exceeds the maximum size
         for a file (' . $this->getMaxSize() . ').';
      return false;
  }
  return true;
}
```

条件语句首先检查错误级别。如果是 1 或 2，则文件太大，该方法直接返回 false。getErrorLevel()方法已经设置了适当的错误消息。

下一个条件检查文件的大小是否为零。尽管在文件太大或没有选择任何文件时会发生这种情况，但 getErrorLevel()方法已经涵盖了这些情况。因此，这里假设文件是空的。

接下来，将文件的大小与存储在$max 属性中的值进行比较。虽然太大的文件会触发错误级别 2，但为了防止用户设法避开 MAX_FILE_SIZE 的限制，则仍需要进行此比较。错误消息还使用 getMaxSize()方法来显示所允许的文件大小的最大值。

如果文件大小没问题，则方法返回 true。

(4) 第三个测试检查 MIME 类型。将以下代码添加到类定义中：

```
protected function checkType($file) {
  if (!in_array($file['type'], $this->permitted)) {
    $this->messages[]=$file['name'].'is not permitted type of file.';
    return false;
  }
  return true;
}
```

条件语句使用 in_array()函数和逻辑非运算符，对照存储在$permitted 属性中的数组检查$_FILES 数组提供的类型。如果它不在数组中，则拒绝的原因将添加到$messages 数组中，并且该方法返回 false。否则，返回 true。

(5) getErrorLevel()和 checkSize()方法使用的 getMaxSize()方法将$max 变量中存储的原始字节数转换为更友好的格式。将以下定义添加到类文件中：

```
public function getMaxSize() {
    return number_format($this->max/1024, 1) . ' KB';
}
```

代码中使用了 number_format()函数，该函数通常接受两个参数：要格式化的值和小数点后面的位数。第一个参数是$this->max/1024，它将$max 变量的值除以1024(得到以千字节为单位的字节数)。第二个参数是 1，因此数字的格式是包含一位小数的浮点数。结尾处的' KB'将字符串 KB 连接到格式化数字的后面。

getMaxSize()方法已声明为 public，以便在使用 Upload 类脚本的其他部分时可以使用该方法获取这个值。

(6) 保存 Upload.php 文件并与 file_upload.php 文件一起再次进行测试。对于小于 50KB 的图像，它的工作原理与以前相同。但是，如果尝试上传一个太大且 MIME 类型错误的文件，就会得到类似于图 9-6 的结果。

可以对照 ch09/PhpSolutions/File 文件夹中的 Upload_02.php 来检查代码。

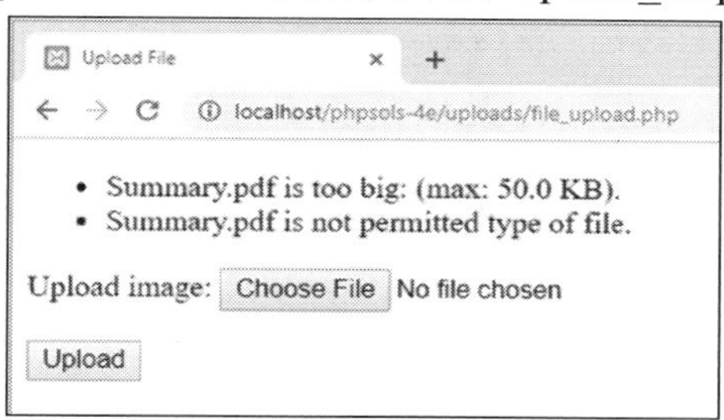

图 9-6　类现在报告上传文件的大小超过限制且 MIME 类型不被接受

9.3.3　修改受保护的属性

$permitted 属性只允许上传图像，$max 属性将文件限制为不超过 50KB，但这些限制可能过于严格。可以向 upload()方法添加可选参数来动态修改受保护的属性，通过这种方法，在需要调整限制时就不用修改类的定义了。

1. PHP 解决方案 9-4：允许上传不同类型和大小的文件

这个 PHP 解决方案展示如何允许上传其他类型的文件以及修改最大允许的大小。

继续使用 PHP 解决方案 9-3 中的 Upload.php 文件。或者，使用 ch09/PhpSolutions/File 文件夹中的 Upload_02.php 文件。

(1) 为了使 Upload 类更灵活，向 upload()方法的签名添加两个可选参数，如下所示。

```
public function upload($fieldname, $size = null, array $mime = null) {
```

默认情况下，这两个参数都设置为 null，因此只有在调用 upload()方法为它们分配值时，才会修改可接受的文件大小和 MIME 类型。笔者决定将这两个参数按这个顺序排列，是因为笔者认为修改可接受的大小的可能性比添加额外的 MIME 类型的可能性更大。

$mime 参数前面有一个数组类型声明，因此，即使只添加了一个 MIME 类型，它也需要是单个元素的数组而不是字符串。

(2) 编辑 upload()方法以添加两个条件语句，以便在使用第二个和第三个参数时更新$max 和$permitted 属性。新代码需要在调用 checkFile()方法之前执行，因为在执行 PHP 解决方案 9-3 中定义的检查之前，需要更新$max 和$permitted 属性的值。更新的方法定义如下：

```
public function upload($fieldname,$size=null,array $mime = null) {
  $uploaded = $_FILES[$fieldname];
  if (!is_null($size) && $size > 0) {
    $this->max = (int) $size;
  }
  if (!is_null($mime)) {
    $this->permitted = array_merge($this->permitted, $mime);
  }
  if ($this->checkFile($uploaded)) {
    $this->moveFile($uploaded);
  }
}
```

第一个条件语句检查$size 参数是否不为空并且是否大于 0。如果条件等于 true，则(int)强制转换运算符(请参见表 4-1)将$size 转换为整数，并将其分配给$max 属性。

第二个条件语句检查$mime 参数是否为空。如果不是，array_merge()函数将新的 MIME 类型附加到$permitted 属性的现有值中。笔者假设应该保留默认的图像类型。但是，如果要阻止上传图像，只需要将$mime 变量分配给$permitted 属性，这将覆盖$permitted 属性的原始值，如下所示。

```
if (!is_null($mime)) {
  $this->permitted = $mime;
}
```

(3) 保存 Upload.php 文件并再次测试 file_upload.php 文件。它应该像以前一样仍然可以上传小于 50KB 的图像。

(4) 修改文件 file_upload.php，将最大允许大小修改为 3000B，如下所示(代码在处理上传的条件语句之前)。

```
$max = 3000;
```

(5) 还需要将$max 变量作为第二个参数传递给 try 块中的 upload()方法，如下所示。

```
$loader = new Upload($destination);
$loader->upload('image', $max);
$result = $loader->getMessages();
```

(6) 通过修改$max 变量的值并将其作为第二个参数传递给 upload()方法，可以影响表单的隐藏字段中的 MAX_FILE_SIZE 和存储在类中的上传文件大小的最大值。

(7) 保存 file_upload.php 文件并再次测试。选择以前未使用过的图像，或删除 upload_test 文件夹的内容。第一次尝试时，可能只看到文件太大的消息。检查 upload_test 文件夹以确认没有文件上传。

再试一次。这一次，你将看到类似于图 9-7 的结果。

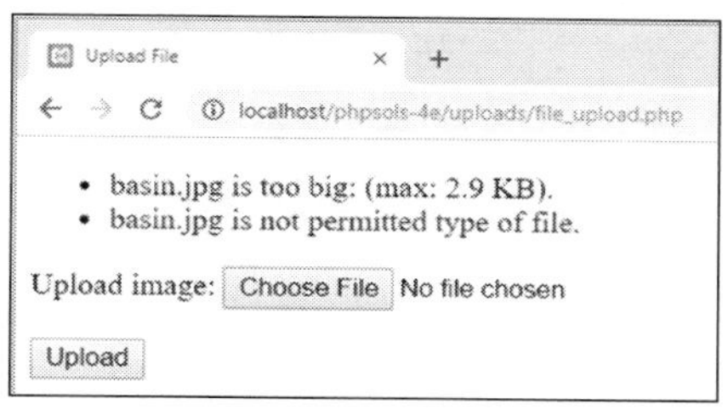

图 9-7　大小限制有效，但检查 MIME 类型时出错

怎么会出现这种情况？第一次可能看不到有关允许的文件类型的消息，原因是在浏览器中重新加载表单之前，隐藏字段中的 MAX_FILE_SIZE 的值不会刷新。由于 MAX_FILE_SIZE 的更新值阻止上传文件，因此第二次就出现了相关的错误消息。结果，$_FILES 数组的 type 元素为空。需要调整 checkFile()方法来解决此问题。

(8) 在 Upload.php 文件中，按如下方式修改 checkFile()的定义。

```
protected function checkFile($file) {
  $accept = $this->getErrorLevel($file);
  $accept = $this->checkSize($file);
  if (!empty($file['type'])) {
     $accept = $this->checkType($file);
  }
  return $accept;
}
```

如果文件大于表单隐藏字段中 MAX_FILE_SIZE 指定的限制，则不会上传任何内容，因此$_FILES 数组的 type 元素为空。粗体突出显示的代码添加了一个新条件，仅当$file['type']元素不为空时才调用 checkType()方法。

(9) 保存类定义并再次测试 file_upload.php 文件。这次你应该只看到有关文件太大的消息。

通常情况下，解决一个问题会导致另一个问题。使用不在允许的 MIME 类型数组中的大文件再次测试该文件。类不再警告错误的文件类型。虽然我们可以检查文件扩展名，但不能保证扩展名与 MIME 类型匹配，因此我们只接受类型检查未通过的事实。

(10) 将 file_upload.php 文件顶部的$max 变量的值重置为 51200。现在你应该可以上传一个大小不超过 50KB 的图像。如果第一次上传失败，是因为表单中的 MAX_FILE_SIZE 还没有刷新。

(11) 使用第三个参数对不同的 MIME 类型(如 PDF 文件)测试 upload()方法，如下所示。

```
$loader = new Upload($destination);

$loader->upload('image', $max, ['application/pdf']);
$result = $loader->getMessages();
```

目前，Upload 类一次只能处理一个文件，因此似乎没有必要将新的 MIME 类型指定为数组。但是，到本章结束时，该类将能够处理多个文件上传。

(12) 尝试上传 PDF 文件。只要小于 50KB，就应该能上传。如有必要，将$max 变量的值更改为适当的比较大的数值。

提示：

建议使用算式设置$max的值。例如，$max=600*1024；将$max变量设置为 600 KB。

可以对照 ch09/PhpSolutions/File 文件夹中的 Upload_03.php 文件检查类定义。ch09 文件夹中的 file_upload_06.php 文件包含一个更新版本的上传表单。

到现在为止，笔者希望你可以认识到类的一个特点，那就是类中的单个方法只专注于一项任务。由于消息只能由 checkType()方法生成，因此对上传不允许类型的图像时生成的错误信息进行修复变得更加容易。该方法定义中使用的大多数代码都依赖于内置的 PHP 函数。一旦你了解哪些函数最适合手头的任务，构建类或任何其他 PHP 脚本就会变得容易得多。

2. PHP 解决方案 9-5：重命名重名的文件

默认情况下，如果上传的文件与上传文件夹中已有文件的文件名相同，则 PHP 覆盖现有文件。这个 PHP 解决方案对 Upload 类进行改进，在出现重名的文件时，在上传文件的扩展名前面插入一个数字。如果文件名中有空格，将空格替换为下画线，因为空格有时会导致问题。

继续使用 PHP 解决方案 9-4 中的 Upload.php 文件。或者，使用

ch09/PhpSolutions/File 文件夹中的 Upload_03.php 文件。

(1) 在 Upload.php 文件中的类定义的顶部，在现有的属性之后添加新的受保护属性。

```
protected $newName;
```

如果文件的名称因重名而发生变化，则使用该属性保存上传文件的新名称。

(2) 向 upload()方法的签名添加第四个可选参数，以控制重名文件的处理，如下所示。

```
public function upload($fieldname, $size = null, array $mime = null,
  $renameDuplicates = true) {
```

这使得重命名重名的上传文件成为默认的处理方式。

(3) 在文件通过 checkFile()方法执行的其他测试之后，我们需要检查它的名称。将以下粗体突出显示的代码添加到 upload()方法。

```
public function upload($fieldname, $size = null, array $mime = null,
  $renameDuplicates = true) {
  $uploaded = $_FILES[$fieldname];
  if (!is_null($size) && $size > 0) {
     $this->max = (int) $size;
  }
  if (!is_null($mime)) {
     $this->permitted = array_merge($this->permitted, $mime);
  }
  if ($this->checkFile($uploaded)) {
      $this->checkName($uploaded, $renameDuplicates);
      $this->moveFile($uploaded);
  }
}
```

如果文件未能通过前面的测试中的任何一个，则不需要检查文件名，因此以粗体突出显示的代码仅在 checkFile()方法返回 true 时才调用新方法 checkName()。

(4) 将 checkName()方法定义为受保护的方法。代码的第一部分如下所示：

```
protected function checkName($file, $renameDuplicates) {
    $this->newName = null;
    $nospaces = str_replace(' ', '_', $file['name']);
    if ($nospaces != $file['name']) {
      $this->newName = $nospaces;
    }
```

```
}
```

该方法首先将$newName 属性设置为空(换句话说，没有值)。这个类最终将能够处理多个文件上传，因此每次都需要重置该属性。

然后，str_replace()函数用下画线替换文件名中的空格，并将结果分配给$nospaces 变量。str_replace()函数在 PHP 解决方案 5-4 中已进行描述。

将$nospaces 变量的值与$file['name']元素的值进行比较。如果它们不相同，则将$nospaces 变量的值指定为$newName 属性的值。

以上代码处理文件名中的空格。在处理重复的文件名之前，让我们先修改将上传的文件转移到其目标位置的代码。

(5) 如果对文件名进行了修改，则 moveFile()方法在保存文件时需要使用修改后的名称。修改 moveFile()方法开头部分的代码，如下所示。

```
protected function moveFile($file) {
    $filename = $this->newName ?? $file['name'];
    $success = move_uploaded_file($file['tmp_name'],
       $this->destination . $filename);
    if ($success) {
```

新增的第一行代码使用空合并运算符(请参阅 4.7.7 节“使用空合并运算符设置默认值”)为$filename 变量赋值。如果$newName 属性已由 checkName()方法设置，则使用新名称。否则，$file['name']元素的值将被分配给$filename 变量，该元素包含来自$_FILES 数组的原始文件名。

在修改了的第二行代码中，$filename 变量替换连接到$destination 属性的值。因此，如果名称已更改，则使用新名称存储文件。但如果没有更改，则使用原始名称。

(6) 最好让用户知道文件名是否已更改。对 moveFile()中的条件语句按如下代码进行修改，修改后的代码在成功上传文件时，如果文件名发生变化，则创建消息显示新文件名。

```
if ($success) {
    $result = $file['name'] . ' was uploaded successfully';
    if (!is_null($this->newName)) {
       $result .= ', and was renamed ' . $this->newName;
    }
    $this->messages[] = $result;
}
```

如果$newName 属性不为空，就能确定文件已被重命名，并且该信息将使用组合连接运算符(.=)添加到存储在$result 变量内的消息中。

(7) 保存 Upload.php 文件并测试上传名称中有空格的文件。空格应替换为下画线，如图 9-8 所示。

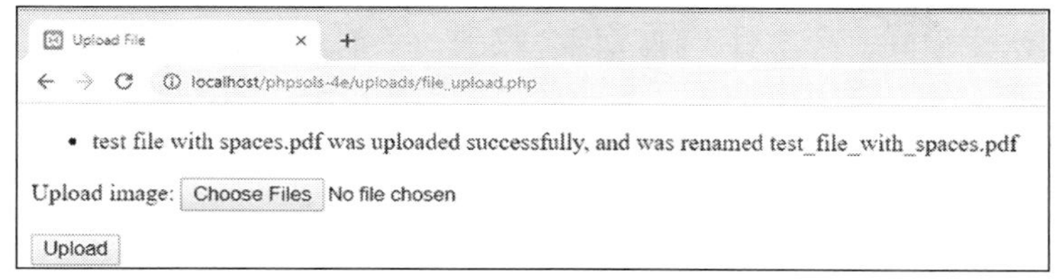

图 9-8　空格已被替换为下画线

(8) 接下来，将用于重命名重名文件的代码添加到 checkName()方法中。在该方法的右大括号前插入以下代码：

```
if ($renameDuplicates) {
  $name = $this->newName ?? $file['name'];
    if (file_exists($this->destination . $name)) {
    // rename file
    $basename = pathinfo($name, PATHINFO_FILENAME);
    $extension = pathinfo($name, PATHINFO_EXTENSION);
    $this->newName = $basename . '_' . time() . ".$extension";
  }
}
```

条件语句检查$renameDuplicates 变量的值是 true 还是 false。条件语句中的代码只有在该变量的值为 true 时才会执行。

条件代码块中的第一行代码使用空合并运算符设置$name 变量的值。这与 moveFile()方法中使用的技术相同。如果$newName 属性有非空值，则该值将分配给$name 变量。否则，将使用原始名称。

然后，我们可以通过将$name 变量的值连接到$destination 属性来获取完整的路径，并将其传递给 file_exists()函数来检查是否已经存在同名文件。如果上传目录中已存在同名文件，则返回 true。

如果一个同名的文件已经存在，接下来的两行代码使用 pathinfo()函数将文件名分别通过 PATHINFO_FILENAME 常量和 PATHINFO_EXTENSION 常量拆分得到它的基名和扩展名。既然我们已经将基名和扩展名都存储在单独的变量中，那么通过在基名和扩展名之间插入一个数字就可以轻松地构建一个新名称。理想情况下，数字应该从 1 开始递增。然而，在一个繁忙的网站上，这会消耗大量的资源，并且不能保证两个人同时上传一个同名的文件时不会出现问题。笔者选择了一个更简单的解决方案，在基名和扩展名之间插入下画线和当前 UNIX 时间戳。time()函数返回当前时间，即以 UTC 时间计算自 1970 年 1 月 1 日午夜以来的秒数。

(9) 保存 Upload.php 文件并在 file_upload.php 文件中测试修改后的类。首先将 false 作为第四个参数传递给 upload()方法，如下所示。

```
$loader->upload('image', $max, ['application/pdf'], false);
```

(10) 多次上传同一个文件。你应该会收到一条消息，说明上传已成功，但当你检查上传测试文件夹的内容时，应该只有一个文件副本。因为每次上传都会覆盖前面已上传的文件。

(11) 删除 upload()方法的最后一个参数，如下所示。

```
$loader->upload('image', $max, ['application/pdf']);
```

(12) 保存 file_upload.php 文件并再次测试，多次上传同一文件。每次上传文件时，都会看到一条消息，表明上传的文件已重命名。

(13) 通过查看 upload_test 文件夹中的内容来检查结果，应该看到类似于图 9-9 的内容。

如有必要，可以根据 ch09/PhpSolutions/File 文件夹中的 Upload_04.php 文件检查代码。

图 9-9　upload 类从文件名中删除空格并防止重名文件被覆盖

提示：

虽然upload()方法的最后 3 个参数是可选的，但如果只想更改第四个参数，则不能省略第二个和第三个参数。在本例中，第二个和第三个参数的默认值为空，因此在设置第四个参数之前，需要将空值或具体的值传递给它们中的每一个。选择可选参数的顺序是一个设计决策。把最不可能需要修改的可选参数放到最后。

9.4　一次上传多个文件

现在有了一个用于上传文件的类，这个类非常灵活，但一次只能处理一个文件。在 file 字段的<input>标记中添加 multiple 属性允许在兼容 HTML5 的浏览器中选择多个文件。在旧版的浏览器中，如果向表单中添加额外的 file 字段，也支持一次上传多个文件。

构建 Upload 类的最后一步是调整它以处理多个文件。要了解代码是如何工作的，需要查看当表单允许上传多个文件时$_FILES 数组会发生什么情况。

$_FILES 数组处理多个文件的方式

由于$_FILES 是一个多维数组，它能够处理多个上传的文件。除了在<input>标记中添加 multiple 属性之外，还需要在 name 属性值的后面添加一对空的方括号，如下所示。

```
<input type="file" name="image[]" id="image" multiple>
```

正如你在第 6 章中所了解到的，在 name 属性值的后面添加方括号会将多个值作为数组提交。可以使用 ch09 文件夹中的 multi_upload_01.php 文件或 multi_upload_02.php 文件检查这对$_FILES 数组的影响。图 9-10 显示了在支持 multiple 属性的浏览器中选择 3 个文件的结果。

```
Upload images (multiple selections permitted): Choose Files No file chosen

Upload

Array
(
    [image] => Array
        (
            [name] => Array
                (
                    [0] => basin.jpg
                    [1] => fountains.jpg
                    [2] => kinkakuji.jpg
                )

            [type] => Array
                (
                    [0] => image/jpeg
                    [1] => image/jpeg
                    [2] => image/jpeg
                )

            [tmp_name] => Array
                (
                    [0] => C:\xampp\tmp\php5FB2.tmp
                    [1] => C:\xampp\tmp\php5FB3.tmp
                    [2] => C:\xampp\tmp\php5FB4.tmp
                )

            [error] => Array
                (
                    [0] => 0
                    [1] => 0
                    [2] => 0
                )

            [size] => Array
                (
                    [0] => 16256
                    [1] => 9603
                    [2] => 13342
                )

        )

)
```

图 9-10 $_FILES 数组可以在一次操作中上传多个文件

尽管这种结构不如将每个文件的详细信息存储在单独的子数组中那么方便，但数字键会跟踪描述每个文件的详细信息。例如，$_FILES['image']['name'][2]直接与$_FILES['image']['tmp_name'][2]相关，以此类推。

所有现代桌面浏览器都支持 multiple 属性，就像 iOS(6.1 及更高版本)上的 Safari

一样。此属性在 IE9 或更早版本中不受支持，在 Android 和其他一些移动设备的浏览器中也不受支持。

不支持 multiple 属性的浏览器使用相同的结构上传单个文件，因此文件名存储为$_FILES['image']['name'][0]。

■ **提示：**

如果需要在旧浏览器上支持多个文件上传，不用考虑multiple属性，想同时上传多少个文件，就创建多少个单独的文件输入字段。为每个<input>标记赋予相同的name属性，后跟方括号。提交表单时得到的$_FILES数组的结构与图 9-9 相同。

PHP 解决方案 9-6：调整类以处理一次上传多个文件

PHP 解决方案 9-6 介绍如何调整 Upload 类的 upload()方法来处理多个文件上传。该类自动检测$_FILES 数组的结构，如图 9-10 所示，并使用循环处理上传的多个文件。

当你从设计为只处理单个文件上传的表单上传文件时，$_FILES 数组将文件名作为字符串存储在$_FILES['image']['name']元素中。但是，当你从能够处理多个文件上传的表单上传文件时，$_FILES['image']['name']元素是一个数组。即使只上传一个文件，其名称也存储为$_FILES['image']['name'][0]元素中。

因此，通过检测 name 元素是否是数组，可以决定如何处理$_FILES 数组。如果 name 元素是数组，则需要将每个文件的详细信息提取到单独的数组中，然后使用循环处理每个文件。

考虑到这一点之后，继续在现有类文件的基础上进行完善。或者，使用 ch09/PhpSolutions/File 文件夹中的 Upload_04.php 文件。

(1) 通过添加条件语句来修改 upload()方法，以检查$uploaded 数组的 name 元素是否为数组。

```
public function upload($fieldname, $size = null, array $mime = null,
  $renameDuplicates = true) {
  $uploaded = $_FILES[$fieldname];
  if (!is_null($size) && $size > 0) {
    $this->max = (int) $size;
  }
  if (!is_null($mime)) {
    $this->permitted = array_merge($this->permitted, $mime);
  }
  if (is_array($uploaded['name'])) {
    // deal with multiple uploads
  } else {
```

```
        if ($this->checkFile($uploaded)) {
          $this->checkName($uploaded, $renameDuplicates);
          $this->moveFile($uploaded);
        }
      }
    }
```

如果$uploaded['name']元素是数组，则需要特殊处理。现有对 checkFile()方法的调用调整到 else 代码块。

(2) 为了处理多个上传文件，需要收集与单个文件相关联的 5 个值(名称、类型等)，然后将它们传递给 checkFile()、checkName()和 moveFile()方法。

如果参考图 9-10，$uploaded 数组中的每个元素都是一个索引数组。因此，第一个文件的名称位于 name 子数组的第一个元素(索引为 0)中，其类型位于 type 子数组的第一个元素(索引为 0)中，以此类推。我们可以使用循环来提取索引 0 处的每个值，并将这些值与相关键结合起来。

首先，我们需要找出上传的文件有多少个。通过将 name 子数组传递给 count()函数很容易实现。在处理多个上传文件的注释后面添加如下所示的代码。

```
// deal with multiple uploads
$numFiles = count($uploaded['name']);
```

(3) 接下来，在下一行添加以下代码，提取子数组的键。

```
$keys = array_keys($uploaded);
```

这将创建一个由 name、type、tmp_file 等元素组成的数组。

(4) 现在可以创建一个循环来构建每个文件的详细信息数组。在刚刚插入的代码之后添加以下代码：

```
for ($i = 0; $i < $numFiles; $i++) {
  $values = array_column($uploaded, $i);
  $currentfile = array_combine($keys, $values);
  print_r($currentfile);
}
```

循环重新组织$_FILES 数组的内容，以便提取每个文件的详细信息，就好像它们是单独上传的一样。换句话说，$currentfile 数组没有将所有上传文件的 name、type 和其他元素组合在一起，而是仅包含单个文件详细信息的关联数组；我们可以使用在 Upload 类中已经定义的方法对其进行处理。

只需要两行代码就可以将单个文件的详细信息提取到$currentfile 数组中。让我们看看发生了什么。array_column()函数从多维数组中提取子数组中与第二个参数具有相同键或索引的所有元素。在本例中，第二个参数是计数器$i。当循环首次运行时，$i 为 0。因此，它从每个$uploaded 子数组的索引 0 处提取值(换言之，$_FILES['image'])。每个子数组都有不同的键(name、type 等)这一事实无关紧要；array_column()函数只搜索每个子数组中匹配的键或索引。实际上，它获取的是第一个上传文件的详细信息。

然后，array_combine()函数构建一个数组，将每个值赋给其相关的键。因此，name 子数组的索引 0 处的值变为$currentfile['name']元素的值，type 子数组的索引 0 处的值变为$currentfile['type'] 元素的值，以此类推。

下一次循环运行时，$i 将递增，构建第二个文件的详细信息数组。循环继续运行，直到处理完所有文件的详细信息。因为这在概念上很难理解，所以笔者添加了 print_r()函数来检查结果。

(5) 保存 Upload.php 文件。要测试 Upload 类，需要更新 file_upload.php 文件，方法是在文件字段的 name 属性值之后添加一对方括号，然后插入 multiple 属性，如下所示。

```
<input type="file" name="image[]" id="image" multiple>
```

不需要对 DOCTYPE 声明上方的 PHP 代码进行任何更改。对于上传单个和多个文件，这些代码都是相同的。

注意：

IE 10 之前的Internet Explorer将只上传选择的多个文件中的最后一个。

---

(6) 保存 file_upload.php 文件并将其重新加载到浏览器中。通过选择多个文件来测试它。单击 Upload 按钮时，每个文件的详细信息都应显示在单独的数组中。右击可查看浏览器的源代码。应该看到类似于图 9-11 的内容。

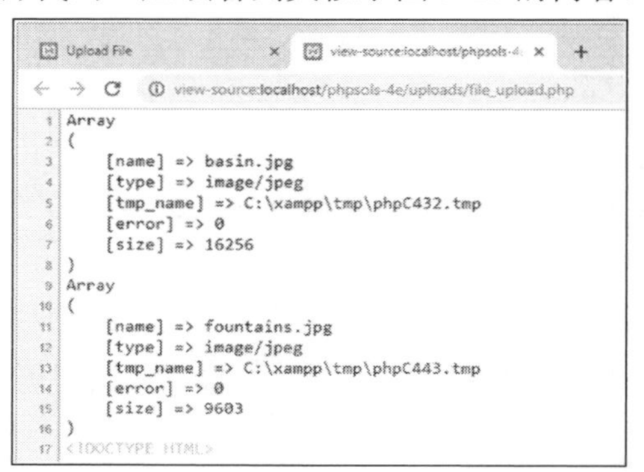

图 9-11　每个上传文件的详细信息现在都在不同的数组中

(7) 现在每个文件都有一个单独的数组包含其详细信息，我们可以像之前那样处理它们。简单的做法是从 else 块复制以下代码块，并将其粘贴到 for 循环中，代替对 print_r()函数的调用(需要将代码块中的所有$uploaded 变量修改为$currentfile)。

```
if ($this->checkFile($uploaded)) {
    $this->checkName($uploaded, $renameDuplicates);
    $this->moveFile($uploaded);
}
```

复制的只有4行代码，所以重复输入这些代码似乎没什么大不了的。但是，以后可能需要编辑代码以便添加更多的检查。如此一来就需要对两个代码块进行相同的更改，这就是代码错误开始蔓延的地方。因此，这些代码所实现的功能应该作为一个独立的功能，并通过一个专用的内部方法来完成。

不要复制这段代码，而是将其剪切到剪贴板上。

(8) 在Upload类的定义中创建一个新的受保护方法，并将刚刚剪切的代码粘贴到其中。新方法如下：

```
protected function processUpload($uploaded, $renameDuplicates) {
  if ($this->checkFile($uploaded)) {
    $this->checkName($uploaded, $renameDuplicates);
    $this->moveFile($uploaded);
  }
}
```

(9) 在for循环和else块中调用此新方法。upload()方法的完整更新版本如下所示。

```
public function upload($fieldname, $size = null, array $mime = null,
  $renameDuplicates = true) {
  $uploaded = $_FILES[$fieldname];
  if (!is_null($size) && $size > 0) {
    $this->max = (int)$size;
  }
  if (!is_null($mime)) {
    $this->permitted = array_merge($this->permitted, $mime);
  }
  if (is_array($uploaded['name'])) {
    // deal with multiple uploads
    $numFiles = count($uploaded['name']);
    $keys = array_keys($uploaded);
    for ($i = 0; $i < $numFiles; $i++) {
      $values = array_column($uploaded, $i);
      $currentfile = array_combine($keys, $values);
      $this->processUpload($currentfile, $renameDuplicates);
```

```
        }
    } else {
        $this->processUpload($uploaded, $renameDuplicates);
    }
}
```

(10) 保存 Upload.php 文件并尝试上传多个文件。你应该看到与每个文件相关的消息。符合条件的文件将被上传。那些太大或类型错误的文件已被拒绝。该类仍然可以处理单个上传文件。

可以对照 ch09/PhpSolutions/File 文件夹中的 Upload_05.php 文件来检查代码。

9.5 使用 Upload 类

Upload 类很容易使用，只需要导入命名空间。在脚本中包含类定义，并将 upload_test 文件夹的路径作为参数来创建 Upload 对象，如下所示。

```
$destination = 'C:/upload_test/';
$loader = new Upload($destination);
```

提示：
上传文件夹的路径末尾的斜杠是可选的。

默认情况下，该类只允许上传图像，但可以修改允许上传的文件类型。类具有以下公共方法。

- upload($fieldname，$size=null，array $mime=null，$renameDuplicates=true)：将文件保存到目标文件夹。文件名中的空格会替换为下画线。默认情况下，通过在文件扩展名之前插入一个数字来重命名与现有文件同名的文件。该方法采用以下参数。
    - $fieldname(必需)：上传表单中文件输入字段的名称。
    - $size(可选)：一个以字节为单位的默认最大文件大小的整数(默认值 51 200，相当于 50 KB)。
    - $permitted(可选)：包含 MIME 类型的数组，表示允许上传图像以外的文件的类型。
    - $renameDuplicates(可选)：设置为 false 将覆盖上传文件夹中同名的文件。
- getMessages()：返回报告上传状态的消息数组。

9.6 上传文件时需要注意的检查点

PHP 解决方案 9-1 中的基础脚本显示，使用 PHP 从 Web 表单上传文件相当简单。导致上传失败的主要原因是没有在上传目录或文件夹上设置正确的权限，以及忘记在脚本结束之前将上传的文件移动到其目标位置。基础脚本的问题是它允许上传任何内容。这就是为什么本章投入了这么多精力来构建一个更健壮的解决方案的原因。即使在 Upload 类中执行了额外的检查，你也应该仔细考虑安全性。

让其他人将文件上传到你的服务器会使你面临风险。实际上，你是在允许访问者自由地在服务器的硬盘上写入文件。在自己的计算机上你是不会允许陌生人做这样的事情的，因此应该以同样的警惕来保护其他人对上传目录的访问。

理想情况下，只有已注册的和受信任的用户能上传文件，因此上传表单应该受到网站的密码保护。注册可以阻止滥用信任的人。此外，上传文件夹不需要在网站根目录中，因此尽可能将其放置在私有目录中。上传的图像可能包含隐藏的脚本，因此不能将它们保存到具有执行权限的文件夹中。请记住，PHP 无法检查上传文件的内容是否合法或得体，因此立即公开展示上传文件所带来的风险不仅仅是技术上的。你还应记住以下安全点：

- 在 Web 表单和服务器端同时设置上传的最大大小。
- 通过检查$_FILES 数组中的 MIME 类型来限制上传文件的类型。
- 用下画线或连字符替换文件名中的空格。
- 定期检查上传文件夹。确保里面没有不该有的东西，并时不时地进行整理。即使你限制了上传文件的大小，也可能会在不知不觉中耗尽分配的空间。

9.7 本章回顾

本章介绍了如何创建 PHP 类。如果对 PHP 或编程还不熟悉，你可能会发现这很难，别灰心。Upload 类包含 150 多行代码，其中有些代码很复杂，不过笔者希望本章的描述已经解释了代码在每个阶段所做的工作。即使不理解所有代码，Upload 类也会为你节省很多时间。它实现了文件上传所需的主要安全措施，但使用它只需要十几行代码。

```
use PhpSolutions\File\Upload;

if (isset($_POST['upload'])) {
  require_once 'PhpSolutions/File/Upload.php'; // use correct path
  try {
    $loader = new Upload('C:/upload_test/'); // set destination folder
as argument
    $loader->upload('image');
    $result = $loader->getMessages();
  } catch (Throwable $t) {
     echo $t->getMessage();
  }
}
```

如果发现这一章很难理解，请稍后当你有更多经验时再来学习，届时应该会发现代码更容易理解。

在第 10 章中，将学习如何使用 PHP 的图像处理函数从较大的图像生成缩略图。还将扩展本章定义的 Upload 类，以便在单个操作中上传和调整图像大小。

第 10 章

生成缩略图

PHP 有一系列设计用于处理图像的函数。你已经在第 5 章中见过其中一个，即 getimagesize()函数。除了提供有关图像尺寸的有用信息外，PHP 还可以通过调整图像大小或旋转图像来对其进行操作。它还可以动态添加文本而不影响原有文本，甚至可以动态创建图像。

为了让你体验 PHP 的图像处理功能，笔者将向你展示如何生成上传图像的较小副本。大多数时候，你会想使用一个专用的图形处理程序，如 Adobe Photoshop，来生成缩略图，因为它能让你更好地控制图像的质量。但如果希望允许注册用户上传图像，同时确保它们符合最大大小，PHP 的自动生成缩略图功能将会非常有用。可以只保存调整了大小的副本，或与原始文件一起保存。

在第 9 章中，构建了一个 PHP 类来处理文件上传。本章将创建两个类：一个用于生成缩略图；另一个用于在单次操作中上传和调整图像大小。不用从头开始构建第二个类，而是基于第 9 章中的 Upload 类。使用类的最大优点是它们是可扩展的——基于另一个类的类可以继承其父类的功能。构建类以上传图像并从中生成缩略图需要很多代码。但是一旦定义了类，使用它们只需要几行脚本。如果你很匆忙，或者编写很多代码让你感到恐惧，可以直接使用已完成的类。代码的工作原理可以以后再来学习。新构建的类使用了许多基本的 PHP 函数。你会发现，这些函数在其他情况下也很有用。

本章内容：

- 缩放图像
- 保存重新缩放后的图像
- 自动调整上传图像的大小和重命名
- 通过扩展现有的类来创建子类

10.1 检查服务器的能力

在 PHP 中使用图像依赖于 GD 扩展。第 2 章中推荐的 PHP 一体化安装包默认情况下支持 GD，但需要确保远程 Web 服务器上也启用了 GD 扩展。与前几章一样，在网站上运行 phpinfo()函数检查服务器的配置，向下滚动，直到到达图 10-1 所示的部分(应该在页面的一半以下)。

GD

GD Support	enabled
GD Version	bundled (2.1.0 compatible)
FreeType Support	enabled
FreeType Linkage	with freetype
FreeType Version	2.8.0
GIF Read Support	enabled
GIF Create Support	enabled
JPEG Support	enabled
libJPEG Version	9 compatible
PNG Support	enabled
libPNG Version	1.6.34
WBMP Support	enabled
XPM Support	enabled
libXpm Version	30512
XBM Support	enabled
WebP Support	enabled

Directive	Local Value	Master Value
gd.jpeg_ignore_warning	1	1

图 10-1　屏幕截图

如果找不到这部分表格，则 GD 扩展未启用，因此将无法在网站上使用本章中的任何脚本。向托管公司请求启用该功能或改用其他主机。

不要忘记删除运行 phpinfo()函数产生的文件，除非它位于受密码保护的目录中。

10.2　动态处理图像

GD 扩展允许你完全从零开始生成图像或处理现有的图像。无论哪种方式，基本流程始终遵循 4 个基本步骤。

(1) 为正在处理的图像在服务器内存中创建资源。

(2) 处理图像。

(3) 显示和/或保存图像。

(4) 从服务器内存中删除图像资源。

这个过程意味着你总是处理内存中的图像，而不是原始图像。除非在脚本终止之前将图像保存到磁盘，否则将放弃所有更改。使用图像通常需要大量内存，因此很重要的一点是在不再需要图像资源时立即销毁它。如果脚本运行缓慢或崩溃，可能是因为原始图像太大了。

生成图像的较小副本

本章的目的是向你展示如何在上传时自动调整图像大小。这涉及扩展第 9 章中构建的 Upload 类。但是，为了更容易理解如何使用 PHP 的图像处理函数，笔者将首先使用服务器上已有的图像，然后创建一个单独的类来生成图像的缩略图。

1. 准备工作

首先准备的是下面的简单表单，它使用 PHP 解决方案 7-3 为 images 文件夹中的图片创建一个下拉列表框。可以在 ch10 文件夹中的 create_thumb_01.php 文件内找到代码。将该文件复制到 phpsols-4e 网站根目录下名为 gd 的新文件夹中，并重命名为 create_thumb.php。

页面正文中的表单如下所示。

```
<form method="post" action="create_thumb.php">
  <p>
      <select name="pix" id="pix">
        <option value="">Select an image</option>
        <?php
        $files = new FilesystemIterator('../images');
        $images=new RegexIterator($files,'/\.(?:jpg|png|gif|webp)$/i');
        foreach ($images as $image) { ?>
          <option value="<?= $image->getRealPath() ?>">
          <?= $image->getFilename() ?></option>
        <?php } ?>
      </select>
  </p>
  <p>
      <input type="submit" name="create" value="Create Thumbnail">
  </p>
</form>
```

将页面加载到浏览器时，下拉列表应显示 images 文件夹中所有图像的名称。这使得快速选取图像进行测试变得更容易。通过调用 SplFileInfo 类的 getRealPath()方法，将每个图像的完全限定路径插入<option>标记的 value 属性中。

在第 9 章中创建的 upload_test 文件夹中，创建一个名为 thumbs 的新文件夹，并确保 PHP 具有写入该文件夹所需的权限。如果需要刷新内存，请参阅第 9 章的“9.1.4 建立上传目录”小节。

2. 创建 Thumbnail 类

要生成缩略图，类需要执行以下步骤。

(1) 获取原始图像的尺寸。

(2) 获取图像的 MIME 类型。

(3) 计算缩放比例。

(4) 为原始图像创建正确 MIME 类型的图像资源。

(5) 为缩略图创建图像资源。

(6) 创建调整了大小的图像副本。

(7) 使用正确的 MIME 类型将调整了大小的图像副本保存到目标文件夹。

(8) 销毁图像资源以释放内存。

除了生成缩略图外，类还会自动在文件扩展名之前插入_thb，但可以通过构造函数方法的可选参数更改这个值。另一个可选参数设置缩略图的最大尺寸。为了保持计算简单，最大尺寸只控制缩略图的宽和高两个维度中较大的一个尺寸。

为了避免命名冲突，Thumbnail 类将使用命名空间。因为它只用于图像，所以我们将在 PhpSolutions 文件夹中创建一个名为 Image 的新文件夹，并使用 PhpSolutions\Image 作为命名空间。

有很多事情要做，因此笔者将分多个小节介绍代码。这些小节中介绍的代码都属于同一个类定义，但是以这种方式进行介绍应该有助于你理解，特别是如果你希望将其中的部分代码应用到不同的场景下。

3. PHP 解决方案 10-1：获取图像的详细信息

PHP 解决方案 10-1 描述了如何获取原始图像的尺寸和 MIME 类型。

(1) 在 PhpSolutions 文件夹中创建一个名为 Image 的新文件夹，然后在文件夹中创建一个名为 Thumbnail.php 的页面。该文件将只包含 PHP 脚本，因此去掉任何由编辑程序插入的 HTML 代码。

(2) 在新文件的顶部声明命名空间。

```
namespace PhpSolutions\Image;
```

(3) 这个类需要记录相当多的属性。在类定义的一开始列出这些属性，如下所示。

```
class Thumbnail {
    protected $original;
    protected $originalwidth;
    protected $originalheight;
    protected $basename;
    protected $maxSize = 120;
    protected $imageType;
    protected $destination;
    protected $suffix = '_thb';
    protected $messages = [];
}
```

与 Upload 类一样，所有属性都声明为 protected，这意味着它们不会在类定义之外被意外地更改。这些名字本身就能说明它们要记录的是什么信息，不需要解释。$maxSize 属性的默认值为 120(像素)，这确定了缩略图宽和高中较大一个尺寸的最大值。

(4) 构造函数接收一个参数，即图像的路径。在受保护属性列表之后，在右大括号内添加构造函数定义。

```
public function __construct($image) {
  if (is_file($image) && is_readable($image)) {
    $details = getimagesize($image);
  } else {
    throw new \Exception("Cannot open $image.");
  }
  if (!is_array($details)) {
    throw new \Exception("$image doesn't appear to be an image.");
  } else {
    if ($details[0] == 0) {
    throw new \Exception("Cannot determine size of $image.");
    }
    // check the MIME type
    if (!$this->checkType($details['mime'])) {
      throw new \Exception('Cannot process that type of file.');
    }
    $this->original = $image;
    $this->originalwidth = $details[0];
    $this->originalheight = $details[1];
    $this->basename = pathinfo($image, PATHINFO_FILENAME);
  }
}
```

构造函数以一个条件语句开始，该语句检查$image 变量是否是一个文件并且可读。如果是，则将该变量传递给 getimagesize()函数，结果存储在$details 变量中。否则，将引发异常。Exception 类前面有一条反斜杠，表示我们希望使用核心 Exception 类，而不是使用这个命名空间内的自定义异常类。

将图像传递给 getimagesize()函数时，它将返回包含以下元素的数组。

- 0：宽度(像素)
- 1：高度
- 2：表示图像类型的整数
- 3：包含正确宽度和高度属性的字符串，如果要展示图像，这些字符串用于插入<img>标记
- mime：图像的 MIME 类型
- channels：取值为 3 表示 RGB 图像，为 4 表示 CMYK 图像

- bits：表示每种颜色的 bit 数

如果作为参数传递给 getimagesize()函数的值不是图像，则该函数返回 false。因此，如果$details 不是数组，则会引发异常，报告文件似乎不是图像。但如果$details 是一个数组，那么看起来我们正在处理一个图像。但是 else 块在继续其他处理之前又进一步检查了两个事项。

如果$details 数组中第一个元素的值为 0，则图像有问题，因此引发异常，报告无法确定图像的大小。第二项检查将获取的 MIME 类型传递给名为 checkType()的内部方法，该方法将在下一步中定义。如果 checkType()方法返回 false，则会引发另一个异常。

如果图像有问题，这一系列异常会阻止任何进一步的处理。假设脚本运行到这一步，图像的路径存储在$original 属性中，宽度和高度分别存储在$originalWidth 和$originalHeight 属性中。

使用 pathinfo()函数和 PATHINFO_FILENAME 常量提取不带文件扩展名的文件名，方法与 PHP 解决方案 9-5 相同。它存储在$basename 属性中，将用于生成带有后缀的缩略图名称。

(5) checkType()方法将 MIME 类型与可接收的图像类型数组进行比较。如果找到匹配项，则将类型存储在$imageType 属性中并返回 true；否则，返回 false。该方法在类的内部使用，因此需要声明为 protected。将以下代码添加到类定义中：

```
protected function checkType($mime) {
  $mimetypes=['image/jpeg','image/png','image/gif', 'image/webp'];
  if (in_array($mime, $mimetypes)) {
    // extract the characters after '/'
    $this->imageType = substr($mime, strpos($mime, '/')+1);
    return true;
  }
  return false;
}
```

JPEG、PNG 和 GIF 是浏览器普遍支持的几种图像类型；但是代码中还包括了 WebP 图片，因为现在浏览器也普遍支持这种类型的图片。所有图像的 MIME 类型都以 image/字符串开头。为了使该值更易于以后使用，substr()函数提取斜杠后的字符串并将其存储在$imageType 属性中。当为 substr()函数提供两个参数时，该函数从第二个参数中指定的位置(从 0 开始计数)开始并返回字符串的其余部分。代码中没有使用固定的数字作为第二个参数，而使用 strpos()函数查找斜杠的位置并添加了 1。这使得代码更通用，因为一些专有的图像格式以 application/而不是 image/开头。strpos()函数的第一个参数是要搜索的整个字符串，第二个参数是要查找的子字符串。

(6) 在构建类时测试代码是个好主意。及早发现错误比在很长的脚本中寻找问题容易得多。要测试代码，需要在类定义中创建一个名为 test()的新公共方法。

方法在类定义中的显示顺序无关紧要，但通常的做法是在构造函数之后将所有公共方法放在一起，并将受保护的方法放在文件的底部。这使得代码更易于维护。

在构造函数和 checkType()方法的定义之间插入以下定义。

```
public function test() {
  $details = <<<END
  <pre>
  File: $this->original
  Original width: $this->originalwidth
  Original height: $this->originalheight
  Base name: $this->basename
  Image type: $this->imageType
  </pre>
  END;
  // Remove the indentation of the preceding line in < PHP 7.3
  echo $details;
  if ($this->messages) {
     print_r($this->messages);
  }
}
```

这将使用 echo 和 heredoc 语法(请参阅第 4 章的 4.5.4 节“使用 heredoc 语法避免转义引号”)以及 print_r()函数来显示属性的值。虽然输出中没有引号，但使用带有<pre>标记的 herdoc 语法使代码和输出更易于阅读。

▒ **警告：**

如果你使用的是 7.3 版本以前的PHP，则结束分隔符(END)不能缩进。在PHP 7.3及更高版本中，它可以缩进，但不能超过代码的其余部分。

---

(7) 如果现在要测试类定义，请保存 Thumbnail.php 文件并将以下代码添加到 create_thumb.php 文件中 DOCTYPE 声明上方的 PHP 代码块中(该代码可以在 ch10 文件夹中的 create_thumb_02.php 文件中找到)。

```
use PhpSolutions\Image\Thumbnail;

if (isset($_POST['create'])) {
    require_once('../PhpSolutions/Image/Thumbnail.php');
    try {
        $thumb = new Thumbnail($_POST['pix']);
```

```
        $thumb->test();
    } catch (Throwable $t) {
        echo $t->getMessage();
    }
}
```

这将从 PhpSolutions\Image 命名空间导入 Thumbnail 类，然后添加提交表单时要执行的代码。

create_thumb.php 文件中 Submit 按钮的 name 属性的值是 create，因此上述代码仅在表单提交后运行。这段代码包含 Thumbnail 类定义文件、创建类的实例、将表单中选定的值作为参数传递给类构成函数，然后调用 test()方法。

catch 块使用 Throwable 作为类型声明，因此它将处理 PHP 的内部错误和 Thumbnail 类引发的异常。

(8) 保存 create_thumb.php 文件并将其加载到浏览器中。选择图像并单击 Create Thumbnail 按钮。这将产生类似于图 10-2 的输出。

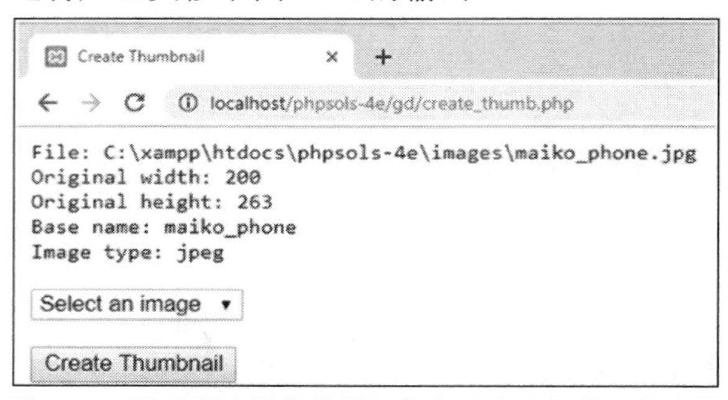

图 10-2　显示所选图像的详细信息以确认代码正在工作

如有必要，对照 ch10/PhpSolutions/Images 文件夹中的 Thumbnail_01.php 文件检查代码。

警告：

上述代码中，$_POST['pix']数组元素的值直接传递给test()方法，因为它直接来自我们自己的表单。在生产环境中，应始终检查从表单接收的值。例如，使用basename()函数只提取文件名并指定允许的目录。

虽然有些属性有默认值，但是需要提供选项来更改缩略图的最大尺寸和添加在文件名基名之后的后缀。还需要告诉类在何处创建缩略图。

4. PHP 解决方案 10-2：更改默认值

有多种方法可以更改类设置的默认值。一种方法是创建特定的公共方法，在对象实例化后调用这样的方法来修改默认值。另一种方法是将值作为参数传递给构造函数方法，由构造函数方法修改默认值。无论采用哪种方法，都必须检查提交的值是否有效。继续使用相同的类定义。或者，使用 ch10/PhpSolutions/Image 文件夹中的 Thumbnail_01.php 文件。

(1) 首先，修改构造函数方法，添加 3 个参数：用于保存创建的缩略图的目标文件夹、缩略图的最大尺寸以及要添加到文件名基名末尾的后缀。构造函数调用其他几个受保护的方法将这些参数的值分配给相应的属性，所调用的方法稍后定义。更新后的代码如下所示。

```
public function __construct($image, $destination, $maxSize = 120,
$suffix = '_thb') {
  if (is_file($image) && is_readable($image)) {
    $details = getimagesize($image);
  } else {
    throw new \Exception("Cannot open $image.");
  }
  // if getimagesize() returns an array, it looks like an image
  if (!is_array($details)) {
    throw new \Exception("$image doesn't appear to be an image.");
  } else {
    if ($details[0] == 0) {
    throw new \Exception("Cannot determine size of $image.");
    }
    // check the MIME type
    if (!$this->checkType($details['mime'])) {
    throw new \Exception('Cannot process that type of file.');
    }
    $this->original = $image;
    $this->originalwidth = $details[0];
    $this->originalheight = $details[1];
    $this->basename = pathinfo($image, PATHINFO_FILENAME);
    $this->setDestination($destination);
    $this->setMaxSize($maxSize);
    $this->setSuffix($suffix);
  }
}
```

(2) 接下来，创建设置$destination 属性的方法。在 checkType()方法定义之后，将以下代码添加到 Thumbnail.php。

```
protected function setDestination($destination) {
```

```
    if (is_dir($destination) && is_writable($destination)) {
        $this->destination = rtrim($destination, '/\\') .
   DIRECTORY_SEPARATOR;
                    }
    } else {
        throw new \Exception("Cannot write to $destination.");
    }
}
```

首先检查$destination 属性指向的是一个文件夹(目录)并且是可写的。如果不是，则抛出异常。否则，将执行其余代码。

在将通过参数传递的值分配给$destination 属性之前，我们需要确保它以斜杠结尾。这是通过将参数的值传递给 rtrim()函数来实现的，该函数通常情况下从字符串的末尾删除空格字符。但是，如果将一个字符串作为第二个参数传递给该函数，它也会删除这些字符。因此，这将从字符串的末尾删除正斜杠和反斜杠——两个反斜杠是为了避免对单引号或双引号进行转义。然后将 PHP 常数 DIRECTORY_SEPARATOR 连接到$destination 属性的末尾。DIRECTORY_SEPARATOR 常量根据操作系统自动选择正确的斜杠类型。

提示：

PHP平等地对待路径中的正斜杠或反斜杠。即使这会导致添加相反方向的斜杠，对于PHP而言，路径仍然有效。但是，在构建供PHP脚本之外程序使用的路径时，例如在创建URL或将路径传递给外部程序执行时，不能依赖此行为。

---

(3) 改变缩略图的最大尺寸的方法只需要检查参数值是一个数字，将以下代码添加到类定义中。

```
protected function setMaxSize($size) {
  if (is_numeric($size)) {
    $this->maxSize = abs($size);
  }
}
```

is_numeric()函数检查参数传递的值是数字或数字字符串。如果是，则分配给$maxSize 属性。作为预防措施，将该值传递给 abs()函数，该函数将数字转换为其绝对值。换句话说，负数转换为正数。

如果参数传递的值不是数字，则不会发生任何事情。默认值保持不变。

(4) 在文件名末尾插入后缀的函数需要确保作为后缀的字符串中不包含任何特殊字符。该函数的代码如下所示：

```
protected function setSuffix($suffix) {
  if (preg_match('/^\w+$/', $suffix)) {
    if (strpos($suffix, '_') !== 0) {
       $this->suffix = '_' . $suffix;
    } else {
       $this->suffix = $suffix;
    }
  }
}
```

代码使用 preg_match()函数，该函数将正则表达式作为第一个参数，并在第二个参数中搜索匹配项。正则表达式需要包装在一对匹配的分隔符中，通常是正斜杠，如上述正则表达式所示。除去分隔符，正则表达式如下所示。

```
^\w+$
```

在这里，插入符号(^)告诉正则表达式从字符串的开头开始。\w 是与任何字母数字字符或下画线匹配的正则表达式标记。+表示与前面的标记或字符匹配一次或多次，$表示与字符串结尾匹配。换句话说，正则表达式匹配的字符串只包含字母数字字符和下画线。如果字符串包含空格或特殊字符，则不匹配。

如果匹配失败，默认的$suffix 属性将保持不变；否则，执行此条件语句。

```
if (strpos($suffix, '_') !== 0) {
```

如果$suffix 变量的第一个字符不是下画线，则条件等于 true。它使用 strops()函数查找第一个下画线的位置。如果第一个字符是下画线，strops()函数返回的值为 0。但是，如果$suffix 变量不包含下画线，strops()函数将返回 false。如第 4 章所述，PHP 将 0 视为 false，因此条件需要使用“不完全相同”运算符(两个等号)。因此，如果后缀不是以下画线开头，则添加下画线。否则，将保留原始值。

■ 警告：

不要混淆strpos()函数和strrpos()函数。前者找到第一个匹配字符的位置，后者反向搜索字符串。

---

(5) 更新 test()方法以显示刚刚为其创建 setter 方法的属性的值。修订后的代码如下：

```
public function test() {
  $details = <<<END
  <pre>
  File: $this->original
```

```
Original width: $this->originalwidth
Original height: $this->originalheight
Base name: $this->basename
Image type: $this->imageType
Destination: $this->destination
Max size: $this->maxSize
Suffix: $this->suffix
</pre>
END;
// Remove the indentation of the preceding line in < PHP 7.3
if ($this->messages) {
   print_r($this->messages);
 }
}
```

(6) 通过在 create_thumb.php 文件中设置新参数来测试更新的 Thumbnail 类，如下所示。

```
$thumb = new Thumbnail($_POST['pix'], 'C:/upload_test/thumbs', 100,
        'small');
$thumb->test();
```

根据你的文件夹结构调整 upload_test/thumbs 的路径以匹配你的设置。

(7) 保存两个页面并从 create_thumb.php 页面上的下拉列表框中选择一个图像。你应该会看到与图 10-3 相似的结果。

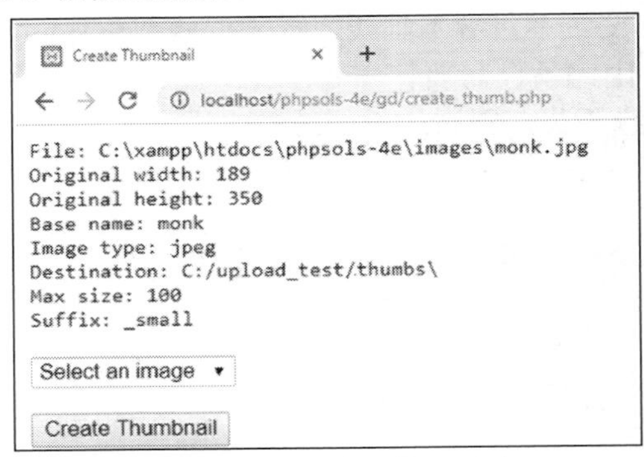

图 10-3　验证默认值已更改

(8) 尝试进行各种测试，从传递给 setDestination()方法的值中省略结尾斜杠，或者选择不存在的文件夹。也可以传入无效的最大尺寸和后缀值。可以看到，在传入无效的目标文件夹时代码抛出一个异常，但传入其他无效的值则不会引发异常，页面继续使用默认的最大尺寸或后缀。

如有必要，可以将代码与 ch10/PhpSolutions/Image 文件夹内 Thumbnail_02.php 文件和 create_thumb_03.php 文件中的代码进行比较。

当通过参数传递的值无效时，你可能不希望采用无提示地失败的处理方式。不过，到现在为止，你应该有足够的经验可以利用条件语句按照自己的需求来编写代码。例如，如果希望 setMaxSize()方法抛出异常而不是无提示地失败，则需要检查参数的值是否大于零，然后添加一个 else 块来处理对应的错误。以下是调整后的 setMaxSize()方法：

```
protected function setMaxSize($size) {
  if (is_numeric($size) && $size > 0) {
    $this->maxSize = $size;
  } else {
    throw new \Exception('The value for setMaxSize() must be a positive
    number.');
  }
}
```

5. PHP 解决方案 10-3：计算缩略图的尺寸

PHP 解决方案 10-3 向 Thumbnail 类添加一个受保护的方法，该方法将计算缩略图的尺寸。$maxSize 属性中设置的值决定图像的宽度或高度，具体取决于哪一个维度更大。为了避免扭曲缩略图，需要计算较小维度的缩放比例。比率是通过将缩略图的最大尺寸除以原始图像的宽度或高度中较大的一个尺寸来计算的。

例如，Golden Pavilion 原始图像(kinkakuji.jpg)的尺寸是 270×346 像素。如果将缩略图的最大尺寸设置为 120，则用 120 除以 346 会产生 0.3468 的比例。将原始图像的宽度乘以这个比率得到缩略图的宽度固定为 94 像素(四舍五入到最接近的整数)，从而保持正确的比例。图 10-4 显示了使用缩小比率制作的缩略图的效果。

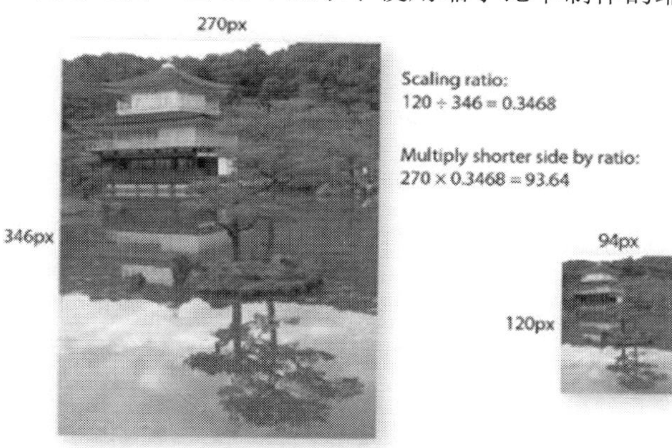

图 10-4　计算缩略图图像的缩放比例

继续使用现有的类定义。或者，使用 ch10/PhpSolutions/Image 文件夹中的 Thumbnail_02.php 文件。

(1) 计算缩略图尺寸不需要用户进一步输入，因此可以用受保护的方法处理。将下面的代码添加到类定义中。

```
protected function calculateRatio($width, $height, $maxSize) {
  if ($width <= $maxSize && $height <= $maxSize) {
    return 1;
  } elseif ($width > $height) {
    return $maxSize/$width;
  } else {
    return $maxSize/$height;
  }
}
```

原始图像的尺寸和缩略图的最大尺寸都存储在 Thumbnail 对象的属性中，因此，可以在方法中使用$this->originalwidth、$this->originalheight 和$this->maxSize 来引用这些属性的值，而不是将它们作为参数传递。但是，以这种方式使用参数(一种称为依赖注入的技术)会使代码更加通用，从而可以在其他地方重用代码。

条件语句首先检查原始图像的宽度和高度是否小于或等于缩略图的最大尺寸。如果是，则不需要调整图像的大小，因此该方法返回调整比例为 1。

elseif 块检查宽度是否大于高度。如果是，则使用宽度计算缩放比例。如果高度更大或两边相等，则调用 else 块。在这两种情况下，高度都用来计算比例。

(2) 为测试新方法，请按以下方法修改 test()方法。

```
public function test() {
  $ratio = $this->calculateRatio($this->originalwidth,
$this->originalheight,$this->maxSize);
  $thumbwidth = round($this->originalwidth * $ratio);
  $thumbheight = round($this->originalheight * $ratio);
  $details = <<<END
  <pre>
  File: $this->original
  Original width: $this->originalwidth
  Original height: $this->originalheight
  Base name: $this->basename
  Image type: $this->imageType
  Destination: $this->destination
  Max size: $this->maxSize
  Suffix: $this->suffix
```

```
    Thumb width: $thumbwidth
    Thumb height: $thumbheight
    </pre>
    END;
    // Remove the indentation of the preceding line in < PHP 7.3
    echo $details;
    if ($this->messages) {
    print_r($this->messages);
    }
}
```

上述代码调用新方法，将$originalwidth、$originalheight 和$maxSize 属性作为参数传递，然后使用所得到的缩放比率来计算缩略图的宽度和高度。计算结果被传递给 round()函数，四舍五入为最接近的整数。这个计算过程后面会被移出 test()方法，但目前重要的是要先检查我们是否得到了预期的结果。

(3) 通过在 create_thumb.php 页面中选择一个图像并单击 Create Thumbnail 按钮来测试已更新的类。应该能看到如图 10-5 所示的值。

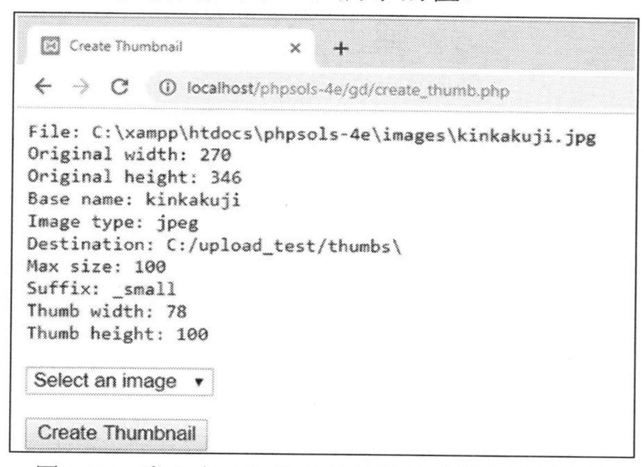

图 10-5　类现在已能生成创建缩略图所需的所有值

如有必要，请对照 ch10 文件夹中的 Thumbnail_03.php 来检查代码。

6. 使用 GD 函数创建图像的缩放副本

收集完所有必要的信息后，可以从较大的图像生成缩略图。这包括为原始图像和缩略图创建图像资源。对于原始图像，需要使用与图像的 MIME 类型匹配的函数。以下每个函数都使用文件的路径作为唯一参数：

- imagecreatefromjpeg()
- imagecreatefrompng()
- imagecreatefromgif()

- imagecreatefromwebp()

因为缩略图还不存在，所以使用一个不同的函数 imagecreatetruecolor()，它接收宽度和高度(以像素为单位)的两个参数。

还有一个函数可以创建图像调整尺寸的副本：imagecopyresampled()。该函数需要不少于 10 个参数，所有这些参数都是必需的。参数分为 5 对，如下所示。

- 对两个图像资源的引用，第一个参数引用副本的资源，第二个参数引用原始图像的资源
- 副本图像左上角的 x 和 y 坐标
- 原始图像左上角的 x 和 y 坐标
- 副本的宽度和高度
- 要从原始图像复制的区域的宽度和高度

图 10-6 显示了通过下面的最后 4 对参数使用 imagecopyresampled()函数提取特定区域。

图 10-6　imagecopyresampled()函数允许复制图像的一部分

要复制的区域的 x 和 y 坐标是从图像左上角开始以像素为单位计算的。x 轴和 y 轴从左上角的 0 点开始，分别向右和向下增加。通过将该区域的宽度和高度分别设置为 170 和 102，PHP 将提取白色轮廓所示的区域。

以上就是网站裁剪上传图片的方法。网站使用 JavaScript 或其他技术动态计算坐标。对于 Thumbnail 类，你将使用完整的原始图像生成缩略图。

使用 imagecopyresampled()函数创建副本后，需要再次使用特定于 MIME 类型的函数保存副本，即：

- imagejpeg()
- imagepng()
- imagegif()
- imagewebp()

每个函数都将图像资源和保存它的路径作为其前两个参数。

imagejpeg()、imagepng()和 imagewebp()函数接收可选的第三个参数来设置图像质量。对于 imagejpeg()和 imagewebp()函数，可以通过指定 0(最差)到 100(最佳)范

围内的数字来设置质量。如果省略参数，则 imagejpeg()函数的默认值为 75，imagewebp()函数的默认值为 80。对于 imagepng()函数，范围是 0 到 9。令人困惑的是，0 生成的图片质量最佳(没有压缩)。

最后，保存缩略图后，需要通过将图像资源传递给 imagedestroy()函数来销毁它。尽管该函数具有一个破坏性的名称，但它对原始图像或缩略图没有影响。它只是通过销毁处理过程中所需的图像资源来释放服务器内存。

7. PHP 解决方案 10-4：生成缩略图

PHP 解决方案 10-4 创建图像资源、复制缩略图并将其保存在目标文件夹中，从而完成 Thumbnail 类。

继续使用现有的类定义。或者，使用 ch10/PhpSolutions/Image 文件夹中的 Thumbnail_03.php 文件。

(1) 现在我们已经验证了 Thumbnail 类能够计算正确的值以生成缩略图；接下来重命名 test()方法并删除其中显示结果的代码。将方法名更改为 create()并删除除前三行之外的所有内容。剩下的代码如下所示：

```
public function create() {
  $ratio = $this->calculateRatio($this->originalwidth,
$this->originalheight,
     $this->maxSize);
  $thumbwidth = round($this->originalwidth * $ratio);
  $thumbheight = round($this->originalheight * $ratio);
}
```

(2) 原始图像的图像资源需要与其 MIME 类型匹配，因此需要创建一个内部方法来选择正确的函数。将以下代码添加到类定义中：

```
protected function createImageResource() {
  switch ($this->imageType) {
    case 'jpeg':
      return imagecreatefromjpeg($this->original);
    case 'png':
      return imagecreatefrompng($this->original);
    case 'gif':
      return imagecreatefromgif($this->original);
    case 'webp':
      return imagecreatefromwebp($this->original);
  }
}
```

在 PHP 解决方案 10-1 中创建的 checkType()方法将 MIME 类型存储为 jpeg、png、gif 或 webp。因此，switch 语句检查 MIME 类型，找到匹配的函数，并将原始图像作为参数传递给该函数。然后，该方法返回生成的图像资源。

(3) create()方法需要两个图像资源：一个是原始图像的资源，另一个是缩略图的资源。更新 create()方法，如下所示。

```
public function create() {
  $ratio = $this->calculateRatio($this->originalwidth,
  $this->originalheight,$this->maxSize);
  $thumbwidth = round($this->originalwidth * $ratio);
  $thumbheight = round($this->originalheight * $ratio);
  $resource = $this->createImageResource();
  $thumb = imagecreatetruecolor($thumbwidth, $thumbheight);
}
```

这将调用在步骤(2)中创建的 createImageResource()方法，然后为缩略图创建图像资源，并将缩略图的宽度和高度传递给 imagecreatetruecolor()函数。

(4) 创建缩略图的下一个步骤涉及将图像资源传递给 imagecopyresampled()函数并设置坐标和尺寸。向 create()方法添加以下代码行：

```
imagecopyresampled($thumb, $resource, 0, 0, 0, 0, $thumbwidth,
$thumbheight,
    $this->originalwidth, $this->originalheight);
```

前两个参数是刚刚为缩略图和原始图像创建的图像资源。接下来的 4 个参数将副本和原始图像的 x 和 y 坐标设置为左上角；然后是为缩略图计算的宽度和高度；接下来是原始图像的宽度和高度。将第 3~6 个参数设置为图像的左上角，并且将两组维度设置为两个资源的完全尺寸，会将整个原始图像复制到整个缩略图。换句话说，它创建了原始图像的一个较小副本。

不需要将 imagecopyresampled()函数的结果赋给变量。缩小后的图像现在存储在$thumb 变量中，但你仍然需要保存它。

(5) 完成 create Thumbnail()方法的定义，如下所示。

```
public function create() {
  $ratio = $this->calculateRatio($this->originalwidth,
$this->originalheight,$this->maxSize);
  $thumbwidth = round($this->originalwidth * $ratio);
  $thumbheight = round($this->originalheight * $ratio);
  $resource = $this->createImageResource();
  $thumb = imagecreatetruecolor($thumbwidth, $thumbheight);
  imagecopyresampled($thumb, $resource, 0, 0, 0, 0, $thumbwidth,
```

```
$thumbheight,$this->originalwidth, $this->originalheight);
    $newname = $this->basename . $this->suffix;
    switch ($this->imageType) {
      case 'jpeg':
        $newname .= '.jpg';
        $success = imagejpeg($thumb, $this->destination . $newname);
        break;
      case 'png':
        $newname .= '.png';
        $success = imagepng($thumb, $this->destination . $newname);
        break;
      case 'gif':
        $newname .= '.gif';
        $success = imagegif($thumb, $this->destination . $newname);
        break;
      case 'webp':
        $newname .= '.webp';
        $success = imagewebp($thumb, $this->destination . $newname);
        break;
    }
    if ($success) {
      $this->messages[] = "$newname created successfully.";
    } else {
      $this->messages[] = "Couldn't create a thumbnail for " .
        basename($this->original);
    }
    imagedestroy($resource);
    imagedestroy($thumb);
  }
```

新增代码的第一行将后缀连接到已删除文件扩展名的文件名之后。因此，如果原始文件名为 menu.jpg，并且使用默认的_thb 后缀，$newname 变量的值将成为 menu_thb。

switch 语句检查图像的 MIME 类型并附加适当的文件扩展名。在原始图像名称为 menu.jpg 的情况下，$newname 变量的值变成 menu_thb.jpg。然后将缩小后的图像传递给相应的函数来保存它，使用目标文件夹和$newname 变量作为保存它的路径。上述代码中省略了 JPEG、PNG 和 WebP 图像的可选质量参数。默认的质量对于缩略图已经足够。

保存操作的结果存储在$success 变量中。根据结果的不同，$success 变量为 true 或 false，并将适当的消息添加到$messages 属性中。消息是使用 basename()函数而不是$basename 属性创建的，因为$basename 属性剔除了文件的扩展名，而该函数保留了扩展名。

最后，imagedestroy()函数销毁用于创建缩略图的资源，从而释放服务器内存。

(6) 到目前为止，你已经使用了 test()方法来显示错误消息。接下来创建获取消息的公共方法：

```
public function getMessages() {
  return $this->messages;
}
```

(7) 保存 Thumbnail.php 文件。在 create_thumb.php 文件中，将对 test()方法的调用替换为对 create()方法的调用。同时调用 getMessages()方法并将结果赋给一个变量，如下所示。

```
$thumb->create();
$messages = $thumb->getMessages();
```

(8) 在<body>开始标记之后添加一个 PHP 代码块以显示任何消息。

```
<?php
if (!empty($messages)) {
  echo '<ul>';
  foreach ($messages as $message) {
      echo "<li>$message</li>";
  }
  echo '</ul>';
}
?>
```

前面的章节中已介绍过这段代码，这里就不再解释了。

(9) 保存 create_thumb.php 文件，将其加载到浏览器中，然后从下拉列表框中选择一个图像，并单击 Create Thumbnail 按钮对其进行测试。如果一切顺利，你应该看到一个消息报告创建了缩略图，并可以在 upload_test 文件夹的 thumbs 子文件夹中确认缩略图的存在，如图 10-7 所示。

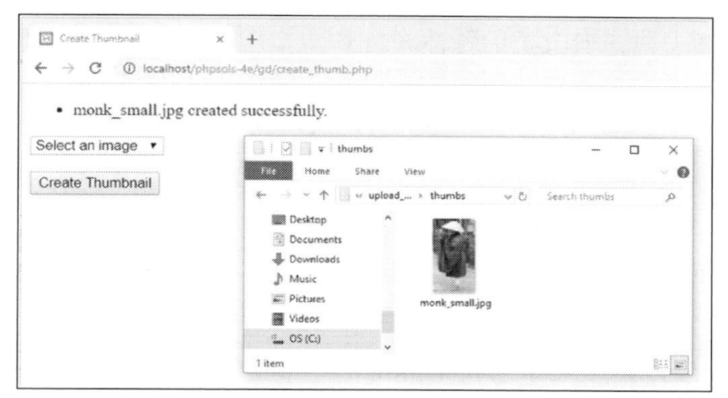

图 10-7　已在目标文件夹中成功创建缩略图

(10) 如果没有创建缩略图，那么由 Thumbnail 类生成的错误消息将帮助你检测问题的根源。另外，对照 ch10/PhpSolutions/Image 文件夹中的 Thumbnail_04.php 文件仔细检查代码。如果前面的 PHP 解决方案中的测试工作正常，则错误可能出现在 create()、createImageResource()或 createThumbnail()方法的定义中。另一个要检查的地方当然是 PHP 的配置。该类取决于 PHP 服务器启用了 GD 扩展功能。尽管 GD 得到了广泛支持，但它在默认情况下并不总是打开的。

10.3　上传时自动调整图像大小

现在已经创建了 Thumbnail 类，它可以为一个更大的图像创建缩略图，因此修改第 9 章中的 Upload 类，实现从上传的图像生成缩略图实际上变得相对简单，不仅可以处理单个图像，而且可以处理多个图像。

与其更改 Upload 类中的代码，不如创建该类的扩展类。创建子类之后，即可以选择使用原始类来执行任何类型文件的上传，也可以使用子类在上传时创建缩略图。子类还需要提供一个选项，在创建缩略图后保存或丢弃较大的图像。

在学习代码之前，让我们快速了解如何创建子类。

10.3.1 扩展类

我们在“PHP 解决方案 8-8：自动构建嵌套列表”中看到了一个扩展内置类 RecursiveIteratorIterator 的示例。对类进行扩展的好处是，新子类继承了其父类的所有特性，包括属性和方法，同时还可以修改(或称为重载)其中一些方法，从而实现新功能。这简化了创建类以执行更具体的任务的过程。第 9 章中创建的 Upload 类执行基本的文件上传功能。本章将扩展 Upload 类，创建一个名为 ThumbnailUpload 的子类，该子类使用其父类的基本上传功能，但添加了创建缩略图的专用功能。子类将在 PhpSolutions/Image 文件夹中创建，因此它将使用 PhpSolutions\Image 作为其命名空间。

所有子类都会继承其父类的特性。当重写子类中的方法，同时也需要使用父类的方法时，这种特点体现得特别明显。要引用父版中的方法，需要在被引用方法的前面加上 parent 关键字，后跟两个冒号，如下所示。

```
parent::originalMethod();
```

你将在 PHP 解决方案 10-5 中看到使用这种技术的具体示例，因为子类定义了自己的构造函数来添加额外的参数，同时也需要使用父类的构造函数。

让我们创建一个能够同时上传图像和生成缩略图的类。

1. PHP 解决方案 10-5：创建 ThumbnailUpload 类

PHP 解决方案 10-5 扩展了第 9 章中的 Upload 类，并将其与 Thumbnail 类一起用于上传和调整图像大小。它演示了如何创建子类和重写父类的方法。要创建子类，需要第 9 章中的 Upload.php 文件和本章中的 Thumbnail.php 文件。这些文件的副本分别位于 ch09/PhpSolutions/File 和 ch10/PhpSolutions/Image 文件夹中。

(1) 在 PhpSolutions/Image 文件夹中创建一个名为 ThumbnailUpload.php 的新文件。它将只包含 PHP 代码，因此删除脚本编辑器插入的任何 HTML 代码并添加以下代码。

```
<?php
namespace PhpSolutions\Image;

use PhpSolutions\File\Upload;

require_once __DIR__ . '/../File/Upload.php';
require_once 'Thumbnail.php';

class ThumbnailUpload extends Upload {

}
```

这将声明 PhpSolutions\Image 命名空间，并在包含 Upload 类和 Thumbnail 类的定义之前从 PhpSolutions\File 命名空间导入 Upload 类。

■ **注意：**

在使用__DIR__指令包含文件时，该指令返回包含文件的目录，不带结尾斜杠。在Upload.php文件的相对路径的开头添加斜杠可以让PHP构建一个完整的路径，将路径向上移一个层级，在PhpSolutions/File文件夹中找到它。Thumbnail.php文件与ThumbnailUpload.php文件位于同一文件夹中，因此仅使用文件名即可包含它。

然后 ThumbnailUpload 类声明它扩展了 Upload 类。虽然 Upload 类位于不同的命名空间中，但因为它已被导入，可以将其简单地引用为 Upload。所有后续代码都需要插入到类定义的大括号之间。

(2) 子类需要 4 个属性：保存缩略图的文件夹，确定是否删除原始图像的布尔值，缩略图的最大尺寸以及要添加到缩略图名称之后的后缀。在不想使用 Thumbnail 类中定义的默认值时，可以使用最后两个属性改变父类中的设置。在大括号内添加以下特性定义：

```
protected $thumbDestination;
protected $deleteOriginal;
protected $maxSize = 120;
protected $suffix = '_thb';
```

(3) 在扩展一个类时，只有想要改变父类构造函数实现的功能时才需要定义一个构造函数方法。ThumbnailUpload 类接收一个额外的参数，该参数确定是否删除原始图像，为你提供仅保留缩略图或同时保留两个版本图像的选项。在本地测试时，Thumbnail 对象可以访问自己硬盘上的原始图像。但是，生成缩略图是一个服务器端操作，因此，如果不首先将原始图像上传到服务器，则无法在网站上生成对应的缩略图。

构造函数还需要调用父构造函数来定义上传文件夹的路径。向类添加以下定义：

```
public function __construct($path, $deleteOriginal = false) {
  parent::__construct($path);
  $this->thumbDestination = $path;
  $this->deleteOriginal = $deleteOriginal;
}
```

构造函数有两个参数：上传文件夹的路径和一个确定是否删除原始图像的布尔变量。在构造函数签名中将第二个参数设置为 false，使其成为可选参数。

■ **注意：**

定义函数或类方法时，传递给函数(或称为方法)的参数称为该函数的签名。

构造函数中的第一行代码将$path 变量传递给父构造函数，以便设置文件上传的目标文件夹。接下来，第二行代码将$path 变量分配给$thumbDestination 属性，使同一文件夹成为两幅图像的默认文件夹。

最后一行代码将第二个参数的值赋给$deleteOriginal 属性。因为第二个参数是可选的，所以该属性会自动设置为 false，除非显式设置为 true，否则两幅图像都会保留。

(4) 创建设置缩略图的选项的方法，如下所示。

```
public function setThumbOptions($path, $maxSize = null, $suffix = null){
  if (is_dir($path) && is_writable($path)) {
     $this->thumbDestination = rtrim($path, '/\\').DIRECTORY_SEPARATOR;
  } else {
      throw new \Exception("$path must be a valid, writable
  directory.");
  }
  if (!is_null($maxSize)) {
      $this->maxSize = $maxSize;
  }
  if (!is_null($suffix)) {
      $this->suffix = $suffix;
  }
}
```

此方法的定义将路径作为其唯一必需的参数。另外两个参数，$maxSize 和$suffix 被设置为 null，因此它们是可选的。该方法检查作为第一个参数传递的值是否是一个文件夹(目录)且可写，并将该值分配给$thumbDestination 属性。如果参数传递的值无效，则引发异常。异常前面有一个反斜杠，表示使用的是核心 Exception 类，而不是特定于此命名空间的类。

如果另外两个参数的值不为空，则将它们分配给$maxSize 和$suffix 属性。

提示：

与其创建一个设置缩略图选项的方法，笔者更喜欢向构造函数添加额外参数的方式。但是，当你希望将缩略图和原始图像保存在同一文件夹中时，上述代码选择的方式简化了构造函数。如果要使用缩略图的默认设置，则不必调用 setThumbOptions()方法。另外，如果缩略图的目标文件夹有问题，上述代码可以默认使用父类原来的上传文件夹，而不是抛出异常。笔者认为目标文件夹如果有问题是非常严重的，不能忽略。类似这样的决定是编写任何脚本不可或缺的一部分，而不仅仅是设计类。

---

(5) 接下来，使用以下代码创建一个受保护的方法来生成缩略图。

```
protected function createThumbnail($image) {
  $thumb = new Thumbnail($image, $this->thumbDestination,
$this->maxSize,
    $this->suffix);
  $thumb->create();
  $messages = $thumb->getMessages();
  $this->messages = array_merge($this->messages, $messages);
}
```

该方法需要一个参数，即图像的路径，并创建一个 Thumbnail 对象。上述代码类似于 create_thumb.php 文件中的代码，因此这里不再解释。传递给 Thumbnail 构造函数的后三个参数存储为 ThumbnailUpload 类的属性，因此，即使未调用 setThumbOptions()方法，也可以使用它们。

最后一行代码使用 array_merge()函数将 Thumbnail 对象生成的所有消息与 ThumbnailUpload 类的$messages 属性合并。尽管在步骤(2)中定义的属性不包含$messages 属性，但子类会自动从其父类继承它。

(6) 在父类中，moveFile()方法将上传的文件保存到其目标位置。缩略图需要从原始图像生成，因此需要重写父类的 moveFile()方法，并使用它调用刚刚定义的 createThumbnail()方法。从 Upload.php 文件中复制 moveFile()方法，并添加以粗体突出显示的代码，如下所示。

```
protected function moveFile($file) {
  $filename = $this->newName ?? $file['name'];
  $success = move_uploaded_file($file['tmp_name'],
    $this->destination . $filename);
  if ($success) {
    // add a message only if the original image is not deleted
    if (!$this->deleteOriginal) {
    $result = $file['name'] . ' was uploaded successfully';
    if (!is_null($this->newName)) {
      $result .= ', and was renamed ' . $this->newName;
    }
      $this->messages[] = $result;
    }
    // create a thumbnail from the uploaded image
    $this->createThumbnail($this->destination . $filename);
    // delete the uploaded image if required
    if ($this->deleteOriginal) {
```

```
        unlink($this->destination . $filename);
      }
    } else {
      $this->messages[] = 'Could not upload ' . $file['name'];
    }
  }
```

如果原始图像已成功上传，则仅当$deleteOriginal 属性为 false 时，在条件语句中新添加的代码才会生成消息。然后调用 createThumbnail()方法，将上传的图像作为参数传递给该方法。最后，如果$deleteOriginal 属性设置为 true，则调用 unlink()方法删除上传的图像，只留下缩略图。

(7) 保存 ThumbnailUpload.php 文件。要测试该文件，请从 ch10 文件夹将 create_thumb_upload_01.php 文件复制到 gd 文件夹，并重命名为 create_thumb_upload.php。该文件包含一个简单的表单，其中包含一个文件字段和一个显示消息的 PHP 块。在 DOCTYPE 声明上方添加以下 PHP 代码块：

```
<?php
use PhpSolutions\Image\ThumbnailUpload;

if (isset($_POST['upload'])) {
  require_once('../PhpSolutions/Image/ThumbnailUpload.php');
  try {
    $loader = new ThumbnailUpload('C:/upload_test/');
    $loader->setThumbOptions('C:/upload_test/thumbs/');
    $loader->upload('image');
    $messages = $loader->getMessages();
  } catch (Exception $e) {
    echo $e->getMessage();
  }
}
?>
```

如有必要，通过构造函数和 setThumbDestination()方法调整文件夹路径。

(8) 保存 create_thumb_upload.php 文件并将其加载到浏览器中。单击 Browse 或 Choose Files 按钮，然后选择多幅图像。单击 Upload 按钮时，可以看到消息指示已成功上传图像并创建缩略图。检查目标文件夹，如图 10-8 所示。

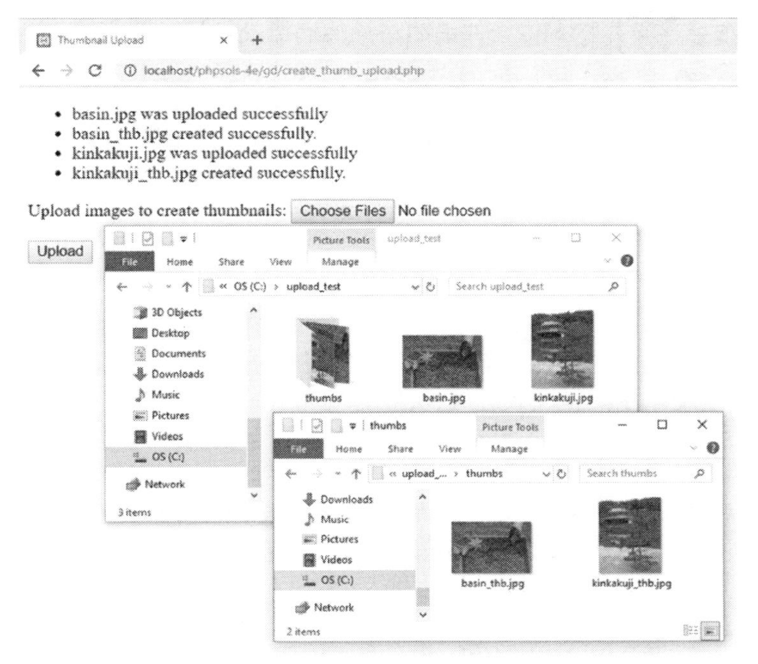

图 10-8 在上传图像的同时创建缩略图

(9) 通过再次上传相同的图像来测试 ThumbnailUpload 类。这一次，原始图像和缩略图应该以与第 9 章中相同的方式，通过在文件扩展名之前添加一个数字来重命名。

(10) 尝试不同的测试，更改插入到缩略图名称中的后缀，或在创建缩略图后删除原始图像。如果遇到问题，请对照 ch10/PhpSolutions/Image 文件夹中的 ThumbnailUpload.php 检查代码。

■ **提示：**

在旧版的浏览器上，表单中type属性为file的输入字段不支持multiple属性，使用ThumbnailUpload类只能上传单幅图像并为其创建缩略图。若要支持从旧版浏览器上传多个文件，需要在表单中创建多个type属性为file的输入字段，并为它们提供相同的name属性值，后跟一对空方括号，如：name="image[]"。

10.3.2 使用 ThumbnailUpload 类

ThumbnailUpload 类很容易使用。因为它使用命名空间，所以在文件的顶部导入类，如下所示。

```
use PhpSolutions\Image\ThumbnailUpload;
```

然后包含类定义并将上传文件夹的路径传递给类构造函数方法。

```
$loader = new ThumbnailUpload('C:/upload_test/');
```

如果要在创建缩略图后删除原始图像，请将 true 作为第二个参数传递给构造函数，如下所示。

```
$loader = new ThumbnailUpload('C:/upload_test/', true);
```

该类定义了以下公共方法。

- setThumbOptions()：设置保存缩略图的文件夹的路径。如果不调用此方法，则缩略图与原始图像存储在同一文件夹中。该方法还有两个可选参数，分别设置缩略图的最大尺寸(默认值为 120 像素)和修改将插入到缩略图名称中的后缀(默认后缀为_thb)。
- upload()：上传原始图像并生成缩略图。它有一个必需的参数：表单中 type 为 file 的输入字段的名称。默认情况下，如果上传的文件与目标文件夹中已有的文件重名，则重命名上传的图像。若要覆盖现有图像，需要将 false 作为可选的第二个参数传递给该方法。

该类还从其父类 Upload 类继承了以下方法。

- getMessages()：检索由 Upload 类和 Thumbnail 类生成的消息。
- getMaxSize()：获取上传单幅图像的最大大小。默认值为 50 KB。

由于 ThumbnailUpload 类依赖于 Upload 类和 Thumbnail 类，因此在网站上使用此类时，需要将所有 3 个类的定义文件都上传到远程 Web 服务器。

10.4 本章回顾

本章介绍的内容非常多。不仅介绍了如何从更大的图像中生成缩略图，而且还介绍了如何扩展现有的类和重写继承的方法。设计和扩展类一开始可能会让人困惑，但如果将精力集中于每个方法要做的事情，就会变得简单很多。类设计的一个关键原则是将复杂的任务分解成可管理的小单元。理想情况下，一个方法应该执行单个任务，例如为原始图像创建图像资源。

使用类的真正好处是，一旦定义了类，就可以节省大量的时间和精力。每次希望向网站添加上传文件或缩略图功能时，不必重复输入几十行代码，调用该类只需要几行简单的代码。另外，不要认为本章中的代码只用于创建和上传缩略图。类文件中的许多子函数也可以用于处理其他情况。

第 11 章将介绍所有关于 PHP 会话的知识。PHP 会话将保留与特定用户相关的信息，对操作受密码保护的 Web 页面非常关键。

第 11 章

记住用户的输入：简单登录表单和多页表单

网络是一个灿烂的幻觉。在访问一个设计良好的网站时，你会有一种连续性的感觉，就像翻阅一本书或一本杂志的页面一样，一切都是一个连贯的整体。但现实情况则完全不同——单个页面的每个部分都由 Web 服务器单独存储和处理。除了需要知道将相关文件发送到哪里之外，服务器对你是谁没有兴趣。每次 PHP 脚本运行时，变量只存在于服务器的内存中，并且在脚本运行完成后通常会被丢弃。即使是$_POST 和$_GET 数组中的变量也只有很短的生命周期。它们的值只会一次性传递到下一个脚本，然后从内存中删除，除非你对其执行某些操作，例如将信息存储在隐藏的表单字段中。即使如此，这些值也只有在提交表单时才会继续传递。

为了解决这些问题，PHP 使用会话(session)。在简要描述会话的工作原理之后，本章将向你展示如何使用会话变量创建一个简单的基于文件的登录系统，并在不需要使用隐藏表单字段的情况下将信息从一个页面传递到另一个页面。

本章内容：

- 了解什么是会话以及如何创建会话
- 创建基于文件的登录系统
- 使用自定义类检查密码强度
- 为会话设置时间限制
- 使用会话在多个页面上跟踪信息

11.1 会话的定义和工作原理

Session 对象存储特定用户会话所需的属性及配置信息。这样，当用户在应用程序的 Web 页之间跳转时，存储在 Session 对象中的变量将不会丢失，而是在整个用户会话中一直存在下去。当用户请求来自应用程序的 Web 页时，如果该用户还没有会话，则 Web 服务器将自动创建一个 Session 对象。当会话过期或被放弃后，服务器将终止该会话。Web 服务器使用 cookie 来识别它与同一个人(或者更准确地说，与同一台计算机)的通信。图 11-1~图 11-3 显示了在本地测试环境中创建的简单会话的详细信息。

图 11-1　PHP 会话将唯一标识符作为 cookie 存储在浏览器中

PHP 会在 Web 服务器上创建一个匹配的文件，该文件包含与其文件名相同的字母和数字，如图 11-2 所示。

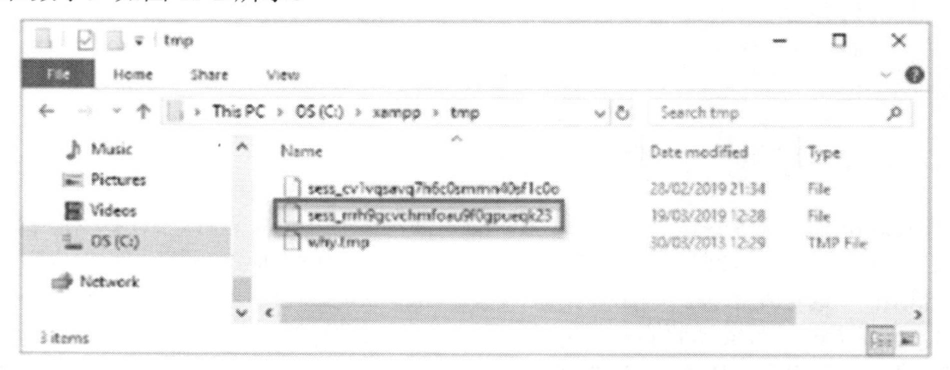

图 11-2　cookie 的内容标识了存储在 Web 服务器上的会话数据

当会话启动时，服务器将信息存储在会话变量中，只要会话保持活动状态(通常直到浏览器关闭)，其他页面就可以访问这些变量。因为会话 ID 对每个访问者都是唯一的，所以其他任何人都看不到存储在会话变量中的信息。这意味着会话是进行用户身份验证的理想选择，同时也可以用于在从一个页面跳转到下一个页面(如多页表单或购物车)时为同一用户保留信息。

用户计算机上存储的唯一信息是包含会话 ID 的 cookie，它本身没有任何意义。这意味着不能仅仅通过检查 cookie 的内容来获取私有信息。

会话变量及其值存储在 Web 服务器上。图 11-3 显示了一个简单的会话文件的内容。如你所见，它是纯文本的，内容不难破译。图中显示的会话有一个变量：name。变量的名称后面跟着一个竖直的管道，然后是字母 s、冒号、数字、另一个冒号和引号中的变量值。s 代表字符串，数字表示字符串包含的字符数。因此，这个会话变量包含了笔者的名字，是一个 5 个字符长的字符串。

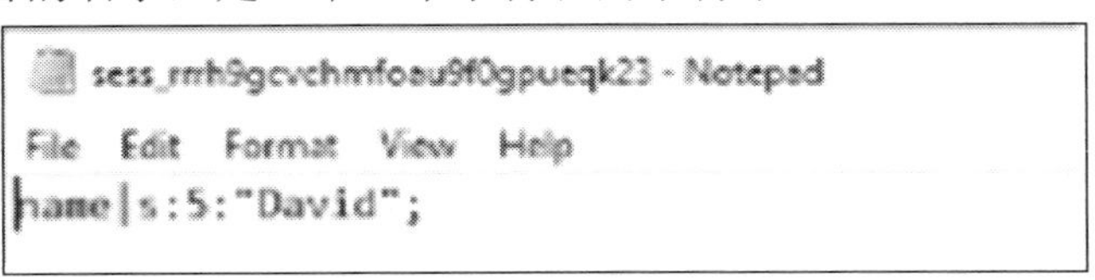

图 11-3　会话的详细信息以明文形式存储在服务器上

这种设置方式有几个含义。在关闭浏览器之前，包含会话 ID 的 cookie 通常保持活动状态。因此，如果几个人共享同一台计算机，他们将可以访问彼此的会话，除非他们总是在将计算机交给下一个人之前关闭浏览器，而这是你无法控制的。因此，提供注销机制来删除 cookie 和会话变量非常重要，这样可以保证网站的安全。还可以创建超时机制，会话在有效时间内没有再被访问就会超时，用户必须再次登录才能重新获得访问权限。

在 Web 服务器上以纯文本存储会话变量本身并不是一个值得关注的问题。只要服务器配置正确，就无法通过浏览器访问会话文件。不活动的文件通常也会被 PHP 删除(理论上，生命周期是 1440s，即 24min，但这是不可靠的)。不过，很明显，如果攻击者设法破坏服务器或劫持会话，则可能会暴露信息。因此，虽然会话对于网站的密码保护部分或使用多页表单来说通常是足够安全的，但是永远不应该使用会话变量来存储敏感信息，例如密码或信用卡详细信息。尽管密码用于访问受保护的网站，但密码本身(最好是经过哈希转换后)应存储在独立的位置，而不是作为会话变量。

■ **注意：**

哈希转换是一个单向过程，它会对纯文本进行计算以生成唯一的消息摘要。它经常与加密混淆，后者允许对加密的文本进行解密。正确执行哈希转换后，无法通过逆向转换显示原始密码。

默认情况下 PHP 支持会话，因此不需要任何特殊配置。但是，如果在用户浏览器中禁用 cookie，会话将不起作用。可以将 PHP 配置为通过查询字符串发送会话 ID，但这被视为一种安全风险。

11.1.1 创建 PHP 会话

只需要在会话中要使用的每个 PHP 页面中放置以下命令。

```
session_start();
```

这个命令应该在每个页面中只调用一次，并且必须在 PHP 脚本生成任何输出之前调用，因此理想的位置是在 PHP 开始标记之后。如果在调用 session_start()命令之前生成了任何输出，则该命令将失败，并且该页面的会话将不会被激活。

11.1.2 创建和销毁会话变量

通过在超级全局数组$_SESSION 中添加数据元素可以创建会话变量，方法与指定普通变量相同。假设希望存储访客的姓名并显示问候语。如果在登录表单中将名称提交为$_POST['name']，则可以按如下方式分配。

```
$_SESSION['name'] = $_POST['name'];
```

$_SESSION['name']变量现在可以在以 session_start()开头的任何页面中使用。因为会话变量存储在服务器上，所以应该在脚本或应用程序不再需要它们时立即将其删除。通过如下方式删除会话变量：

```
unset($_SESSION['name']);
```

要删除所有会话变量，例如，当用户注销时，需要将$_SESSION 超级全局数组设置为空数组，如下所示。

```
$_SESSION = [];
```

■ 警告：

不要尝试使用unset($_SESSION)命令。该命令可以正常执行，但它的作用过于强大。它不仅清除当前会话，而且还会阻止存储任何其他会话变量。

11.1.3 销毁会话

删除所有会话变量本身可以有效地防止任何信息被重用，但还需要使会话 cookie 无效，如下所示。

```
if (isset($_COOKIE[session_name()])) {
    setcookie(session_name(), '', time()-86400, '/');
}
```

代码使用函数 session_name()动态获取会话的名称，并将会话 cookie 重置为空字符串，并在 24 小时前过期(86 400 是一天的秒数)。最后一个参数('/')将 cookie 应用于整个网站。

最后，使用以下命令关闭会话。

```
session_destroy();
```

这个函数的名称相当糟糕。它只是关闭会话。它不会销毁任何会话变量或删除会话 cookie。必须使会话 cookie 无效并关闭会话，以避免未经授权的人员访问网站的受限制部分或会话期间交换的任何信息的风险。但是，访问者可能会忘记注销，因此不可能总是保证会话会正确地关闭，这就是为什么不能将敏感信息存储在会话变量中的重要原因。

▩ 注意：

PHP 7 不再支持以前版本中使用的session_register()或session_unregister()命令。

11.1.4 重新生成会话 ID

当用户的状态发生变化后，例如用户登录网站，作为安全措施，建议重新生成会话 ID。这将更改标识会话 ID 的随机字母和数字字符串，但通过新的会话 ID 仍然能够访问存储在会话变量中的所有信息。在 *Pro PHP Security, 2nd Edition* (Apress, 2010, ISBN 978-1-4302-3318-3)一书中，Chris Snyder 和 Michael Southwell 解释说，“生成新会话 ID 的目的是消除了解会话底层安全机制的攻击者执行高安全性任务的可能性，尽管这种可能性很小。”

要重新生成会话 ID，只需要调用 session_regenerate_id()命令，然后将用户重定向到另一个页面或重新加载同一个页面。

11.1.5 Headers already sent 错误

虽然使用 PHP 会话非常简单，但有一个问题会让初学者感到非常头痛。你将看到以下信息，而不是一切按你预期的方式工作。

```
Warning: Cannot add header information - headers already sent
```

本书在前面介绍 header()函数时多次提到这个问题，它也会影响 session_start()命令和 setcookie()函数。对于 session_start()命令，解决方法很简单：确保将其放在

PHP 开始标记之后(或非常接近的地方)，并检查在开始标记之前没有空格。

有时即使 PHP 标记前面没有空格，也会出现问题。这通常是由编辑软件在脚本开头插入字节顺序标记(Byte Order Mark，BOM)引起的。如果发生这种情况，请打开脚本编辑器的首选项并禁止在 PHP 页面中使用 BOM。

但是，当使用 setcookie()函数销毁会话 cookie 时，很可能需要在调用函数之前将输出发送到浏览器。在这种情况下，PHP 允许你使用 ob_start()函数将输出保存在缓冲区中。然后，在 setcookie()函数完成其工作后，使用 ob_end_flush()函数刷新缓冲区。你将在 PHP 解决方案 11-2 中看到如何实现此功能。

11.2 使用会话限制访问

在考虑限制对网站的访问时，首先想到的词可能是“用户名”和“密码”。虽然用户名和密码通常会解锁对网站的访问，但它们对会话都起不到任何限制作用。你可以将任何值存储为会话变量，并使用它确定是否授予用户对页面的访问权限。例如，可以创建一个名为$_SESSION['status']的变量，并根据其值为访问者提供对网站不同部分的访问权限，或者，如果根本没有设置这个变量，则完全没有访问权限。

下面通过一个简单的示例解释所有相关的内容，并展示在实践中如何应用相关技术。

11.2.1 PHP 解决方案 11-1：一个简单的会话示例

该示例只需要几分钟就可以构建，但是也可以在 ch11 文件夹的 session_01.php、session_02.php 和 session_03.php 文件中找到完整的代码。

(1) 在 phpsols-4e 网站根目录中名为 sessions 的新文件夹中创建一个名为 session_01.php 的页面。插入一个表单，其中包含名为 name 的文本字段和 Submit 按钮。将 method 属性设置为 post，将 action 设置为 session_02.php。表单应如下所示。

```
<form method="post" action="session_02.php">
    <p>
        <label for="name">Enter your name:</label>
        <input type="text" name="name" id="name">
    </p>
    <p>
        <input type="submit" name="Submit" value="Submit">
    </p>
</form>
```

(2) 在另一个名为 session_02.php 的页面中，将以下代码插入 DOCTYPE 声明的上方。

```
<?php
// initiate session
session_start();
// check that form has been submitted and that name is not empty
if ($_POST && !empty($_POST['name'])) {
    // set session variable
    $_SESSION['name'] = $_POST['name'];
}
?>
```

代码中的注释解释了发生的事情。会话已启动，如果$_POST['name']元素不为空，则将该元素的值分配给$_session['name']变量。

(3) 在 session_02.php 页面中的<body>标记之间插入以下代码。

```
<?php
// check session variable is set
if (isset($_SESSION['name'])) {
    // if set, greet by name
    echo 'Hi there, ' . htmlentities($_SESSION['name']) . '. <a
       href="session_03.php">Next</a>';
} else {
    // if not set, send back to login
    echo 'Who are you? <a href="session_01.php">Please log in</a>';
}
?>
```

如果设置了$_SESSION['name']变量，则会显示欢迎消息以及打开 SESSION_03.php 页面的链接。否则，页面会告诉访问者它无法识别是谁试图获得访问权限，并提供返回到第一个页面的链接。

▒ 警告：

在输入以下代码时要小心：

```
echo 'Hi there, ' . htmlentities($_SESSION['name']) . '. <a
href="session03.php">Next</a>';
```

前两个句点(围绕在htmlentities($_SESSION['name']前后)是PHP连接运算符。第三个句点(紧跟在单引号之后)是一个普通的句点，将显示为字符串的一部分。

---

(4) 创建 session_03.php 文件。在 DOCTYPE 的上方输入以下内容以启动会话。

```
<?php session_start(); ?>
```

(5) 在 session_03.php 文件的<body>标记之间插入以下代码。

```
<?php
// check whether session variable is set
if (isset($_SESSION['name'])) {
    // if set, greet by name
    echo 'Hi, ' . htmlentities($_SESSION['name']) . '. See, I
remembered your name!<br>';
    // unset session variable
    unset($_SESSION['name']);
    // invalidate the session cookie
    if (isset($_COOKIE[session_name()])) {
       setcookie(session_name(), ", time()-86400, '/');
    }
    // end session
    session_destroy();
    echo '<a href="session_02.php">Back to page 2</a>';
} else {
    // display if not recognized
    echo "Sorry, I don't know you.<br>";
    echo '<a href="session_01.php">Please log in</a>';
}
?>
```

如果设置了$_SESSION['name']变量，页面将显示欢迎消息，然后删除该变量并使当前会话 cookie 无效。通过将 session_destroy()指令放置在第一个代码块的末尾，会话及其相关变量将不再可用。

(6) 在浏览器中加载 session_01.php 页面；在文本字段中输入你的姓名，然后单击 Submit 按钮。

(7) 应该看到如图 11-4 所示的界面。在这个阶段，这里发生的事情和普通的表单没有明显的区别。

图 11-4 截屏所示的界面

(8) 单击 Next 链接时，会话的强大作用开始显现。页面会记住你的名字，即使$_POST 数组不再可用。在大多数情况下，你可能会看到类似于图 11-5 所示的内容。

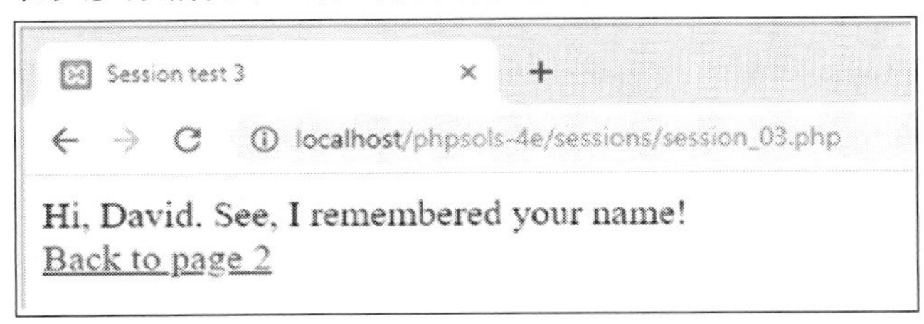

图 11-5 页面记住你的名字

但是，在某些服务器上，可能会收到警告消息，显示由于多个头字段已经发送，因此无法修改这些头字段的信息(见图 11-6)。

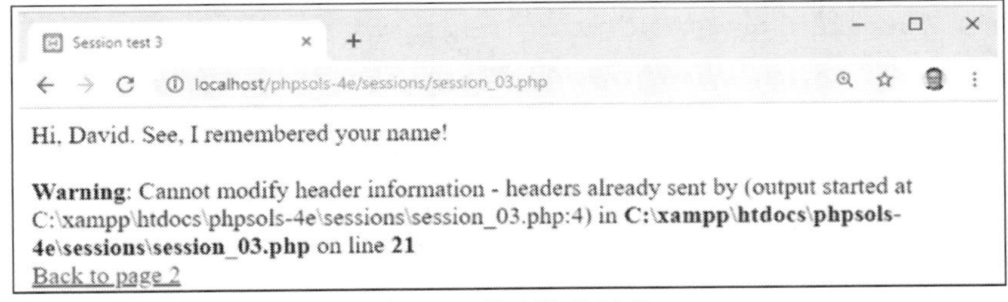

图 11-6 收到警告消息

■ 注意：

如第 5 章所述，如果服务器配置为缓冲输出的前 4KB 内容，则不会产生关于头字段的警告消息。但是，并非所有服务器都会缓冲输出，因此解决此问题很重要。

---

(9) 单击指向第 2 个页面的链接(如果收到错误消息，则链接位于该消息的正下方)。会话已被破坏，因此这次 session_02.php 页面已不知道你是谁(见图 11-7)。

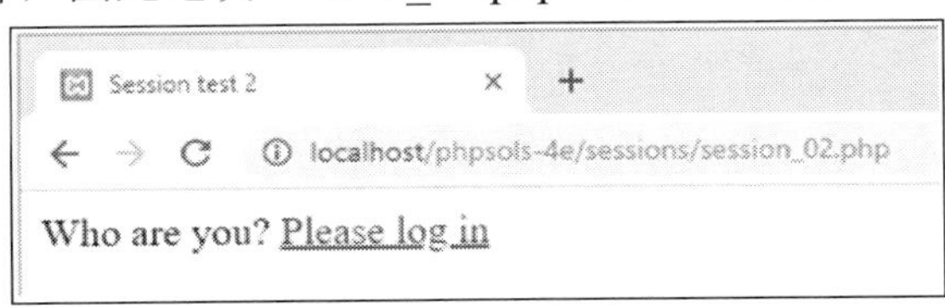

图 11-7 页面不知道你是谁

(10) 在浏览器地址栏中输入 session_03.php 页面的地址并加载它。它也没有会话的记忆，并显示适当的消息(见图 11-8)。

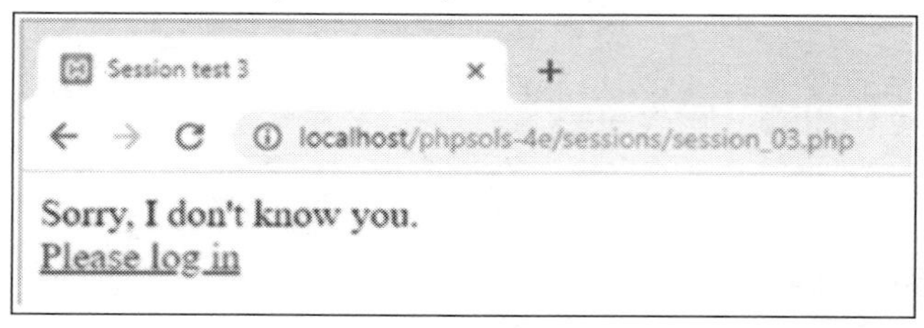

图 11-8　没有会话的记忆

即使在步骤(8)中没有收到警告消息，在将依赖会话的页面部署到其他服务器时，也需要防止发生这种情况。错误消息不仅看起来很糟糕，而且还意味着 setcookie()函数不能使会话 cookie 无效。即使 session_start()指令紧跟在 session_03.php 页面中的 PHP 开始标记之后，警告消息仍由 setcookie()函数之前输出的 DOCTYPE 声明、<head>标记和其他 HTML 标记触发。

PHP 解决方案 11-2：使用 ob_start()函数缓冲输出

虽然可以将 setcookie()函数放入 DOCTYPE 声明之上的 PHP 代码块中，但是你也需要将$_SESSION['name']变量的值赋给普通变量，因为它在会话被破坏后将不再存在。解决方案是使用 ob_start()函数缓冲输出，而不是将整个脚本分成多个部分。

继续使用上一节中的 session_03.php 文件。

(1) 修改 DOCTYPE 声明上方的 PHP 代码块，如下所示。

```
<?php
session_start();
ob_start();
?>
```

这将打开输出缓冲，并防止在脚本结束之前或使用 ob_end_flush()函数特意刷新输出之前将输出发送到浏览器。

(2) 在会话 cookie 失效后立即刷新输出，如下所示。

```
// invalidate the session cookie
if (isset($_COOKIE[session_name()])) {
    setcookie(session_name(), '', time()-86400, '/');
}
ob_end_flush();
```

(3) 保存 session_03.php 文件并再次按顺序进行测试。这次应该没有警告。更重要的是，会话 cookie 不再有效。(更新后的代码在 session_04.php 文件中)

11.2.2 使用基于文件的身份验证

会话变量和条件语句的组合允许你根据是否设置了特定的会话变量向访问者呈现完全不同的页面。你所需要做的就是添加一个密码验证系统，以及有一个基本的用户认证系统。

在深入研究代码之前，让我们考虑一下安全密码的重要问题。

11.2.3 保护密码的安全

密码不应存储在可公开访问的位置。换句话说，如果使用基于文件的身份验证系统，则保存密码的文件必须位于 Web 服务器的文档根目录之外。此外，密码不应以明文形式保存。为了提高安全性，建议对密码进行哈希处理。多年来，业界一直建议使用 MD5 或 SHA-1 算法将密码通过散列计算变成 32 位或 40 位的十六进制数。它们最初的优势之一，速度，已经被证明是一个主要的弱点。自动化脚本可以在一次暴力攻击中每秒处理大量的计算，以确定一个哈希值的原始值——与其说是猜测，不如说是尝试每种可能的组合。

当前的建议是使用两个函数：password_hash()和 password_verify()，这两个函数提供了一个更加健壮的系统，可以对密码进行散列计算和验证密码。要对密码进行散列计算，只需要将其传递给 password_hash()函数，如下所示。

```
$hashed = password_hash($password, PASSWORD_DEFAULT);
```

password_hash()函数的第二个参数是一个常量，表示将加密方法留给 PHP 实现，这种方式使得你所使用的方法一直是业界认为最安全的方法。

▒ **注意：**

password_hash() 函数还有其他高级用户选项。有关详细信息，请参见 www.php.net/manual/en/function.password-hash.php。还有一个关于安全密码散列的 FAQ(常见问题)页面 www.php.net/manual/en/FAQ.password s.php。

使用 password_hash()函数将扰乱纯文本密码，并使其无法计算出原始密码。这意味着即使你的密码文件被公开了，也没有人能够知道密码是什么。这也意味着你无法将密码转换回其原始值。这对于验证用户密码是否正确并不重要：当用户登录时，password_verify()函数把提交的值经过散列计算后与已存储的散列值进行比较。这样存储密码的缺点是，如果用户忘记了密码，则无法向他们发送密码提醒，必须创建新密码。然而，良好的安全性应该要求对密码进行散列化处理。

散列无法避免密码最常见的问题：容易猜测的密码或使用常用词的密码。许多注册系统现在要求用户在设置密码时必须选择包含字母、数字字符和符号的字符串，从而强制用户使用更安全的密码。

因此，第一个任务是创建一个用户注册表单，检查以下内容。

- 密码和用户名包含最少字符数；
- 密码符合最小强度标准，例如包含数字、大小写字符和符号；
- 密码与二次确认字段中输入的内容相同；
- 用户名尚未使用。

1. PHP 解决方案 11-3：创建密码强度检查器

PHP 解决方案 11-3 展示了如何创建一个检查密码强度的类，该类检查密码是否满足某些要求，例如空格的使用、最少字符数以及不同类型字符的组合。默认情况下，类只检查密码是否只有一个空格，是否以空格开头或结尾，以及包含的最少字符数。可选方法允许你设置更严格的条件，例如使用大小写字符、数字和非字母数字符号的组合。

PHP 解决方案 11-3 首先构建用户注册表单，该表单也将用于 PHP 解决方案 11-4。

(1) 在 sessions 文件夹中创建一个名为 register.php 的页面，并插入一个包含三个文本输入字段和一个名为 Register 的提交按钮的表单。布局表单并命名输入元素，如图 11-9 所示。如果要节省时间，可以使用 ch11 文件夹中的 register_01.php。

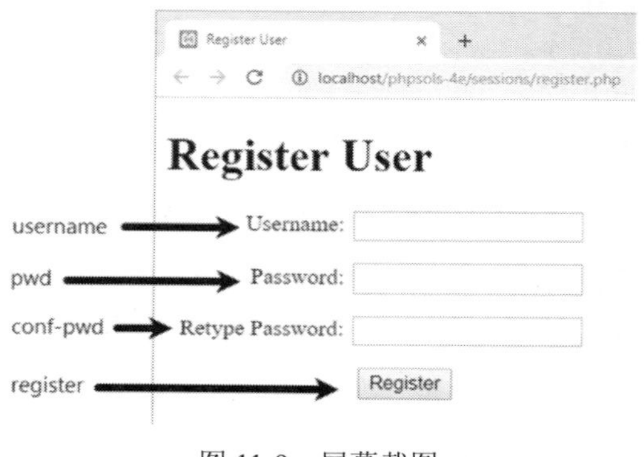

图 11-9　屏幕截图

(2) 与往常一样，我们希望仅当表单已提交时才运行处理脚本，因此所有脚本都需要包含在一个条件语句中，该条件语句检查提交按钮的 name 属性是否在 $_POST 数组中。然后需要检查输入是否满足最低要求。在 DOCTYPE 声明上方的 PHP 代码块中插入以下代码。

```
if (isset($_POST['register'])) {
    $username = trim($_POST['username']);
    $password = trim($_POST['pwd']);
    $retyped = trim($_POST['conf_pwd']);
    require_once '../PhpSolutions/Authenticate/CheckPassword.php';
}
```

条件语句中的代码将 3 个文本字段中的输入传递给 trim()函数，以删除开头和结尾的空格，并将结果分配给拼写比较简单的变量。接下来，它包含一个文件，该文件包含检查密码的类，接下来定义这个类。

(3) 在 PhpSolutions 文件夹中创建名为 Authenticate 的新文件夹，然后在新文件夹中创建一个名为 CheckPassword.php 的文件。它将只包含 PHP 脚本，因此去掉任何 HTML 并添加以下代码。

```
<?php
namespace PhpSolutions\Authenticate;

class CheckPassword {

    protected $password;
    protected $minChars;
    protected $mixedCase = false;
    protected $minNums = 0;
    protected $minSymbols = 0;
    protected $errors = [];

    public function __construct($password, $minChars = 8) {
        $this->password = $password;
        $this->minChars = $minChars;
    }

    public function check() {
        if (preg_match('/\s{2,}/', $this->password)) {
           $this->errors[] = 'Password can contain only single spaces.';
        }
        if (preg_match('/^\s+|\s+$/', $this->password)) {
           $this->errors[] = 'Password cannot begin or end with spaces.';
        }
        if (strlen($this->password) < $this->minChars) {
            $this->errors[] = "Password must be at least
                $this->minChars characters.";
        }
        return $this->errors ? false : true;
    }

    public function getErrors() {
```

```
        return $this->errors;
    }
}
```

以上代码定义了基本的 CheckPassword 类，该类最初只检查密码是否包含多个空格，是否以空格开头或结尾，以及密码是否具有所需的最小字符数。稍后将添加其他功能。

该文件首先声明 PhpSolutions\Authenticate 作为其命名空间，然后为 CheckPassword 类定义声明 6 个受保护的属性。前两个是密码和最小字符数。$mixedCase、$minNums 和$minSymbols 属性将用于增加密码强度，但默认值设置为 false 或 0。只要密码未通过任意一项检查，相关的错误消息将以数组的形式保存在$errors 属性中。

构造函数方法接收两个参数，密码和最小字符数，并将它们分配给相关属性。默认情况下，最小字符数设置为 8；因为设置了默认值，所以该参数是可选参数。

check()方法包含 3 个条件语句。第一个条件语句使用 preg_match()函数与一个正则表达式一起搜索密码中的两个或多个连续空白字符。第二个条件语句使用另一个正则表达式检查密码开头或结尾的空格，而第三个条件语句使用 strlen()函数返回字符串的长度，并将结果与$minChars 变量进行比较。

如果密码未能通过其中任意一项测试，$errors 属性至少包含一个元素，在三元运算符中，非空数组被 PHP 视为 true。check()方法的最后一行使用$errors 属性作为带有三元运算符的条件。如果发现任何错误，check()方法将返回 false，表示密码验证失败。否则，它将返回 true。

getErrors()公共方法只返回错误消息数组。

(4) 保存 CheckPassword.php 文件并切换到 register.php 文件。

(5) 在 register.php 文件中，在 PHP 开始标记后立即添加以下行以导入 CheckPassword 类。

```
use PhpSolutions\Authenticate\CheckPassword;
```

■ **警告：**

必须始终在脚本开始的地方导入包含在命名空间中的类。试图在条件语句中导入类会产生解析错误。

---

(6) 在提交表单后执行代码的条件语句中，创建一个 CheckPassword 对象，将$password 变量作为参数传递给构造函数。然后调用 check()方法并按如下方式处理结果。

```
require_once '../PhpSolutions/Authenticate/CheckPassword.php';
$checkPwd = new CheckPassword($password);
if ($checkPwd->check()) {
```

```
        $result = ['Password OK'];
    } else {
        $result = $checkPwd->getErrors();
    }
```

CheckPassword 构造函数的第二个参数是可选的，因此不使用它会将最小字符数设置为默认的 8。check()方法的结果用作条件语句的条件。如果返回 true，则向 $result 变量分配一个报告密码正确的元素数组。否则，getErrors()方法用于从 $checkPwd 对象检索错误数组。

▒ 注意：

测试完成后，单元素数组将被注册用户的脚本替换。此时需要使用数组，因为下一步使用foreach循环显示结果。

---

(7) 在页面的表单上方添加以下 PHP 代码块。

```
<h1>Register User</h1>
<?php
if (isset($result)) {
    echo '<ul>';
    foreach ($result as $item) {
        echo "<li>$item</li>";
    }
    echo '</ul>';
}
?>
<form action="register.php" method="post">
```

这将在表单提交后以无序列表的形式显示密码测试的结果。

(8) 保存 register.php 文件并将其加载到浏览器中。不填写任何字段，单击 Register 按钮测试 CheckPassword 类。页面应该会出现一条消息，告知你密码至少需要 8 个字符。

(9) 请使用包含 8 个字符的密码进行尝试。页面会显示 Password OK 的结果消息。

(10) 尝试使用至少 8 个字符的密码，但在中间插入一个空格。页面会显示 Password OK 的结果消息。

(11) 在密码中间输入两个连续的空格。页面上的错误消息会警告只允许有一个空格。

(12) 尝试一个少于 8 个字符和中间的多个连续的空间。页面会显示图 11-10 所示的警告。

图 11-10　显示警告

(13) 更改 register.php 页面中的代码，将可选的第二个参数传递给 CheckPassword 构造函数，将最小字符数设置为 10。

```
$checkPwd = new CheckPassword($password, 10);
```

(14) 保存并再次测试该页面。如果遇到任何问题，请将代码与 ch11 文件夹中的 register_02.php 文件和 ch11/PhpSolutions/Authenticate 文件夹中的 CheckPassword_01.php 文件进行比较。

(15) 假设代码没有问题，请继续在 CheckPassword.php 文件的类定义中添加设置密码强度的公共方法。公共方法的定义在类中的位置在技术上没有区别(只要它们在花括号中)，但笔者倾向于将公共方法按照使用它们的顺序放置。在调用 check()方法之前需要设置选项，因此在构造函数和 check()方法定义之间插入以下代码。

```
public function requireMixedCase() {
    $this->mixedCase = true;
}

public function requireNumbers($num = 1) {
    if (is_numeric($num) && $num > 0) {
        $this->minNums = (int) $num;
    }
}
```

```
public function requireSymbols($num = 1) {
    if (is_numeric($num) && $num > 0) {
        $this->minSymbols = (int) $num;
    }
}
```

这段代码非常简单。requireMixedCase()方法不接收参数，并将$mixedCase 属性重置为 true。其他两个方法接收一个参数，检查它是否是大于 0 的数字，并将其分配给相关属性。(int)类型转换符确保它是一个整数。$num 变量的值设置密码必须包含的数字或非字母符号的最小数量。默认情况下，该值设置为 1，使参数成为可选参数。

(16) 需要更新 check()方法以对这些强度条件执行必要的检查。按如下粗体突出显示的代码修改该方法。

```
public function check() {
    if (preg_match('/\s{2,}/', $this->password)) {
      $this->errors[] = 'Password can contain only single spaces.';
    }
    if (preg_match('/^\s+|\s+$/', $this->password)) {
        $this->errors[] = 'Password cannot begin or end with spaces.';
    }
    if (strlen($this->password) < $this->minChars) {
        $this->errors[] = "Password must be at least
            $this->minChars characters.";
    }
    if ($this->mixedCase) {
        $pattern = '/(?=.*\p{Ll})(?=.*\p{Lu})/u';
        if (!preg_match($pattern, $this->password)) {
            $this->errors[] = 'Password should include uppercase
                and lowercase characters.';
        }
    }
    if ($this->minNums) {
        $pattern = '/\d/';
        $found = preg_match_all($pattern, $this->password, $matches);
        if ($found < $this->minNums) {
           $this->errors[] = "Password should include at least
               $this->minNums number(s).";
        }
```

```
    }
    if ($this->minSymbols) {
        $pattern = '/[\p{S}\p{P}]/u';
        $found = preg_match_all($pattern, $this->password, $matches);
        if ($found < $this->minSymbols) {
            $this->errors[] = "Password should include at least
                $this->minSymbols nonalphanumeric character(s).";
        }
    }
    return $this->errors ? false : true;
}
```

只有在 check()方法之前调用了相应的公共方法修改属性的默认值时，3 个新条件语句中对应的条件语句才会执行。每个条件语句都在$pattern 变量中保存一个正则表达式，然后使用 preg_match()或 preg_match_all()函数来检查密码。

如果$mixedCase 属性设置为 true，则正则表达式和密码将传递给 preg_match()函数，以查找在密码中的任意位置至少存在一个小写字母和一个大写字母。正则表达式匹配小写和大写的 Unicode 元字符，因此允许的字符不限于 A–Z。结尾分隔符后的小写 u 是一个修饰符，将模式和主题字符串视为 UTF-8 格式的字符串。

默认情况下，$minNums 和$minSymbols 属性设置为 0。如果将它们重置为正整数，正则表达式和密码将传递给 preg_match_all()函数，以查找正则表达式匹配的次数。该函数需要 3 个参数：正则表达式、要搜索的字符串和一个存储匹配项的变量；它返回找到的匹配项数。在这里，我们只关心匹配项的数量。存储匹配项的变量将被丢弃。

最后一个条件语句中的$pattern 变量匹配以 Unicode 元字符表示的数学符号、货币符号、标点符号和其他符号，并将模式和主题字符串视为 UTF-8 格式的字符串。

(17) 保存 CheckPassword.php 文件并通过调用 register.php 文件中的新方法测试更新后的类。例如，以下代码要求密码至少包含 10 个字符，至少一个大写字母和一个小写字母、两个数字以及一个非字母数字符号。

```
$checkPwd = new CheckPassword($password, 10);
$checkPwd->requireMixedCase();
$checkPwd->requireNumbers(2);
$checkPwd->requireSymbols();
if ($checkPwd->check()) {
```

调用新方法的顺序无关紧要，只要它们在构造函数之后、调用 check()方法之前。使用多种组合来强制使用不同强度的密码。

如有必要，请对照 ch11 文件夹中的 register_03.php 文件和 ch11/PhpSolutions/Authenticate 文件夹中的 CheckPassword _02.php 文件来检查代码。

在开发本章的代码时，笔者最初将密码检查器设计为一个函数。函数内部的基本代码是相同的，但笔者决定将它转换为一个类，使它更灵活，更容易使用。这个函数的问题是它需要大量参数来设置不同的选项，而且很难记住它们的顺序。处理结果也有困难。如果没有错误，则函数返回 true；但如果发现任何错误，则返回错误消息数组。由于 PHP 将包含元素的数组视为隐式 true，这意味着必须使用相同运算符(三个等号，见表 4-6)来检查结果是否为布尔值 true。

将代码转换为类消除了这些问题。设置选项的公共方法的名称很直观，可以按任何顺序设置，也可以完全不设置。结果总是布尔值 true 或 false，因为有一个单独的方法检索错误消息数组。转换为类需要编写更多的代码，但这些改进使得多编写几行代码变得很值得。

2. PHP 解决方案 11-4：创建基于文件的用户注册系统

PHP 解决方案 11-4 创建了一个简单的用户注册系统，该系统使用 password_hash()函数对密码进行散列化处理。它使用来自 PHP 解决方案 11-3 的 CheckPassword 类来强制用户输入满足最小强度要求的密码。进一步的检查确保用户名包含最少数量要求的字符数，并且用户在第二个字段中重新输入了正确的密码。

用户的用户名和密码存储在纯文本文件中，该文件必须位于 Web 服务器的文档根目录之外。如第 7 章所述，以下操作步骤假设你已经创建了一个名为 private 的文件夹，PHP 对该文件夹具有写访问权限；另外还假设你熟悉第 7 章中 7.2.2 小节下的“4. 使用 fopen()函数追加内容”的内容。

可以继续使用 PHP 解决方案 11-3 中的文件。或者，使用 ch11 文件夹中的 register_03.php 文件和 ch11/PhpSolutions/Authenticate 文件夹中的 CheckPassword_02.php 文件。

(1) 在 includes 文件夹中创建一个名为 register_user_csv.php 的文件，并去掉脚本编辑器插入的任何 HTML 代码。

(2) 使用带有命名空间的类时，导入类的代码必须与使用类的代码在同一个文件中，即使是在包含文件中也是如此。从 register.php 文件的顶部剪切以下代码并将其粘贴到 register_user_csv.php 中。

```
use PhpSolutions\Authenticate\CheckPassword;
```

(3) 从 register.php 文件中剪切以下代码，并将其粘贴到 register_user_csv.php 文件中的导入语句之后(密码强度设置是否不同并不重要)。

```
require_once '../PhpSolutions/Authenticate/CheckPassword.php';
$checkPwd = new CheckPassword($password, 10);
$checkPwd->requireMixedCase();
$checkPwd->requireNumbers(2);
$checkPwd->requireSymbols();
if ($checkPwd->check()) {
    $result = ['Password OK'];
} else {
    $result = $checkPwd->getErrors();
}
```

(4) 在 register.php 文件中 DOCTYPE 声明上方剩余脚本的末尾，创建一个变量，该变量用于保存存储用户名和密码的文本文件的位置；包含 register_user_csv.php 文件。现在 register.php 文件顶部的 PHP 代码块中的代码应该如下所示。

```
if (isset($_POST['register'])) {
    $username = trim($_POST['username']);
    $password = trim($_POST['pwd']);
    $retyped = trim($_POST['conf_pwd']);
    $userfile = 'C:/private/hashed.csv';
    require_once '../includes/register_user_csv.php';
}
```

存储用户名和密码的 CSV 文件还不存在。当第一个用户注册时，它将自动创建。如有必要，请修改专用文件夹的路径以匹配你自己的设置。

(5) 在 register_user_csv.php 文件中，粘贴步骤(3)中从 register.php 文件中剪切的代码，并修改包含类定义的命令，如下所示。

```
require_once __DIR__ . '/../PhpSolutions/Authenticate/CheckPassword.php';
```

你需要调整相对路径，因为 register_user_csv.php 文件也是一个包含文件。

(6) 在 include 命令之后立即插入以粗体突出显示的代码。

```
require_once __DIR__ . '/../PhpSolutions/Authenticate/CheckPassword.php';
$usernameMinChars = 6;
$errors = [];
if (strlen($username) < $usernameMinChars) {
    $errors[] = "Username must be at least $usernameMinChars characters.";
}
if (!preg_match('/^[-_\p{L}\d]+$/ui', $username)) {
    $errors[] = 'Only alphanumeric characters, hyphens, and
```

```
underscores are
        permitted in username.';
    }
    $checkPwd = new CheckPassword($password, 10);
```

新代码的前两行指定用户名中的最小字符数，并初始化错误消息数组为空数组。新代码的其余部分检查用户名的长度，并测试它是否包含字母、数字、连字符和下画线以外的任何字符。检查用户名的正则表达式接收所有 UTF-8 字符，包括重音字符。虽然这允许使用非常广泛的字符，但它可以防止用户使用可以注入恶意代码的用户名进行注册。

(7) 修改 register_user_csv.php 文件底部的代码，如下所示。

```
    if (!$checkPwd->check()) {
        $errors = array_merge($errors, $checkPwd->getErrors());
    }
    if ($password != $retyped) {
        $errors[] = "Your passwords don't match.";
    }
    if ($errors) {
        $result = $errors;
    } else {
        $result = ['All OK'];
    }
```

上述代码将逻辑非运算符添加到条件语句的测试条件中，该条件测试调用 CheckPassword 对象的 check()方法的返回值。如果密码验证不符合要求，则使用 array_merge()函数来将$checkPwd->getErrors()语句返回的结果与现有的$error 数组合并。

下一个条件语句将$password 变量的值与$retyped 变量的值进行比较，如果不相同，则将错误消息添加到$errors 数组中。

如果发现任何错误，最后的条件语句将$errors 数组赋给$result 变量。否则，将为$result 变量分配只有一个元素的数组，报告一切正常。同样，这只是为了进行测试。检查完代码后，注册用户的脚本将替换最后的条件语句。

(8) 保存 register_user_csv.php 文件和 register.php 文件，然后再次测试表单。将所有字段留空，然后单击 Register 按钮。你将看到图 11-11 所示的错误消息。

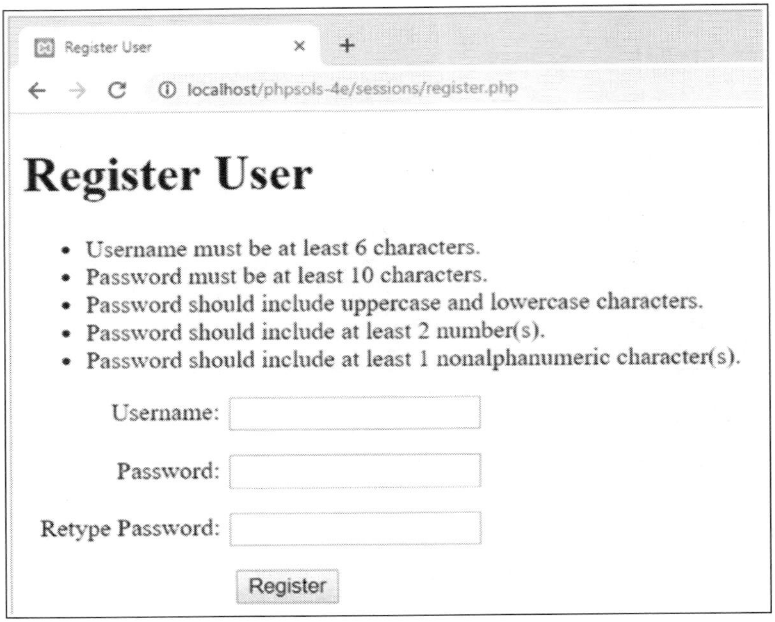

图 11-11　错误消息

尝试各种测试以确保验证代码不存在问题。

如果有问题，请将代码与 ch11 文件夹中的 register_user_csv_01.php 文件和 register_04.php 文件进行比较。

假设代码没有问题，就可以创建脚本的注册部分。让我们停下来考虑一下主脚本需要做什么。首先，需要对密码进行散列计算。然后，在将详细的注册信息写入 CSV 文件之前，必须检查用户名是否唯一。这就需要考虑使用哪种模式调用 fopen()函数。

注意：

第 7 章描述了调用fopen()函数的各种模式。

理想情况下，我们希望文件内部的指针位于文件的开始，以便可以循环遍历现有记录。r+模式执行此操作，但前提条件是文件已经存在，否则操作失败。不能使用 w+模式，因为它会删除现有的内容。也不能使用 x+模式，因为，如果已经有相同名称的文件存在，操作将失败。

剩下的两个模式 a+和 c+均能满足所需的灵活性：如果文件不存在，则先创建文件，并允许你对文件进行读写操作。它们的区别在于打开文件时内部指针的位置：a+模式将其放在文件末尾，而 c+模式将其放在文件开头。因此，c+模式对检查现有的记录更有效，而 a+模式的优点是便于在文件的末尾追加新内容。这避免了意外覆盖现有值的危险。我们将以 a+模式打开 CSV 文件。

第一次运行脚本时文件是空的(因为 filesize()函数返回 0，所以可以得出这个结论)，因此可以继续使用 fputcsv()函数写入注册详细信息。这是第 7 章中描述的 fgetcsv()函数的对应函数。fgetcsv()函数从 CSV 文件中一次提取一行数据，而 fputcsv()函数则创建 CSV 记录。该函数接收两个必需参数：文件引用和作为 CSV 记录待插入文件的值，这些值保存为一个数组。它还接收可选参数来设置字段分隔符和字段环绕字符(请参阅 www.php.net/manual/en/function.fputcsv.php 上的联机文档)。

如果 filesize()函数没有返回 0，则需要重置内部指针并遍历记录以查看用户名是否已注册。如果有匹配项，则中断循环并准备错误消息。如果循环结束时没有匹配项，则需要将注册详细信息添加到文件中。现在已经了解了脚本的流程，可以在 register_user_csv.php 文件中插入代码。

(9) 删除 register_user_text.inc.php 文件底部的以下代码。

```
if ($errors) {
    $result = $errors;
} else {
    $result = ['All OK'];
}
```

(10) 替换为以下代码：

```
if (!$errors) {
     // hash password using default algorithm
     $password = password_hash($password, PASSWORD_DEFAULT);
     // open the file in append mode
     $file = fopen($userfile, 'a+');
     // if filesize is zero, no names yet registered
     // so just write the username and password to file as CSV
     if (filesize($userfile) === 0) {
         fputcsv($file, [$username, $password]);
         $result = "$username registered.";
     } else {
         // if filesize is greater than zero, check username first
         // move internal pointer to beginning of file
         rewind($file);
         // loop through file one line at a time
         while (($data = fgetcsv($file)) !== false) {
             if ($data[0] == $username) {
                 $result = "$username taken - choose a different
             username.";
                 break;
             }
         }
         // if $result not set, username is OK
```

```
        if (!isset($result)) {
            // insert new CSV record
            fputcsv($file, [$username, $password]);
            $result = "$username registered.";
        }
        // close the file
        fclose($file);
    }
}
```

前面的说明和内联注释应该有助于你理解脚本。

(11) 注册脚本将结果存储在$result 变量或$errors 数组中。修改 register.php 文件中的代码以显示结果或错误消息，如下所示。

```
<?php
if (isset($result) || isset($errors)) {
    echo '<ul>';
    if (!empty($errors)) {
        foreach ($errors as $item) {
            echo "<li>$item</li>";
        }
    } else {
        echo "<li>$result</li>";
    }
    echo '</ul>';
}
?>
```

如果$errors 数组不为空，则循环显示该数组。否则，显示$result 变量(字符串)的值。

(12) 保存 register_user_csv.php 文件和 register.php 文件并测试注册系统。尝试多次注册同一用户名。你应该会看到一条消息，告知用户名已被使用，并要求你选择另一个用户名。

(13) 打开 hashed.csv 文件。应该可以看到纯文本的用户名，但是密码应该是经过散列计算的。即使你为两个不同的用户选择了相同的密码，散列版本也是不同的，因为 password_hash()函数在对密码进行加密之前会向其添加一个称为 salt 的随机值。图 11-12 显示了使用密码 codeslave&Ch11 注册的两个用户。

```
hashed.csv ×
1  davidp,$2y$10$92DYhBKTzzpDOTqTG/Dd2OsyoKcj7tY4Xh.rqeYh65lpgNvruOvQK
2  mpowers,$2y$10$eqFPTy/M695fkHQJHEagnOWK2Z2KkIeRt3SSgIFALFf7ZSvNhy2ca
```

图 11-12　使用 salt 会对同一密码产生完全不同的加密结果

如有必要，请对照 ch11 文件夹中的 register_user_csv_02.php 和 register_05.php 文件来检查代码。

■ 提示：

register_user_csv.php文件中的大部分代码是通用的。在任何注册表单中使用这些代码所需要做的就是在包含该文件之前定义$username、$password、$retyped和$userfile这 4 个变量，并通过$errors数组和$result变量获取结果。在使用这些代码的外部文件中可能需要进行的唯一修改是设置用户名中的最小字符数和设置密码强度的参数。这些设置是在文件顶部定义的，因此很容易访问和调整。

---

3. 使用 password_verify()函数验证散列密码

password_verify()函数的作用与你所期望的完全一样：它验证使用password_hash()函数加密过的密码。它只需要两个参数，提交的密码和已加密的密码。如果提交的密码正确，则函数返回 true。否则，返回 false。

4. PHP 解决方案 11-5：构建登录页面

PHP 解决方案 11-5 展示如何通过 post 方法提交用户名和密码，然后根据存储在外部文本文件中的值验证表单提交的值。如果找到匹配项，脚本将设置一个会话变量，然后将用户重定向到另一个页面。

(1) 在 sessions 文件夹中创建一个名为 login.php 的文件，然后插入一个包含用户名和密码文本输入字段的表单，以及一个 name 属性值为 login 的提交按钮，如下所示(或者，使用 ch11 文件夹的 login_01.php 文件)。

```
<form method="post" action="login.php">
    <p>
        <label for="username">Username:</label>
        <input type="text" name="username" id="username">
    </p>
    <p>
        <label for="pwd">Password:</label>
        <input type="password" name="pwd" id="pwd">
    </p>
    <p>
```

```
        <input name="login" type="submit" value="Log in">
    </p>
</form>
```

这是一个简单的表单，没什么特别之处(见图 11-13)。

Login
localhost/phpsols-4e/sessions/login.php
Username:
Password:
Log in

图 11-13　一个简单的表单

(2) 在 DOCTYPE 声明上方的 PHP 代码块中添加以下代码。

```
$error = '';
if (isset($_POST['login'])) {
    session_start();
    $username = $_POST['username'];
    $password = $_POST['pwd'];
    // location of usernames and passwords
    $userlist = 'C:/private/hashed.csv';
    // location to redirect on success
    $redirect = 'http://localhost/phpsols-4e/sessions/menu.php';
    require_once '../includes/authenticate.php';
}
```

这会将名为$error 的变量初始化为空字符串。如果登录失败，该变量将用于显示一条错误消息，告知用户失败的原因。

然后，条件语句检查$_POST 数组是否包含名为 login 的元素。如果是，则表单已提交，大括号内的代码将启动一个 PHP 会话，并将通过$_POST 数组传递的用户名和密码存储在$username 变量和$password 变量中。然后创建$userlist 变量，它定义了包含注册用户名和密码的文件的位置，以及$redirect 变量，定义了用户成功登录后将重定向的页面 URL。

最后，条件语句中的代码包含 authenticate.php 文件，接下来将创建该文件。

■ **注意：**

修改$userlist变量的值以匹配你自己环境中的位置。

---

(3) 在 includes 文件夹中创建一个名为 authenticate.php 的文件。它将只包含 PHP 代码，因此去掉脚本编辑器插入的任何 HTML 脚本并插入以下代码。

```
<?php
if (!is_readable($userlist)) {
   $error = 'Login facility unavailable. Please try later.';
} else {
    $file = fopen($userlist, 'r');
    while (!feof($file)) {
        $data = fgetcsv($file);
        // ignore if the first element is empty
        if (empty($data[0])) {
            continue;
        }
        // if username and password match, create session variable,
        // regenerate the session ID, and break out of the loop
        if ($data[0] == $username && password_verify($password,
    $data[1])) {
            $_SESSION['authenticated'] = 'Jethro Tull';
            session_regenerate_id();
            break;
        }
    }
    fclose($file);
}
```

上述代码修改了你在 PHP 解决方案 7-2 中的 getcsv.php 文件中使用的代码。条件语句检查文件是否存在以及是否可读取。如果$userlist 变量指向的文件有问题，将立即创建错误消息。

否则，else 块中的主代码将以读取模式打开文件，并使用 fgetcsv()函数返回每行中的数据数组，从而提取 CSV 文件的内容。包含用户名和散列密码的 CSV 文件没有列标题，因此 while 循环检查每行中的数据。

如果$data[0]为空，则可能表示当前行为空，因此跳过该行。

每行的第一个数组元素，即$data[0]元素，包含已存储的用户名。将它与$username 变量进行比较，该变量存储了表单提交的用户名。

通过登录表单提交的密码存储在$password 变量中，散列计算后的密码存储在$data[1]元素中。这两个数据都作为参数传递给 password_verify()函数，如果有匹配项，则该函数返回 true。

如果用户名和密码都匹配，脚本将创建一个名为$_SESSION['authenticated']的变量，并将其指定为 20 世纪 70 年代一个著名的乡村摇滚乐队的名称。会话变量名和为变量分配的值都没有任何特殊含义；笔者只是随意选择了变量的名称和值。重要的是创建一个会话变量。一旦用户名和密码验证通过，会话 ID 就会重新生成，并且通过 break 语句退出循环。

(4) 如果登录成功，则 header()函数需要将用户重定向到存储在$redirect 变量的 URL，然后退出脚本。否则，需要创建一条错误消息，通知用户登录失败。完整的脚本如下：

```
<?php
if (!file_exists($userlist) || !is_readable($userlist)) {
   $error = 'Login facility unavailable. Please try later.';
} else {
    $file = fopen($userlist, 'r');
    while (!feof($file)) {
        $data = fgetcsv($file);
        // ignore if the first element is empty
        if (empty($data[0])) {
            continue;
        }
        // if username and password match, create session variable,
        // regenerate the session ID, and break out of the loop
        if ($data[0] == $username && password_verify($password,
                        $data[1])) {
            $_SESSION['authenticated'] = 'Jethro Tull';
            session_regenerate_id();
            break;
        }
    }
    fclose($file);
    // if the session variable has been set, redirect
    if (isset($_SESSION['authenticated'])) {
        header("Location: $redirect");
        exit;
    } else {
       $error = 'Invalid username or password.';
    }
}
```

(5) 在 login.php 文件中，在<body>开始标记之后添加以下一小段代码块以显示任何错误消息。

```
<body>
<?php
if ($error) {
    echo "<p>$error</p>";
}
?>
<form method="post" action="login.php">
```

可以在 ch11 文件夹中的 authenticate.php 文件和 login_02.php 文件中找到完整的代码。在测试 login.php 文件之前，需要创建 menu.php 文件并通过会话限制访问。

5. PHP 解决方案 11-6：通过会话限制对页面的访问

PHP 解决方案 11-6 演示如何通过检查会话变量的存在来限制对页面的访问，该会话变量指示用户的凭据已通过验证。如果还没有设置会话变量，header()函数将用户重定向到登录页。

(1) 在 sessions 文件夹中创建两个名为 menu.php 和 secretpage.php 的页面。它们包含什么并不重要，只要它们相互链接到彼此。或者，使用 ch11 文件夹中的 menu_01.php 文件和 secretpage_01.php 文件。

(2) 通过在每个页面的 DOCTYPE 声明上方插入以下代码来保护对每个页面的访问。

```
<?php
session_start();
// if session variable not set, redirect to login page
if (!isset($_SESSION['authenticated'])) {
    header('Location:
http://localhost/phpsols-4e/sessions/login.php');
    exit;
}
?>
```

启动会话后，脚本将检查是否已设置$_SESSION['authenticated']变量。如果还没有，则将用户重定向到 login.php 页面并终止脚本的执行。就这些！脚本不需要知道$_SESSION['authenticated']变量的值，但是可以修改第 4 行代码进行双重确认。

```
if (!isset($_SESSION['authenticated']) || $_SESSION['authenticated']
    != 'Jethro Tull') {
```

如果$_SESSION['authenticated']的值不正确，这也会拒绝访问者。

(3) 保存 menu.php 文件和 secretpage.php 文件，然后尝试将它们加载到浏览器中。应该会看到浏览器始终重定向到 login.php 页面。

(4) 在 login.php 页面上输入一组已经通过注册保存到 hashed.csv 文件中的用户名和密码(区分大小写)，然后单击 Log in 按钮。浏览器应该立即重定向到 menu.php 页面，并且指向 secretpage.php 的链接也应该可以工作。

可以对照 ch11 文件夹中的 menu_02.php 文件和 secretpage_02.php 文件检查代码。

要保护网站上的任何页面，只需要在该页面 DOCTYPE 声明上面的步骤(2)中添加 8 行代码。

6. PHP 解决方案 11-7：创建可重用的注销按钮

除了登录到网站之外，用户还应该能够注销。PHP 解决方案 11-7 展示如何创建一个可以插入任何页面的注销按钮。

继续使用上一节中的文件。

(1) 通过在 menu.php 文件的<body>标签中插入以下表单来创建注销按钮。

```
<form method="post">
    <input name="logout" type="submit" value="Log out">
</form>
```

页面应类似于图 11-14 所示。

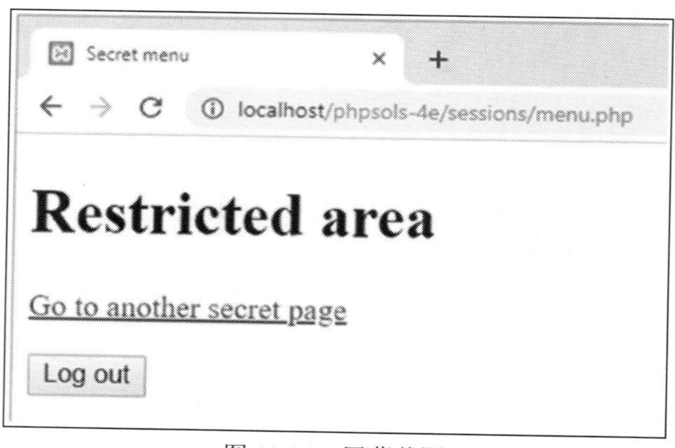

图 11-14 屏幕截图

(2) 现在需要添加单击注销按钮时运行的脚本。按如下所示修改 DOCTYPE 声明上面的代码(代码在 menu_02.php 文件中)。

```
<?php
session_start();
// if session variable not set, redirect to login page
if (!isset($_SESSION['authenticated'])) {
```

```
    header('Location: http://localhost/phpsols-4e/sessions/
   login.php');
    exit;
}
// run this script only if the logout button has been clicked
if (isset($_POST['logout'])) {
    // empty the $_SESSION array
    $_SESSION = [];
    // invalidate the session cookie
    if (isset($_COOKIE[session_name()])) {
        setcookie(session_name(), '', time()-86400, '/');
    }
    // end session and redirect
    session_destroy();
    header('Location: http://localhost/phpsols-4e/sessions/login.php');
    exit;
}
?>
```

新增的代码与本章前面 11.1.3 节“销毁会话”中的代码相同。唯一的区别是它包含在一个条件语句中，因此它只在单击 Log out 按钮时运行，并且它使用 header()函数将用户重定向到 login.php 页面。

(3) 保存 menu.php 文件并单击 Log out 按钮进行测试。浏览器应该被重定向到 login.php 页面。任何返回 menu.php 页面或 secretpage.php 页面的尝试都会使浏览器返回到 login.php 页面。

(4) 可以将相同的代码放在每个受限制的页面中，但使用 PHP 是为了节省时间，而不是制造麻烦。因此将其转换为包含文件是有意义的。在 includes 文件夹中创建一个名为 logout.php 的新文件。将步骤(1)和(2)中的新代码剪切并粘贴到新文件中，如下所示(代码位于 ch11 文件夹中的 logout.php 文件中)。

```
<?php
// run this script only if the logout button has been clicked
if (isset($_POST['logout'])) {
    // empty the $_SESSION array
    $_SESSION = array();
    // invalidate the session cookie
    if (isset($_COOKIE[session_name()])) {
        setcookie(session_name(), '', time()-86400, '/');
    }
```

```
        // end session and redirect
        session_destroy();

        header('Location: http://localhost/phpsols-4e/sessions/login.php');
        exit;
    }
    ?>
    <form method="post">
      <input name="logout" type="submit" value="Log out">
    </form>
```

因为该表单将包含在不同的页面中，所以不能将 action 属性设置为特定页面。但是，忽略它只会导致当前页面被重新加载，因此注销脚本将能在每个包含 logout.php 文件的页面中使用。

(5) 在 menu.php 文件中为表单剪切代码的同一位置包含新文件，如下所示。

```
<?php include '../includes/logout.php'; ?>
```

包含这样的外部文件中的代码意味着在调用 setcookie()函数和 header()函数之前，浏览器将有输出。因此需要缓冲输出，如 PHP 解决方案 11-2 所示。

(6) 在 menu.php 文件顶部调用 session_start()函数的代码之后立即添加 ob_start();语句。不需要使用 ob_end_flush()函数或 ob_end_clean()函数。如果在脚本结束执行时没有显式地刷新缓冲区，PHP 会自动刷新该缓冲区。

(7) 保存 menu.php 文件并测试页面。它的外观和工作方式应该和以前完全一样。

(8) 对 secretpage.php 文件重复步骤(5)和(6)的处理。现在，你有了一个简单的、可重用的注销按钮，可以合并到任何受限制的页面中。

可以对照 ch11 文件夹中的 menu_04.php 文件、secretpage_03.php 文件和 logout.php 文件来检查代码。

PHP 解决方案 11-3~11-7 构建了一个简单而有效的用户身份验证系统，不需要数据库后端。然而，它确实有其局限性。最重要的是，包含用户名和密码的 CSV 文件必须位于服务器根目录之外。此外，一旦注册用户的数量增多，查询数据库通常比逐行循环 CSV 文件快得多。第 19 章介绍了使用数据库进行用户身份验证。

7. 使哈希算法保持最新

使用 password_hash()函数和 password_verify()函数的主要优点是，它们的设计能紧跟加密技术的改进。使用 PASSWORD_DEFAULT 常量作为 password_hash()函数的第二个参数，而不是指定特定的散列算法，可以确保新的注册数据始终使用当前被认为最安全的方法进行处理。即使默认的加密技术发送了变化，现有密码仍然可以由 password_verify()函数验证，因为散列密码中包含了标识它是如何进行散列计算的信息。

还有一个名为 password_needs_rehash()的函数，用于检查散列密码是否需要更新到当前标准。当用户登录到网站时可以调用该函数。以下代码假设表单提交的密码存储在$password 变量中，已加密的密码存储在$encrypted 变量中，并且使用的是 PHP 默认加密方法。

```
if (password_verify($password, $hashed) {
    if (password_needs_rehash($hashed, PASSWORD_DEFAULT)) {
        $hashed = password_hash($password, PASSWORD_DEFAULT);
        // store the updated version of $hashed
    }
}
```

每次用户登录时执行此检查是否过于谨慎，这是一个值得商榷的问题。PHP 的策略是仅在完整版本(如 7.4.0 或 8.0.0)上更改默认加密算法。唯一的例外是在紧急情况下，当在当前默认的加密算法中发现一个关键的安全缺陷时，会临时更新加密算法。如果希望跟上 PHP 的发展，可以创建一个脚本，每当默认加密算法发生变更时，该脚本会一次性更新所有已存储的密码。但是，每次有人登录时使用 password_needs_rehash()函数，这在大多数服务器上都是很快的，可能值得添加到你的登录例程中以确保网站的安全。

11.3 设置会话的时间限制

默认情况下，PHP 将用户计算机上会话 cookie 的生存期设置为 0，这将使会话保持活动状态，直到用户注销或浏览器关闭。可以调用 ini_set()函数提前设置会话超时，该函数允许你动态更改一些 PHP 配置指令。会话启动后，将 session.cookie_lifetime 指令作为该函数的第一个参数，并将表示时间长度的字符串作为其第二个参数，该参数表示希望保持会话活跃的时间。例如，你可以将会话 cookie 的生存时间限制为 10 分钟，如下所示。

```
session_start();
ini_set('session.cookie_lifetime', '600');
```

虽然这是有效的，但它有两个缺点。首先，过期时间是相对于服务器上的时间而不是用户计算机上的时间设置的。如果用户的计算机时钟错误，则 cookie 可能会立即过期，或者可能会比预期的时间长得多。另一个问题是，用户可能会被自动注销而不知道原因。PHP 解决方案 11-8 提供了一种更加用户友好的方法。

PHP 解决方案 11-8：在一段时间不活跃后结束会话

PHP 解决方案 11-8 展示：如果用户在指定的时间段内没有执行任何触发页面加

载的操作，应该如何结束会话。当会话首次启动时(通常是用户登录时)，当前时间存储在某个会话变量中。每次用户加载页面时，都会将会话变量与当前时间进行比较。如果相差大于预定的限制，会话及其变量将被销毁。否则，该变量将更新为当前时间。

以下步骤假设你已经在 PHP 解决方案 11-3~11-7 中创建了登录系统。

(1) 我们需要存储一个时间，该时间点在用户凭据经过身份验证后，但在脚本将用户重定向到网站的受限制部分之前。在 authenticate.php 页面中找到以下代码段(第 14~18 行附近)，并插入以粗体突出显示的新代码，如下所示。

```
if ($data[0] == $username && password_verify($password, $data[1])) {
    $_SESSION['authenticated'] = 'Jethro Tull';
    $_SESSION['start'] = time();
    session_regenerate_id();
    break;
}
```

time()函数返回当前时间戳。将时间戳存储在$_SESSION['start']变量中之后，在每个以 session_start()函数开头的页面中都可以访问该变量。

(2) 当会话超时时，直接将用户重定向到登录界面并不友好，因此最好解释一下发生了什么。在 login.php 文件中，在<body>开始标记后(第 22~27 行左右)立即将以粗体突出显示的代码添加到 PHP 脚本中。

```
<?php
if ($error) {
   echo "<p>$error</p>";
} elseif (isset($_GET['expired'])) { ?>
   <p>Your session has expired. Please log in again.</p>
<?php } ?>
```

如果 URL 在查询字符串中包含一个名为 expired 的参数，则显示该消息。

(3) 打开 menu.php 文件，剪切 DOCTYPE 声明上方的 PHP 脚本，并将其粘贴到新的空白文件中。

(4) 将文件另存为 session_timeout.php 并保存在 includes 文件夹中，然后按如下所示编辑代码。

```
<?php
session_start();
ob_start();
// set a time limit in seconds
$timelimit = 15;
// get the current time
```

```
$now = time();
// where to redirect if rejected
$redirect = 'http://localhost/phpsols-4e/sessions/login.php';
// if session variable not set, redirect to login page
if (!isset($_SESSION['authenticated'])) {
    header("Location: $redirect");
    exit;
} elseif ($now > $_SESSION['start'] + $timelimit) {
    // if timelimit has expired, destroy session and redirect
    $_SESSION = [];
    // invalidate the session cookie
    if (isset($_COOKIE[session_name()])) {
        setcookie(session_name(), '', time()-86400, '/');
    }
    // end session and redirect with query string
    session_destroy();
    header("Location: {$redirect}?expired=yes");
    exit;
} else {
    // if it's got this far, it's OK, so update start time
    $_SESSION['start'] = time();
}
```

内联注释解释了每行代码的作用，你应该能够看出来很多 elseif 子句都在 PHP 解决方案 11-5 中出现过。PHP 以秒为单位测量时间，我将$timelimit 变量(第 5 行)设置为短暂的 15 秒，纯粹是为了演示效果，真实的网站不会设置这么短的超时时间。要设置更合理的限制，例如 15 分钟，在测试完成之后再更改；修改方式如下所示。

```
$timelimit = 15 * 60; // 15 minutes
```

当然，可以直接将$timelimit 变量设置为 900，但是当 PHP 可以为你做这些艰苦的工作时，为什么还要费心呢？

如果$_SESSION['start']变量的值加上$timelimit 变量的值之和小于当前时间(存储在$now 变量中)，则结束会话并将用户重定向到登录页面。执行重定向的代码在 URL 的末尾添加一个查询字符串，如下所示。

```
http://localhost/phpsols-4e/sessions/login.php?expired=yes
```

步骤(2)中的代码不会注意 expired 参数的值；添加 yes 作为值只会使它在浏览

器地址栏中看起来更友好。

如果脚本到达最后一个 else 子句，则表示已经设置了$_SESSION['authenticated']变量，并且未超过时间限制，因此$_SESSION['start']将更新到当前时间，并且页面正常显示。

(5) 在 menu.php 文件的 DOCTYPE 声明上方包含 session_timeout.php 文件。include 命令应该是 PHP 脚本中的唯一代码。

```
<?php require_once '../includes/session_timeout.php'; ?>
<!DOCTYPE HTML>
```

(6) 以同样的方式替换 secretpage.php 文件中 DOCTYPE 声明上方的代码。

(7) 保存编辑过的所有页面，并将 menu.php 页面或 secretpage.php 页面加载到浏览器中。如果显示页面，请单击 Log out 按钮。然后登录并在 menu.php 页面和 secretpage.php 页面之间来回导航。在验证了链接能够工作之后，等待 15 秒或更长时间，然后尝试导航到另一个页面。网站应该会自动注销并显示图 11-15 所示的界面。

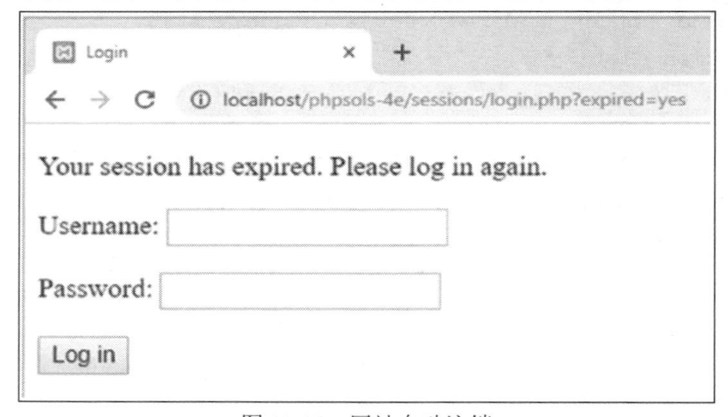

图 11-15　网站自动注销

如有必要，请对照 ch11 文件夹中的 authenticate_02.php、login_04.php、session_timeout.php、menu_05.php 和 secretpage_04.php 文件来检查代码。

11.4　在多页表单之间传递信息

通过$_POST 和$_GET 数组传递的变量只能短暂地存在。一旦被传递到一个页面之后，它们就会消失，除非你以某种方式保存它们的值。要保存从一个表单传递到另一个表单的信息，常用方法是从$_POST 数组中提取要保存的值，并将其保存在 HTML 中的隐藏字段中，如下所示。

```
<input type="hidden" name="address" id="address" value="<?=
htmlentities($_POST['address']) ?>">
```

顾名思义，隐藏字段是表单代码的一部分，但屏幕上不显示任何内容。隐藏字段对于一个或两个数据项来说是可以的，但假设你有一个长达 4 页的调查问卷。如果一页上有 10 个数据项，则总共需要 60 个隐藏字段(第 2 个页面保存 10 个，第 3 个页面保存 20 个，第 4 个页面保存 30 个)。会话变量可以避免编写所有这些隐藏字段。会话变量还可以确保访问者总是从正确的页面开始访问多页表单。

PHP 解决方案 11-9：对多页表单使用会话

在 PHP 解决方案 11-9 中，我们将构建一个用于多页表单的脚本，该脚本从 $_POST 数组收集数据并将其分配给会话变量。如果试图先访问表单的任何其他部分，脚本会自动将用户重定向到表单的第一页。

(1) 从 ch11 文件夹将 multiple_01.php、multiple_02.php、multiple_03.php 和 multiple_04.php 文件复制到 sessions 文件夹。前 3 个页面包含简单的表单，要求输入用户名、年龄和地址。每个<form>标记的 action 属性都设置为当前页面，因此表单是自处理的，但它们还未包含任何处理脚本。最后一个页面将显示前 3 个页面中输入的数据。

(2) 在 multiple_01.php 文件的 DOCTYPE 声明上方的 PHP 代码块中添加以下代码。

```
if (isset($_POST['next'])) {
    session_start();
    // set a variable to control access to other pages
    $_SESSION['formStarted'] = true;
    // set required fields
    $required = 'first_name';
    $firstPage = 'multiple_01.php';
    $nextPage = 'multiple_02.php';
    $submit = 'next';
    require_once '../includes/multiform.php';
}
```

Submit 按钮的 name 属性为 next，因此仅当表单已提交时，上述代码块中的代码才会执行。它启动会话并创建一个会话变量，用于控制对其他表单页的访问。

接下来是处理多页表单的脚本将使用的 4 个变量。

- $required：这是当前页中必填字段的 name 属性数组。如果只需要一个字段，则可以使用字符串而不是数组。如果没有必填字段，可以省略。
- $firstPage：第一页表单的文件名。
- $nextPage：下一页表单的文件名。
- $submit：当前页面中提交按钮的名称。

最后，代码包括处理多页表单的脚本。

(3) 在 includes 文件夹中创建一个名为 multiform.php 的文件。删除任何 HTML 标记并插入以下代码。

```
<?php
if (!isset($_SESSION)) {
    session_start();
}
$filename = basename($_SERVER['SCRIPT_FILENAME']);
$current = 'http://' . $_SERVER['HTTP_HOST'] . $_SERVER['PHP_SELF'];
```

多页表单的每一页都需要调用 session_start()函数，但在同一页上调用两次会产生错误，因此条件语句首先检查$_SESSION 超级全局变量是否可访问。如果不可访问，则启动页面的会话。

在条件语句之后，将$_SERVER['SCRIPT_FILENAME']变量传递给 basename()函数以提取当前页的文件名。这与 PHP 解决方案 5-3 中使用的技术相同。

$_SERVER['SCRIPT_FILENAME']变量包含父文件的路径，因此当此脚本包含在 multiple_01.php 中时，$filename 变量的值将是 multiple_01.php，而不是 multiform.php。

下一行代码构造当前页的 URL，首先是字符串 http://和包含当前域名的$_SERVER['http_HOST']变量，然后是包含当前文件路径(但不包括域名)的$_SERVER['PHP_SELF']变量。如果在本地测试，当加载多页表单的第一页时，$current 变量的值是 http://localhost/phpsols-4e/sessions/multiple_01.php。

(4) 现在已经有了当前文件的名称和它的 URL，可以使用 str_replace()函数为第一页和下一页创建 URL，如下所示。

```
$redirectFirst = str_replace($filename, $firstPage, $current);
$redirectNext = str_replace($filename, $nextPage, $current);
```

第一个参数是要替换的字符串，第二个是替换字符串，第三个是目标字符串。在步骤(2)中，将$firstPage 变量设置为 multiple_01.php，将$nextPage 变量设置为 multiple_02.php。结果，$redirectFirst 变量变成 http://localhost/phpsols-4e/sessions/multiple_01.php，$redirectNext 变量变成 http://localhost/phpsols-4e/ sessions/multiple_02.php。

(5) 要防止用户没有从第一页开始访问多页表单的情况，需要添加一个检查$filename 变量值的条件语句。如果该变量的值与第一页的名称不同，并且尚未创建$_SESSION['formStarted']变量，header()函数将用户重定向到第一页，如下所示。

```
if ($filename != $firstPage && !isset($_SESSION['formStarted'])) {
    header("Location: $redirectFirst");
    exit;
```

```
}
```

(6) 脚本的其余部分循环遍历$_POST 数组，检查空白的必填字段，并将它们添加到$missing 数组中。如果没有缺失任何内容，header()函数将用户重定向到多页表单的下一页。multiform.php 文件的完整脚本如下。

```
<?php
if (!isset($_SESSION)) {
   session_start();
}
$filename = basename($_SERVER['SCRIPT_FILENAME']);
$current = 'http://' . $_SERVER['HTTP_HOST'] . $_SERVER['PHP_SELF'];
$redirectFirst = str_replace($filename, $firstPage, $current);
$redirectNext = str_replace($filename, $nextPage, $current);
if ($filename != $firstPage && !isset($_SESSION['formStarted'])) {
    header("Location: $redirectFirst");
    exit;
}

if (isset($_POST[$submit])) {
    // create empty array for any missing fields
    $missing = [];
    // create $required array if not set
    if (!isset($required)) {
       $required = [];
    } else {
        // using casting operator to turn single string to array
        $required = (array) $required;
    }
    // process the $_POST variables and save them in the $_SESSION array
    foreach ($_POST as $key => $value) {
        // skip submit button
        if ($key == $submit) continue;
        // strip whitespace if not an array
        if (!is_array($value)) {
           $value = trim($value);
        }
        // if empty and required, add to $missing array
        if (in_array($key, $required) && empty($value)) {
```

```
                $missing[] = $key;
                continue;
            }
            // otherwise, assign to a session variable of the same name
        as $key
            $_SESSION[$key] = $value;
        }
        // if no required fields are missing, redirect to next page
        if (!$missing) {
            header("Location: $redirectNext");
            exit;
        }
    }
```

上述代码与第 6 章中处理反馈表单的代码非常相似，因此内联注释应该足以解释它是如何工作的。包围在新代码周围的条件语句使用$_POST[$submit]元素检查表单是否已提交。笔者使用了一个变量，而不是硬编码提交按钮的名称，使代码更灵活。虽然这个脚本只有在表单提交后才包含在第一页中，但是它直接包含在其他页中，因此有必要在这里添加条件语句。

Submit 按钮的 name 属性和属性值始终包含在$_POST 数组中，因此，如果有数组元素的键与 Submit 按钮的 name 属性相同，foreach 循环将使用 continue 关键字跳到下一次循环。这样可以避免将不需要的值添加到$_SESSION 数组中。有关 continue 关键字的说明，请参阅第 4 章 4.8.4 节“中断循环”。

(7) 在 multiple_02.php 文件的 DOCTYPE 声明上方的 PHP 代码块中添加以下代码。

```
$firstPage = 'multiple_01.php';
$nextPage = 'multiple_03.php';
$submit = 'next';
require_once '../includes/multiform.php';
```

代码设置了$firstPage、$nextPage 和$submit 变量的值，并包含刚才创建的处理脚本。此页上的表单只包含一个可选字段，因此不需要$required 变量。如果未在主页面中设置该变量，处理脚本将自动为其创建空数组。

(8) 在 multiple_03.php 文件中，在 DOCTYPE 声明上方的 PHP 代码块中添加以下内容。

```
// set required fields
$required = ['city', 'country'];
$firstPage = 'multiple_01.php';
```

```
$nextPage = 'multiple_04.php';
$submit = 'next';
require_once '../includes/multiform.php';
```

两个字段是必需的，因此将它们的 name 属性作为数组并分配给$required 变量。其他代码与上一页的相同。

(9) 在 multiple_01.php、multiple_02.php 和 multiple_03.php 文件中的<form>标记上方添加以下代码。

```
<?php if (isset($missing)) { ?>
<p> Please fix the following required fields:</p>
    <ul>
    <?php
    foreach ($missing as $item) {
        echo "<li>$item</li>";
    }
    ?>
    </ul>
<?php } ?>
```

这将显示尚未填写的必填字段列表。

(10) 在 multiple_04.php 文件中，在 DOCTYPE 声明上方的 PHP 代码块中添加以下代码，当用户没有从第一页开始访问表单，则将用户重定向到表单的第一页。

```
session_start();
if (!isset($_SESSION['formStarted'])) {
    header('Location:
http://localhost/phpsols-4e/sessions/multiple_01.php');
    exit;
}
```

(11) 在页面正文中，将以下代码添加到无序列表中以显示结果。

```
<ul>
<?php
$expected = ['first_name', 'family_name', 'age',
             'address', 'city', 'country'];
// unset the formStarted variable
unset($_SESSION['formStarted']);
foreach ($expected as $key) {
    echo "<li>$key: " . htmlentities($_SESSION[$key] ) . '</li>';
```

```
        // unset the session variable
        unset($_SESSION[$key]);
    }
    ?>
    </ul>
```

上述代码将表单字段的 name 属性组成一个数组并将其分配给$expected 变量。这是一种安全措施，可确保代码不会处理恶意用户可能会注入$_POST 数组中的虚假值。

然后，代码销毁$_SESSION['formStarted']变量，遍历$expected 数组，通过每个$expected 数组元素的值访问$_SESSION 数组的相关元素，并将其显示在无序列表中。接着删除会话变量。单独删除某些会话变量会保留所有其他与会话相关的信息。

(12) 保存所有页面，然后尝试将表单的中间页面或最后一页加载到浏览器中。你应该被重定向到第一页。单击 Next 按钮，不填写任何字段。页面会要求你填写 first_name 字段。填写所有必填的字段，然后单击每页上的 Next 按钮。结果应显示在最后一页，如图 11-16 所示。

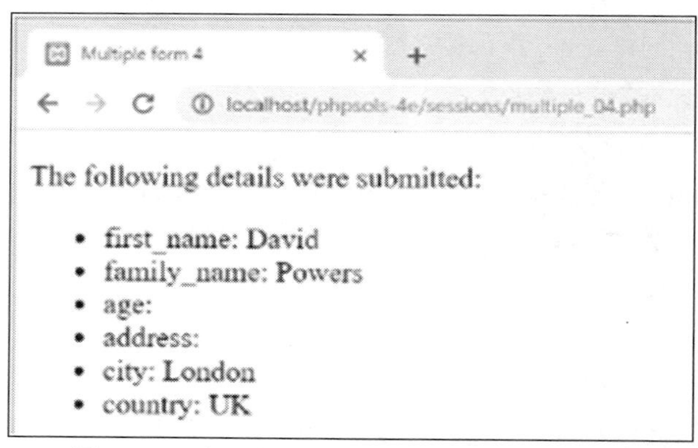

图 11-16　会话变量保留了来自多个页面的输入

可以对照 ch11 文件夹中的 multiple_01_done.php、multiple_02_done.php、multiple_03_done.php、multiple_04_done.php 和 multiform.php 文件来检查代码。

这只是一个简单的多页表单演示。在实际应用程序中，当必填字段空白时，需要保留用户的其他输入。

multiform.php 文件中的脚本可以与任何其他多页表单一起使用，方法是在第一页的表单提交后创建$_SESSION['formStarted']变量，并在每个页面上使用$required、$firstPage、$nextPage 和$submit 变量。使用$missing 数组处理未填充的必填字段。

11.5 本章回顾

如果你在开始阅读本书时对 PHP 知之甚少或一无所知，那么你现在已不再是初学者了，而是能够以多种有用的方式利用 PHP 的能力。希望到现在为止你已经开始意识到相同或相似的技术一次又一次出现的意义。不要只是复制代码，你现在应该能够根据自己的需要识别出可用的技术，并自行验证。

本书的其余部分将继续以你已有的知识为基础，但会增加一项新内容：MySQL 关系数据库(以及完全可以替代它的 MariaDB 数据库)，它将把你的 PHP 技能提升到一个更高的水平。第 12 章将介绍 MySQL，并说明如何安装和设置该数据库，以便学习后续章节。

第 12 章

数据库入门

动态 Web 网站与数据库结合起来具有全新的意义。从数据库中获取内容可以让你以一种通过静态界面难以实现的方式展现内容。非常容易想到的动态网站有亚马逊(Amazon.com)等在线商店、BBC(www.BBC news.com)等新闻网站，以及谷歌(Google)和必应(Bing)等大型搜索引擎。数据库技术允许这些网站呈现数千，甚至数百万各不相同的网页。即使你的雄心壮志远没有那么宏大，数据库也可以增加网站内容的丰富性，而不需要付出多少努力。

PHP 支持所有主流数据库，包括 Microsoft SQL Server、Oracle 和 PostgreSQL，但它最常与开源 MySQL 数据库结合使用。根据 DB-Engines(http://db-engines.com/en/ranking)页面的数据，2019 年初 MySQL 在最广泛使用的数据库中排名第二，这一地位已经维持多年。然而，围绕 MySQL 的未来存在着争议，Google 和 Wikimedia 放弃了 MySQL，转而支持 MariaDB(https://mariadb.org/)，后者在数据库引擎排名中排名第 15 位。一些领先的 Linux 发布版本也用 MariaDB 取代了 MySQL。本章首先简要讨论这两个数据库之间竞争的含义。

本章内容：

- 了解数据库如何存储信息
- 选择与数据库交互的图形界面
- 创建用户账号
- 用适当的数据类型定义数据库表
- 备份数据并将其传输到另一台服务器

12.1 选择数据库：MySQL 或 MariaDB

MySQL 最初是由瑞典的 MySQL AB 公司开发的一个免费的开源数据库。它迅速在个人开发者中流行起来，也被维基百科和 BBC 新闻等主要玩家采用。然而，MySQL AB 在 2008 年被卖给 Sun Microsystems 公司，而该公司又在两年后被一家主流的商业数据库供应商 Oracle 收购。许多人认为这对 MySQL 作为一个免费的开源数据库的持续生存构成威胁。Oracle 公开表示“MySQL 是甲骨文完整、开放和集成战略不可或缺的一部分”，但这并没有获得 MySQL 最初的创建者之一 Michael

Monty Widenius 的认可，他指责甲骨文删除了 MySQL 中的功能，并且在解决安全问题方面动作迟缓。

由于 MySQL 代码是开源的，Widenius 在 MySQL 的代码上做了一个分支，并以此创建了 MariaDB——一个“增强的、可无缝替换 MySQL”的数据库。此后，MariaDB 开始实现自己的新功能。尽管有中断，但这两个数据库系统实际上是可以互换的。MariaDB 可执行文件使用与 MySQL 相同的名称(在 macOS 和 Linux 上称为 mysqld，在 Windows 上称为 mysqld.exe)。数据库的主授权表也称为 mysql，默认的存储引擎称为 InnoDB，尽管它实际上是 InnoDB 的一个分支，该分支名为 Percona XtraDB。

就本书中的代码而言，使用 MariaDB 还是 MySQL 应该没有区别。MariaDB 理解所有特定于 PHP 的 MySQL 代码；phpMyAdmin 中的 MySQL 图形界面也能理解 MariaDB 代码。笔者将在本书后面的章节中使用 phpMyAdmin。

注意：

为了避免不断的重复，在本书未明确指出相关代码只适用于MariaDB时，所有数据库相关的代码均可适用于MySQL和MariaDB。

12.2 数据库存储数据的原理

关系数据库(如 MySQL)中的所有数据都存储在表中，与电子表格的存储方式非常相似，信息被组织成行和列。图 12-1 显示了将在本章后面构建的数据库表，如 phpMyAdmin 界面所示。

image_id	filename	caption
1	basin.jpg	Water basin at Ryoanji temple, Kyoto
2	fountains.jpg	Fountains in central Tokyo
3	kinkakuji.jpg	The Golden Pavilion in Kyoto
4	maiko.jpg	Maiko—trainee geishas in Kyoto
5	maiko_phone.jpg	Every maiko should have one—a mobile, of cou...
6	menu.jpg	Menu outside restaurant in Pontocho, Kyoto
7	monk.jpg	Monk begging for alms in Kyoto
8	ryoanji.jpg	Autumn leaves at Ryoanji temple, Kyoto

图 12-1　数据库表将信息存储在行和列中，与电子表格相似

每列都有一个名称(图 12-1 所示的表格有 3 列，即 image_id、filename 和 caption)，指示它存储的内容。

数据行没有标记，但是第一列(image_id)包含一个称为主键的唯一值，该值标识与行关联的数据。每一行包含相关数据的单独记录。

存储数据的行和列的交叉点称为字段。例如，图 12-1 中第三条记录的 caption 字段包含 The Golden Pavilion in Kyoto，该记录的主键是 3。

■ **注意：**

术语“字段”和“列”经常互换使用，尤其是在旧版本的phpMyAdmin中。字段保存单个记录的一段信息，而列包含所有记录的同一字段。

12.2.1 主键的工作原理

尽管图 12-1 显示的表格中 image_id 字段包含 1~8 的连续数字，但它们不是行号。图 12-2 显示了相同的表格，但 caption 字段按字母顺序排序。图 12-1 中突出显示的字段已排列到第七行，但它的 image_id 和 filename 字段的值并没有发生变化。

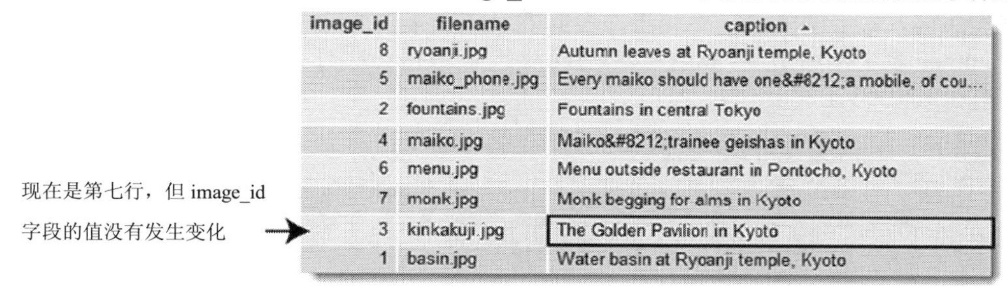

image_id	filename	caption ▲
8	ryoanji.jpg	Autumn leaves at Ryoanji temple, Kyoto
5	maiko_phone.jpg	Every maiko should have one—a mobile, of cou...
2	fountains.jpg	Fountains in central Tokyo
4	maiko.jpg	Maiko—trainee geishas in Kyoto
6	menu.jpg	Menu outside restaurant in Pontocho, Kyoto
7	monk.jpg	Monk begging for alms in Kyoto
3	kinkakuji.jpg	The Golden Pavilion in Kyoto
1	basin.jpg	Water basin at Ryoanji temple, Kyoto

现在是第七行，但 image_id
字段的值没有发生变化

图 12-2 主键标识了数据行，即使表按不同的顺序排序

尽管主键很少会显示给用户，但它标识不同的记录及其存储的所有数据。一旦知道某条记录的主键值，就可以更新、删除该记录，或者使用它在单独的页面中显示数据。不要担心如何找到主键。使用结构化查询语言(Structured Query Language，SQL)很容易实现，SQL 是与所有主流数据库通信的标准方法。重要的是要记住为每条记录分配一个主键。

■ **提示：**

一些人把SQL读作sequel，另一些人读作ess-queue-ell。MySQL的官方发音是My-ess-queue-ell”。

- 主键不一定是数字，但必须是唯一的。
- 产品编号是很好的主键。它们可以由数字、字母和其他字符组成，但始终是唯一的。社保号码和员工身份证号码也是唯一的，但可能会导致个人数据泄露，因为在检索或更新数据时，主键会附加到查询字符串中。
- MySQL 可以自动生成主键。
- 一旦分配了主键，就不应重复，也不应更改。

因为主键必须是唯一的，所以在删除一条记录后，MySQL 通常不会重用该记录的主键数字。虽然这会在主键序列中留下空白，但并不重要。主键的用途是标识记录。任何试图弥补主键序列空缺的尝试都会使数据库的完整性面临严重风险。

■ **提示：**

有些人希望消除主键序列中的空缺，以跟踪表中的记录数。这是没有必要的，下一章将介绍查询表格中记录数量的方法。

12.2.2 用主键和外键链接多个数据表

与电子表格不同，大多数数据库将数据存储在几个较小的表而不是一个大表中。这样可以防止重复和不一致。假设你正在建立一个最喜欢的语录数据库。与其每次都输入作者的姓名，不如将作者的姓名放在单独的表中，并在每条语录中存储对 author 表主键的引用。如图 12-3 所示，左侧表格中所有 author_id 为 32 的语录都是出自威廉•莎士比亚。

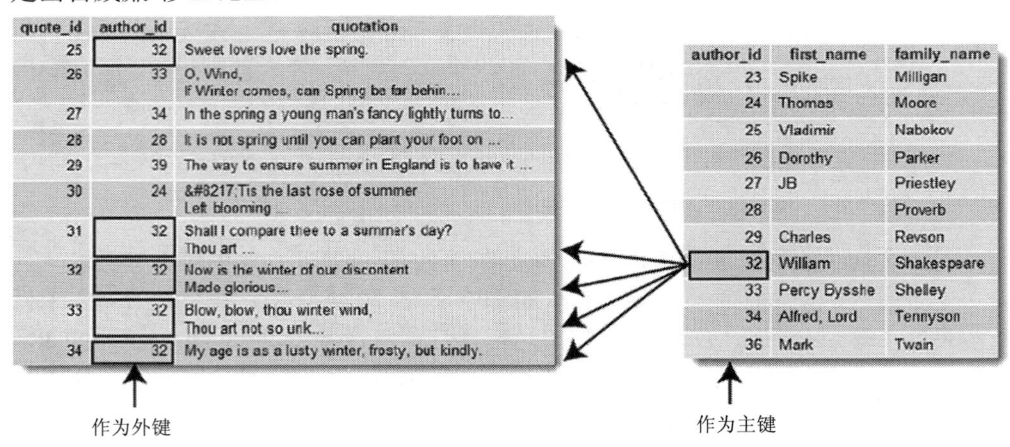

quote_id	author_id	quotation
25	32	Sweet lovers love the spring.
26	33	O, Wind, If Winter comes, can Spring be far behin...
27	34	In the spring a young man's fancy lightly turns to...
28	28	It is not spring until you can plant your foot on ...
29	39	The way to ensure summer in England is to have it ...
30	24	’Tis the last rose of summer Left blooming ...
31	32	Shall I compare thee to a summer's day? Thou art ...
32	32	Now is the winter of our discontent Made glorious...
33	32	Blow, blow, thou winter wind, Thou art not so unk...
34	32	My age is as a lusty winter, frosty, but kindly.

author_id	first_name	family_name
23	Spike	Milligan
24	Thomas	Moore
25	Vladimir	Nabokov
26	Dorothy	Parker
27	JB	Priestley
28		Proverb
29	Charles	Revson
32	William	Shakespeare
33	Percy Bysshe	Shelley
34	Alfred, Lord	Tennyson
36	Mark	Twain

图 12-3　外键用于链接存储在独立表中的信息

因为作者的姓名只存储在一个地方，所以可以保证它的拼写总是正确的。如果确实犯了拼写错误，只需要在一个表中进行一次性更正就可以确保修改的结果反映在整个数据库中。

将一个表中的主键存储在另一个表中称为创建外键(foreign key)。使用外键链接不同表中的信息是关系数据库最强大的特性之一。在使用数据库的初期很难掌握这个概念，所以我们先使用单表，直到第 17 章和第 18 章，再详细介绍外键。同时，请记住以下几点。

- 当用作表的主键时，该列中的值必须是唯一的。因此，图 12-3 右侧表中的每个 author_id 只使用一次。

- 当用作外键时，可以对同一个值引用多次。因此 32 多次出现在左边表格的 author_id 列中。

12.2.3 把信息分成小块

你可能已经注意到，图 12-3 右侧的表中每个作者的名字和姓氏都有单独的列。这是关系数据库的一个重要原则：将复杂的信息拆分为多个组成部分，并分别存储每个部分。

决定这个过程要细化到什么程度并不总是容易的。除了名字和姓氏之外，你可能还希望把不同的称谓(Mr.、Mrs.、Ms.、Dr.等)和中间名或姓名的首字母缩写分开保存到不同的列中。地址最好分为街道、城镇、县、州、邮编等。尽管将信息分解成小块可能会很麻烦，但你始终可以使用 SQL 和/或 PHP 将它们再次连接在一起。然而，不管有多麻烦，一旦记录的数量开始增多，就要尝试拆分复杂的信息，并将不同的组成部分存储在不同的单个字段中。

12.2.4 设计良好数据库的标准

数据库设计没有绝对正确的方法。但是，以下指导原则应该为你指明正确的方向。

- 在表中为每条记录设置一个唯一的标识(主键)。
- 将每组相关联的数据放入一个表格中。
- 使用一个表中的主键作为其他表中的外键，交叉引用相关信息。
- 在每个字段中只存储一项信息。
- 避免数据冗余(不要重复保存相同的数据)。

在学习设计数据库的早期阶段，你可能会犯一些设计上的错误，后面使用数据库时会后悔相关的设计。试着预测未来的需求，使表结构变得灵活一些。你可以随时添加新表以响应新需求。

现在了解这些就足够了。让我们为在第 5 章和第 6 章中创建的 Japan Journey 网站建立一个数据库，从而让网站更具有实际意义。

12.3 使用图形界面管理 MySQL

与 MySQL 数据库交互的传统方式是通过命令提示符窗口或终端。但是使用第三方图形界面要容易得多，比如 phpMyAdmin，这是一个基于浏览器的 MySQL 前端(见图 12-4)。

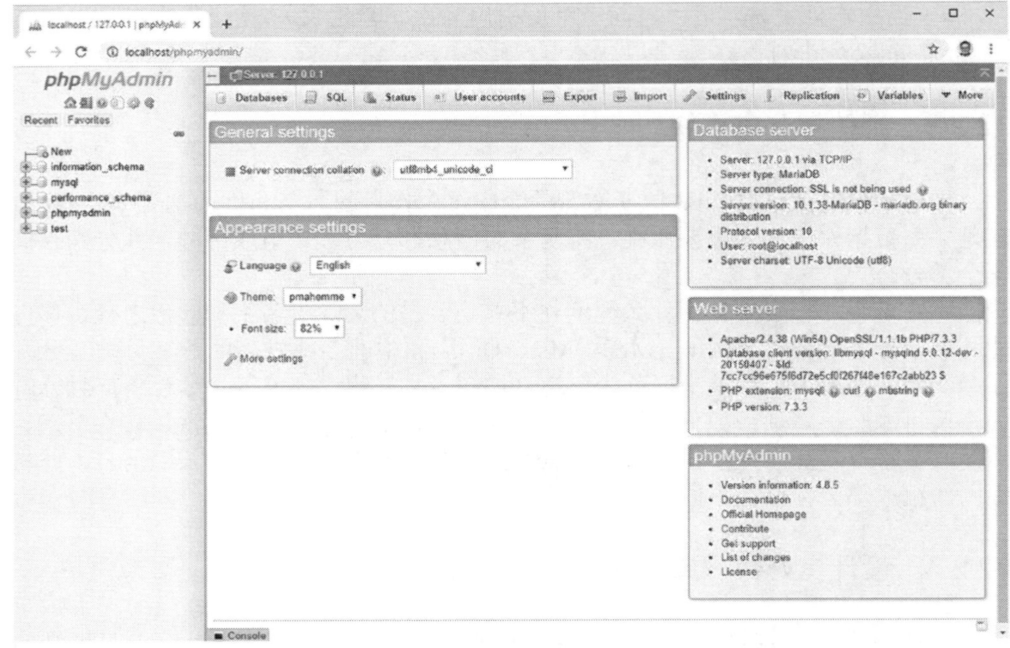

图 12-4　phpMyAdmin 是一款通过浏览器访问的 MySQL 免费图形界面

由于 phpMyAdmin(www.phpmyadmin.net)是与 XAMPP、MAMP 和大多数其他免费的一体化软件包一起自动安装的，因此本书选择它作为 UI。它易于使用，并且具有设置和管理 MySQL 数据库所需的所有基本功能。它可以在 Windows、Mac OS X 和 Linux 上运行。许多托管公司将它作为 MySQL 的标准接口。

如果经常使用数据库，你可能最终会希望了解其他图形界面的优劣。值得注意的是 Navicat(www.navicat.com/en/)，它是一款面向 Windows、macOS 和 Linux 的付费产品。Navicat 云服务还允许你通过 iPhone 或 iPad 管理数据库。Navicat 在 Web 开发人员中特别流行，因为它能够执行数据库从远程服务器到本地计算机的定时备份。Navicat 能够同时支持 MySQL 和 MariaDB 数据库。

启动 phpMyAdmin

如果在 Windows 上运行 XAMPP，有 3 种方法可以启动 phpMyAdmin。

- 在浏览器地址栏中输入 http://localhost/phpMyAdmin/。
- 单击 XAMPP 控制面板中的 MySQL Admin 按钮。
- 单击 XAMPP 管理页面(http://localhost/XAMPP/)中 Tools 下的 phpMyAdmin 链接。

如果在 macOS 上安装了 MAMP，请在 MAMP 启动页顶部的菜单中单击 Tools | phpMyAdmin 菜单(在 MAMP 控制挂件中单击 Open start page 打开 MAMP 启动页)。

如果手动安装 phpMyAdmin 或使用的是其他一体化软件包，需要按照软件包的说明进行操作，或在浏览器地址栏中输入适当的地址(通常是 http://localhost/phpmyadmin/)。

▒ **提示：**

如果收到消息指示服务器没有响应或套接字配置不正确，请确保MySQL服务器正在运行。

如果安装了 XAMPP，你可能会看到一个登录界面，要求输入用户名和密码。如果是，请以 root 超级用户身份登录 phpMyAdmin。输入 root 作为用户名，并输入在设置 XAMPP 时为 root 用户创建的密码。

▒ **警告：**

当访问远程服务器上的phpMyAdmin时，请务必使用安全连接(https)。任何窃听不安全连接的人都可以控制你宝贵的数据，窃取它，破坏它，甚至完全删除它。

12.4 创建名为 phpsols 的数据库

在本地测试环境中，可以在 MySQL 中创建任意数量的数据库，并可以随意命名数据库。本书假设你在本地测试环境中工作，并将向你展示如何创建一个名为 phpsols 的数据库，以及名为 psread 和 pswrite 的两个用户账户。

▒ **注意：**

在共享的托管数据库中，你可能会被限制只能使用托管公司设置的一个数据库。如果你正在远程服务器上进行测试，并且没有权限设置新数据库和用户账户，请分别将托管公司设置的数据库名称和用户账号替换为phpsols和pswrite。

12.4.1 MySQL 的命名规则

MySQL 中数据库、表和列的基本命名规则如下。

- 名称最长可达 64 个字符。
- 合法字符包括数字、字母、下画线和$。
- 名称可以数字开头，但不能只由数字组成。

一些托管公司似乎不是很在意这些规则，并为客户分配了名称中包含一个或多个连字符(非法字符)的数据库。如果数据库、表或列名包含空格或非法字符，则在 SQL 查询语句中必须始终用反引号字符(`)将其括起来。注意，这不是单引号(')字符，而是另一个单独的字符。在笔者的 Windows 键盘上，反引号就在 Tab 键的正上方；在笔者的 Mac 键盘上，反引号在左 Shift 键的旁边，和波浪号(~)在同一个键上。

在选择名称时，我们有可能会不经意地选择 MySQL 众多保留字中的一个，MySQL 的保留字清单详见 https://dev.mysql.com/doc/refman/8.0/en/keywords.html，例如 date 或 time。避免这种情况的一种方法是使用复合词，如 arrival_date、arrival_time 等。或者，用反引号包裹所有名称。phpMyAdmin 会自动执行此操作，但在 PHP 脚本中编写自己的 SQL 语句时需要手动执行此操作。

■ **注意：**
由于很多人使用date、text、time和timestamp作为列名，MySQL允许不使用反引号。你应该避免使用反引号，因为这是一种不好的做法，如果将数据迁移到另一个数据库系统，可能会出现一些不可预测的错误或风险。

名称区分大小写

Windows 和 macOS 不区分 MySQL 名称的大小写。但是，Linux 和 UNIX 服务器区分大小写。为了避免在将数据库和 PHP 代码从本地计算机传输到远程服务器时出现问题，本书强烈建议你在数据库、表和列的名称中只使用小写。使用多个单词作为名称时，用下画线将单词连接起来。

12.4.2 使用 phpMyAdmin 创建新数据库

在 phpMyAdmin 中创建一个新数据库很容易。

■ **注意：**
phpMyAdmin的更新比较频繁，这通常会导致用户界面的微小变化。有些版本带来的变化还会比较显著。本书后面的演示和附带的屏幕截图基于phpMyAdmin 4.8.5。尽管与你使用的版本可能存在差异，但基本过程大致相同。

---

(1) 启动 phpMyAdmin 并选择主窗口顶部的 Databases 选项卡。

(2) 在 Create database 下的第一个字段中输入新数据库的名称(phpsols)。在字段右侧的下拉列表中选择数据库的排序规则。排序规则确定数据排序的顺序，如图 12-5 所示，笔者的安装默认设置为 latin1_swedish_ci。这反映了 MySQL 起源于瑞典的事实。英语使用相同的排序顺序。ci 表示排序顺序不区分大小写。如果你使用的语言不是英语、瑞典语或芬兰语，请从下拉列表中选择 utf8mb4_unicode_ci。这几乎支持所有人类语言，并能避免多字节字符的问题。然后单击 Create 按钮。

图 12-5　默认设置为 latin1_swedish_ci

(3) 数据库创建成功的确认消息会刷新屏幕界面，并出现创建表的界面(见图 12-6)。

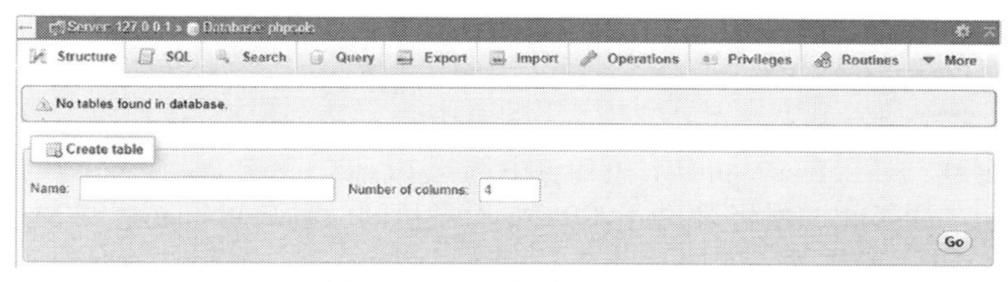

图 12-6　出现创建表的界面

(4) 在新数据库中创建表之前，最好为其创建用户账户。保持 phpMyAdmin 打开，因为在下一节中将继续使用它。

12.4.3　创建特定于数据库的用户账户

安装 MySQL 之后，其中通常只有一个注册用户，即超级用户账户 root，它可以完全控制所有内容。(XAMPP 还创建了一个名为 pma 的用户账户，phpMyAdmin 将其用于本书未涉及的高级功能)除了顶层管理任务，例如创建和删除数据库，创建用户账户，以及导出和导入数据，根用户不应用于任何其他用途。每个单独的数据库应该至少有一个——最好是两个——具有有限权限的专用用户账户。

对于可以远程访问的数据库，应该授予用户所需的最少权限，将授予的权限限制为最少。有 4 种重要的权限，这些权限的名称与等效的 SQL 命令命名相同。

- SELECT：从数据库表中检索记录。
- INSERT：将记录插入数据库。
- UPDATE：更改现有记录。
- DELETE：删除记录，但不能删除表或数据库(删除表或数据库的命令是 DROP)。

大多数情况下，访问者只需要检索信息，因此 psread 用户账户只有 SELECT 权限，即只读权限。但是，对于用户注册或网站管理，需要所有 4 种权限。这些权限将授予 pswrite 账户。

授予用户权限

(1) 在 phpMyAdmin 中，通过单击屏幕左上角的小房子图标返回主界面。然后单击 User accounts 选项卡(在旧版本的 phpMyAdmin 上是 Users 选项卡)，如图 12-7 所示。

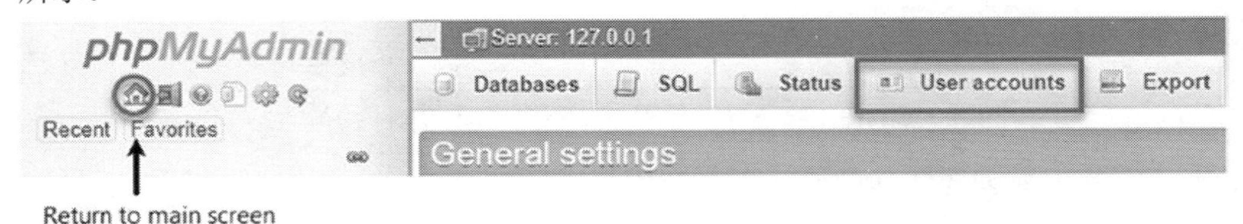

图 12-7　单击 User accounts 选项卡

(2) 在 User accounts overview 页面上，单击页面中间的 Add user account 链接。

(3) 在打开的页面上，在 User name 字段中输入 pswrite(或者其他希望创建的用户账户的名称)。从 Host name 下拉列表中选择 Local。这会自动在旁边的字段中输入 localhost。选择此选项将只允许 pswrite 用户从同一台计算机连接到 MySQL。然后在 Password 字段中输入密码，并在 Re-type 字段中再次输入以进行确认。

■ 注意：

在本书的示例文件中，使用了 0Ch@Nom1$u作为密码。MySQL密码区分大小写。

---

(4) Login Information 表下面是标记为 Database for user account 和 Global privileges 的两个区域。忽略它们，向下滚动到页面底部，然后单击 Go 按钮。

(5) 界面将展示用户已创建的确认信息，并提供编辑用户权限的选项。单击 Edit privileges 上方的 Database 选项卡，如图 12-8 所示。

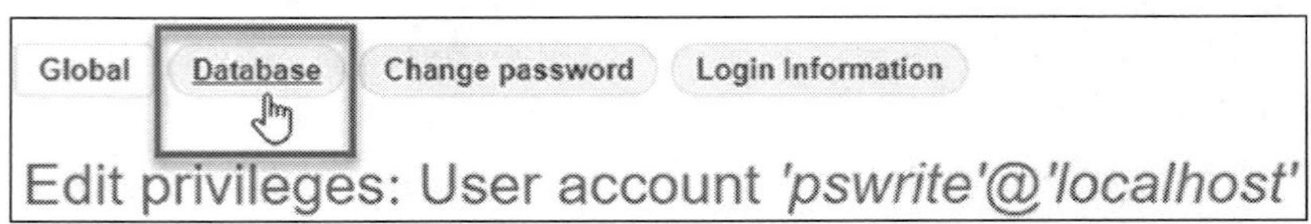

图 12-8　单击 Database 选项卡

(6) 在 Database-specific privileges 下面，从列表中选择 phpsols(如有必要，激活标记为 Add privileges on the following database(s)的下拉列表框)，然后单击 Go 按钮(见图 12-9)。

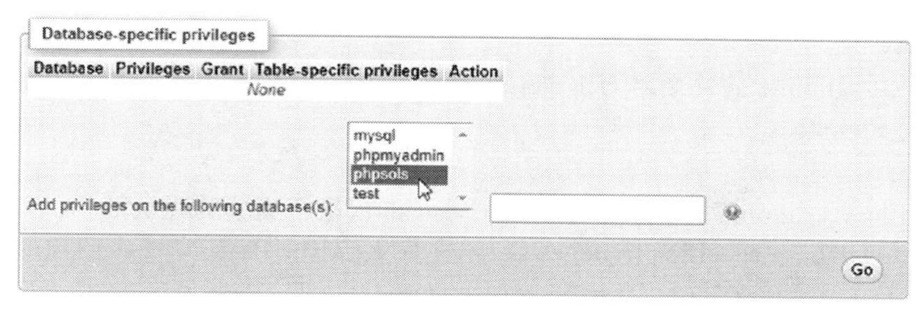

图 12-9 单击 Go 按钮

■ **注意：**

MySQL有 3 个默认数据库：information_schema，一个只读的虚拟数据库，包含同一服务器上所有其他数据库的详细信息；mysql，包含所有用户账户和权限的详细信息；test，空白数据库。除非你确定在做什么，否则不应该直接编辑mysql数据库。

---

(7) 下一个界面允许你仅为 phpsols 数据库中的用户设置权限。你希望 pswrite 拥有前面列出的所有 4 种权限，因此请单击 SELECT、INSERT、UPDATE 和 DELETE 旁边的复选框。

如果将鼠标指针悬停在每个选项上，phpMyAdmin 将显示一个提示，说明该选项的权限，如图 12-10 所示。选择 4 个权限后，单击 Go 按钮。

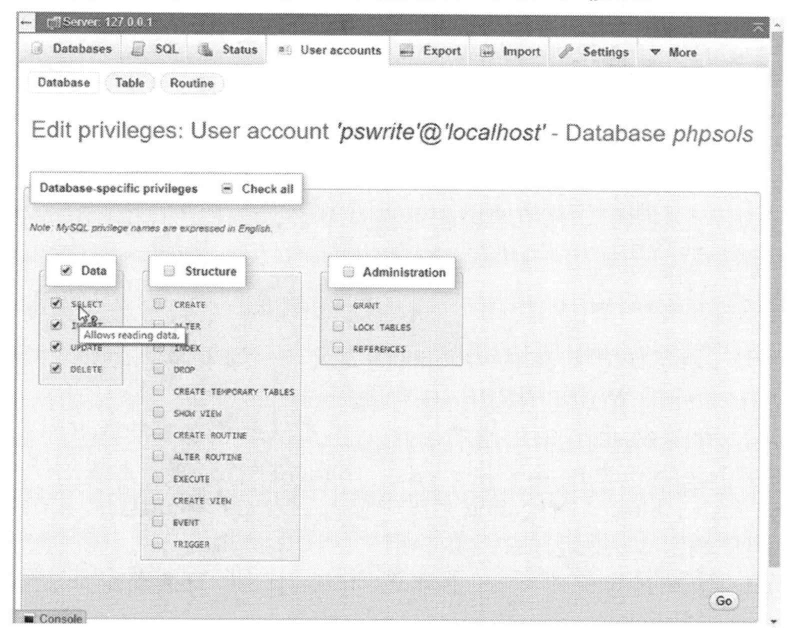

图 12-10 选择 4 个权限后，单击 Go 按钮

■ 注意：

phpMyAdmin中的许多界面上都有多个Go按钮。始终单击界面底部或要设置的选项旁边的Go按钮。

---

(8) phpMyAdmin 将显示 pswrite 用户账户的权限已更新的确认信息；该页面将再次显示 Database-specific privileges 表，以便你更改任何内容。单击页面顶部的 User accounts 选项卡，再次查看 User accounts overview 界面。

(9) 单击 Add user account 按钮，然后重复步骤(3)~(8)以创建第二个名为 psread 的用户账户。这个用户将拥有更少的权限，因此当你进入步骤(7)所示的界面时，只选中 SELECT 选项。示例文件中用于 psread 的密码是 K1yoMizu^dera。

12.4.4 创建数据库表

现在有了数据库和专属的用户账户，就可以开始创建表。我们首先创建一个表来保存图像的详细信息，如本章开头的图 12-1 所示。在将数据保存到数据库之前，需要定义对应的表结构。定义表结构包括确定以下事项：

- 表的名称
- 列的数量
- 每列的名称
- 每列将存储什么类型的数据
- 列字段是否能为空
- 哪个列包含表的主键

如果查看图 12-1，可以看到表包含 3 列：image_id、filename 和 caption。因为表存储的是图像详细信息，所以将表命名为 images 是合适的。在没有标题的情况下存储文件名没有多大意义，因此 caption 列的每个字段都必须包含数据。经过上述分析，除了数据类型之外，所有事项都能确定下来。接下来笔者将结合书中示例的进展解释数据类型。

定义 images 表

以下步骤显示了如何在 phpMyAdmin 中定义表。如果你喜欢使用 Navicat 或其他 MySQL 用户界面，请使用表 12-1 中的设置。

(1) 启动 phpMyAdmin(如果尚未打开)，然后从屏幕左侧的数据库列表中选择 phpsols。这将打开 Structure 选项卡，该选项卡指示在数据库中未找到任何表。

(2) 在 Create table 区域的 Name 字段中输入新表的名称 images，并在 Number of columns 字段中输入 3。然后单击 Go 按钮。

(3) 下一个界面具体定义表。有很多选项，但不是所有的都需要填写。表 12-1 列出了 images 表的设置。

表 12-1 images 表的设置

字段	数据类型	长度/值	属性	是否可为空	索引	A_I
image_id	INT		UNSIGNED	不选中	PRIMARY	选中
filename	VARCHAR	25		不选中		
caption	VARCHAR	120		不选中		

第一列 image_id 被定义为 INT 类型，代表 integer。它的属性设置为 UNSIGNED，这意味着只允许正整数。从 Index 下拉列表中选择 PRIMARY 时，phpMyAdmin 将打开一个模式面板，可以在其中指定高级选项。接受默认设置，单击 GO 按钮关闭面板。然后，选中 A_I(AUTO_INCREMENT)复选框。这告诉 MySQL 在插入新记录时在此列中插入下一个可用数字(从 1 开始)。

第二列 filename 被定义为 VARCHAR 类型，长度为 25。这意味着它最多可以接收 25 个字符的文本。

最后一列 caption 也是 VARCHAR 类型，长度为 120，因此它最多可以接收 120 个字符的文本。

对所有列都不要选中 Null 复选框，因此它们必须始终包含某些内容。然而，这个“某些内容”可以是一个空字符串。本书将在本章后面的 12.5 节中更详细地描述列的数据类型。

图 12-11 显示了在 phpMyAdmin 中设置了选项后的界面(A_I 列右边的几列不需要设置，直接留空)。

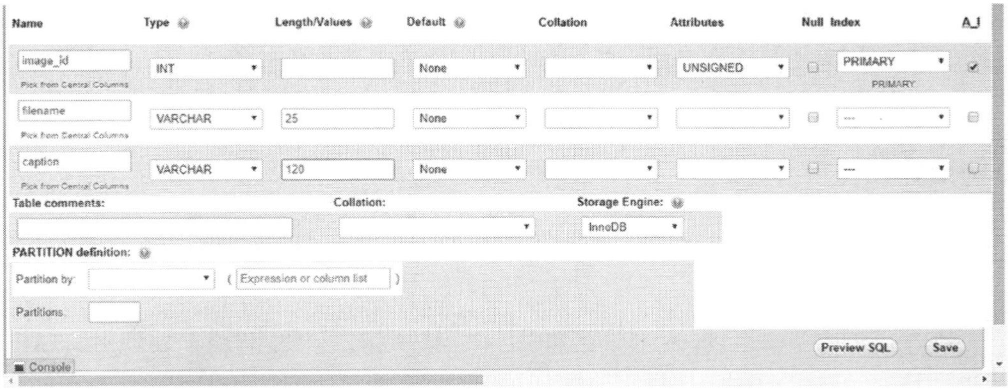

图 12-11 在 phpMyAdmin 中设置了选项后的界面

屏幕底部是 Storage Engine 选项。该选项决定了用于保存数据库文件的内部格式。从 MySQL 5.5 开始，InnoDB 就是默认的选项。在此之前，MyISAM 是默认选项。本书将在第 17 章中解释这些存储引擎之间的区别。本示例使用 InnoDB。从一个存储引擎转换到另一个非常简单。

完成后，单击屏幕底部的 Save 按钮。

■ 提示：

如果单击Go按钮而不是Save按钮，phpMyAdmin会添加一个额外的、待定义的列。如果发生这种情况，请单击Save按钮。只要不在各选项字段中输入值，phpMyAdmin就会忽略新增加的列。

(4) 下一个界面列出了 images 表，以及一系列可以在该表上执行的操作。在 Action 选项卡下单击 Structure 选项卡，或单击屏幕顶部的 Structure 选项卡。这将显示刚创建的表的详细信息(图 12-12)。

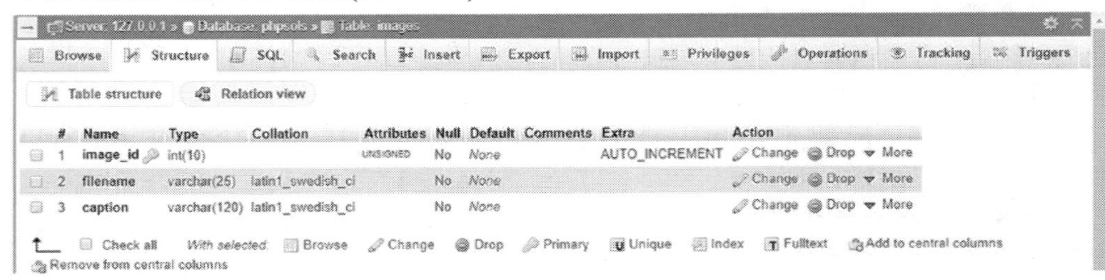

图 12-12 显示刚创建的表的详细信息

image_id 右侧的金钥匙图标表示它是表的主键。若要编辑任何设置，请单击相应行中的 Change 按钮。这将打开前一个界面并允许修改各项设置。

■ 提示：

如果你把事情弄得一团糟，想重新开始，请单击屏幕顶部的Operations选项卡。然后，在Delete data or table区域中，单击Delete the table 按钮(这将触发drop命令)，并确认删除表。(在SQL中，delete只能操作记录。删除列、表或数据库时需要使用drop命令。)

12.4.5 在表中插入记录

现在已经有了一个表，就可以在其中放入一些数据。最终，你将需要使用 HTML 表单、PHP 和 SQL 构建自己的内容管理系统，但快速简便的方法是使用 phpMyAdmin 操作表中的数据。

1. 使用 phpMyAdmin 手动插入记录

以下步骤说明如何通过 phpMyAdmin 接口向 images 表添加记录。

(1) 如果 phpMyAdmin 仍然打开着上一节最后显示 images 表结构的界面，请跳到步骤(2)。否则，启动 phpMyAdmin 并从左侧的列表中选择 phpsols 数据库。然后单击 images 右侧的 Structure 链接，如图 12-13 所示。

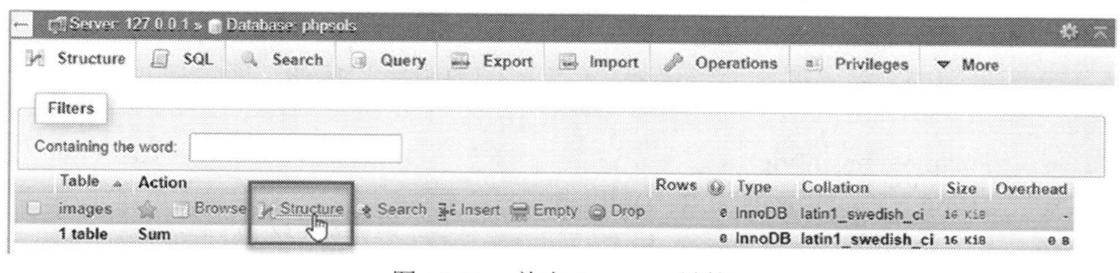

图 12-13　单击 Structure 链接

■ 提示：

主框架顶部的面包屑轨迹为页面顶部的选项卡提供了上下文。图 12-12 所示的屏幕截图左上角的Structure选项卡指的是phpsols数据库的结构。要访问单个表的结构，请单击该表名称旁边的Structure链接。

(2) 单击页面中央顶部的 Insert 选项卡，将显示图 12-14 所示的界面，最多可以插入两条记录。

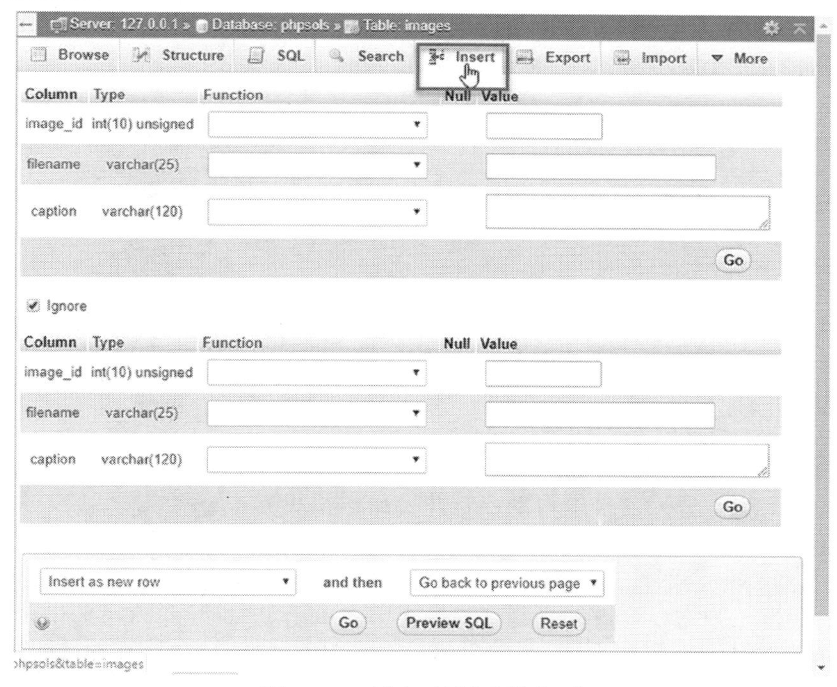

图 12-14　最多可插入两条记录

(3) 表单显示每列的名称和详细信息。可以忽略 Function 字段。MySQL 有很多函数可以应用于存储在表中的值。在下面的章节中，你将了解更多关于函数的信息。在 Value 字段输入要插入表中的数据。

因为已经将 image_id 字段定义为 AUTO_INCREMENT，所以 MySQL 会自动插入下一个可用的数字。必须将 image_id 字段的值留空。按如下所示填写下面两个 Value 字段。

- filename：basin.jpg
- caption：Water basin at Ryoanji temple, Kyoto

(4) 第二个表单中，将 image_id 的 Value 字段留空，然后填写下面两个字段，如下所示。

- filename：fountains.jpg
- caption：Fountains in central Tokyo

通常，当你向第二个表单添加值时，Ignore 复选框会被自动取消选中，但如果界面没有变化，则需要手动取消选中它。

(5) 单击第二个表单底部的 Go 按钮。用于插入记录的 SQL 语句显示在页面的顶部。本书将在后面的章节中解释基本的 SQL 命令，但是研究 phpMyAdmin 显示的 SQL 是学习如何构建自己的查询的好方法。SQL 是基于人类语言的，学习起来并不难。

(6) 单击页面左上角的 Browse 选项卡。现在应该看到 images 表中的前两条记录，如图 12-15 所示。

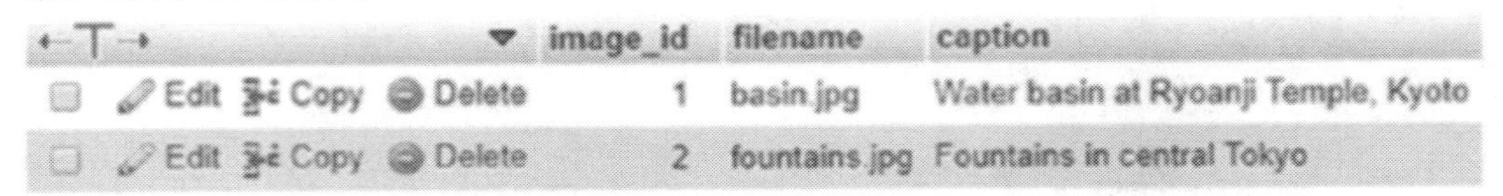

图 12-15　images 表中的前两条记录

如你所见，MySQL 在 image_id 字段中插入了 1 和 2。

可以继续录入其余 6 个图像的详细信息，但让我们使用包含所有必要数据的 SQL 文件来加快录入数据的速度。

2. 从 SQL 文件加载图像记录

由于 images 表的主键已设置为 AUTO_INCREMENT，因此有必要删除该表及其所有数据。SQL 导入文件会自动执行此操作，并从头开始构建表。以下步骤假定 phpMyAdmin 显示的是上一节的步骤(6)中打开的界面。

(1) 如果你愿意覆盖 images 表中的数据，请跳到步骤(2)。但是，如果不想丢失已录入的数据，则需要将数据复制到其他表中。单击页面顶部的 Operations 选项卡(取决于屏幕的大小，该选项卡可能会隐藏在最右边的 More 菜单中)，在标题为 Copy table to (database.table)区域下方的空白字段中输入新表的名称，然后单击 Go 按钮。图 12-16 显示了在 phpsols 数据库中将 images 表的结构和数据复制到 images_backup 表的设置。

单击 Go 按钮后，界面将显示已复制表的确认信息。页面顶部的面包屑轨迹指示 phpMyAdmin 界面显示的内容仍然是 images 表，因此可以继续执行步骤(2)，即使屏幕上有不同的页面。

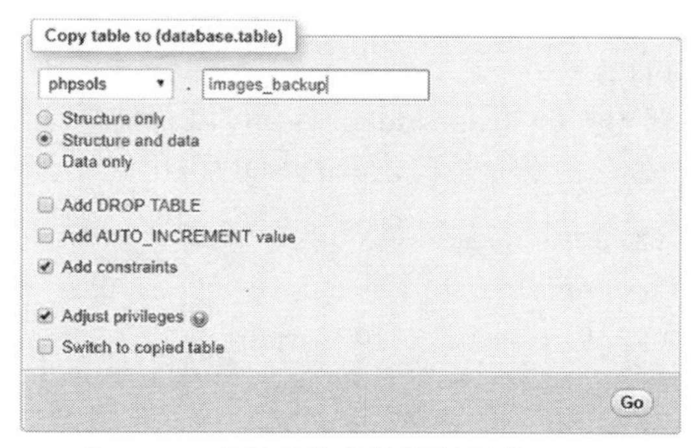

图 12-16　将 images 表的结构和数据复制到 images_backup 表

(2) 单击页面顶部的 Import 选项卡。在下一个界面中，单击 File to import 区域下面的 Browse(或 Choose File)按钮，然后导航到 ch12 文件夹中的 images.sql。保留所有选项的默认设置，然后单击页面底部的 Go 按钮(见图 12-17)。

图 12-17　单击 Go 按钮

(3) phpMyAdmin 删除原来的表，创建新版本的表，并插入所有记录。当看到文件已导入的确认信息时，请单击页面左上角的 Browse 按钮。现在应该看到与本章开头图 12-1 所示相同的数据。

如果在文本编辑器中打开 images.sql 文件，可以看到它包含创建 images 表和向表中录入数据的 SQL 命令。下面是构建表的 SQL 语句：

```
DROP TABLE IF EXISTS `images`;
CREATE TABLE `images` (
  `image_id` int(10) unsigned NOT NULL,
  `filename` varchar(25) NOT NULL,
  `caption` varchar(120) NOT NULL
) ENGINE=InnoDB DEFAULT CHARSET=latin1;
```

用于设置主键和自动递增的命令位于文件末尾。

这种通过 SQL 文件导入数据的方式可以用于将本地测试环境中的数据导入部署网站的远程服务器上。假设托管公司提供 phpMyAdmin 供你管理远程数据库，则向远程数据库迁移数据所需的全部操作是启动远程服务器的 phpMyAdmin，单击 Import 选项卡，选择本地计算机上的 SQL 文件，然后单击 Go 按钮。

下一节描述如何创建 SQL 文件。

12.4.6 创建用于备份和数据迁移的 SQL 文件

MySQL 不会将数据库存储在单个文件中，因此也无法通过上传单个文件就能实现将本地数据库迁移到网站上。即使找到了正确的文件，除非关闭 MySQL 服务器，否则很可能会损坏文件。无论如何，大多数托管公司都不会允许你上传原始文件，因为这也会涉及关闭他们的服务器，给每个人带来很大的不便。

然而，将数据库从一台服务器迁移到另一台服务器是很容易的事情。只需要创建数据的备份转储，并使用 phpMyAdmin 或任何其他数据库管理程序将其加载到其他数据库中。转储是一个文本文件，其中包含填充单个表甚至整个数据库所需的所有 SQL 命令。phpMyAdmin 可以为整个 MySQL 服务器、单个数据库、指定的多个或单个表创建备份。

提示：

在准备好将数据迁移到另一台服务器或创建备份之前，不用学习如何创建转储文件的详细信息。

为了简单起见，以下步骤显示了如何仅备份单个数据库。

(1) 在 phpMyAdmin 中，从左侧列表中选择 phpsols 数据库。 如果已经选择了数据库，请单击屏幕顶部的 Database:phpsols 面包屑，如图 12-18 所示。

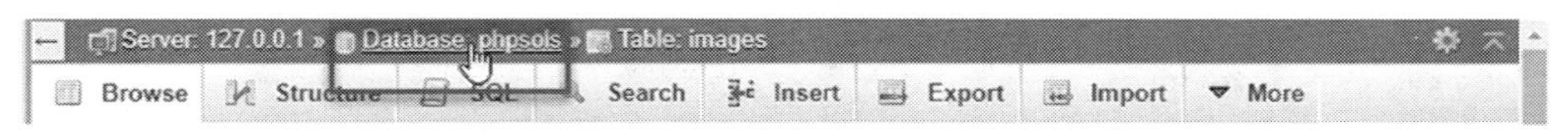

图 12-18　单击 Database:phpsols

(2) 从屏幕顶部的选项卡中选择 Export 选项卡。

(3) 有两种导出方法：快速和自定义。快速导出方法对于导出文件的格式只有一个选项。默认值为 SQL，因此只需要单击 Go 按钮，然后 phpMyAdmin 创建 SQL 转储文件并将其保存到浏览器的默认 Downloads 文件夹中。该文件与数据库的名称相同，因此对于 phpsols 数据库，其名称为 phpsols.sql。

(4) 使用快速导出方法导出少量数据是可以的，但是多数情况下我们需要更多地控制不同的导出选项；选择 Custom 单选按钮。有很多选项，让我们逐个区域地查看。

(5) Format 区域默认为 SQL，但提供了一系列其他格式，包括 CSV、JSON 和 XML。

(6) Table(s)区域列出了数据库中的所有表。默认情况下，所有表均处于选中状态，但是可以通过取消选中不需要的表的复选框来选择要导出的内容。如图 12-19 所示，仅选择 images 表的结构和数据，因此不会导出 images_backup。

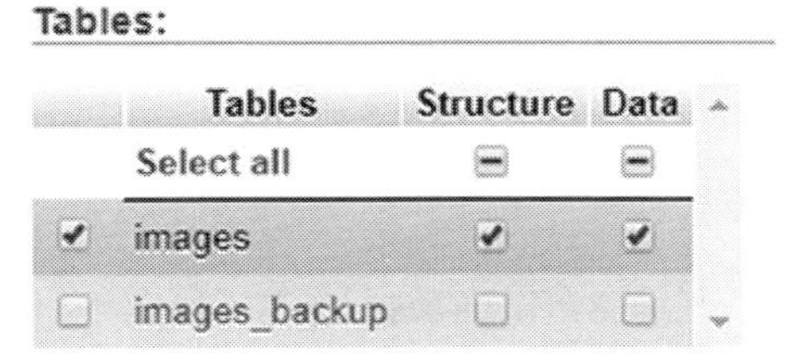

图 12-19　仅选择 images 表的结构和数据

■ 提示：

通常，最好备份单个表而不是备份整个数据库，因为大多数PHP服务器都配置了 2MB的上传限制。如下一步所述，压缩转储文件也有助于避开上传限制。

(7) Output 区域有几个有用的选项。

选中标记为 Rename exported databases/tables/columns 的复选框，phpMyAdmin 将启动一个模式面板，可以在其中为数据库、表或列指定新名称。

Use LOCK TABLES statement 复选框会添加命令，以防止其他人在使用转储文件导入数据和/或结构时插入、更新或删除记录。

还有几个单选按钮让我们选择将 SQL 转储保存为文件(这是默认设置)，还是以文本形式查看输出。如果在文件生成之前希望查看生成文件所用的 SQL 命令，则以文本形式查看非常有用(见图 12-20)。

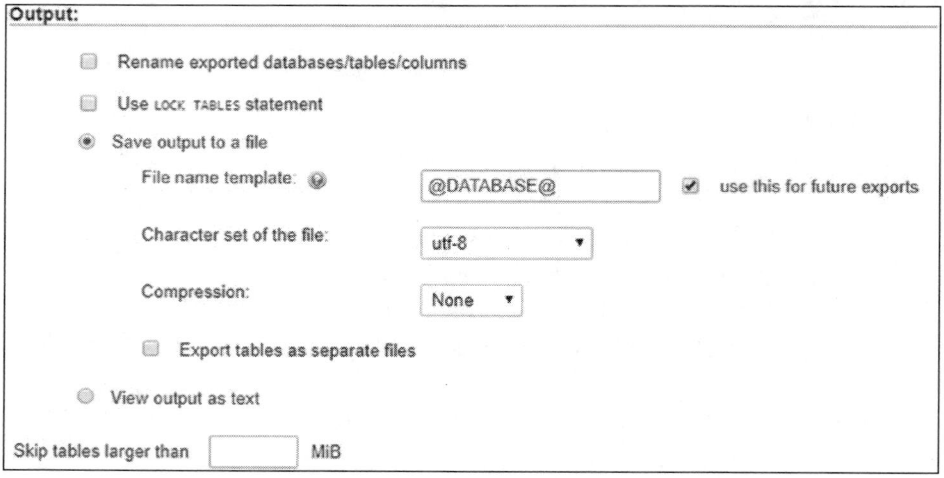

图 12-20　Output 区域

文件名模板包含一个介于两个@符号之间的字符串。这将自动根据服务器、数据库或表生成文件名。一个非常酷的特性是，你可以使用 PHP 的 strftime()函数格式化字符来增强模板。例如，可以将当前日期自动添加到文件扩展名之前的文件名中，如下所示。

```
@DATABASE@_%Y-%m-%d
```

文件字符集的默认值是 utf-8。仅当数据需要以特定地区的格式存储时，才需要更改此设置。

默认情况下不会压缩转储文件，但下拉列表框提供了 zip、gzip 和 bzip 压缩的选项。这样可以大大减小转储文件的大小，加快数据的传输速度。导入压缩文件时，phpMyAdmin 会自动检测压缩类型并将其解压缩。

最后一个选项允许你跳过大于指定 MB 的文件。

(8) 在文件格式相关的选项中，选项由在步骤(5)中选择的格式决定。对于 SQL，可以选择在转储文件中显示注释，并将导出封装到事务中执行。使用事务的价值在于，如果有错误导致导入被放弃，数据库将回滚到其以前的状态。

其他选项包括禁用外键检查、将视图导出为表和导出元数据。最后，可以选择最大化与不同数据库系统或旧版本 MySQL 的兼容性。通常，该值应设置为默认值：NONE。

(9) Object creation options 区域允许你对用于创建数据库和表的 SQL 语句进行调整。图 12-21 显示了默认设置。

创建备份时，通常最好选择 Add DROP TABLE / VIEW / PROCEDURE / FUNCTION / EVENT / TRIGGER 选项的复选框，因为备份通常用于替换已损坏的现有数据。

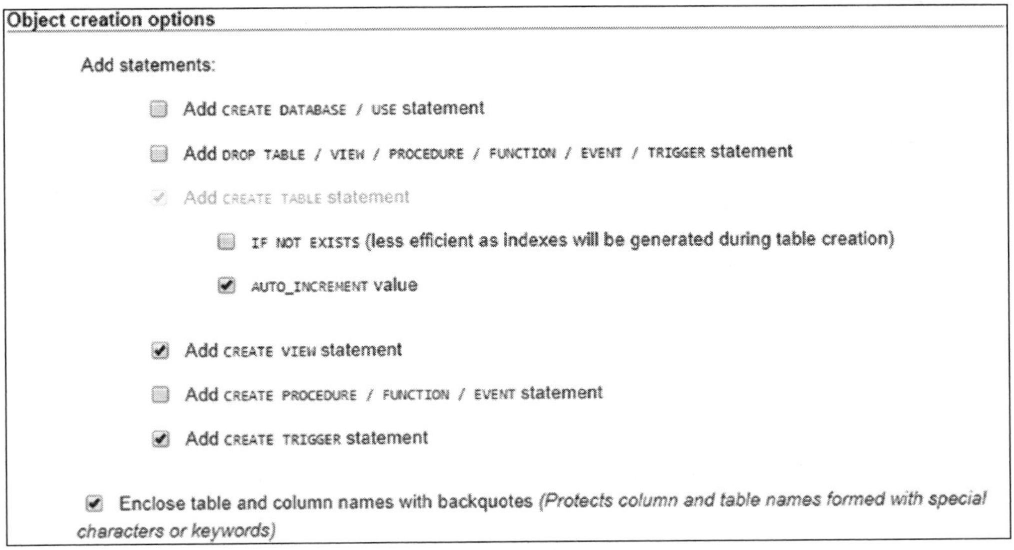

Object creation options
Add statements:
Add CREATE DATABASE / USE statement
Add DROP TABLE / VIEW / PROCEDURE / FUNCTION / EVENT / TRIGGER statement
Add CREATE TABLE statement
IF NOT EXISTS (less efficient as indexes will be generated during table creation)
AUTO_INCREMENT value
Add CREATE VIEW statement
Add CREATE PROCEDURE / FUNCTION / EVENT statement
Add CREATE TRIGGER statement
Enclose table and column names with backquotes (Protects column and table names formed with special characters or keywords)

图 12-21 显示默认设置

默认情况下选中的最后一个复选框将表名和列名用反引号括起来，以避免名称包含无效字符或使用保留字的问题。本书建议始终保持该复选框的选中状态。

(10) Data creation options 区域控制如何将数据插入表中。在大多数情况下，默认设置都是可以的。但是，可以根据需要修改前 4 个选项，如图 12-22 所示。

Data creation options
Truncate table before insert
INSERT DELAYED statements
INSERT IGNORE statements
Function to use when dumping data:
INSERT

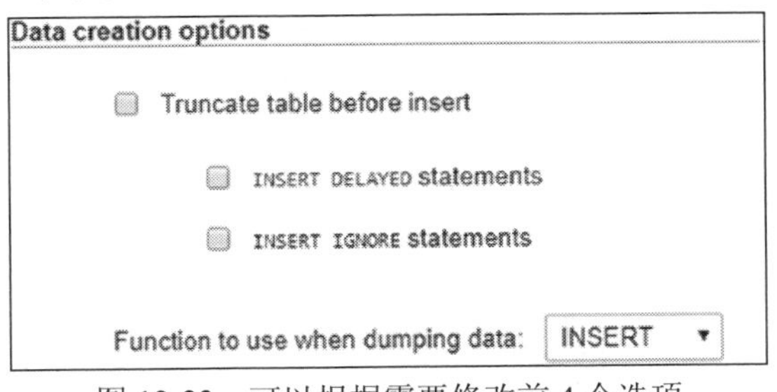

图 12-22 可以根据需要修改前 4 个选项

第一个复选框允许你在插入数据之前截断表。如果要替换现有数据(可能已损坏)，这个选项非常有用。

其他两个复选框会影响 INSERT 命令的执行方式。 INSERT DELAYED 不适用于默认的 InnoDB 表。此外，自 MySQL 5.6.6 起不推荐使用，因此最好避免使用它。

INSERT IGNORE 跳过错误，例如重复的主键。就笔者个人而言，认为最好是收到错误警报，因此不建议使用它。

标记为 Function to use when dumping data 的下拉列表可让你选择 INSERT、UPDATE 或 REPLACE。默认设置是使用 INSERT 插入新记录。如果选择 UPDATE，

则仅更新现有记录。REPLACE 会在已存在主键相同的数据的情况下对数据进行更新，并在不存在主键相同的数据的情况下插入新记录。

(11) 设置所有选项后，单击页面底部的 Go 按钮。现在有了一个备份，可以用来将数据库的内容迁移到另一台服务器。

■ 提示：

默认情况下，phpMyAdmin创建的文件只包含创建和填充数据库表的SQL命令。它不包括创建数据库的命令，除非选择自定义选项。这意味着可以将表导入任何数据库，新创建的表不需要与本地测试环境中的名称相同。

12.5 在 MySQL 中选择正确的数据类型

在为 image_id 列选择数据类型时，你可能会因为数据类型的繁多而感到少许震惊。phpMyAdmin 列出了所有可用的数据类型，MySQL 8 和 MariaDB 10 中有四十多种数据类型。本书不会用不必要的细节让你徒增迷惑，只解释那些最常用的数据类型。

可以在 MySQL 文档 https://dev.mysql.com/doc/refman/8.0/en/data-types.html 中找到所有数据类型的详细信息。

12.5.1 存储文本

几种常见的文本数据类型之间的差异主要在于可以在单个字段中存储的最大字符数、尾部空格的处理以及是否可以设置默认值。

- CHAR：固定长度字符串。必须在 Length/Values 字段中指定所需的长度。最大允许值为 255。在数据库内部，字符串使用指定长度的空格进行右填充，但在检索值时将删除后面的空格。可以定义默认值。
- VARCHAR：可变长度字符串。必须指定计划使用的最大字符数(在 phpMyAdmin 中，在 Length/Values 字段中输入数字)。最大字符数为 65 535。如果字符串有尾随空格，则在检索时会保留它们。可以定义默认值。
- TEXT：最多存储 65 535 个字符。无法定义默认值。

使用 TEXT 数据类型很方便，因为不需要指定最大的字符数(事实上，是不能指定)。虽然 VARCHAR 和 TEXT 的最大字符数都是 65 535 个字符，但实际能用到的字符数没有这么多，因为表中一个行的所有字段中存储的最大字节数就是 65 535。

■ 提示：

有一个简单的原则：对短文本字段使用VARCHAR，对长文本字段使用TEXT。VARCHAR和TEXT列只占用存储实际数据所需的磁盘空间。CHAR列总是分配声明指定的全部空间，即使不存储任何数据。

12.5.2 存储数字

最常用的数字列类型如下所示。

- INT：－2 147 483 648~2 147 483 647 之间的任何整数。如果列声明为 UNSIGNED，则范围为 0~42 94 967 295。
- FLOAT：浮点数。可以选择指定两个逗号分隔的数字来限制范围。第一个数字指定浮点数总共可以包含多少位数字(不包含小数点)，第二个数字指定在小数点之后有几位数字。由于 PHP 将在计算后格式化数字，本书建议使用不带可选参数的 FLOAT。
- DECIMAL：带小数的数字；小数点后包含固定位数。在定义表时，需要指定数字的最大位数以及小数点之后应该有多少位数。在 phpMyAdmin 中，在 Length/Values 字段中输入用逗号分隔的数字。例如，6,2 允许－9999.99~9999.99 之间的数字。如果不指定大小，则当把数值存储在此数据类型的列中时，小数部分将被截断。

FLOAT 和 DECIMAL 的区别在于精度。浮点数被视为近似值，会出现舍入误差(详细的解释参见 https://dev.mysql.com/doc/refman/8.0/en/problems-with-float.html)。

通常使用 DECIMAL 数据类型存储货币的数量。

▒ **警告：**

不要使用逗号或空格作为千位分隔符。除了数字外，数字中仅允许负运算符(-)和小数点(.)。

12.5.3 存储日期和时间

MySQL 只以一种格式存储日期：YYYY-MM-DD。它是国际标准化组织(ISO)批准的标准格式，避免了不同国家惯例中固有的模糊性。本书将在第 16 章再次解释日期。日期和时间最重要的数据类型如下所示。

- DATE：以 YYYY-MM-DD 格式存储的日期。范围是 1000-01-01~9999-12-31。
- DATETIME：以 YYYY-MM-DD HH:MM:SS 格式显示的组合日期和时间。
- TIMESTAMP：时间戳(通常由计算机自动生成)。合法值的范围是 1970 年~2038 年 1 月。

▒ **警告：**

MySQL时间戳使用与DATETIME相同的格式，这意味着与UNIX和PHP中的时间戳不兼容，后者基于 1970 年 1 月 1 日以来的秒数。不要混淆这两种时间戳。

12.5.4 存储预定义列表

MySQL 允许存储两种类型的预定义列表，它们可以被视为数据库中与单选按钮和复选框的状态等效的数据。

- ENUM：ENUM 数据类型的字段从预定义列表中存储单个选项；例如，预定义列表是“yes，no，don’t know”，那么字段中的值只能是 yes、no 和 don’t know 中的一个，不能是其他值。预定义列表中最多可以包含 65 535 个值，令人难以置信，现实中应该不会有这么多单选按钮作为一个分组！
- SET：该数据类型的预定义列表中可以有零个或多个选项，最多可容纳 64 个选项。

ENUM 数据类型的实际用途非常广泛，但 SET 数据类型的应用非常少，主要是因为它违反了在每个字段中只存储一条信息的原则。可能会使用 SET 数据类型的场景是记录车上可选的附加功能或在调查问卷中记录多项选择。

12.5.5 存储二进制数据

存储二进制数据(如图像)不是一个好主意。它会使数据库膨胀，并且无法直接显示数据库中的图像，以下数据类型可以存储二进制数据。

- TINYBLOB：最多 255B
- BLOB：最多 64 KB
- MEDIUMBLOB：最多 16 MB
- LONGBLOB：最多 4 GB

这些名字看起来有些奇怪，其中 BLOB 是 binary large object(二进制大对象)的首字母缩写。

12.6 本章回顾

本章的大部分内容都是理论，解释了良好数据库设计的基本原则。与其像电子表格一样将所有要存储的信息放在单个大表中，还不如仔细规划数据库的结构，将重复的信息移动到单独的表中。只要给表中的每条记录一个唯一的标识符作为主键，就可以跟踪记录并通过使用外键将其链接到其他表中的相关记录。使用外键的概念在一开始可能很难理解，但在阅读本书后续内容时对这个概念的理解会变得更清楚。

本章还介绍了如何创建具有有限权限的 MySQL 用户账户，以及如何定义表和使用 SQL 文件导入和导出数据。在下一章中，你将使用 PHP 连接到 phpsols 数据库，以便显示存储在 images 表中的数据。

第 13 章

使用 PHP 和 SQL 连接数据库

PHP 7 提供了两种与 MySQL 数据库连接和交互的方法：MySQL Improved (MySQLi)和 PHP Data Objects(PDO)。选择使用哪种方法是一个重要的决定，因为它们使用的代码不能相互兼容。两种方法不能共享同一个数据库连接。同样重要的是，不要将 MySQLi 与最初的 MySQL 扩展混淆，后者在 PHP 7 中不再受支持。与 MySQL 扩展相比，在大多数情况下，MySQLi 中函数的唯一区别是名称中添加了字母 i(例如，mysqli_query()而不是 mysql_query())。但是，参数的顺序通常是不同的，因此转换旧脚本不仅仅是需要在函数名中插入字母 i。

MySQLi，顾名思义，是专门为使用 MySQL 而设计的。一方面，它也与 MariaDB 完全兼容；另一方面，PDO 与特定数据库系统无关。理论上，可以通过仅修改几行 PHP 代码，就能将网站从 MySQL 切换到 Microsoft SQL Server 或其他数据库系统。实际上，通常至少需要重写一些 SQL 查询，因为每个数据库供应商都在标准 SQL 的基础上添加了自定义函数。

笔者个人的偏好是使用 PDO；但是为了完整起见，本书的后续章节将介绍 MySQLi 和 PDO。如果你只想关注其中的一种方法，可以直接忽略介绍另一个工具的相关内容。尽管连接到数据库使用的是 PHP，而且可以存储任何结果，但数据库查询需要用 SQL 编写。本章介绍检索存储在表中的信息的基础知识。

本章内容：

- 使用 MySQLi 和 PDO 连接 MySQL 和 MariaDB
- 计算表中的记录数量
- 使用 SELECT 查询检索数据并将其显示在网页中
- 使用准备好的语句和其他技术确保数据安全

13.1 检查远程服务器设置

XAMPP 和 MAMP 同时支持 MySQLi 和 PDO，但是需要检查远程服务器的 PHP 配置，以验证它提供的支持程度。在远程服务器上运行 phpinfo()命令，向下滚动配置页面，然后查找以下部分。它们是按字母顺序排列的，因此需要向下滚动很长一段时间才能找到它们。

所有托管公司都应该会显示图 13-1 所示的第一部分信息(mysqli)。如果只列出 mysql 的信息(没有最后的字母 i)，那么你所在的服务器可能已经过时。让托管公司尽快将你的网站转移到运行最新版本的 PHP 7.x 的服务器上(可以在 https://php.net/supported-versions.php 上检查当前支持哪些 PHP 版本)。如果计划使用 PDO，不仅需要检查 PDO 是否已启用，还必须确保列出了 pdo_mysql 的相关信息。PDO 对每种类型的数据库都需要不同的驱动程序。

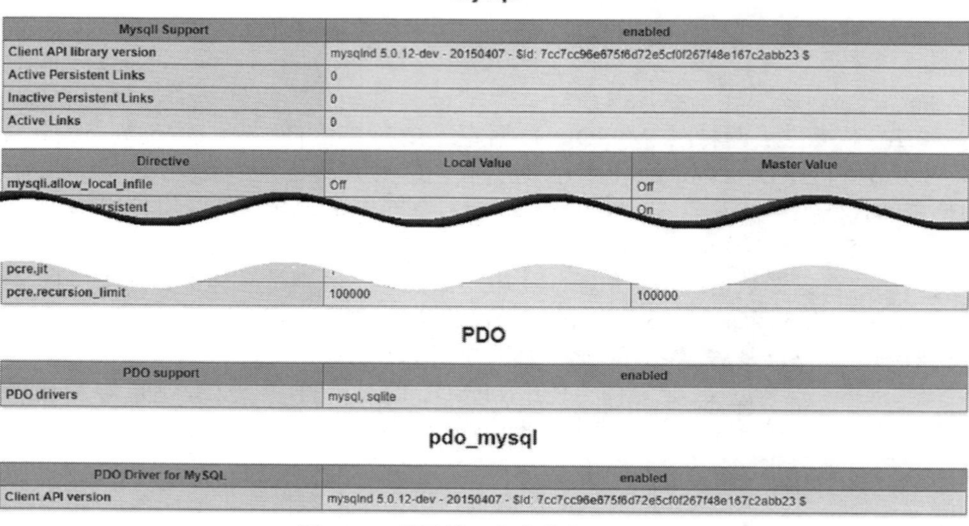

图 13-1　显示第一部分信息(mysqli)

13.2　PHP 与数据库通信的过程

无论使用的是 MySQLi 还是 PDO，连接数据库的流程始终遵循以下顺序。

(1) 使用主机名、用户名、密码和数据库名称连接到数据库。

(2) 准备 SQL 查询。

(3) 执行查询并保存结果。

(4) 从结果中提取数据(通常使用循环)。

用户名和密码是在第 12 章中创建的账户的用户名和密码，或托管公司提供的账户用户名和密码。但主机名呢？在本地测试环境中，主机名是 localhost。令人惊讶的是，即使在远程服务器上，主机名也常常是 localhost。这是因为在许多情况下，数据库服务器与网站位于同一服务器上。换句话说，显示页面的 Web 服务器和数据库服务器相对彼此而言都是在本地。但是，如果数据库服务器位于单独的计算机上，则托管公司将告诉你要使用的地址。重要的一点是，主机名通常与网站的域名不同。

让我们快速了解一下如何使用两种方法连接到数据库。

13.2.1 使用 MySQLi 进行连接

MySQLi 有两个接口：过程接口和面向对象接口。过程接口的设计是为了简化对原始 MySQL 函数的转换。因为面向对象的接口更简洁，所以这里采用该接口版本。

要连接到 MySQL 或 MariaDB，可以通过向构造函数方法传递 4 个参数来创建 mysqli 对象：主机名、用户名、密码和数据库名称。以下是连接 phpsols 数据库的方法。

```
$conn = new mysqli($hostname, $username, $password, 'phpsols');
```

上述代码将连接对象存储为$conn 变量。

如果数据库服务器使用非标准端口，则需要将端口号作为第五个参数传递给 mysqli 的构造函数。

▒ **提示：**

MAMP使用套接字连接MySQL，因此，即使MySQL正在监听端口 8889，也不需要添加端口号。这同时适用于MySQLi和PDO。

13.2.2 使用 PDO 进行连接

使用 PDO 连接数据库的方法稍微有些不同。最重要的区别是，如果连接失败，PDO 会抛出异常。如果未捕获异常，则调试信息将显示连接的所有详细信息，包括用户名和密码。因此，需要将代码包装在 try 块中并捕获异常以防止暴露敏感信息。

PDO 构造函数方法的第一个参数是数据源名称(Data Source Name，DSN)。这是一个字符串，由 PDO 驱动程序名称、冒号和 PDO 驱动程序特定的连接详细信息组成。

要连接到 MySQL 或 MariaDB，DSN 需要采用以下格式。

```
'mysql:host=hostname;dbname=databaseName'
```

如果数据库服务器使用的是非标准端口，则 DSN 还应包含端口号，如下所示。

```
'mysql:host=hostname;port=portNumber;dbname=databaseName'
```

DSN 参数之后，将用户名和密码传递给 PDO()构造函数方法。因此，连接到 phpsols 数据库的代码如下所示。

```
try {
    $conn = new PDO("mysql:host=$hostname;dbname=phpsols", $username,
    $password);
```

```
} catch (PDOException $e) {
    echo $e->getMessage();
}
```

在测试期间，使用 echo 命令显示异常生成的消息是可以接收的，但是当你将脚本部署到商用网站上时，需要将用户重定向到错误页面，如 PHP 解决方案 5-9 中所述。

■ **提示：**

使用PDO连接到数据库时，如果要切换到其他数据库，PHP代码中唯一需要修改的部分是DSN。所有剩余的PDO代码都是完全与特定数据库无关的。有关如何为PostgreSQL、Microsoft SQL Server、SQLite和其他数据库系统创建DSN的详细信息，请参考www.php.net/manual/en/pdo.drivers.php。

13.2.3 PHP 解决方案 13-1：创建可重用的数据库连接器

从现在起，连接数据库是每个页面都需要执行的例行工作。PHP 解决方案 13-1 创建了一个简单的函数，该函数用于连接数据库，并存储在外部文件中。设计该函数主要是为了在本书剩余章节中测试不同的 MySQLi 和 PDO 脚本，而不需要每次都重新输入连接详细信息或在不同的连接文件之间切换。

(1) 在 includes 文件夹中创建一个名为 connection.php 的文件，并插入以下代码(ch13 文件夹中有一个已完成脚本的副本)。

```
<?php
function dbConnect($usertype, $connectionType = 'mysqli') {
    $host = 'localhost';
    $db = 'phpsols';
    if ($usertype == 'read') {
        $user = 'psread';
        $pwd = 'K1yoMizu^dera';
    } elseif ($usertype == 'write') {
        $user = 'pswrite';
        $pwd = '0Ch@Nom1$u';
    } else {
       exit('Unrecognized user');
    }
    // Connection code goes here
}
```

该函数有两个参数：用户类型和连接类型。第二个参数默认为 mysqli。如果要专注于使用 PDO，需要将第二个参数的默认值设置为 PDO。

函数中的前两行存储要连接的主机服务器和数据库的名称。

条件语句检查第一个参数的值，并根据需要选择 psread 或 pswrite 用户名和密码。如果无法识别用户账号，exit()函数会停止脚本并显示 Unrecognized user。

(2) 将 Connection code goes here 注释替换为以下内容。

```
if ($connectionType == 'mysqli') {
    $conn = @ new mysqli($host, $user, $pwd, $db);
    if ($conn->connect_error) {
        exit($conn->connect_error);
    }
    return $conn;
} else {
    try {
        return new PDO("mysql:host=$host;dbname=$db", $user, $pwd);
    } catch (PDOException $e) {
        echo $e->getMessage();
    }
}
```

如果第二个参数设置为 mysqli，则会创建一个名为$conn 的 MySQLi 连接对象。错误控制运算符(@)阻止构造函数方法显示错误消息。如果连接失败，则原因存储在对象的 connect_error 属性中。如果该属性的值为空，则将其视为 false，因此跳过下一行，并返回$conn 对象。但如果出现问题，exit()函数会显示 connect_error 属性的值并终止脚本的执行。

否则，函数返回一个 PDO 连接对象。不需要对 PDO 构造函数使用错误控制运算符，因为如果有问题，它会抛出 PDOException 对象。catch 块使用异常对象的 getMessage()方法来显示问题的原因。

▒ **提示：**

如果数据库服务器使用非标准端口，不要忘记将端口号作为第五个参数添加到mysqli()构造函数中，同时将其添加到PDO DSN中，如前文所述。如果数据库使用套接字连接(在macOS和Linux上很常见)，则不需要这样做。

---

(3) 在 phpsols 网站根文件夹中创建一个名为 connection_test.php 的文件，并插入以下代码。

```
<?php
require_once './includes/connection.php';
```

```
if ($conn = dbConnect('read')) {
    echo 'Connection successful';
}
```

上述代码包括连接脚本，并使用 psread 用户账户和 MySQLi 对连接进行测试。

(4) 保存页面并将其加载到浏览器中。如果页面显示 Connection successful，说明连接成功。如果收到错误消息，请参阅下一节中关于排查故障的描述。

(5) 使用 pswrite 用户账户和 MySQLi 测试连接。

```
if ($conn = dbConnect('write')) {
    echo 'Connection successful';
}
```

(6) 将 pdo 作为 dbConnect()函数的第二个参数，并使用两个用户账户测试连接。

(7) 假设一切顺利，就可以开始与 phpsols 数据库交互了。如果遇到问题，请查看下一章节。

排查数据库连接问题

连接数据库时最常见的失败原因是用户名或密码错误。密码和用户名区分大小写。仔细检查拼写。例如，图 13-2 显示如果将 psread 更改为 Psread 会发生什么。

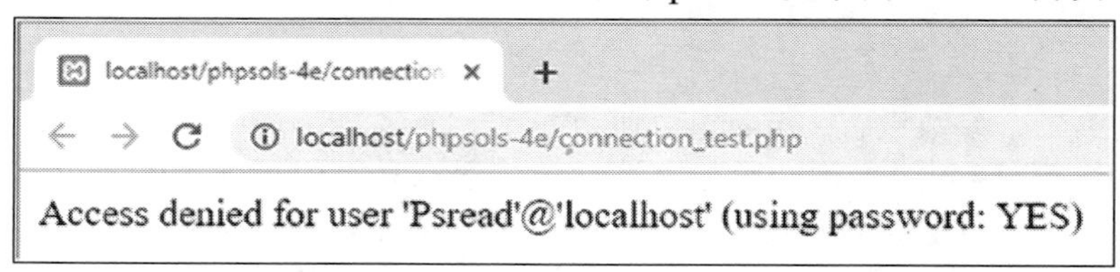

图 13-2　将 psread 更改为 Psread

访问被拒绝，因为没有这样的用户。用户名中的首字母拼写成大写导致了这一切。但即使用户名正确，也可能会收到相同的错误消息，如图 13-3 所示。

图 13-3　收到相同的错误消息

这会让很多人感到非常困惑。错误消息确认使用了密码。那么，为什么拒绝访问？密码不正确，这就是原因。

如果错误消息显示 using password: NO，则表示你忘记提供密码。using password 这个短语暗示了这个问题与登录凭据有关。

当浏览器不再显示该短语，则表示遇到了另一个问题，如图 13-4 所示。

图 13-4　表示遇到了另一个问题

这里的问题是数据库的名称不正确。如果拼错了主机名，浏览器会显示消息，说明不知道有这样的主机。

图 13-2~图 13-4 所示的截图由 MySQLi 生成。PDO 生成相同的消息，同时还包括错误号和错误代码。

13.2.4　清理从数据库获取的文本内容

在显示 SQL 查询的结果时，可以确定存储在特定数据类型字段中的值会遵循特定的格式。例如，数值类型的字段只能存储数字。类似地，与日期和时间相关的字段仅以 ISO 日期和时间格式存储值。但是，与文本相关的字段可以存储任何类型的字符串，包括 HTML、JavaScript 和其他可执行代码。从与文本相关的字段读取值时，应始终对其进行清理，以防止执行任何代码。

清理文本输出的简单方法是将其传递给 htmlspecialchars()函数。此函数与 htmlentities()函数相关，但它将限制范围更加严格的字符转换为其等效的 HTML 字符实体。具体来说，它转换连字符、引号和尖括号；但不改变句点(点号)。当在浏览器中显示代码时，这将防止代码被执行，因为<script>和 PHP 标记中的尖括号会被转换。不转换点号很重要，因为它会出现在我们要显示的文件名中。

htmlspecialchars()函数的缺点是，默认情况下，它对现有的字符实体进行双重编码。因此，&会被转换为&。可以通过将 false 作为第四个参数传递给 htmlspecialchars()函数来关闭此默认行为。

每次想调用 htmlspecialchars()函数时，都要输入 4 个参数，这很乏味。因此，笔者在 ch13 文件夹中名为 utility_funcs.php 的文件内定义了以下自定义函数。

```
function safe($text) {
    return htmlspecialchars($text, ENT_COMPAT|ENT_HTML5, 'UTF-8',
false);
}
```

只需要将$text 变量传递给 htmlspecialchars()函数，同时设置三个可选参数，然后返回结果。其他参数的含义如下所示。

- ENT_COMPAT | ENT_HTML5：将双引号转换为实体字符，但不转换单引号，并将输出视为 HTML 5 脚本。
- UTF-8：将编码设置为 UTF-8。
- false：关闭 HTML 字符实体的双重编码。

将 utility_funcs.php 复制到 includes 文件夹，并将其包含在从数据库输出文本的脚本中。

作为 htmlspecialchars()函数的替代方法，可以将文本值传递给 strip_tags()函数，它允许你指定允许保留的 HTML 标记。

13.2.5 查询数据库并显示结果

在试图显示数据库查询的结果之前，最好先确定有多少条记录。如果没有任何记录，将没有可显示的内容。有必要对为数众多的记录创建导航系统来进行分页展示(下一章将介绍如何实现分页)。在用户身份验证中，搜索用户名和密码时若没有结果，则意味着登录应该失败。

MySQLi 和 PDO 使用不同的方法计算记录的数量和显示结果。接下来的两个 PHP 解决方案展示了如何使用 MySQLi 实现这两项功能。对于 PDO，请直接阅读 PHP 解决方案 13-4。

1. PHP 解决方案 13-2：计算结果集中的记录数量(MySQLi)

PHP 解决方案 13-2 展示如何提交一个 SQL 查询，该查询选择 images 表中的所有记录并将结果存储在名为 MySQLi_Result 的对象中。该对象的 num_rows 属性包含查询检索到的记录数。

(1) 在 phpsols-4e 网站根目录中创建一个名为 mysqli 的新文件夹，然后在该文件夹中创建一个名为 mysqli.php 的新文件。该页面最终将用于显示一个表，因此它应该包含 DOCTYPE 声明和 HTML 框架。

(2) 将连接文件包含在 DOCTYPE 声明上方的 PHP 代码块中，并使用具有只读权限的账户连接到 phpsols 数据库，如下所示。

```
require_once '../includes/connection.php';
$conn = dbConnect('read');
```

(3) 接下来，准备 SQL 查询。在上一步之后(但在 PHP 结束标记之前)立即添加以下代码。

```
$sql = 'SELECT * FROM images';
```

这表示“从 images 表中选择所有内容”。星号(*)表示所有列。

(4) 现在调用连接对象的 query()方法执行查询，将 SQL 查询作为参数传递给该方法，如下所示。

```
$result = $conn->query($sql);
```

结果存储在名为$result 的变量中。

(5) 如果发生错误，$result 变量的值是 false。要找出问题所在，我们需要获取错误消息，该消息存储在 mysqli 连接对象的 error 属性中。在前一行代码后添加以下条件语句。

```
if (!$result) {
    $error = $conn->error;
}
```

(6) 假设没有问题，$result 变量现在引用了一个 MySQLi_Result 对象，该对象有一个名为 num_rows 的属性。要获取查询找到的记录数，请将 else 块添加到条件语句并将该值赋给变量，如下所示。

```
if (!$result) {
    $error = $conn->error;
} else {
    $numRows = $result->num_rows;
}
```

(7) 现在可以在页面的正文中显示结果，如下所示。

```
<?php
if (isset($error)) {
    echo "<p>$error</p>";
} else {
    echo "<p>A total of $numRows records were found.</p>";
}
?>
```

如果有问题，$error 变量的值不为空，因此会显示错误消息。否则，else 块将显示找到的记录数。两个字符串都嵌入了变量，因此它们都用双引号括起来。

(8) 保存 mysqli.php 文件并将其加载到浏览器中。你应该看到图 13-5 所示的结果。

图 13-5　将 mysqli.php 文件加载到浏览器中的结果

如有必要，对照 ch13 文件夹中的 mysqli_01.php 文件检查代码。

2. PHP 解决方案 13-3：使用 MySQLi 显示 Images 表

显示 SELECT 查询结果的最常见的方法是使用循环一次从结果集中提取一行。MySQLi_Result 对象有一个名为 fetch_assoc()的方法，该方法将结果集中的当前行作为关联数组返回，以便在网页中显示。数组中的每个元素都以表中相应的字段命名。

PHP 解决方案 13-3 展示如何循环 MySQLi_Result 对象以显示 SELECT 查询的结果。继续使用 PHP 解决方案 13-2 中的文件。

(1) 将 utility_funcs.php 文件从 ch13 文件夹复制到 includes 文件夹，并在脚本顶部包含该文件。

```
require_once '../includes/connection.php';
require_once '../includes/utility_funcs.php';
```

(2) 删除页面正文中 else 块末尾的右大括号(应该在第 24 行附近)。尽管显示 images 表的大多数代码是 HTML，但它需要包含在 else 块中。

(3) 在 PHP 结束标记后插入一个空行，并在下一行单独的 PHP 代码块中添加右大括号。修改后的代码应如下所示：

```
} else {
   echo "<p>A total of $numRows records were found.</p>";
?>

<?php } ?>
</body>
```

(4) 在 mysqli.php 文件主体中的两个 PHP 代码块之间添加下表，以便由 else 块控制。这样做的原因是为了防止 SQL 查询失败时出现错误。显示结果集的 PHP 代码以粗体突出显示。

```
<table>
  <tr>
    <th>image_id</th>
    <th>filename</th>
    <th>caption</th>
  </tr>
  <?php while ($row = $result->fetch_assoc()) { ?>
  <tr>
    <td><?= $row['image_id'] ?></td>
    <td><?= safe($row['filename']) ?></td>
    <td><?= safe($row['caption']) ?></td>
  </tr>
  <?php } ?>
</table>
```

▪ **提示：**

while循环遍历数据库查询结果集，使用fetch_assoc()方法将每条记录提取到$row变量中。$row变量的每个元素都显示在一个表格单元中。循环将继续，直到fetch_assoc()方法到达结果集的末尾。

不必清除image_id的值，因为它位于只存储整数的字段中。

---

(5) 保存 mysqli.php 文件并在浏览器中查看它，应该可以看到如图 13-6 所示的 images 表的内容。

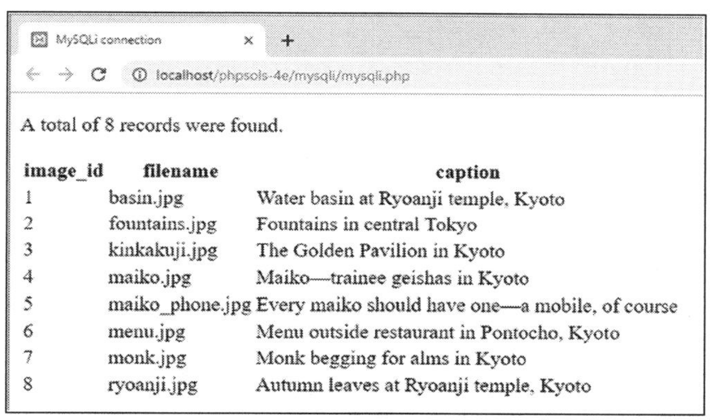

图 13-6 images 表的内容

如果需要，可以将代码与 ch13 文件夹中的 mysql_02.php 文件进行比较。

3. MySQLi 连接小结

表 13-1 总结了 MySQLi 连接和数据库查询的基本细节。

表 13-1 使用 MySQLi 面向对象接口连接 MySQL/MariaDB

动作	用法	说明
建立连接	$conn = new mysqli($h，$u，$p，$d);	所有参数都是可选的；实践中始终需要前 4 个参数：主机名、用户名、密码、数据库名。创建连接对象
选择数据库	$conn->select_db('dbName');	用于选择其他数据库
提交查询	$result = $conn->query($sql);	返回结果对象
获取结果集记录数	$numRows = $result->num_rows;	返回结果对象中的行数
提取记录	$row = $result->fetch_assoc();	从结果对象中提取当前行作为关联数组
提取记录	$row = $result->fetch_row();	从结果对象中提取当前行作为索引数组

4. PHP 解决方案 13-4：计算结果集中的记录数量(PDO)

PDO 没有与 MySQLi 对象的 num_rows 属性直接等效的属性。对于大多数数据库，需要先执行一个 SQL 查询来计算表中的记录数，然后获取结果。但是，PDO 对象的 rowCount()方法对 MySQL 和 MariaDB 都有两种用途。通常，对于其他数据库系统，该方法只报告受插入、更新或删除操作影响的数据行数，但是对于 MySQL 和 MariaDB，它还能报告 SELECT 查询获取的记录数量。

(1) 在 phpsols-4e 网站中创建一个名为 pdo 的新文件夹。然后在刚刚创建的文件夹中创建一个名为 pdo.php 的文件。该页面最终将会显示一个表，因此它应该包含 DOCTYPE 声明和 HTML 框架。

(2) 在 DOCTYPE 声明上方的 PHP 代码块中包含连接文件，然后使用只读账户创建 phpsols 数据库的 PDO 连接，如下所示。

```
require_once '../includes/connection.php';
$conn = dbConnect('read', 'pdo');
```

(3) 接下来，准备 SQL 查询。

```
$sql = 'SELECT * FROM images';
```

这表示“选择 images 表中的所有记录”。星号(*)表示所有列。

(4) 现在执行查询并将结果存储在$result 变量中，如下所示。

```
$result = $conn->query($sql);
```

(5) 要检查查询是否有问题，可以使用连接对象的 errorInfo()方法从数据库中获取错误信息数组。如果出了问题，该数组的第三个元素包含问题的简要描述。添加以下代码：

```
$error = $conn->errorInfo()[2];
```

我们只对第三个元素感兴趣，因此可以使用在 PHP 解决方案 7-1：获取文本文件的内容中介绍的数组元素引用技术，方法是在语句$conn->errorInfo()之后立即将数组索引添加到一对方括号中，并将值赋给$error 变量。

(6) 如果查询成功执行，$error 变量将为空，PHP 将其视为 false。因此，如果没有错误，我们可以通过对$result 对象调用 rowCount()方法来获取结果集中的行数，如下所示。

```
if (!$error) {
    $numRows = $result->rowCount();
}
```

(7) 现在可以在页面正文中显示查询结果，如下所示。

```
<?php
if ($error) {
    echo "<p>$error</p>";
} else {
    echo "<p>A total of $numRows records were found.</p>";
}
?>
```

(8) 保存该页面并将其加载到浏览器中。应该会看到与 PHP 解决方案 13-2 的步骤(8)中所示相同的结果。如有必要，对照 pdo_01.php 文件检查代码。

5. 在其他数据库中使用 PDO 计算结果集的记录数量

使用 PDO 的 rowCount()方法获取 SELECT 查询找到的记录数量对 MySQL 和 MariaDB 都有效，但不能保证对所有其他数据库都有效。如果 rowCount()方法不起作用，改用以下代码。

```
// prepare the SQL query
$sql = 'SELECT COUNT(*) FROM images';
// submit the query and capture the result
$result = $conn->query($sql);
$error = $conn->errorInfo()[2];
if (!$error) {
    // find out how many records were retrieved
    $numRows = $result->fetchColumn();
    // free the database resource
    $result->closeCursor();
}
```

上述代码将星号作为 SQL COUNT()函数的参数对表中的所有项进行计数。查询返回的只有一个结果，因此可以使用 fetchColumn()方法获取该结果，该方法从数据库结果中获取第一列。在将结果存储到$numRows 变量中之后，必须调用 closeCursor()方法释放数据库资源以便进行下一次查询。

6. PHP 解决方案 13-5：使用 PDO 显示 Images 表

要使用 PDO 显示 SELECT 查询的结果，可以在 foreach 循环中使用 query()方法将当前行提取为关联数组。数组中的每个元素都以表中相应的字段命名。

继续使用与 PHP 解决方案 13-4 中相同的文件。

(1) 将 utility_funcs.php 文件从 ch13 文件夹复制到 includes 文件夹，并在脚本顶部包含该文件。

```
require_once '../includes/connection.php';
```

```
require_once '../includes/utility_funcs.php';
```

(2) 删除页面正文中 else 块末尾的右大括号(应该在第 26 行附近)。尽管显示 images 表的大多数代码是 HTML，但它需要在 else 块中。

(3) 在 PHP 结束标记后插入一个空行，并在下一行单独的 PHP 代码块中添加右大括号。修改后的代码应如下所示：

```
} else {
   echo "<p>A total of $numRows records were found.</p>";
?>

<?php } ?>
</body>
```

(4) 在 mysqli.php 文件主体中的两个 PHP 代码块之间添加如下表，以便由 else 块控制。这样做的原因是为了防止 SQL 查询失败时出现错误。显示结果集的 PHP 代码以粗体突出显示。

```
<table>
    <tr>
        <th>image_id</th>
        <th>filename</th>
        <th>caption</th>
    </tr>
    <?php foreach ($conn->query($sql) as $row) { ?>
    <tr>
    <td><?= $row['image_id'] ?></td>
    <td><?= safe($row['filename']) ?></td>
    <td><?= safe($row['caption']) ?></td>
    </tr>
    <?php } ?>
</table>
```

(5) 保存页面并在浏览器中进行查看。结果界面看起来应该与 PHP 解决方案 13-3 中的截图(见图 13-6)相同。可以将代码与 ch13 文件夹中的 pdo_02.php 文件进行比较。

7. PDO 连接小结

表 13-2 总结了 PDO 连接和数据库查询的基本细节。一些命令将在后面的章节中使用，但为了便于参考，这里将包括这些命令。

表 13-2 使用 PDO 与数据库连接

动作	用法	说明
建立连接	$conn = new PDO($DSN,$u,$p);	实际使用时，需要三个参数：数据源名称(DSN)、用户名、密码。必须用 try/catch 块包装
提交 SELECT 查询	$result = $conn->query($sql);	将结果作为 PDOStatement 对象返回
提取记录	foreach($conn->query($sql) as $row) {	提交 SELECT 查询并在单个操作中将当前行作为关联数组返回
获取结果集记录数量	$numRows = $result->rowCount()	在 MySQL/MariaDB 中，获取 SELECT 查询结果集中的记录数量。大多数其他数据库不支持
获取单条记录	$item = $result->fetchColumn();	获取结果集中第一列、第一行的值。若要获取其他列的值，请使用列编号(从 0 开始计数)作为参数
获取下一条记录	$row = $result->fetch();	从结果集中获取下一行记录，以关联数组返回
释放数据库资源	$result->closeCursor();	释放连接以允许新查询
提交非 SELECT 命令的查询	$affected = $conn->exec($sql);	尽管 query()方法可以用于非 SELECT 查询，但 exec()方法会返回受影响的行数

13.3 使用 SQL 与数据库交互

PHP 连接到数据库，发送查询并接收结果，但是查询本身需要用 SQL 编写。虽然 SQL 是一个通用的标准，但是 SQL 有很多变种。包括 MySQL 在内的所有数据库供应商都为标准 SQL 添加了扩展。这些扩展能提高效率和功能，但通常与其他数据库不兼容。本书中的 SQL 能与 MySQL 5.1 或更高版本以及 MariaDB 一起工作，但不一定能迁移到 Microsoft SQL Server、Oracle 或其他数据库。

13.3.1 编写 SQL 查询

SQL 语法没有很多规则，而且所有规则都非常简单。

1. SQL 关键字不区分大小写

从 images 表检索所有记录的查询如下所示。

```
SELECT * FROM images
```

大写的单词是 SQL 关键字。这纯粹是个惯例。以下内容同样正确：

```
SELECT * FROM images
select * from images
SeLEcT * fRoM images
```

尽管 SQL 关键字不区分大小写，但这并不适用于数据库的字段名称。对关键字使用大写的优点是它使 SQL 查询更易于阅读。你可以自由选择最适合你的风格，但最后一个示例中的随机风格最好能避免。

2. 忽略空格

这个特性允许你将 SQL 查询分布在多行上，以提高可读性。有一个位置不允许出现空格：在函数名和左括号之间。以下操作将产生错误：

```
SELECT COUNT (*) FROM images /* BAD EXAMPLE */
```

COUNT 和其后的括号之间必须紧密连接。

```
SELECT COUNT(*) FROM images /* CORRECT */
```

正如你在这些示例中看到的，可以将 SQL 查询的注释放在/*和*/之间。

3. 字符串必须添加引号

SQL 查询中的所有字符串都必须用引号括起来。不管是用单引号还是双引号，只要它们能成对匹配。不过，通常最好使用 MySQLi 或 PDO 准备好的语句，如本章后面所述。

4. 处理数字

一般来说，数字不应该被引用，因为引号中的任何内容都是字符串。但是，MySQL 接收用引号括起来的数字，并将它们视为等同的数字。注意区分真实的数字和任何其他由数字组成的数据类型。例如，日期由数字组成，但应该括在引号中并存储在数据类型与日期相关的字段中。类似地，电话号码应该用引号括起来，并存储在数据类型与文本相关的字段中。

注意：

SQL查询通常以分号结尾，分号是执行查询的数据库指令。使用PHP执行SQL查询时，必须从SQL中省略分号。因此，本书中给出了多个独立的SQL示例，在这些示例中SQL语句末尾都没有分号。

13.3.2 优化由 SELECT 查询检索的数据

到目前为止，本书运行的唯一一个 SQL 查询是从 images 表中检索所有记录。很多时候，我们会希望查询的选择性能更强。

1. 选择特定字段

使用星号选择所有字段是一种方便的快捷方式，但通常应该在查询中指定所需的字段。语法是在 SELECT 关键字后列出需要查询的字段名，多个字段名之间用逗号分隔。例如，如下查询仅为每个记录选择 filename 和 caption 字段。

```
SELECT filename, caption FROM images
```

可以使用 ch13 文件夹中的 mysqli_03.php 和 pdo_03.php 文件对此查询进行测试。

2. 更改结果集中记录的排列顺序

若要控制结果集中记录的排列顺序，需要在查询语句的后面添加 ORDER BY 子句，其中包含字段的名称，多个字段名按排序的优先级排列，并用逗号分隔。以下查询按字母顺序对 images 表中的标题进行排序(以下代码位于 mysqli_04.php 和 pdo_04.php 文件中)。

```
$sql = 'SELECT * FROM images ORDER BY caption';
```

■ **注意：**
分号是PHP语句的一部分，而不是SQL查询的一部分。

前面的查询产生如图 13-7 所示的输出。

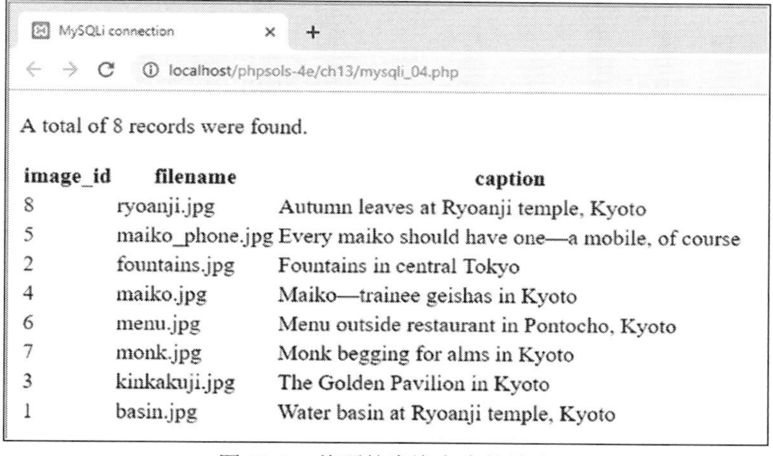

图 13-7 前面的查询产生的输出

要反转排序顺序，需要添加 DESC(表示“降序”)关键字(mysqli_05.php 和 pdo_05.php 文件中有一些示例)，如图 13-8 所示。

```
$sql = 'SELECT * FROM images ORDER BY caption DESC';
```

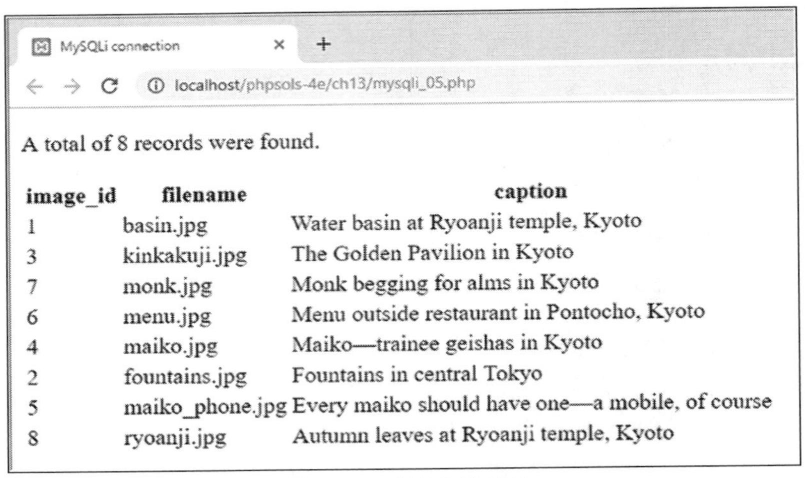

A total of 8 records were found.

image_id	filename	caption
1	basin.jpg	Water basin at Ryoanji temple, Kyoto
3	kinkakuji.jpg	The Golden Pavilion in Kyoto
7	monk.jpg	Monk begging for alms in Kyoto
6	menu.jpg	Menu outside restaurant in Pontocho, Kyoto
4	maiko.jpg	Maiko—trainee geishas in Kyoto
2	fountains.jpg	Fountains in central Tokyo
5	maiko_phone.jpg	Every maiko should have one—a mobile, of course
8	ryoanji.jpg	Autumn leaves at Ryoanji temple, Kyoto

图 13-8　反转排序顺序

还有一个 ASC(表示“升序”)关键字。它是默认的排序顺序，因此通常被忽略。

但是，当同一表中的字段按不同顺序排序时，指定 ASC 可以明确排序的差别。例如，如果每天发布多篇文章，则可以使用以下查询按字母顺序显示标题，但按发布日期排序，最新的文章排在第一位。

```
SELECT * FROM articles
ORDER BY published DESC, title ASC
```

3. 搜索特定值

若要搜索特定值，需要将 WHERE 子句添加到 SELECT 查询中。WHERE 子句跟在表名后面。例如，mysqli_06.php 和 pdo_06.php 文件中的查询如下所示。

```
$sql = 'SELECT * FROM images
WHERE image_id = 6';
```

■ **注意：**

SQL使用一个等号来测试两个值是否相等，而PHP使用两个等号。

该查询的输出如图 13-9 所示。

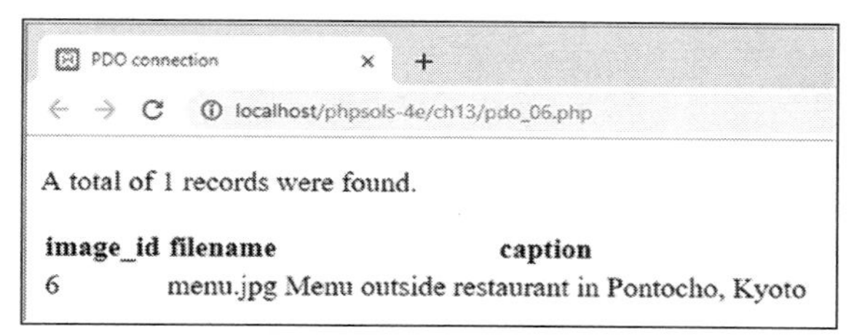

图 13-9 查询的输出结果

除了测试相等性之外，WHERE 子句还可以使用比较运算符，例如大于(>)和小于(<)。本书现在不介绍所有比较运算符，而是在需要使用时才进行介绍。第 15 章将对 4 个主要的 SQL 命令进行全面的介绍，分别是 SELECT、INSERT、UPDATE 和 DELETE 命令，并介绍与 WHERE 子句一起使用的多个主要比较运算符。

如果与 ORDER BY 结合使用，必须首先使用 WHERE 子句。例如(以下代码位于 mysqli_07.php 和 pdo_07.php 中文件)：

```
$sql = 'SELECT * FROM images
WHERE image_id > 5
ORDER BY caption DESC';
```

以上查询将选择 image_id 字段的值大于 5 的三个图像，并按其标题以字母降序进行排序。

4. 使用通配符搜索文本

在 SQL 中，百分号(%)是一个通配符，可以匹配任何内容，也可以不匹配任何内容。它在 WHERE 子句中与 LIKE 关键字一起使用。

mysqli_08.php 和 pdo_08.php 文件中的查询如下所示。

```
$sql = 'SELECT * FROM images
WHERE caption LIKE "%Kyoto%"';
```

它搜索 images 表中 caption 字段包含 Kyoto 的所有记录，并生成图 13-10 所示的结果。

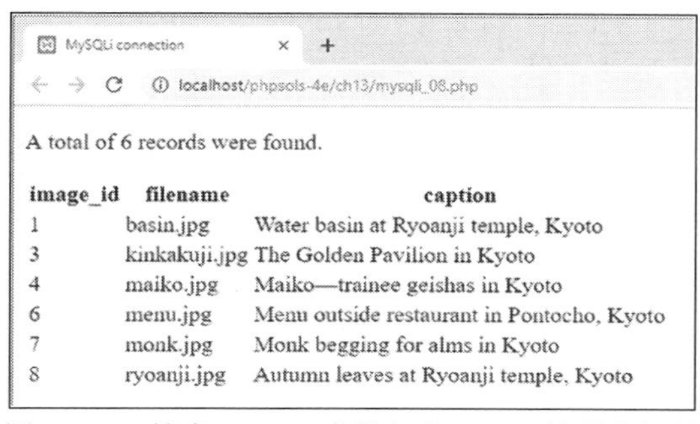

图 13-10 搜索 caption 字段包含 Kyoto 的所有记录

如图 13-10 所示，它在 images 表的 8 条记录中找到 6 条记录。所有标题都以 Kyoto 结尾，因此结尾的通配符不匹配任何内容，而开头的通配符匹配每个标题的其余部分。

如果省略前导通配符("Kyoto%")，则查询将搜索以 Kyoto 开头的标题，但没有标题以"Kyoto%"开头，因此搜索不会得到任何结果。

mysqli_09.php 文件和 pdo_09.php 文件中的查询如下所示。

```
$sql = 'SELECT * FROM images
WHERE caption LIKE "%maiko%"';
```

上述查询输出的结果如图 13-11 所示。

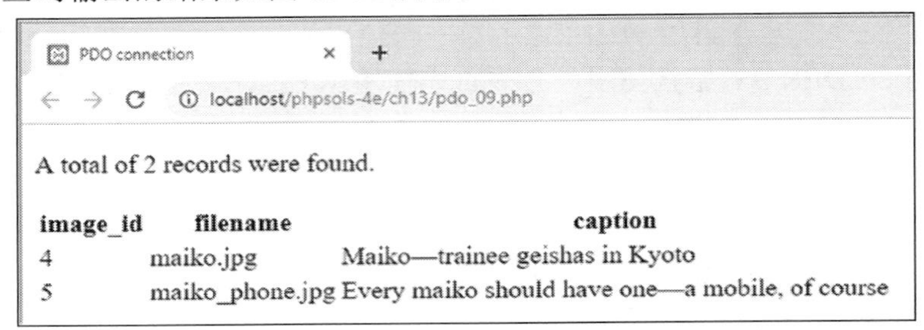

图 13-11　查询输出的结果

查询中的 maiko 全部是小写，但查询的结果中也包含了首字母大写的 Maiko。使用 LIKE 的搜索不区分大小写。

要执行区分大小写的搜索，需要添加 BINARY 关键字(以下代码位于 mysqli_10.php 和 pdo_10.php 文件中)，如下所示。

```
$sql = 'SELECT * FROM images
WHERE caption LIKE BINARY "%maiko%"';
```

到目前为止，本书介绍的所有示例都是硬编码的，但大多数情况下，SQL 查询中使用的值需要来自用户输入。除非小心处理，否则这会使你面临被称为 SQL 注入的风险，这种风险是一种恶意攻击。本章的其余部分将解释这种危险以及如何避免这种危险。

13.4　了解 SQL 注入的危险性

SQL 注入(SQL injection)与本书在第 6 章中警告过的电子邮件头注入非常相似。注入攻击试图在 SQL 查询中插入虚假条件，以暴露或损坏数据。以下查询的含义应易于理解。

```
SELECT * FROM users WHERE username = 'xyz' AND pwd = 'abc'
```

这是登录应用程序的基本查询模式。如果查询发现一条记录，其中 username 是 xyz，pwd 是 abc，那么可以判断已提交的用户名和密码组合是正确的，因此登录成功。攻击者需要做的只是注入一个额外的条件，如：

```
SELECT * FROM users WHERE username = 'xyz' AND pwd = 'abc' OR 1 = 1
```

OR 表示只需要有一个条件需要为 true，因此，即使没有正确的用户名和密码，登录也会成功。当查询的一部分来自变量或用户输入时，SQL 注入是否能影响查询取决于代码有没有对引号和其他控制字符正确地进行转义。

根据具体情况，可以采用以下几种策略来防止 SQL 注入。

- 如果变量是一个整数(例如，记录的主键)，则使用 is_numeric()函数和(int)强制转换运算符来确保在查询中插入它是安全的。
- 使用预先准备好的语句。在预先准备好的语句中，SQL 查询中的占位符表示来自用户输入的值。PHP 代码自动用引号封装字符串，并转义嵌入的引号和其他控制字符。MySQLi 和 PDO 的语法不同。
- 前面的策略都不适合字段名，字段名不能用引号括起来。若要将变量用于字段名，可以创建一个可接受值的数组，并在将提交的值插入查询之前检查其是否在数组中。

让我们看看如何使用这些技术。

▒ 注意：

本书没有将MySQLi的real_escape_string()方法或PDO的quote()方法作为防止SQL注入的技术，因为它们的保护作用都不是很可靠。使用预先准备好的语句将来自用户输入的值嵌入SQL查询中，这种处理方式比较可靠。

PHP 解决方案 13-6：将用户输入的整数插入查询

PHP 解决方案 13-6 展示如何清理来自用户输入的变量，以便在将变量的值插入 SQL 查询之前确保它只包含一个整数。MySQLi 和 PDO 使用的技术是相同的。

(1) 将 mysqli_integer_01.php 或 pdo_integer_01.php 文件从 ch13 文件夹复制到 mysqli 或 pdo 文件夹，并从文件名中删除_01。每个文件都包含一个 SQL 查询，该查询从 images 表中选择 image_id 和 filename 字段。在页面的主体中，有一个带有下拉列表框的表单，该下拉列表框中的数据项是通过循环读取 SQL 查询结果获取的。MySQLi 版本如下：

```
<form action="mysqli_integer.php" method="get">
    <select name="image_id">
    <?php while ($row = $images->fetch_assoc()) { ?>
        <option value="<?= $row['image_id'] ?>"
```

```
                <?php if (isset($_GET['image_id']) &&
                    $_GET['image_id'] == $row['image_id']) {
                    echo 'selected';
                } ?>
                ><?= safe($row['filename']) ?></option>
            <?php } ?>
        </select>
        <input type="submit" name="go" value="Display">
    </form>
```

表单使用 get 方法并将 image_id 字段的值赋给<option>标记的 value 属性。如果$_GET['image_id']元素的值与$row['image_id']元素的值相同，则当前的 image_id 与通过页面查询字符串传递的值相同，因此将 selected 属性添加到<option>的开始标记中。将$row['filename']元素的值插入<option>的开始标记和结束标记之间。

PDO 版本是相同的，只是它使用 PDO 的 fetch()方法直接在 foreach 循环中运行查询。

如果将页面加载到浏览器中，你将看到一个下拉列表框，其中列出了 images 文件夹中的文件，如图 13-12 所示。

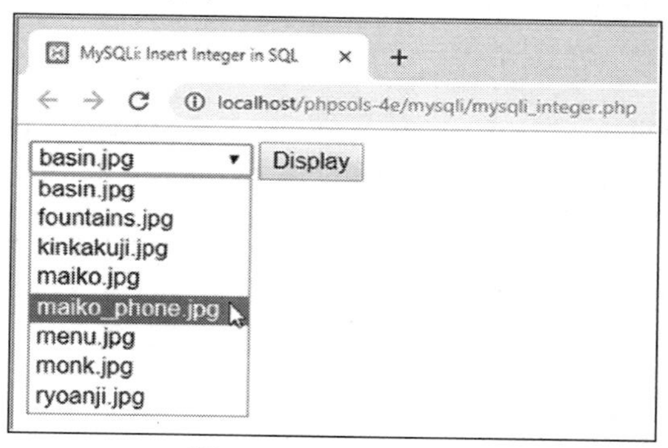

图 13-12　下拉列表框

(2) 在</form>结束标记后立即插入以下代码。除了一行代码外，MySQLi 和 PDO 的代码都是相同的。

```
<?php
if (isset($_GET['image_id'])) {
    $image_id = (int) $_GET['image_id'];
    $error = ($image_id === 0) ? true : false;
    if (!$error) {
        $sql = "SELECT filename, caption FROM images
                WHERE image_id = $image_id";
```

```
            $result = $conn->query($sql);
            $row = $result->fetch_assoc();
            ?>
            <figure><img src="../images/<?= safe($row['filename']) ?>">
                <figcaption><?= safe($row['caption']) ?></figcaption>
            </figure>
        <?php }
        if ($error) {
            echo '<p>Image not found</p>';
        }
    } ?>
```

条件语句检查$_GET 数组中是否包含 image_id。如果有，则使用(int)强制转换运算符将其分配给$image_id 变量。使用强制转换运算符有两个目的：防止通过提交浮点数尝试探测脚本中的错误消息，同时将非数值的内容转换为 0。

下一行代码使用三元运算符将$error 变量设置为 true 或 false，具体取决于$image_id 变量的值是否为 0。

如果$error 变量为 false，脚本将查询数据库并显示选定的图像和标题。因为你知道$image_id 是一个整数，所以直接插入 SQL 查询是安全的。因为它是一个数字，所以不需要用引号括起来，但是分配给$sql 变量的字符串需要使用双引号来确保将$image_id 的值插入查询中。

新查询通过 query()方法提交给 MySQL，结果存储在$row 变量中。最后，$row['filename']和$row['caption'] 元素用于在页面中显示图像及其标题。

但是，如果$error 变量为 true，则最后的条件语句将显示 Image not found。

▒ **提示：**

示例中选择使用一个单独的条件语句来显示Image not found消息，因为笔者计划稍后检查另一个错误，并希望使用同样的错误消息处理两种错误。

---

(3) 如果希望使用的是 PDO 版本，找到如下代码。

```
$row = $result->fetch_assoc();
```

将其修改为：

```
$row = $result->fetch();
```

(4) 保存页面并将其加载到浏览器中。页面首次加载时仅显示下拉列表框。

(5) 从下拉列表框中选择一个文件名，然后单击 Display 按钮。界面应显示所选择的图像，如图 13-13 所示。

图 13-13　界面显示所选择的图像

如果遇到问题，请对照 ch13 文件夹中的 mysqli_integer_02.php 或 pdo_integer_02.php 文件检查代码。

(6) 在浏览器中编辑查询字符串，将 image_id 的值更改为某个字符串。界面应该会显示 Image not found。但是，如果字符串以 1~8 的数字开头，则将看到与该数字相关的图像及其标题。

(7) 接下来尝试 1.0~8.9 的浮点数。相关图像依然能显示正常。

(8) 然后尝试 1~8 范围以外的数字。页面不会显示错误消息，因为查询没有问题。它只是在寻找一个不存在的值。在这个例子中，这不是重点。你只看到一个破碎的图像图标。但通常应该使用查询返回的记录数量，通过 MySQLi 对象的 num_rows 属性或 PDO 对象的 rowCount()方法可以获取这个值。

为 MySQLi 更改如下代码：

```
        $result = $conn->query($sql);
        if ($result->num_rows) {
            $row = $result->fetch_assoc();
            ?>
            <figure><img src="../images/<?= safe($row['filename']) ?>">
                <figcaption><?= safe($row['caption']) ?></figcaption>
            </figure>
        <?php } else { ?>
            $error = true;
              }
          }
        if ($error) {
            echo '<p>Image not found</p>';
        }
    } ?>
```

对于 PDO，使用$result->rowCount()替换$result->num_rows。

如果查询未返回任何行，PHP 将 0 视为隐式 false，因此条件失败，而执行 else 子句，将$error 设置为 true。

显示 Image not found 的条件语句可以移到 else 块中，但此脚本有几个嵌套条件。保持该条件语句的独立使阅读脚本和理解条件中的逻辑变得更容易。

(9) 再次测试页面。当从下拉列表框中选择一个图像时，它会像以前一样正常显示。但是，如果尝试在查询字符串中输入超出范围的值，则会看到图 13-14 所示的消息。

图 13-14　在查询字符串中输入超出范围的值时出现的消息

修改后的代码位于 ch13 文件夹中的 mysqli_integer_03.php 和 pdo_integer_03.php 文件中。

13.5　使用准备好的语句处理用户输入

MySQLi 和 PDO 都支持准备好的语句，这些语句提供了重要的安全特性。准备好的语句是 SQL 查询的模板，其中包含每个可变值的占位符。这不仅使在 PHP 代码中嵌入变量更加容易，而且还防止了 SQL 注入攻击，因为在执行查询之前，引号和其他字符会自动转义。

使用准备好的语句的其他优点是，当同一个查询被多次使用时，它们更有效。此外，还可以将 SELECT 查询的每一列的结果绑定到命名变量，从而更容易显示输出。

MySQLi 和 PDO 都使用问号作为匿名占位符，如下所示。

```
$sql = 'SELECT image_id, filename, caption FROM images WHERE caption
LIKE ?';
```

PDO 还支持使用命名占位符。命名占位符以冒号开头，后跟标识符，如下所示。

```
$sql = 'SELECT image_id, filename, caption FROM images WHERE caption
LIKE :search';
```

▩ **注意：**

不要使用引号将占位符括起来，即使它们代表的值是字符串。这使得构建SQL查询更加容易，因为不必担心单引号和双引号的正确组合。

占位符只能用于字段值。它们不能用于 SQL 查询的其他部分，例如字段名或运算符。这是因为在执行 SQL 时，包含非数字字符的值会自动转义并用引号括起来。字段名和运算符不能用引号括起来。

准备好的语句所涉及的代码比直接提交查询稍微多一些，但是占位符使 SQL 更易于阅读和编写，而且过程更安全。

MySQLi 和 PDO 的语法是不同的，因此下面的两个小节分别介绍它们的技术细节。

13.5.1 在 MySQLi 中将变量嵌入准备好的语句中

在 MySQLi 中使用准备好的语句需要几个阶段。

1. 初始化语句

要初始化准备好的语句，需要在数据库连接对象上调用 stmt_init()方法，该方法返回一个语句对象，如下所示。

```
$stmt = $conn->stmt_init();
```

2. 创建准备好的语句对象

然后将 SQL 查询传递给语句对象的 prepare()方法。这将检查 SQL 查询没有在错误的位置使用问号占位符，以及当所有内容都放在一起时，查询是否是有效的 SQL 语句。

如果有任何错误，prepare()方法返回 false，因此通常将下一步放在条件语句中，以确保它们仅在一切正常的情况下运行。

可以通过语句对象的 Error 属性访问错误消息。

3. 将值绑定到占位符

用变量中的实际值替换问号在技术上称为绑定参数。正是通过这个步骤实现保护数据库免受 SQL 注入的影响。

将变量按希望插入 SQL 查询的相同顺序传递给语句对象的 bind_param()方法，同时传递第一个参数，该参数指定每个变量的数据类型，顺序与变量的顺序相同。数据类型必须由以下 4 个字符之一指定。

- b：二进制(如图像、Word 文档或 PDF 文件)
- d：浮点数
- i：整数
- s：字符串(文本)

传递给 bind_param()方法的变量的数量必须与问号占位符的数量完全相同。例如，要将单个值作为字符串传递，需要使用以下命令。

```
$stmt->bind_param('s', $_GET['words']);
```

要传递两个值，SELECT 查询需要两个问号作为占位符，并且通过 bind_param()方法绑定两个变量，如下所示。

```
$sql = 'SELECT * FROM products WHERE price < ? AND type = ?';
$stmt = $conn->stmt_init();
$stmt->prepare($sql);
$stmt->bind_param('ds', $_GET['price'], $_GET['type']);
```

传递给 bind_param()方法的第一个参数是'ds'，该参数指定$_GET['price']元素为浮点数，$_GET['type']元素为字符串。

4. 执行语句

在准备好语句并将值绑定到占位符后，调用语句对象的 execute()方法。然后可以从语句对象获取 SELECT 查询的结果。对于其他类型的查询，处理过程到此结束。

5. 绑定结果(可选)

如果需要，可以使用 bind_result()方法将 SELECT 查询的结果绑定到变量。这样就不需要提取每一行，然后以$row['column_name']的形式访问结果。

要绑定结果，必须在 SELECT 查询中指定每个字段的名称。以相同的顺序列出要使用的变量，并将它们作为参数传递给 bind_result()方法。例如，假设已经编写了如下 SQL 语句。

```
$sql = 'SELECT image_id, filename, caption FROM images WHERE caption
LIKE ?';
```

要绑定查询的结果，需要使用以下代码。

```
$stmt->bind_result($image_id, $filename, $caption);
```

接下来可以通过读取变量$image_id、$filename 和$caption 的形式直接访问结果。

6. 存储结果(可选)

当用准备好的语句处理 SELECT 查询时，查询结果是不会缓存在本地的。这意味着结果将一直保留在数据库服务器上，直到读取它们时才会保存到本地。这样做的好处是需要更少的内存，特别是当结果集包含大量记录时。但是，不缓存结果存在以下限制。

- 一旦读取了结果，它们就不再存储在内存中。因此，不能多次使用同一结果集。
- 在读取或清除所有结果之前，不能在同一数据库连接上执行其他查询。
- 不能使用 num_rows 属性获取结果集中的记录数量。
- 不能使用 data_seek()方法指定访问结果集中的特定行。

为了避免这些限制，可以选择使用语句对象的 store_result()方法存储结果集。但是，如果只需要立即显示结果而不想稍后重用，则不必先存储结果。

> **注意：**
> 要清除未缓存的结果，需要调用语句对象的free_result()方法。

7. 获取结果

若要循环查看已通过准备好的语句执行的SELECT查询的结果，需要使用fetch()方法。如果已将结果绑定到变量，则按以下方式执行循环读取操作。

```
while ($stmt->fetch()) {
  // display the bound variables for each row
}
```

如果尚未将结果绑定到变量，需要首先执行$row = $stmt->fetch()语句，然后像访问$row['column_name']元素一样访问每个变量。

8. 关闭语句对象

在处理完准备好的语句后，调用 close()方法释放占用的内存。

9. PHP 解决方案 13-7：在 MySQLi 中使用准备好的语句进行查询

PHP 解决方案 13-7 演示如何在 MySQLi 中将准备好的语句与 SELECT 查询一起使用；同时还演示如何将结果绑定到命名变量。

(1) 从 ch13 文件夹复制 mysqli_prepared_01.php 文件，复制到 mysqli 文件夹并保存为 mysqli_prepared.php。该文件包含一个搜索表单和用于显示结果的表格。

(2) 在 DOCTYPE 声明上方的 PHP 代码块中，创建条件语句以包含 connection.php 和 utility_funcs. php 文件，并在搜索表单提交上来时创建一个只读连接。代码如下所示：

```
if (isset($_GET['go'])) {
    require_once '../includes/connection.php';
    require_once '../includes/utility_funcs.php';
    $conn = dbConnect('read');
}
```

(3) 接下来，在条件语句中添加 SQL 查询。查询需要指定需要从 images 表中检索的 3 个字段名。使用问号作为搜索词的占位符，如下所示。

```
$sql = 'SELECT image_id, filename, caption FROM images
      WHERE caption LIKE ?';
```

(4) 在将用户提交的搜索词传递给 bind_param()方法之前，需要向其添加通配符并将其分配给新变量，如下所示。

```
$searchterm = '%'. $_GET['search'] .'%';
```

(5) 现在可以创建准备好的语句。DOCTYPE 声明上方 PHP 代码块中的已完成代码如下所示。

```
if (isset($_GET['go'])) {
    require_once '../includes/connection.inc.php';
    $conn = dbConnect('read');
    $sql = 'SELECT image_id, filename, caption FROM images
            WHERE caption LIKE ?';
    $searchterm = '%'. $_GET['search'] .'%';
    $stmt = $conn->stmt_init();
    if ($stmt->prepare($sql)) {
      $stmt->bind_param('s', $searchterm);
      $stmt->execute();
      $stmt->bind_result($image_id, $filename, $caption);
      $stmt->store_result();
      $numRows = $stmt->num_rows;
  } else {
     $error = $stmt->error;
  }
}
```

上述代码首先初始化准备好的语句对象并将其分配给$stmt 变量。然后将 SQL 查询传递给该对象的 prepare()方法，该方法检查查询语法的有效性。如果语法有问题，else 块将错误消息分配给$error 变量。如果语法中没有错误，则执行条件语句中的其余脚本。

条件语句中的第一行代码将$searchterm 变量绑定到 SELECT 查询，替换问号占位符。第一个参数告诉准备好的语句将其视为字符串。

执行准备好的语句后，下一行代码将 SELECT 查询的结果绑定到$image_id、$filename 和$caption 变量。这 3 个变量作为参数传递的顺序必须与查询中的顺序相同。这里根据对应的字段名对变量进行命名，但是可以使用任何想要的变量名。

然后存储结果。注意，只需要调用语句对象的 store_result()方法即可存储结果。与使用 query()不同，不需要将 store_result()方法的返回值赋给变量。调用该方法后，它只会返回 false 或 true，取决于存储结果是否成功。

最后，从语句对象的 num_rows 属性中获取查询检索到的记录数，并存储在$numRows 变量中。

(6) 在<body>开始标记之后添加一个条件语句，以便在出现问题时显示错误消息。

```
<?php
if (isset($error)) {
    echo "<p>$error</p>";
}
?>
```

(7) 在搜索表单后添加以下代码以显示结果。

```
<?php if (isset($numRows)) { ?>
    <p>Number of results for <b><?= safe($_GET['search']) ?></b>:
        <?= $numRows ?></p>
    <?php if ($numRows) { ?>
        <table>
            <tr>
                <th>image_id</th>
                <th>filename</th>
                <th>caption</th>
            </tr>
            <?php while ($stmt->fetch()) { ?>
                <tr>
                    <td><?= $image_id ?></td>
                    <td><?= safe($filename) ?></td>
                    <td><?= safe($caption) ?></td>
                </tr>
            <?php } ?>
        </table>
    <?php }
} ?>
```

第一个条件语句被包裹在段落和表格中，如果$numRows 变量不存在，则不显示表格——第一次加载页面时会出现这种情况。如果表单已提交，代码中会设置$numRows 变量，因此将重新显示搜索词，$numRows 变量的值指示匹配的记录数量。

如果查询没有返回结果，$numRows 变量为 0，则视为 false，因此不显示表。如果$numRows 变量包含除 0 以外的任何内容，则显示该表。显示结果的 while 循环调用准备好的语句对象的 fetch()方法。不需要将当前记录存储为$row 变量，因为每个字段的值都绑定到$image_id、$filename 和$caption 变量。

(8) 保存页面并将其加载到浏览器中。在 Search 字段中输入一些文本，然后单击 Search 按钮。结果记录的数量和标题字段中包含搜索词的所有记录将一起显示，如图 13-15 所示。

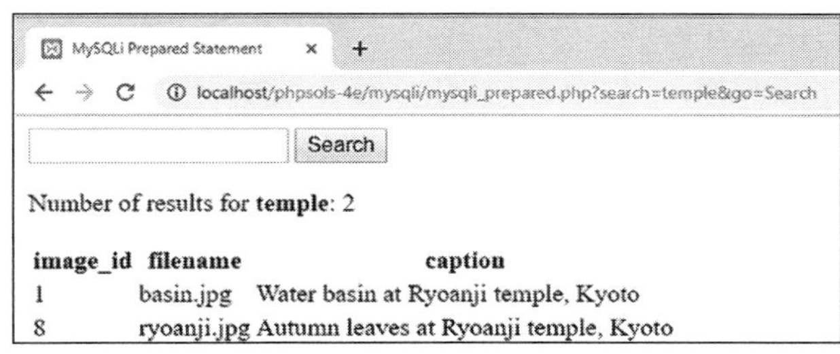

图 13-15　显示记录的数量和搜索词的所有记录

可以将代码与 ch13 文件夹中的 mysqli_prepared_02.php 文件进行比较。

13.5.2　在 PDO 中将变量嵌入准备好的语句中

PDO 中准备好的语句提供了匿名和命名占位符的选择。

1. 使用匿名占位符

匿名占位符使用问号的方式与 MySQLi 完全相同。

```
$sql = 'SELECT image_id, filename, caption FROM images WHERE caption
LIKE ?';
```

2. 使用命名占位符

命名占位符以冒号开始，如下所示。

```
$sql = 'SELECT image_id, filename, caption FROM images WHERE caption
LIKE :search';
```

使用命名占位符使代码更容易理解，特别是如果能基于待嵌入 SQL 语句的变量选择名称时，代码可读性更好；待嵌入的变量包含了真正要嵌入的值。

3. 创建准备好的语句对象

准备和初始化语句对象只需一步(与 MySQLi 不同，MySQLi 需要两步)。将带有占位符的 SQL 直接传递给连接对象的 prepare()方法，该方法返回已准备好的语句对象，如下所示。

```
$stmt = $conn->prepare($sql);
```

4. 将值绑定到占位符

有几种不同的方法可以将值绑定到占位符。使用匿名占位符时，最简单的方法是按照与占位符相同的顺序创建一个值数组，然后将该数组传递给语句对象的 execute()方法。即使只有一个占位符，也必须使用数组。例如，要将$searchterm 变量绑定到单个匿名占位符，必须将其括在一对方括号中，如下所示。

```
$stmt->execute([$searchterm]);
```

也可以用类似的方式将值绑定到命名占位符，但传递给 execute()方法的参数必须是关联数组，使用命名占位符作为每个值的键。因此，下面将$searchterm 变量绑定到:search 命名占位符。

```
$stmt->execute([':search' => $searchterm]);
```

或者，可以在调用 execute()方法之前使用语句对象的 bindParam()和 bindValue()方法绑定值。当与匿名占位符一起使用时，两个方法的第一个参数都是一个数字，从 1 开始，表示占位符在 SQL 中的位置。对于命名占位符，第一个参数是作为字符串命名的占位符。第二个参数是要在查询中插入的值。

然而，这两种方法有一个微妙的区别。

- 对于 bindParam()方法，第二个参数必须是变量。它不能是字符串、数字或任何其他类型的表达式。
- 对于 bindValue()方法，第二个参数应该是字符串、数字或表达式，但也可以是变量。

由于 bindValue()方法接收任何类型的值，bindParam()方法可能看起来是多余的。不同之处在于，传递给 bindValue()方法的参数值必须是已知的，因为它绑定实际值，而 bindParam()方法只绑定变量。因此，该值可以稍后分配给变量。

为了说明区别，让我们使用前面介绍的 SELECT 查询，:search 占位符跟在 LIKE 关键字后面，因此需要将值绑定到该通配符。尝试执行以下操作将产生错误：

```
// This will NOT work
$stmt->bindParam(':search', '%'. $_GET['search'] .'%');
```

不能使用 bindParam()方法将通配符连接到变量。在将变量作为参数传递之前，需要添加通配符，如下所示。

```
$searchterm = '%'. $_GET['search'] .'%';
$stmt->bindParam(':search', $searchterm);
```

或者，可以构建表达式作为 bindValue()方法的参数。

```
// This WILL work
$stmt->bindValue(':search', '%'. $_GET['search'] .'%');
```

bindParam()和 bindValue()方法接收可选的第三个参数：指定数据类型的常量。主要常量如下所示。

- PDO::PARAM_INT：整数
- PDO::PARAM_LOB：二进制(如图像、Word 文档或 PDF 文件)
- PDO::PARAM_STR：字符串(文本)
- PDO::PARAM_BOOL：布尔值(true 或 false)
- PDO::PARAM_NULL：null

如果要将数据库字段的值设置为 null，需要使用 PDO::PARAM_NULL。例如，如果主键是自动递增的，则在插入新记录时需要传递 null 作为值。如下代码使用 bindValue()方法将名为:id 的命名参数设置为 null。

```
$stmt->bindValue(':id', NULL, PDO::PARAM_NULL);
```

■ 注意：

没有表示浮点数PDO常量。

---

5. 执行语句

如果使用 bindParam()或 bindValue()方法将值绑定到占位符，则只需要调用 execute()方法而不使用参数。

```
$stmt->execute();
```

否则，按前面的章节所述传递值数组。在这两种情况下，查询结果都存储在$stmt 语句对象中。

错误消息的访问方式与 PDO 连接相同。但是，不要在连接对象上调用 errorInfo()方法，而是在 PDO 语句对象上调用它，如下所示。

```
$error = $stmt->errorInfo()[2];
```

如果没有错误，$error 变量为空。否则，它将包含描述问题的字符串。

6. 绑定结果(可选)

要将 SELECT 查询的结果绑定到变量，需要使用 bindColumn()方法分别绑定每个字段，该方法接收两个参数。第一个参数可以是字段的名称，也可以是从 1 开始计数的字段数。这个数字来自它在 SELECT 查询中的位置，而不是它在数据库表中出现的顺序。因此，要在我们一直使用的 SQL 示例中将 filename 字段的结果绑定到$filename 变量，以下两种操作都是可以的。

```
$stmt->bindColumn('filename', $filename);
$stmt->bindColumn(2, $filename);
```

因为每个字段都是单独绑定的，所以不需要绑定所有字段。但是，这样做更方便，因为它避免了将 fetch()方法的结果分配给数组的过程。

7. 获取结果

要获取 SELECT 查询的结果，需要调用语句对象的 fetch()方法。如果已经使用 bindColumn()方法将查询结果绑定到变量，则可以直接使用这些变量。否则，它将返回当前行的数组，该数组以字段名和从零开始的字段编号为索引。

注意：

通过将常量作为参数传递，可以控制PDO fetch()方法的输出类型。详细说明请参阅https://php.net/manual/en/pdostatement.fetch.php。

---

8. PHP 解决方案 13-8：在 PDO 中使用准备好的语句进行查询

PHP 解决方案 13-8 展示如何将用户提交的搜索表单值嵌入带有 PDO 准备语句的 SELECT 查询中。它使用与 PHP 解决方案 13-7 中 MySQLi 版本相同的搜索表单。

(1) 从 ch13 文件夹复制 pdo_prepared_01.php 文件，复制到 pdo 文件夹中并重命名为 pdo_prepared.php。

(2) 在 DOCTYPE 声明上方的 PHP 代码块中添加以下代码。

```
if (isset($_GET['go'])) {
    require_once '../includes/connection.php';
    require_once '../includes/utility_funcs.php';
    $conn = dbConnect('read', 'pdo');
    $sql = 'SELECT image_id, filename, caption FROM images
            WHERE caption LIKE :search';
    $stmt = $conn->prepare($sql);
    $stmt->bindValue(':search', '%' . $_GET['search'] . '%');
    $stmt->execute();
    $error = $stmt->errorInfo()[2];
    if (!$error) {
        $stmt->bindColumn('image_id', $image_id);
        $stmt->bindColumn('filename', $filename);
        $stmt->bindColumn(3, $caption);
        $numRows = $stmt->rowCount();
    }
}
```

提交表单时，上述代码包含连接文件并创建 PDO 只读连接。准备好的语句使用:search 作为命名参数来代替用户提交的值。

%通配符在与搜索词连接的同时将搜索词绑定到准备好的语句。因此，只能使用 bindValue()方法，不能使用 bindParam()方法。

执行查询语句后，将调用语句对象的 errorInfo()方法，查看是否生成了错误消息；如果生成了错误消息，该消息存储在$errorInfo[2]元素中。

如果没有问题，则使用 bindColumn()方法将结果绑定到$image_id、$filename 和$caption 变量。前两个变量使用字段名，但第三个变量通过 caption 字段在 SELECT 查询中的位置(从 1 开始计数)指定。

(3) 显示结果的代码与 PHP 解决方案 13-7 中步骤(6)和(7)中的代码相同。可以在 ch13 文件夹中的 pdo_prepared_02.php 文件中检查完整的代码。

9. PHP 解决方案 13-9：在 PDO 中调试准备好的语句

有时，数据库查询产生的结果不符合预期。发生这种情况时，能查看脚本发送到数据库服务器的 SQL 语句的准确内容是很有用的。在 MySQLi 中，没有简单的方法可以通过准备好的语句检查插入 SQL 查询中的值。但是使用 PDO，如果你的服务器运行 PHP 7.2 或更高版本的话，查看 SQL 语句的准确内容是非常容易的。

(1) 继续使用 PHP 解决方案 13-8 中的 pdo_prepared.php 文件。或者，将 pdo_prepared_02.php 文件从 ch13 文件夹复制到 pdo 文件夹，并将其重命名为 pdo_prepared.php。

(2) 修改</table>结束标签之后的代码，如下所示。

```
        </table>
    <?php }
    echo '<pre>';
    $stmt->debugDumpParams();
    echo '</pre>';
}
?>
```

代码插入一对<pre>标记，以便展示调用 PDOStatement 对象的 debugDumpParams()方法的输出。

(3) 保存文件，将其加载到浏览器中，然后执行搜索。除了搜索结果外，还应看到类似于图 13-16 所示的输出。

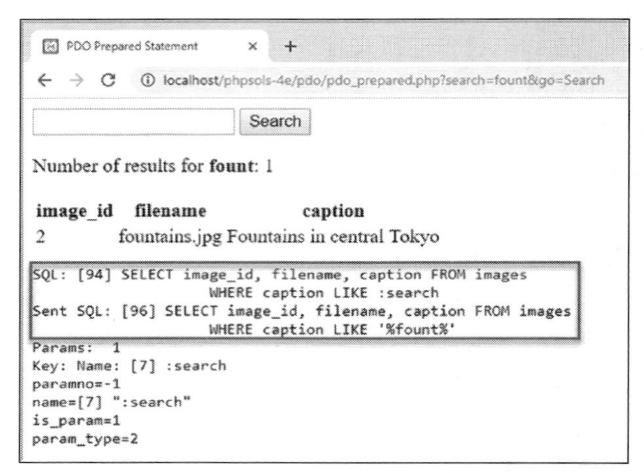

图 13-16　输出结果

SQL 查询将显示两次。在本例中，第一次显示 PHP 代码中的 SQL 查询，包括命名参数:search。第二次显示发送到数据库服务器的、包含实际值的 SQL 查询。

在本例中，搜索 fount 的结果是一条标题字段包含 Fountains 的记录，如果这是你所期望的，那就没问题了。但是，假设只需要精确匹配的记录，那么看到%通配符就能知道问题的原因是什么，这样就可以更容易地对准备好的语句进行调试，找出返回结果不符合预期的原因。

可以将代码与 ch13 文件夹中的 pdo_prepared_03.php 文件内的代码进行比较。

警告：

在调用 debugDumpParams()方法之前调用 execute()方法是很重要的。7.2 版之前的 PHP 版本只显示带有匿名或命名参数的准备好的语句。

---

10. PHP 解决方案 13-10：通过用户输入更改字段选项

PHP 解决方案 13-10 展示如何通过用户输入更改 SELECT 查询中 SQL 关键字的名称。SQL 关键字不能用引号括起来，因此使用准备好的语句将不起作用。相反，需要确保用户输入与预期的值匹配，这些值存储在一个数组中。如果找不到匹配项，需要使用默认值。MySQLi 和 PDO 的技术是相同的。

(1) 从 ch13 文件夹复制 mysqli_order_01.php 或 pdo_order_01.php 文件，并将其保存在 mysqli 或 pdo 文件夹中。两个版本都从 images 表中选择所有记录并在表中显示结果。页面还包含一个表单，允许用户选择字段的名称，查询结果将根据这个字段以升序或降序排序。在初始状态下，表单处于非活动状态。页面按 image_id 升序显示详细信息，如图 13-17 所示。

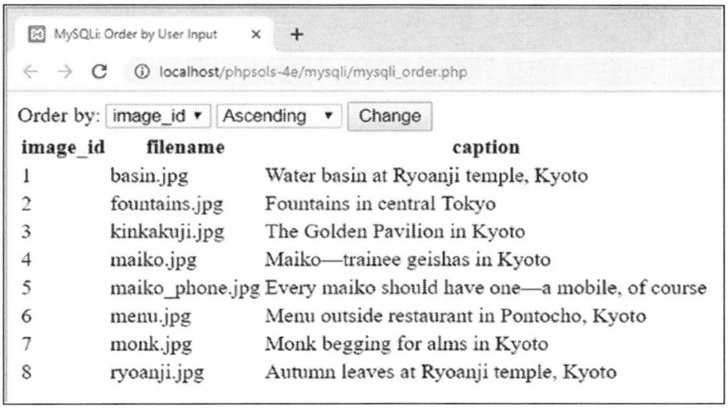

MySQLi: Order by User Input

localhost/phpsols-4e/mysqli/mysqli_order.php

Order by: image_id ▾ Ascending ▾ Change

image_id	filename	caption
1	basin.jpg	Water basin at Ryoanji temple, Kyoto
2	fountains.jpg	Fountains in central Tokyo
3	kinkakuji.jpg	The Golden Pavilion in Kyoto
4	maiko.jpg	Maiko—trainee geishas in Kyoto
5	maiko_phone.jpg	Every maiko should have one—a mobile, of course
6	menu.jpg	Menu outside restaurant in Pontocho, Kyoto
7	monk.jpg	Monk begging for alms in Kyoto
8	ryoanji.jpg	Autumn leaves at Ryoanji temple, Kyoto

图 13-17　页面按 image_id 升序显示详细信息

(2) 修改 DOCTYPE 声明上方 PHP 代码块中的代码，如下所示(以下代码显示了 PDO 版本，但粗体突出显示的代码对 MySQLi 同样适用)。

```
require_once '../includes/connection.php';
require_once '../includes/utility_funcs.php';
// connect to database
$conn = dbConnect('read', 'pdo');
// set default values
$col = 'image_id';
$dir = 'ASC';
// create arrays of permitted values
$columns = ['image_id', 'filename', 'caption'];
$direction = ['ASC', 'DESC'];
// if the form has been submitted, use only expected values
if (isset($_GET['column']) && in_array($_GET['column'], $columns)) {
    $col = $_GET['column'];
}
if (isset($_GET['direction']) && in_array($_GET['direction'], $direction)) {
    $dir = $_GET['direction'];
}
// prepare the SQL query using sanitized variables
$sql = "SELECT * FROM images
        ORDER BY $col $dir";
// submit the query and capture the result
$result = $conn->query($sql);
$error = $conn->errorInfo()[2];
```

新代码定义了两个变量$col 和$dir，它们直接嵌入 SELECT 查询中。由于已为它们分配了默认值，因此当页面首次加载时，查询将按 image_id 字段以升序显示结果。

接下来定义了两个数组$columns 和$direction，其中包含两组允许的值：字段名以及 ASC 或 DESC 关键字。条件语句使用这两个数组来检查$_GET 数组是否包含预期的 column 和 direction 值。仅当提交的值分别与$columns 和$direction 数组中的值匹配时，才会将它们重新分配给$col 和$dir 变量。这可以防止任何尝试将非法值注入 SQL 查询的行为。

(3) 编辑下拉列表框中的<option>标记，使其显示$col 和$dir 变量中包含的选定值，如下所示。

```
<select name="column" id="column">
    <option <?php if ($col == 'image_id') echo 'selected'; ?>
       >image_id</option>
    <option <?php if ($col == 'filename') echo 'selected'; ?>
       >filename</option>
    <option <?php if ($col == 'caption') echo 'selected'; ?>
       >caption</option>
</select>
<select name="direction" id="direction">
    <option value="ASC" <?php if ($dir == 'ASC') echo 'selected'; ?>
       >Ascending</option>
    <option value="DESC" <?php if ($dir == 'DESC') echo 'selected'; ?>
       >Descending</option>
</select>
```

(4) 保存页面并在浏览器中进行测试。从下拉列表框中选择不同的排序方式，单击 Change 按钮查看显示结果的排序方式是否会发生改变。但是，如果试图通过查询字符串注入非法值，则页面将使用$col 和$dir 变量的默认值，按 image_id 字段以升序排序显示结果。

可以对照 ch13 文件夹中的 mysqli_order_02.php 和 pdo_order_02.php 文件来检查代码。

13.6 本章回顾

PHP 7 提供了两种与 MySQL 通信的方法。

- **MySQL Improved(MySQLi)扩展**：建议所有新的 MySQL 项目都使用此扩展。它比从 PHP 7 中删除的 MySQL 扩展更加高效。它增强了准备好的语句的安全性，并且与 MariaDB 完全兼容。

- **PHP 数据对象(PDO)抽象层，与数据库无关：**这是笔者与数据库通信的首选方法。它不仅与数据库无关，还具有在准备好的语句中使用命名参数的优点，使代码更易于阅读和理解。此外，在 PHP 7.2 和更高版本中调试准备好的语句非常简单。尽管代码与数据库无关，但 PDO 要求为所选数据库安装正确的驱动程序。MySQL 的驱动程序与 MariaDB 完全兼容，并且通常都会安装好。其他驱动程序不太常见。但是，如果安装了正确的驱动程序，则只需要更改连接字符串中的数据源名称(DSN)即可从一个数据库切换到另一个数据库。

尽管 PHP 能与数据库通信并存储结果，但查询需要使用 SQL(用于查询关系数据库的标准语言)编写。本章介绍了如何使用 SELECT 语句检索存储在数据库表中的信息，使用 WHERE 子句优化搜索，并使用 ORDER BY 子句更改排序顺序。本章还介绍了一些保护查询不受 SQL 注入影响的技术，包括准备好的语句，其中使用占位符而不是直接在查询中嵌入变量。

在第 14 章中，我们将实际使用这些知识创建一个在线照片库。

第 14 章

创建动态图片库

第 13 章主要介绍从 images 表中提取文本内容。本章以这些技术为基础，开发如图 14-1 所示的迷你图片库。

图 14-1　基于从数据库中提取的信息生成的迷你图片库

图片库页面还演示了一些很酷的功能，也可以将这些功能合并到文本驱动的页面中。例如，左边的缩略图网格每行显示两幅图像。只要更改两个数字，就可以使网格按你的希望显示更多行和列。单击其中一幅缩略图将替换主图像和标题。相同的页面会在浏览器中重新加载，这种技术与创建联机目录的技术完全相同，这些目录会将你带到另一个页面，其中包含有关产品的更多详细信息。缩略图网格底部的 Next 链接向你显示下一组照片，所使用的技术与分页显示记录数量很多的搜索结果使用的技术完全相同。

本章内容：

- 为什么将图像存储在数据库中是个坏主意，以及应该怎样做
- 规划动态图片库的布局

- 在表格行中显示固定数量的结果
- 限制每次检索的记录数量
- 分页显示记录数量很多的查询结果

14.1 不在数据库中存储图像的原因

images 表包含文件名和标题，但不包含图像本身。即使可以在数据库中存储二进制对象，例如图像，但笔者不打算这样做，原因很简单，因为这样做带来的好处远没有麻烦多。主要问题如下：

- 如果不单独存储文本信息，则无法索引或搜索图像。
- 图像通常很大，使表的存储空间迅速膨胀。如果数据库的存储空间有限制，则可能会耗尽空间。
- 如果频繁删除图像，会形成很多碎片化的表空间，从而会影响性能。
- 从数据库检索图像涉及将图像传递给一个单独的脚本，从而减慢图片在网页上的显示速度。

将图像存储在网站上的普通文件夹中并使用数据库获取有关图像的信息更为有效。只需要保存文件名和标题两条信息，这些信息也可以用作 HTML image 元素的 alt 属性的值。有些开发人员将完整的图像路径存储到数据库中，但笔者认为只存储文件名会带来更大的灵活性。images 文件夹的路径将嵌入 HTML 中。不需要存储图像的高度和宽度。正如在第 5 章和第 10 章中介绍的，可以使用 PHP 的 getimagesize()函数动态生成该信息。

14.2 规划画廊

笔者发现设计数据库驱动网站的最佳方法是从静态页面开始，并用作为占位符的文本和图像填充页面。然后创建 CSS 规则以使页面按希望的样子展示，最后用 PHP 代码替换每个占位符元素。每次更换一些内容时，笔者都会在浏览器中检查页面，以确保所有内容的布局没有发生变化。

图 14-2 显示了笔者制作的图片库的静态模型，并指出了需要转换为动态代码的元素。这些图像与第 5 章中用于随机图像生成器的图像相同，而且所有图像的大小都不相同。笔者尝试通过按比例缩放图像来创建缩略图，但发现结果看起来太不规整，所以将缩略图设置为标准大小(80×54 像素)。另外，为了让生活更简单，保持每幅缩略图与原始尺寸图像的名称相同，并将它们存储在 images 文件夹的子文件夹中，该子文件夹名为 thumbs。

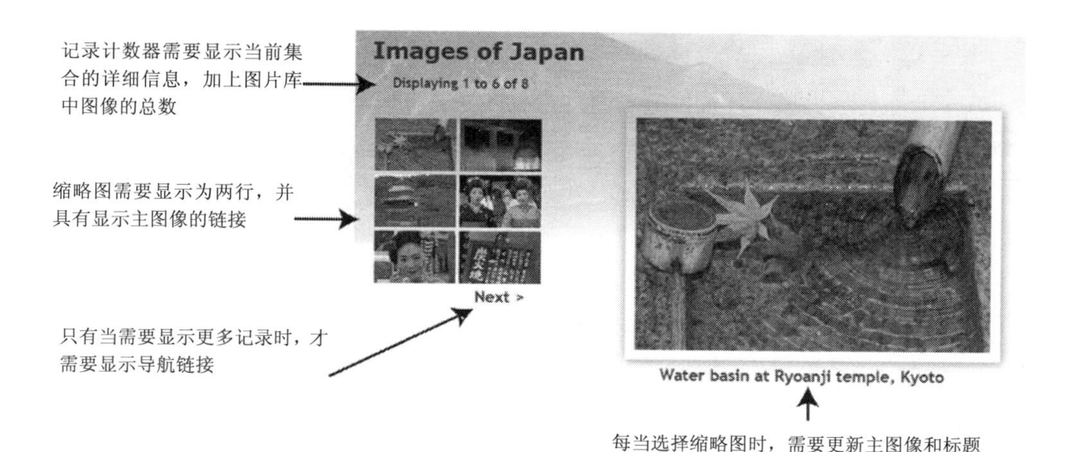
记录计数器需要显示当前集合的详细信息，加上图片库中图像的总数
Images of Japan
Displaying 1 to 6 of 8
缩略图需要显示为两行，并具有显示主图像的链接
Next >
只有当需要显示更多记录时，才需要显示导航链接
Water basin at Ryoanji temple, Kyoto
每当选择缩略图时，需要更新主图像和标题

图 14-2　标记将静态图片库转换为动态图片库所需执行的操作

在前一章中，显示 images 表的内容很简单。创建了一个表，每个字段的内容位于单独的单元格中。通过遍历结果集，模拟数据库表的列结构，将每条记录都显示在自己的行上。在图片库中，缩略图网格的两列结构不再与数据库结构匹配。在创建下一行之前，需要计算一行中插入了多少个缩略图。

一旦确定了需要做什么，我们接下来将为缩略图 2~6 和导航链接添加代码。下面的代码显示了 gallery.php 文件的<main>元素中剩下的内容，需要转换为 PHP 代码的元素以粗体突出显示(可以在 ch14 文件夹的 gallery_01.php 文件中找到代码)。

```
<main>
    <h2>Images of Japan</h2>
    <p id="picCount">Displaying 1 to 6 of 8</p>
    <div id="gallery">
        <table id="thumbs">
            <tr>
                <!-- This row needs to be repeated -->
                <td><a href="gallery.php"><img
            src="images/thumbs/basin.jpg" alt=""
                    width="80" height="54"></a></td>
            </tr>
              <!-- Navigation link needs to go here -->
        </table>
        <figure id="main_image">
          <img src="images/basin.jpg" alt="" width="350" height="237">
          <figcaption>Water basin at Ryoanji temple, Kyoto</figcaption>
        </figure>
```

```
    </div>
  </main>
```

14.3 将图片库静态页面上的元素转换为 PHP

在显示图片库的内容之前，需要连接到 phpsols 数据库并检索存储在 images 表中的所有记录。执行此操作的过程与上一章相同，使用以下简单的 SQL 查询。

```
SELECT filename, caption FROM images
```

然后，可以使用第一条记录显示第一张图像及其关联的标题和缩略图。这个过程不需要 image_id 字段。

PHP 解决方案 14-1：显示第一幅图像

如果你在第 5 章中创建了 Japan Journey 网站，则可以直接使用原来的 gallery.php 文件。或者，从 ch14 文件夹复制 gallery_01.php 文件，并将其保存在 phpsols-4e 网站根目录中，重命名为 gallery.php。还需要将 title.php、menu.php 和 footer.php 文件复制到 phpsols-4e 网站的 includes 文件夹中。如果编辑程序询问是否要更新文件中的链接，请选择“不更新”选项。

(1) 将 gallery.php 加载到浏览器中以确保其正确显示。页面的主要部分应该如图 14-3 所示，有一个缩略图和一个相同图像的大尺寸版本。

图 14-3 静态图片库的精简版本已为转换做好准备

(2) 图片库依赖于与数据库的连接，因此包含 connection.php 文件，创建到 phpsols 数据库的只读连接，并定义 SQL 查询。在 gallery.php 文件中 DOCTYPE 声明上方的 PHP 结束标记之前添加以下代码(新代码以粗体突出显示)。

```
include './includes/title.php';
require_once './includes/connection.php';
require_once './includes/utility_funcs.php';
$conn = dbConnect('read');
$sql = 'SELECT filename, caption FROM images';
```

如果使用的是 PDO，请将 pdo 作为第二个参数添加到 dbConnect()函数中。

(3) 提交查询和从结果中提取第一条记录的代码取决于所使用的连接方法。对于 MySQLi，代码如下所示。

```
// submit the query
$result = $conn->query($sql);
if (!$result) {
    $error = $conn->error;
} else {
    // extract the first record as an array
    $row = $result->fetch_assoc();
}
```

对于 PDO，需要使用以下代码。

```
// submit the query
$result = $conn->query($sql);
// get any error messages
$error = $conn->errorInfo()[2];
if (!$error) {
    // extract the first record as an array
    $row = $result->fetch();
}
```

要在加载页面时显示第一幅图像，需要在创建最终显示缩略图网格的循环之前检索结果中的第一条记录。以上 MySQLi 和 PDO 的代码都提交查询，提取第一条记录，并将其存储在$row 变量中。

(4) 现在，第一条记录对应的图像的详细信息已存储在$row['filename']和$row['caption']元素中。除了文件名和标题外，还需要图像原始版本的尺寸，以便在页面的主体中显示。在读取结果中第一条记录的代码之后立即在 else 块中添加以下代码。

```
// get the name and caption for the main image
$mainImage = safe($row['filename']);
```

```
$caption = safe($row['caption']);
// get the dimensions of the main image
$imageSize = getimagesize('images/'.$mainImage)[3];
```

使用前面章节中定义的 safe()函数清理数据库中的文本值。

如第 10 章所述，getimagesize()函数返回一个数组，其中的第四个元素包含一个字符串，该字符串包含图像的宽度和高度，可以插入<img>标记。我们只对第四个元素感兴趣，因此可以使用第 7 章介绍的数组解引用技术。在 getimagesize()函数的右括号后添加[3]只返回数组的第四个元素，该元素被分配给$imageSize 变量。

(5) 现在可以使用此信息动态显示缩略图、主图像和标题。主图像和缩略图具有相同的名称，但是我们最终希望通过循环整个结果集来显示所有缩略图。因此，嵌入表单元格中的动态代码需要引用当前记录，换句话说，引用$row['filename']和$row['caption']元素，而不是$mainImage 和$caption 变量。它们也需要通过传递给 safe()函数来进行清理。稍后你将看到为什么示例中将第一条记录的值分配给单独的变量。修改表格中的代码，如下所示。

```
<td><a href="gallery.php">
   <img src="images/thumbs/<?= safe($row['filename']); ?>"
      alt="<?= safe($row['caption']); ?>" width="80"
height="54"></a></td>
```

(6) 如果查询有问题，需要检查$error 变量是否等于 true，并不再显示图片库。在<h2>Images of Japan</h2>之后立即添加包含以下条件语句的 PHP 块。

```
<?php if (isset($error)) {
   echo "<p>$error</p>";
} else {
?>
```

提示：

虽然步骤(3)中PDO版本的脚本为$error分配了一个值，但是在这里可以使用isset($error)函数，因为，如果查询成功执行，则该值为null。将null传递给isset()函数返回false。

---

(7) 在</main>结束标记之前插入新行(在第 55 行前后)，并添加一个 PHP 块和 else 块的右大括号。

```
<?php } ?>
```

(8) 保存 gallery.php 文件并在浏览器中查看。它应该与图 14-3 相同。唯一的区别是缩略图及其 alt 属性的值是动态生成的。可以通过查看源代码来验证这一点。

原始静态页面中 img 元素的 alt 属性为空，但如图 14-4 所示，它现在包含第一条记录的标题。

```
26                  <tr>
27                      <!--This row needs to be repeated-->
28                      <td><a href="gallery.php">
29                              <img src="images/thumbs/basin.jpg"
30                                  alt="Water basin at Ryoanji temple, Kyoto"
31                                  width="80" height="54"></a></td>
32                  </tr>
```

图 14-4　包含第一条记录的标题

如果出现问题，请确保在图像的 src 属性中静态和动态生成的文本之间没有空格。还要检查是否使用了与数据库创建的连接类型对应的正确代码。可以对照 ch14 文件夹中的 gallery_mysqli_02.php 或 gallery_pdo_02.php 文件检查代码。

(9) 一旦确认从数据库中提取了详细信息，就可以修改主图像的代码，如下所示(新代码为粗体)。

```
<figure id="main_image">
    <img src="images/<?= $mainImage ?>" alt="<?= $caption ?>"
        <?= $imageSize ?>></p>
    <figcaption><?= $caption ?></figcaption>
</figure>
```

$mainImage 和$caption 变量不需要传递给 safe()函数，因为它们已经在步骤(4)中进行了清理。

$imageSize 变量插入一个字符串，该字符串包含主图像的正确的 width 和 height 属性。

(10) 再次测试页面。它看起来应该与图 14-3 相同，但是图像和标题是从数据库中动态获取的，getimagesize()函数计算主图像的正确尺寸。可以对照 ch14 文件夹中的 gallery_mysqli_03.php 或 gallery_pdo_03.php 文件检查代码。

14.4　构建动态元素

转换静态页面后的第一个任务是显示所有缩略图，然后构建动态链接，使页面能够在用户单击任何缩略图时显示其对应的原始尺寸版本的大图像。显示所有缩略图很简单，只需要循环读取查询结果(稍后我们将研究如何将它们显示为两列)。激活每个缩略图的链接需要更多的思考。我们需要一种方法来告诉页面要显示哪个大图像。

14.4.1　通过查询字符串传递信息

在上一小节中，我们使用$mainImage 变量标识大图像，因此需要一种方法在单击缩略图时更改该变量的值。解决方案是将图像的文件名添加到链接中 URL 末尾的查询字符串中，如下所示。

```
<a href="gallery.php?image=filename">
```

然后，可以检查$_GET 数组是否包含名为 image 的元素。如果是，则更改$mainImage 变量的值。如果没有，则保留$mainImage 变量的值为结果集中第一条记录的文件名。

PHP 解决方案 14-2：激活缩略图

继续使用与上一节中相同的文件。或者，将 gallery_mysqli_03.php 或 gallery_pdo_03.php 文件复制到 phpsols-4e 网站根目录，并将其另存为 gallery.php。

(1) 找到缩略图周围的<a>开始标记，如下所示。

```
<a href="gallery.php">
```

将其修改为：

```
<a href="gallery.php?image=<?= safe($row['filename']) ?>">
```

这将在 href 属性的末尾添加一个查询字符串，将当前文件名分配给一个名为 image 的变量。在?image=的前后都不能出现空格。

(2) 保存页面并将其加载到浏览器中。将鼠标指针悬停在缩略图上并检查状态栏中显示的 URL，应该如下所示。

```
http://localhost/phpsols-4e/gallery.php?image=basin.jpg
```

如果状态栏中没有显示任何内容，请单击缩略图。页面应该不会改变，但地址栏中的 URL 现在应该包含查询字符串。检查 URL 或查询字符串中是否有空格。

(3) 要显示所有缩略图，需要循环处理表单元格。在 HTML 注释<!-- This row needs to be repeated -->之后插入新行来开始创建 do… while 循环，如下所示(有关不同类型循环的详细信息，请参见第 4 章)。

```
<!-- This row needs to be repeated -->
<?php do { ?>
```

(4) 现在已经读取结果集中第一条记录的详细信息，因此获取后续记录的代码需要在</td>结束标记之后。在</td>和</tr>结束标记之间创建一些空行，然后插入以下代码。每种数据库连接方法都略有不同。

对于 MySQLi，代码如下所示。

```
    </td>
    <?php } while ($row = $result->fetch_assoc()); ?>
</tr>
```

对于 PDO，代码如下所示。

```
    </td>
    <?php } while ($row = $result->fetch()); ?>
</tr>
```

上述代码将获取结果集中的下一条记录并开始下一次循环。由于$row['filename']和$row['caption']元素具有不同的值，下一个缩略图及其关联的 alt 属性值将插入新的表单元格中。查询字符串也将包含新文件名。

(5) 保存页面并在浏览器中进行测试。现在应该可以在图片库顶部的一行中看到所有 8 个缩略图，如图 14-5 所示。

图 14-5　图片库顶部的一行中有 8 个缩略图

将鼠标指针悬停在每个缩略图上，可以看到显示文件名的查询字符串。可以对照 gallery_mysqli_04.php 或 gallery_pdo_04.php 文件检查代码。

(6) 单击缩略图仍然不会触发任何操作，因此需要创建更改主图像及其关联标题的逻辑。在 DOCTYPE 声明上方的代码块中找到如下代码段。

```
// get the name and caption for the main image
$mainImage = safe($row['filename']);
$caption = safe($row['caption']);
```

选中定义$caption 变量的代码并将其剪切到剪贴板。将另一行代码封装在条件语句中，如下所示。

```
// get the name for the main image
if (isset($_GET['image'])) {
    $mainImage = safe($_GET['image']);
```

```
} else {
    $mainImage = safe($row['filename']);
}
```

$_GET 数组包含通过查询字符串传递的值，因此，如果设置(定义)了$_GET['image']元素，代码将从查询字符串中获取文件名并将其存储为$mainImage 变量。如果$_GET['image'] 元素不存在，则从结果集中的第一个记录中获取值，与以前一样。

(7) 最后，需要获取主图像的标题。页面每次重新显示时主图像的标题都可能会发生变化，因此需要将获取主图像标题的代码转移到显示缩略图的循环中。在循环代码块的左大括号后面(在第 48 行附近)添加代码。将光标放在左大括号后并插入几个空行，然后粘贴在上一步中剪切的标题定义。我们希望标题与主图像匹配，因此，如果当前记录的文件名与$mainImage 变量的值相同，则这就是要查找的文件名。将刚刚粘贴的代码包装在条件语句中，如下所示。

```
<?php
do {
    // set caption if thumbnail is same as main image
    if ($row['filename'] == $mainImage) {
        $caption = safe($row['caption']); // this is the line you pasted
    }
?>
```

(8) 保存页面并将其重新加载到浏览器中。这一次，单击缩略图时，主图像和标题将更改。不要担心一些图片和标题被页脚隐藏。当缩略图移到主图像的左侧时，页面将自动更正。

注意：

以这种方式通过查询字符串传递信息是使用PHP和数据库查询结果的一个重要方面。尽管表单信息通常是通过$_POST数组传递的，但$_GET数组通常用于传递要显示、更新或删除的记录的详细信息。查询字符串也常用于搜索，因为通过查询字符串传递搜索条件很容易。

---

(9) 在这种情况下没有 SQL 注入的危险。但是，如果有人更改了通过查询字符串传递的文件名，那么，如果找不到图像并且 display_errors 特性处于打开状态，则页面会显示未经处理的错误消息。在调用 getimagesize()函数之前，让我们看看图像是否存在。用以下条件语句进行封装：

```
if (file_exists('images/'.$mainImage)) {
    // get the dimensions of the main image
    $imageSize = getimagesize('images/'.$mainImage)[3];
```

```
} else {
    $error = 'Image not found.';
}
```

(10) 尝试将查询字符串中 image 参数的值更改为除现有文件之外的任何值。加载页面时，应看到 Image not found 消息。

如有必要，对照 gallery_mysqli_05.php 或 gallery_pdo_05.php 文件检查代码。

14.4.2 创建有多列的表

只有 8 张图片时，图片库顶部的一排缩略图看起来不算太拥挤。当图像数量很多时，可以使用循环动态地构建表，循环在绘制下一行表之前在当前行中插入特定数量的单元格。这是通过记录插入的单元格数量来实现的。当达到行的数量限制时，代码需要为当前行插入结束标记，如果还有更多的缩略图，还需要为下一行插入开始标记。模运算符%控制换行非常容易，它返回除法的剩余部分。

这就是生成表的工作原理。假设你希望每行有两个单元格。插入第一个单元格后，计数器设置为 1。如果使用模运算符(1 % 2)将 1 除以 2，则结果为 1。插入下一个单元格时，计数器将增加到 2。2 % 2 的结果为 0。下一个单元格生成此计算：3 % 2，结果为 1；但生成第四个单元格后计算 4 % 2，再次为 0。因此，每次计算结果为 0 时，你就知道——或者更准确地说，PHP 就知道表现在已经到了当前行的结尾。

如何才能知道还有没有其他行？通过将插入<tr>结束和开始标记的代码放在循环的顶部，必须始终至少生成一幅图像。但是，循环第一次运行时，计数器也是 0，因此问题是，在至少显示一幅图像之前，需要防止插入行标签。让我们通过解决方案 14-3 了解实现上述说明的代码。

PHP 解决方案 14-3：水平和垂直循环

PHP 解决方案 14-3 展示如何控制循环，以便在表中显示特定数量的列。列的数量由设置常量控制。继续使用上一节中的文件。或者，使用 gallery_mysqli_05.php 或 gallery_pdo_05.php 文件。

(1) 我们可能会在稍后阶段决定更改表中的列数，因此最好在脚本顶部容易找到的位置创建一个常量，而不是将其深埋在代码中。在创建数据库连接之前插入以下代码：

```
// define number of columns in table
define('COLS', 2);
```

常量类似于变量，只是它的值不能在确定之后再被脚本修改。使用 define()函数创建一个常量，该函数接收两个参数：常量的名称及其值。按照惯例，常量全部字符大写，并且区分大小写。与变量不同，它们不以美元符号开头。

(2) 需要在循环外初始化单元格计数器。还要创建一个变量，指示它是否是第一行。在刚刚定义的常量之后立即添加以下代码。

```
define('COLS', 2);
// initialize variables for the horizontal looper
$pos = 0;
$firstRow = true;
```

(3) 维护列计数器的代码位于显示缩略图的循环的开始位置。修改代码，如下所示。

```
<?php do {
  // set caption if thumbnail is same as main image
  if ($row['filename'] == $mainImage) {
      $caption = safe($row['caption']);
  }
  // if remainder is 0 and not first row, close row and start new one
  if ($pos++ % COLS === 0 && !$firstRow) {
      echo '</tr><tr>';
  }
  // once loop begins, this is no longer true
  $firstRow = false;
  ?>
```

因为递增运算符(++)置于$pos 变量之后，所以在递增 1 之前，将其值除以列数。循环第一次运行时，余数为 0，但$firstRow 变量的值为 true，因此条件语句失败。但是，$firstRow 在条件语句之后置为 false。在循环的后续迭代中，条件语句将在每次余数为 0 时结束表的当前行，并开始生成一个新行。

(4) 如果没有更多的记录，则需要检查表的最后一行是否完整。在现有 do…while 循环之后添加一个 while 循环。在 MySQLi 版本中，代码如下所示。

```
<?php } while ($row = $result->fetch_assoc());
while ($pos++ % COLS) {
    echo '<td> </td>';
}
?>
```

新代码在 PDO 版本中是相同的。唯一的区别是前一行使用$result->fetch()而不是$result->fetch_assoc()。

第二个循环继续递增$pos 变量，只要$pos++ % COLS 生成一个余数(被解释为 true)，就插入一个空单元格。

■ 注意：
第二个循环没有嵌套在第一个循环中。它在第一个循环结束后才运行。

(5) 保存页面并将其重新加载到浏览器中。图片库顶部的一排缩略图现在应该整齐地排成两排，如图 14-6 所示。

图 14-6 缩略图现在整齐地排列在页面上

尝试修改 COLS 常量的值并重新加载页面。主图像将被替换，因为页面只为两列，但是可以看到通过只更改一个数字来控制每行中的单元格数量是多么容易。可以对照 gallery_mysqli_06.php 或 gallery_pdo_06.php 文件来检查代码。

14.4.3 分页显示数量较多的记录

在图片库页面上显示 8 个缩略图的网格很合适，但如果你有 28 或 48 个缩略图呢？答案是限制每个页面上显示的结果集中的记录数量，然后构建一个导航系统，让用户可以在结果集中来回翻页。在使用搜索引擎时，我们已经无数次地看到了这种技术；现在我们将学习如何自己实现该功能。任务可分为以下两个阶段：

(1) 选择要显示的记录子集；

(2) 创建导航链接，分页显示已选择的子集。

这两个阶段都相对容易实现，尽管它们涉及应用一些条件逻辑。保持冷静的头脑，你会轻松渡过难关的。

1. 选择记录子集

限制页面上显示的结果的数量很简单，只需要向 SQL 查询添加 LIMIT 关键字，如下所示。

```
SELECT filename, caption FROM images LIMIT startPosition, maximum
```

LIMIT 关键字后面可以跟一个或两个数字。如果只有一个数字，则设置要检索的最大记录数。这很有用，但不适用于分页系统。为此，需要使用两个数字：第一个指示从哪个记录开始，而第二个规定要检索的最大记录数。MySQL 从 0 开始计数，因此要显示前 6 幅图像，需要以下 SQL。

```
SELECT filename, caption FROM images LIMIT 0, 6
```

要显示下一个子集，SQL 需要更改为：

```
SELECT filename, caption FROM images LIMIT 6, 6
```

在 images 表中只有 8 条记录，但第二个数字表示的是需要检索的记录的最大数量，因此检索到的是第 7、8 两条记录。

要构建分页导航系统，需要一种生成这些数字的方法。第二个数字永远不会改变，因此让我们定义一个名为 SHOWMAX 的常量。生成第一个数字(称为$startRecord)也很容易。从 0 开始给页面编号，然后将第二个数字乘以当前页码。因此，如果将当前页称为$curPage，则公式如下。

```
$startRecord = $curPage * SHOWMAX;
```

对于 SQL，代入$startRecord 变量和 SHOWMAX 常量之后变成：

```
SELECT filename, caption FROM images LIMIT $startRecord, SHOWMAX
```

如果$curPage 为 0，$startRecord 也为 0(0×6)。但是当$curPage 增加到 1 时，$startRecord 变为 6(1×6)，以此类推。

由于 images 表中只有 8 条记录，因此需要一种方法找出记录的总数，以防止导航系统检索空的结果集。在上一章中，我们使用了 MySQLi 的 num_rows 属性，在 PDO 中使用了 rowCount()方法。但是，这次不行，因为我们想知道记录的总数，而不是当前结果集中有多少记录。答案是使用 SQL 的 COUNT()函数，如下所示。

```
SELECT COUNT(*) FROM images
```

当与星号组合使用时，COUNT()函数获取表中记录的总数。因此，要构建导航系统，需要同时运行两个 SQL 查询：一个查询要查找的记录总数，另一个查询检索所需的子集。这些都是简单的查询，因此返回结果几乎是即时的。

我稍后会处理导航链接。让我们从限制第一页的缩略图数量开始。

2. PHP 解决方案 14-4：显示记录子集

PHP 解决方案 14-4 展示如何选择记录的子集，以准备创建一个分页导航系统，该系统可以在较长的集合中分页。它还演示如何显示当前所选内容的编号以及记录的总数。

继续使用与以前相同的文件。或者，使用 gallery_mysqli_06.php 或 gallery_pdo_06.php 文件。

(1) 定义 SHOWMAX 常量和 SQL 查询以查找表中的记录总数。按如下代码修改页面顶部的代码(新代码以粗体显示)。

```
// initialize variables for the horizontal looper
$pos = 0;
$firstRow = true;
// set maximum number of records
define('SHOWMAX', 6);
$conn = dbConnect('read');
// prepare SQL to get total records
$getTotal = 'SELECT COUNT(*) FROM images';
```

(2) 现在需要运行新的 SQL 查询。代码紧跟在前面步骤中的代码之后，但根据 MySQL 连接的类型而有所不同。对于 MySQLi，代码如下。

```
// submit query and store result as $totalPix
$total = $conn->query($getTotal);
$totalPix = $total->fetch_row()[0];
```

上述代码提交查询，然后使用 fetch_row()方法，该方法从 MySQLi_Result 对象以索引数组的形式获取一行记录。结果中只有一列，因此我们可以使用数组解引用技术，通过在调用 fetch_row()方法的语句之后添加方括号，并在方括号中添加 0 来获取 images 表中记录的总数。

对于 PDO，代码如下。

```
// submit query and store result as $totalPix
$total = $conn->query($getTotal);
$totalPix = $total->fetchColumn();
```

这将提交查询，然后使用 fetchColumn()方法获取单个结果，该结果存储在 $totalPix 变量中。

(3) 接下来，设置$curPage 变量的值。稍后创建的导航链接将通过查询字符串传递所需页号，因此需要检查$_GET 数组是否包含 curPage。如果是，则使用该值，但要确保它是一个整数，需要在它前面加上(int)强制转换运算符。否则，将当前页设置为 0。在上一步中的代码之后立即插入以下代码：

```
// set the current page
$curPage = (isset($_GET['curPage'])) ? (int) $_GET['curPage'] : 0;
```

(4) 现在，代码已经获得了计算起始行和构建 SQL 查询以检索记录子集所需的所有信息。在前面步骤中的代码之后立即添加以下代码。

```
// calculate the start row of the subset
$startRow = $curPage * SHOWMAX;
```

(5) 但有个问题。$curPage 变量的值来自查询字符串。如果有人在浏览器地址栏中手动更改页码，$startRow 变量的值可能大于数据库中的记录数。如果$startRow 变量的值超过$totalPix 变量的值，则需要将$startRow 和$curPage 变量重置为 0。在前面步骤的代码后面添加如下条件语句。

```
if ($startRow > $totalPix) {
    $startRow = 0;
    $curPage = 0;
}
```

(6) 原来的 SQL 查询现在应该在下一行。按如下所示修改代码：

```
// prepare SQL to retrieve subset of image details
$sql = "SELECT filename, caption FROM images LIMIT $startRow,"
. SHOWMAX;
```

代码这次使用了双引号，因为笔者希望 PHP 对$startRow 变量进行处理。与变量不同，常量不在双引号字符串中处理。因此 SHOWMAX 被添加到 SQL 查询的末尾，并使用连接运算符(句点)连接。右引号中的逗号是 SQL 的一部分，分隔 LIMIT 子句的两个参数。

(7) 保存页面并将其重新加载到浏览器中。应该看到页面上只有 6 个缩略图，而不是 8 个，如图 14-7 所示。

图 14-7　缩略图的数量受 SHOWMAX 常量的限制

更改 SHOWMAX 的值以查看不同数量的缩略图。

(8) 缩略图网格上方的文本不会更新，因为它仍然是硬编码的，所以让我们修复它。在页面主体中找到以下代码行：

```
<p id="picCount">Displaying 1 to 6 of 8</p>
```

替换为以下代码：

```
<p id="picCount">Displaying <?php echo $startRow+1;
if ($startRow+1 < $totalPix) {
    echo ' to ';
    if ($startRow+SHOWMAX < $totalPix) {
        echo $startRow+SHOWMAX;
    } else {
        echo $totalPix;
    }
}
echo " of $totalPix";
?></p>
```

让我们逐行理解代码的功能。$startRow 变量的值是基于零的，因此需要添加 1 以转换为符合用户使用习惯的数字。因此，$startRow+1 在第一页显示 1，在第二页显示 7。

第二行代码将$startRow+1 与记录总数进行比较。如果小于，则表示当前页显示的是一系列记录，因此第三行显示文本 to，前后都有空格。

然后需要计算出范围的最大数字，因此在 if...else 条件语句中将起始记录的序号与页面上要显示的最大记录数相加。如果结果小于记录总数，$startRow+SHOWMAX 将给出页面上最后一条记录的序号。但是，如果它大于或等于总数，则显示$totalPix 变量的值。

最后，退出条件语句并显示 of，后跟记录的总数。

(9) 保存页面并将其重新加载到浏览器中。页面仍然只显示缩略图的第一个子集，但是当更改 SHOWMAX 的值时，应该会看到第二个数字动态变化。如有必要，请对照 gallery_mysqli_07.php 或 gallery_pdo_07.php 文件来检查代码。

3. 浏览记录子集

如前一节的步骤(3)所述，所需页码的值通过查询字符串传递给 PHP 脚本。首次加载页面时，没有查询字符串，因此$curPage 变量的值设置为 0。虽然单击缩略图以显示其他图像时会生成查询字符串，但它只包含主图像的文件名，因此缩略图的现有子集保持不变。要显示下一个子集，需要创建一个链接，单击该链接时将$curPage 变量的值增加 1。同样，要返回上一个子集，需要另一个链接，单击该链接时将$curPage 变量的值减少 1。

这很简单，但是还需要确保仅当存在有效的子集可供导航时才显示这两个链接。例如，在第一页上显示向后翻页的链接是没有意义的，因为没有前一个子集。类似地，不应该在显示最后一个子集的页面上显示向前翻页的链接，因为没有可导航的内容。

使用条件语句很容易解决这两个问题。还有最后一件事需要处理。必须在单击缩略图时生成的查询字符串中包含当前页码的值。如果没有添加，$curPage 变量将自动设置回 0，页面加载时会显示缩略图的第一个子集，而不是当前子集。

4. PHP 解决方案 14-5：创建导航链接

PHP 解决方案 14-5 展示如何创建导航链接，以便在每个记录子集之间来回翻页。继续使用与以前相同的文件。或者，使用 gallery_mysqli_07.php 或 gallery_pdo_07.php 文件。

(1) 本示例已将导航链接放在缩略图表底部的一个额外行中。在占位符注释和</table>结束标签之间插入以下代码。

```
<!-- Navigation link needs to go here -->
<tr><td>
<?php
// create a back link if current page greater than 0
if ($curPage > 0) {
    echo '<a href="gallery.php?curPage=' . ($curPage-1) . '"> < Prev</a>';
} else {
    // otherwise leave the cell empty
    echo ' ';
}
?>
</td>
<?php
// pad the final row with empty cells if more than 2 columns
if (COLS-2 > 0) {
    for ($i = 0; $i < COLS-2; $i++) {
        echo '<td> </td>';
    }
}
?>
<td>
<?php
// create a forward link if more records exist
if ($startRow+SHOWMAX < $totalPix) {
```

```
        echo '<a href="gallery.php?curPage=' . ($curPage+1) . '"> Next ></a>';
    } else {
        // otherwise leave the cell empty
        echo ' ';
    }
    ?>
    </td></tr>
    </table>
```

以上代码看起来似曾相识，代码分成三部分：第一部分在$curPage 变量大于 0 时创建一个向后翻页的链接；第二部分在表多余两列时使用空单元格填充最后一行；第三部分使用与之前相同的公式($startRow+SHOWMAX<$totalPix)确定是否显示向前翻页的链接。

确保链接中的引号组合正确无误。另一点需要注意的是，$curPage-1 和 $curPage+1 的计算都用括号括起来，以避免数字后面的句点被误解为小数点。这里使用它作为连接运算符来连接查询字符串的各个部分。

(2) 现在需要将当前页码的值添加到缩略图所属链接的查询字符串中。找到以下代码(在第 95 行附近)：

```
<a href="gallery.php?image=<?= safe($row['filename']) ?>">
```

修改为以下代码：

```
<a href="gallery.php?image=<?= safe($row['filename']) ?>&amp;curPage=<?=
$curPage ?>">
```

我们希望在单击缩略图时显示相同的子集，因此需要通过查询字符串传递 $curPage 变量的当前值。

▒ 注意：

所有代码必须在同一行，PHP的结束标记和&之间没有空格。上述代码创建URL和查询字符串，其中不能有空格。

---

(3) 保存页面并进行测试。单击 Next 链接，将看到缩略图子集的其余图像，如图 14-8 所示。已没有更多图像需要显示，因此 Next 链接将消失，但在缩略图网格的左下角有一个 Prev 链接。图片库顶部的记录计数器现在反映正在显示的缩略图范围，如果单击右侧的缩略图，则在显示相应的大图像时，相同的子集仍保留在屏幕上。到此为止，图片库的所有功能均已实现。

图 14-8　页面导航系统现已完成

可以对照 gallery_mysqli_08.php 或 gallery_pdo_08.php 文件来检查代码。

14.5　本章回顾

本章的内容不多，但我们已经将一个枯燥的文件名列表变成一个动态的在线图片库，并配有一个页面导航系统。所需工作的只是为每个主图像创建一个缩略图，将两个版本的图像上载到相应的文件夹，并将文件名和标题添加到数据库的 images 表中。只要数据库与 images 和 thumbs 文件夹的内容保持同步，页面就能显示完整的动态图片库。不仅如此，我们还学习了如何选择记录子集，通过查询字符串传递相关信息以及构建页面导航系统。

使用 PHP 的时间越长，你就越会意识到，PHP 的技巧不在于记住如何使用许多晦涩难懂的函数，而在于找出让 PHP 完成你想做的事情所需的逻辑。我们这样思考问题：如果是这种情况，就那样做；如果是别的情况，就采取别的办法。一旦能预见到可能发生的情况，通常都可以构建代码来处理它。

到目前为止，我们集中精力从一个简单的数据库表中提取记录。在下一章中，本书将向你介绍如何插入、更新和删除数据。

第 15 章

数据库内容管理

尽管可以使用 phpMyAdmin 进行大量的数据库管理工作，但你可能希望设置一些区域，让客户端登录以便更新某些数据，而不必完全控制数据库。为此，你需要构建自己的表单并创建自定义的内容管理系统。

每一个内容管理系统的核心都是一组称为 CRUD(Create、Read、Update 和 Delete)的操作，它们对应于 4 个 SQL 命令：INSERT、SELECT、UPDATE 和 DELETE。为了演示基本的 SQL 命令，本章将向你展示如何为名为 blog 的表构建一个简单的内容管理系统。

即使你不想构建自己的内容管理系统，但本章中介绍的 4 个命令对于任何数据库驱动的页面都是必不可少的，例如用户登录、用户注册、搜索表单、搜索结果等。

本章内容：

- 在数据库表中插入新记录
- 显示现有记录列表
- 更新现有记录
- 删除记录前请求确认

15.1 建立内容管理系统

管理数据库表中的内容涉及 4 个操作，笔者通常在 4 个单独却相互关联的页面中分别执行一个操作：插入、更新和删除记录分别需要一个页面，再加上显示现有记录列表的页面。记录列表有两个用途：识别数据库中存储的内容，更重要的是，通过查询字符串将记录的主键传递给更新和删除记录的脚本。

blog 表包含一系列标题和文本文章，并会显示在 Japan Journey 网站中，如图 15-1 所示。为了保持简单，表只包含 5 列：article_id(主键)、title、article、created 和 updated。

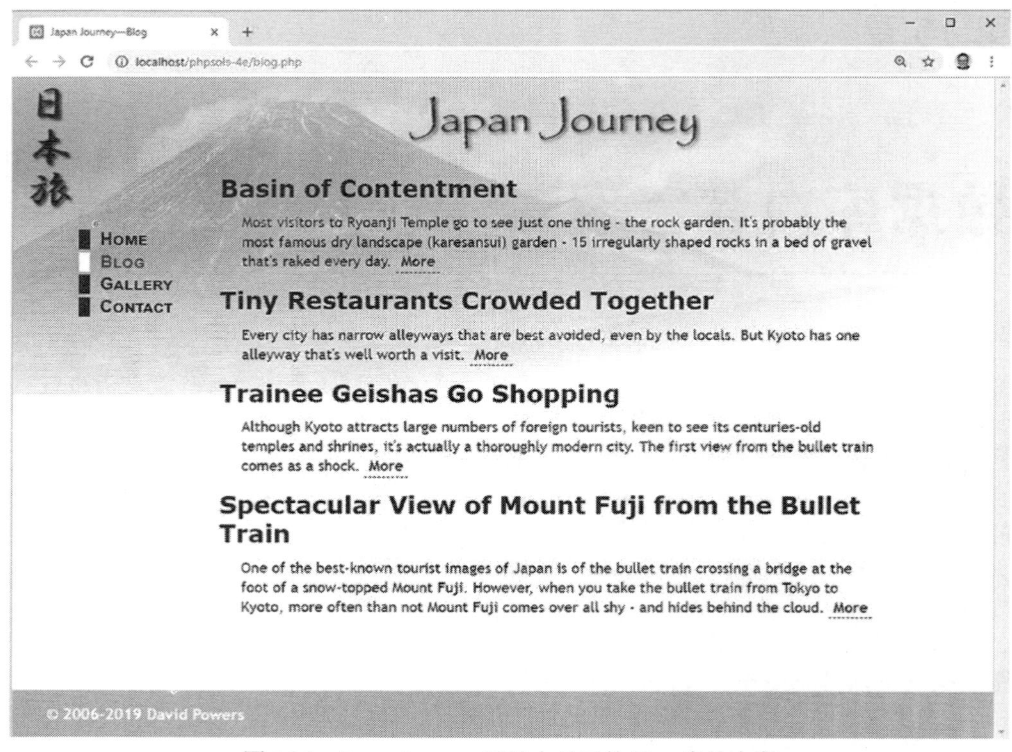

图 15-1　Japan Journey 网站上显示的 blog 表的内容

15.1.1　创建 blog 数据库表

如果你只想继续学习创建内容管理页面，可以从 ch15 文件夹中的 blog.sql 导入表结构和数据。打开 phpMyAdmin，选择 phpsols 数据库，并以与第 12 章相同的方式导入表。SQL 文件创建表并向表中插入 4 篇短文。

如果希望从头开始创建所有内容，则打开 phpMyAdmin，选择 phpsols 数据库，如果尚未选择 Structure 选项卡，先单击该选项卡。在 Create table 部分，在 Name 字段中输入 blog，在 Number of columns 字段中输入 5。然后单击 Go 按钮。使用图 15-2 所示的屏幕截图和表 15-1 所示的设置。

created 和 updated 列的默认值设置为 CURRENT_TIMESTAMP。因此，当第一次插入记录时，这两列的值相同。updated 的属性列设置为 on update CURRENT_TIMESTAMP。这意味着每当对记录发生更新时，该列都会自动更新。要跟踪最初创建记录的时间，不能修改 created 列中的值。

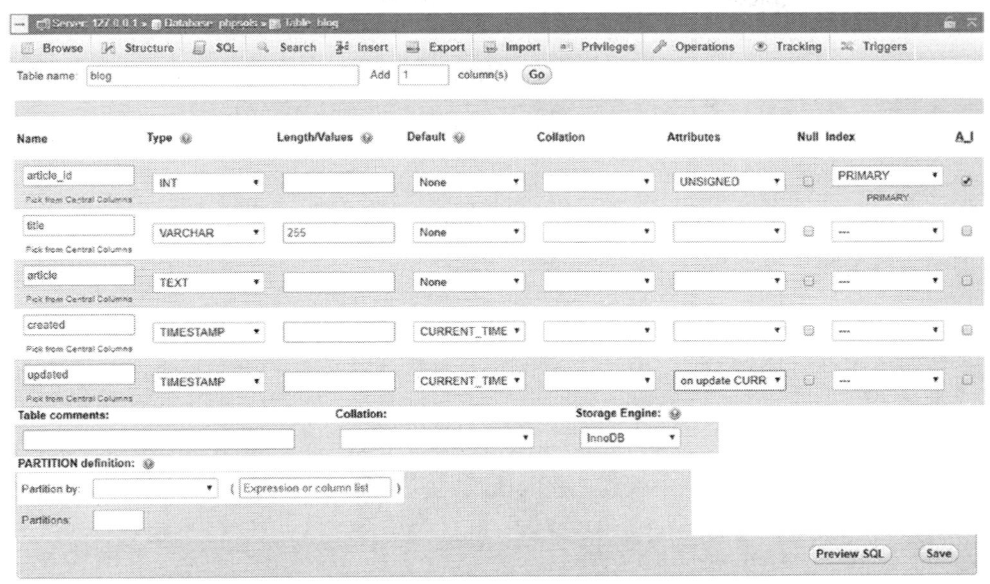

图 15-2 屏幕截图

表 15-1 blog 表的列定义

字段名称	数据类型	长度/值	默认值	属性	Null	索引	A_I
article_id	INT			UNSIGNED	未选中	主键	选中
title	VARCHAR	255			未选中		
article	TEXT				未选中		
created	TIMESTAMP		CURRENT_TIMESTAMP		未选中		
updated	TIMESTAMP		CURRENT_TIMESTAMP	on update CURRENT_TIMESTAMP	未选中		

15.1.2 创建基本的插入和更新表单

SQL 通过提供单独的命令来区分插入和更新记录。INSERT 命令只用于创建一条全新的记录。插入记录后，任何更改必须使用 UPDATE 命令进行。由于这涉及使用相同的字段，因此可以对两个操作使用相同的页面。但是，这使得 PHP 更加复杂，因此本书倾向于先为插入记录创建 HTML 页面，然后复制该页面，使用相同的界面进行记录修改操作，然后分别为两个页面进行编码。

插入页中的表单只需要两个输入字段：标题和文章。其余三列(主键和两个时间戳)的内容将自动处理。插入表单的代码如下所示：

```
<form method="post" action="blog_insert.php">
```

```
        <p>
            <label for="title">Title:</label>
            <input name="title" type="text" id="title">
        </p>
        <p>
            <label for="article">Article:</label>
            <textarea name="article" id="article"></textarea>
        </p>
        <p>
            <input type="submit" name="insert" value="Insert New Entry">
        </p>
    </form>
```

表单使用 post 方法。可以在 ch15 文件夹中的 blog_insert_mysqli_01.php 和 blog_insert_pdo_01.php 文件中找到完整的代码。内容管理表单已经使用位于 styles 文件夹中的 admin.css 进行了一些基本的样式设置。在浏览器中查看时，表单如图 15-3 所示。

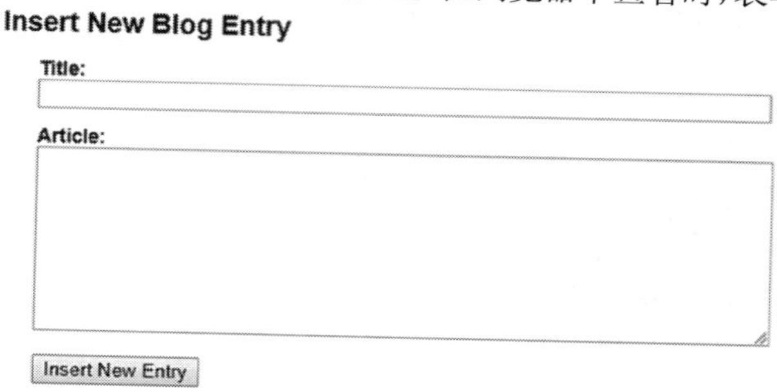

图 15-3　表单

更新表单除了表单的标题和 Submit 按钮之外，其他元素与插入表单是相同的。按钮的代码如下所示(完整代码位于 blog_update_mysqli_01.php 和 blog_update_pdo_01.php 文件中)。

```
<input type="submit" name="update" value="Update Entry">
```

表单中 title 和 article 输入字段的名称与 blog 表中的字段的名称相同。这使得后面在编写 PHP 和 SQL 时更容易跟踪变量。

■ **提示：**

作为一项安全措施，一些开发人员建议输入字段的名称不应该与数据库中对应的列名相同，因为只要查看表单的源代码，任何人都可以看到输入字段的名称。使用不同的名称会使破解数据库变得更加困难。对于网站中受密码保护的部分，这不应该是问题。但是，可能需要考虑那些可公开访问的表单，例如用于用户注册或登录的表单。

15.1.3 插入新记录

将新记录插入表的基本 SQL 如下所示。

```
INSERT [INTO] table_name (column_names)
VALUES (values)
```

INTO 在方括号中，这意味着它是可选的。这纯粹是为了让 SQL 读起来更像人类语言。列名可以按你喜欢的任何顺序排列，但第二组括号中的值必须与它们所对应的列的顺序相同。

尽管 MySQLi 和 PDO 的代码非常相似，但本书将分别处理每一种代码以避免混淆。

▒ **注意：**

本章中的许多脚本使用一种称为“设置标志”的技术。标志是一个布尔变量，它被初始化为true或false，用于检查是否发生了什么事情。例如，如果把$OK变量最初设置为false，并且只有在数据库查询成功执行时才重置为true，那么它可以用作控制另一个代码块的条件。

---

1. PHP 解决方案 15-1：使用 MySQLi 插入新记录

PHP 解决方案 15-1 展示如何使用 MySQLi 准备好的语句将新记录插入 blog 表。使用准备好的语句可以避免转义引号和控制字符的问题。它还能保护数据库不受 SQL 注入的影响(参见第 13 章)。

(1) 在 phpsols-4e 网站根目录中创建一个名为 admin 的文件夹。从 ch15 文件夹复制 blog_insert_mysqli_01.php 文件到新文件夹中，并另存为 blog_insert_mysqli.php。

(2) 插入新记录的代码应仅在表单已提交时运行，因此它包含在条件语句中，该条件语句检查$_POST 数组中是否包含以提交按钮的 name 属性值(本示例中是 insert)作为键的元素。将以下内容放在 DOCTYPE 声明的上方：

```
<?php
if (isset($_POST['insert'])) {
    require_once '../includes/connection.php';
    // initialize flag
    $OK = false;
    // create database connection
    // initialize prepared statement
    // create SQL
    // bind parameters and execute statement
    // redirect if successful or display error
```

```
}
?>
```

在通过 include 指令包含连接函数之后，代码将$OK 变量设置为 false。只有在没有错误的情况下，才会将其重置为 true。最后的 5 条注释列出了我们接下来要实现的其余步骤。

(3) 以具有读写权限的用户身份创建到数据库的连接，初始化准备好的语句，并使用占位符创建 SQL，这些占位符将由用户输入的数据替换，如下所示。

```
// create database connection
$conn = dbConnect('write');
// initialize prepared statement
$stmt = $conn->stmt_init();
// create SQL
$sql = 'INSERT INTO blog (title, article)
        VALUES(?, ?)';
```

问号占位符将由从$_POST['title']和$_POST['article']元素获取的值代替。其他列将自动填充。article_id 列是主键，设置了 AUTO_INCREMENT 属性；created 和 updated 两列的默认值是 CURRENT_TIMESTAMP。

注意：

代码顺序与第 13 章略有不同。该脚本将在第 17 章中进一步开发，以运行一系列SQL查询，因此先初始化准备好的语句。

---

(4) 下一步是用变量中的值替换问号，这个过程称为绑定参数。插入以下代码：

```
if ($stmt->prepare($sql)) {
    // bind parameters and execute statement
    $stmt->bind_param('ss', $_POST['title'], $_POST['article']);
    $stmt->execute();
    if ($stmt->affected_rows > 0) {
        $OK = true;
    }
}
```

这部分代码保护数据库免受 SQL 注入的危险。按照希望插入 SQL 查询中的相同顺序将变量传递给 bind_param()方法，同时传递指定每个变量的数据类型的第一个参数，同样按与变量相同的顺序传递。两者都是字符串，因此这个参数是'ss'。

完成绑定参数之后，调用 execute()方法。

affected_rows 属性记录插入、更新或删除查询影响的行数。

▩ 注意：

如果查询触发MySQL错误，affected_rows将返回-1。与某些计算语言不同，PHP将-1 视为真。因此，你需要检查affected_rows是否大于零，以确保查询成功。如果大于零，将$OK变量重置为true。

---

(5) 最后，将页面重定向到现有记录列表或显示任何错误消息。在前一步骤之后添加以下代码：

```
    // redirect if successful or display error
    if ($OK) {
        header('Location:
           http://localhost/phpsols-4e/admin/blog_list_mysqli.php');
        exit;
    } else {
        $error = $stmt->error;
    }
}
?>
```

(6) 在页面正文中添加以下代码块，以便在插入操作失败时显示错误消息：

```
<h1>Insert New Blog Entry</h1>
<?php if (isset($error)) {
    echo "<p>Error: $error</p>";
} ?>
<form method="post" action="blog_insert_mysqli.php">
```

完整的代码位于 ch15 文件夹中的 blog_insert_mysqli_02.php 文件中。

以上步骤完成了 insert 页面，但是在测试之前，创建 blog_list_mysqli.php 文件；创建该文件的步骤在 PHP 解决方案 15-3 中描述。

▩ 注意：

为了关注与数据库交互的代码，本章中的脚本没有验证用户输入。在实际应用程序中，应使用第 6 章中描述的技术检查表单中提交的数据，并在检测到错误时重新显示该数据。

---

2. PHP 解决方案 15-2：使用 PDO 插入新记录

PHP 解决方案 15-2 展示如何使用 PDO 准备好的语句在 blog 表中插入新记录。如果还没有在 phpsols-4e 网站根目录中创建名为 admin 的文件夹，需要先创建该文件夹。

(1) 将 blog_insert_pdo_01.php 文件复制到 admin 文件夹，并将其另存为 blog_insert_pdo.php。

(2) 插入新记录的代码应当仅在表单提交时运行，因此这些代码包含在条件语句中，该条件语句检查$_POST 数组中是否包含键为 insert(提交按钮的 name 属性值)的元素。将以下内容放在 DOCTYPE 声明上方的 PHP 代码块中：

```
if (isset($_POST['insert'])) {
    require_once '../includes/connection.php';
    // initialize flag
    $OK = false;
    // create database connection
    // create SQL
    // prepare the statement
    // bind the parameters and execute the statement
    // redirect if successful or display error
}
```

在使用 include 命令包含连接函数之后，代码将$OK 变量设置为 false。只有在没有错误的情况下，才会将其重置为 true。最后的 5 条注释列出了剩下的步骤。

(3) 以具有读写权限的用户身份创建数据库的 PDO 连接，并按如下方式构建 SQL。

```
// create database connection
$conn = dbConnect('write', 'pdo');
// create SQL
$sql = 'INSERT INTO blog (title, article)
        VALUES(:title, :article)';
```

命名占位符表示将从变量派生的值，这些占位符由列名及其前面的冒号(:title 和:article)组成。其他列的值将由数据库生成。article_id 主键自动递增，created 和 updated 列的默认值设置为 CURRENT_TIMESTAMP。

(4) 下一步是初始化准备好的语句对象并将变量中的值绑定到占位符，这一过程称为绑定参数。添加以下代码：

```
// prepare the statement
$stmt = $conn->prepare($sql);
// bind the parameters and execute the statement
$stmt->bindParam(':title', $_POST['title'], PDO::PARAM_STR);
$stmt->bindParam(':article', $_POST['article'], PDO::PARAM_STR);
// execute and get number of affected rows
$stmt->execute();
```

```
$OK = $stmt->rowCount();
```

首先，将 SQL 查询传递给数据库连接($conn)的 prepare()方法，并将对语句对象的引用存储为$stmt 变量。

接下来，变量中的值被绑定到准备好的语句中的占位符，然后 execute()方法执行查询。

当与 INSERT、UPDATE 或 DELETE 查询一起使用时，PDO 的 rowCount()方法将返回受查询影响的行数。如果成功插入记录，$OK 变量的值为 1，PHP 将其视为 true。否则，它的值是 0，被 PHP 视为 false。

(5) 最后，将页面重定向到现有记录列表或显示任何错误消息。在上一步之后添加以下代码：

```
    // redirect if successful or display error
    if ($OK) {
        header('Location:
http://localhost/phpsols-4e/admin/blog_list_pdo.php');
        exit;
    } else {
        $error = $stmt->errorInfo()[2];
    }
}
?>
```

如果有错误消息，会存储在$stmt->errorInfo()返回的数组的第三个元素，并使用数组解引用进行访问。

(6) 在页面正文中添加一个 PHP 代码块以显示任何错误消息。

```
<h1>Insert New Blog Entry</h1>
<?php if (isset($error)) {
    echo "<p>Error: $error</p>";
} ?>
<form method="post" action="blog_insert_pdo.php">
```

完整的代码位于 ch15 文件夹中的 blog_insert_pdo_02.php 文件中。

以上步骤完成了 insert 页面，但是在测试之前，创建 blog_list_pdo.php 文件；创建该文件的步骤在 PHP 解决方案 15-3 中描述。

15.1.4 链接到更新和删除页面

在更新或删除记录之前，需要找到记录的主键。一种实用的方法是查询数据库以选择所有记录。可以使用此查询的结果来显示所有记录的列表，以及指向更新和删除页面的链接。通过向每个链接中的查询字符串添加 article_id 的值，可以自动标识要更新或删除的记录。如图 15-4 所示，浏览器状态栏(左下角)中显示的 URL 显示文章 Trainee Geishas Go Shopping 的 article_id 为 2。

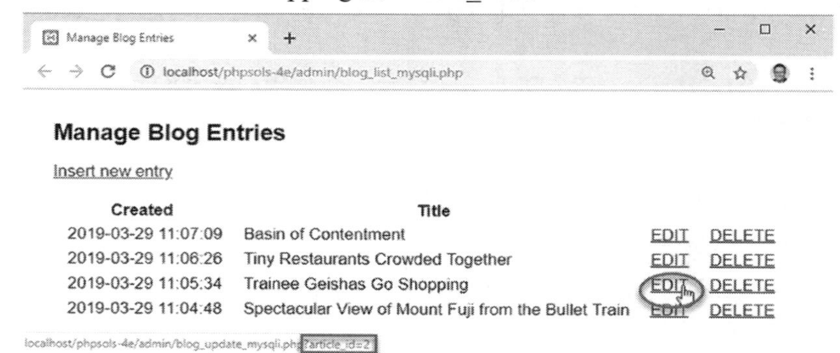

图 15-4　编辑和删除链接在查询字符串中包含记录的主键

更新记录的页面根据主键准确显示需要更新的记录。相同的信息在 DELETE 链接中传递到删除记录的页面。

要创建这样的列表，需要创建一个 HTML 表，该表包含需要显示的列的数量，再加上显示 EDIT 和 DELETE 链接的两列。第一行显示列标题。从第二行开始，PHP 脚本通过循环显示查询结果中的所有记录。ch15 文件夹中 blog_list_mysqli_01.php 文件中的表如下所示(blog_list_pdo_01.php 文件中的表版本相同，只是最后两个表单元格中的链接指向更新和删除页面的 PDO 版本)。

```
<table>
    <tr>
        <th>Created</th>
        <th>Title</th>
        <th> </th>
        <th> </th>
    </tr>
    <tr>
        <td></td>
        <td></td>
        <td><a href="blog_update_mysqli.php">EDIT</a></td>
        <td><a href="blog_delete_mysqli.php">DELETE</a></td>
    </tr>
</table>
```

PHP 解决方案 15-3：创建指向更新和删除页面的链接

PHP 解决方案 15-3 显示如何创建一个页面来管理 blog 表中的记录，方法是显示所有记录的列表并链接到更新和删除记录的页面。MySQLi 和 PDO 版本之间只有细微的差别，因此以下说明同时描述了这两个版本。

取决于你计划使用的连接方法，将 blog_list_mysqli_01.php 或 blog_list_pdo_01.php 文件复制到 admin 文件夹，并将其另存为 blog_list_mysqli.php 或 blog_list_pdo.php。不同的版本链接到对应的插入、更新和删除文件。

(1) 首先需要连接数据库并创建 SQL 查询。在 DOCTYPE 声明上方的 PHP 代码块中添加以下代码。

```
require_once '../includes/connection.php';
require_once '../includes/utility_funcs.php';
// create database connection
$conn = dbConnect('read');
$sql = 'SELECT * FROM blog ORDER BY created DESC';
```

如果使用的是 PDO，需要将 pdo 作为第二个参数添加到 dbConnect()函数中。

(2) 通过在 PHP 结束标记之前添加以下代码来提交查询。

对于 MySQLi，代码如下。

```
$result = $conn->query($sql);
if (!$result) {
   $error = $conn->error;
}
```

对于 PDO，代码如下。

```
$result = $conn->query($sql);
$error = $conn->errorInfo()[2];
```

(3) 在表之前添加一个条件语句显示所有错误消息，并将生成表的代码包装到 else 块中。表之前的代码如下所示。

```
<?php if (isset($error)) {
   echo "<p>$error</p>";
} else { ?>
```

右大括号放在</table>结束标记之后的单独的 PHP 代码块中。

(4) 现在需要将生成表的第二行代码放在循环中，并从结果集中检索每条记录。以下代码介于第一行的</tr>结束标记和第二行的<tr>开始标记之间。

对于 MySQLi，请使用以下命令。

```
</tr>
<?php while($row = $result->fetch_assoc()) { ?>
<tr>
```

对于 PDO，请使用以下命令。

```
</tr>
<?php while ($row = $result->fetch()) { ?>
<tr>
```

这与前一章相同，因此无须解释。

(5) 在第二行的前两个单元格中显示当前记录的 created 和 title 字段，如下所示。

```
<td><?= $row['created'] ?></td>
<td><?= safe($row['title']) ?></td>
```

created 列存储 TIMESTAMP 类型的数据，这是一种固定格式，因此不需要进行清理。但是 title 列与文本相关，因此需要将其传递给第 13 章中定义的 safe()函数。

(6) 在接下来的两个单元格中，在两个 URL 中添加查询字符串，其中包含当前记录的 article_id 字段的值，如下所示(尽管链接不同，但对于 PDO 版本，突出显示的代码是相同的)。

```
<td><a href="blog_update_mysqli.php?article_id=<?= $row['article_id'] ?>"
    >EDIT</a></td>
<td><a href="blog_delete_mysqli.php?article_id=<?= $row['article_id'] ?>"
    >DELETE</a></td>
```

代码在这里将?article_id=添加到 URL 中，然后使用 PHP 显示$row['article_id']元素的值。article_id 列仅存储整数，因此不需要清理该值。重要的是不要留下任何可能破坏 URL 或查询字符串的空格。在处理完 PHP 之后，在浏览器中查看页面源代码时，<a>开始标记应该如下所示(尽管数字会根据记录而变化)。

```
<a href="blog_update_mysqli.php?article_id=2">
```

(7) 最后，使用大括号结束生成表第二行的循环，如下所示。

```
    </tr>
    <?php } ?>
</table>
```

(8) 保存 blog_list_mysqli.php 或 blog_list_pdo.php 文件，并将页面加载到浏览器中。假设已经将 blog.sql 文件的内容加载到 phpsols 数据库中，应该可以在页面上看到一个包含 4 条记录的表，如图 15-4 所示。现在可以测试 blog_insert_mysqli.php

或 blog_insert_pdo.php 文件。插入记录后，页面应返回到相应版本的 blog_list.php 文件，新记录的创建日期和时间以及标题应显示在表格的顶部。如果遇到任何问题，请对照 ch15 文件夹中的 blog_list_mysqli_02.php 或 blog_list_pdo_02.php 文件来检查代码。

■ **提示：**

以上代码假定表中总是有一些记录。作为练习，使用PHP解决方案 13-2(MySQLi)或 13-4(PDO)中的技术计算结果中的记录数。如果找不到记录，则使用条件语句显示消息。解决方案位于blog_list_norec_mysqli.php和blog_list_norec_pdo.php文件中。

15.1.5 更新记录

更新记录的页面需要执行两个独立的阶段，如下所示。

(1) 检索所选的记录，并将 title 字段和 article 字段显示在可编辑的输入框中以便进行修改；

(2) 将已编辑的记录更新到数据库中。

第一个阶段使用$_GET 超级全局数组从 URL 中获取主键，然后使用它在更新记录的页面中选择并显示记录，如图 15-5 所示。

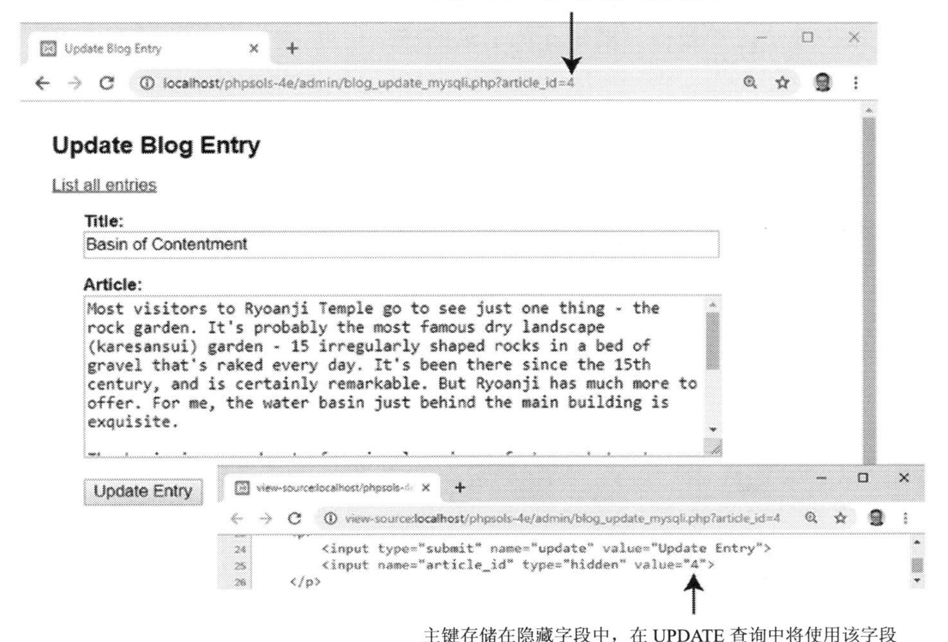

图 15-5 主键在更新的过程中跟踪记录

主键存储在更新表单中的隐藏字段中。在更新页面中编辑记录后，使用 post 方法提交表单，以将所有详细信息(包括主键)传递给 UPDATE 命令。

SQL UPDATE 命令的基本语法如下：

```
UPDATE table_name SET column_name = value, column_name = value
WHERE condition
```

更新特定记录需要记录的主键。因此，更新 blog 表中 article_id 为 3 的记录时，基本的 UPDATE 查询如下所示。

```
UPDATE blog SET title = value, article = value
WHERE article_id = 3
```

尽管 MySQLi 和 PDO 的基本原理是相同的，但代码的差异足以形成单独的说明。

1. PHP 解决方案 15-4：使用 MySQLi 更新记录

PHP 解决方案 15-4 演示如何使用 MySQL 将现有记录加载到更新表单中，然后将编辑后的详细信息发送到数据库，从而更新数据库中的记录。要加载记录，需要先创建列出所有记录的管理页面，如 PHP 解决方案 15-3 所述。

(1) 从 ch15 文件夹中将 blog_update_mysqli_01.php 文件复制到 admin 文件夹，并另存为 blog_update_mysqli.php。

(2) 第一个阶段涉及检索要更新的记录的详细信息。将以下代码放在 DOCTYPE 声明上方的 PHP 代码块中。

```
require_once '../includes/connection.php';
require_once '../includes/utility_funcs.php';
// initialize flags
$OK = false;
$done = false;
// create database connection
$conn = dbConnect('write');
// initialize statement
$stmt = $conn->stmt_init();
// get details of selected record
if (isset($_GET['article_id']) && !$_POST) {
    // prepare SQL query
    $sql = 'SELECT article_id, title, article
            FROM blog WHERE article_id = ?';
    if ($stmt->prepare($sql)) {
        // bind the query parameter
```

```
            $stmt->bind_param('i', $_GET['article_id']);
            // execute the query, and fetch the result
            $OK = $stmt->execute();
            // bind the results to variables
            $stmt->bind_result($article_id, $title, $article);
            $stmt->fetch();
        }
    }
    // redirect if $_GET['article_id'] not defined
    if (!isset($_GET['article_id'])) {
        $url = 'http://localhost/phpsols-4e/admin/blog_list_mysqli.php';
        header("Location: $url");
        exit;
    }
    // get error message if query fails
    if (isset($stmt) && !$OK && !$done) {
       $error = $stmt->error;
    }
```

尽管这与用于插入记录的页面的代码非常相似，但前几行代码在条件语句之外。更新过程的两个阶段都需要数据库连接和准备好的语句，这样就避免了以后重复相同代码的需要。代码中初始化了两个标志：$OK 变量检查检索记录是否成功，$done 编辑检查更新是否成功。

第一个条件语句确保$_GET['article_id']元素存在以及$_POST 数组是空的。因此，大括号中的代码仅在设置了查询字符串但表单尚未提交时执行。

准备 SELECT 查询的方式与准备 INSERT 命令的方式相同，使用问号作为变量的占位符。但是要注意，查询不是使用星号来检索所有列，而是指定三列的名称，如下所示。

```
$sql = 'SELECT article_id, title, article
        FROM blog WHERE article_id = ?';
```

这是由于 MySQLi 准备好的语句允许你将 SELECT 查询的结果绑定到变量，要做到这一点，必须指定字段名和它们的顺序。

首先，需要初始化准备好的语句对象，并使用$stmt->bind_param()将$_GET['article_id']元素绑定到查询。因为 article_id 的值必须是整数，所以将 i 作为第一个参数传递。

代码执行查询，然后将结果绑定到变量，顺序与获取结果之前在 SELECT 查询中指定的列的顺序相同。

下一个条件语句在 GET['article_id']元素未定义时将页面重定向到 blog_list_mysqli.php。这可以防止任何人试图直接在浏览器中加载更新记录的页面。重定向位置已分配给$url 变量，因为若更新成功，稍后将向其添加查询字符串。

如果已创建准备好的语句对象，但$OK 和$done 变量都保持为 false，则最后的条件语句将存储错误消息。目前尚未添加更新脚本，但如果检索或更新记录成功，其中一个变量将设置为 true。因此，如果两个变量都保持为 false，就可以确定其中一个 SQL 查询有问题。

(3) 现在已经检索了记录的内容，需要在更新表单中显示记录的数据。如果准备好的语句执行成功，$article_id 变量应该包含要更新的记录的主键，因为它是用 bind_result()方法绑定到结果集的变量之一。

但是，如果出现错误，则需要在页面上显示消息。但是，如果有人将查询字符串更改为无效的数字，$article_id 变量将被设置为 0，因此显示更新表单没有意义。在<form>开始标记之前添加以下条件语句。

```
<p><a href="blog_list_mysqli.php">List all entries </a></p>
<?php if (isset($error)) {
   echo "<p class='warning'>Error: $error</p>";
}
if($article_id == 0) { ?>
   <p class="warning">Invalid request: record does not exist.</p>
<?php } else { ?>
<form method="post" action="blog_update_mysqli.php">
```

第一个条件语句显示 MySQLi 准备好的语句对象报告的任何错误消息。第二个条件语句将更新表单包装在 else 块中，因此，如果$article_id 变量为 0，则表单将被隐藏。

(4) 在</form>结束标记之后立即添加 else 块的结束大括号，如下所示。

```
</form>
<?php } ?>
</body>
```

(5) 如果$article_id 变量的值不是 0，则可以确定$title 和$article 变量也包含有效值，并且可以在更新表单中显示，而不必进一步测试。但是，需要将文本值传递给 safe()函数，以避免出现引号和可执行代码的问题。在 title 输入字段的 value 属性中显示$title 变量的值，如下所示。

```
<input name="title" type="text" id="title" value="<?= safe($title) ?>">
```

(6) 对 article 文本区域执行相同的操作。因为文本区域没有 value 属性，所以将 PHP 代码添加在<textarea>开始标记和结束标记之间，如下所示。

```
<textarea name="article" id="article"><?= safe($article) ?></textarea>
```

确保在 PHP 开始和结束标记以及<textarea>标记之间没有空格。否则，将在更新的记录中插入不需要的空格。

(7) UPDATE 命令需要知道要更改的记录的主键。需要将主键存储在一个隐藏字段中，以便它与其他详细信息一起提交到$_POST 数组中。由于隐藏字段不显示在屏幕上，因此以下代码可以放在表单中的任何位置。

```
<input name="article_id" type="hidden" value="<?= $article_id ?>">
```

(8) 保存更新记录的页面，将 blog_list_mysqli.php 页面加载到浏览器中并单击其中一条记录的 EDIT 链接来测试该页面。记录的内容应该显示在表单字段中，如图 15-3 所示。

Update Entry 按钮目前还不能执行任何操作。只需要确保所有内容都正确显示，并确认主键已保存在隐藏字段中。如有必要，可以对照 blog_update_mysqli_02.php 文件检查代码。

(9) 提交按钮的 name 属性值是 update，因此所有处理更新记录的代码都需要封装在一个条件语句，该条件语句检查$_POST 数组中是否包含键为 update 的元素。将以下粗体突出显示的代码放在步骤(1)中重定向页面的代码的正上方。

```
        $stmt->fetch();
    }
}
// if form has been submitted, update record
if (isset($_POST ['update'])) {
    // prepare update query
    $sql = 'UPDATE blog SET title = ?, article = ?
            WHERE article_id = ?';
    if ($stmt->prepare($sql)) {
        $stmt->bind_param('ssi', $_POST['title'], $_POST['article'],
            $_POST['article_id']);
        $done = $stmt->execute();
    }
}
// redirect page on success or if $_GET['article_id']) not defined
if ($done || !isset($_GET['article_id'])) {
    $url = 'http://localhost/phpsols-4e/admin/blog_list_mysqli.php';
    if ($done) {
        $url .= '?updated=true';
    }
```

```
        header("Location: $url");
        exit;
    }
```

UPDATE 查询使用问号占位符，占位符的值将由变量提供。准备好的语句对象已经在条件语句外部的代码中初始化，因此可以将 SQL 语句传递给 prepare()方法，并使用$stmt->bind_param()绑定变量。前两个变量是字符串，第三个是整数，因此第一个参数是 ssi。

如果 UPDATE 查询成功，execute()方法返回 true，重置$done 变量的值。与 INSERT 查询不同，使用 affected_rows 属性没有什么意义，由于如果用户决定单击 Update Entry 按钮而不做任何更改，则返回 0，因此我们不会在这里使用它。我们需要将$done | |添加到重定向脚本中的条件中。这可确保在更新成功或有人试图直接访问该页面时重定向到 blog_list_mysqli.php 页面。

如果更新成功，将向重定向位置追加一个查询字符串。

(10) 编辑 blog_list_mysqli.php 文件中表上方的 PHP 代码块，以显示记录已更新的消息，如下所示。

```
<?php if (isset($error)) {
    echo "<p>$error</p>";
} else {
    if (isset($_GET['updated'])) {
        echo '<p>Record updated</p>';
    }
?>
<table>
```

此条件语句嵌套在现有的 else 块中，而不是 elseif 语句中。因此，在更新记录后，该条件语句中的消息将与已更新的数据库记录表一起显示。

(11) 保存 blog_update_mysqli.php 文件，然后加载 blog_list_mysqli.php 文件，选择其中一个 EDIT 链接来显示更新记录的页面，并更新所选择的记录，从而测试更新记录的页面。单击 Update Entry 按钮时，浏览器应该重定向回 blog_list_mysqli.php 页面，同时在列表上方应该出现 Record updated 消息。可以再次单击同一个 EDIT 链接来验证所做的更改。如有必要，请对照 blog_update_mysqli_03.php 和 blog_list_mysqli_03.php 文件来检查代码。

2. PHP 解决方案 15-5：使用 PDO 更新记录

PHP 解决方案 15-5 演示如何使用 PDO 将现有记录加载到更新表单中，然后将编辑后的详细信息发送到数据库，从而更新数据库中的记录。要加载记录，需要先创建列出所有记录的管理页面，如 PHP 解决方案 15-3 所述。

(1) 从 ch15 文件夹中将 blog_update_pdo_01.php 文件复制到 admin 文件夹，并

另存为 blog_update_pdo.php。

(2) 第一个阶段涉及检索要更新的记录的详细信息。将以下代码放在 DOCTYPE 声明上方的 PHP 代码块中。

```
require_once '../includes/connection.php';
require_once '../includes/utility_funcs.php';
// initialize flags
$OK = false;
$done = false;
// create database connection
$conn = dbConnect('write', 'pdo');
// get details of selected record
if (isset($_GET['article_id']) && !$_POST) {
    // prepare SQL query
    $sql = 'SELECT article_id, title, article FROM blog
            WHERE article_id = ?';
    $stmt = $conn->prepare($sql);
    // pass the placeholder value to execute() as a single-element array
    $OK = $stmt->execute([$_GET['article_id']]);
    // bind the results
    $stmt->bindColumn(1, $article_id);
    $stmt->bindColumn(2, $title);
    $stmt->bindColumn(3, $article);
    $stmt->fetch();
}
// redirect if $_GET['article_id'] not defined
if (!isset($_GET['article_id'])) {
    $url = 'http://localhost/phpsols-4e/admin/blog_list_pdo.php';
    header("Location: $url");
    exit;
}
if (isset($stmt)) {
    // get error message (will be null if no error)
    $error = $stmt->errorInfo()[2];
}
```

尽管这与用于插入记录的页面的代码非常相似，但前几行代码在条件语句之外。更新过程的两个阶段都需要数据库连接和准备好的语句，这样就避免了以后重复相同代码的需要。代码中初始化了两个标志：$OK 变量检查检索记录是否成功，

$done 编辑检查更新是否成功。

第一个条件语句确保$_GET['article_id']元素存在以及$_POST 数组是空的。因此，大括号中的代码仅在设置了查询字符串但表单尚未提交时执行。

在为插入表单准备 SQL 查询时，使用命名占位符代表变量。但这里使用问号占位符即可，如下所示。

```
$sql = 'SELECT article_id, title, article FROM blog
        WHERE article_id = ?';
```

只有一个变量需要绑定到匿名占位符，因此将其作为单个元素数组直接传递给 execute()方法，如下所示。

```
$OK = $stmt->execute([$_GET['article_id']]);
```

警告：

上述代码使用数组速记语法，因此$_GET['article_id']被包装在一对方括号中。不要忘记数组的右方括号。

然后，使用 bindColumn()方法将结果绑定到$article_id、$title 和$article 变量。这次，本示例使用数字(从 1 开始计数)来指示要将每个变量绑定到哪列。

结果中只有一条记录要提取，因此立即调用 fetch()方法。

下一个条件语句在$_GET['article_id']元素尚未定义的情况下将页面重定向到 blog_list_pdo.php 页面。这可以防止任何人试图直接在浏览器中加载更新记录的页面。重定向位置已分配给变量，因为如果更新成功，稍后将向其添加查询字符串。

最后一个条件语句从准备好的语句对象中检索任何错误消息。它与准备好的语句对象代码的其余部分是分开的，因为它还将用于稍后添加的第二个准备好的语句对象。

(3) 现在已经检索了记录的内容，需要在更新表单中显示记录的数据。如果准备好的语句执行成功，$article_id 变量应该包含要更新的记录的主键，因为它是用 bindColumn()方法绑定到结果集的变量之一。

但是，如果出现错误，则需要在页面上显示消息。但是，如果有人将查询字符串更改为无效的数字，$article_id 变量将被设置为 0，因此显示更新表单没有意义。在<form>开始标记之前添加以下条件语句。

```
<p><a href="blog_list_pdo.php">List all entries </a></p>
<?php if (isset($error)) {
    echo "<p class='warning'>Error: $error</p>";
}
if($article_id == 0) { ?>
    <p class="warning">Invalid request: record does not exist.</p>
```

```
<?php } else { ?>
<form method="post" action="blog_update_pdo.php">
```

第一个条件语句显示 PDO 准备好的语句对象报告的任何错误消息。第二个条件语句将更新表单包装在 else 块中，因此，如果$article_id 变量为 0，则表单将被隐藏。

(4) 在</form>结束标记之后立即添加 else 块的结束大括号，如下所示。

```
</form>
<?php } ?>
</body>
```

(5) 如果$article_id 变量的值不是 0，则可以确定$title 和$article 变量也包含有效值，并且可以在更新表单中显示，而不必进一步测试。但是，需要将文本值传递给 safe()函数，以避免出现引号和可执行代码的问题。在 title 输入字段的 value 属性中显示$title 变量的值，如下所示。

```
<input name="title" type="text" id="title" value="<?= safe($title) ?>">
```

(6) 对 article 文本区域执行相同的操作。因为文本区域没有 value 属性，所以将 PHP 代码添加在<textarea>开始标记和结束标记之间，如下所示。

```
<textarea name="article" id="article"><?= safe($article) ?></textarea>
```

确保在 PHP 开始标记和结束标记以及<textarea>标记之间没有空格。否则，将在更新的记录中插入不需要的空格。

(7) UPDATE 命令需要知道要更改的记录的主键。需要将主键存储在一个隐藏字段中，以便它与其他详细信息一起提交到$_POST 数组中。由于隐藏字段不显示在屏幕上，因此以下代码可以放在表单中的任何位置。

```
<input name="article_id" type="hidden" value="<?= $article_id ?>">
```

(8) 保存更新记录的页面，将 blog_list_pdo.php 页面加载到浏览器中并单击其中一条记录的 EDIT 链接来测试该页面。记录的内容应该显示在表单字段中，如图 15-3 所示。

Update Entry 按钮目前还不能执行任何操作。只需要确保所有内容都正确显示，并确认主键已保存在隐藏字段中。如有必要，可以对照 blog_update_pdo_02.php 文件来检查代码。

(9) 提交按钮的 name 属性值是 update，因此所有处理更新记录的代码都需要封装在一个条件语句中，该条件语句检查$_POST 数组中是否包含键为 update 的元素。将以下粗体突出显示的代码放在步骤(1)中重定向页面的代码的正上方。

```
    $stmt->fetch();
```

```
}
// if form has been submitted, update record
if (isset($_POST['update'])) {
    // prepare update query
    $sql = 'UPDATE blog SET title = ?, article = ?
            WHERE article_id = ?';
    $stmt = $conn->prepare($sql);
    // execute query by passing array of variables
    $done = $stmt->execute([$_POST['title'], $_POST['article'],
        $_POST['article_id']]);
}
// redirect page on success or $_GET['article_id'] not defined
if ($done || !isset($_GET['article_id'])) {
    $url = 'http://localhost/phpsols-4e/admin/blog_list_pdo.php';
    if ($done) {
        $url .= '?updated=true';
    }
    header("Location: $url");
    exit;
}
```

同样，SQL 查询使用问号占位符，占位符的值将由变量提供。这次，有 3 个占位符，因此需要将相应的变量作为数组传递给 execute()方法。不用说，数组元素的顺序必须与占位符的顺序相同。

如果 UPDATE 查询成功，execute()方法返回 true，重置$done 变量的值。不能在此处使用 rowCount()方法获取受影响的行数，因为，如果不做任何更改直接单击 Update Entry 按钮时，该方法将返回 0。你会注意到我们需要将$done | |添加到重定向脚本中的条件中。这可确保在更新成功或有人试图直接访问该页面时重定向到 blog_list_mysqli.php 页面。如果更新成功，将向重定向位置追加一个查询字符串。

(10) 编辑 blog_list_pdo.php 文件中表上方的 PHP 代码块，以显示记录已更新的消息，如下所示。

```
<?php if (isset($error)) {
    echo "<p>$error</p>";
} else {
    if (isset($_GET['updated'])) {
        echo '<p>Record updated</p>';
    }
?>
<table>
```

此条件语句嵌套在现有的 else 块中，它不是 elseif 语句。因此，在更新记录后，该条件语句中的消息将与已更新的数据库记录表一起显示。

(11) 保存 blog_update_pdo.php 文件，然后加载 blog_list_pdo.php 文件，选择其中一个 EDIT 链接显示更新记录的页面，并更新所选择的记录，从而测试更新记录的页面。当单击 Update Entry 按钮时，浏览器应该重定向回 blog_list_pdo.php 页面，同时在列表上方应该出现 Record updated 消息。可以再次单击同一个 EDIT 链接来验证所做的更改。如有必要，对照 blog_update_pdo_03.php 和 blog_list_pdo_03.php 文件来检查代码。

15.1.6 删除记录

删除数据库中的记录类似于更新记录。基本的 DELETE 命令如下：

```
DELETE FROM table_name WHERE condition
```

使用 DELETE 命令必须谨慎，因为它的执行结果是不能撤销的。一旦删除了一条记录，该记录将永远消失，无法找回。没有回收站和垃圾桶可供回收。更糟糕的是，WHERE 子句是可选的。如果忽略它，表中的每一条记录都将不可撤销地被删除。因此，最好显示要删除的记录的详细信息，并要求用户确认或取消该过程(见图 15-6)。

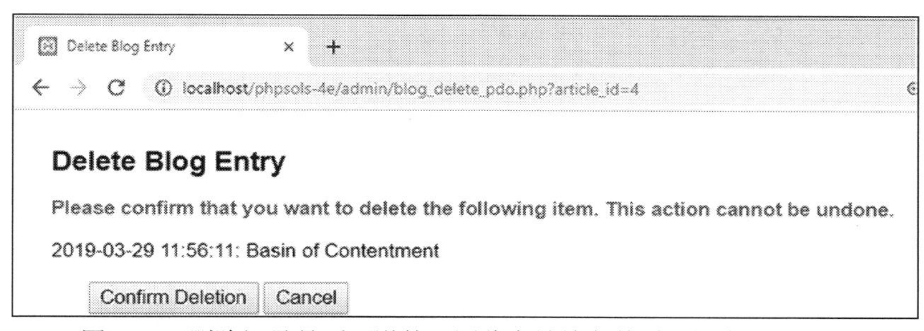

图 15-6　删除记录是不可逆的，因此在继续之前需要用户进行确认

删除页面的构建和脚本编写与更新页面几乎相同，因此本节不再给出逐步说明。然而，需要注意以下要点。

- 检索所选记录的详细信息。
- 显示足够的详细信息，如标题，以便用户确认选择了正确的记录。
- 为 Confirm Deletion 和 Cancel 按钮提供不同的 name 属性，并使用 isset()函数检查每个 name 属性从而控制所采取的操作。
- 使用条件语句隐藏 Confirm Deletion 按钮和隐藏字段，而不是将整个表单包装在 else 块中。

下面分别介绍 MySQLi 和 PDO 执行删除的代码。

对于 MySQLi：

```
if (isset($_POST['delete'])) {
    $sql = 'DELETE FROM blog WHERE article_id = ?';
    if ($stmt->prepare($sql)) {
        $stmt->bind_param('i', $_POST['article_id']);
        $stmt->execute();
        if ($stmt->affected_rows > 0) {;
            $deleted = true;
        } else {
            $error = 'There was a problem deleting the record.';
        }
    }
}
```

对于 PDO：

```
if (isset($_POST['delete'])) {
    $sql = 'DELETE FROM blog WHERE article_id = ?';
    $stmt = $conn->prepare($sql);
    $stmt->execute([$_POST['article_id']]);
    // get number of affected rows
    $deleted = $stmt->rowCount();
    if (!$deleted) {
        $error = 'There was a problem deleting the record.';
        $error .= $stmt->errorInfo()[2];
    }
}
```

可以在 ch15 文件夹中的 blog_delete_mysqli.php 和 blog_delete_pdo.php 文件中找到完成的代码。要测试删除脚本，需要将相应的文件复制到 admin 文件夹。

15.2 4 个基本 SQL 命令的语法

本章现在已经介绍了 SELECT、INSERT、UPDATE 和 DELETE 的实际使用情况，让我们回顾一下这 4 个命令在 MySQL 和 MariaDB 中的基本语法。本节不会介绍这些命令的所有细节，主要集中介绍几个最重要的选项，其中一些内容前面尚未使用过。

本节使用与 MySQL 联机手册相同的排版惯例，网址是 https://dev.mysql.com/doc/refman/8.0/en/(也可以直接查阅该手册)。

- 任何大写的单词都是 SQL 命令。

- 方括号中的表达式是可选的。
- 斜体小写内容表示变量输入。
- 垂直管道(|)分隔备选方案。

尽管有些表达式是可选的，但它们必须按照列出的顺序出现。例如，在 SELECT 查询中，WHERE、ORDER BY 和 LIMIT 都是可选的，但是 LIMIT 永远不能出现在 WHERE 或 ORDER BY 的前面。

15.2.1 SELECT 命令

SELECT 用于从一个或多个表检索记录。其基本语法如下：

```
SELECT [DISTINCT] select_list
FROM table_list
[WHERE where_expression]
[ORDER BY col_name | formula] [ASC | DESC]
[LIMIT [skip_count,] show_count]
```

DISTINCT 选项告诉数据库要从结果中消除重复行。

select_list 是要包含在结果中的字段，多个字段以逗号分隔。要检索所有字段，需要使用星号(*)。如果在多个表中使用相同的字段名，则引用必须是明确的，需要使用语法 table_name.column_name。第 17 章和第 18 章将详细说明如何查询多个表中的记录。

table_list 是要检索的表，多个表以逗号分隔，检索结果将从(这些)表中生成。必须列出要包含在结果中的所有表。

WHERE 子句指定搜索条件，例如：

```
WHERE quotations.family_name = authors.family_name
WHERE article_id = 2
```

WHERE 子句中的表达式可以使用比较运算、算术运算、逻辑计算和模式匹配运算符。表 15-2 列出了最重要的运算符。

表 15-2 MySQL WHERE 子句中的表达式使用的主要运算符

比较运算符		算术运算符	
<	小于	+	加法
<=	小于或等于	-	减法
=	等于	*	乘法
!=	不等于	/	除法
<>	不等于	DIV	整除
>	大于	%	取模

(续表)

<table>
<tr><th colspan="2">比较运算符</th><th colspan="2">算术运算符</th></tr>
<tr><td>>=</td><td>大于或等于</td><td></td><td></td></tr>
<tr><td>IN()</td><td>包含在列表中</td><td></td><td></td></tr>
<tr><td>BETWEEN min AND max</td><td>包含在最小值和最大值之间(包括最小值和最大值)</td><td></td><td></td></tr>
<tr><th colspan="2">逻辑运算</th><th colspan="2">模式匹配</th></tr>
<tr><td>AND</td><td>逻辑与</td><td>LIKE</td><td>不区分大小写的匹配项</td></tr>
<tr><td>&&</td><td>逻辑与</td><td>NOT LIKE</td><td>不区分大小写的非匹配项</td></tr>
<tr><td>OR</td><td>逻辑或</td><td>LIKE BINARY</td><td>区分大小写的匹配项</td></tr>
<tr><td>||</td><td>逻辑或(最好避免使用该运算符)</td><td>NOT LIKE BINARY</td><td>区分大小写的非匹配项</td></tr>
</table>

在表示“不等于”的两个运算符中，<>是标准的 SQL。并非所有数据库都支持!=运算符。

DIV 是取模运算符的对应项。它将除法的结果作为一个整数，不包含小数部分，而取模运算只获取余数。

```
5 / 2      /* result 2.5 */
5 DIV 2    /* result 2 */
5 % 2      /* result 1 */
```

本书建议避免使用||运算符，因为在标准 SQL 中它实际上用作字符串连接运算符。不要与 MySQL 一起使用该运算符，可以避免在使用不同的关系数据库时出现混淆。要连接字符串，MySQL 使用 CONCAT()函数(详情参见 https://dev.mysql.com/doc/refman/8.0/en/string-functions.html#function_concat)。

IN()选项出现时，SQL 查询返回指定字段的值出现在该选项括号内的值列表中的记录，值列表中的多个值以逗号分隔。虽然 BETWEEN 通常用于数字，但它也适用于字符串。例如，对于 a，b，c 和 d，BETWEEN 'a' AND 'd'返回 true(但如果是大写的 A，B，C 和 D 则不行)。IN()和 BETWEEN 前面加上 NOT 都可以执行相反的比较。

LIKE、NOT LIKE 和相关的 BINARY 运算符与以下两个通配符一起用于文本搜索。

- %：匹配任何字符序列，或没有字符串也认为是匹配。
- _(下画线)：只匹配一个字符。

因此，下面的 WHERE 子句匹配 Dennis、Denise 等，但不匹配 Aiden：

```
WHERE first_name LIKE 'den%'
```

若要匹配 Aiden，需要将%置于搜索模式的前面。因为%匹配任何字符序列，或没有字符串也认为是匹配，'%den%'仍然匹配 Dennis 和 Denise。要搜索百分比符号或下画线本身，需要在其前面加上反斜杠(\%或_)。

条件是从左到右计算的，但如果希望一组条件一起考虑，则可以在括号中分组。

ORDER BY 指定结果的排序顺序。可以指定为一个字段、一个逗号分隔的字段列表或一个表达式(如 RAND())，用于随机化顺序。默认的排序顺序是升序(a–z，0–9)，但可以指定 DESC(降序)来反转顺序。

LIMIT 关键字之后跟着一个数字，该数字规定了返回的最大记录数。如果跟着两个用逗号分隔的数字，第一个数字告诉数据库要跳过多少行。

有关 SELECT 命令的详细信息，请参见 https://dev.mysql.com/doc/refman/8.0/en/select.html。

15.2.2 INSERT 命令

INSERT 命令用于向数据库添加新记录。基础语法如下：

```
INSERT [INTO] table_name (column_names)
VALUES (values)
```

INTO 这个词是可选的；它只是让命令读起来有点像人类语言。多个字段名和字段值以逗号分隔，两者的顺序必须相同。因此，要将 New York (blizzard)、Detroit (smog)和 Honolulu (sunny)的天气预报插入天气数据库中，可以这样做：

```
INSERT INTO forecast (new_york, detroit, honolulu)
VALUES ('blizzard', 'smog', 'sunny')
```

语法这样编排的原因是允许一次插入多条记录。每个后续记录都在一组单独的括号中，多个括号之间用逗号分隔。

```
INSERT numbers (x,y)
VALUES (10,20),(20,30),(30,40),(40,50)
```

本书将在第 18 章中使用这种多重插入语法。INSERT 查询中忽略的任何字段都将设置为其默认值。永远不要为设置为 AUTO_INCREMENT 的主键设置显式值；不要在 INSERT 语句中使用主键的字段名。

更多详细信息，请参阅 https://dev.mysql.com/doc/refman/8.0/en/insert.html。

15.2.3 UPDATE 命令

此命令用于更改现有记录。基本语法如下：

```
UPDATE table_name
```

```
SET col_name = value [, col_name = value]
[WHERE where_expression]
```

WHERE 表达式告诉 MySQL 要更新哪条或哪些记录。

```
UPDATE sales SET q4_2019 = 25000
WHERE title = 'PHP 7 Solutions, Fourth Edition'
```

可以参见 https://dev.mysql.com/doc/refman/8.0/en/update.html 获取 UPDATE 命令的更多详细信息。

15.2.4 DELETE 命令

DELETE 命令可用于删除单个记录、多个记录或一个表的全部内容。从单个表中删除记录的基础语法如下：

```
DELETE FROM table_name [WHERE where_expression]
```

尽管 phpMyAdmin 在删除记录之前会提示你进行确认，但数据库在接收到删除查询时会立即执行删除操作。删除是完全不可回撤的——一旦数据被删除，它将永远消失。以下查询将删除名为 subscribers 的表中 expiry_date 已超过当前日期的所有记录。

```
DELETE FROM subscribers
WHERE expiry_date < NOW()
```

更多详细信息，请参阅 https://dev.mysql.com/doc/refman/8.0/en/delete.html。

警告：

尽管WHERE子句在UPDATE和DELETE命令中都是可选的，但是你应该知道，如果不使用WHERE子句，整个表都会受到影响。这意味着，如果在使用这两个命令时疏忽了WHERE子句，就意味着表中的所有记录都会变得完全相同，或者全被删除。

15.3 安全和错误消息

在使用 PHP 和数据库开发网站时，必须显示错误消息，以便在出现错误时调试代码。但是，原始的错误消息在已上线的网站上看起来很不专业。它们还可以向潜在的攻击者透露有关数据库结构的线索。因此，在 Internet 上部署脚本之前，应将数据库生成的错误消息替换为自己的中性消息，例如 Sorry, the database is unavailable。

15.4 本章回顾

数据库的内容管理包括插入、选择、更新和删除记录。每条记录的主键在更新和删除过程中起着至关重要的作用。大多数情况下，生成主键是在第一次创建记录时由数据库自动处理的。因此，查找记录的主键只需要使用 SELECT 查询，可以显示所有记录的列表，也可以搜索有关记录的信息，例如标题或文章中的单词。

MySQLi 和 PDO 准备好的语句避免了确保引号和控制字符正确转义的需要，从而使数据库查询更加安全。如果在脚本中需要根据不同的变量重复执行相同的查询，它们还可以加快应用程序的速度。与每次验证 SQL 不同，使用占位符时脚本只需要对 SQL 进行一次验证。

尽管本章主要讨论内容管理，但是相同的基本技术也适用于与数据库的大多数交互。当然，还有很多关于 SQL 和 PHP 的技术。下一章将讨论一些最常见的问题，例如只显示长文本字段中大致长度的文本和处理日期。然后在第 17 章中，我们将探讨如何处理数据库中的多个表。

第 16 章

格式化文本和日期

我们还有一些第 15 章未完成的工作要做。第 15 章中的图 15-1 显示了 blog 表中的内容，其中只显示了每篇文章的前两句话以及显示文章其余部分的链接。但是，第 15 章没有说明是如何做到的。有几种方法可以从较长文本的开头提取较短的文本。有些方法很简单，通常会在完整的语句中间截断。在本章中，你将学习如何提取完整的语句。

另一项未完成的工作是 blog_list_mysqli.php 和 blog_list_pdo.php 文件中的完整文章列表显示了原始状态下的 MySQL 时间戳，这不是很优雅。你需要重新设置日期以使其更方便用户查看。处理日期可能是一个大麻烦，因为 MySQL 和 MariaDB 存储日期的方式与 PHP 完全不同。本章将指导你如何在 PHP/MySQL 上下文中存储和显示日期。你还将了解 PHP 中可以进行复杂日期计算的特性，例如查找每个月的第二个星期二。

本章内容：

- 提取较长文本开头的一部分内容
- 在 SQL 查询中使用别名
- 将从数据库检索的文本显示为段落
- 使用 MySQL 格式化日期
- 根据时间标准选择记录
- 使用 PHP DateTime、DateTimeZone、DateInterval 和 DatePeriod 类

16.1 显示文本摘要

有很多方法可以从较长的文本中提取前几行或一部分字符。有时你只需要前 20 或 30 个字符来识别一篇文章。在其他时候，需要显示完整的语句或段落。

16.1.1 提取固定数量的字符

可以使用 PHP substr()函数或 SQL 查询中的 LEFT()函数从文本内容的开头提取固定数量的字符。

注意：

以下示例将文本传递给第 13 章中定义的safe()函数。通过将外部输入的文本、双引号和角括号转换为它们的HTML字符实体等价物，该函数实现对文本的清除，但同时又能防止对现有实体字符再次编码。该函数的定义包含在utility_funcs.php文件中。

---

1. 使用 PHP substr()函数

该函数从长字符串中提取一个子字符串。它有 3 个参数：要从中提取子字符串的字符串、提取字符串的开始位置(从 0 开始计数)和要提取的字符数。以下代码显示$row['article']元素的前 100 个字符。

```
echo safe(substr($row['article'], 0, 100));
```

原始字符串不会受影响。如果省略第三个参数，substr()函数会将从开始位置以后的所有内容提取到子字符串。当将指示开始位置的第二个参数设置为 0 时，如果省略第三个参数，将提取完整的字符串。

2. 在 SQL 查询中使用 LEFT()函数

该函数从列的开头提取字符。它有两个参数：字段名和要提取的字符数。下面从 blog 表中检索 article_id、title 字段和 article 字段的前 100 个字符。

```
SELECT article_id, title, LEFT(article, 100)
FROM blog ORDER BY created DESC
```

每当在 SQL 查询中以这种方式使用函数时，结果集中的字段名不再显示为 article，而是显示为 LEFT(article,100)。因此，最好使用 AS 关键字为受影响的字段指定别名。可以将字段的原始名称重新分配为别名，也可以使用描述性名称，如下例所示(代码位于 ch16 文件夹中的 blog_left_mysqli.php 和 blog_left_pdo.php 文件中)。

```
SELECT article_id, title, LEFT(article, 100) AS first100
FROM blog ORDER BY created DESC
```

如果将每条记录存储在$row 变量中，则提取内容位于$row['first100']元素中。要同时检索前 100 个字符和整篇文章，只需要在查询中包含这两者即可，如下所示。

```
SELECT article_id, title, LEFT(article, 100) AS first100, article
FROM blog ORDER BY created DESC
```

提取固定数量的字符会产生一个粗糙的结果，如图 16-1 所示。

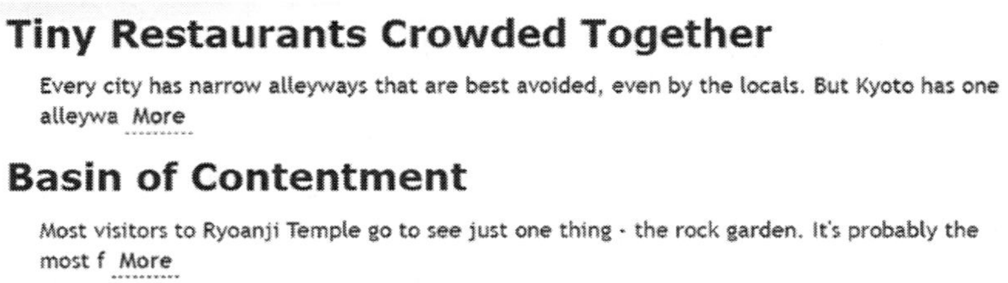

Tiny Restaurants Crowded Together

Every city has narrow alleyways that are best avoided, even by the locals. But Kyoto has one alleywa More

Basin of Contentment

Most visitors to Ryoanji Temple go to see just one thing - the rock garden. It's probably the most f More

图 16-1 从一篇文章中选出前 100 个字符会把许多单词切成两半

16.1.2 在一个完整的单词上结束摘录

要以一个完整的单词作为提取内容的结尾，需要找到最后一个空格并使用它来确定子字符串的长度。因此，如果希望提取最多 100 个字符，则使用前面的任一方法开始，并将结果存储在$extract 变量中。然后，可以使用 PHP 字符串函数 strrpos()和 substr()查找最后一个空格并作为提取内容的结束，如下所述(代码位于 blog_word_mysqli.php 和 blog_word_pdo.php 文件中)。

```
$extract = $row['first100'];
// find position of last space in extract
$lastSpace = strrpos($extract, ' ');
// use $lastSpace to set length of new extract and add ...
echo safe(substr($extract, 0, $lastSpace)) . '... ';
```

这将产生图 16-2 所示的更优雅的结果。它使用 strrpos()函数，它在一个字符串中查找某个字符或子字符串的最后位置。因为要寻找的是一个空格，所以第二个参数是一对引号，它们之间只有一个空格。结果存储在$lastSpace 变量中，它作为第三个参数传递给 substr()函数，从而实现对完整单词的提取。最后，添加一个包含 3 个点和 1 个空格的字符串，并用连接运算符(句点)将二者连接起来。

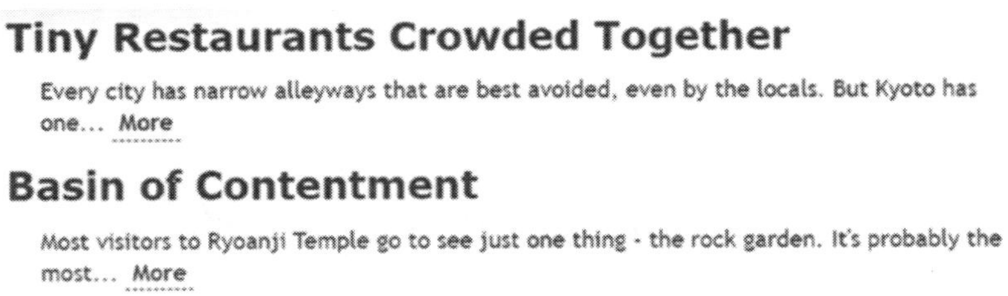

Tiny Restaurants Crowded Together

Every city has narrow alleyways that are best avoided, even by the locals. But Kyoto has one... More

Basin of Contentment

Most visitors to Ryoanji Temple go to see just one thing - the rock garden. It's probably the most... More

图 16-2 在一个完整的单词上结束提取形成的结果更优雅

■ **警告：**

不要混淆strrpos()函数与strrpos()函数，strpos()函数返回指定字符或子字符串的最后一个位置，而strpos()函数返回的是第一个位置。额外的r代表reverse——strrpos()函数从字符串末尾开始搜索。

16.1.3 提取第一段文件

假设在向数据库中输入文本时使用了回车键表示新段落，那么提取第一段是非常简单的。只需要检索全文，使用 strpos()函数查找第一个换行符，并使用 substr()函数提取到该位置的文本即是全文的第一个段落。

blog_para_mysqli.php 和 blog_para_pdo.php 文件都使用了以下 SQL 查询。

```
SELECT article_id, title, article
FROM blog ORDER BY created DESC
```

下列代码用于显示 article 列中的第一个段落。

```
<?= safe(substr($row['article'], 0, strpos($row['article'],
PHP_EOL))) ?>
```

让我们拆分上述代码，单独查看第三个参数。

```
strpos($row['article'], PHP_EOL)
```

该函数使用 PHP_EOL 常量跨平台定位$row['article']字段中的第一个行结束字符。可以按如下方式重写代码。

```
$newLine = strpos($row['article'], PHP_EOL);
echo safe(substr($row['article'], 0, $newLine));
```

这两组代码做了完全相同的事情，但是 PHP 允许你嵌套一个函数作为传递给另一个函数的参数。只要嵌套函数返回有效的结果，就可以经常使用这样的快捷方式。

使用 PHP_EOL 常量消除了处理 Linux、macOS 和 Windows 系统使用不同的字符插入新行的问题。

16.1.4 显示段落

鉴于我们讨论的主题是段落，这里再介绍一个让许多初学者感到困惑的情况：从数据库中检索到的所有文本都显示为一个连续的块，段落之间没有分隔。HTML 会忽略空格，包括换行符。要将存储在数据库中的文本显示为段落，可以使用以下选项。

- 将文本存储为 HTML。
- 将换行符转换为
标记。
- 创建一个自定义函数，将换行符替换为段落标记。

1. 将数据库记录存储为 HTML

第一个选项涉及在内容管理表单中安装 HTML 编辑器，如 CKEditor(https://

CKEditor.com/)或 TinyMCE(www.tiny.cloud/)。在插入或更新文本时对其进行标记。数据库中存储的是 HTML 脚本，在浏览器中文本将按预期的格式显示。安装编辑器的内容超出了本书的范围，不在此赘述。

▒ 注意：

如果在数据库中将文本存储为HTML，则不能使用safe()函数显示它，因为HTML标记将作为文本的一部分显示。取而代之，使用strip_tags()并指定允许哪些标记。

---

2. 将换行符转换为
标记

最简单的方法是在显示文本之前将文本传递给 nl2br()函数，如下所示。

```
echo nl2br(safe($row['article']));
```

文本的显示效果会按输入时的段落排列，但并不是真正的段落。nl2br()函数将换行符转换为
标记(右斜杠用于与 XHTML 兼容，在 HTML 5 中有效)。结果，你得到了假的段落。这是一个快捷却虚假的解决方案，并不理想。

▒ 提示：

使用nl2br()函数是次优的解决方案。但如果决定使用nl2br()函数，则必须在将文本传递给该函数之前先对文本进行清理。否则，
标记的尖括号将转换为HTML字符实体，从而使它们显示在文本中，而不是作为HTML脚本中的标记。

---

3. 创建自定义函数插入<p>标记

要将从数据库检索到的文本显示为真正的段落，需要将数据库结果包装在一对段落标记中，然后使用 preg_replace()函数将每个换行符转换为</p>结束标签，并紧接着添加<p>开始标签，如下所示。

```
<p><?= preg_replace('/[\r\n]+/', "</p>\n<p>", safe($row['article'])); ?></p>
```

用作第一个参数的正则表达式匹配一个或多个回车和/或换行符。这里不能使用 PHP_EOL 常量，因为需要匹配所有换行符并用一对段落标记替换它们。</p>和<p>标记用双引号括起来，在它们之间添加一个换行符，以便使 HTML 代码更易于阅读。记住正则表达式的模式可能很困难，因此可以轻松地将其转换为自定义函数，如下所示。

```
function convertToParas($text) {
    $text = trim($text);
    $text = htmlspecialchars($text, ENT_COMPAT|ENT_HTML5, 'UTF-8',
false);
```

```
    return '<p>' . preg_replace('/[\r\n]+/', "</p>\n<p>", $text) .
"</p>\n";
}
```

该函数首先裁剪掉文本开头和结尾的空白，包括换行符，然后使用 4 个参数调用 htmlspecialchars()函数，对$text 变量中的文本进行清理。函数中的第二行代码与第 13 章中定义的 safe()函数中的代码相同。最后一行在开头添加一个<p>标签，用</p>结束标签和<p>开始标签替换文本内部的换行字符，并在结尾附加一个</p>结束标签和换行字符。

然后可以按如下方式使用该函数：

```
<?= convertToParas($row['article']); ?>
```

该函数定义的代码位于 ch16 文件夹中更新版本的 utility_funcs.php 文件中。blog_ptags_mysqli.php 和 blog_ptags_pdo.php 文件都使用了该函数。

注意：

虽然更新后的utility_funcs.php文件同时包含safe()和convertToParas()函数定义，但笔者决定不在convertToParas()函数中调用safe()函数，因为这可能会创建一个潜在的不稳定的依赖关系。如果在将来某个阶段，你决定采用一种不同的方法来清理文本并删除safe()函数，调用convertToParas()函数将触发致命错误，因为它依赖于不再存在的自定义函数。

16.1.5 提取完整的语句

PHP 不知道一个语句由什么内容构成。计算句点意味着忽略所有以感叹号或问号结尾的语句。你还可能会依据数字中的小数点拆散一条语句，或在句点后截断结束引号。为了解决这些问题，本节设计了一个名为 getFirst()的 PHP 函数，该函数用于标识普通语句末尾的标点符号。

- 句号、问号或感叹号。
- 可能出现在句号、问号或感叹号之后的单引号或双引号。
- 位于句号、问号或感叹号之后的一个或多个空格。

getFirst()函数有两个参数：要从中提取语句的文本和要提取的语句数量。第二个参数是可选的；如果没有提供，函数将提取前两条语句。代码如下所示(可以在 utility_funcs.php 文件中找到该函数)。

```
function getFirst($text, $number=2) {
    // use regex to split into sentences
    $sentences = preg_split('/([.?!]["\']?\s)/', $text, $number+1,
        PREG_SPLIT_DELIM_CAPTURE);
```

```
    if (count($sentences) > $number * 2) {
        $remainder = array_pop($sentences);
    } else {
        $remainder = '';
    }
    $result = [];
    $result[0] = implode('', $sentences);
    $result[1] = $remainder;
    return $result;
}
```

此函数返回一个包含两个元素的数组：提取的语句和任何剩余的文本。可以使用第二个元素创建指向包含全文的页面的链接。

粗体突出显示的代码使用正则表达式来标识每条语句的结尾——句点、问号或感叹号，后面可以是双引号或单引号和空格。这作为 preg_split()函数的第一个参数传递，preg_split()函数使用正则表达式将文本拆分为数组。第二个参数是目标文本。第三个参数决定将文本分割成的最大块数。这里希望提取 3 条语句。通常，preg_split()函数会丢弃与正则表达式匹配的字符，但使用 PREG_SPLIT_DELIM_CAPTURE 常量作为第四个参数，以及正则表达式中的一对捕获括号将它们保留为单独的数组元素。换句话说，$sentences 数组的元素由语句的文本、文本之后的标点符号和空格组成，如下所示。

```
$sentences[0] = '"Hello, world';
$sentences[1] = '!" ';
```

我们不可能预先知道目标文本中有多少语句，因此需要在提取出所需的语句数后确定是否还有剩余的语句。条件语句使用 count()函数来确定$sentences 数组中的元素个数，并将结果与$number 变量的值乘以 2 进行比较(因为数组中每条语句包含两个元素)。如果还有更多的文本，array_pop()函数将删除$sentences 数组的最后一个元素，并将其分配给$remainder 变量。如果没有剩余的文本，$remainder 变量包含空字符串。

该函数的最后一个阶段调用 implode()函数，使用空字符串作为第一个参数，将提取的语句连接在一起，然后返回一个包含两个元素的数组；该数组的第一个元素包含已提取的文本，第二个元素包含任何剩余的内容。

如果你觉得这个解释很难理解，别担心。代码相当可靠。构建这个功能需要很多实验，多年来笔者已经逐渐改进了这些代码。

PHP 解决方案 16-1：显示文章的前两句

PHP 解决方案 16-1 展示如何使用前一小节描述的 getFirst()函数显示 blog 表中每一篇文章的摘要。如果你在本书前面创建了 Japan Journey 网站，请使用 blog.php

文件。或者，使用 ch16 文件夹中的 blog_01.php 文件，将其复制到 phpsols-4e 网站根目录中并另存为 blog.php。在 includes 文件夹中还需要 footer.php、menu.php、title.php 和 connection.php 文件。如果 includes 文件夹中尚未包含这些文件，可以从 ch16 文件夹中复制这些文件。

(1) 将更新版本的 utility_funcs.php 文件从 ch16 文件夹复制到 includes 文件夹，并在 blog.php 文件中 DOCTYPE 声明上方的 PHP 代码块中包含该文件。还需要包括 connection.php 文件以便创建数据库连接。此页面需要只读权限，因此使用 read 作为 dbConnect()函数的参数，如下所示。

```
require_once './includes/connection.php';
require_once './includes/utility_funcs.php';
// create database connection
$conn = dbConnect('read');
```

如果使用的是 PDO，需要将'pdo'作为 dbConnect()函数的第二个参数。

(2) 准备一个 SQL 查询以从 blog 表中检索所有记录，然后提交查询，如下所示。

```
$sql = 'SELECT * FROM blog ORDER BY created DESC';
$result = $conn->query($sql);
```

(3) 添加代码以检查数据库错误。

对于 MySQLi，使用如下代码。

```
if (!$result) {
    $error = $conn->error;
}
```

对于 PDO，调用 errorInfo()方法，检查是否存在第三个数组元素，如下所示。

```
$errorInfo = $conn->errorInfo();
if (isset($errorInfo[2])) {
    $error = $errorInfo[2];
}
```

(4) 删除页面正文中<main>元素中的所有静态 HTML，并添加代码以在查询出现问题时显示错误消息。

```
<main>
<?php if (isset($error)) {
    echo "<p>$error</p>";
} else {
}
```

```
?>
</main>
```

(5) 在 else 块内创建循环以显示结果。

```
while ($row = $result->fetch_assoc()) {
    echo "<h2>{$row['title']}</h2>";
    $extract = getFirst($row['article']);
    echo '<p>' . safe($extract[0]);
    if ($extract[1]) {
       echo '<a href="details.php?article_id=' . $row['article_id'] . '">
           More</a>';
    }
    echo '</p>';
}
```

PDO 的代码相同，除了这一行：

```
while ($row = $result->fetch_assoc()) {
```

将其替换为：

```
while ($row = $result->fetch()) {
```

getFirst()函数处理$row['article']元素并将结果存储在$extract 变量中。紧接着显示$extract[0]元素的内容，其中包含文章的前两个语句。如果$extract[1]元素包含任何内容，则表示还有更多内容要显示。因此，if 块中的代码显示了 details.php 的链接，文章的主键通过查询字符串传递。

(6) 保存页面并在浏览器中进行测试。页面应该显示每一篇文章的前两条语句，如图 16-3 所示。

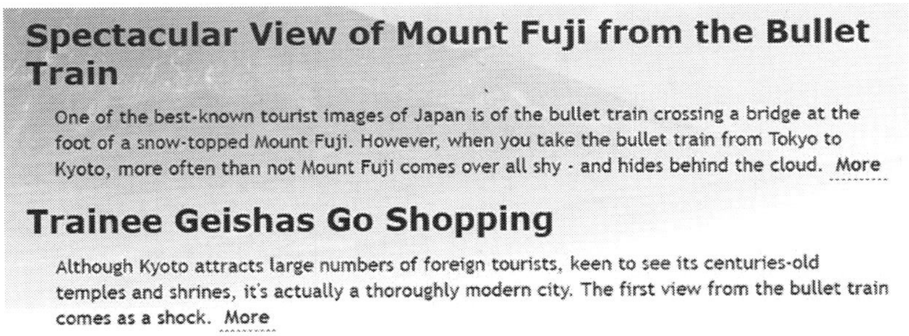

Spectacular View of Mount Fuji from the Bullet Train

One of the best-known tourist images of Japan is of the bullet train crossing a bridge at the foot of a snow-topped Mount Fuji. However, when you take the bullet train from Tokyo to Kyoto, more often than not Mount Fuji comes over all shy - and hides behind the cloud. More

Trainee Geishas Go Shopping

Although Kyoto attracts large numbers of foreign tourists, keen to see its centuries-old temples and shrines, it's actually a thoroughly modern city. The first view from the bullet train comes as a shock. More

图 16-3 前两条语句从较长的文本中准确地提取出来

(7) 通过向 getFirst()函数传递作为第二个参数的数字来测试该函数，如下所示。

```
$extract = getFirst($row['article'], 3);
```

这将显示前 3 条语句。如果增加这个数字，使其等于或超过文章中的语句数量，则不会显示 More 链接。

可以将代码与 ch16 文件夹中的 blog_mysqli.php 和 blog_pdo.php 文件进行比较。

我们将在第 17 章中查看 details.php 文件。在此之前，让我们先解决在动态网站中使用日期的麻烦。

16.2 构建日期

日期和时间是现代生活的基础，但我们却很少停下来思考它们有多复杂。每分钟 60 秒，每小时 60 分钟，但每天 24 小时。月份在 28 到 31 天之间，一年可以是 365 天或 366 天。混乱不止于此，因为 7/4 对美国人或日本人意味着 7 月 4 日，而对欧洲人意味着 4 月 7 日。更混乱的是，PHP 处理日期的方式与 MySQL 不同。是时候平息混乱找寻秩序了。

▩ 注意：

MariaDB处理日期的方式与MySQL相同。为了避免不必要的重复，本章只针对MySQL进行讨论。

16.2.1 MySQL 处理日期的方式

在 MySQL 中，日期和时间总是按从大到小的单位降序排列：年、月、日、时、分、秒。小时总是用 24 小时制计算，午夜表示为 00:00:00。即使你对此并不熟悉，这也是国际标准化组织(ISO)提出的建议。

MySQL 允许在不同的时间单位之间使用多种分隔符(任何标点符号都是可接受的)，但是时间单位的显示顺序是没有争议的。如果试图以除年、月、日以外的任何其他格式存储日期，MySQL 将在数据库中插入 0000-00-00。

稍后本章再讨论将日期插入 MySQL 的方法，因为在插入日期之前最好使用 PHP 验证和格式化日期。首先，让我们看看将日期存储到 MySQL 中后可以对其执行的一些操作。MySQL 有许多日期和时间函数，这些函数及其示例的详细内容请参考 https://dev.mysql.com/doc/refman/8.0/en/date-and-time-functions.html。

其中一个最有用的函数是 DATE_FORMAT()，该函数的作用正如其名称所示。

1. 使用 DATE_FORMAT()函数格式化 SELECT 查询中的日期

DATE_FORMAT()函数的语法如下。

```
DATE_FORMAT(date, format)
```

通常，参数 date 是要格式化的字段，参数 format 是由格式化说明符和任何其他要包含的文本组成的字符串。表 16-1 列出了最常用的说明符，它们都区分大小写。

表 16-1 常用的 MySQL 日期格式说明符

时间单位	说明符	描述	示例
年	%Y	四位数格式	2014
	%y	两位数格式	14
月	%M	全称	January，September
	%b	三字母简称	Jan，Sep
	%m	带有前导零的月份	01,09
	%c	没有前导零的月份	1,9
日	%d	带有前导零的日期	01,25
	%e	没有前导零的日期	1,25
	%D	带有英文后缀的日期	1st，25th
工作日名称	%W	全称	Monday，Thursday
	%a	三字母简称	Mon，Thu
时	%H	带有前导零的 24 小时制小时数	01,23
	%k	不带前导零的 24 小时制小时数	1,23
	%h	带有前导零的 12 小时制小时数	01,11
	%l(小写的 L)	不带前导零的 12 小时制小时数	1,11
分	%i	带有前导零的分钟数	05,25
秒	%S	带有前导零的秒数	08,45
AM/PM	%p		

如前所述，在 SQL 查询中使用函数时，使用 AS 关键字为结果分配别名。参照表 16-1，可以将 blog 表的 created 列以通用的美国习惯格式化日期，并将其分配给别名，如下所示。

```
DATE_FORMAT(created, '%c/%e/%Y') AS date_created
```

要以欧洲习惯格式化同一日期，只需要反转前两个说明符，如下所示。

```
DATE_FORMAT(created, '%e/%c/%Y') AS date_created
```

▒ **提示：**

使用DATE_FORMAT()函数时，不要使用原始字段名作为别名，因为这些值会被转换为字符串，这会破坏排序顺序。选择其他字段名，并使用原始字段名对结果进行排序。

2. PHP 解决方案 16-2：在 MySQL 中格式化日期或时间戳

PHP 解决方案 16-2 格式化第 15 章中博客文章管理页面中的日期。

(1) 打开 admin 文件夹中的 blog_list_mysqli.php 或 blog_list_pdo.php 文件并找到 SQL 查询。SQL 查询如下所示：

```
$sql = 'SELECT * FROM blog ORDER BY created DESC';
```

(2) 修改成如下代码：

```
$sql = 'SELECT article_id, title,
        DATE_FORMAT(created, "%a, %b %D, %Y") AS date_created
        FROM blog ORDER BY created DESC';
```

上述代码用单引号包围 SQL 查询，因此 DATE_FORMAT()函数中的格式字符串需要用双引号。

注意，DATE_FORMAT()函数的左括号前不能有空格。

格式字符串以%a 开头，它显示工作日名称的前三个字母。如果使用原始字段名作为别名，ORDER BY 子句将按相反的字母顺序对日期进行排序：Wed、Thu、Sun 等。使用不同的别名可以确保日期仍按时间顺序排列。

(3) 在页面正文的第一个表单元格中，将$row['created']元素更改为$row['**date**_created']元素，以匹配 SQL 查询中的别名。

(4) 保存页面并将其加载到浏览器中。现在，日期的格式应该如图 16-4 所示。可以根据自己的偏好尝试使用其他说明符。

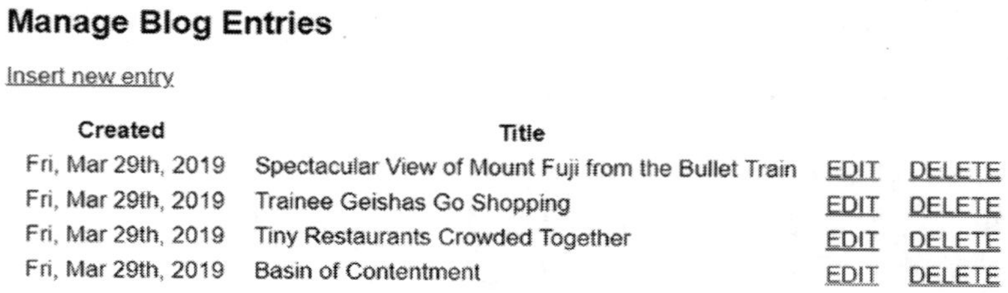

Manage Blog Entries

Insert new entry

Created	Title		
Fri, Mar 29th, 2019	Spectacular View of Mount Fuji from the Bullet Train	EDIT	DELETE
Fri, Mar 29th, 2019	Trainee Geishas Go Shopping	EDIT	DELETE
Fri, Mar 29th, 2019	Tiny Restaurants Crowded Together	EDIT	DELETE
Fri, Mar 29th, 2019	Basin of Contentment	EDIT	DELETE

图 16-4　MySQL 时间戳现在的格式符合用户的习惯

blog_list_mysqli.php 和 blog_list_pdo.php 文件的更新版本位于 ch16 文件夹中。

3. 日期的加和减

在处理日期时，通常需要增加或减去特定的时间段。例如，你可能希望显示在过去 7 天内添加到数据库的记录，或者停止显示 3 个月未更新的记录。MySQL 通过 DATE_ADD()和 DATE_SUB()函数简化了这一过程。这两个函数可以分别简写为 ADDDATE()和 SUBDATE()。

它们的基本语法都相同，如下所示。

```
DATE_ADD(date, INTERVAL value interval_type)
```

使用这些函数时，date 参数可以是包含要更改其日期的字段、包含特定日期的字符串(YYYY-MM-DD 格式)或 MySQL 函数，如 NOW()函数。INTERVAL 是一个关键字，后跟一个值和一个时段类型，其中最常见的值如表 16-2 所示。

表 16-2　DATE_ADD()和 DATE_SUB()最常用的时段类型

时段类型	含义	值的格式
DAY	天	数字
DAY_HOUR	天和小时	字符串表示为 DD hh
WEEK	周	数字
MONTH	月	数字
QUARTER	季度	数字
YEAR	年	数字
YEAR_MONTH	年和月	字符串表示为 YY-MM

时段类型是常量，因此不要在 DAY、WEEK 等的后面添加 S 使其成为复数。

这些函数最有用的应用之一是只显示表中最近的记录。

4. PHP 解决方案 16-3：显示上周更新的文章

PHP 解决方案 16-3 展示如何根据特定的时间段限制数据库结果的显示。使用 PHP 解决方案 16-1 中的 blog.php 文件。

(1) 在 blog.php 文件中找到 SQL 查询，如下所示。

```
$sql = 'SELECT * FROM blog ORDER BY created DESC';
```

(2) 修改为如下代码：

```
$sql = 'SELECT * FROM blog
        WHERE updated > DATE_SUB(NOW(), INTERVAL 1 WEEK)
        ORDER BY created DESC';
```

这告诉 MySQL，你只需要在过去一周内更新的记录。

(3) 保存文件并在浏览器中重新加载页面。根据上次更新 blog 表中某条记录的时间，你应该看不到任何记录或有限范围内的记录。如有必要，将时段类型更改为 DAY 或 HOUR，以测试时间限制是否有效。

(4) 打开 blog_list_mysqli.php 或 blog_list_pdo.php 文件，选择 blog.php 文件中未显示的记录，然后对其进行编辑。重新加载 blog.php 文件。现在应该显示刚刚更新的记录。

可以将代码与 ch16 文件夹中的 blog_limit_mysqli.php 和 blog_limit_pdo.php 文件进行比较。

16.2.2 在 MySQL 中插入日期

MySQL 要求将日期格式化为 YYYY-MM-DD，这使得处理允许用户输入日期的在线表单很困难。正如你在第 15 章中看到的，可以将列的数据类型设置为 TIMESTAMP，从而自动在列中插入当前日期和时间。还可以使用 MySQL 的 NOW()函数在数据类型为 DATE 或 DATETIME 的列中插入当前日期。当你需要在其他地方处理日期时，问题就出现了。

理论上，HTML 5 的 date 输入类型应该已经解决了这个问题。支持日期输入字段的浏览器通常在日期字段获得焦点时显示日期选择器，并以本地格式插入日期。在 ch16 文件夹的 date_test.php 文件中有一个例子。图 16-5 显示了 Google Chrome 如何以正确的欧洲格式在笔者的计算机上显示日期；但是当表单提交时，字段的值会被转换为 ISO 格式。但是，即使到 2019 年初，仍有超过 10%的浏览器不支持日期输入字段。这些浏览器把日期当作纯文本输入。

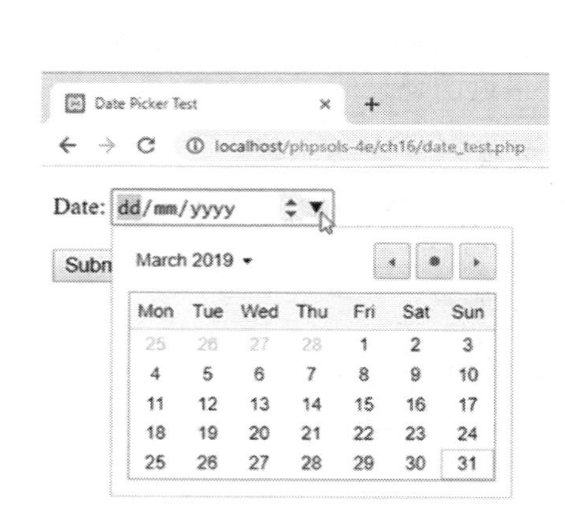

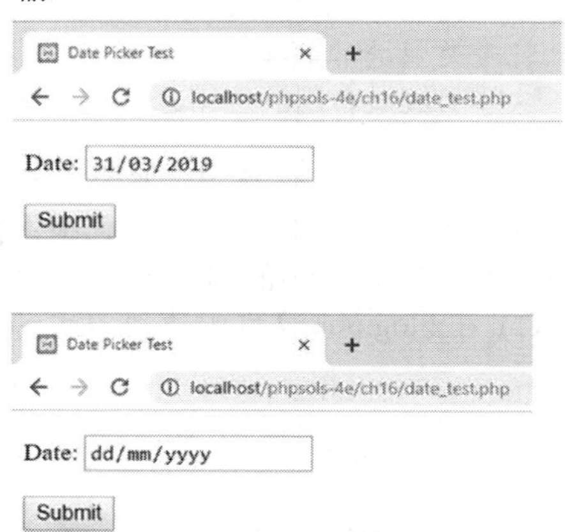

图 16-5 HTML 5 的 date 输入字段以本地格式显示日期，但以 ISO 格式提交

因此，对日期使用单个输入字段依赖于信任用户遵循设置的日期输入模式，例如 MM/DD/YYYY。如果每个人都遵守，可以使用 explode()函数重新排列日期的各个部分，如下所示。

```
if (isset($_POST['theDate'])) {
    $date = explode('/', $_POST['theDate']);
    $mysqlFormat = "$date[2]-$date[0]-$date[1]";
}
```

如果有人没有遵循规定的格式，则数据库中的日期将无效。

因此，从在线表单采集日期最可靠的方法仍然是使用单独输入字段获取月、日和年。

PHP 解决方案 16-4：验证和格式化要插入 MySQL 的日期

PHP 解决方案 16-4 专注于检查日期的有效性并将其转换为 MySQL 格式。开发完成后，它可以嵌入你自己的插入或更新表单中。

(1) 创建一个名为 date_converter.php 的页面并插入包含以下代码的表单(或使用 ch16 文件夹中的 date_converter_01.php 文件)。

```
<form method="post" action="date_converter.php">
    <p>
        <label for="month">Month:</label>
        <select name="month" id="month">
            <option value=""></option>
        </select>
        <label for="day">Date:</label>
        <input name="day" type="number" required id="day" max="31"
    min="1"
            maxlength="2">
        <label for="year">Year:</label>
        <input name="year" type="number" required id="year"
    maxlength="4">
    </p>
    <p>
        <input type="submit" name="convert" id="convert"
value="Convert">
    </p>
</form>
```

上述脚本创建一个名为 month 的下拉列表框以及两个名为 day 和 year 的输入字段。下拉列表框目前没有任何值，但它将由 PHP 循环填充。day 和 year 字段使用 HTML 5 的 number 类型，并设置 required 属性。day 字段还具有 max 和 min 属性，以便将范围限制在 1 到 31 之间。支持新 HTML 5 表单元素的浏览器在字段旁边显示数字步进器，并限制输入的类型和范围。其他浏览器将它们显示为普通的文本输入字段。为了能够兼容旧浏览器，这两个字段都设置了 maxlength 属性，限制接收的字符数。

(2) 修改构建下拉列表框的代码，如下所示。

```
<select name="month" id="month">
    <?php
    $months = ['Jan','Feb','Mar','Apr','May','Jun',
        'Jul','Aug', 'Sep', 'Oct', 'Nov','Dec'];
```

```
        $thisMonth = date('n');
        for ($i = 1; $i <= 12; $i++) { ?>
            <option value="<?= $i ?>"
                <?php
                if ((!$_POST && $i == $thisMonth) ||
                    (isset($_POST['month']) && $i == $_POST['month'])) {
                    echo ' selected';
                } ?>>
                <?= $months[$i - 1] ?>
            </option>
        <?php } ?>
    </select>
```

这将创建一个月份名称数组，并使用 date()函数查找当前月份的编号(传递给 date()函数的参数的含义将在本章后面进行解释)。

然后 for 循环填充菜单的<option>标记。本节已经将$i 变量的初始值设置为 1，因为希望使用它作为月份的值。在循环中，条件语句检查两组条件，这两组条件都用括号括起来，以确保它们的计算顺序正确。第一组条件检查$_POST 数组是否为空以及$i 和$thisMonth 变量的值是否相同。但是，如果表单已提交，$_POST['month']元素将不为空，那么另一组条件将检查$i 变量的值与$_POST['month']元素的值是否相同。当第一次加载表单时，当前月份的<option>标记中将插入 selected 属性。但如果表单已提交，则将再次显示用户选择的月份。

月份的名称从$months 数组中获取并显示在<option>标记之间。因为索引数组从 0 开始，所以需要从$i 变量的值中减去 1 才能得到正确的月份。

(3) 还用当前日期或表单提交后用户选择的值填充 date 和 year 字段。

```
    <label for="day">Date:</label>
    <input name="day" type="number" required id="day" max="31" min="1"
        maxlength="2" value="<?php if (!$_POST) {
                echo date('j');
            } elseif (isset($_POST['day'])) {
                echo safe($_POST['day']);
            } ?>">
    <label for="year">Year:</label>
    <input name="year" type="number" required id="year" maxlength="4"
            value="<?php if (!$_POST) {
                echo date('Y');
            } elseif (isset($_POST['year'])) {
                echo safe($_POST['year']);
            } ?>">
```

(4) 保存页面并在浏览器中进行测试。它应该显示当前日期，并类似于图 16-6。

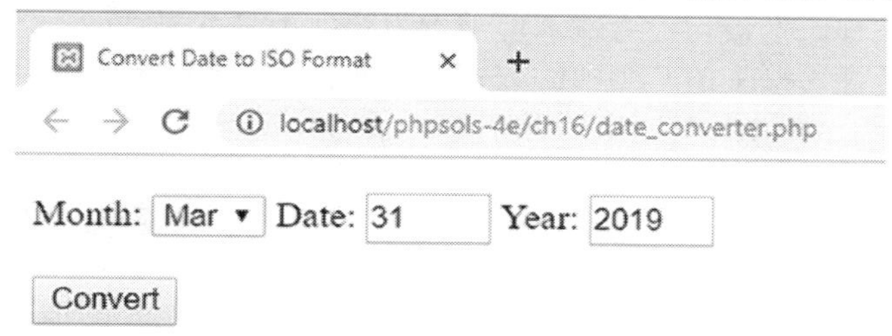

图 16-6　对日期部分使用单独的输入字段有助于消除错误

如果测试输入字段，在大多数浏览器中，Date 字段应该接收不超过两个字符，同时 Year 字段最多为 4 个字符。即使这减少了出错的可能性，仍然需要验证输入并正确格式化日期。

(5) 由 utility_funcs.php 文件中的自定义函数执行所有检查。代码如下：

```
function convertDateToISO($month, $day, $year) {
    $month = trim($month);
    $day = trim($day);
    $year = trim($year);
    $result[0] = false;
    if (empty($month) || empty($day) || empty($year)) {
        $result[1] = 'Please fill in all fields';
    } elseif (!is_numeric($month) || !is_numeric($day) ||
        !is_numeric($year)) {
        $result[1] = 'Please use numbers only';
    } elseif (($month < 1 || $month > 12) || ($day < 1 || $day > 31) ||
        ($year < 1000 || $year > 9999)) {
        $result[1] = 'Please use numbers within the correct range';
    } elseif (!checkdate($month,$day,$year)) {
        $result[1] = 'You have used an invalid date';
    } else {
        $result[0] = true;
        $result[1] = sprintf('%d-%02d-%02d', $year, $month, $day);
    }
    return $result;
}
```

该函数有 3 个参数：月、日和年，所有这些参数都应该是数字。前 3 行代码删除 3 个参数前后的空格，下一行代码初始化名为$result 数组的第一个元素。如果输入验证失败，则数组的第一个元素为 false，第二个元素包含错误消息。如果通过验证，$result 的第一个元素为 true，第二个元素包含准备插入 MySQL 的格式化日期。

接下来一系列条件语句检查输入值是否为空或不是数字。第三个条件测试三个参数的值是否是在可接受的范围内的数字。年的范围由 MySQL 的合法范围决定。在极少数情况下，如果需要超出该范围的年份，则必须选择其他数据类型来存储数据。

通过使用一系列 elseif 子句，上述代码在遇到第一个错误时立即停止测试。即使表单预先填充了值，也不能保证输入来自表单。它可能来自一个自动化的脚本，因此有必要进行这些检查。

如果输入通过了前三个测试，那么它将接受 PHP 函数 checkdate()的检查，该函数足够聪明，能够知道什么时候是闰年，并防止出现 9 月 31 日这样的错误。

最后，如果输入通过了所有这些测试，那么接下来将使用 sprintf()函数将输入重新构建为正确的日期格式，以便插入 MySQL 中。该函数的第一个参数是一个格式化字符串，例如%d 代表一个整数，%02d 代表一个两位数的整数，如果不足两位数，则使用前导零填充。连字符按字面意思处理。以下 3 个参数将作为格式化字符串中的值。这将生成 ISO 格式的日期，月和日不足两位整数将使用前导零填充。

注意：
有关sprintf()函数的详细信息，请参见www.php.net/manual/en/function.sprintf.php。

---

(6) 为了进行测试，在页面主体的表单下方添加以下代码。

```
if (isset($_POST['convert'])) {
    $converted = convertDateToISO($_POST['month'], $_POST['day'],
        $_POST['year']);
    if ($converted[0]) {
        echo 'Valid date: ' . $converted[1];
    } else {
        echo 'Error: ' . $converted[1] . '<br>';
        echo 'Input was: ' . $months[$_POST['month']-1] . ' ' .
            safe($_POST['day']) . ', ' . safe($_POST['year']);
    }
}
```

上述代码检查表单是否已提交。如果是，则将表单中的值传递给 convertDateToISO()函数，并将结果保存到$converted 变量中。

如果日期有效，$converted[0]元素的值为 true，格式化日期保存在$converted[1]元素中。如果无法将日期转换为 ISO 格式，则 else 块将显示存储在$converted[1] 元素中的错误消息以及原始输入。要显示正确的月份，需要从$_POST['month']元素的值中减去 1，结果将用作$months 数组的键。$_POST['day']元素和$_POST['year']元素的值将传递给 safe()函数，以防止有人利用表单进行远程攻击。

(7) 保存页面，输入日期并单击 Convert 按钮进行测试。如果日期有效，你应该看到它被转换成 ISO 格式，如图 16-7 所示。

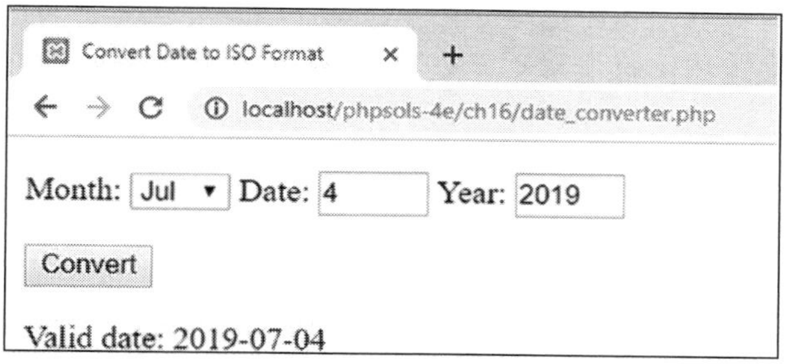

图 16-7　日期通过验证并转换为 ISO 格式

如果输入的日期无效，则应该看到相应的消息(见图 16-8)。

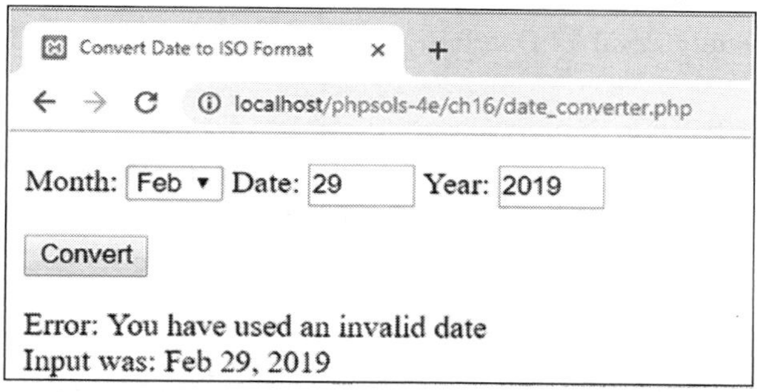

图 16-8　convertDateToISO()函数拒绝无效的日期

可以将代码与 ch16 文件夹中的 date_converter_02.php 文件进行比较。

在为需要用户输入日期的表创建表单时，建议使用与 date_converter.php 文件中相同的方式：为月、日和年使用独立的字段。在将表单输入插入数据库之前，需要使用 utility_funcs.php 文件中的 convertDateToISO()函数来验证日期并将其格式化以插入数据库。

```
    require_once 'utility_funcs.php';
    $converted = convertDateToMySQL($_POST['month'], $_POST['day'],
$_POST['year']);
    if ($converted[0]) {
        $date = $converted[1];
    } else {
        $errors[] = $converted[1];
    }
```

如果$errors 数组有任何元素，则放弃插入或更新过程并显示错误。否则，$date

变量的值可以安全地插入 SQL 查询中。

■ **注意：**

本章的其余部分将用PHP处理日期。这是一个重要但复杂的课题。笔者建议你浏览每个章节，熟悉PHP的日期处理功能，并在需要实现特定功能时返回来查看相关细节。

16.2.3 在 PHP 中处理日期

与其他计算机语言一样，PHP 从 UNIX 纪元开始计时，即按照 UTC 时间计算从 1970 年 1 月 1 日凌晨开始的秒数来处理日期和时间，处理过程非常复杂。在过去，当试图设置以前或将来的日期(如成员资格过期或使用不同时区)时，涉及将日期转换为秒，再从秒转换为日期的烦琐计算。但是，由于 PHP5 中引入了 DateTime、DateTimeZone、DateInterval 和 DatePeriod 类，我们现在已经不需要再处理这些烦琐的计算过程。

可用日期的范围取决于 PHP 的编译环境。DateTime 和相关类在内部将日期和时间信息存储为 64 位数字时，可以表示从过去的 2920 亿年到未来的相同年份的日期。然而，如果 PHP 是在 32 位处理器上编译的，表 16-3 的后半部分中的函数可以处理的日期被限制在大约 1901 年到 2038 年 1 月的范围内。

表 16-3 总结了 PHP 中与日期和时间相关的主要类和函数。

表 16-3　PHP 中与日期和时间相关的类和函数

名称		参数	说明
类			
	DateTime	日期字符串，DateTimeZone 对象	创建一个时区敏感对象，该对象包含可用于日期和时间计算的日期和/或时间信息
	DateTimeImmutable	同上	与 DateTime 类相同，但更改任何值都会返回一个新对象，而原始对象则不会被修改
	DateTimeZone	时区字符串	存储时区信息，该信息在 DateTime 对象中使用
	DateInterval	时段规范	表示以年、月、小时等为单位的固定时间量
	DatePeriod	开始时间，时段类型，结束/重复，可选项	计算某段时间内重复的日期或日期重复的次数

(续表)

名称		参数	说明
函数			
	time()	无参数	为当前日期和时间生成UNIX时间戳
	mktime()	小时，分，秒，月，日，年	为指定的日期/时间生成UNIX时间戳
	strtotime()	日期字符串，时间戳	尝试根据英文文本描述(如next Tuesday)生成UNIX时间戳。如果提供第二个参数，则返回值与该参数相关
	date()	格式化字符串，时间戳	使用表 16-4 中列出的说明符以英语格式化日期。如果省略第二个参数，则使用当前日期和时间
	strftime()	格式化字符串，时间戳	与 date()函数相同，但使用系统区域设置指定的语言

1. 设置默认时区

PHP 中的所有日期和时间信息都根据服务器的默认时区设置存储。Web 服务器通常位于与目标受众不同的时区，因此了解如何更改默认值很有用。

服务器的默认时区通常应该在 php.ini 文件中的 date.timezone 指令中设置，但如果托管公司忘记设置，或者希望使用其他时区，则需要自己设置。

如果托管公司让你控制自己的 php.ini 文件版本，则在这个文件中更改 date.timezone 指令的值。这样，所有脚本都将自动采用该设置。

如果服务器支持.htaccess 或.user.ini 文件，则可以通过在网站根目录中添加适当的命令来更改时区。对于.htaccess，请使用以下命令。

```
php_value date.timezone 'timezone'
```

对于.user.ini，命令如下。

```
date.timezone=timezone
```

将 timezone 替换为你所在位置的正确设置。可以在 www.php.net/manual/en/timezones.php 上找到有效时区的完整列表。

如果这些选项都不适用，请在所有使用日期或时间函数的脚本开头添加以下内容(将 timezone 替换为适当的值)。

```
ini_set('date.timezone', 'timezone');
```

2. 创建 DateTime 对象

要创建 DateTime 对象，只需要使用 new 关键字后跟 DateTime()，如下所示。

```
$now = new DateTime();
```

这将创建一个对象，该对象根据 Web 服务器的时钟和默认时区设置表示当前的日期和时间。

DateTime()构造函数还接收两个可选参数：包含日期和/或时间的字符串和 DateTimeZone 对象。第一个参数的日期/时间字符串可以是 www.php.net/manual/en/datetime.formats.php 中列出的任何格式。与只接收一种格式的 MySQL 不同，PHP 走向了相反的极端。例如，要为 2019 年圣诞节创建 DateTime 对象，以下所有格式均有效：

```
'12/25/2019'
'25-12-2019'
'25 Dec 2019'
'Dec 25 2019'
'25-XII-2019'
'25.12.2019'
'2019/12/25'
'2019-12-25'
'December 25th, 2019'
```

这不是一份详尽的清单。它只是一部分有效的格式。可能出现混淆的地方是使用分隔符。例如，在美式(12/25/2019)和 ISO(2019/12/25)日期中允许使用正斜杠，但在日期以欧洲顺序显示或月份以罗马数字表示时不允许使用正斜杠。要按欧洲顺序显示日期，分隔符必须是点、制表符或连字符。

日期也可以使用相对表达式指定，例如 next Wednesday、tomorrow 或 last Monday。但是，这里也有可能出现混淆。有些人用 next Wednesday 表示 Wednesday next week。PHP 从字面上解释了这个表达式。如果今天是星期二，next Wednesday 指的是第二天。

不能单独使用 echo 命令来显示存储在 DateTime 对象中的值。除了 echo 命令，还需要告诉 PHP 如何使用 format()方法格式化输出。

3. 在 PHP 中格式化日期

DateTime 类的 format()方法使用与 date()函数相同的格式字符。尽管这有助于保持连续性，但格式字符通常很难记住，而且这些格式字符的背后也没有什么逻辑关系。表 16-4 列出了最有用的日期和时间格式字符。

DateTime 类和 date()函数仅以英语显示工作日和月份的名称，但 strftime()函数使用服务器区域设置指定的语言。因此，如果服务器的语言环境设置为西班牙语，则 DateTime 对象和 date()将显示 Saturday，而 strftime()将显示 sábado。除了 DateTime

类和 date()函数使用的格式字符外，表 16-4 还列出了 strftime()使用的等效字符。并非所有格式在 strftime()中都有等效格式。

表 16-4　主要的日期和时间格式字符

时间单位	DateTime/date()	strftime()	说明	示例
天	d	%d	带前导零的日	01～31
	j	%e*	不带前导零的日	1～31
	s		带有序数后缀的日	st，nd，rd 或 th
	D	%a	日名称的前三个字母	Sun，Tue
	l(L 的小写)	%A	日名称的全称	Sunday，Tuesday
月	m	%m	带前导零的月份	01～12
	n		不带前导零的月份	1～12
	M	%b	月份名称的前三个字母	Jan，Jul
	F	%B	月份全称	January，July
年	Y	%Y	年份显示为四位数	2014
	y	%y	年份显示为两位数	14
小时	g		不带前导零的 12 小时格式的小时	1～12
	h	%I	带前导零的 12 小时格式的小时	01～12
	G		24 小时格式，不带前导零	01～23
	H	%H	24 小时制，带前导零	01～23
分钟	i	%M	必要时带前导零的分钟数	00～59
秒	s	%S	必要时带前导零的秒数	00～59
AM/PM	a		小写字母	am
AM/PM	A	%p	大写	PM

*注意：Windows 不支持%e。

可以将这些格式字符与标点符号结合起来，根据自己的喜好在网页中显示当前日期。

要格式化 DateTime 对象，需要将格式字符串作为参数传递给 format()方法，如下所示(代码位于 ch16 文件夹中的 date_format_01.php 文件中)。

```
<?php
$now = new DateTime();
$xmas2019 = new DateTime('12/25/2019');
?>
<p>It's now <?= $now->format('g.ia') ?> on <?= $now->format('l, F jS, Y') ?></p>
<p>Christmas 2019 falls on a <?= $xmas2019->format('l') ?></p>
```

本示例创建了两个 DateTime 对象：一个用于当前日期和时间，另一个用于 2019 年 12 月 25 日。使用表 16-4 中的格式字符，从两个对象中提取不同的日期部分，生成如图 16-9 所示的输出。

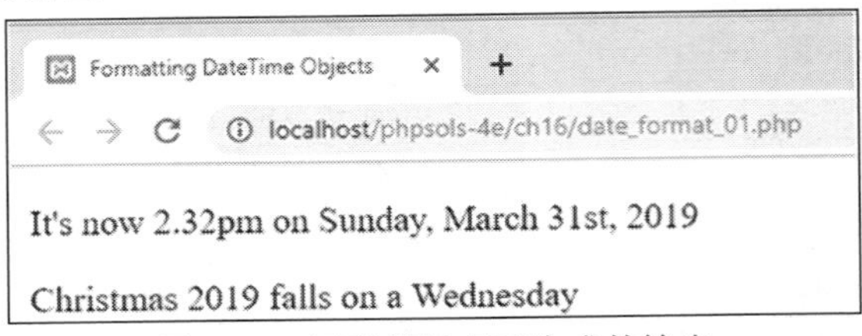

图 16-9　屏幕截图表示生成的输出

date_format_02.php 文件中的代码使用 date()和 strtotime()函数生成相同的输出，如下所示。

```
<?php $xmas2019 = strtotime('12/25/2019') ?>
<p>It's now <?= date('g.ia') ?> on <?= date('l, F jS, Y') ?></p>
<p>Christmas 2019 falls on a <?= date('l', $xmas2019) ?></p>
```

第一行代码使用 strtotime()函数为 2019 年 12 月 25 日创建时间戳。不需要为当前日期和时间创建时间戳，因为在没有第二个参数的情况下使用 date()函数默认输出当前日期和时间。

如果脚本中的其他地方没有使用圣诞节的时间戳，则可以省略第一行，最后对 date()函数的调用可以这样重写(请参见 date_format_03.php 文件)。

```
date('l', strtotime('12/25/2019'))
```

4. 从自定义格式创建 DateTime 对象

可以使用表 16-4 中的格式字符为 DateTime 对象指定自定义输入格式。不是使用 new 关键字而是使用 createFromFormat()静态方法创建对象，如下所示。

```
$date = DateTime::createFromFormat(format_string, input_date, timezone);
```

第三个参数 timezone 是可选的。如果包含，这应该是一个 DateTimeZone 对象。

静态方法属于整个类，而不是特定对象。使用类名、作用域解析运算符(双冒号)和方法名调用静态方法。

■ **提示：**

在内部，作用域解析运算符被称为PAAMAYIM_NEKUDOTAYIM，希伯来语中的“双冒号”。为什么是希伯来语？驱动PHP的Zend引擎最初是由Zeev Suraski和Andi Gutmans在以色列理工学院(Israel Institute of Technology)就读时开发的。了解PAAMAYIM_NEKUDOTAYIM的含义除了可以帮助你在极客琐事测验中获得分数外，还可以让你在PHP错误消息中看到它时不会太茫然。

例如，你可以使用 createFromFormat()方法接收欧洲格式的日期，日期为日、月、年，中间用斜杠隔开，如下所示(代码位于 date_format_04.php 文件中)。

```
$xmas2019 = DateTime::createFromFormat('d/m/Y', '25/12/2019');
echo $xmas2019->format('l, jS F Y');
```

这将产生图 16-10 所示的输出。

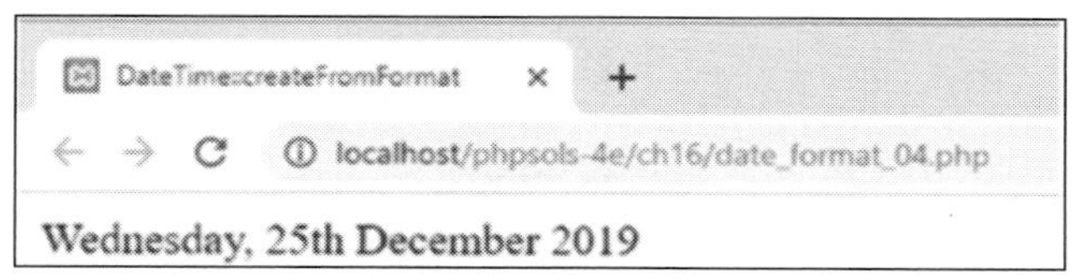

图 16-10　产生的输出

■ **警告：**

尝试使用 25/12/2014 作为DateTime类构造函数的输入会触发致命错误，因为不支持DD/MM/YYYY格式。如果要使用DateTime类构造函数不支持的格式，则必须使用createFromFormat()静态方法。

尽管 createFromFormat()方法很有用，但它只能在确定日期始终采用特定格式的情况下使用。

5. 在 date()函数和 DateTime 类之间进行选择

在显示日期时，使用 DateTime 类始终包含两个步骤。在调用 format()方法之前，需要实例化对象。使用 date()函数，可以在一次传递中完成。由于它们都使用相同的格式字符，因此在处理当前日期和/或时间时，使用 date()函数比较简洁。

对于显示当前日期、时间或年份等简单任务，使用 date()函数即可。DateTime 类的作用是使用表 16-5 中列出的方法处理与日期相关的计算和时区。

表 16-5　DateTime 类的主要方法

方法	参数	说明
format()	格式字符串	使用表 16-4 中的格式字符格式化日期/时间
setDate()	年、月、日	更改日期。参数应该用逗号分隔。超出允许范围的月或日将添加到结果日期，如正文中所述
setTime()	小时、分钟、秒	重置时间。参数是逗号分隔的值。秒是可选的。超出允许范围的值将添加到结果日期/时间
modify()	相对日期字符串	使用相对表达式(如'+2 weeks')更改日期/时间
getTimestamp()	无参数	返回日期/时间的 UNIX 时间戳
setTimestamp()	UNIX 时间戳	根据 UNIX 时间戳设置日期/时间

(续表)

方法	参数	说明
setTimezone()	DateTimeZone 对象	更改时区
getTimezone()	无参数	返回表示 DateTime 对象时区的 DateTimeZone 对象
getOffset()	无参数	返回来自 UTC 的时区偏移量，以秒为单位
add()	DateInterval 对象	按设置的时间段递增日期/时间
sub()	DateInterval 对象	从日期/时间推断出设置的时段
diff()	DateTime 对象，Boolean	返回一个 DateInterval 对象，表示当前 DateTime 对象和作为参数传递的对象之间的差异。使用 true 作为第二个可选参数将负值转换为其正等价值

使用 setDate()和 setTime()方法添加超出范围的值会导致将多余的值添加到结果日期或时间。例如，使用 14 作为月将日期设置为下一年的二月。将小时设置为 26 将时间设置为第二天的凌晨两点。

setDate()方法有一个有用技巧，允许你将日期设置为任何月份的最后一天，方法是将月份值设置为下一个月，将日期设置为 0。setDate.php 文件中的代码演示如何将日期设置为 2019 年 2 月和 2020 年(闰年)2 月的最后一天。

```
<?php
$format = 'F j, Y';
$date = new DateTime();
$date->setDate(2019, 3, 0);
?>
<p>Non-leap year: <?= $date->format($format) ?>.</p>
<p>Leap year: <?php $date->setDate(2020, 3, 0);
   echo $date->format($format); ?>.</p>
```

前面的示例生成图 16-11 所示的输出。

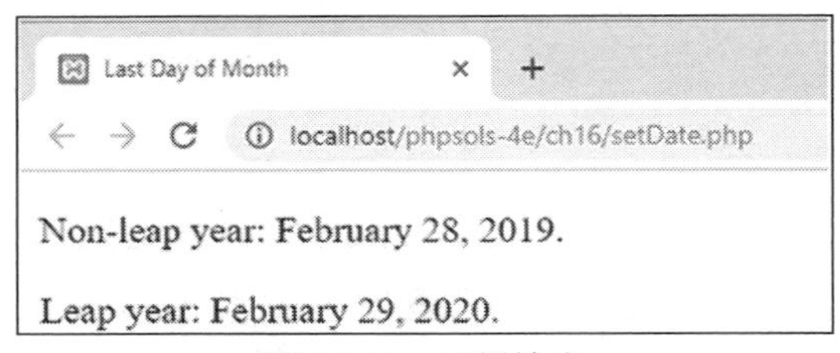

图 16-11　示例输出

6. 处理相对日期导致的溢出

modify()方法接收相对日期字符串，这可能会产生意外结果。例如，如果向表示 2019 年 1 月 31 日的 DateTime 对象添加一个月，则结果值不是 2 月的最后一天，而是 3 月 3 日。

之所以会这样，是因为在原来的日期基础上再加上一个月，结果是 2 月 31 日，但在非闰年中，2 月只有 28 天。因此，超出范围的值被加到这个月，得到 3 月 3 日。如果随后从同一个 DateTime 对象中减去一个月，则返回到 2 月 3 日，而不是原始的开始日期。date_modify_01.php 文件中的代码说明了这一点，如图 16-12 所示。

```
<?php
$format = 'F j, Y';
$date = new DateTime('January 31, 2019');
?>
<p>Original date: <?= $date->format($format) ?>.</p>
<p>Add one month: <?php
$date->modify('+1 month');
echo $date->format($format);
$date->modify('-1 month');
?>
<p>Subtract one month: <?= $date->format($format) ?>
```

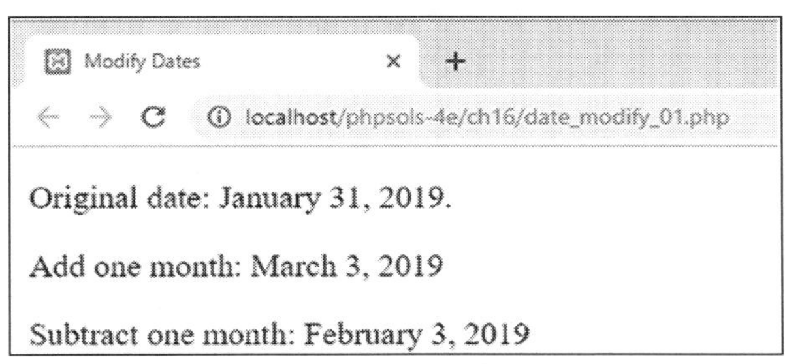

图 16-12　加减月份可能会导致意想不到的结果

避免此问题的方法是在相对表达式中使用'last day of'，如下所示(代码位于 date_modify_02.php 文件中)。

```
<?php
$format = 'F j, Y';
$date = new DateTime('January 31, 2019');
?>
<p>Original date: <?= $date->format($format) ?>.</p>
<p>Add one month: <?php
    $date->modify('last day of +1 month');
    echo $date->format($format);
    $date->modify('last day of -1 month');
```

```
    ?>
<p>Subtract one month: <?= $date->format($format) ?>
```

如图 16-13 所示，这将产生所需的结果。

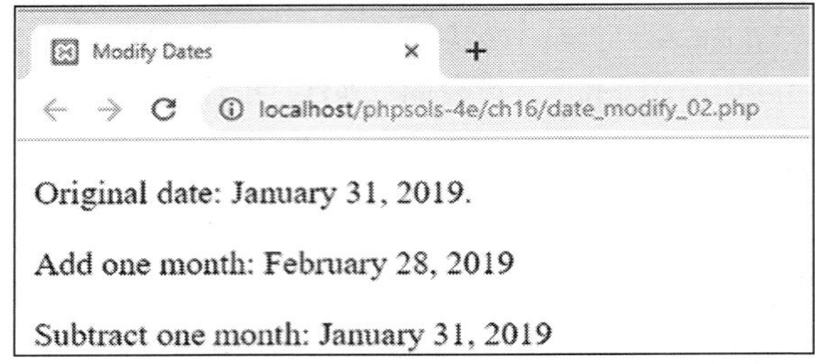

图 16-13　在相对表达式中使用'last day of '可以消除问题

7. 使用 DateTimeZone 类

DateTime 对象自动使用 Web 服务器的默认时区，除非使用前面描述的方法之一重置时区。但是，可以通过构造函数的第二个参数(可选参数)或使用 setTimezone()方法设置单个 DateTime 对象的时区。在这两种情况下，参数都必须是 DateTimeZone 对象。

要创建 DateTimeZone 对象，请将 www.php.net/manual/en/timezones.php 中列出的受支持时区之一作为参数传递给构造函数，如下所示。

```
$UK = new DateTimeZone('Europe/London');
$USeast = new DateTimeZone('America/New_York');
$Hawaii = new DateTimeZone('Pacific/Honolulu');
```

当检查支持的时区列表时，必须意识到它们是基于地理区域和城市而不是官方时区的。这是因为 PHP 会自动将夏令时考虑在内。Arizona 不使用夏令时，使用的时区是 America/Phoenix。

将时区组织成地理区域会产生一些惊喜。America 并不意味着 United States，而是指 North、South America 和 Caribbean 的大陆。因此，Honolulu 不属于 America，而是使用太平洋时区。Europe 指欧洲大陆，包括 British Isles，但不包括其他岛屿。因此，Reykjavik 和 Madeira 被列为大西洋时区，Norwegian Svalbard 岛上的 Longyearbyen 是唯一使用北极时区的地区。

timezones.php 文件中的代码为 London、New York 和 Honolulu 创建 DateTimeZone 对象，然后使用第一个对象初始化 DateTime 对象，如下所示。

```
$now = new DateTime('now', $UK);
```

使用 echo 命令和 format()方法显示日期和时间后，使用 setTimezone()方法更改时区，如下所示。

```
$now->setTimezone($USeast);
```

下次显示$now 对象时，它将显示 New York 的日期和时间。最后，再次使用 setTimezone()方法将时区更改为 Honolulu，生成图 16-14 所示的输出。

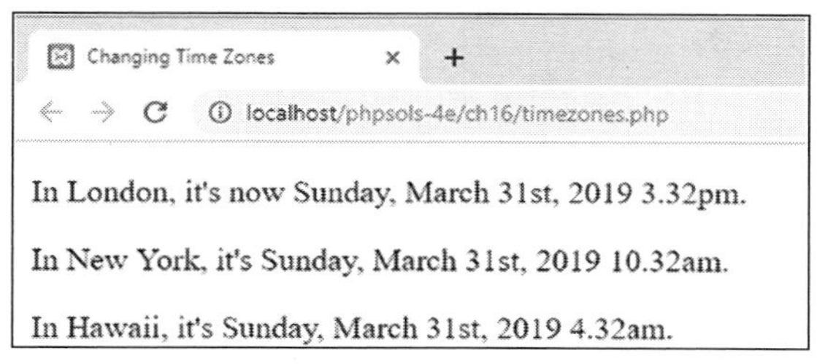

图 16-14　生成的输出

▩ **警告：**

时区转换的准确性取决于最新版本的PHP中包含的时区数据库。欧盟计划从 2021 年起取消夏令时，但成员国将有自由选择是保留永久标准时间还是夏季时间。如果某些服务器没有更新，这可能会产生不正确的时间。

要查找服务器的时区，可以检查 php.ini 文件或调用 DateTime 对象的 getTimezone()方法。getTimezone()方法返回的是 DateTimeZone 对象，而不是包含时区的字符串。要获取时区的值，需要使用 DateTimeZone 对象的 getName()方法，如下所示(代码位于 time zone_display.php 文件中)。

```
$now = new DateTime();
$timezone = $now->getTimezone();
echo $timezone->getName();
```

DateTimeZone 类还有其他几个方法可以提供有关时区的信息。为了完整起见，表 16-6 列出了这些方法，但是 DateTimeZone 类的主要用途是为 DateTime 对象设置时区。

表 16-6　DateTimeZone 类的方法

方法	参数	说明
getLocation()	无参数	返回包含国家代码、纬度、经度和时区注释的关联数组
getName()	无参数	返回包含时区的地理区域和城市的字符串
getOffset()	DateTime 对象	计算作为参数传递的 DateTime 对象相对于 UTC 的偏移量(以秒为单位)
getTransitions()	开始日期，结束日期	返回一个多维数组，其中包含切换到夏令时和从夏令时切换回来的历史日期、时间和未来的日期、时间。接收两个时间戳作为可选参数来限制结果的范围

(续表)

方法	参数	说明
listAbbreviations	无参数	生成一个大型多维数组，其中包含 PHP 支持的时区名称和这些时区的 UTC 偏移量
listIdentifiers()	DateTimeZone 常量，国家代码	返回所有 PHP 时区标识符的数组，如 Europe/London、America/New_York 等。接收两个可选参数以限制结果的范围。将 www.php.net/manual/en/class.datetimezone.php 中列出的日期时区常量之一用作第一个参数。如果第一个参数是 DateTimeZone::PER_COUNTRY，则可以使用两个字母的国家代码作为第二个参数

表 16-6 中的最后两个方法是静态方法。作用域解析运算符直接在类上调用它们，如下所示。

```
$abbreviations = DateTimeZone::listAbbreviations();
```

8. 使用 DateInterval 类增加或减少设置的时段

DateInterval 类用于指定使用 add()和 sub()方法从 DateTime 对象中增加或减去的时段。diff()方法也使用它，该方法返回一个 DateInterval 对象。开始使用 DateInterval 类时感觉很奇怪，但理解起来相对简单。

要创建 DateInterval 对象，需要向构造函数传递一个指定时段长度的字符串；该字符串必须根据 ISO 8601 标准进行格式化。字符串始终以字母 P 开头(表示 Period)，后跟一对或多对整数和字母(称为时段指示符)。如果时段包括小时、分钟或秒，则时间元素前面需要添加字母 T。表 16-7 列出了有效的时段指示符。

表 16-7 DateInterval 类使用的 ISO 8601 时段指示符

时段指示符	含义
Y	年
M	月
W	周——不能与日绑定使用
D	日——不能与周绑定使用
H	小时
M	分钟
S	秒

以下示例说明如何指定时段：

```
$interval1 = new DateInterval('P2Y');        // 2 years
$interval2 = new DateInterval('P5W');        // 5 weeks
```

```
$interval3 = new DateInterval('P37D');        // 5 weeks 2 days
$interval4 = new DateInterval('PT6H20M');     // 6 hours 20 minutes
$interval5 = new DateInterval('P1Y2DT3H5M50S'); // 1 year 2 days 3
hours 5 min 50 sec
```

请注意，$interval3 需要指定总天数，因为周会自动转换为天，因此 W 和 D 不能在同一时段定义中组合使用。

若要将 DateInterval 对象与 DateTime 类的 add()或 sub()方法一起使用，需要将该对象作为参数传递。例如，以下代码将 2019 年圣诞节的日期增加 12 天。

```
$xmas2019 = new DateTime('12/25/2019');
$interval = new DateInterval('P12D');
$xmas2019->add($interval);
```

如果不需要重用时段，可以直接将 DateInterval 类的构造函数作为参数传递给 add()方法，如下所示。

```
$xmas2019 = new DateTime('12/25/2019');
$xmas2019->add(new DateInterval('P12D'));
```

此计算的结果在 date_interval_01.php 中演示，它将生成图 16-15 所示的输出。

图 16-15　生成的输出

使用表 16-7 中列出的时段指示符的另一种方法是使用静态方法 createFromDateString()，该方法以英语相对日期字符串作为参数，方式与 strtotime()方法相同。使用 createFromDateString()方法可以这样重写前面的示例(代码位于 date_interval_02.php 中)。

```
$xmas2014 = new DateTime('12/25/2014');
$xmas2014->add(DateInterval::createFromDateString('+12 days'));
```

这会产生完全相同的结果。

■ **警告：**

使用DateInterval对象对月进行增减计算的效果与前面描述的相同。如果结果日期超出范围，则添加额外的天数。例如，在 1 月 31 日的基础上加上一个月，结果会出现在 3 月 3 日或 2 日，这取决于年份是否是闰年。要获取一个月的最后一天，请使用前面在“6. 处理相对日期导致的溢出”小节中描述的技术。

---

9. 使用 diff()方法查找两个日期之间的差异

若要查找两个日期之间的差异，需要为这两个日期创建 DateTime 对象，并将第二个对象作为参数传递给第一个对象的 diff()方法。结果将作为 DateInterval 对象返回。要从 DateInterval 对象中提取结果，需要使用对象的 format()方法，该方法使用表 16-8 中列出的格式字符。这些字符与 DateTime 类使用的格式字符不同。幸运的是，它们中的大多数都很容易记住。

表 16-8 DateInterval format()方法使用的格式字符

格式字符	说明	示例
%Y	年。至少两位数，必要时带有前导零	12,01
%y	年，不带前导零	12,1
%M	带有前导零的月	02,11
%m	不带前导零的月	2,11
%D	带有前导零的日	03,24
%d	不带前导零的日	3,24
%a	总天数	15,231
%H	带有前导零的时	03,23
%h	不带前导零的时	3,23
%I	带有前导零的分	05,59
%i	不带前导零的分	5,59
%S	带有前导零的秒	05,59
%s	不带前导零的秒	5,59
%R	数字为负时显示-，为正时显示+	-，+
%r	数字为负时显示-，为正时不显示符号	-
%%	百分比符号	%

date_interval_03.php 文件包含以下示例，该示例演示如何使用 diff()方法获取当前日期与美国独立日之间的差异，并使用 format()方法显示结果。

```
<p><?php
$independence = new DateTime('7/4/1776');
$now = new DateTime();
$interval = $now->diff($independence);
echo $interval->format('%Y years %m months %d days'); ?>
since American Declaration of Independence.</p>
```

如果将 date_interval_03.php 文件加载到浏览器中，应该会看到类似于图 16-16 所示的内容(当然，实际时段会有所不同)。

图 16-16　输出的内容

格式字符遵循逻辑模式。大写格式字符总是至少产生两位数字，如果数字不足两位，则使用前导零填充。小写格式字符没有前导零。

■ 警告：

除代表总天数的%a外，格式字符仅代表整个时段的特定部分。例如，如果将格式字符串更改为$interval->format('%m months')，则它仅显示自去年 7 月 4 日以来已过去的整月数，而不会显示自 1776 年 7 月 4 日以来的总月数。

---

10. 使用 DatePeriod 类计算重复日期

由于 DatePeriod 类的存在，计算出重复出现的日期(比如每个月的第二个星期二)变得非常容易。它与日期时段一起工作。

DatePeriod 类构造函数的与众不同之处在于，它以三种不同的方式接收参数。创建 DatePeriod 对象的第一种方法是提供以下参数。

- 表示开始日期的 DateTime 对象
- 表示重复时段的 DateInterval 对象
- 表示重复次数的整数
- DatePeriod::EXCLUDE_START_DATE 常量(可选)

一旦创建了 DatePeriod 对象，就可以使用 DateTime format()方法在 foreach 循环中显示重复日期。

date_interval_04.php 文件中的代码显示 2019 年每个月的第二个星期二，如下所示。

```
    $start = new DateTime('12/31/2018');
    $interval = DateInterval::createFromDateString('second Tuesday of
next month');
    $period = new DatePeriod($start, $interval, 12,
DatePeriod::EXCLUDE_START_DATE);
    foreach ($period as $date) {
      echo $date->format('l, F jS, Y') . '<br>';
    }
```

上述代码的输出如图 16-17 所示。

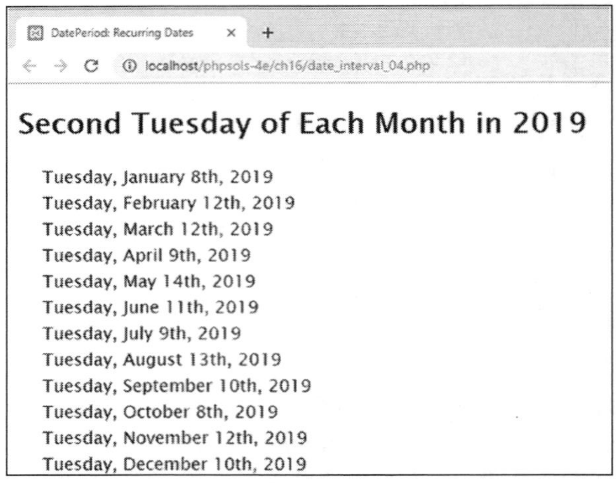

图 16-17　使用 DatePeriod 类计算循环日期非常容易

PHP 代码的第一行将开始日期设置为 2018 年 12 月 31 日。下一行代码使用 DateInterval 类的静态方法 createFromDateString()在下个月的第二个星期二设置时间段。这两个值作为前两个参数被传递给 DatePeriod 类的构造函数，12 作为第三个参数，表示重复次数，DatePeriod::EXCLUDE_START_DATE 常量作为第四个参数。常量的名称已经能说明其含义。最后，foreach 循环使用 DateTime 类的 format()方法显示结果日期。

创建 DatePeriod 对象的第二种方法是用表示结束日期的 DateTime 对象替换第三个参数中的重复次数。date_interval_05.php 文件中的代码已修改如下：

```
$start = new DateTime('12/31/2018');
$interval = DateInterval::createFromDateString('second Tuesday of
next month');
$end = new DateTime('12/31/2019');
$period = new DatePeriod($start, $interval, $end,
DatePeriod::EXCLUDE_START_DATE);
foreach ($period as $date) {
    echo $date->format('l, F jS, Y') . '<br>';
}
```

这将产生与图 16-17 所示完全相同的输出。

还可以使用 ISO 8601 重复时间段标准(https://en.wikipedia.org/wiki/ISO_8601#Repeating_ intervals)创建 DatePeriod 对象。这种方式并不常用，主要是因为需要以正确的格式构造字符串，如下所示。

```
Rn/YYYY-MM-DDTHH:MM:SStz/Pinterval
```

R*n* 是字母 R 后跟重复次数；*tz* 是与 UTC 的时区偏移量(或 Z 表示 UTC，如下例所示)；P*interval* 使用与 DateInterval 类相同的格式。date_interval_06.php 文件中的代码显示了如何将 DatePeriod 类与 ISO 8601 循环时间一起使用的示例，如下所示。

```
$period = new DatePeriod('R4/2019-07-10T00:00:00Z/P10D');
foreach ($period as $date) {
    echo $date->format('l, F j, Y') . '<br>';
}
```

ISO 重复时间设置了从 2019 年 7 月 10 日 UTC 午夜开始的 4 次重复，间隔为 10 天。重复的时间出现在开始日期之后，因此前面的示例生成 5 个日期，如图 16-18 的输出所示。

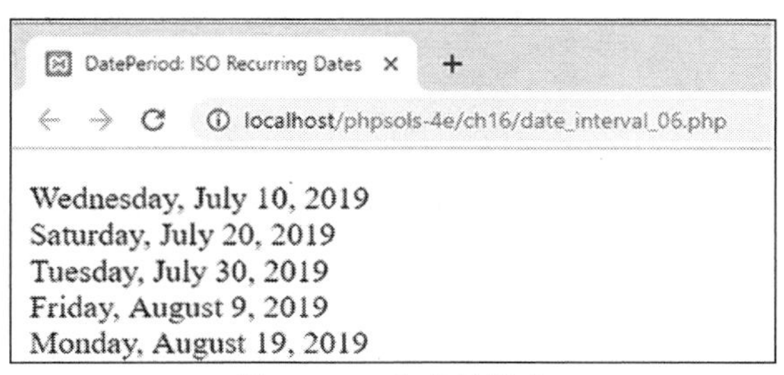

图 16-18　生成的输出

16.3　本章回顾

本章的大部分内容都是介绍 PHP 5 中引入的强大的日期和时间类。本章没有讨论 DateTimeImmutable 类，因为除了一点之外，它在所有方面都与 DateTime 类相同。DateTimeImmutable 对象从不修改自己。相反，它总是返回一个带有修改后的值的新对象。如果你有一个日期，比如一个人的出生日期，而这个日期永远不会改变，那么这个类就很有用。调用这个类的对象的 setDate()或 add()方法将返回一个新对象，保留原始的详细信息，新对象包含修改后的信息，如入职日期、结婚日、可以领取养老金年龄等。

日常工作中可能不是每天都需要使用日期和时间相关的类，但它们非常有用。MySQL 的日期和时间函数还使得根据时间标准格式化日期和执行查询变得很容易。

也许日期的最大问题是决定是使用 SQL 还是 PHP 来处理格式化和/或计算。PHP DateTime 类有一个有用特性，它的构造函数接收以 ISO 格式存储的日期，因此可以使用数据库中未格式化的日期或时间戳来创建 DateTime 对象。但是，除非需要执行进一步的计算，否则将 DATE_FORMAT()函数用作 SELECT 查询的一部分会更有效。

本章还提供了 3 个格式化文本和日期的函数。在下一章中，你将学习如何在多个数据库表中存储和检索相关信息。

第 17 章

从多个表中抽取数据

正如我在第 13 章中所解释的那样，关系数据库的主要优势之一是能够通过将一个表中的主键用作另一表中的外键来关联不同表中的数据。phpsols 数据库有两个表：images 和 blog。现在该添加更多内容并关联它们了，以便你可以为博客文章分配类别，并将图片与单个文章相关联。

实际上你并不是在物理上关联多个表，而是通过 SQL 进行的。通常，你可以通过识别主键和外键之间的直接关系来关联表。但是，在某些情况下，由于关系更为复杂，需要通过第三张表作为其他两张表之间的交叉引用。

在本章中，你将学习如何建立表之间的关系以及如何从一张表中插入主键作为另一张表中的外键。尽管从概念上讲听起来很困难，但实际上非常简单——你可以使用一个数据库查询在第一张表中查找主键数据，保存结果，然后在另一个查询中使用该结果将其插入第二张表中。

本章内容：

- 不同类型的表关系
- 为多对多关系使用交叉引用表
- 更改表的结构以添加新列或索引
- 将一个表主键作为外键存储在另一张表中
- 用 INNER JOIN 和 LEFT JOIN 语法关联表

17.1 理解表的关系

最简单的表关系是一对一(通常表示为 1:1)。这种关系模型经常用于存储限制信息的数据库。例如，公司通常将员工薪酬和其他机密信息的详细数据存储在单独的表中，与更容易访问的员工基本信息分开。通过将每个员工记录的主键作为外键存储在薪酬表中，可建立薪酬表和员工基本信息表之间的关联关系，从而使会计部门能够查看全部信息，同时仅向其他人公开员工的基本信息。

phpsols 数据库中没有机密信息，但是你可以将 images 表中的单张照片与 blog 表中的文章之间建立一对一的关系，如图 17-1 所示。

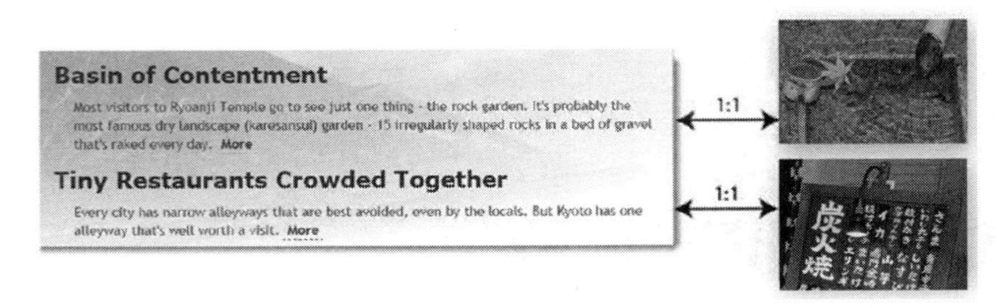

图 17-1　一对一关系记录

这是在两个表之间创建关系的最简单的方法，但从效果来看并不完美。 随着增加更多文章，关系的性质可能会发生变化。比如，与图 17-1 中的第一篇文章相关的照片显示了漂浮在水面上的枫叶，因此它可能适合于说明有关季节变化或秋天色调的文章，而水晶般清澈的水，竹制的水瓢和竹制的管子也暗示了这张照片可以用作说明其他主题。这样一来，你很容易最终将同一张照片用于多篇文章，形成一对多(或 1:*n*)关系，如图 17-2 所示。

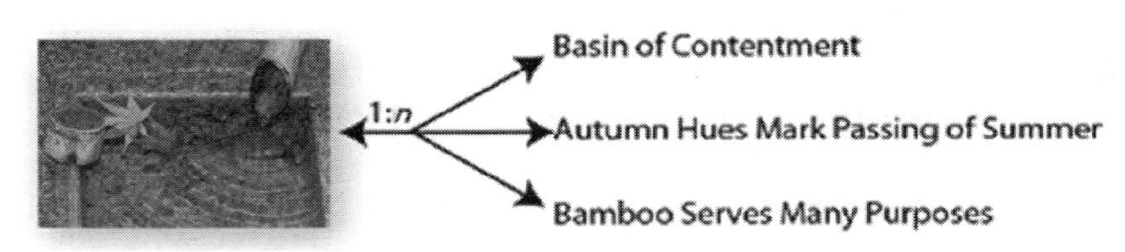

图 17-2　一对多关系记录

众所周知，数据库表的主键必须是唯一的。 因此，在 1:*n* 关系中，你将关系 1 侧的表(主表或父表)中的主键作为外键存储在 *n* 侧的表(辅助表或子表)中。 在这种情况下，images 表中的 image_id 需要作为外键存储在 blog 表中。重点是，要理解 1:*n* 关系，也要清楚它也是 1:1 关系的集合。从右到左查看图 17-2，每篇文章都与一幅图像相关。没有这种一对一的关系，你是无法识别与某篇文章相关联的图像的。

如果想为每篇文章关联多张图片，那会发生什么？ 可以在 blog 表中创建多列来保存外键，但这种做法很快会带来麻烦，你可能会创建 image1、image2 和 image3 几列，但如果大多数文章只有一张图片，那么有两列在很多时候都是多余的。并且，当一篇文章有 4 张图片时，你是否要临时再添加一列？

当面对处理多对多(或 *n*:*m*)关系的需求时，你需要一种不同的方法。 images 和 blog 表没有足够的记录来标记多对多(*n*:*m*)关系，但是可以增加一个 categories 表来标记每篇文章。大多数文章可能属于多个类别，而每个类别将与几篇文章相关。

解决复杂关系的方法是使用交叉引用表(有时称为链接表)。交叉引用表在相关记录之间建立一系列一对一的关系。 这是一个仅包含两列的特殊表，这两列一起声明为联合主键。图 17-3 显示了它是如何工作的。交叉引用表中的每个记录都存储了 blog 表中的文章与 categories 表中的类别之间关系的详细对应信息。要查找属于

Kyoto 类别的所有文章，只需要将 categories 表中 cat_id 字段为 1 的记录与交叉引用表中的 cat_id 字段为 1 的记录进行匹配。这将标识出 blog 表中 article_id 字段为 2、3 和 4 的文章与 Kyoto 类别相关联。

article_id	image_id	title	article
1	NULL	Spectacular View of Mount Fuji from the Bullet Tra...	One of the best-known tourist images of Japan is o...
2	4	Trainee Geishas Go Shopping	Although Kyoto attracts large numbers of foreign t...
3	6	Tiny Restaurants Crowded Together	Every city has narrow alleyways that are best avoi...
4	1	Basin of Contentment	Most visitors to Ryoanji Temple go to see just one...

article_id	cat_id
1	3
2	1
2	2
3	1
3	4
4	1
4	3
4	5

cat_id	category
1	Kyoto
2	People
3	Autumn
4	Food
5	Temples

图 17-3　交叉引用表将多对多关系映射为多个一对一关系

通过外键在表之间建立关系对更新和删除记录具有重要的意义。如果操作不够仔细，就会导致关系之间的链接断开。确保主键和外键的依赖关系不被打破被称为维护参照完整性。我们将在下一章中重点讨论这一主题。本章中，我们将集中精力讨论如何通过外键链接查询多个关联表中的信息。

17.2　将图片关联到文章

为了演示如何使用多个表，从图 17-1 和图 17-2 中描述的简单场景开始：通过将一张表(主表或父表)的主键作为外键存储在另外一张表(子表或从属表)中，建立 1:1 的关联关系。这涉及在子表中添加额外的列以存储外键。

17.2.1　改变现有表的结构

理想情况下，应在填充数据之前设计好数据库的表结构。但是，关系数据库，例如 MySQL，已经设计得足够灵活，即使数据库表包含数据，也可以添加、删除或更改表中的列。要将图像与 phpsols 数据库中的各篇文章相关联，需要在 blog 表中添加一个额外的列以存储 image_id 这个外键。

PHP 解决方案 17-1：向数据库表添加额外的列

PHP 解决方案 17-1 展示如何使用 phpMyAdmin 向现有表添加额外的列。假定你在第 15 章中的 phpsols 数据库中创建了 blog 表。

(1) 在 phpMyAdmin 中，选择 phpsols 数据库，然后单击 blog 表的 structure 链接。

(2) blog 表结构下面是一个表单，允许你添加额外的列。 如果只想添加一列，则无须修改 Add column(s)文本框中的默认值。通常将外键放在表的主键之后，因此从下拉列表框中选择 article_id，如图 17-4 所示，然后单击 Go 按钮。

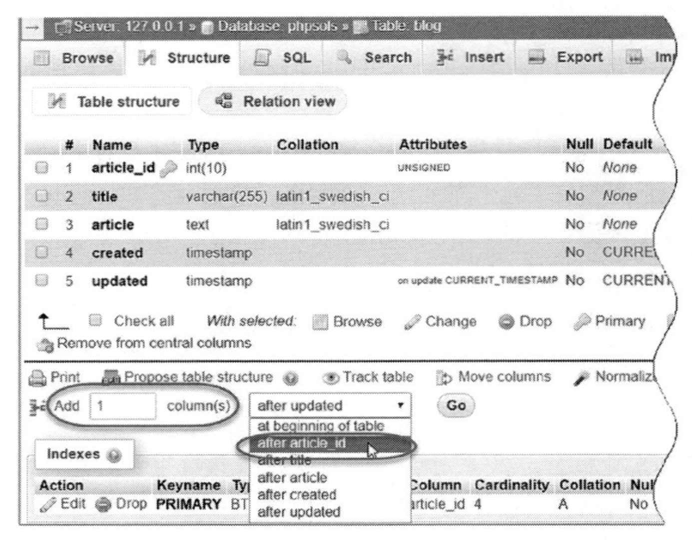

图 17-4　选择 article_id

(3) 这将打开定义列属性的界面，使用以下设置。

- 名称：image_id
- 类型：INT
- 属性：UNSIGNED
- Null：Selected
- 索引：INDEX(不必在弹出的模态对话框中为其命名)

不要选中 A_I(AUTO_INCREMENT)复选框。我们不希望 image_id 自动增加。它的值将从 images 表中插入。

选中 Null 复选框，表示并非所有文章都会与图片关联，单击 Save 按钮。

(4) 选择 Structure 选项卡，然后检查 blog 表结构，现在看起来应该如图 17-5 所示。

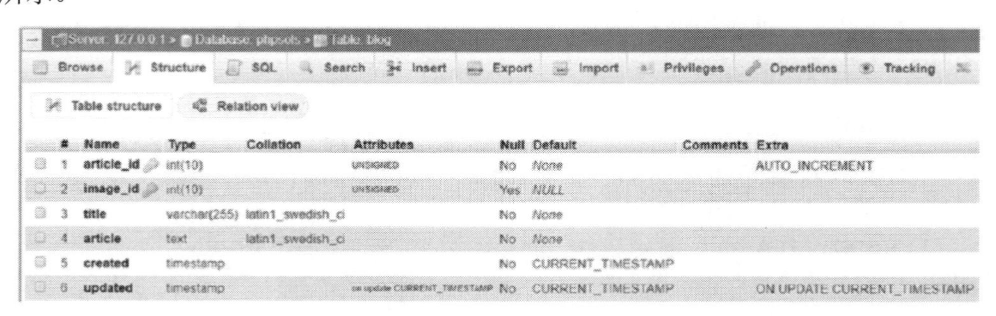

图 17-5　选择 Structure 选项卡

(5) 如果单击屏幕左上方的 Browse 选项卡，将在每个记录中看到 image_id 的值为 NULL。现在的挑战是不需要通过手动查找就能将正确的外键值插入表中。 接下来，我们将解决这个问题。

17.2.2 在表中插入外键

在另一个表中插入外键的基本原理非常简单：查询数据库以查找要链接到另一个表的记录的主键。然后，就可以使用 INSERT 或 UPDATE 语句将外键添加到目标记录。

为了说明基本原理，以下将修改第 15 章中的更新表单，以添加一个下拉列表框，其中列出了已在图片 images 表中注册的所有图片(见图 17-6)。

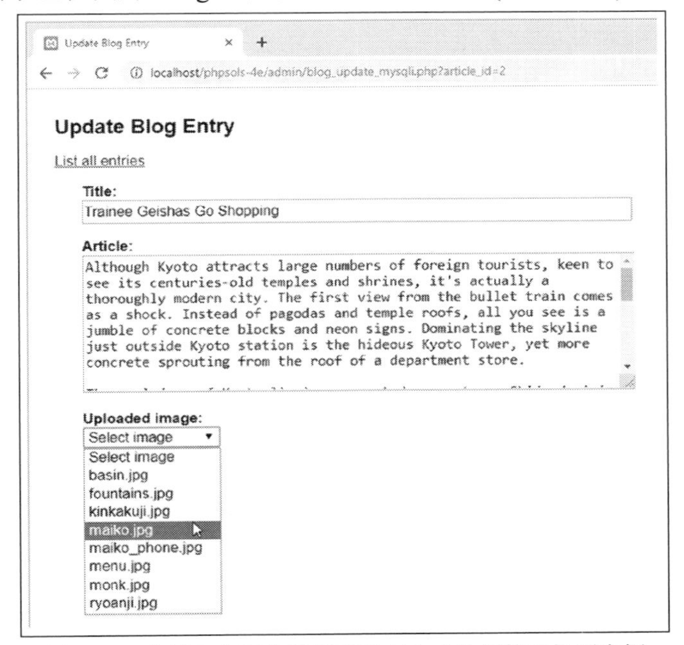

图 17-6 为插入合适的外键而动态生成数据的下拉列表框

该下拉列表框由显示 SELECT 查询结果的循环语句动态生成。每张图片的主键都存储在<option>标记的 value 属性中。提交表单后，所选值将作为外键整合到 UPDATE 语句中。

1. PHP 解决方案 17-2：添加图片外键(MySQLi 版本)

PHP 解决方案 17-2 展示如何通过添加所选图像的主键作为外键来更新 blog 表中的记录。它修改了第 15 章中的 admin/blog_update_mysqli.php 文件。使用在第 15 章中创建的版本，或者将 ch15 文件夹中的 blog_update_mysqli_03.php 复制到 admin 文件夹中，并从文件名中删除_03。

(1) 当前的 SELECT 查询语句检索要更新的文章的详细信息，需要对这个查询语句进行修改以便它包含外键 image_id，并且查询出的结果要绑定到新的结果变量 $image_id 中。 然后，需要运行第二个查询语句以获取 images 表的详细信息。在此之前，应该先调用准备好的语句对象的 free_result()方法来释放数据库资源。注意将以下粗体显示的代码添加到现有脚本中。

```
if (isset($_GET['article_id']) && !$_POST) {
  // prepare SQL query
  $sql = 'SELECT article_id, image_id, title, article FROM blog
    WHERE article_id = ?';
  if ($stmt->prepare($sql)) {
    // bind the query parameter
    $stmt->bind_param('i', $_GET['article_id']);
    // execute the query
    $OK = $stmt->execute();
    // bind the results to variables and fetch
    $stmt->bind_result($article_id, $image_id, $title, $article);
    $stmt->fetch();
    // free the database resources for the second query
    $stmt->free_result();
  }
}
```

在调用 fetch()方法后可以立即释放结果，因为结果集中只有一条记录，并且每一列中的值都已绑定到一个变量。

(2) 在表单内部需要显示存储在 images 表中的文件名。由于第二个 SELECT 语句不依赖外部数据，因此使用 query()方法代替准备好的语句会更简单。在 article 文本区域之后添加以下代码(这是全新的代码，PHP 部分以粗体突出显示以便于参考)。

```
<p>
  <label for="image_id">Uploaded image:</label>
  <select name="image_id" id="image_id">
    <option value="">Select image</option>
    <?php
    // get the list images
    $getImages = 'SELECT image_id, filename
                  FROM images ORDER BY filename';
    $images = $conn->query($getImages);
    while ($row = $images->fetch_assoc()) {
      ?>
      <option value="<?= $row['image_id'] ?>"
```

```
        <?php
        if ($row['image_id'] == $image_id) {
              echo 'selected';
        }
        ?>><?= safe($row['filename']) ?></option>
    <?php } ?>
  </select>
</p>
```

第一个<option>标记的文本硬编码为 Select image，其 value 属性设置为空字符串。其余的<option>标记由 while 循环生成，该循环将每个记录提取到名为$row 的数组中。

一个条件语句检查当前的 image_id 是否与已经存储在 articles 表中的 image_id 相同。如果是，则将 selected 插入<option>标记中，以便在下拉列表框中显示正确的值。

确保不要在以下行中省略第三个字符。

```
?>><?= safe($row['filename']) ?></option>
```

它是<option>标记的右结束尖括号，夹在两个 PHP 标记之间。

(3) 保存页面并将其加载到浏览器中。你应该会被自动重定向到 blog_list_mysqli.php 页面。选择某个 EDIT 链接，并确保页面如图 17-6 所示。查看浏览器的源代码视图，可以看到<option>标记的 value 属性包含每张图片的主键。

■ **提示：**

如果<select>的选项中没有列出图片，则几乎可以肯定在步骤(2)中的SELECT查询有错误。在调用query()方法之后，立即添加echo $conn->error;语句，并重新加载页面。错误消息需要在浏览器中查看源代码才能看到，如果消息是Commands out of sync; you can’t run this command now，那么问题在于在步骤(1)中使用free_result()释放数据库资源失败。

---

(4) 最后一步是将 image_id 添加到 UPDATE 语句中。由于某些博客文章可能未与图片关联，因此需要再创建一个准备好的语句，如下所示。

```
// if form has been submitted, update record
if (isset($_POST ['update'])) {
  // prepare update query
  if (!empty($_POST['image_id'])) {
    $sql = 'UPDATE blog SET image_id = ?, title = ?, article = ?
          WHERE article_id = ?';
    if ($stmt->prepare($sql)) {
```

```
        $stmt->bind_param('issi', $_POST['image_id'],
    $_POST['title'],
          $_POST['article'], $_POST['article_id']);
        $done = $stmt->execute();
      }
    } else {
      $sql = 'UPDATE blog SET image_id = NULL, title = ?, article = ?
              WHERE article_id = ?';
      if ($stmt->prepare($sql)) {
        $stmt->bind_param('ssi', $_POST['title'], $_POST['article'],
            $_POST['article_id']);
        $done = $stmt->execute();
      }
    }
  }
```

如果$_POST['image_id']元素有值，则将其绑定到 SQL 中的第一个占位符。由于它必须是整数，因此添加一个 i 到 bind_param()方法的第一个参数的开头。

但是，如果$_POST['image_id']元素未定义，则需要创建一个不同的语句以将 image_id 的值设置为 NULL。 由于它具有明确的值，因此不需要将其作为 bind_param()方法的参数。

(5) 再次测试页面，从下拉列表框中选择文件名，然后单击 Update Entry 按钮。可以通过在 phpMyAdmin 中刷新 Browse 选项卡或选择同一文章进行更新来验证是否已将外键插入 articles 表中。此时下拉列表框中显示了正确的文件名。

如有必要，对照 ch17 文件夹中的 blog_update_mysqli_04.php 来检查代码。

2. PHP 解决方案 17-3：添加图片外键(PDO 版本)

该解决方案使用 PDO 通过将所选图片的主键添加为 blog 表的外键来更新 blog 表中的记录。与 MySQLi 的主要区别在于，PDO 可以使用 bindValue()方法将 null 值绑定到占位符。以下操作步骤修改第 15 章中的 admin/blog_update_pdo.php 文件。使用第 15 章中的版本，或者，将 ch15 文件夹中的 blog_update_pdo_03.php 文件复制到 admin 目录并从文件名中删除_03。

(1) 将 image_id 添加到 SELECT 查询语句中，该语句检索将要被更新的文章的详细信息，并将结果绑定到$image_id 变量。这个操作涉及对传递给 bindColumn()方法的变量进行重新编号，从而确保将查询结果绑定到正确的变量。修改后的代码如下所示：

```
if (isset($_GET['article_id']) && !$_POST) {
  // prepare SQL query
  $sql = 'SELECT article_id, image_id, title, article FROM blog
          WHERE article_id = ?';
```

```
  $stmt = $conn->prepare($sql);
  // pass the placeholder value to execute() as a single-element array
  $OK = $stmt->execute([$_GET['article_id']]);
  // bind the results
  $stmt->bindColumn(1, $article_id);
  $stmt->bindColumn(2, $image_id);
  $stmt->bindColumn(3, $title);
  $stmt->bindColumn(4, $article);
  $stmt->fetch();
}
```

(2) 在表单内部，需要显示存储在 images 表中的文件名。由于第二个 SELECT 语句不依赖外部数据，因此使用 query()方法代替准备好的语句会更简单。在 article 文本区域之后添加以下代码(这是全新的代码，但是 PHP 部分以粗体突出显示以便于参考)。

```
<p>
  <label for="image_id">Uploaded image:</label>
  <select name="image_id" id="image_id">
    <option value="">Select image</option>
    <?php
    // get the list images
    $getImages = 'SELECT image_id, filename
                  FROM images ORDER BY filename';
    foreach ($conn->query($getImages) as $row) {
    ?>
    <option value="<?= $row['image_id'] ?>"
        <?php
        if ($row['image_id'] == $image_id) {
           echo 'selected';
        }
        ?>><?= safe($row['filename']) ?></option>
    <?php } ?>
  </select>
</p>
```

第一个<option>标记的文本硬编码为 Select image，其 value 属性设置为空字符串。其余的<option>标记由一个 foreach 循环生成，该循环执行$getImages 变量中保存的 SELECT 查询，并将每条记录提取到名为$row 的数组中。

一个条件语句检查当前的 image_id 是否与已经存储在 articles 表中的 image_id 相同。如果是，则将 selected 插入<option>标记中，以便在下拉列表框中显示正确的值。

确保不要忽略以下行的第三个字符。

```
?>><?= safe($row['filename']) ?></option>
```

它是<option>标记的右结束尖括号，夹在两个 PHP 标记之间。

(3) 保存页面并将其加载到浏览器中，你应该会被自动重定向到 blog_list_pdo.php 页面。选择某个 EDIT 链接，并确保页面如图 17-6 所示。检查浏览器的源代码视图，可以看到<option>标记的 value 属性包含每张图片的主键。

(4) 最后一步是将 image_id 添加到 UPDATE 语句中。如果一条博客与任何图片无关，则需要在 image_id 字段中插入 null。这涉及在准备好的语句中修改将值绑定到匿名占位符的方式。不是将它们作为数组传递给 execute()方法，而是需要使用 bindValue()和 bindParam()方法。修改后的代码如下所示：

```
// if form has been submitted, update record
if (isset($_POST['update'])) {
  // prepare update query
  $sql = 'UPDATE blog SET image_id = ?, title = ?, article = ?
          WHERE article_id = ?';
  $stmt = $conn->prepare($sql);
  if (empty($_POST['image_id'])) {
    $stmt->bindValue(1, NULL, PDO::PARAM_NULL);
  } else {
    $stmt->bindParam(1, $_POST['image_id'], PDO::PARAM_INT);
  }
  $stmt->bindParam(2, $_POST['title'], PDO::PARAM_STR);
  $stmt->bindParam(3, $_POST['article'], PDO::PARAM_STR);
  $stmt->bindParam(4, $_POST['article_id'], PDO::PARAM_INT);
  // execute query
  $done = $stmt->execute();
}
```

这些值使用从 1 开始的数字绑定到匿名占位符，以标识应将其应用于哪个占位符。条件语句检查$_POST['image_id']元素是否为空。如果为空，bindValue()方法将 image_id 字段的值设置为 null，使用关键字 NULL 作为第二个参数，并使用 PDO 常量作为第三个参数。如第 13 章的 13.5.2 节“在 PDO 中将变量嵌入准备好的语句”中所述，当绑定的值不是变量时，则需要使用 bindValue()方法。

其余的值都是变量，因此它们是使用 bindParam()绑定的。笔者将 PDO 常量用于整数，将字符串作为剩余的参数值。严格来说，这不是必需的，但可以使代码更清晰。

最后，execute()方法的括号中删除了值数组。

(5) 再次测试页面，从下拉列表框中选择文件名，然后单击 Update Entry 按钮。可以通过在 phpMyAdmin 中刷新 Browse 选项卡或选择同一文章进行更新来验证是否已将外键插入 articles 表中。此时下拉列表框中显示了正确的文件名。

如有必要，对照 ch17 文件夹中的 blog_update_pdo_04.php 文件来检查代码。

17.2.3 从多张表中选择记录

在 SELECT 查询中有几种链接表的方法，但是最常见的是列出表名，并用 INNER JOIN 分隔。INNER JOIN 本身会产生所有可能的行组合(笛卡儿连接)。要仅仅选出相关的值，需要指定主键/外键的关系。例如，要从 blog 表和 images 表中选出文章及其相关图片，可以使用 WHERE 子句，如下所示。

```
SELECT title, article, filename, caption
FROM blog INNER JOIN images
WHERE blog.image_id = images.image_id
```

title 和 article 字段仅存在于 blog 表中。同样，filename 和 cation 字段仅存在于 images 表中。这种归属关系是明确的，在引用这些字段时不需要特别的说明；但是，两个表中都有 image_id 字段，因此需要在每次引用该字段前加上表名和句点。

多年来的惯例是使用逗号代替 INNER JOIN，如下所示。

```
SELECT title, article, filename, caption
FROM blog, images
WHERE blog.image_id = images.image_id
```

▒ **警告：**

使用逗号连接表可能会导致SQL语法错误，因为自MySQL 5.0.12 版本以来对连接的处理方式进行了更改。请使用INNER JOIN代替逗号。

可以使用 ON 代替 WHERE 子句，如下所示。

```
SELECT title, article, filename, caption
FROM blog INNER JOIN images ON blog.image_id = images.image_id
```

当两个字段的名称相同时，可以使用以下语法，这也是笔者个人比较喜欢的语法。

```
SELECT title, article, filename, caption
```

```
FROM blog INNER JOIN images USING (image_id)
```

注意：
USING之后的字段名必须放置在括号中。

PHP 解决方案 17-4：构建详情页面

PHP 解决方案 17-4 展示如何关联 blog 表和 images 表来显示带有相关照片的文章。MySQLi 和 PDO 的代码几乎相同，因此此解决方案涵盖了两者。

(1) 将 ch17 文件夹中的 details_01.php 文件复制到 phpsols-4e 网站根目录，并将其重命名为 details.php。如果你的编辑环境提示更新链接，请忽略。确保 footer.php 和 menu.php 文件位于 includes 文件夹中，并将页面加载到浏览器中。页面看起来如图 17-7 所示。

图 17-7　包含图片和文本占位符的详情页面

(2) 将 blog_list_mysqli.php 或 blog_list_pdo.php 文件加载到浏览器中，并根据如下提示将指定图片的文件名插入 3 篇文章中。

- Basin of Contentment：basin.jpg
- Tiny Restaurants Crowded Together：menu.jpg
- Trainee Geishas Go Shopping：maiko.jpg

(3) 在 phpMyAdmin 中找到 blog 表，然后单击 Browse 选项卡，可以看到外键已插入表。至少有一篇文章的 image_id 字段应为 NULL，如图 17-8 所示。

article_id	image_id	title	article
1	NULL	Spectacular View of Mount Fuji from the Bullet Tra...	One of the b known tour of Japan is o...
2	4	Trainee Geishas Go Shopping	Although Kyot attracts larg numbers of t...
3	6	Tiny Restaurants Crowded Together	Every city ha alleyways t best avoi...
4	1	Basin of Contentment	Most visitors t Ryoanji Tem see just on

图 17-8 没有关联图片的文章记录的外键被设置为 NULL

(4) 在尝试显示图片之前，我们需要确保它来自我们期望的位置，并且实际上就是一张图片。在 details.php 文件的顶部创建一个变量用来存储图片目录的相对路径(以斜杠结尾)，如下所示。

```
// Relative path to image directory
$imageDir = './images/';
```

(5) 接下来，在代码中包含上一章中创建的 utility_funcs.php 文件(如有必要，将其从 ch16 文件夹复制到 includes 文件夹)。然后包含数据库连接文件，创建一个只读连接，并在 DOCTYPE 声明上方的 PHP 代码块中准备 SQL 查询，如下所示。

```
require_once './includes/utility_funcs.php';
require_once './includes/connection.php';
// connect to the database
$conn = dbConnect('read'); // add 'pdo' if necessary
// check for article_id in query string
if (isset($_GET['article_id']) && is_numeric($_GET['article_id'])) {
  $article_id = (int) $_GET['article_id'];
} else {
  $article_id = 0;
}
$sql = "SELECT title, article,DATE_FORMAT(updated, '%W, %M %D, %Y') AS
  updated, filename, caption
  FROM blog INNER JOIN images USING (image_id)
  WHERE blog.article_id = $article_id";
$result = $conn->query($sql);
$row = $result->fetch_assoc(); // for PDO use $result->fetch();
```

这段代码检查URL查询字符串中的article_id，如果存在并且是数字，则使用(int)强制转换运算符确保它是整数，并将其分配给$article_id 变量；否则，将$article_id 变量设置为 0，也可以选择默认文章作为替代，但暂时将其设置为 0，因为笔者想说明一个重要的技术点。

SELECT 查询从 blog 表中检索 title、article 和 updated 字段，并从 images 表中检索 filename 和 caption 字段。如第 16 章所述，使用 DATE_FORMAT()函数和别名来格式化 updated 字段的值。由于仅检索到一条记录，因此使用原始字段名作为别名不会影响到排序的顺序。

使用 INNER JOIN 和 USING 子句将两张表连接在一起，其中 USING 子句用于匹配两张表中的 image_id 字段的值。WHERE 子句选择由$article_id 变量标识的文章。由于已检查过$article_id 变量的数据类型，因此可以安全地在查询中使用，不必使用准备好的语句。

需要注意的是，查询语句用双引号括起来，以便解释$article_id 变量的值。为了避免与外层引号冲突，在作为参数传递给 DATE_FORMAT()的格式字符串周围使用单引号。

(6) 现在既然已经查询了数据库，就可以检查图片了。为了确保图片在期望的位置，将$row['filename']元素的值传递给 basename()函数，然后将结果拼接到图片目录的相对路径后面。之后，可以检查文件是否存在并且可读。如果答案是肯定的，就可以使用 getimagesize()函数获得图片的宽度和高度。在上一步增加的代码之后立即添加以下代码。

```
if ($row && !empty($row['filename'])) {
  $image = $imageDir . basename($row['filename']);
  if (file_exists($image) && is_readable($image)) {
     $imageSize = getimagesize($image)[3];
  }
}
```

如第 10 章的 PHP 解决方案 10-1 所述，getimagesize()函数返回有关图片的信息数组，在索引号为 3 的字符串中包含了准确的图片宽度和高度属性，可以直接插入<img>标记中。在这里，我们使用数组解引用技术并将得到的值直接分配给$imageSize 变量。

(7) 其余代码在页面主体中显示 SQL 查询的结果。使用以下代码替换在<h2>标记中的占位符文本。

```
<h2><?php if ($row) {
        echo safe($row['title']);
    } else {
        echo 'No record found';
    }
    ?>
</h2>
```

如果 SELECT 查询未找到结果，则$row 变量将被置为空，PHP 会将其解释为 false。因此，在结果集不为空时，页面显示标题；而如果结果集为空，则显示 No record found。

(8) 用以下代码替换占位的日期信息。

```
<p><?php if ($row) { echo $row['updated']; } ?></p>
```

(9) 在日期段落之后紧跟着的是一个包含图片占位符的<figure>元素。并非所有文章都有图片，因此<figure>元素需要被包装在条件语句中，该条件语句检查$imageSize 变量是否有值。修改<figure>元素的脚本，如下所示。

```
<?php if (!empty($imageSize)) { ?>
  <figure>
    <img src="<?= $image ?>" alt="<?= safe($row['caption']) ?>" <?=
$imageSize ?>>
  </figure>
<?php } ?>
```

(10) 最后，需要显示这篇文章。删除占位符文本的段落，并在上一步的最后一个代码块的后面，在结束大括号和 PHP 结束标记之间添加以下代码。

```
<?php } if ($row) { echo convertToParas($row['article']); } ?>
```

这将使用 utility_funcs.php 文件中的 convertToParas()函数将博客文章的文本包装在<p>标记中，并用</p><p>结束和开始标记替换所有换行符。

(11) 保存页面并将 blog.php 文件加载到浏览器中。单击 More 链接以显示一篇含有图片的文章，该图片通过外键关联。应该可以看到 details.php 页面，其中包含文章的全文和图片，如图 17-9 所示。

如有必要，对照 ch17 文件夹中的 details_mysqli_01.php 或 details_pdo_01.php 文件来检查代码。

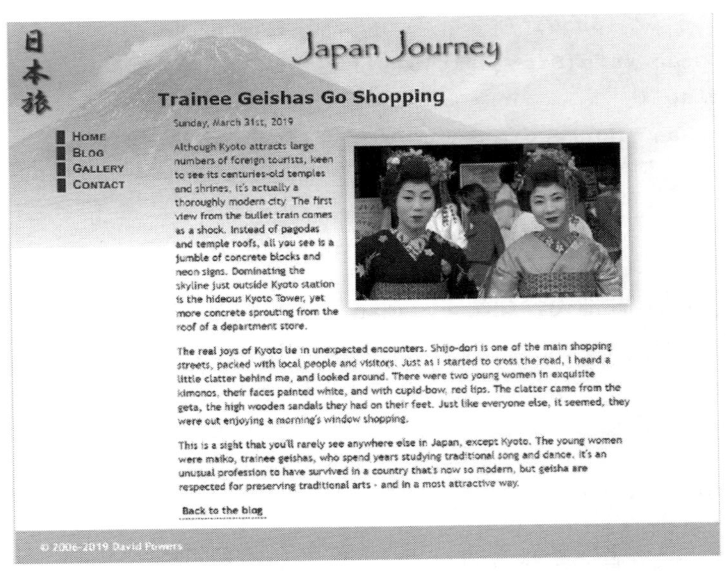

图 17-9　详情页面从两张不同的表中分别获取文章和图片

(12) 单击 Back to the blog 链接返回 blog.php 页面并测试其他文章。每篇含有图片的文章都应正确显示。单击 More 链接打开没有包含图片的文章，这次你会看到如图 17-10 所示的结果。

图 17-10　缺少关联图片导致 SELECT 查询失败

我们知道该文章在数据库中，否则前两次测试不会正确地显示其他文章。要了解这种突然的错误，请参阅图 17-8。对于没有关联图片的记录，image_id 的值为 NULL。由于 images 表中的所有记录都有主键，因此 USING 子句找不到匹配项。下一节将说明如何处理这种情况。

17.2.4　查询不包含匹配外键的记录

修改 PHP 解决方案 17-4 中的 SELECT 查询，删除搜索特定文章的条件，修改后的查询如下所示。

```
SELECT title, article, DATE_FORMAT(updated, '%W, %M %D, %Y') AS updated,
filename, caption
```

```
FROM blog INNER JOIN images USING (image_id)
```

如果在 phpMyAdmin 的 SQL 选项卡中运行这个查询语句，将产生如图 17-11 的结果。

title	article	updated	filename	caption
Trainee Geishas Go Shopping	Although Kyoto attracts large numbers of foreign t...	Sunday, March 31st, 2019	maiko.jpg	Maiko—trainee geishas in Kyoto
Tiny Restaurants Crowded Together	Every city has narrow alleyways that are best avoi...	Sunday, March 31st, 2019	menu.jpg	Menu outside restaurant in Pontocho, Kyoto
Basin of Contentment	Most visitors to Ryoanji Temple go to see just one...	Sunday, March 31st, 2019	basin.jpg	Water basin at Ryoanji temple, Kyoto

图 17-11 INNER JOIN 只会找到在两张表中有关联关系的记录

使用 INNER JOIN，SELECT 查询仅能找到完全匹配的记录。其中一篇文章没有与之关联的图片，因此在 articles 表中 image_id 字段的值为 NULL，这与 images 表中的任何图片都不匹配。

在这种情况下，需要使用 LEFT JOIN 代替 INNER JOIN。使用 LEFT JOIN，结果包括左表中有数据但右表中没有匹配项的记录。左右在这里是指执行连接的顺序。重写 SELECT 查询，如下所示。

```
SELECT title, article, DATE_FORMAT(updated, '%W, %M %D, %Y') AS updated,
filename, caption
FROM blog LEFT JOIN images USING (image_id)
```

当在 phpMyAdmin 中运行这条查询时，将会得到如图 17-12 所示的 4 篇文章。

title	article	updated	filename	caption
Spectacular View of Mount Fuji from the Bullet Tra...	One of the best-known tourist images of Japan is o...	Friday, March 29th, 2019	NULL	NULL
Trainee Geishas Go Shopping	Although Kyoto attracts large numbers of foreign t...	Sunday, March 31st, 2019	maiko.jpg	Maiko—trainee geishas in Kyoto
Tiny Restaurants Crowded Together	Every city has narrow alleyways that are best avoi...	Sunday, March 31st, 2019	menu.jpg	Menu outside restaurant in Pontocho, Kyoto
Basin of Contentment	Most visitors to Ryoanji Temple go to see just one...	Sunday, March 31st, 2019	basin.jpg	Water basin at Ryoanji temple, Kyoto

图 17-12 LEFT JOIN 包含右表中并没有匹配项的记录

如你所见，右表(images 表)中的空白字段显示为 NULL。如果两个表中的字段名都不相同，可以按如下方式使用 ON 子句。

```
FROM table_1 LEFT JOIN table_2 ON table_1.col_name = table_2.col_name
```

因此，现在可以重写 details.php 文件中的 SQL 查询，如下所示。

```
$sql = "SELECT title, article, DATE_FORMAT(updated, '%W, %M %D, %Y')
    AS updated, filename, caption
    FROM blog LEFT JOIN images USING (image_id)
    WHERE blog.article_id = $article_id";
```

如果单击 More 链接查看没有相关图片的文章，现在也可以正确显示了，如

图 17-13 所示。包含图片的其他文章仍然可以正确显示。可以在 details_mysqli_02.php 和 details_pdo_02.php 文件中找到完整的代码。

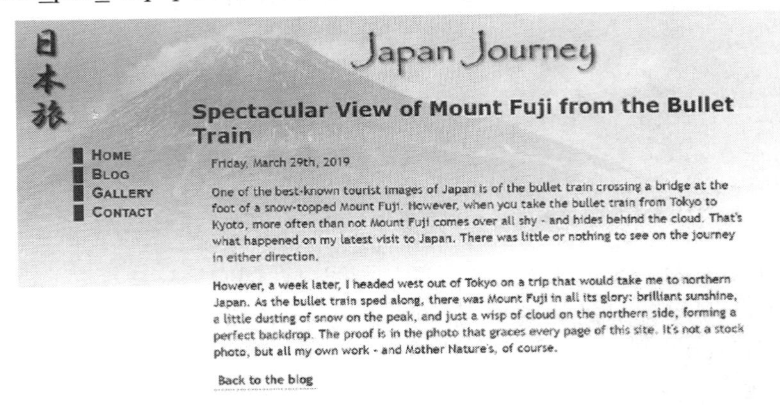

图 17-13　LEFT JOIN 也会检索出没有匹配外键值的文章

17.2.5　创建智能链接

details.php 文件底部的链接直接返回到 blog.php 页面。blog 表中只有 4 篇文章是可以的，但一旦开始在数据库中获取更多记录，就需要构建一个导航系统，如第 14 章中所述。导航系统的问题在于，需要一种方法让访问者返回到结果集中的同一出发页面。

PHP 解决方案 17-5：在导航系统中返回同一页面

PHP 解决方案 17-5 检查访问者是来自内部链接还是外部链接。如果引用页位于同一网站内，则链接会将访问者返回到同一个页面。如果引用页来自外部网站，或者服务器不支持必需的超级全局变量，则脚本将其替换为标准链接。details.php 文件的上下文中显示了这种链接，但是它可以在任何页面上使用。

该代码与数据库无关，因此对于 MySQLi 和 PDO 都是相同的。

(1) 在 details.php 文件的代码中找到返回链接，如下所示。

```
<p><a href="blog.php">Back to the blog</a></p>
```

(2) 将光标放在第一个引号的右侧，然后插入以下用粗体突出显示的代码。

```
<p><a href="
<?php
// check that browser supports $_SERVER variables
if (isset($_SERVER['HTTP_REFERER']) && isset($_SERVER['HTTP_HOST'])) {
  $url = parse_url($_SERVER['HTTP_REFERER']);
  // find if visitor was referred from a different domain
```

```
    if ($url['host'] == $_SERVER['HTTP_HOST']) {
      // if same domain, use referring URL
      echo $_SERVER['HTTP_REFERER'];
    }
  } else {
    // otherwise, send to main page
    echo 'blog.php';
  } ?>">Back to the blog</a></p>
```

$_SERVER['HTTP_REFERER']和$_SERVER['HTTP_HOST']元素是超级全局变量，包含引用页面的 URL 和当前主机名。需要使用 isset()函数来检查 URL 和主机名是否实际存在，因为并非所有服务器都支持它们。另外，浏览器可能会阻止引用页面的 URL。

parse_url()函数创建一个包含 URL 各个部分的数组，因此$url['host']元素包含主机名。如果它与$_SERVER['HTTP_HOST']元素相匹配，则该访问者是由内部链接引用的，因而内部链接的完整 URL 会插入 href 标记的属性中。这将包括任何查询字符串，因此这个链接会将访问者引导回导航系统中的相同位置。否则，将创建到目标页面的普通链接。

完整的代码位于 ch17 文件夹中的 details_mysqli_03.php 和 details_pdo_3.php 文件中。

17.3 本章回顾

使用 INNER JOIN 和 LEFT JOIN 检索存储在多个表中的信息是相对简单的。成功利用多个表的关键在于构建它们之间的关系，以便可以通过交叉引用(或链接)表将复杂的关系始终解析为 1:1 关系。下一章将继续探讨使用多个表的信息，展示在插入、更新和删除记录时如何处理外键关系。

第 18 章

管理多个数据库表

第 17 章向你展示了如何使用 INNER JOIN 和 LEFT JOIN 检索多个表中存储的信息，随后介绍了如何通过向子表添加额外的字段并分别更新每条记录以插入外键来链接现有的多张表。然而，在大多数情况下需要同时向两个表中插入数据。这是一个挑战，因为 INSERT 命令一次只能操作一张表。你需要按照正确的顺序处理插入操作，从父表开始，这样就可以获得新记录的主键，并同时将该主键与其他细节数据插入子表中。在更新和删除记录时也需要做类似的考虑。所涉及的代码并不难，但是你需要在构建脚本时清楚地记住事件发生的顺序。

本章将指导你在 blog 表中插入新文章，选择一个相关的图片或上传一张新图片，并将文章分配给一个或多个类别，所有这些都在一个单独的操作中完成。然后在不破坏关联表的引用完整性的前提下，构建更新和删除文章的脚本。

你还将学习使用事务一次处理多个查询，如果批处理任务的任何一个部分处理失败就将数据库回滚到原来的状态；并将学习外键约束，即如果你尝试删除还拥有另一个表中的外键关系的记录将会发生什么。并非所有数据库都支持事务和外键约束，因此检查远程数据库服务器是否支持这些特性很重要。本章还解释了如果服务器不支持外键约束，可以采取哪些措施来保持数据的完整性。

本章内容：

- 插入、更新和删除关联表中的记录
- 在创建一条记录后立即查找它的主键
- 将多个查询作为一个批处理任务进行处理并在任一查询失败时回滚
- 转换表的存储引擎
- 在 InnoDB 表之间建立外键约束

18.1 维护引用完整性

对于单个表，更新记录的频率和删除记录的数量无关紧要，因为这些操作对其他记录没有影响。然而一旦将记录的主键作为外键存储在不同的表中，你就创建了一个需要管理的依赖关系。例如，图 18-1 显示了 blog 表中的第二篇文章(Trainee Geishas Go Shopping)，它通过 article2cat 交叉引用表链接到 Kyoto 和 People 类别。

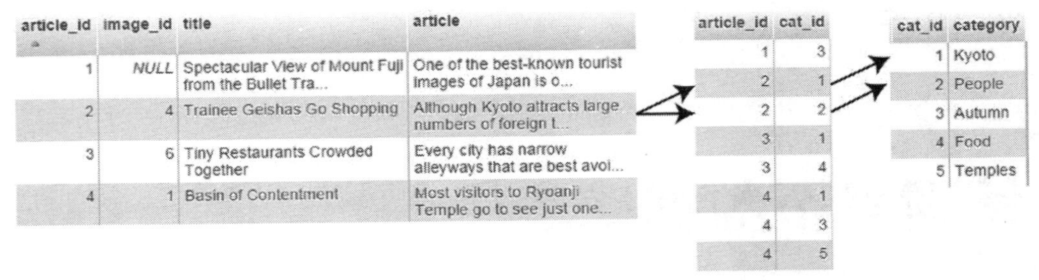

article_id	image_id	title	article
1	NULL	Spectacular View of Mount Fuji from the Bullet Tra...	One of the best-known tourist images of Japan is o...
2	4	Trainee Geishas Go Shopping	Although Kyoto attracts large numbers of foreign t...
3	6	Tiny Restaurants Crowded Together	Every city has narrow alleyways that are best avoi...
4	1	Basin of Contentment	Most visitors to Ryoanji Temple go to see just one...

article_id	cat_id
1	3
2	1
2	2
3	1
3	4
4	1
4	3
4	5

cat_id	category
1	Kyoto
2	People
3	Autumn
4	Food
5	Temples

图 18-1　需要管理外键关系以避免出现孤立的记录

如果删除了这篇文章，但在交叉引用表中未能删除 article_id 字段为 2 的记录，那么在 Kyoto 或 People 类别中查找所有文章的查询将尝试匹配 blog 表中不存在的记录。类似地，如果决定删除 Kyoto 或 People 中的一个类别，但又不删除交叉引用表中的匹配记录，则查找与文章关联的类别的查询将尝试匹配不存在的类别。

不久之后，数据库就会被孤立记录搞得很混乱。幸运的是，维护引用完整性并不困难。SQL 通过建立被称为外键约束的规则来做到这一点，外键约束告诉数据库在更新或删除一条记录时，如果这条记录在另一个表中具有从属记录，应该做哪些关联性的操作。

18.1.1　支持事务和外键约束

作为 MySQL 5.5 及后续版本的默认存储引擎，InnoDB 支持事务和外键约束。MariaDB 中对应的存储引擎是 Percona XtraDB，但它将自己定义为 InnoDB，并且具有相同的特性。即使远程服务器正在运行最新版本的 MySQL 或 MariaDB，也不能保证它们一定支持 InnoDB，因为你的服务器托管公司可能已经禁用了它。

如果服务器运行的是旧版本的 MySQL，默认的存储引擎是 MyISAM，它不支持事务或外键约束。但是，InnoDB 仍然可以访问，因为从 4.0 版本开始，InnoDB 就是 MySQL 不可分割的一部分。将 MyISAM 表转换为 InnoDB 表非常简单，转换过程只需要几秒钟。

如果无法访问 InnoDB，那么就需要在 PHP 脚本中构建必要的规则来维护引用完整性。本章展示了这两种方法。

■ **注意：**

MyISAM表的优点是非常快。它们需要更少的磁盘空间，对于存储大量不经常变化的数据非常理想。然而，MyISAM引擎的开发和升级已经停止，因此不建议在新项目中使用它。

PHP 解决方案 18-1：检查是否支持 InnoDB

解决方案 18-1 演示如何检查远程服务器是否支持 InnoDB 存储引擎。

(1) 如果服务器托管方提供 phpMyAdmin 来管理数据库，请在远程服务器上启动 phpMyAdmin，并且单击位于屏幕顶部的 Engines 选项卡。这将显示与图 18-2 类似的存储引擎列表。

Storage engines

Storage Engine	Description
CSV	Stores tables as CSV files
InnoDB	Percona-XtraDB, Supports transactions, row-level locking, foreign keys and encryption for tables
MEMORY	Hash based, stored in memory, useful for temporary tables
MyISAM	Non-transactional engine with good performance and small data footprint
MRG_MyISAM	Collection of identical MyISAM tables
Aria	Crash-safe tables with MyISAM heritage
PERFORMANCE_SCHEMA	Performance Schema
SEQUENCE	Generated tables filled with sequential values

图 18-2 通过 phpMyAdmin 检查支持的存储引擎列表

■ 注意：

图 18-2 中的InnoDB描述引用了Percona-XtraDB，这是因为截图是在MariaDB服务器上获取的。在MySQL服务器上可能会看到不同的存储引擎列表，但是MySQL和MariaDB通常都应该至少提供InnoDB和MyISAM这两种引擎。Aria存储引擎是MariaDB中改进版本的MyISAM，本书没有涉及它，因为它在MySQL上不可用，也不支持事务或外键约束。

---

(2) 该列表显示所有存储引擎，包括那些不受支持的。不支持或被禁用的存储引擎显示为灰色。如果你不确定 InnoDB 引擎的状态，在列表中单击它的名称。

(3) 如果不支持 InnoDB，会有一个消息显示出来。另一方面，如果看到一个类似于图 18-3 的变量列表，那么你很幸运——数据库支持 InnoDB。

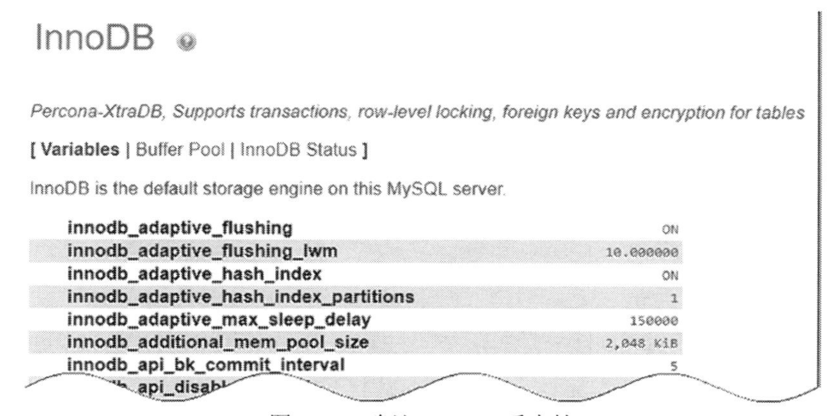

图 18-3 确认 InnoDB 受支持

(4) 如果 phpMyAdmin 中没有 Engines 选项卡，则单击选中数据库中的任何一张表后单击屏幕右上角的 Operations 选项卡。在 Table options 部分，单击 Storage

Engine 右侧的向下箭头以显示可用的选项列表(见图 18-4)。如果列表中有 InnoDB，说明数据库支持这种存储引擎。

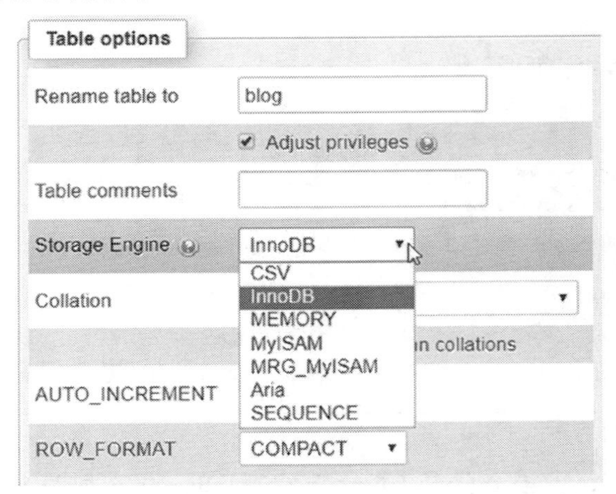

图 18-4　Table options 中列出了可用的存储引擎

(5) 如果以上两种方法都没有给出答案，那么打开 ch18 文件夹中的 storage_engines.php 文件。编辑前三行代码，插入数据库的主机名、用户名和密码信息。

(6) 上传 storage_engines.php 文件到 Web 网站，并将页面加载到浏览器中。页面将显示可用的存储引擎和相应支持级别，如图 18-5 所示。在某些情况下，NO 会显示为 DISABLED。

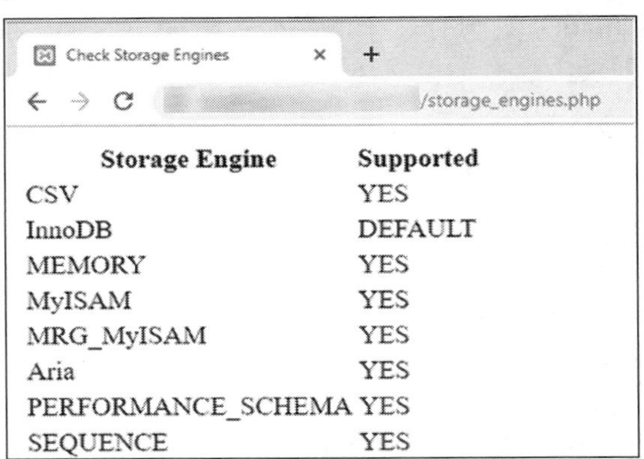

Storage Engine	Supported
CSV	YES
InnoDB	DEFAULT
MEMORY	YES
MyISAM	YES
MRG_MyISAM	YES
Aria	YES
PERFORMANCE_SCHEMA	YES
SEQUENCE	YES

图 18-5　storage_engines.php 文件中的 SQL 查询报告支持哪些存储引擎

如图 18-5 所示，一个典型的数据库安装过程支持多个存储引擎。你也许会感到惊讶，可以在同一个数据库中使用不同的存储引擎。事实上，建议你这样做。即使远程服务器支持 InnoDB，对于不需要事务或没有外键关系的表，使用 MyISAM 或 Aria 引擎通常更高效。对于需要事务或具有外键关系的表，可以使用 InnoDB。

笔者将在本章后续内容中解释如何将表转换为使用 InnoDB 引擎。在此之前，让我们看看如何建立和使用外键关系，而不管使用的是哪种存储引擎。

18.1.2 将记录插入多个表中

一条 INSERT 语句只能将数据插入一个表中。因此，在处理多个表时，需要仔细核对插入脚本，以确保存储了所有信息并建立了正确的外键关系。

前一章中的 PHP 解决方案 17-2(MySQLi)和 PHP 解决方案 17-3(PDO)展示了如何为已经在数据库中注册的图片添加正确的外键。然而，当插入一条新博客记录时，需要能够选择一个现有的图片，或者上传一张新图片，再或者选择完全没有图片。这意味着处理脚本需要检查是否选择或上传了图片，并相应地执行相关命令。此外，用零或多个类别标记博客记录会增加脚本需要做出的决策数量。图 18-6 显示了决策链。

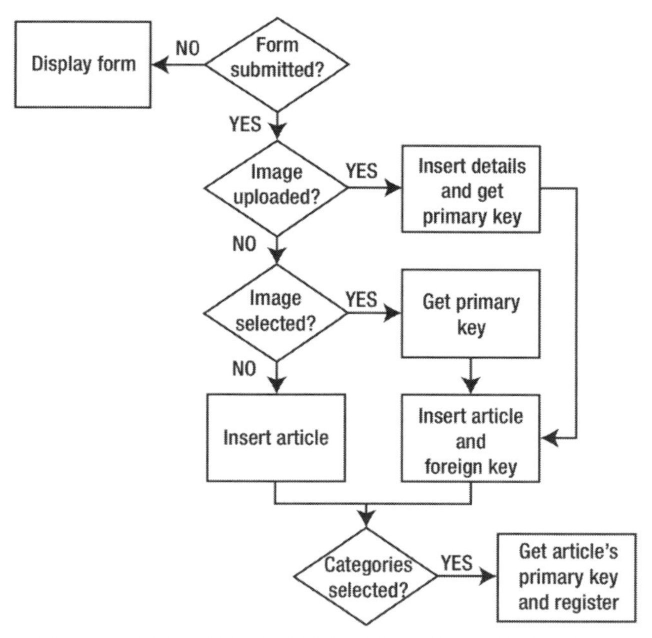

图 18-6 插入新的带有图片和类别的博客文章的决策链

当页面第一次加载时，还没有提交表单，因此页面只显示插入表单。在 PHP 解决方案 17-2 和 17-3 中，在更新表单中查询数据库并列出所有图片，使用相同的方式，在插入表单中列出了现有的图片和文章类别。

表单提交后，处理脚本执行以下步骤。

(1) 如果已经上传了图片，则上传处理完成，图片的详细信息存储在 images 表中，脚本获取新记录的主键。

(2) 如果没有上传任何图片，但是选择了现有的图片，那么脚本将从通过$_POST 数组提交的值中获取外键。

(3) 在这两种情况下，新的博客文章都与作为外键的图片主键一起插入 blog 表中。但是，如果既没有上传图片，也没有从现有图片中选择图片，则将文章直接插入 blog 表中，而不需要外键。

(4) 最后，脚本检查是否选择了任何文章类别。如果有，脚本将获取新文章的主键并将其与所选择每个类别的主键分别在 article2cat 表中组合成一条数据。

如果以上任何阶段出现问题，脚本需要放弃整个流程的剩余部分并重新显示用户的输入。这个脚本很长，因此笔者将在几个章节中进行介绍。第一阶段是创建 article2cat 交叉引用表。

18.1.3 创建交叉引用表

在数据库中处理多对多关系时，需要构建一个如图 18-7 所示的交叉引用表。交叉引用表只包含两列，这两列共同声明为表的主键(称为复合主键)。如果查看图 18-7，你将看到 article_id 和 cat_id 这两列都在多条记录中包含了相同的数字——这对主键来说是不可接受的，因为主键必须是唯一的。而在复合主键中，这两个值的组合是唯一的。前两个组合，1,3 和 2,1 不会在表中的任何其他地方重复出现，其他任何数字组合也不会重复出现。

article_id	cat_id
1	3
2	1
2	2
3	1
3	4
4	1
4	3
4	5

图 18-7　在交叉引用表中，两列一起构成复合主键

构建类别表和交叉引用表

在 ch18 文件夹中可以找到 categories.sql 文件，其中包含创建 categories 表和交叉引用表 article2cat 的 SQL 语句以及一些示例数据。在 phpMyAdmin 中，选择 phpsols 数据库，并使用 Import 选项卡加载 catetories.sql 文件，从而创建表和数据。表 18-1 和表 18-2 列出了两个表的设置，两个库表都只有两列。

表 18-1　categories 表的设置

字段名	数据类型	长度/值	属性	Null	索引	A_I
cat_id	INT		UNSIGNED	Deselected	PRIMARY	Selected
category	VARCHAR	20		Deselected		

表 18-2　article2cat 交叉引用表的设置

字段名	数据类型	长度/值	属性	Null	索引	A_I
article_id	INT		UNSIGNED	Deselected	PRIMARY	
cat_id	INT		UNSIGNED	Deselected	PRIMARY	

交叉引用表定义的重要性在于，两列都被设置为主键，并且没有为任何一列选择 A_I(AUTO_INCREMENT)复选框。

■ **警告：**

要创建复合主键，必须同时将两列声明为主键。如果错误地只将一列声明为主键，数据库将阻止你后续将第二列添加为主键，此时必须首先删除只有一列的主键，再重新声明包含两列的复合主键。这是把两列的组合作为复合主键的要求。

18.1.4　获取上传图片的文件名

以下脚本使用了第 6 章中创建的 Upload 类，但由于上传文件的文件名包含在$messages 属性中，因此需要对该类进行一些微小的改动。

PHP 解决方案 18-2：改进 Upload 类

解决方案 18-2 修改第 9 章中的 Upload 类，创建一个新的受保护属性来存储成功上传的(多个)文件的文件名，并提供一个公共方法来检索文件名数组。

(1) 在 PhpSolutions/File 文件夹中打开 Upload.php 文件，或者复制 ch18/PhpSolutions/File 文件夹中的 Upload.php 文件，并且保存到 phpsols-4e 网站根目录下的 PhpSolutions/File 文件夹中。

(2) 在文件顶部的属性列表中添加以下代码。

```
protected $filenames = [];
```

这将一个名为$filenames 的受保护属性初始化为空数组。

(3) 修改 moveFile()方法，如果文件已成功上载，则将修改后的文件名分配给$filenames 属性。新代码以粗体突出显示如下：

```
protected function moveFile($file) {
    $filename = $this->newName ?? $file['name'];
```

```
        $success = move_uploaded_file($file['tmp_name'], $this->destination .
        $filename);
        if ($success) {
            // add the amended filename to the array of uploaded files
            $this->filenames[] = $filename;
            $result = $file['name'] . ' was uploaded successfully';
            if (!is_null($this->newName)) {
                $result .= ', and was renamed ' . $this->newName;
            }
            $this->messages[] = $result;
        } else {
            $this->messages[] = 'Could not upload ' . $file['name'];
        }
    }
```

仅当文件被成功移动到目标文件夹时，才将其名称添加到$filenames 数组。

(4) 添加一个公共方法来获取存储在$filenames 属性中的值。代码如下所示：

```
public function getFilenames() {
    return $this->filenames;
}
```

将这段代码放在类定义的什么位置并不重要，但常见的做法是将所有公共方法放在一起。

(5) 保存 Upload.php 文件。如果需要检查代码，将其与存放在 ch18/PhpSolutions/File 文件夹中的 Upload_01.php 文件进行比较。

18.1.5 修改插入表单以处理多个表

在第 15 章中为博客文章创建的插入表单已经包含了向 blog 表中插入大部分细节信息所需的代码。与其从头开始，不如调整现有页面。按照目前的情况，页面只包含标题的文本输入字段和文章的文本输入区域。

你需要为文章类别添加一个多项选择列表，为现有图片添加一个下拉列表框。

为了防止用户在上传新图片的同时选择现有的图片，添加一个复选框和相应的 JavaScript 代码控制相关输入字段的显示。选中复选框将禁用现有图片的下拉列表框，并显示新图片和标题的输入字段。取消选中复选框将隐藏和禁用文件和标题字段，并重新启用下拉列表框。如果禁用 JavaScript，则默认隐藏上传新图片和标题的选项。

■ 注意：

为了节省空间，本章中的其余大多数PHP解决方案只对MySQLi给出了详细的说明。PDO版本的结构和PHP脚本的逻辑是相同的。唯一的区别是用于提交SQL查询和显示结果的命令。在ch18 文件夹中可以找到注释完备的PDO版本文件。

1. PHP 解决方案 18-3：添加类别和图片输入字段

解决方案 18-3 通过添加文章类别和图片的输入字段，来调整第 15 章中创建的博客记录插入表单。

(1) 在 admin 文件夹中，找到并打开在第 15 章中创建的 blog_insert_mysqli.php 文件。或者，将 ch18 文件夹中的 blog_insert_mysqli_01.php 文件复制到 admin 文件夹中并且删除文件名中的_01。

(2) 当页面第一次加载时，显示文章类别和现有图片的<select>元素需要查询数据库获取数据，因此需要将脚本中数据库连接的部分移到检查表单是否已提交的条件语句之外。注意下面用粗体突出显示的行：

```
if (isset($_POST['insert'])) {
    require_once '../includes/connection.php';
    // initialize flag
    $OK = false;
    // create database connection
    $conn = dbConnect('write');
```

将这些代码移到条件语句之外，并包含 utility_funcs.php，如下所示。

```
require_once '../includes/connection.php';
require_once '../includes/utility_funcs.php';
// create database connection
$conn = dbConnect('write');
if (isset($_POST['insert'])) {
    // initialize flag
    $OK = false;
```

(3) 页面主体中的表单需要能够上传文件，因此需要在<form>开始标记中添加 enctype 属性，如下所示。

```
<form method="post" action="blog_insert_mysqli.php" enctype="multipart/form-
data">
```

(4) 如果在尝试上传文件时发生错误，例如，文件太大或不是图片文件，插入操作将停止。使用与第 6 章相同的技术，修改现有的文本输入字段和文本区域以重新显示原有的值。文本输入字段如下所示：

```
    <input name="title" type="text" id="title" value="<?php if
(isset($error)) {
        echo safe($_POST['title']);
    } ?>">
```

文本区域如下所示：

```
<textarea name="article" id="article"><?php if (isset($error)) {
    echo safe($_POST['article']);
} ?></textarea>
```

确保在 PHP 开始和结束标记与 HTML 标记之间没有空格，否则将在文本输入字段和文本区域中添加不必要的空格。

(5) 新的表单元素位于文本区域和提交按钮之间。首先，为类别添加多选择列表框的代码，如下所示。

```
<p>
    <label for="category">Categories:</label>
    <select name="category[]" size="5" multiple id="category">
        <?php
        // get categories
        $getCats = 'SELECT cat_id, category FROM categories ORDER BY
    category';
        $categories = $conn->query($getCats);
        while ($row = $categories->fetch_assoc()) {
            ?>
            <option value="<?= $row['cat_id'] ?>" <?php
            if (isset($_POST['category']) &&
        in_array($row['cat_id'],
                $_POST['category'])) { echo 'selected';
            } ?>><?= safe($row['category']) ?></option>
        <?php } ?>
    </select>
</p>
```

为了允许选择多个值，需要在<select>标记中添加 multiple 属性，并将 size 属性设置为 5。这些值需要作为一个数组提交，因此在 name 属性后面附加了一对方括号。

SQL 语句查询 categories 表，使用一个 while 循环将从表中查出的主键和类别名填充到<option>标记中。while 循环中的条件语句将 selected 属性添加到<option>标记中，以便在插入操作失败时重新显示所选的值。

(6) 保存 blog_insert_mysqli.php 文件并将页面加载到浏览器中。表单现在应该如图 18-8 所示。

Insert New Blog Entry

Title:

Article:

Categories:
Autumn
Food
Kyoto
People
Temples

Insert New Entry

图 18-8　多选<select>列表从 categories 表中提取值

(7) 查看页面的源代码以验证每个类别的主键是否正确地嵌入每个<option>标记的 value 属性中。可以将代码与 ch18 文件夹中的 blog_insert_mysqli_02.php 文件进行比较。

(8) 接下来，创建<select>下拉列表框来显示已经在数据库中注册的图片。在第(5)步中插入的代码之后立即添加以下代码。

```
<p>
    <label for="image_id">Uploaded image:</label>
    <select name="image_id" id="image_id">
        <option value="">Select image</option>
        <?php
        // get the list of images
        $getImages = 'SELECT image_id, filename
                      FROM images ORDER BY filename';
        $images = $conn->query($getImages);
        while ($row = $images->fetch_assoc()) {
            ?>
            <option value="<?= $row['image_id'] ?>"
                <?php
                if (isset($_POST['image_id']) && $row['image_id'] ==
                    $_POST['image_id']) {
```

```
                    echo 'selected';
                }
                ?>><?= safe($row['filename']) ?></option>
        <?php } ?>
    </select>
</p>
```

这将创建另一个 SELECT 查询来获取存储在 images 表中的每幅图片的主键和文件名。你现在对这样的代码应该很熟悉了，因此不多做解释。

(9) 在前一步的代码和提交按钮之间增加复选框、文件输入字段和标题文本输入字段的代码，如下所示。

```
<p id="allowUpload">
    <input type="checkbox" name="upload_new" id="upload_new">
    <label for="upload_new">Upload new image</label>
</p>
<p class="optional">
    <label for="image">Select image:</label>
    <input type="file" name="image" id="image">
</p>
<p class="optional">
    <label for="caption">Caption:</label>
    <input name="caption" type="text" id="caption">
</p>
```

将包含复选框的<p>标记的 id 属性设置为 allowUpload，同时将其他两个<p>标记的 class 属性设置为 optional。admin.css 文件中的样式规则将这三个<p>标记的显示属性设置为 none。

(10) 保存 blog_insert_mysqli.php 文件并在浏览器中加载页面。图片的<select>下拉列表框显示在 categories 列表的下面，但是在步骤(9)中插入的三个表单元素是隐藏的。如果浏览器禁用 JavaScript，3 个<p>标记也会隐藏。用户可以选择类别和现有图片，但不能上传新图片。

如果需要，请根据 ch18 文件夹中的 blog_insert_mysqli_03.php 文件检查代码。

(11) 将 toggle_fields.js 文件从 ch18 文件夹复制到 admin 文件夹。这个文件包含以下 JavaScript 代码。

```
var cbox = document.getElementById('allowUpload');
cbox.style.display = 'block';
var uploadImage = document.getElementById('upload_new');
uploadImage.onclick = function () {
```

```
    var image_id = document.getElementById('image_id');
    var image = document.getElementById('image');
    var caption = document.getElementById('caption');
    var sel = uploadImage.checked;
    image_id.disabled = sel;
    image.parentNode.style.display = sel ? 'block' : 'none';
    caption.parentNode.style.display = sel ? 'block' : 'none';
    image.disabled = !sel;
    caption.disabled = !sel;
}
```

上述脚本使用第(8)步中插入的元素的 id 属性来控制它们的显示和隐藏。如果启用了 JavaScript，那么在页面加载时将自动显示复选框，但是隐藏文件输入字段和标题文本输入字段。如果选中复选框，则禁用现有图片的下拉列表框，并显示隐藏的元素。如果复选框随后被取消选中，则重新启用现有图片的下拉列表框，并再次隐藏文件输入字段和标题字段。

(12) 通过在</body>结束标记之前添加<script>标记，将 toggle_fields.js 文件中的脚本链接到 blog_insert_mysqli.php 文件中，如下所示。

```
</form>
<script src="toggle_fields.js"></script>
</body>
```

在页面底部添加 JavaScript 代码可以加速页面的下载和显示。但如果把 toggle_fields.js 中的代码添加到<head>部分，它将不能正常工作。

(13) 保存 blog_insert_mysqli.php 文件并在浏览器中加载页面。在支持 JavaScript 的浏览器中，复选框应该显示在<select>下拉列表框和 Submit 按钮之间。选中复选框以禁用下拉列表框并显示隐藏字段，如图 18-9 所示。

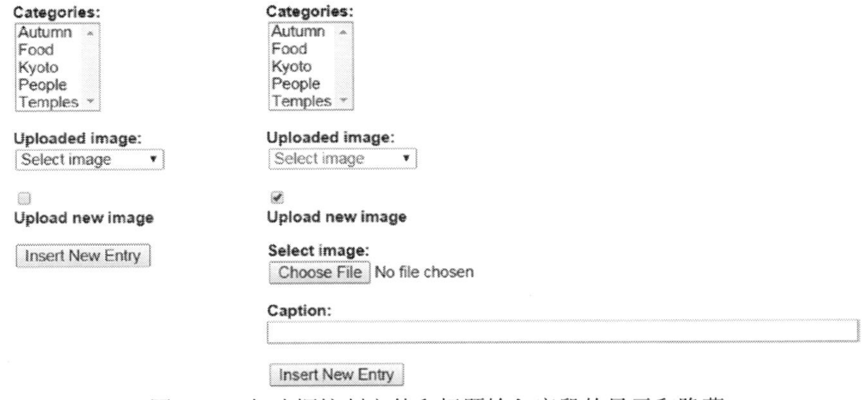

图 18-9　复选框控制文件和标题输入字段的显示和隐藏

(14) 如果取消选中复选框，则隐藏文件和标题输入字段，并重新启用下拉列表框。如果需要，可以对照 ch18 文件夹中的 blog_insert_mysqli_04.php 和 toggle_fields.js 文件来检查代码。

笔者使用 JavaScript 而不是 PHP 来控制文件和标题输入字段的显示，由于 PHP 是一种服务器端语言。在 PHP 引擎将输出发送到浏览器之后，除非再向 Web 服务器发送另一个请求，否则它将不再与页面交互。另一方面，JavaScript 在浏览器中工作，因此它能够在本地操作页面的内容。JavaScript 还可以与 PHP 一起用于向后台的 Web 服务器发送请求，它可以使用结果刷新页面的一部分，而不必重新加载它——这种技术称为 Ajax，讨论 Ajax 超出了本书的范围。

更新后的插入表单现在包含类别和图片的输入字段，但是处理脚本仍然只处理标题的文本输入字段和博客记录的文本区域。

2. PHP 解决方案 18-4：将数据插入多个表

PHP 解决方案 18-4 采用 blog_insert_mysqli.php 文件中现有的脚本来上传一个新图片(如果需要的话)，然后按照图 18-6 中的决策链将数据插入图片、博客和交叉引用表 article2cat 中。假设你已经创建了 article2cat 交叉引用表并完成了 PHP 解决方案 18-2 和 18-3。

不要试图匆匆读完这一节。代码很长，但它将你以前学到的许多技术结合在一起。

■ **注意：**

如果你正在使用PDO，那么在这个解决方案之后有一个单独的部分描述了代码中的主要区别。

---

(1) 在 PHP 解决方案 18-2 中更新的 Upload 类使用了命名空间，因此需要在脚本的顶层导入该命名空间。在 blog_insert_mysqli.php 开头的 PHP 开始标记之后立即添加如下代码。

```
use PhpSolutions\File\Upload;
```

(2) 初始化准备好的语句之后，立即插入下面的条件语句来处理上传或选中的图片。

```
// initialize prepared statement
$stmt = $conn->stmt_init();

// if a file has been uploaded, process it
if(isset($_POST['upload_new']) && $_FILES['image']['error'] == 0) {
    $imageOK = false;
    require_once '../PhpSolutions/File/Upload.php';
```

```
        $loader = new Upload('../images/');
        $loader->upload('image');
        $names = $loader->getFilenames();
        // $names will be an empty array if the upload failed
        if ($names) {
            $sql = 'INSERT INTO images (filename, caption) VALUES (?, ?)';
            if ($stmt->prepare($sql)) {
                $stmt->bind_param('ss', $names[0], $_POST['caption']);
                $stmt->execute();
                $imageOK = $stmt->affected_rows;
            }
        }
        // get the image's primary key or find out what went wrong
        if ($imageOK) {
            $image_id = $stmt->insert_id;
        } else {
            $imageError = implode(' ', $loader->getMessages());
        }
    } elseif (!empty($_POST['image_id'])) {
        // get the primary key of a previously uploaded image
        $image_id = $_POST['image_id'];
    }
    // create SQL
    $sql = 'INSERT INTO blog (title, article) VALUES(?, ?)';
```

首先检查$_POST['upload_new']元素是否已设置。如第 6 章所述，复选框在被选中的情况下会包含在$_POST 变量的数组中。因此，如果复选框没有被选中，那么条件检测失败，转而检查页面底部的 elseif 子句。elseif 子句检查是否存在$_POST['image_id']元素，如果存在并且非空，则意味着从下拉列表框中选择了一个现有的图片，将该元素的值分配给$image_id 变量。

如果两个测试都失败，表示既没有上传新图片也没有从下拉列表框中选择已有的图片。稍后的脚本在准备为 blog 表构建插入语句时考虑了这一点，允许创建没有图片的博客记录。

但是，如果$_POST['upload_new']元素存在，则意味着复选框被选中，并且可能已经上传了一张图片。为了确保这一点，条件语句还检查了$_FILES['image']['error']元素的值。正如第 9 章所述，错误代码 0 表示上传成功。任何其他错误代码意味着上传失败或没有选择文件。

假设已经成功地从表单上传了一个文件，那么条件语句中的代码将创建一个

Upload 类的对象并将其分配给$loader 变量，将目标文件夹设置为 images 目录。然后调用 upload()方法，将文件输入字段的名称传递给该方法，以处理文件上传并将其存储在 images 文件夹中。为了避免代码复杂化，笔者使用了默认的最大尺寸和 MIME 类型。

在 PHP 解决方案 18-2 中对 Upload 类所做的更改是仅当上传文件成功移动到目标文件夹时，才将上传文件的名称分配给$filenames 属性。getFilenames()方法检索$filenames 属性的内容并将结果赋给变量$names。

如果移动文件成功，文件的文件名将存储在$names 数组的第一个元素中。因此，如果$names 数组包含一个值，就可以安全地处理 INSERT 语句，它将$names[0]和$_POST['caption']元素的值作为字符串绑定到准备好的语句。

执行语句之后，affected_rows 属性值会重置$imageOK 变量的值。如果 INSERT 语句执行成功，则$imageOK 变量的值为 1，在 PHP 中被视为 true。

如果已将图片细节信息插入 images 表中，则使用准备好的语句中的 insert_id 属性检索新记录的主键，并将其存储在变量$image_id 中。必须在运行任何其他 SQL 查询之前读取 insert_id 属性，因为它包含了最新的查询获取的主键信息。

但是，如果变量$imageOK 的值仍然是 false，则 else 块调用上传对象的 getMessages()方法，并将结果赋值给变量$imageError。getMessages()方法返回一个数组，因此使用 implode()函数将数组元素连接为单个字符串。上传失败最可能的原因是文件太大或 MIME 类型错误。

(3) 只要图片上传没有失败，下一个步骤就是将博客记录插入 blog 表。INSERT 查询的形式取决于是否有图片与该博客记录相关联。如果有，则变量$image_id 应该存在，并且需要作为外键插入 blog 表中。否则，可以使用原来的 INSERT 查询。

按如下所示修改原始查询：

```
// insert blog details only if there hasn't been an image upload error
if (!isset($imageError)) {
    // if $image_id has been set, insert it as a foreign key
    if (isset($image_id)) {
        $sql = 'INSERT INTO blog (image_id, title, article)
    VALUES(?, ?, ?)';
        if ($stmt->prepare($sql)) {
            $stmt->bind_param('iss', $image_id, $_POST['title'],
            $_POST['article']);
            $stmt->execute();
        }
    } else {
        // create SQL
        $sql = 'INSERT INTO blog (title, article)
                VALUES(?, ?)';
```

```
        if ($stmt->prepare($sql)) {
            // bind parameters and execute statement
            $stmt->bind_param('ss', $_POST['title'],
        $_POST['article']);
            $stmt->execute();
        }
    }
    if ($stmt->affected_rows > 0) {
        $OK = true;
    }
}
```

这段代码被封装在一个条件语句中，该条件语句检查变量$imageError 是否存在。如果存在，插入新的博客记录就没有意义了，因此整个代码块将被忽略。

但是，如果变量$imageError 不存在，嵌套的条件语句将根据变量$image_id 是否存在，然后执行准备好的 INSERT 语句来准备不同的 INSERT 查询。

检查 affected_rows 属性的条件语句被移出 else 代码块，这样任何一个 INSERT 查询执行结束后都可以查询该属性的值。

(4) 下一阶段将向 article2cat 交叉引用表中插入值。代码紧跟在前一步骤的代码之后，如下所示。

```
// if the blog entry was inserted successfully, check for categories
if ($OK && isset($_POST['category'])) {
    // get the article's primary key
    $article_id = $stmt->insert_id;
    foreach ($_POST['category'] as $cat_id) {
        if (is_numeric($cat_id)) {
            $values[] = "($article_id, " . (int) $cat_id . ')';
        }
    }
    if ($values) {
        $sql = 'INSERT INTO article2cat (article_id, cat_id)
                VALUES ' . implode(',', $values);
        // execute the query and get error message if it fails
        if (!$conn->query($sql)) {
            $catError = $conn->error;
        }
    }
}
```

$OK 变量的值由向 blog 表中插入数据的语句对象的 affected_rows 属性确定，并且仅当选择了任一类别时，多选<select>列表才会包含在$_POST 数组中。因此，仅当数据已成功插入 blog 表中并且在表单中选择了至少一个类别时，此代码块才运行。首先，从准备好的语句的 insert_id 属性获取插入操作生成的主键，并将其分配给变量$article_id。

表单将所有类别值作为数组提交。foreach 循环检查$_POST['category']元素中的每个值。如果值是数字，则执行以下代码。

```
$values[] = "($article_id, " . (int) $cat_id . ')';
```

这将创建一个包含$article_id 和$cat_id 主键的字符串，主键之间用逗号分隔，并用一对圆括号括起来。(int)类型转换操作符确保变量$cat_id 是一个整数，结果被分配给一个名为$values 的数组。举个例子，如果变量$article_id 的值是 10，变量$cat_id 的值是 4，那么分配给数组的结果字符串是(10,4)。

如果$values 包含任何元素，函数 implode()将其转换为逗号分隔的字符串并将其附加到 SQL 查询中。例如，如果选择了类别 2、4 和 5，生成的结果查询语句如下所示。

```
INSERT INTO article2cat (article_id, cat_id)
VALUES (10, 2),(10, 4),(10, 5)
```

正如在第 15 章的 15.2.2 节“INSERT 命令”中解释的那样，可以通过一条 INSERT 查询插入多行数据。

因为$article_id 来自一个可靠的数据源，并且$cat_id 的数据类型已经被检查过，所以不使用准备好的语句而直接在 SQL 查询中使用这些变量是安全的。查询是使用 query()方法执行的，如果失败，连接对象的错误消息将存储在变量$catError 中。

(5) 代码的最后一部分根据成功消息和错误消息处理重定向。修改后的代码如下：

```
// redirect if successful or display error
if ($OK && !isset($imageError) && !isset($catError)) {
    header('Location:
http://localhost/phpsols-4e/admin/blog_list_mysqli.php');
    exit;
} else {
    $error = $stmt->error;
    if (isset($imageError)) {
        $error .= ' ' . $imageError;
    }
    if (isset($catError)) {
        $error .= ' ' . $catError;
    }
}
```

现在，控制重定向的条件需要确认$imageError 和$catError 变量均不存在。如果某个变量存在，则将该变量的值拼接到已有错误信息$error 变量的后面，而已有错误信息包含来自准备好的语句对象的任何错误消息。

(6) 保存 blog_insert_mysqli.php 文件并在浏览器中对其进行测试。尝试上传过大的图片或 MIME 类型错误的文件。表单应刷新并显示一条错误消息，但会保留博客的详细信息。另外，尝试插入带有或不带有图片和/或类别的博客记录。现在，多用途的表单已开发完成。

如果没有合适的图片上传，可以使用 phpsols-4e/images 文件夹中的图片。如果上传的文件和已上传的文件重名，Upload 类会重命名上传文件以避免覆盖现有文件。

可以根据 ch18 文件夹中的 blog_insert_mysqli_05.php 文件检查代码。

3. PDO 版本中的主要区别

可以在 ch18 文件夹中的 blog_insert_pdo_05.php 文件中找到最终的 PDO 版本。它遵循与 MySQLi 版本相同的基本结构和逻辑，但是在向数据库插入数据的方式上有一些重要的区别。

步骤(2)中的代码严格遵循 MySQLi 版本的结构和逻辑，但是使用命名占位符而不使用匿名占位符。为了获取受影响的行数，PDO 调用语句对象的 rowCount()方法。最近一次插入操作生成的主键值是使用数据库连接对象上的 lastInsertId()方法获得的。与 MySQLi 的 insert_id 属性一样，需要在执行 INSERT 语句之后立即调用该方法。

最大的变化是步骤(3)中的代码，它将细节信息插入博客表。因为 PDO 可以使用 bindValue()方法将 null 值插入列中，所以只需要一条准备好的语句就可以。步骤(3)的 PDO 代码如下：

```
// insert blog details only if there hasn't been an image upload error
if (!isset($imageError)) {
    // create SQL
    $sql = 'INSERT INTO blog (image_id, title, article)
            VALUES(:image_id, :title, :article)';
    // prepare the statement
    $stmt = $conn->prepare($sql);
    // bind the parameters
    // if $image_id exists, use it
    if (isset($image_id)) {
        $stmt->bindParam(':image_id', $image_id, PDO::PARAM_INT);
    } else {
        // set image_id to NULL
        $stmt->bindValue(':image_id', NULL, PDO::PARAM_NULL);
```

```
    }
    $stmt->bindParam(':title', $_POST['title'], PDO::PARAM_STR);
    $stmt->bindParam(':article', $_POST['article'], PDO::PARAM_STR);
    // execute and get number of affected rows
    $stmt->execute();
    $OK = $stmt->rowCount();
}
```

如果已上传图片，则上面以粗体突出显示的条件语句将$image_id 变量的值绑定到命名占位符 image_id 上。但如果没有上传任何图片，则 bindValue()方法将该命名占位符设置为 NULL。

在步骤(4)中，PDO 版本使用 exec()方法而不是 query()方法将值插入 article2cat 表。exec()方法执行一个 SQL 查询并返回受影响的行数，因此在不需要使用准备好的语句对象时，exec()方法应该与 INSERT、UPDATE 和 DELETE 语句一起使用。

另一个重要的区别在于，如果出现问题，构建错误消息的代码不同。因为在 PDO 中创建和准备语句对象只需要一个步骤，所以，如果出现了问题，语句对象可能并不存在。因此，在尝试调用语句对象的 errorInfo()方法之前，需要检查语句对象是否存在。如果没有语句对象，则代码会从数据库连接对象获取错误消息。另外还需要将变量$error 初始化为空字符串，以便拼接各种消息，如下所示。

```
// redirect if successful or display error
if ($OK && !isset($imageError) && !isset($catError)) {
    header('Location: http://localhost/phpsols-4e/admin/blog_
list_pdo.php');
    exit;
} else {
    $error = '';
    if (isset($stmt)) {
        $error .= $stmt->errorInfo()[2];
    } else {
        $error .= $conn->errorInfo()[2];
    }
    if (isset($imageError)) {
        $error .= ' ' . $imageError;
    }
    if (isset($catError)) {
        $error .= ' ' . $catError;
    }
}
```

18.2 更新和删除多个表中的记录

添加 categories 和 article2cat 表之后，第 17 章中的 PHP 解决方案 17-2 和 17-3 中对 blog_update_mysqli.php 和 blog_update_pdo.php 文件的修改将不再能处理 phpsols 数据库中的外键关系。除了修改更新表单之外，还需要创建删除记录且不会破坏数据库引用完整性的脚本。

18.2.1 更新交叉引用表中的记录

交叉引用表中的每条记录只包含复合主键。通常，这些主键不应该被改变。此外，它们必须是独一无二的。这给更新 article2cat 表带来了一个问题。如果在更新博客记录时不更改所选的类别，则不需要更新交叉引用表。但是，如果类别发生了改变，则需要确定要删除哪些交叉引用以及要插入哪些新的交叉引用。

一个简单的解决方案是删除所有现有的交叉引用关系并重新插入所选的类别，而不是纠结于是否有任何交叉引用关系进行了更改。如果没有进行任何更改，则只需要再次插入相同的交叉引用关系。

PHP 解决方案 18-5：向更新表单添加类别

PHP 解决方案 18-5 修改了 PHP 解决方案 17-2 中的 blog_update_mysqli.php 文件，允许更新与博客记录相关的类别。为了保持代码结构简单，对博客记录的关联图片唯一可以进行的更改是选择一个现有的不同图片或根本不选择图片。

(1) 继续使用 PHP 解决方案 17-2 中的 blog_update_mysqli.php 文件。或者，将 cha18 文件夹中的 blog_update_mysqli_04.php 复制到 admin 文件夹中，并命名为 blog_update_mysqli.php。

(2) 当页面第一次加载时，需要运行另一个查询来获取与博客记录关联的类别信息。将以下高亮显示的代码添加到获取所选记录详细信息的条件语句中。

```
$stmt->free_result();
// get categories associated with the article
$sql = 'SELECT cat_id FROM article2cat
        WHERE article_id = ?';
if ($stmt->prepare($sql)) {
    $stmt->bind_param('i', $_GET['article_id']);
    $OK = $stmt->execute();
    $stmt->bind_result($cat_id);
    // loop through the results to store them in an array
    $selected_categories = [];
    while ($stmt->fetch()) {
        $selected_categories[] = $cat_id;
```

```
        }
    }
```

查询语句从交叉引用表中选择与所选博客记录的主键匹配的所有记录中的 cat_id，并将结果绑定到变量$cat_id，接着通过 while 循环将这些值提取到一个名为$selected_categories 的数组中。

(3) 在 HTML 页面的主体中，在文本区域和显示图片列表的<select>下拉列表框之间添加一个多选<select>列表。使用另一个 SQL 语句填充这个列表，如下所示。

```
<p>
    <label for="category">Categories:</label>
    <select name="category[]" size="5" multiple id="category">
        <?php
        // get categories
        $getCats = 'SELECT cat_id, category FROM categories
                    ORDER BY category';
        $categories = $conn->query($getCats);
        while ($row = $categories->fetch_assoc()) {
            ?>
            <option value="<?= $row['cat_id'] ?>" <?php
            if (isset($selected_categories) &&
                in_array($row['cat_id'], $selected_categories)) {
                echo 'selected';
            } ?>><?= safe($row['category']) ?></option>
        <?php } ?>
    </select>
</p>
```

while 循环通过在<option>标记的 value 属性中插入 cat_id，并在开始和结束标记之间显示类别来构建每个<option>标记。如果 cat_id 在$selected_categories 数组中，则 selected 标记被插入<option>标记中。这将选中那些已经与博客记录有关联的类别。

(4) 保存 blog_update_mysqli.php 文件并选择 blog_list_mysqli.php 页面中的某个 EDIT 链接，以确保多选列表中填充了类别记录。如果在 PHP 解决方案 18-4 中插入一条新记录，则与该记录关联的类别应该处于选中状态，如图 18-10 所示。

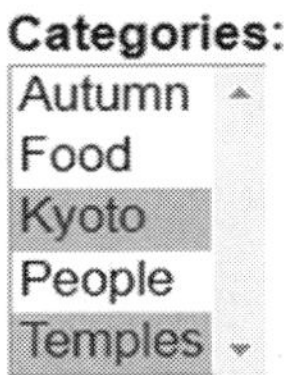

图 18-10 屏幕截图

如果需要，可以对照 ch18 文件夹中的 blog_update_mysqli_05.php 文件和 blog_update_pdo_05.php 文件(PDO 版本)来检查代码。

(5) 接下来，需要编辑提交表单时更新记录的代码部分。新代码首先删除交叉引用表中的与 article_id 匹配的所有记录，然后插入更新表单中选择的值。内联注释则指出为了节省空间而省略了现有代码的位置。

```
// if form has been submitted, update record
if (isset($_POST ['update'])) {
    // prepare update query
    if (!empty($_POST['image_id'])) {
        // existing code omitted
    } else {
        // existing code omitted
            $done = $stmt->execute();
        }
    }
    // delete existing values in the cross-reference table
    $sql = 'DELETE FROM article2cat WHERE article_id = ?';
    if ($stmt->prepare($sql)) {
        $stmt->bind_param('i', $_POST['article_id']);
        $done = $stmt->execute();
    }
    // insert the new values in articles2cat
    if (isset($_POST['category']) && is_numeric($_POST['article_id'])) {
        $article_id = (int) $_POST['article_id'];
        foreach ($_POST['category'] as $cat_id) {
            $values[] = "($article_id, " . (int) $cat_id . ')';
        }
        if ($values) {
            $sql = 'INSERT INTO article2cat (article_id, cat_id)
                    VALUES ' . implode(',', $values);
            $done = $conn->query($sql);
```

```
            }
        }
    }
```

将更新表单中选中的值插入交叉引用表的代码与 PHP 解决方案 18-4 中步骤(4)的代码相同。需要注意的关键点是这里使用的是 INSERT，而不是 UPDATE。原有记录已被删除，因此需要重新添加所有记录。

(6) 保存 blog_update_mysqli.php 文件并通过更新 blog 表中的现有记录来测试这段代码。如果需要，可以对照 ch18 文件夹中的 blog_update_mysqli_06.php 文件和 blog_update_pdo_06.php 文件(PDO 版本)来检查代码。

18.2.2 将多个查询视为事务中的一个块

前面的 PHP 解决方案非常依赖于对数据库的信任。更新过程包括 3 个独立的查询：更新 blog 表、删除 article2cat 表中的交叉引用和插入新交叉引用。如果其中任何一个步骤失败，变量$done 将被设置为 false；但是，如果后续操作成功，这个变量又将被重置为 true。这样一来整个操作很容易以只进行了部分更新而告终，但除非是整个操作序列的最后一部分失败，否则你根本不能准确掌握发生错误的原因。

一个可能的解决方案是运行一系列条件语句，用以防止在前面的操作失败时进一步执行后面的操作。问题是这样的方案仍然以部分更新结束。当在多个表中更新有关联的记录时，需要将整个操作序列视为一个块，如果一个部分失败，则整个序列失败。只有当更新序列的所有部分都成功时，才会真正处理更新序列。将多个操作视为一个统一块在 SQL 中称为事务。在 MySQLi 和 PDO 中实现事务都很简单。

注意：
要在MySQL和MariaDB中使用事务，必须使用InnoDB存储引擎。

---

1. 在 MySQLi 中使用事务

默认情况下，MySQL 和 MariaDB 在自动提交模式下工作。换句话说，SQL 查询是立即执行的。要使用事务，需要关闭自动提交模式，然后在数据库连接对象上调用 begin_transaction()方法(假设$conn 是数据库连接)，如下所示。

```
$conn->autocommit(false);
$conn->begin_transaction();
```

然后正常运行 SQL 查询序列，根据查询是否成功执行，将结果变量设置为 true 或 false。如果检测到任何错误，可以在序列结束时将所有表回滚到初始状态。如果没有发生错误，将多个操作序列作为一个块进行提交，作为事务进行处理，如下所示。

```
if ($trans_error) {
    $conn->rollback();
} else {
    $conn->commit();
}
```

2. 在 PDO 中使用事务

PDO 默认也在自动提交模式下工作，在数据库连接对象上调用 beginTransaction()方法将关闭自动提交模式。与使用变量来跟踪单个查询的处理结果是否成功的方法不同，PDO 采用了更简洁的处理方式，在遇到问题时立即抛出异常，然后在异常处理的 catch 块中将表回滚到初始状态。基本结构如下。

```
// set PDO to throw an exception when it encounters a problem
$conn->setAttribute(PDO::ATTR_ERRMODE, PDO::ERRMODE_EXCEPTION);
try {
    $conn->beginTransaction();
    // run sequence of SQL queries
    // commit the transaction if no problems have been encountered
    $done = $conn->commit();
    // catch the exception if there's a problem
} catch (Exception $e) {
    // roll back to the original state and get the errormessage
    $conn->rollBack();
    $trans_error = $e->getMessage();
}
```

▒ **注意：**

PHP中的函数和方法名是大小写不敏感的，因此对于MySQLi和PDO来说，rollBack()和 rollback()都是可以接受的。然而，begin_transaction()(MySQLi) 和 beginTransaction()(PDO)之间有一个细微的区别，PDO方法没有下画线。

---

3. PHP 解决方案 18-6：将表转换为 InnoDB 存储引擎

PHP 解决方案 18-6 展示如何将一个表从 MyISAM 转换为 InnoDB。如果计划将表上传到远程服务器，那么服务器必须也支持 InnoDB(参见 PHP 解决方案 18-1)。

(1) 在 phpMyAdmin 中选择 phpsols 数据库，然后选择 article2cat 表。

(2) 单击屏幕右上角的 Operations 选项卡。

(3) 在 Table options 区域，Storage Engine 字段指示表当前使用的存储引擎。如果当前使用的是 MyISAM，则从下拉列表框中选择 InnoDB，如图 18-11 所示。

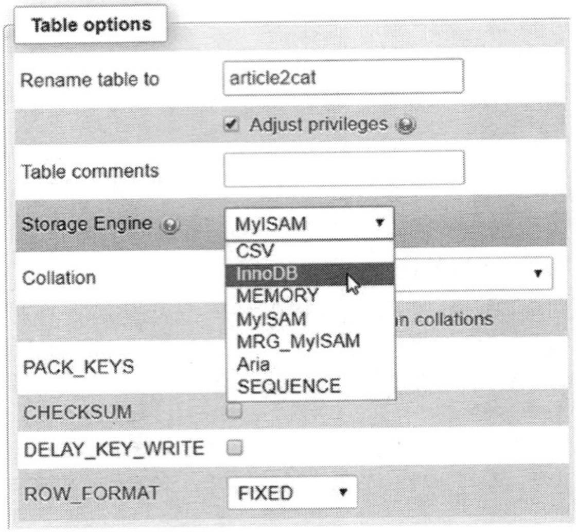

图 18-11　在 phpMyAdmin 中更改表的存储引擎非常简单

(4) 单击 Go 按钮。改变存储引擎就是这么简单！

■ **注意：**
每个表都需要单独转换。不能在单个操作中更改一个数据库中的所有表。

---

4. PHP 解决方案 18-7：在事务中封装更新序列(MySQLi)

PHP 解决方案 18-7 通过以下方法改进 blog_update_mysqli.php 文件中的脚本：在事务中封装更新 blog 和 article2cat 表的 SQL 查询序列，如果序列的任何部分失败，就将数据库回滚到初始状态。

(1) 如有必要，按照前面的解决方案所述，将 blog 和 article2cat 表的存储引擎转换为 InnoDB。

(2) 继续使用 PHP 解决方案 18-5 中的 blog_update_mysqli.php 和 blog_list_mysqli.php 文件。另外，将 ch18 文件夹中的 blog_update_mysqli_06.php 和 blog_list_mysqli_04.php 文件复制到 phpsols-4e 网站根目录下的 admin 文件夹中，并从文件名中删除数字及其前面的下画线。

(3) 在 blog_update_mysqli.php 文件的顶部初始化一个空数组来存储错误消息。

```
$trans_error = [];
```

(4) 关闭自动提交模式，并在运行更新语句序列的条件语句的开始处启动事务，如下所示。

```
// if form has been submitted, update record
if (isset($_POST ['update'])) {
```

```
// set autocommit to off
$conn->autocommit(false);
$conn->begin_transaction();
// prepare update query
```

(5) 在更新 blog 表的查询之后，添加一个条件语句，以便在查询失败时将任何错误消息添加到$trans_error 数组中。为了节省篇幅，一些现有的代码在展示时被省略了，如下所示。

```
if (!empty($_POST['image_id'])) {
    // existing code omitted
        $done = $stmt->execute();
    }
} else {
    // existing code omitted
        $done = $stmt->execute();
    }
}
if (!$done) {
    $trans_error[] = $stmt->error;
}
```

(6) 添加类似的条件语句用以捕获删除交叉引用表中现有记录时产生的任何错误消息。

```
// delete existing values in the cross-reference table
$sql = 'DELETE FROM article2cat WHERE article_id = ?';
if ($stmt->prepare($sql)) {
    $stmt->bind_param('i', $_POST['article_id']);
    $done = $stmt->execute();
    if (!$done) {
        $trans_error[] = $stmt->error;
    }
}
```

(7) 用来捕获向 article2cat 表中插入更新后的记录时产生的任何错误消息的代码与之前的代码稍有不同，因为它使用 query()方法而不是准备好的语句。需要访问数据库连接对象的 error 属性，而不是准备好的语句对象的错误属性，如下所示。

```
if ($values) {
    $sql = 'INSERT INTO article2cat (article_id, cat_id)
```

```
            VALUES ' . implode(',', $values);
    $done = $conn->query($sql);
    if (!$done) {
        $trans_error[] = $conn->error;
    }
}
```

(8) 在查询序列之后，使用条件语句回滚或提交事务(当单击 Update 按钮时，将运行这个条件语句中的代码)，如下所示。

```
if ($trans_error) {
    $conn->rollback();
    $done = false;
} else {
    $conn->commit();
}
```

如果变量$trans_error 包含任何错误消息，则有必要将变量$done 显式地设置为 false。这是因为任何在事务外部成功执行的查询都会导致将变量$done 设置为 true。

(9) 需要修改重定向页面的条件语句来处理事务。添加如下以粗体突出显示的新代码。

```
// redirect page after updating or if $_GET['article_id']) not defined
if (($done || $trans_error) || (!$_POST
&& !isset($_GET['article_id']))) {
    $url = 'http://localhost/phpsols-4e/admin/blog_list_mysqli.php';
    if ($done) {
        $url .= '?updated=true';
    } elseif ($trans_error) {
        $url .= '?trans_error=' . serialize($trans_error);
    }
    header("Location: $url");
    exit;
}
```

新增的代码通过括号对这些条件进行分组，以确保正确地解释它们。第一对括号中的条件检查变量$done 或$trans_error 是否为 true。最后的条件则更具体地检查$_POST 数组是否为空。这是必要的，因为在单击更新按钮之后条件!isset($_GET['article_id'])总是为 true。

如果变量$trans_error 包含有任何错误消息，它就等同于 true，因此在重定向位置之后添加一个查询字符串。因为$trans_error 是一个数组，所以在将其拼接到查询字符串之前，需要将其传递给 serialize()函数。这个函数将数组转换为可以转换回初始格式的字符串。

(10) 最后一处修改是在 blog_list_mysqli.php 文件中表上面的 PHP 块中。如果更新失败，将显示错误消息，修改的代码以粗体突出显示。

```
if (isset($_GET['updated'])) {
   echo '<p>Record updated</p>';
} elseif (isset($_GET['trans_error'])) {
    $trans_error = unserialize($_GET['trans_error']);
    echo "<p>Can't update record because of the following error(s):</p>";
    echo '<ul>';
    foreach ($trans_error as $item) {
       echo '<li>' . safe($item) . '</li>';
    }
    echo '</ul>';
}
```

unserialize()函数反转 serialize()函数的效果，将错误消息转换回一个数组，然后在 foreach 循环中显示该数组的内容。

(11) 保存 blog_update_mysqli.php 和 blog_list_mysqli.php 文件，并且更新一条现有记录。脚本应该和以前一样工作。

(12) 在 blog_update_mysqli.php 文件的 SQL 中引入一些故意为之的错误，然后再次测试它。这一次，当从更新页面返回到 blog_list_mysqli.php 页面时，应该会看到类似于图 18-12 的一系列错误消息。

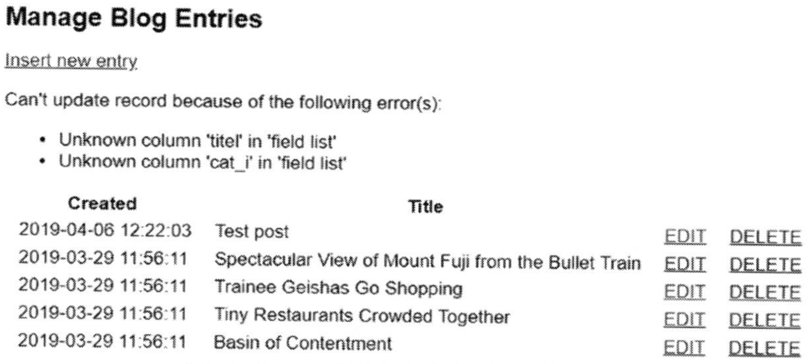

Manage Blog Entries

Insert new entry

Can't update record because of the following error(s):

- Unknown column 'titel' in 'field list'
- Unknown column 'cat_i' in 'field list'

Created	Title		
2019-04-06 12:22:03	Test post	EDIT	DELETE
2019-03-29 11:56:11	Spectacular View of Mount Fuji from the Bullet Train	EDIT	DELETE
2019-03-29 11:56:11	Trainee Geishas Go Shopping	EDIT	DELETE
2019-03-29 11:56:11	Tiny Restaurants Crowded Together	EDIT	DELETE
2019-03-29 11:56:11	Basin of Contentment	EDIT	DELETE

图 18-12 由于列名中的错误，更新失败

(13) 单击刚刚尝试更新的记录的 EDIT 链接，并验证所有值都没有更改。可以对照 ch18 文件夹中的 blog_update_mysqli_07.php 和 blog_list_mysqli_05.php 文件来检查代码。

5. PHP 解决方案 18-8：在事务中封装更新序列(PDO)

PHP 解决方案 18-8 通过以下方法改进 blog_update_pdo.php 文件中的脚本：在事务中封装更新 blog 和 article2cat 表的 SQL 查询序列，如果序列的任何部分失败，则将数据库回滚到初始状态。

(1) 如有必要，按照 PHP 解决方案 18-6 所述，将 blog 和 article2cat 表的存储引擎转换为 InnoDB。

(2) 继续使用 PHP 解决方案 18-5 中的 blog_update_pdo.php 和 blog_list_pdo.php 文件。或者，将 ch18 文件夹中的 blog_update_pdo_06.php 和 blog_list_pdo_04.php 文件复制到 phpsols-4e 网站的根目录中的 admin 文件夹中，并从文件名中删除这些数字及其前面的下画线。

(3) 在页面顶部初始化一个变量来跟踪事务，并将其值设置为 false。

```
$trans_error = false;
```

(4) 在运行更新 blog 和 article2cat 表的查询序列的条件语句中，将 PDO 设置为遇到问题时抛出异常，如下所示。

```
if (isset($_POST['update'])) {
    $conn->setAttribute(PDO::ATTR_ERRMODE, PDO::ERRMODE_EXCEPTION);
    // prepare update query
    $sql = 'UPDATE blog SET image_id = ?, title = ?, article = ?
            WHERE article_id = ?';
```

(5) 将所有运行更新查询的代码封装在 try/catch 块中，并在 try 语句块的开头启动事务，如下所示。

```
$conn->setAttribute(PDO::ATTR_ERRMODE, PDO::ERRMODE_EXCEPTION);
try {
    $conn->beginTransaction();
    // prepare update query
    // other database queries omitted
} catch (Exception $e) {
    $conn->rollBack();
    $trans_error = $e->getMessage();
}
```

(6) 在现有代码中，执行每个查询的返回值被设置到变量$done 中。没有必要再这样做，因为我们正在使用事务。我们将使用变量$done 作为成功提交事务的返回值。找到代码中的以下几行(它们在源代码中第 53、57 和 69 行附近)：

```
$done = $stmt->execute();
```

```
$done = $stmt->execute([$_POST['article_id']]);
$done = $conn->exec($sql);
```

将其修改为：

```
$stmt->execute();
$stmt->execute([$_POST['article_id']]);
$conn->exec($sql);
```

(7) 在 catch 块之前，立即添加以下粗体代码以提交事务。

```
    $done = $conn->commit();
} catch (Exception $e) {
    $conn->rollBack();
    $trans_error = $e->getMessage();
}
```

(8) 需要修改重定向页面的条件语句来处理事务。添加以下粗体显示的新代码：

```
// redirect page after updating or if $_GET['article_id'] not defined
if (($done || $trans_error) || (!$_POST
&& !isset($_GET['article_id']))) {
    $url = 'http://localhost/phpsols-4e/admin/blog_list_pdo.php';
    if ($done) {
        $url .= '?updated=true';
    } elseif ($trans_error) {
        $url .= "?trans_error=$trans_error";
    }
    header("Location: $url");
    exit;
}
```

新添的代码通过括号对这些条件进行分组，以确保正确地解释它们。第一对括号中的条件检查变量$done 或$trans_error 是否为 true。最后的条件则更具体地检查$_POST 数组是否为空。这是必要的，因为在单击更新按钮之后条件!isset($_GET['article_id'])总是为 true。

如果变量$trans_error 包含任何错误消息，它就等同于 true，因此在重定向位置之后添加一个查询字符串。

(9) 最后一个更改是在 blog_list_pdo.php 文件中的表上面的 PHP 块中。添加以下粗体代码，如果更新失败，将显示错误消息，如下所示。

```
if (isset($_GET['updated'])) {
```

```
    echo '<p>Record updated</p>';
} elseif (isset($_GET['trans_error'])) {
    echo "Can't update record because of the following error: ";
    echo safe($_GET['trans_error']) . '</p>';
}
```

一旦遇到错误，PDO 就会抛出异常，因此，即使有多个错误，也只有一条错误消息。

(10) 保存 blog_update_pdo.php 和 blog_list_pdo.php 文件，并且更新一条现有的记录。脚本应该和以前一样工作。

(11) 在 blog_update_pdo.php 文件中的某个更新查询中引入一个故意的错误，然后再次测试它。这一次，当从更新页面返回到 blog_list_pdo.php 页面时，将看到错误消息。

(12) 单击刚刚尝试更新的记录的 EDIT 链接，并验证所有值都没有更改。可以对照 ch18 文件夹中的 blog_update_pdo_07.php 和 blog_list_pdo_05.php 文件来检查代码。

■ **提示：**

对只有满足某些条件才处理一系列查询的情况，事务将发挥非常重要的作用。例如，在一个金融数据库中，只有在有足够的资金时才应该进行资金转移。

18.2.3 在删除记录时保留引用完整性

在 PHP 解决方案 18-5 中，在删除交叉引用表中的记录时不需要担心引用完整性，因为每条记录中存储的值都是外键。每条记录都简单地指向存储在 blog 和 categories 表中的主键。参见本章开头部分的图 18-1，从交叉引用表中删除 article_id 字段为 2 和 cat_id 字段为 1 组合的记录只是中断了标题为“Trainee Geishas Go Shopping”的文章和 Kyoto 类别之间的联系，文章和类别本身都不受影响，它们都保留在各自的表中。

如果决定删除文章或类别，情况就完全不同了。如果从 blog 表中删除了“Trainee Geishas Go Shopping”的文章，所有对 article_id 字段为 2 的引用也必须从交叉引用表中删除。类似地，如果删除 Kyoto 类别，则必须从交叉引用表中删除对 cat_id 字段为 1 的所有引用。另外，如果某条记录的主键作为其他表的外键存储在其他地方，则必须停止删除。

实现这一目标的最佳途径是建立外键限制。为此，关联表必须使用 InnoDB 存储引擎。如果使用 MySQL 或 MariaDB 5.5 或更高版本，InnoDB 引擎是默认选项。而且本书附带的所有.sql 文件都选择了 InnoDB 引擎。然而，如果已有通过 MyISAM 存储引擎创建的表，则需要在建立外键约束之前对表的存储引擎进行转换(参阅 PHP

解决方案 18-6)。

PHP 解决方案 18-9：设置外键约束

这个解决方案描述如何在 phpMyAdmin 中针对 article2cat、blog 和 categories 表之间设置外键约束。外键约束必须始终在子表中定义。在本例中，子表是 article2cat，因为它将来自其他表的 article_id 和 cat_id 主键存储为外键。

(1) 在 phpMyAdmin 中选择 article2cat 表，然后单击 Structure 选项卡。

(2) 单击结构表上方的 Relation view，如图 18-13 中圆圈标记的部分：(在旧版本的 phpMyAdmin 中，它是结构表下方的一个链接)。

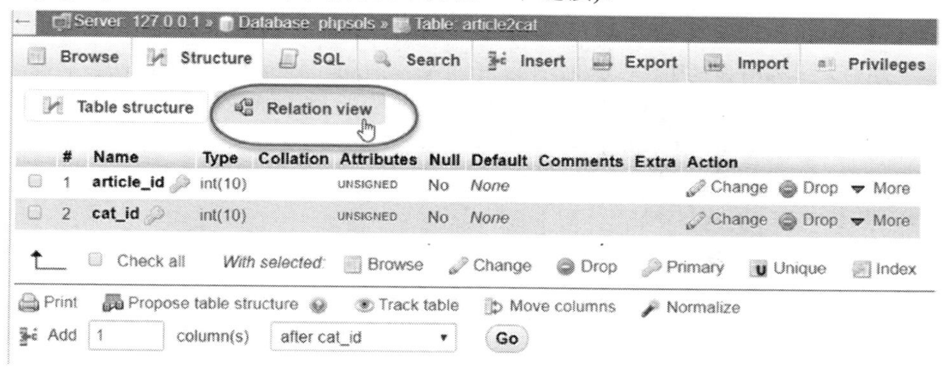

图 18-13 在 phpMyAdmin 的 Relation view 中定义外键约束

(3) 在接下来的界面上定义外键约束。将约束名称字段留空，phpMyAdmin 将自动为约束生成一个名称。

(4) 外键约束只能在索引字段上设置。article2cat 表中的 article_id 和 cat_id 字段是该表的复合主键，因此在 Column 下拉列表框中列出了这两个字段。选择 article_id 字段，然后在 Foreign key constraint (INNODB)之下选择以下设置。

- 数据库：phpsols
- 表：blog
- 列：article_id

以上设置在父表(blog)中的 article_id 字段和子表(article2cat)中的 article_id 字段之间建立了一个约束。

(5) 接下来需要决定约束应该如何工作。ON DELETE 下拉列表框中有以下选项。

- CASCADE：当删除父表中的一条记录时，子表中的所有相关记录都会被删除。例如，如果删除 blog 表中主键 article_id 为 2 的记录，那么 article2cat 表中所有 article_id 为 2 的记录都会被自动删除。
- SET NULL：当删除父表中的记录时，子表中的所有从属记录的外键都设置为 NULL。需要注意此时外键列必须接收 NULL 值。
- NO ACTION：在某些数据库系统上，这允许延迟外键约束检查。MySQL 是立即执行检查的，因此这个设置与下面的 RESTRICT 具有相同的效果。

- RESTRICT：如果从属记录仍然存在于子表中，则父表中的记录不可以被删除。

> ■ 注意：
> 同样的选项也适用于ON UPDATE场景。但是除了RESTRICT之外，其他限制的意义都不大，因为只有在特殊情况下才会更改记录的主键。ON UPDATE的RESTRICT选项不仅阻止对父表中的主键进行更改，它还拒绝在子表中插入或更新任何与父表中的数据不匹配的外键值。

对于交叉引用表，CASCADE 是符合逻辑的选择。一旦决定删除父表中的一条记录，你肯定希望同时删除对该记录的所有交叉引用。但是这里为了演示外键约束的默认行为，在 ON DELETE 和 ON UPDATE 两个场景上都选择 RESTRICT 选项。

(6) 单击 Add constraint 链接，使用以下设置为 cat_id 建立外键约束。

- 列：cat_id
- 数据库：phpsols
- 表：categories
- 列：cat_id

(7) 在 ON DELETE 和 ON UPDATE 场景下均选择 RESTRICT 选项。设置内容应该如图 18-14 所示，然后单击 Save 按钮。

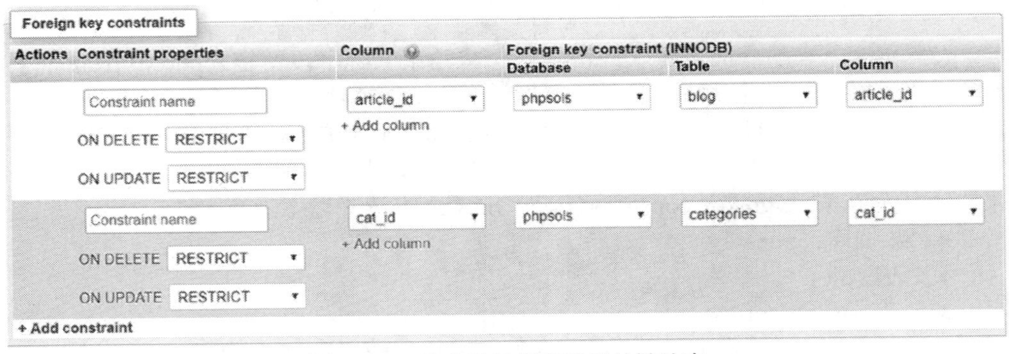

图 18-14　为交叉引用表设置外键约束

> ■ 注意：
> 旧版本的phpMyAdmin中Relation view的布局有所不同，它将Database、Table和Column的选项都显示在一个下拉列表框中。

(8) 如果还没有这样做，请至少更新一个博客记录，将其与某个类别关联起来。

(9) 在 phpMyAdmin 中，选择 categories 表并单击已经与某条博客记录关联的类别记录旁边的 Delete 按钮，如图 18-15 所示。

图 18-15 尝试删除 categories 表中的记录

(10) 当 phpMyAdmin 要求你确认删除时，单击 OK 按钮。如果正确地设置了外键约束，你将看到与图 18-16 类似的错误消息。

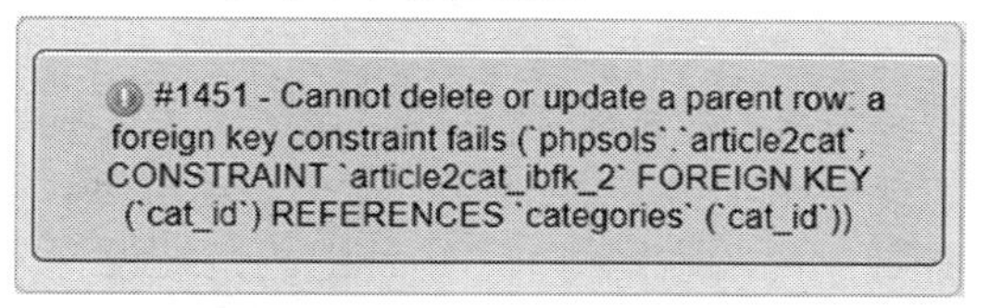

图 18-16 如果关联记录存在，外键约束将阻止删除

(11) 如果错误消息出现在模态对话框中，单击该对话框将其关闭。

(12) 选择 article2cat 表，然后单击 Structure 选项卡，再单击 Relation view。

■ 注意：

在旧版本的phpMyAdmin中，ON DELETE和ON UPDATE场景下的选项可能是空的。将这些选项留空与选择RESTRICT具有相同的效果，这是两个选项的默认设置。

(13) 将两个外键约束的 ON DELETE 场景都设置为 CASCADE，然后单击 Save 按钮。

(14) 在 blog 表中选择与某个类别相关联的记录。记下它的 article_id 字段的值，然后删除该记录。

(15) 检查 article2cat 表，与刚刚删除的 blog 表记录关联的记录也已被删除。

要继续探索外键约束，可选择 blog 表，并与 images 表中的 image_id 建立外键关系。如果从 images 表中删除一条记录，则将 blog 表中对应记录的 image_id 外键设置为 NULL。想要自动实现这个操作，只需要将 ON DELETE 场景的选项设置为 SET NULL。通过从 images 表中删除一条记录并检查 blog 表中相关的记录以便进行测试。

■ 注意：

如果需要将InnoDB表转换回MyISAM表，必须先删除所有外键约束。选择Relation view，然后单击每个约束的左上角的Drop按钮。在旧版本的phpMyAdmin中，将Foreign key (InnoDB)字段设置为空白，然后单击Save按钮。在删除约束之后，可以按照PHP解决方案 18-6 中的描述更改存储引擎。选择MyISAM而不是InnoDB即可。

18.2.4 创建具有外键约束的删除脚本

为 InnoDB 表在 ON DELETE 场景下选择哪个选项取决于表之间关系的性质。对于 phpsols 数据库，设置 article2cat 交叉引用表中两个字段为 CASCADE 选项不仅是安全的，而且也是可行的。如果在 blog 或者 categories 父表中删除了一条记录，则需要在交叉引用表中删除相关的记录。

images 和 blog 表之间的关系是不同的。如果从 images 表中删除一条记录，你可能并不希望删除 blog 表中的相关文章。在这种情况下，SET NULL 是一个合适的选择。当从 images 表中删除一条记录时，blog 表中关联文章中的外键设置为 NULL，但文章保持不变。

另一方面，如果图片对理解文章至关重要，那么应该选择 RESTRICT 选项。任何试图删除仍然有关联文章的图片记录的操作都会自动被终止。

这些考虑会影响处理删除脚本的方式。当外键约束被设置为 CASCADE 或 SET NULL 时，不需要执行任何特殊操作。可以使用简单的 DELETE 语句而将其余部分留给数据库来处理。

但是，如果将外键约束设置为 RESTRICT，则 DELETE 语句将失败。为了显示适当的错误消息，需要使用 MySQLi 语句对象的 errno 属性。由于外键约束而失败的 MySQL 查询的错误代码是 1451。调用 execute()方法后，可以检查 MySQLi 中的错误，如下所示。

```
$stmt->execute();
if ($stmt->affected_rows > 0) {
    $deleted = true;
} else {
    $deleted = false;
    if ($stmt->errno == 1451) {
        $error = 'That record has dependent files in a child table,
and cannot be deleted.';
    } else {
        $error = 'There was a problem deleting the record.';
    }
}
```

如果你正在使用 PDO，需要使用 errorCode()方法。由于外键约束而失败的查询的错误代码是 HY000。检查受影响的行数之后，可以使用 PDO 准备好的语句来检查错误代码，如下所示。

```
$deleted = $stmt->rowCount();
if (!$deleted) {
```

```
    if ($stmt->errorCode() == 'HY000') {
        $error = 'That record has dependent files in a child table,
and cannot be deleted.';
    } else {
        $error = 'There was a problem deleting the record.';
    }
}
```

使用 PDO 的 exec()方法时所使用的技术是相同的，如果是非 SELECT 类型的查询，该方法会返回受影响的行数。使用 exec()方法时，在数据库连接对象上调用 errorCode()方法，如下所示。

```
$deleted = $conn->exec($sql);
if (!$deleted) {
    if ($conn->errorCode() == 'HY000') {
        $error = 'That record has dependent files in a child table,
and cannot be deleted.';
    } else {
        $error = 'There was a problem deleting the record.';
    }
}
```

18.2.5 创建没有外键约束的删除脚本

如果不能使用 InnoDB 表，则需要在自己的删除脚本中构建和外键约束相同的逻辑。要达到与 ON DELETE CASCADE 选项相同的效果，需要运行两个连续的 DELETE 语句，如下所示。

```
$sql = 'DELETE FROM article2cat WHERE article_id = ?';
$stmt->prepare($sql);
$stmt->bind_param('i', $_POST['article_id']);
$stmt->execute();
$sql = 'DELETE FROM blog WHERE article_id = ?';
$stmt->prepare($sql);
$stmt->bind_param('i', $_POST['article_id']);
$stmt->execute();
```

要实现与 ON DELETE SET NULL 选项相同的效果，需要运行一个与 DELETE 语句组合在一起的 UPDATE 语句，如下所示。

```
$sql = 'UPDATE blog SET image_id = NULL WHERE image_id = ?';
```

```
$stmt->prepare($sql);
$stmt->bind_param('i', $_POST['image_id']);
$stmt->execute();
$sql = 'DELETE FROM images WHERE image_id = ?';
$stmt->prepare($sql);
$stmt->bind_param('i', $_POST['image_id']);
$stmt->execute();
```

要实现与 ON DELETE RESTRICT 相同的效果，需要运行 SELECT 查询来查找是否存在依赖关系的记录，然后再继续执行 DELETE 语句，如下所示。

```
$sql = 'SELECT image_id FROM blog WHERE image_id = ?';
$stmt->prepare($sql);
$stmt->bind_param('i', $_POST['image_id']);
$stmt->execute();
// store result to find out how many rows it contains
$stmt->store_result();
// if num_rows is not 0, there are dependent records
if ($stmt->num_rows) {
    $error = 'That record has dependent files in a child table, and
cannot be deleted.';
} else {
    $sql = 'DELETE FROM images WHERE image_id = ?';
    $stmt->prepare($sql);
    $stmt->bind_param('i', $_POST['image_id']);
    $stmt->execute();
}
```

18.3 本章回顾

一旦学习了与数据库通信所需的基本 SQL 和 PHP 命令，处理单个表就非常简单了。然而，处理通过外键关联的表是具有挑战性的。关系数据库的强大之处在于它的灵活性。问题是，这种无限的灵活性意味着“正确”的处理方式并不唯一。

不过不要因此而却步。你可能会本能地坚持使用单个表，但沿着这条路走下去，会遭遇更大的复杂性。简化数据库工作的关键是在早期阶段限制自己的野心。构建一些结构简单的表，比如本章中的表，并了解它们是如何工作的。添加表和外键关联的工作要逐步完成。有大量数据库工作经验的专家表示，他们经常花费一半以上的开发时间来考虑表结构。之后，编码就简单多了！

在最后一章中，我们将回到使用单个表的问题，讨论如何使用数据库进行用户身份验证以及如何处理经过散列处理和加密的密码。

第 19 章

使用数据库进行用户身份验证

第 11 章展示了进行用户身份验证和在网站受密码保护部分使用会话进行用户限制的原则，但是登录脚本都依赖于存储在 CSV 文件中的用户名和密码。在数据库中保存用户详细信息更安全且更有效。数据库不仅可以存储用户名和密码的列表，还可以存储其他细节信息，如名字、姓氏、电子邮件地址等。数据库还提供使用哈希(单向和不可逆)或加密(双向)的选项。在本章的第一部分，我们将研究两者之间的区别，然后针对这两种类型的存储创建注册和登录脚本。

本章内容：

- 决定如何存储密码
- 为用户注册和登录使用单向散列密码
- 为用户注册和登录使用双向加密
- 解密密码

19.1 选择密码存储方法

第 11 章中的 PHP 解决方案使用散列密码——一旦密码经过散列计算，将无法逆转这个过程。这既是优点也是缺点。它为用户提供了更高的安全性，以这种方式存储的密码是绝对保密的。然而，没有办法重发丢失的密码，即使是网站管理员也无法解密它。唯一的解决办法就是重置密码。

另一种方法是使用密钥加密。这是一个双向、可逆的过程，它依赖于一对函数：一个将密码加密；另一个将加密的密码转换回纯文本。这样就易于向健忘的用户重发密码。双向加密的方法使用一个密钥来让这对函数进行加密转换，而密钥就是自己编的一个字符串。显然，为了保证数据的安全性，密钥需要足够难猜，并且不应该存储在数据库中。但是，需要将密钥嵌入注册和登录脚本中——要么直接写入，要么通过 include 文件引入——如果脚本暴露在外，则安全性就会大打折扣。

MySQL 和 MariaDB 提供了许多双向加密函数，AES_ENCRYPT()被认为是最安全的。它使用美国政府批准的 Advanced Encryption Standard 标准，并将密钥长度设置为 128 位(简称为 AES-128)，通过这种高级加密标准来保护机密材料(而最高级机密材料需要 AES-192 或 AES-256 标准)。

散列处理和密钥加密各有优缺点。许多安全专家建议频繁更换密码。因此，由于无法解密而迫使用户更改已遗忘的密码，可以被视为一种良好的安全措施。另一方面，用户可能会因为每次忘记现有密码时都需要处理新密码而感到沮丧。笔者将让你来决定哪种方法最适合你的环境，而笔者将只关注技术实现。

19.2 使用散列密码

为了简单起见，笔者将使用与第 11 章相同的基本表单，这样数据库中只存储用户名和经过散列处理的密码。

19.2.1 创建表来存储用户的详细信息

在 phpMyAdmin 中，在 phpsols 数据库中创建一个名为 users 的新表，表需要三列，其设置如表 19-1 所示。

表 19-1 users 表的设置

字段名	数据类型	长度/值	属性	Null	索引	A_I
user_id	INT		UNSIGNED	Deselected	PRIMARY	Selected
username	VARCHAR	12		Deselected	UNIQUE	
pwd	VARCHAR	255		Deselected		

为了确保没有人可以注册与已经使用的用户名相同的用户名，将 username 列设置为 UNIQUE 索引。

pwd 列用于存放密码，这列允许存储最多 255 个字符的字符串，这比 password_hash()函数使用的默认哈希算法所需的 60 个字符长得多。但是当向 PHP 中添加新的和更强大的算法时，PASSWORD_DEFAULT 常量的值会随着新算法而变化，因此推荐的大小是 255 个字符。

19.2.2 在数据库中注册新用户

要在数据库中注册用户，需要创建一个输入用户名和密码的注册表单。username 列已经定义了 UNIQUE 索引，因此，如果有人试图注册与现有用户名相同的用户名，数据库将返回一个错误。除了验证用户输入之外，处理脚本还需要检测错误并建议用户选择不同的用户名。

1. PHP 解决方案 19-1：创建用户注册表单

PHP 解决方案 19-1 演示如何修改第 11 章中的注册脚本以用来和 MySQL 或 MariaDB 一起工作。它使用来自 PHP 解决方案 11-3 的 CheckPassword 类和 PHP 解决方案 11-4 的 register_user_csv.php 文件。

如有必要，将 ch19/PhpSolutions/Authenticate 文件夹中的 CheckPassword.php 文件复制到 phpsols-4e 网站根目录下的 PhpSolutions/Authenticate 文件夹中，并将 ch19 文件夹中的 register_user_csv.php 文件复制到 includes 文件夹。你还应该阅读 PHP 解决方案 11-3 和 11-4 中的操作步骤，以了解原始脚本是如何工作的。

(1) 将 ch19 文件夹中的 register_db.php 文件复制到 phpsols-4e 网站根目录中的名为 authenticate 的新文件夹中。这个页面包含与第 11 章相同的基本用户注册表单，其中元素包含：一个用户名文本输入字段、一个密码输入字段、另一个用于确认的密码输入字段和一个提交数据的按钮，如图 19-1 所示。

图 19-1　屏幕截图

(2) 在 DOCTYPE 声明上面的 PHP 块中添加以下代码。

```
if (isset($_POST['register'])) {
  $username = trim($_POST['username']);
  $password = trim($_POST['pwd']);
  $retyped = trim($_POST['conf_pwd']);
  require_once '../includes/register_user_mysqli.php';
}
```

这与 PHP 解决方案 11-4 中的代码非常相似。如果表单已经提交，那么将删除用户输入开头和结尾的空格并分配给简单变量。然后包含一个名为 register_user_mysqli.php 的外部文件。如果计划使用 PDO，需要将包含文件替换为 register_user_pdo.php 文件。

(3) 处理用户输入的文件基于在第 11 章中创建的 register_user_csv.php 文件的代码。将原始文件复制一份，并将复制文件保存在 includes 文件夹中，命名为 register_user_mysqli.php 或 register_user_pdo.php。

(4) 在刚刚复制和重命名的文件中，找到如下开头的条件语句(第 23 行左右)。

```
if (!$errors) {
```

```
  // hash password using default algorithm
  $password = password_hash($password, PASSWORD_DEFAULT);
```

(5) 删除条件语句中的其余代码。现在添加的语句应该如下所示。

```
if (!$errors) {
  // hash password using default algorithm
  $password = password_hash($password, PASSWORD_DEFAULT);
}
```

(6) 条件语句中包含将用户详细信息插入数据库的代码。首先包含数据库连接文件，然后创建具有读和写权限的数据库连接。

```
if (!$errors) {
  // hash password using default algorithm
  $password = password_hash($password, PASSWORD_DEFAULT);
  // include the connection file
  require_once 'connection.php';
  $conn = dbConnect('write');
}
```

数据库连接文件也在 includes 文件夹中，因此只需要包含文件名。对于 PDO 版本，将'pdo'作为 dbConnect()函数的第二个参数传入。

(7) 代码的最后一部分准备并执行将用户的详细信息插入数据库中的准备好的语句。由于 username 列被设置为 UNIQUE 索引，假如用户名已经存在，插入操作将会失败。如果发生这种情况，代码需要生成一条错误消息。针对这一部分，MySQLi 和 PDO 的代码不相同。

对于 MySQLi，添加以粗体突出显示的代码。

```
if (!$errors) {
  // hash password using default algorithm
  $password = password_hash($password, PASSWORD_DEFAULT);
  // include the connection file
  require_once 'connection.php';
  $conn = dbConnect('write');
  // prepare SQL statement
  $sql = 'INSERT INTO users (username, pwd) VALUES (?, ?)';
  $stmt = $conn->stmt_init();
  if ($stmt = $conn->prepare($sql)) {
    // bind parameters and insert the details into the database
    $stmt->bind_param('ss', $username, $password);
```

```
    $stmt->execute();
  }
  if ($stmt->affected_rows == 1) {
    $success = htmlentities($username) . ' has been registered.
      You may now log in.';
  } elseif ($stmt->errno == 1062) {
    $errors[] = htmlentities($username) . ' is already in use.
      Please choose another username.';
  } else {
    $errors[] = $stmt->error;
  }
}
```

新添加的代码首先将参数绑定到准备好的语句。用户名和密码是字符串，因此传给 bind_param()函数的第一个参数是'ss'。在语句执行完成之后，条件语句将检查 affected_rows 属性的值。如果是 1，则详细信息已成功插入数据库。

▩ 提示：

需要显式地检查affected_rows属性的值，因为若有错误，它的值为-1。与某些编程语言不同，php将-1 视为true。

另一个条件检查准备好的语句的errno属性的值，该属性包含MySQL错误代码。带有 UNIQUE 索引的列中出现重复值的错误代码是 1062。如果检测到该错误代码，一条错误消息将会被添加到$errors 数组中，并要求用户选择不同的用户名。如果生成了不同的错误代码，那么存储在语句对象的 error 属性中的消息将会被添加到$errors 数组中。

PDO 的版本如下所示。

```
if (!$errors) {
  // encrypt password using default encryption
  $password = password_hash($password, PASSWORD_DEFAULT);
  // include the connection file
  require_once 'connection.php';
  $conn = dbConnect('write', 'pdo');
  // prepare SQL statement
  $sql = 'INSERT INTO users (username, pwd) VALUES (:username, :pwd)';
  $stmt = $conn->prepare($sql);
  // bind parameters and insert the details into the database
  $stmt->bindParam(':username', $username, PDO::PARAM_STR);
```

```
    $stmt->bindParam(':pwd', $password, PDO::PARAM_STR);
    $stmt->execute();
    if ($stmt->rowCount() == 1) {
       $success = htmlentities($username) . ' has been registered.
         You may now log in.';
    } elseif ($stmt->errorCode() == 23000) {
       $errors[] = htmlentities($username) . 'is already in use.
         Please choose another username.';
    } else {
       $errors[] = $stmt->errorInfo()[2];
    }
}
```

准备好的语句为 username 和 pwd 字段使用命名参数。通过 bindParam()方法将用户提交的值绑定到命名参数，使用 PDO::PARAM_STR 常量将数据类型指定为字符串。语句执行完成之后，条件语句使用 rowCount()方法检查记录是否已创建成功。

如果准备好的语句因为用户名已经存在而执行失败，则 errorCode()方法生成的错误码为 23000，PDO 使用 ANSI SQL 标准定义的错误代码，而不是 MySQL 生成的错误代码。如果错误代码匹配，将向$errors 数组添加一条要求用户选择不同的用户名的消息，否则，将使用 errorInfo()方法返回的错误消息。

▩ 注意：

在MySQLi和PDO脚本中，当在公开的Web网站上部署注册脚本时，使用一个通用的错误消息替换else块中的代码。仅在测试时才会显示准备好的语句的errorproperty(MySQLi)或$stmt->errorInfo()[2](PDO)的值。

---

(8) 剩下的工作就是添加在注册页面上显示结果的代码。在 register_db.php 文件的<form>开始标记之前添加以下代码。

```
<h1>Register user</h1>
<?php
if (isset($success)) {
   echo "<p>$success</p>";
} elseif (isset($errors) && !empty($errors)) {
   echo '<ul>';
   foreach ($errors as $error) {
     echo "<li>$error</li>";
   }
   echo '</ul>';
```

```
}
?>
<form action="register_db.php" method="post">
```

(9) 保存 register_db.php 文件并将其加载到浏览器中。通过输入不满足密码强度规则的密码来测试这个页面。如果在同一次尝试中存在多个错误，表单顶部应该出现一个排列好的错误消息列表，如图 19-2 所示。

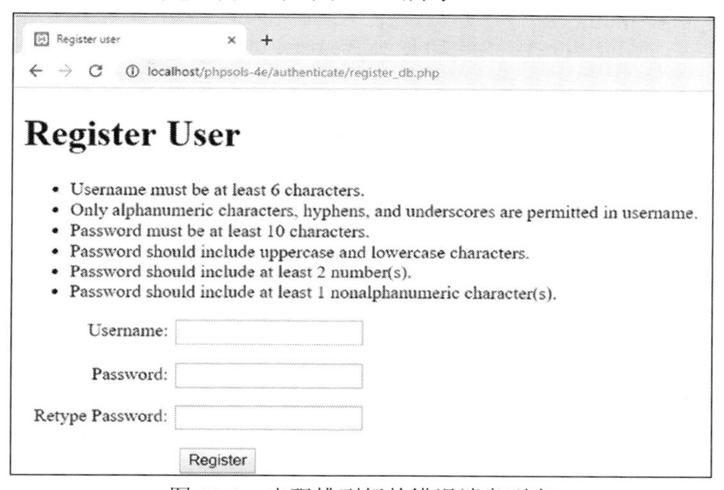

图 19-2　出现排列好的错误消息列表

(10) 现在正确填写注册表单并注册。你应该会看到一条消息，说明已经为你选择的用户名创建了一个账户。

(11) 尝试再次注册相同的用户名。这一次你应该会得到一个类似于图 19-3 所示的消息。

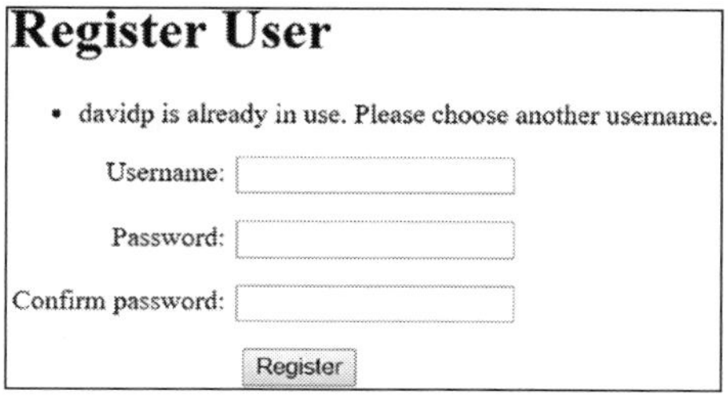

Register User

- davidp is already in use. Please choose another username.

Username:

Password:

Confirm password:

Register

图 19-3　再次注册相同的用户名

(12) 如果需要，对照 ch19 文件夹中的 register_db_mysqli.php 和 register_user_mysqli.php 文件，或者 register_db_pdo.php 和 register_user_pdo.php 文件来检查代码。

既然已经在数据库中注册了用户名和密码，接下来就需要创建一个登录脚本。ch19 文件夹包含一组文件，这些文件复制了 PHP 解决方案 11-5～11-7 中搭建的登录框架：一个登录页面和两个受密码保护的页面。

2. PHP 解决方案 19-2：使用数据库验证用户的凭证

PHP 解决方案 19-2 演示如何验证已存储的用户凭证，首选查询数据库找到用户的加密密码，然后将其作为参数与用户提交的密码一起传递给 password_verify()方法。如果 password_verify()方法返回 true，用户将被重定向到受限制的页面。

(1) 将 ch19 文件夹中的 login_db.php、menu_db.php 和 secretpage_db.php 文件复制到 authenticate 文件夹中。另外将 ch19 文件夹中的 logout_db.php 和 session_timeout_db.php 文件复制到 includes 文件夹。

这样就建立了与第 11 章相同的基础测试平台。唯一的区别是链接已更改为重定向到 authenticate 文件夹。

(2) 在 login_db.php 文件中的 DOCTYPE 声明上面的 PHP 代码块中添加以下代码。

```
$error = '';
if (isset($_POST['login'])) {
  session_start();
  $username = trim($_POST['username']);
  $password = trim($_POST['pwd']);
  // location to redirect on success
  $redirect = 'http://localhost/phpsols-4e/authenticate/menu_db.php';
  require_once '../includes/authenticate_mysqli.php';
}
```

这段代码与第 11 章中登录表单中的代码类似。它首先将$error 变量初始化为一个空字符串。如果表单已经提交，条件语句将启动会话，接着从用户输入字段中删除空格，登录成功时重定向用户的页面位置信息存储在$redirect 变量中，最后代码中还包含用于实现身份验证的脚本，这些脚本保存在外部包含文件 authenticate_mysqli.php 中，接下来将创建这个文件。

如果正在使用 PDO，将包含文件替换为 authenticate_pdo.php 文件。

(3) 创建一个名为 authenticate_mysqli.php 或 authenticate_pdo.php 的新文件并将其保存在 includes 文件夹中。该文件将只包含 PHP 脚本，因此去掉任何 HTML 标记。

(4) 包含数据库连接文件，使用只读账户创建数据库连接，并使用准备好的语句获取用户的详细信息。

MySQLi 的代码如下所示。

```
<?php
require_once 'connection.php';
$conn = dbConnect('read');
// get the username's hashed password from the database
```

```
$sql = 'SELECT pwd FROM users WHERE username = ?';
// initialize and prepare statement
$stmt = $conn->stmt_init();
$stmt->prepare($sql);
// bind the input parameter
$stmt->bind_param('s', $username);
$stmt->execute();
// bind the result, using a new variable for the password
$stmt->bind_result($storedPwd);
$stmt->fetch();
```

这是一条非常简单的 SELECT 查询语句，以至于笔者在将它传递给 MySQLi 的 prepare()方法时并没有使用条件语句。用户名是一个字符串，因此传给 bind_param()方法的第一个参数是's'。如果找到匹配的用户，则结果将绑定到变量$storedPwd。另外需要注意的是，需要为已存储的密码使用一个新变量，以避免覆盖用户提交的密码。

在语句执行完成之后，调用 fetch()方法获取结果。

对于 PDO 版本，使用以下代码。

```
<?php
require_once 'connection.php';
$conn = dbConnect('read', 'pdo');
// get the username's hashed password from the database
$sql = 'SELECT pwd FROM users WHERE username = ?';
// prepare statement
$stmt = $conn->prepare($sql);
// pass the input parameter as a single-element array
$stmt->execute([$username]);
$storedPwd = $stmt->fetchColumn();
```

这段代码与 MySQLi 版本相同，但是使用了 PDO 语法。用户名作为一个单元素数组传递给 execute()方法。因为结果只有一列，所以 fetchColumn()方法返回密码的值，并将其赋给变量$storedPwd。

(5) 一旦检索到用户的密码后，只需要将用户提交的密码和存储在数据库中的密码都传递给 password_verify()方法。如果 password_verify()方法返回 true，则创建多个会话变量以指示登录成功和会话开始的时间，重新生成会话 ID，并将登录用户重定向到受保护的页面。否则，如果 password_verify()方法返回的不是 true，则将错误消息存储在变量$error 中。

在上一步中输入的代码之后添加以下代码，MySQLi 和 PDO 都是一样的。

```
// check the submitted password against the stored version
if (password_verify($password, $storedPwd)) {
    $_SESSION['authenticated'] = 'Jethro Tull';
    // get the time the session started
    $_SESSION['start'] = time();
    session_regenerate_id();
    header("Location: $redirect");
    exit;
} else {
    // if not verified, prepare error message
    $error = 'Invalid username or password';
}
```

与第 11 章一样，$_SESSION['authenticated']元素的值并不重要。

(6) 保存 authenticate_mysqli.php 或 authenticate_pdo.php 文件并使用在 PHP 解决方案 19-1 最后注册的用户名和密码进行登录，从而测试 login_db.php 文件。登录过程应该和第 11 章完全相同，不同之处在于，所有细节信息都更安全地存储在数据库中。

如果需要，可以对照 ch19 文件夹中的 login_mysqli.php 和 authenticate_mysqli.php 文件或者 login_pdo.php 和 authenticate_pdo.php 文件来检查代码。如果遇到问题，最常见的错误是在数据库中创建了一个长度过小的散列密码字段。这个字段必须至少有 60 个字符，但建议能够存储最多 255 个字符，以防将来的加密方法生成更长的字符串。

尽管将散列密码存储在数据库中比使用文本文件更安全，但密码是通过纯文本从用户的浏览器发送到服务器的。为了安全起见，对后续页面的登录和访问应该使用传输层安全(TLS)协议或安全套接字层(SSL)连接。

19.3 使用密钥加密

与散列密码相比，对于密钥加密的密码，在用户注册和认证时主要的差异在于密码需要作为一个二进制对象存储在数据类型为 BLOB 的字段中(参见第 12 章 12.5.5 节“存储二进制数据”的描述)，而且密码验证发生在 SQL 查询中，而不是在 PHP 脚本中。

19.3.1 创建用于存储用户详细信息的表

在 phpMyAdmin 的 phpsols 数据库中创建一张名为 users_2way 的新表，需要三列数据，设置如表 19-2 所示。

表 19-2 users_2way 表的设置

字段名	数据类型	长度/值	属性	Null	索引	A_I
user_id	INT		UNSIGNED	Deselected	PRIMARY	Selected
username	VARCHAR	15		Deselected	UNIQUE	
pwd	BLOB			Deselected		

19.3.2 注册新用户

AES_ENCRYPT()函数接收两个参数：要加密的密码和加密密钥。加密密钥可以是任何字符串。在本示例中，笔者选择的字符串是 takeThisWith@PinchOfSalt，但是随机的一系列字母数字符号组合会更安全。默认情况下，AES_ENCRYPT()函数使用 128 位密钥对数据进行编码，要获得更安全的 256 位密钥，需要将 MySQL 中的 block_encryption_mode 系统变量设置为 aes-256-cbc(有关详细信息，请参见 https://dev.mysql.com/doc/refman/8.0/en/encryption-functions.html#function_aes-decrypt)。

单向密码散列和密钥加密的基本注册脚本是相同的。唯一的区别在于将用户数据插入数据库的部分。

▒ **提示：**

以下脚本将加密密钥直接嵌入页面中。为了安全起见，应该在include文件中定义密钥，并将include文件存储在服务器的文档根目录之外。

MySQLi 的代码如下所示(完整的代码清单在 ch19 文件夹中的 register_2way_mysqli.php 文件中)。

```
if (!$errors) {
  // include the connection file
  require_once 'connection.php';
  $conn = dbConnect('write');
  // create a key
  $key = 'takeThisWith@PinchOfSalt';
  // prepare SQL statement
  $sql = 'INSERT INTO users_2way (username, pwd)
         VALUES (?, AES_ENCRYPT(?, ?))';
  $stmt = $conn->stmt_init();
  if ($stmt = $conn->prepare($sql)) {
      // bind parameters and insert the details into the database
      $stmt->bind_param('sss', $username, $password, $key);
```

```
        $stmt->execute();
    }
    if ($stmt->affected_rows == 1) {
        $success = htmlentities($username) . ' has been registered. You
  may now log in.';
    } elseif ($stmt->errno == 1062) {
        $errors[] = htmlentities($username) . ' is already in use. Please
  choose another
        username.';
    } else {
        $errors[] = $stmt->error;
    }
}
```

PDO 版本的代码如下所示(完整的代码清单参见 ch19 文件夹中的 register_2way_pdo.php 文件)。

```
if (!$errors) {
    // include the connection file
    require_once 'connection.php';
    $conn = dbConnect('write', 'pdo');
    // create a key
    $key = 'takeThisWith@PinchOfSalt';
    // prepare SQL statement
    $sql = 'INSERT INTO users_2way (username, pwd)
            VALUES (:username, AES_ENCRYPT(:pwd, :key))';
    $stmt = $conn->prepare($sql);
    // bind parameters and insert the details into the database
    $stmt->bindParam(':username', $username, PDO::PARAM_STR);
    $stmt->bindParam(':pwd', $password, PDO::PARAM_STR);
    $stmt->bindParam(':key', $key, PDO::PARAM_STR);
    $stmt->execute();
    if ($stmt->rowCount() == 1) {
        $success = htmlentities($username) . ' has been registered. You
    may now log in.';
    } elseif ($stmt->errorCode() == 23000) {
        $errors[] = htmlentities($username) . ' is already in use. Please
    choose another
        username.';
```

```
    } else {
        $errors[] = 'Sorry, there was a problem with the database.';
    }
}
```

严格地说，没有必要为变量$key 进行参数绑定，因为它不是来自用户的输入。但是，如果直接将这个变量嵌入查询中，则需要将整个查询包装在双引号中，而将变量$key 包装在单引号中。

要测试前面的脚本，请将它们复制到 includes 文件夹的 register_db.php 文件中，而不是复制到 register_db_mysqli.php 或者 register_db_pdo.php 文件中。

19.3.3 使用双向加密的用户身份验证

创建一个使用双向加密验证方式的登录页面非常简单。连接到数据库之后，在 SELECT 查询的 WHERE 子句中插入用户名、密钥和未加密的密码，如果查询语句发现匹配项，则允许用户进入网站的受限部分；如果没有匹配项，则拒绝用户登录。代码与 PHP 解决方案 19-2 中的代码基本相同，只是下面的部分有一些不同。

对于 MySQLi，代码如下所示(参见 authenticate_2way_mysqli.php 文件)。

```
<?php
require_once 'connection.php';
$conn = dbConnect('read');
// create key
$key = 'takeThisWith@PinchOfSalt';
$sql = 'SELECT username FROM users_2way
       WHERE username = ? AND pwd = AES_ENCRYPT(?, ?)';
// initialize and prepare statement
$stmt = $conn->stmt_init();
$stmt->prepare($sql);
// bind the input parameters
$stmt->bind_param('sss', $username, $password, $key);
$stmt->execute();
// to get the number of matches, you must store the result
$stmt->store_result();
// if a match is found, num_rows is 1, which is treated as true
if ($stmt->num_rows) {
    $_SESSION['authenticated'] = 'Jethro Tull';
    // get the time the session started
    $_SESSION['start'] = time();
```

```
        session_regenerate_id();
        header("Location: $redirect"); exit;
    } else {
        // if not verified, prepare error message
        $error = 'Invalid username or password';
    }
```

注意，在访问 num_rows 属性之前，需要存储准备好的语句的结果。如果不这样做，num_rows 属性的值总是 0，即使用户名和密码正确，登录也会失败。

修改后的 PDO 代码如下(参见 authenticate_2way_pdo.php 文件)。

```
<?php
require_once 'connection.php';
$conn = dbConnect('read', 'pdo');
// create key
$key = 'takeThisWith@PinchOfSalt';
$sql = 'SELECT username FROM users_2way
        WHERE username = ? AND pwd = AES_ENCRYPT(?, ?)';
// prepare statement
$stmt = $conn->prepare($sql);
// bind variables by passing them as an array when executing statement
$stmt->execute([$username, $password, $key]);
// if a match is found, rowCount() produces 1, which is treated as true
if ($stmt->rowCount()) {
    $_SESSION['authenticated'] = 'Jethro Tull';
    // get the time the session started
    $_SESSION['start'] = time();
    session_regenerate_id();
    header("Location: $redirect"); exit;
} else {
    // if not verified, prepare error message
    $error = 'Invalid username or password';
}
```

要测试这些脚本，请将相应的文件复制到 includes 文件夹，并使用它们替代 authenticate_mysql.php 和 authenticate_pdo.php 文件。

19.3.4 解密密码

解密一个使用双向加密方式进行加密的密码只需要在一个准备好的语句中将

密钥作为第二个参数传递给 AES_DECRYPT()函数，如下所示。

```
$key = 'takeThisWith@PinchOfSalt';
$sql = "SELECT AES_DECRYPT(pwd, '$key') AS pwd FROM users_2way
        WHERE username = ?";
```

密钥必须与最初用于加密密码的密钥完全相同。如果丢失了密钥，密码将与使用单向散列存储的密码一样不可访问。

通常，只有当用户请求密码提示时才需要解密密码。为发送此类提醒创建适当的安全策略在很大程度上取决于你正在操作的网站类型。然而，不用说，不应该在页面上显示解密的密码。系统需要设置一系列安全检查，例如询问用户的出生日期或提出一个只有用户知道答案的问题。即使用户给出了正确的答案，也应该通过电子邮件将密码发送到用户的注册地址。

如果你仔细阅读了本书前面的内容，那么实现密码提示功能所需的必要知识对你来说都应该唾手可得。

19.4 更新用户的详细信息

笔者没有包含任何用户注册页面的更新表单。在这个阶段，你应该可以独立完成这个任务。更新用户注册详细信息最重要的一点是，不应该在更新表单中显示用户现有的密码。如果你正在使用的是散列密码，那么无论如何你也做不到这一点。

19.5 后续学习

本书涵盖了大量的领域。如果你已经掌握了本书所涉及的所有技术，就已经在成为中级 PHP 开发人员的道路上迈出了坚实的步伐，再付出多一点努力，就能够进入高级水平。如果学起来挺挣扎的，也别担心，把前面几章再复习一遍，你练习得越多，学习就会变得越容易。

你很可能在想，“我到底怎么才能记住所有这些内容？”不需要。不要不好意思去查资料，请将 PHP 在线手册(www.php.net/manual/en/)加入书签，并经常使用。手册不断更新，并且有很多有用的例子。在每个页面右上角的搜索框中输入一个函数名，可以直接看到该函数的完整描述。即使记不住正确的函数名，该手册也会引导你进入一个页面，上面显示了最有可能的候选函数。大多数页面都显示了如何使用函数或类的实际例子。

使动态 Web 设计变得简单的不是百科全书式的掌握 PHP 的函数和类，而是全面地理解如何使用条件语句、循环和其他结构控制脚本的流程。一旦你可以把项目看作：“如果这发生了，接下来会发生什么?”你就是自己游戏的主人。笔者经常查阅 PHP 在线手册，对笔者来说，它就像一本字典。大多数情况下，只是想检查一下给出的参数是否按正确的顺序排列，但经常发现有些东西吸引了笔者的眼球，开拓了新视野。笔者可能不会马上使用这些知识，但会把它们储存在自己的脑海中，以备将来使用；当需要查看细节时，可以回去查看。

MySQL 在线手册(https://dev.mysql.com/doc/refman/8.0/en/)同样有用。MariaDB 的文档地址是 https://MariaDB.com/kb/en/library/documentation/。让 PHP 和数据库在线手册成为你的朋友，你的知识将会突飞猛进。